国家出版基金项目

中国畜禽遗传资源状况

Report on Domestic Animal Genetic Resources in China

农业农村部种业管理司
全国畜牧总站 著

中国农业大学出版社
China Agricultural University Press

内容简介

本书为第三次全国畜禽遗传资源普查的重要成果展示，此次普查积累了大量珍贵的、最新的数据和影像资料，书中论点也普遍有大量最新普查数据支撑，具有重要的前瞻性和创新性。书稿由总报告作开篇，整体介绍了我国的畜禽遗传资源现状，分报告则由猪、牛、羊、马驴驼、兔、家禽、鹿、毛皮动物、特种家禽、蜂和蚕组成，科学阐述了中国特色的畜禽遗传资源保护体系、可持续利用体系、科技支撑体系、国家治理体系，并系统介绍了我国畜禽遗传资源现状与保护理念、实践、成效，以及配套的制度优势等，展示了我国在推动全球畜禽遗传资源高效保护和利用中的决心与行动、智慧与担当。

本书形成的研究成果代表了我国畜禽遗传资源普查的最新成果和最高水平，书中内容精练、图片精美、条理清晰，以客观事实向公众展示了我国畜禽遗传资源丰富多样、极具魅力，能够满足人们多样化畜禽产品消费的需求。可以说，本书的出版具有非常重要的社会意义和现实意义。

图书在版编目（CIP）数据

中国畜禽遗传资源状况 / 农业农村部种业管理司，全国畜牧总站著 . -- 北京：中国农业大学出版社，2024.12

ISBN 978-7-5655-3106-4

Ⅰ . ①中… Ⅱ . ①农… ②全… Ⅲ . ①畜禽—种质资源—资源调查—中国 Ⅳ . ① S813.9

中国国家版本馆 CIP 数据核字（2023）第 199272 号

审图号：GS 京（2023）2246 号

书　　名　中国畜禽遗传资源状况
Zhongguo Chuqin Yichuan Ziyuan Zhuangkuang

作　　者　农业农村部种业管理司
全　国　畜　牧　总　站　著

策划编辑　刘　聪　董夫才　　**责任编辑**　刘　聪　杜　琴　魏　巍
封面设计　麦莫瑞文化
出版发行　中国农业大学出版社
社　　址　北京市海淀区圆明园西路 2 号　　**邮政编码**　100193
电　　话　发行部 010-62818525，8625　　读者服务部 010-62732336
编辑部 010-62732617，2618　　出　版　部 010-62733440
网　　址　http://www.caupress.cn　　**E-mail** cbsszs@cau.edu.cn
经　　销　新华书店
印　　刷　涿州市星河印刷有限公司
版　　次　2024 年 12 月第 1 版　2024 年 12 月第 1 次印刷
规　　格　210mm × 285mm　16 开本　35.75 印张　948 千字　插页 1
定　　价　320.00 元

《中国畜禽遗传资源状况》

编审指导委员会

编写委员会

主　编： 孙好勤　时建忠　杨海生　左玲玲

副主编： 于福清　吴凯锋　陈国宏　孙飞舟　王兆国

委　员：（按姓氏笔画排序）

马月辉　王志跃　王继文　史建民　代方银　吉挺

芒来　朱满兴　刘小红　孙伟　孙雯　李光玉

李俊雅　吴信生　张浩　张毅　陆健　陈瑶生

钱荷英　徐琪

主要编写人员：（按姓氏笔画排序）

卜柱　于福清　马云　马毅　马月辉　马志杰　王康

王巍　王凤成　王永强　王兆国　王志秀　王志跃　王起山

王桂武　王晓峰　王继文　王雅春　王善禾　毛永江　毛华明

方美英　尹华东　左玲玲　史建民　代方银　白东义　包鹏甲

邢敬亚　吉挺　芒来　曲鲁江　吕晓阳　朱兴友　朱芳贤

朱彦宾　朱绪伟　朱满兴　任二军　任秀娟　伊丽　刘刚

刘榜　刘小红　刘庆友　刘剑锋　刘彦群　刘贺贺　刘桂芹

汤青萍　孙伟　孙雯　孙飞舟　孙好勤　孙妍妍　杜鑫

李刚　李兵　李亮　李业芳　李光玉　李志勇　李春林

李俊雅　李喜升　杨春艳　杨海生　杨海明　杨润军　杨新峰

时建忠　吴小波　吴拉平　吴凯锋　吴信生　何静　何晓红

沈兴家　张扬　张钰　张浩　张毅　张心壮　张海东

张海华　张淑二　张耀亭　陆健　陆和健　陈阳　陈晓

陈燕　陈国宏　陈媛婧　陈瑶生　欧阳清渊　尚江华　明亮

罗晓林　图格琴　金亚倩　郑海英　官久强　赵娜　赵书红

赵宇昕　赵海平　赵博昊　赵辉玲　胡深强　侯卓成　姜润深

洪恩众　秦利　秦应和　袁泽湖　聂庆华　聂昌盛　顾华兵

钱文熙　钱荷英　徐凯　徐亮　徐琪　徐超　徐旺生

高清　郭宪　浦华　浦亚斌　陶伟国　黄永震　黄瑞华

龚颖　崔凯　阎萍　梁春年　谌苗苗　彭永东　斯仁达来

蒋琳　韩旭　韩威　韩春春　程文强　童晓玲　雷初朝

鲍坤　窦金焕　蔺哲广　熊家军　滕雪莹　薛明

前言

PREFACE

农业现代化，种子是基础。以习近平同志为核心的党中央高度重视种业工作，把种源安全提升到国家安全的战略高度，并在《种业振兴行动方案》中强调要“打牢种质资源基础，做好资源普查收集、鉴定评价工作”。畜禽遗传资源是生物多样性的重要组成部分，是人类赖以生存和发展的物质基础，伴随人类的发展，经历了狩猎文明、农耕文明、工业文明和信息文明的发展过程。加强畜禽遗传资源普查保护和可持续利用工作具有重大战略意义。

中央全面深化改革委员会第二十次会议通过的《种业振兴行动方案》将农业种质资源保护利用列为首要行动，把种质资源普查作为“一年开好头，三年打基础”的首要任务。2021 年 3 月，农业农村部启动了新中国成立以来规模最大、覆盖范围最广、技术要求最高、参加人员最多的第三次全国畜禽遗传资源普查（以下简称“第三次普查”），对《国家畜禽遗传资源目录》收录的 33 种畜禽以及蜂和蚕，进行全面系统的普查和种质特性评估。

之后的三年多，各级种业管理部门、普查机构和专家团队，组织动员了 4.5 万个单位、95 万名普查人员，完成了全国 62.5 万个行政村的面上普查，系统测定了 1 445 个畜禽、蜂和蚕品种的生产性能，调查测定畜禽、蜂和蚕的数量超过 3.1 亿只（匹、头），收集普查测定数据 1 670 万条，发掘鉴定了 51 个新遗传资源，抢救性保护了 61 个濒危品种，采集制作遗传材料 107 万份，159 个国家级保护品种的活体保护主体全部确定，实现了区域全覆盖、物种全覆盖、主要性能指标全覆盖，摸清了我国畜禽、蜂和蚕遗传资源家底，做到了应查尽查、应保尽保。

第三次普查发现，截至 2024 年 1 月 31 日，中国共有畜禽品种 1018 个，约占联合国粮食及农业组织（FAO）登记品种的 12.3%，同时还分布有 39 个蜂品种和 307 个蚕品种，是世界上畜禽遗传资源多样性极为丰富的国家。中国畜禽遗传资源独具魅力，在繁殖性能、适应性、耐粗饲和产品品质等多个方面表现突出，还有一些特有资源具有优异的产绒、医用药用和竞技观赏价值，是一座珍贵的基因宝库，为满足中国乃至世界人民多元化需求做出了重要贡献。

中国始终高度重视畜禽遗传资源的保护利用，坚持以用促保、保用结合，持续加强资源保护的政策举措，不断丰富保种理论研究，大力推进科技创新，有力推动资源高效利用，建立具有中国特色的畜禽遗传资源管理体系，有效支撑了中央种业振兴行动的战略实施和畜牧业的高质量发展。

为全面呈现第三次普查成果，宣传推介中国畜禽遗传资源保护利用的理念和实践，2023年5月，农业农村部组织高等农林院校、科研院所、技术推广相关单位等150余位专家学者，系统梳理第二次全国畜禽遗传资源调查以来畜禽遗传资源的新变化、新发展、新趋势，总结提炼第三次普查的做法成效，撰写了《中国畜禽遗传资源状况》。本书经广泛征求意见建议，反复修改完善，几易其稿，最终经国家畜禽遗传资源委员会论证通过。《中国畜禽遗传资源状况》包括总报告1个，猪、牛、羊、马驴驼、兔、家禽、鹿、毛皮动物、特种家禽、蜂和蚕等分报告11个，详细介绍了中国畜禽遗传资源的多样性、价值魅力、保护体系、开发利用、科技创新、治理体系以及面临的挑战与行动，有利于增进国内外对中国畜禽遗传资源状况的了解，分享中国畜禽遗传资源保护利用的成果和经验。

本书撰写过程中，我们吸纳了各方的诸多建议，并参考了大量文献，保证了本书的顺利出版。但因时间所限，书中难免出现疏漏之处，真诚希望各位同行和读者朋友们不吝指教。

著　者

2024年10月

目录
CONTENTS

附 录

中国畜禽遗传资源状况

总报告

中国畜禽遗传资源状况

梅山猪

高邮鸭

黄郎鸡

浙东白鹅

吉林梅花鹿

巴州牦牛

豫中鹁鸽

敖鲁古雅驯鹿

乌珠穆沁羊

阿拉善双峰驼

蒙古马

中蜂

柞蚕 -8822

第一章

中国畜禽遗传资源丰富多样

畜禽源于自然，是生物多样性重要组成部分，是人类长期社会生产、生活、实践的产物，与人类关系最紧密、最直接，其产品供应着人类 30%~40% 的生活需求。中国有大约 10 000 年农业史和 5 000 年文明史，是世界上三个独立农业起源系统之一，也是畜禽和蚕重要起源驯化中心。多样化生态系统、多民族文化习俗孕育了丰富多彩的畜禽遗传资源。2020 年中国发布了《国家畜禽遗传资源目录》（以下简称《目录》），《目录》明确了畜禽范畴，收录了 33 种畜禽[①]，包括 17 种传统畜禽和 16 种特种畜禽。《中华人民共和国畜牧法》（以下简称《畜牧法》）明确蜂和蚕遗传资源的保护利用参照《畜牧法》管理。据第三次全国畜禽遗传资源普查（以下简称“第三次普查”），中国有 1 018 个畜禽品种，占世界登记品种（8 264 个）的 12.3%，同时还有 39 个蜂品种和 307 个蚕品种[②]，是世界上畜禽、蜂和蚕遗传资源极为丰富的国家。

第一节　中国是畜禽重要起源驯化中心

根据动物考古学、古 DNA 和分子生物学等研究发现，中国是牦牛、家蚕的唯一驯化中心，也是猪、水牛、鸡、鹅等物种驯化中心之一。距今约 10 000 年前，古代人就开始有意识地驯化动物，经过长期驯养与精心选育，形成了众多各具特色的畜禽遗传资源。中国畜禽在起源上与欧美畜禽关系疏远，中国畜禽具有起源差异优势，携带着大量不同于后者的优良特性基因。在商业化品种遍布全球的当下，这些基因已成为珍稀资源和战略物资，保护这些资源将有助于维护好生物多样性，能更好地应对未来的不可预见性。

---

① 中华人民共和国农业农村部公告 第 303 号。《目录》属于畜禽养殖的正面清单，列入《目录》的畜禽，按照《中华人民共和国畜牧法》管理。

② 数据截止时间为 2024 年 1 月 31 日。

一、多种畜禽和蚕的起源驯化中心

猪 中国是世界上家猪起源驯化较早的两个中心之一。家猪由野猪（*Sus scrofa*）驯化而来，是人类早期驯化的动物之一。野猪最初起源于东南亚岛屿，大约在 27 万年前开始从印度尼西亚岛屿向亚洲东南部扩散，随后一部分野猪向欧洲扩散，而另一部分则继续向亚洲以北扩散，到达现在的中国境内。中国的家猪就是由部分扩散到中国的野猪驯化而来。中国家猪驯化历史可追溯至新石器时代的早中期，那时在长江中下游流域、黄河中下游流域、澜沧江流域、东北部、青藏高原等多地发生了驯化事情。大量的考古证据也证实了中国家猪深远的驯化历史。例如，广西壮族自治区（以下简称“广西”）的桂林甑皮岩遗址发现了新石器时代的早期猪骨骼，距今有 10 000~9 000 年；河南舞阳贾湖遗址考古表明，家猪驯化已有 9 000 年历史；浙江余姚河姆渡遗址等地发现了许多家猪骨骼和猪的相关文物（图 0–1–1），距今有 7 000~6 000 年的历史。目前主流观点认为，磁山文化遗址（河北武安）是最早的家猪驯化地，距今约 8 500 年。古代先民通过长期驯养，最终使野猪体型及内部结构发生了明显变化（图 0–1–2），性情变得温顺。距今 5 000~4 000 年前的全新世中期，随着先民的迁移，中国猪品种沿两条路线向外传播扩散：一是通过东南亚大陆传播到爪哇岛、苏门答腊岛，再扩散至澳洲大陆等地；二是通过台湾等中国东部地区和菲律宾等地进行种群传播，对世界养猪业发展做出了积极贡献。

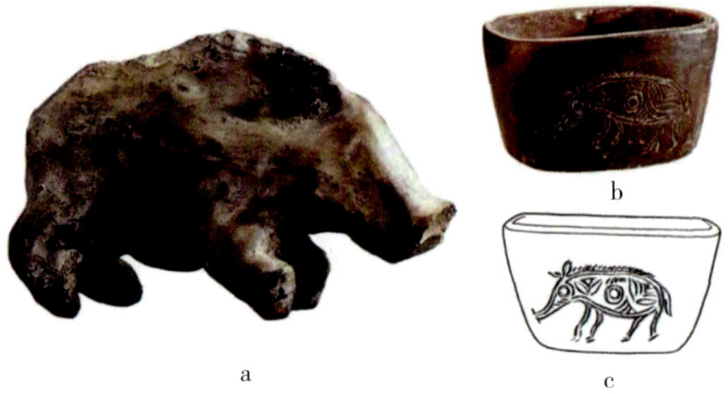

图 0–1–1 河姆渡遗址出土的与猪相关文物

a. 陶猪；b. 猪纹陶钵；c. 陶钵上猪纹的形象示意图

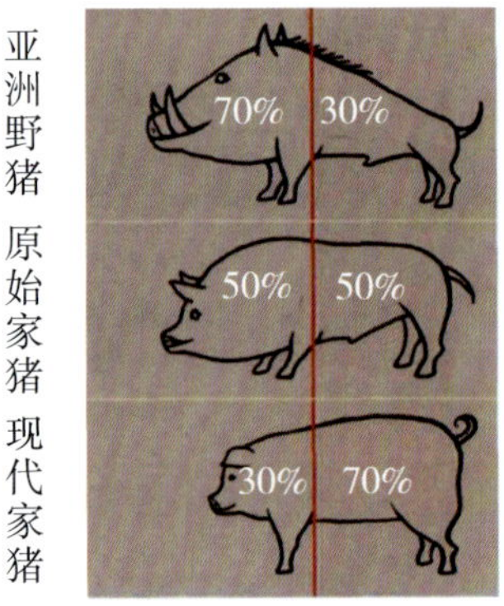

图 0–1–2 野猪到家猪的体型比例变化

牦牛 中国是牦牛起源驯化中心。牦牛主要分布在中国青藏高原区域，其群体规模约占全世界的 95%。研究表明，家牦牛由野牦牛（*Bos grunniens*）驯化而来，青藏高原是牦牛的主要起源驯化中心。早在 5 000 年前，生息在湟水流域一带的古羌人和生息在羌塘的藏族先民已开始驯化牦牛。家牦牛可能通过两条路线向外迁移：一是自青藏高原东部经喜马拉雅山脉和昆仑山到帕米尔高原，二是自青藏高原东部经蒙古国的南戈壁和阿尔泰山到蒙古国和俄罗斯。牦牛的成功驯化与扩散对促进青藏高原地区经济社会发展起到了重要作用。

水牛 中国是沼泽型水牛的重要起源驯化中心。世界上家养水牛分为沼泽型水牛和河流型水牛两种，中国饲养的水牛主要是沼泽型水牛，由亚洲野水牛（*Bubalus arnee*）驯化而来。分子生物学研究表明，中国西南及周边区域是沼泽型水牛较早的起源驯化中心，距今约 7 000 年。浙江余姚河姆渡遗址和马家浜遗址等出土了大量水牛骨器和绑柄骨耜，证明钱塘江—长江下游流域早在 7 000~6 000 年前就存在耜耕农业和家养水牛。这些证据表明，中国先民很早以前就开始驯养水牛。经过长期驯化，野水牛体型逐渐变小，性格变得温顺。在中国农耕文明形成过程中，水牛驯化与长江流域及以南地区水稻种植的兴起密切相关，驯化的水牛成为水稻种植的重要役力。

鸡 中国是家鸡的重要起源驯化中心。家鸡由红原鸡（*Gallus gallus*）驯化而来。中国有两个红原鸡亚种：滇南亚种（*Gallus gallus spadiceus*）和海南亚种（*Gallus gallus jabouillei*），分布于云南、广西、广东、海南等地。在江西万年县的仙人洞、黄河中下游的龙山镇、长江流域的屈家岭、河北武安市的磁山村、山东官桥镇的北辛村、河南新郑市的裴李岗、云南元谋大墩子等文化遗址都有原鸡或家鸡的骨骸出土。考古学证据表明，中国家鸡驯化始于新石器时代早期，距今约 7 000 年。全基因组测序分析表明，家鸡大约在 9 500 年前由中国红原鸡的滇南亚种驯化而来，说明中国西南部是家鸡的重要起源驯化地。家鸡驯化后，随着人类迁移和贸易活动，先后扩散到东南亚和南亚，与当地红原鸡其他亚种发生了不同程度的杂交。这种基因交流推动了家鸡对当地环境和饲养条件的适应，并丰富了其独特的行为、形态和繁殖性状，形成了肉用、蛋用、肉蛋兼用、玩赏等多用途的家鸡种群。

鹅 中国是家鹅的重要起源驯化中心。家鹅主要由鸿雁（*Anser cygnoides*）和灰雁（*Anser anser*）驯化而来。其中，伊犁鹅和欧洲家鹅起源于灰雁，其他中国家鹅均起源于鸿雁。浙江田螺山遗址出土的成年鹅和幼鹅骨骸（图 0–1–3），证实长江下游及周边地区是中国家鹅的主要起源驯化地，距今约 7 000 年。河南安阳市妇好墓、山东济阳县刘台子西周墓中出土了商代玉鹅，表明至少在商代，鹅的养殖已传播至中国北方地区。据史料记载，“鹅”字首见于《左传・昭公二十一年》中“宋公子与华氏战于赭丘，郑翩愿为鹳，其御愿为鹅”，西汉末王褒《僮约》中亦有“牵犬贩鹅，武都买茶”之句，表明至少在 2 000 多年前已开展商品性养鹅生产。

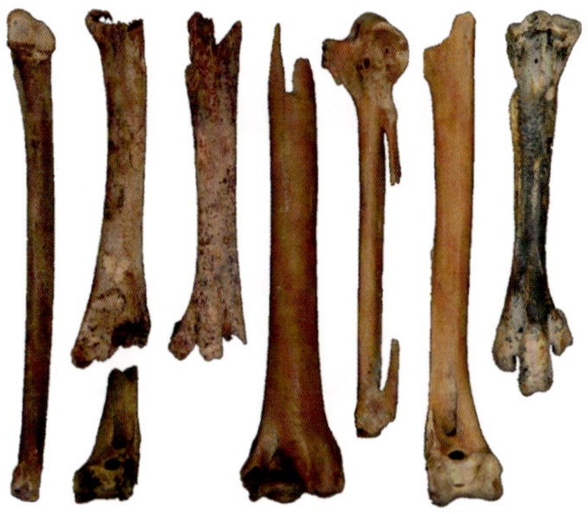

图 0–1–3　浙江田螺山遗址出土的幼龄和成年家鹅骨骸

蚕 中国是家蚕起源驯化中心。家蚕起源于中国，由野桑蚕（*Bombyx mandarina*）驯化而来，是迄今为止唯一被人类完全驯化的昆虫。考古学证据表明，距今约 7 000 年的河姆渡文化遗址中就有原始纺织工具和蚕纹骨盅（图 0–1–4）；河南荥阳仰韶文化遗址中出土的丝织品被证实距今约 5 630 年；山西夏县出土的半个被切割蚕茧，距今约 5 600 年（图 0–1–5）；5 000 多年前的新石器晚期人们就开始养蚕缫丝；河北南杨庄遗址出土了距今 5 400 多年的陶蚕蛹（图 0–1–6）；浙江钱山漾遗址出现的绢丝残片距今约 4 200 年（图 0–1–7），绢片密度达 120 根 / 寸，几乎达到与现代平纹组织绢丝物相差无几的致密度。基因组学研究证明，黄河中下游地区是中国家蚕起源驯化中心，也是世界上唯一的家蚕起源地。大约在公元前 1 200 年，中国家蚕传播至朝鲜，稍晚传播至日本和东南亚国家，之后通过丝绸之路扩散到中亚和欧洲等地。由于世界各地地理气候和人文社会环境不同，经过长期自然选择和人工选育，逐渐形成了适应不同地理系统和生态类型的蚕资源。养蚕缫丝织绸是中华民族的伟大发明，蚕丝文化作为中华文明的一颗璀璨明珠，是中国文化的珍品，为世界蚕丝产业的建立发展和相关文化交融做出了巨大贡献。

图 0-1-4 蚕纹骨盅
（浙江余姚，距今约 7 000 年）

图 0-1-5 半个蚕茧
（山西夏县，距今约 5 600 年）

图 0-1-6 陶蚕蛹
（河北南杨庄，距今约 5 400 年）

图 0-1-7 绢丝残片
（浙江湖州，距今约 4 200 年）

二、悠久的畜禽和蜂驯养历史

普通牛、羊、马、驴等物种虽然不是起源于中国，但迁移传播至中华大地后，经过数千年的驯养和精心选育，早已融入中国传统农业文明中，成为中国畜禽遗传资源不可分割的重要组成部分。

普通牛 主要指地方黄牛，起源于西南亚的原牛（*Bos primigenius*），驯化后由西亚经欧亚大陆迁移至东亚内地。中国古代先民对普通牛进行了长期驯养和创新利用，将其融入中华传统农耕文明中。4 500~4 000 年前，普通牛已广泛分布于中国北方大部分地区，然后从黄河中下游地区逐步向南方扩散。几千年来，普通牛一直都是中国传统农业生产的主要动力。

绵羊 家绵羊与亚洲摩弗伦羊（*Ovis orientalis*）、盘羊（*Ovis ammon*）和东方盘羊（*Ovis vignei*）等 3 个野生近缘种关系较近，亚洲摩弗伦羊可能是家绵羊的祖先。考古学和分子生物学证据表明，家绵羊驯化时间最早可追溯至 11 000 年前，近东和中东地区是其最早驯化地，其先是穿越欧亚大陆迁移至中国西北，然后扩散到蒙古高原、青藏高原以及黄河流域。中国绵羊驯化最早可追溯至陕西半坡文化遗址，距今有 6 900~5 800 年历史。西汉时期的牧羊人卜式，一路从羊倌到御史大夫，不断得到汉武帝的重用，成为历史佳话被后人传颂。

山羊 起源于 10 000 年前中东地区的伊朗野山羊（*Capra aegagrus*），驯化于新月沃土地区，然后从波斯和阿富汗经中亚扩散到中国蒙古高原和黄河流域。中国驯养山羊历史可追溯至陕西北部石峁文化遗址的龙山晚期，距今有 4 300~3 800 年。经过数千年的自然选择和人工选育，山羊形成了众多生态类型和生产力类型，极大促进了中国养羊业发展。

马 起源于北高加索地区大草原的野马（*Equus przewalskii*），随后经欧亚大陆扩散到蒙古高原。中国养马历史悠久，河南殷墟文化遗址出土的殉马坑和车马坑表明，距今约 3 300 年前马已经参与人类的生产生活。春秋时期，马开始用于军队作战，成为军事实力的重要因素。在历史上，马是中国传统农业生产、交通运输和军事战争等领域的主要利用对象，对中国经济社会发展起到了重要作用。

驴　起源于非洲东北部的非洲野驴（*Equus africanus*）。大约在 4 000 年前由非洲东北部扩散到欧洲、中亚及东亚，逐渐在中国北部和西北部传播。《逸周书》卷七中有记载“伊尹（夏末商初人）为献令，正北之国空同、大夏、匈奴、月氏诸国以橐驼、白玉、野马、騊駼、駃騠、良弓为献”，表明至少在 3 500 年前，在现新疆维吾尔自治区（以下简称“新疆”）的天山以南和甘肃等地区已开始养驴，并利用驴和马杂交获得驴骡。西汉时期，张骞通使西域后，大批良种驴也随之东来，开始多分散在甘南和陕西关中地区，以后逐渐向北、向东扩散到华北地区。唐宋之前，驴已普及至中原各地，成为当时的主要役畜之一。近代以来，驴随民族迁移被带到吉林和黑龙江的松花江、嫩江流域。经过长期的饲养、繁育和迁移，驴现在几乎遍及全国各地。

骆驼　骆驼分为双峰驼（*Camelus bactrianus*）和单峰驼（*Camelus dromedarious*）。中国饲养的骆驼属于双峰驼，起源于伊朗东北部地区的野生双峰驼，然后迁移至中国。根据《逸周书》卷七记载，早在 3 500 年前，新疆、内蒙古自治区（以下简称“内蒙古”）、甘肃等地已驯养骆驼。战国时期，周朝疆域内广泛饲养骆驼。汉朝张骞通使西域后，国际贸易往来不断增多，骆驼通过丝绸之路与胡人一同融入中原文化。经过数千年来的自然选择和人工驯化，骆驼逐渐形成了对荒漠、戈壁干旱气候和食物匮乏等恶劣自然生态环境的适应性，被人们称为“沙漠之舟”。

鸭　家鸭主要起源于东南亚，由绿头野鸭（*Anas platyrhynchos*）与斑嘴鸭驯化而来。中国是世界上驯养鸭最早的国家之一。福建武平岩石门丘山采集的新石器陶鸭、河南安阳殷墟和妇好墓出土的玉鸭和石鸭等，均表明中国驯养鸭至少有 3 000 年历史。古籍《吴地志》有“吴王筑城，城以养鸭，周数百里”的记载，说明春秋战国时期中国长江流域已有较大规模的养鸭产业，比欧洲最早的养鸭记载早十多个世纪。

鸽　中国养鸽历史悠久，河南殷墟妇好墓出土的玉鸽证明，早在商代中国先民就开始养鸽，距今已有 3 000 多年历史。《周礼》将鸽列为“六禽”之一，表明西周时期已将鸽作为佳肴食用。《开元天宝遗事》记载唐代已将鸽用作通信工具。明代张万钟所著《鸽经》是世界上最早的鸽文化专著，广泛搜集了有关鸽子的历史典故及诗词歌赋，详细描述了鸽的品种花色及饲养技术，对中国鸽业发展起到了重要作用。

蜜蜂　中国是东方蜜蜂起源地，是世界上最早利用和饲养蜜蜂的国家之一。早在 3 000 多年前，殷商时期的甲骨文中就出现了“蜜”字。春秋时期青铜器铸造工艺“失蜡法”采用蜂蜡制作铸件模型，表明 2 500 多年前中国已有“粗放式”养蜂。东汉末年隐士姜岐在甘肃天水“以畜蜂、豖为事，教授者满于天下”，说明当时蜜蜂已实现人工饲养。随着古人对蜜蜂认识的不断深入，养蜂技术至明清时期臻于成熟。在长期驯养过程中，蜜蜂性情愈加温驯，储蜜能力不断提升，更易被人类所饲养。

第二节　中国畜禽遗传资源种类众多

中国畜禽不仅物种多，而且种内遗传多样性极为丰富。按物种类别划分，有 33 种畜禽、10 种蜂和 6 种蚕，涵盖了联合国粮食及农业组织（Food and Agriculture Organization of the United Nations，FAO）

（以下简称“FAO”）统计畜禽种类的九成；按品种划分，中国有 1 018 个畜禽品种[①]，同时还有 39 个蜂品种和 307 个蚕品种，是世界上畜禽、蜂和蚕遗传资源多样性极为丰富的国家。其中，猪、牦牛、水牛、山羊、驴、鸭、蚕等的品种数量居世界首位。多样化的生态类型和生产生活方式造就了中国丰富多彩的畜禽遗传资源，这些资源是维护国家生态安全、保障食物安全和重要畜产品供给的战略性资源，是促进种业振兴和畜牧业可持续发展的物质基础。

一、物种丰富

畜禽是经过人类长期驯化和选育而成的，遗传性状稳定，有成熟的品种和一定的种群规模，能够不依赖野生种群而独立繁衍的家养动物。据 FAO 统计，世界上有 37 种畜禽[②]在为人类提供肉、蛋、奶、毛皮、纤维等产品，或满足人类役用、运动、观赏、竞技等需要。中国畜禽种类丰富度高，据 2020 年 5 月农业农村部公布的《国家畜禽遗传资源目录》（中华人民共和国农业农村部第 303 号公告），中国有 33 种畜禽。按动物学分类，畜禽属于哺乳纲和鸟纲，主要涉及哺乳纲的偶蹄目、奇蹄目和兔形目，以及鸟纲的鸡形目、雁形目、鸽形目、鸵鸟目和鹤鸵目。其中，传统畜禽有 17 种，包括猪、普通牛、瘤牛、水牛、牦牛、大额牛、绵羊、山羊、马、驴、骆驼、兔、鸡、鸭、鹅、鸽、鹌鹑；特种畜禽有 16 种，包括梅花鹿、马鹿、驯鹿、羊驼、火鸡、珍珠鸡、雉鸡、鹧鸪、番鸭、绿头鸭、鸵鸟、鸸鹋、水貂（非食用）、银狐（非食用）、北极狐（非食用）、貉（非食用）。

传统畜禽是中国畜牧业生产的主要组成部分。其中猪、普通牛、水牛、牦牛、绵羊、山羊、马、驴、骆驼、鸡、兔、鸭、鸽等驯化利用的历史悠久，对提高人民生活水平做出了重要贡献。特种畜禽是畜牧业生产的重要补充，包括三部分：一是中国自有区域特色物种，养殖历史悠久，已形成比较完善的产业体系，如梅花鹿、马鹿等；二是从国外引进的物种，虽在我国养殖时间不长，但在国外至少也有上千年驯化史，种群稳定、生产安全，如羊驼、火鸡、珍珠鸡等；三是非食用特种用途物种，主要用于毛皮加工，包括中国原有成熟家养物种和引进物种，如水貂、银狐、北极狐、貉等毛皮动物。

同时中国还有 10 种蜂和 6 种蚕[③]。蜂包括东方蜜蜂（中蜂）、西方蜜蜂（西蜂）、大蜜蜂、小蜜蜂、黑大蜜蜂、黑小蜜蜂、熊蜂、切叶蜂、壁蜂、无刺蜂。蚕包括家蚕、柞蚕、蓖麻蚕、天蚕、琥珀蚕和栗蚕。

二、品种多样

中国幅员辽阔，多样化的地理、生态和气候条件，众多民族及不同的生产生活方式，加之广大劳动者的长期驯养和精心选育，形成了丰富多彩的畜禽遗传资源。据第三次普查，中国有 33 种畜禽共 1 018 个品种，约占全球畜禽登记品种总数的 12.3%。其中，地方品种有 604 个，占全国 59.3%；培育品种及配套系有 281 个，占全国 27.6%；引入品种及配套系有 133 个，占全国 13.1%（畜禽遗传资源

① 数据来源于第三次全国畜禽遗传资源普查。

② 引自 FAO 2022 年世界畜禽遗传资源状况报告，全球畜禽资源共计 37 个畜种：家畜包括驴、双峰驼、水牛、牛、单峰驼、山羊、绵羊、豚鼠、马、猪、兔、牦牛、其他家畜［美洲野牛、单峰驼 × 双峰驼、羊驼、美洲驼（大羊驼）、原驼、骆马（小羊驼）、鹿和犬］；家禽包括鸡、鸭、鹅、番鸭、鸽、火鸡、鹌鹑、其他家禽（鹤鸵、智利斑、鸭 × 番鸭、鸸鹋、珍珠鸡、美洲鸵、鸵鸟、鹧鸪、孔雀、雉鸡和燕子）。

③ 畜牧生产中，畜禽、蜂和蚕遗传资源按照品种进行管理。

品种名录见附录）①。中国畜禽遗传资源品种统计见表 0–1–1。

按畜种分，猪有 140 个品种，占中国畜禽遗传资源品种的 13.8%，占全球登记猪品种（625 个）的 22.4%，居世界第一。其中，地方品种 89 个，培育品种及配套系 43 个，引入品种及配套系 8 个。

普通牛、瘤牛、水牛、牦牛和大额牛共有 139 个品种，占中国畜禽遗传资源品种的 13.7%。其中，普通牛有 83 个品种，占全球登记普通牛品种（1 264 个）的 6.6%，居世界第三。牦牛 24 个品种，占全球登记牦牛品种（32 个）的 75%；水牛 30 个品种，占全球登记水牛品种（140 个）的 21.4%，均居世界第一。

绵羊和山羊有 193 个品种，占中国畜禽遗传资源品种的 19.0%，占世界登记羊品种（2 072 个）的 9.3%。其中，山羊 87 个品种，占全球登记山羊品种（688 个）的 12.6%，居世界第一；绵羊 106 个品种，占全球登记绵羊品种（1 384 个）的 7.7%。

表 0–1–1　中国畜禽遗传资源品种统计　　个

序号	畜种	地方品种	培育品种及配套系	引入品种及配套系	小计	占比
1	猪	89	43	8	140	13.8%
2	普通牛	57	11	15	83	
3	瘤牛	–	–	1	1	
4	水牛	27	–	3	30	13.7%
5	牦牛	22	2	–	24	
6	大额牛	1	–	–	1	
7	绵羊	56	37	13	106	19%
8	山羊	67	14	6	87	
9	马	29	14	14	57	
10	驴	24	–	–	24	8.4%
11	骆驼	5	–	–	5	
12	兔	8	15	11	34	3.3%
13	鸡	133	101	26	260	
14	鸭	40	14	4	58	
15	鹅	32	4	4	40	36.5%
16	鸽	4	3	4	11	
17	鹌鹑	–	1	2	3	

① 我国畜禽遗传资源按照类型分为地方品种、培育品种及配套系、引入品种及配套系。地方品种是指在特定地域、自然经济条件和居民文化背景下，经过长期选育形成的具有独特特性和性能的类群，其形成及分布有明显的地域性，俗称“土种”；培育品种是指通过人工定向选育，主要遗传性状具备一致性和稳定性，并具有一定经济价值的畜禽群体；引入品种是指从国外引进的品种。配套系是指利用不同畜禽品种或种群之间的杂种优势，用于生产商品群体的品种或种群的特定组合。

续表 0-1-1

序号	畜种	地方品种	培育品种及配套系	引入品种及配套系	小计	占比
18	梅花鹿	1	7	–	8	5.3%
19	马鹿	3	3	–	6	
20	驯鹿	1	–	–	1	
21	羊驼	–	–	1	1	
22	火鸡	1	–	3	4	
23	珍珠鸡	–	–	1	1	
24	雉鸡	2	2	1	5	
25	鹧鸪	–	–	1	1	
26	番鸭	1	2	2	5	
27	绿头鸭	0	–	1	1	
28	鸵鸟	–	–	3	3	
29	鸸鹋	–	–	1	1	
30	水貂	–	6	5	11	
31	银狐	–	–	2	2	
32	北极狐	–	–	1	1	
33	貉	1	2	–	3	
总计		604	281	133	1 018	
比例		59.3%	27.6%	13.1%	100%	

马驴驼有 86 个品种，占中国畜禽遗传资源品种的 8.4%。马有 57 个品种，占中国畜禽遗传资源品种的 5.6%，占全球登记马品种（833 个）的 6.8%，居世界第三。其中，地方品种 29 个，培育品种 14 个，引入品种 14 个。驴有 24 个品种，占中国畜禽遗传资源品种的 2.4%，均为地方品种，占全球登记驴品种（176 个）的 13.6%，居世界第一。骆驼有 5 个品种，均为地方品种，占全球登记骆驼品种（17 个）的 29.4%，居世界第一。

兔有 34 个品种，占中国畜禽遗传资源品种的 3.3%，占全球登记兔品种（364 个）的 9.3%。其中，地方品种 8 个，培育品种及配套系 15 个，引入品种及配套系 11 个。

家禽（包括鸡、鸭、鹅、鸽和鹌鹑）有 372 个品种，占中国畜禽遗传资源品种的 36.3%。其中，鸡有 260 个品种，包括地方品种 133 个、培育品种及配套系 101 个、引入品种及配套系 26 个，占全球登记鸡品种（1 575 个）的 16.5%，居世界第一。鸭有 58 个品种，包括地方品种 40 个、培育品种及配套系 14 个、引入品种及配套系 4 个，占全球登记鸭品种（291 个）的 19.9%，居世界第一。鹅有 40 个品种，包括地方品种 32 个、培育品种及配套系 4 个、引入品种及配套系 4 个，占全球登记鹅品种（204 个）的 19.6%，居世界第一。

特种畜禽有 54 个品种，占中国畜禽遗传资源品种的 5.3%。其中，地方品种 10 个，培育品种及配套系 22 个，引入品种及配套系 22 个。

中国各畜禽品种构成情况见图 0–1–8。

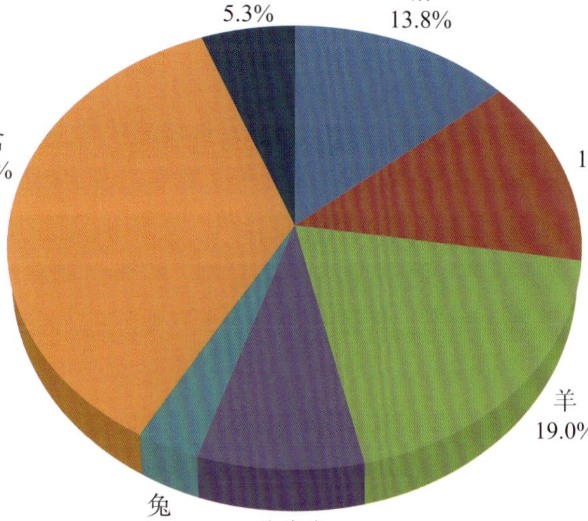

图 0–1–8　中国各畜禽品种的构成情况

牛包括普通牛、瘤牛、水牛、牦牛和大额牛。羊包括绵羊和山羊。马驴驼包括马、驴和骆驼。家禽包括鸡、鸭、鹅、鸽和鹌鹑。特种畜禽包括梅花鹿、马鹿、驯鹿、羊驼、火鸡、珍珠鸡、雉鸡、鹧鸪、番鸭、绿头鸭、鸵鸟、鸸鹋、水貂（非食用）、银狐（非食用）、北极狐（非食用）、貉（非食用）。

中国拥有丰富多彩的蜂蚕遗传资源。现有 39 个蜂品种，其中地方品种 15 个，培育品种 7 个，引入品种 9 个，其他蜂品种 8 个。中国蚕品种数量和品种类型均居世界第一。蚕品种现有 307 个，包括家蚕品种 232 个，其中地方品种 124 个、培育品种 65 个、引入品种 46 个；柞蚕品种 72 个，其中地方品种 26 个、培育品种 44 个、引入品种 2 个。

第三节　中国畜禽遗传资源的不同生态文化

中国地处亚欧大陆东部，东西横跨 5 个时区，南北历经寒温带、温带、暖温带、亚热带、热带 5 个气候带。地势西高东低，呈三级阶梯状分布，地形复杂多样，有平原、丘陵、高原、高山、盆地等地形。从东南沿海向西北内陆，依次为湿润区、半湿润区、半干旱区和干旱区。中国有森林、草原、荒漠、湿地、海洋、河流、湖泊、城镇、乡村、农田等生态类型，几乎涵盖了地球生态系统的所有类型，且放牧生产系统、农牧结合生产系统、工厂化生产系统等多种方式并存。多样化的地理、生态、气候条件，众多的民族及其不同的生活文化习俗，加之长期以来广大劳动者对畜禽的驯养和精心选育饲养，形成了丰富多彩的畜禽遗传资源。

根据民族渊源、无霜期和干燥指数、饲养方式和耕作制度、畜禽生态类型 4 个方面因素，中国畜禽分布区域可划分为10个不同的地理生态文化区[①]，不同区域分布着各具特色的畜禽遗传资源。

东北地理生态文化区 包括辽宁、吉林和黑龙江3省，从小兴安岭北麓到辽东半岛，年干燥指数20以上，是中国北方面积最大的连片湿润夏雨地带。该区域土地莽平，土壤肥沃，一年一熟，为畜禽饲养和放牧提供了良好条件。该区域畜牧文化在历史形成过程中融汇了3个主要因素：一是黑龙江流域的满–通古斯语族各民族与渔猎、农耕相结合的牲畜养殖传统；二是汉民族以农业为基础的养畜技术；三是中国北方草原的游牧文化。原产于该区域的地方畜禽品种有14个，如民猪、复州牛、辽宁绒山羊、鄂伦春马、大骨鸡、豁眼鹅、吉林梅花鹿和乌苏里貉等，占全国所有地方畜禽品种数的2.3%，其典型特性是耐寒性强，普遍适应当地冷湿气候环境条件。近年来又陆续从区外其他省（区、市）引入巴马香猪、湖羊、蒙古马、德州驴、北京油鸡、金定鸭、皖西白鹅和敖鲁古雅驯鹿等地方品种97个。该区域所有地方畜禽品种共有111个，群体规模401.7万头（只/匹），占全国1.7%。

内蒙古地理生态文化区 包括内蒙古，河北的承德市和张家口市，山西的朔州市和大同市，陕西的府谷、神木、榆林、横山、靖边和定边6市（县），甘肃的肃北蒙古族自治县北部（马鬃山地区）。年干燥指数20以下，为干旱夏雨地带。该区域畜牧文化以蒙古族游牧文化为主要代表，在其影响下形成了众多优良畜禽品种，对干旱、严寒、暴风雪、“黑灾”等恶劣自然环境条件抗逆性强，且表现出良好生产性能。该区域的蒙古羊、蒙古马等品种，对中国中东部乃至东南亚品种形成产生了重要影响。原产于该区域的地方畜禽品种有24个，如河套大耳猪、蒙古牛、蒙古羊、阿巴嘎黑马、库伦驴、阿拉善双峰驼、坝上长尾鸡和敖鲁古雅驯鹿等，占全国所有地方畜禽品种数的4.0%。近年来又陆续从区外其他省（区、市）引入民猪、鲁西牛、湖羊、鄂伦春马、晋南驴、狼山鸡、北京鸭和太湖鹅等地方品种66个。该区域所有地方畜禽品种共有90个，群体规模2 790.5万头（只/匹），占全国11.6%。

新疆地理生态文化区 其范围和新疆一致。年干燥指数10左右，属于旱冬雨地带。新疆自古以来就是中国西北民族文化的荟萃之地，是通往南亚以及经中亚通往西亚、北非和欧洲的门户。历史上，北非的驴、西亚的大尾羊、南亚的瘤牛以及西南亚的裘皮羊等，经此地引入生根并传至内地；同时内地的马、猪、禽以及相应养畜文化也陆续传播进来，多民族多文化多畜种相互交融，形成了新疆灿烂的畜牧文化。原产于该区域的地方畜禽品种有36个，如哈萨克牛、哈萨克羊、巴里坤马、和田青驴、拜城油鸡、于田麻鸭、伊犁鹅、塔里木鸽和阿山马鹿等，占全国所有地方畜禽品种数的6.0%。近年来又陆续从区外其他省（自治区）引入蒙古牛、西藏羊、德保矮马、关中驴、阿拉善双峰驼、青海骆驼、吉林梅花鹿和中国山鸡等14个品种。该区域所有地方畜禽品种共有50个，群体规模3 506.1万头（只/匹），占全国14.6%。

华北地理生态文化区 包括北京、天津、河北（除承德和张家口两市）、山西（除朔州和大同两市）、山东、河南（除信阳市）、陕西〔除汉中、安康2市和神木、府谷、榆林、横山、靖边、定边6市（县）〕，安徽的阜阳、亳州、淮北和宿州4市，江苏的徐州和淮安2市。年干燥指数20以下，为干旱夏雨地带。作物一年两熟或两年三熟，饲料资源丰富，畜禽以舍饲为主。黄河中下游流域是中国

① 10个不同的地理生态文化区包括东北地理生态文化区、内蒙古地理生态文化区、新疆地理生态文化区、华北地理生态文化区、甘宁过渡地理生态文化区、青藏高原地理生态文化区、东南地理生态文化区、湘鄂赣地理生态文化区、闽粤地理生态文化区、西南地理生态文化区。生态分区参考文献：常洪. 动物遗传资源学 [M]. 北京：科学出版社，2009.

农业文化的发祥地，是世界上最早形成畜牧业与种植业密切结合、相辅相成产业格局的地区。发达农业、悠久养殖历史和精细化饲养管理，造就了许多优良地方品种。华北是中国黄牛品种较集中分布区域，黄牛体型较大，毛色以红黄色为主。舍饲脂尾绵羊、大型驴、肉蛋兼用水禽都是该区域独特的生态类型。原产于该区域的地方畜禽品种有 81 个，包括大蒲莲猪、鲁西牛、济宁青山羊、德州驴、莱芜黑兔、北京油鸡、北京鸭和百子鹅等，占全国所有地方畜禽品种数的 13.4%。近年来又陆续从区外其他省（区）引入巴马香猪、西藏牛、中甸牦牛、蒙古羊、蒙古马、西藏驴、苏尼特双峰驼和闽西南黑兔等地方品种 144 个。该区域所有地方畜禽品种总共有 225 个，群体规模 1 137.4 万头（只 / 匹），占全国 4.7%。

甘宁地理生态文化区 包括甘肃省（除甘南藏族自治州、肃北蒙古族自治县、阿克塞哈萨克族自治县）和宁夏回族自治区（以下简称宁夏）。年干燥指数 16.7，是灌溉农业区与干草原、半荒漠草原的过渡地带。本区多种养畜方式并存，绵羊、马和牦牛放牧饲养，山羊、黄牛以放牧饲养为主，猪、禽和驴舍饲。在悠久的历史岁月中，汉族、信仰伊斯兰教的各民族、藏族、蒙古族的养畜文化相互渗透、水乳交融，形成了本区独特、浑然一体的畜牧文化类型。原产于该区域的地方畜禽品种有 17 个，如藏猪、秦川牛（早胜牛）、天祝白牦牛、兰州大尾羊、子午岭黑山羊、岔口驿马、庆阳驴和静原鸡等，占全国所有地方畜禽品种数的 2.8%。近年来又陆续从区外其他省（区）引入岔路黑猪、蒙古牛、西藏高山牦牛、湖羊、蒙古马、陕北毛驴、阿拉善双峰驼和边鸡等地方品种 58 个。该区域所有地方畜禽品种总共有 75 个，群体规模 559.3 万头（只 / 匹），占全国 2.3%。

青藏高原地理生态文化区 包括西藏自治区（以下简称西藏），青海，甘肃的甘南藏族自治州、北部肃北蒙古族自治县及阿克塞哈萨克族自治县，四川的阿坝和甘孜 2 个藏族自治州，云南的迪庆藏族自治州。本区平均海拔超过 3 000 m，被称为“世界屋脊”。由于海拔高、气候环境特殊，加之经过藏族及其先民长期驯化和选育，形成了青藏高原独具特色的畜禽品种资源，如藏猪、牦牛、藏羊、藏马、藏驴、藏鸡等，对高寒、低氧、强辐射等恶劣自然生态环境和粗放饲养条件具有极强适应性，且表现出优异生产性能，是当地农牧民不可或缺的生产生活资料。原产于该区域的地方畜禽品种有 62 个，如藏猪、日喀则驼峰牛、娘亚牦牛、柴达木山羊、大通马、青海毛驴、青海骆驼和藏鸡等，占全国所有地方畜禽品种数的 10.3%。近年来又陆续从区外其他省（区）引入荣昌猪、蒙古羊、德州驴、关中驴、阿拉善双峰驼、汶上芦花鸡、东乡绿壳蛋鸡和吉林梅花鹿等地方品种 25 个。该区域所有地方畜禽品种共有 87 个，群体规模 3 656.6 万头（只 / 匹），占全国 15.2%。

东南地理生态文化区 包括安徽（除阜阳、亳州、淮北、宿州 4 市）、江苏（除徐州、淮安 2 市）、上海、浙江、河南的信阳市、江西的上饶市和景德镇市，是中华民族文化的另一个发源中心，是世界上最早种植水稻、驯养家猪和水牛的地域之一。年干燥指数 20 以上，为典型的湿润夏雨区域。作物一年两熟或三熟，以稻、麦为主，精耕细作。该区域是中国猪、鸡、鸭、鹅等较集中分布的地方，畜禽资源的典型特性是耐湿热，梅山猪、湖羊、绍兴鸭等多个品种蕴藏着高繁殖力基因。原产于该区域的地方畜禽品种有 82 个，如枫泾猪、温岭高峰牛、上海水牛、湖羊、苏北毛驴、浦东鸡、绍兴鸭和太湖点子鸽等，占全国所有地方畜禽品种数的 13.6%。近年来又陆续从区外其他省（区）引入巴马香猪、湘东黑山羊、蒙古马、宁都黄鸡、连城白鸭、石岐鸽、吉林梅花鹿和中国番鸭等地方品种 103 个。该区域所有地方畜禽品种共有 185 个，群体规模 2 004.3 万头（只 / 匹），占全国 8.3%。

湘鄂赣地理生态文化区 包括湖北、湖南、江西（除上饶和景德镇 2 市）、陕西的安康地区。年干燥指数 20 以上，属湿润夏雨区。该区域畜牧主要文化特征明显，建立在稻作农业上的养猪业发达，家禽品种资源丰富，水牛和黄牛饲养传统悠久。原产于该区域的地方畜禽品种有 68 个，如清平猪、枣北牛、恩施山地水牛、马头山羊、利川马、江汉鸡、荆江鸭和道州灰鹅等，占全国所有地方畜禽品种数的 11.3%。近年来又陆续从区外其他省（区）引入枫泾猪、南阳牛、江淮水牛、湖羊、新疆山羊、蒙古马、德州驴和阿拉善双峰驼等地方品种 123 个。该区域所有地方畜禽品种总共有 191 个，群体规模 2 909 万头（只 / 匹），占全国 12.1%。

闽粤地理生态文化区 包括广东、广西（除百色、河池两地）、福建、台湾、海南、香港、澳门和南海诸岛。年干燥指数 20 以上。作物一年两熟或三熟，以种植水稻、甘蔗、薯类为主。猪、家禽等品种资源丰富，耐热性强，有驯养小型猪和小型牛的传统。原产于该区域的地方畜禽品种有 67 个，如官庄花猪、闽南牛、福安水牛、戴云山羊、晋江马、金湖乌凤鸡、金定鸭和长乐鹅等，占全国所有地方畜禽品种数的 11.1%。近年来又陆续从区外其他省份引入二花脸猪、温州水牛、湖羊、大足黑山羊、江山乌骨鸡、绍兴鸭、永康灰鹅和吉林梅花鹿等地方品种 78 个。该区域所有地方畜禽品种共有 145 个，群体规模 4 907.2 万头（只 / 匹），占全国 20.4%。

西南地理生态文化区 包括四川（除甘孜和阿坝藏族羌族自治州）、重庆、贵州、云南（除迪庆藏族自治州）、陕西的汉中地区，广西的百色和河池地区。该区地形起伏，气象因素复杂。除部分小气候区域外，年干燥指数 20 以上，属湿润夏雨地带。大部分地区农作物一年两熟或三熟，主要作物有水稻、玉米、油菜、小麦。西南地区自古以来是多民族聚居区域。耐湿热的山羊，遍及平原山地的鸡种，实用俊美的小型山地马，与当地烹调文化浑然一体的各类型水禽，是西南地区畜牧文化的独特之处。原产于该区域的地方畜禽品种有 161 个，如乌金猪、关岭牛、木里牦牛、贵州白水牛、威宁绵羊、贵州白山羊、贵州马和云南花兔等，占全国所有地方畜禽品种数的 26.7%。近年来又陆续从区外其他省（区）引入民猪、秦川牛（早胜牛）、海子水牛、湖羊、青海骆驼、福建白兔、边鸡和淮南麻鸭等地方品种 130 个。该区域所有地方畜禽品种共有 291 个，群体规模 2 198.3 万头（只），占全国 9.1%。

蜂方面，中蜂作为我国地方蜂种，自然分布于除新疆以外的全国各地，但其分布极不均匀。西南地区因多样的地形地貌和复杂的气候类型，形成并分布着非常丰富的中蜂遗传资源，而中南地区的温湿气候及丰富的蜜粉源更适宜中蜂生存繁衍，该地区拥有最多的中蜂种群数量。同时中蜂遗传资源的分布与纬度、海拔密切相关，纬度越大、海拔越高的地区中蜂个体更大，体色偏黑；反之个体更小，体色偏黄。西方蜜蜂中，东北黑蜂、珲春黑蜂、新疆黑蜂及西域黑蜂分布区域临近中国东北或西北的边境线，地理位置相对偏远，分布具有鲜明的地域性。浙江浆蜂原产于浙江的杭嘉湖平原，该蜂种适应性广，曾推广至全国除西藏以外的地区。

蚕方面，包括北方、黄淮河流域、长江流域、南方中部山地、华南平原丘陵 5 大蚕区及 17 个亚区，横跨 5 个气温带，演化出与地理环境相适应的丰富蚕遗传资源。其中，北方蚕区是我国柞蚕主产区，以放养二化性柞蚕为主，部分地区也饲养一化性家蚕；黄淮河流域、长江流域及南方中部山地蚕区主要以饲养二化性和一化性家蚕为主，是我国传统高产优质茧基地；华南平原丘陵蚕区以饲养二化性和多化性家蚕为主，耐高温高湿是该地区蚕资源的最主要特性。

第四节 中国畜禽遗传资源的动态变化

自第二次全国畜禽遗传资源调查（以下简称第二次调查）[①]以来，近15年中国畜禽遗传资源状况发生了较大变化。畜禽品种数量增加，分布区域和特征特性均呈现新的趋势和变化，畜禽地方品种种群规模有升有降，主要表现在以下四个方面。

一、品种数量

与第二次调查相比，第三次普查确认存在的畜禽品种净增加242个（新增287个品种，减少45个品种），具体变化见表0-1-2。地方品种中，鸡增加最多，达到26个，其次是绵羊增加14个，猪增加13个，牦牛增加10个，山羊增加9个，鸭增加7个，兔、鹅、鸽、马鹿各增加2个，水牛、番鸭各增加1个。第三次普查中，畜禽和蜂地方品种净增加96个，包括第二版《中国畜禽遗传资源志》出版前已鉴定通过但未收录的资源、重新发现的遗漏品种，以及新发掘鉴定的资源。

蜂增加2个地方品种、1个培育配套系和2个引入品种，减少1个培育配套系和1个引入品种。蚕是第一次全方位普查，经国家畜禽遗传资源委员会确认的品种共307个。此外，第二次调查中的犬、孔雀和水鹿（共34个品种），依据《畜牧法》和《国家畜禽遗传资源目录》的有关规定，不属于畜禽，故不在第三次普查范围之内。

（一）发掘了一批独具特色新遗传资源

新发掘的81个资源包括猪5个、牛14个、羊22个、兔1个、鸡24个、鸭7个、鹅2个、鸽2个、马鹿2个、蜂2个。

表0-1-2 第二次调查和第三次普查各畜种品种变化 个

畜种	地方品种		培育品种及配套系		引入品种及配套系		总计	
	第二次调查	第三次普查	第二次调查	第三次普查	第二次调查	第三次普查	第二次调查	第三次普查
猪	76	89	18	43	6	8	100	140
普通牛	52	57	8	11	10	15	70	83
瘤牛	0	0	0	0	1	1	1	1
水牛	26	27	0	0	2	3	28	30
牦牛	12	22	1	2	0	0	13	24
大额牛	1	1	0	0	0	0	1	1
绵羊	42	56	21	37	8	13	71	106

① 以第二版《中国畜禽遗传资源志》出版时间为准。

续表 0-1-2

畜种	地方品种		培育品种及配套系		引入品种及配套系		总计	
	第二次调查	第三次普查	第二次调查	第三次普查	第二次调查	第三次普查	第二次调查	第三次普查
山羊	58	67	8	14	3	6	69	87
马	29	29	13	14	9	14	51	57
驴	24	24	0	0	0	0	24	24
骆驼	5	5	0	0	0	0	5	5
兔	6	8	9	15	9	11	24	34
鸡	107	133	44	101	37	26	188	260
鸭	33	40	4	14	8	4	45	58
鹅	30	32	1	4	5	4	36	40
鸽	2	4	0	3	1	4	3	11
鹌鹑	0	0	0	1	2	2	2	3
梅花鹿	1	1	6	7	0	0	7	8
马鹿	1	3	4	3	0	0	5	6
驯鹿	1	1	0	0	0	0	1	1
羊驼	0	0	0	0	1	1	1	1
火鸡	1	1	2	0	2	3	5	4
珍珠鸡	0	0	0	0	1	1	1	1
雉鸡	2	2	1	2	1	1	4	5
鹧鸪	0	0	0	0	1	1	1	1
番鸭	0	1	0	2	2	2	2	5
绿头鸭	0	0	0	0	1	1	1	1
鸵鸟	0	0	0	0	3	3	3	3
鸸鹋	0	0	0	0	1	1	1	1
水貂	0	0	6	6	2	5	8	11
银狐	0	0	0	0	2	2	2	2
北极狐	0	0	0	0	1	1	1	1
貉	1	1	1	2	0	0	2	3
蜂	21	23	7	7	8	9	36	39
汇总	531	627	154	288	127	143	812	1 057

这些资源大部分发掘自偏远山区或交通不便地区，特色明显。例如，帕米尔牦牛对高海拔和极度干旱环境适应性强，是当地塔吉克族和柯尔克孜族民众奶、肉、毛等生活资料的重要来源，也是山区驮运物资和高海拔地区边境巡逻的重要交通工具，被称为固疆守边的“戍边牛”。凉山黑绵羊属于肉毛兼用型绵羊，具有肉用性能好、适应性强等特点，被当地牧民称作“黑色精灵”，与节庆斗羊及祭祀（毕摩）等文化习俗有着源远流长的历史沿革。粤西卷羽鸡养殖历史悠久，全身羽毛翻卷，又称“麒麟鸡”，具有散热性能好、抗高温环境等特点。

青藏高原区域发掘鉴定了 35 个地方品种，占新发掘鉴定品种总数的 43.2%。其中，阿克鸡、帕米尔牦牛、查吾拉牦牛、霍尔巴绵羊、凉山黑绵羊、多玛绵羊、岗巴绵羊、玛格绵羊、苏格绵羊、泽库羊等品种资源分布海拔高，更适应高寒低氧环境，耐强辐射，且生产性能表现优良，入选了农业农村部 2021 年“十大新发现畜禽遗传资源”。

专栏

◆ 一头牦牛，三代护边 ◆

帕米尔牦牛遗传资源的挖掘，还要从“一头牦牛，三代护边”的英雄故事说起。拉齐尼·巴依卡是一名护边员，他接过祖父、父亲的接力棒，常年骑着牦牛奔波在祖国的边防线上，2020 年 1 月 8 日为解救落入冰窟儿童不幸遇难。为传承拉齐尼·巴依卡的精神，新疆有关部门和援疆干部积极对接，将帕米尔牦牛和拉齐尼·巴依卡家的事迹专门向农业农村部汇报，农业农村部高度重视，立刻组织专家对帕米尔牦牛资源进行重点调查，发现帕米尔牦牛是一个古老的原始品种，生存环境极其恶劣，但其体格粗壮结实，善爬陡峭山路，毛色较杂，以黑色、黑褐色为主。帕米尔牦牛对高原荒漠、极端干燥环境具有极强的适应性，是当地塔吉克族和柯尔克孜族民众奶、肉、毛等生活资料的重要来源，也是山区托运物资的重要交通工具和固疆守边的戍边牛。据后汉书记载，“不只有骆驼，还有帕米尔牦牛驮着货物，行走在丝绸之路上”。帕米尔牦牛为塔县边防线的修建也立下了汗“牛”功劳。2021 年 11 月，帕米尔牦牛被遴选为农业农村部“十大新发现畜禽遗传资源”之一。

（二）找回了 8 个灭绝品种（类群）和 2 个遗漏品种

《全国畜禽遗传资源保护和利用“十三五”规划》（农办牧〔2016〕43 号）中曾宣布灭绝品种 14 个，《中国畜禽遗传资源状况》（2004 年）中曾宣布灭绝品种 17 个。这两次确认的灭绝品种中，荡脚牛和塘脚牛是同一品种，是方言发音不同造成的误读；深县猪在第三次普查前被找回，已列入《国家畜禽遗传资源品种名录（2021 年版）》。对于这些曾宣布灭绝的畜禽品种，第三次普查将其作为重点调查对象，开展了专项回溯调查。经多方努力和反复核实，重新找到了 8 个曾宣布灭绝的品种（类群），分别是项城猪、北港猪、豪杆嘴型内江猪、上海水牛、临沧长毛山羊、烟台糁糠鸡、太平鸡、中山麻鸭。另有一些品种曾在《中国畜禽遗传资源状况》（2004 年）中记载过，但因种种原因没有列入《中国畜禽遗传资源志》（2011 年），也没有列入《畜禽遗传资源品种名录（2021 年版）》。这类遗漏品种也成为第三次普查的重点，组织各地开展回溯调查，龙游乌猪和黑河马2个品种被重新发现。这些堪称“遗珠”的品种资源历史悠久，具有优良性状，且蕴藏着优异基因，是中华农业文明和丰富地域文化的载体。其中，项城猪养殖历史可追溯至5 000年前，具有产仔率高、耐粗饲、肉质好等特点，是不可多得的珍贵种质资源。

截至2023年12月，曾宣布灭绝的品种还有21个仍未找到，分别是横泾猪、虹桥猪、潘郎猪、雅阳猪、福州黑猪、平潭黑猪、河西猪、大普吉猪、荡（塘）脚牛、阳坝牛、高台牛、枣北大尾羊、陕北鸡、九斤黄鸡、临洮鸡、武威斗鸡、萧山鸡、草海鹅、文山鹅、思茅鹅、舟山火鸡。

（三）培育了一批适应市场需求的新品种

自第二次调查以来，各地按照畜牧业高质量发展要求，面向市场需求，充分发挥地方资源优势，“土”“洋”结合培育了畜禽新品种（配套系）148个，增幅达93%，有力提升了核心种源供给和市场竞争力。其中，猪25个、普通牛3个、牦牛1个、绵羊17个、山羊6个、兔8个、鸡62个、鸭12个、鹅3个、鸽3个、鹌鹑1个、梅花鹿1个、雉鸡1个、番鸭2个、水貂2个、貉1个。自主培育出圣泽901、广明2号、沃德188共3个白羽肉鸡配套系，其性能与国际品种不相上下，实现了快大型白羽肉鸡育种零的突破。自主培育的高产蛋鸡品种已占国内市场的70%以上；优质黄羽肉鸡品种肉质好、风味佳，满足了国内差异化的饮食需求和消费习惯；华西牛具有生长速度快、屠宰率高、抗逆性好、适应能力强等特点，深受市场欢迎。

2006年以来，中国育成了22个家蚕新品种，支撑了新一轮蚕品种的更新换代。特别是培育了可生产细纤度高品质蚕丝的蚕品种、单养雄蚕品种、适应人工饲料的蚕品种等，为现代蚕业高质量发展提供了种源保障。

（四）引进了一批国外优良品种

第二次调查以来，各地从国外陆续引进了40个品种及配套系，一定程度上保障了畜禽育种和畜牧业生产对核心种源的需求。其中，猪2个、普通牛5个、水牛1个、绵羊5个、山羊3个、马8个、兔4个、鸡3个、鹅1个、鸽3个、水貂3个、蜂2个。这些引入品种及配套系不仅丰富了我国畜禽遗传资源，也为培育新品种提供了育种素材。如引进的杜泊羊，具有生长速度快、屠宰率高的特点，与中国地方品种杂交，培育了杜蒙羊、鲁西黑头羊等多个肉羊新品种。

（五）部分培育品种和引入品种退出市场

第二次调查以来，由于不能完全适应市场需求变化，有45个品种（配套系）退出了市场，在第三次普查中没有发现退市品种。

培育品种及配套系18个：伊犁白猪、南昌白猪、三江白猪、光明猪、冀合白猪、鲁农Ⅰ号猪、内蒙古半细毛羊、中系安哥拉兔、哈尔滨大白兔、五星黄鸡、皖南黄鸡、皖南青脚鸡、粤禽皇2号鸡、粤禽皇3号鸡、三水白鸭、仙湖肉鸭、东北黑褐色标准水貂和米黄色水貂。

引入品种及配套系27个：顿河马、卡巴金马、新吉尔吉斯马、德系安哥拉兔、法系安哥拉兔、澳洲黑鸡、宝万斯蛋鸡、迪卡蛋鸡、金彗星、罗马尼亚蛋鸡、安卡、海波罗、海佩克、罗曼肉鸡、明星肉鸡、尼克肉鸡、皮尔奇肉鸡、皮特逊肉鸡、印第安河肉鸡、奥白星鸭、狄高鸭、海加德鸭、丽佳鸭、莱茵鹅、匈牙利灰鹅、新西兰赤鹿和BUT火鸡。

二、种群规模

对比分析第二次调查和第三次普查的畜禽种群规模数据，结果显示，地方品种种群规模有升有降。在培育品种中，除中国荷斯坦牛、中国西门塔尔牛等品种外，其他大部分品种种群规模普遍下降。在引入品种中，除大白猪、长白猪、杜洛克猪、杜泊羊、荷斯坦牛等生产主导品种外，其他品种种群规模呈萎缩状态。

畜禽地方品种数量占我国畜禽品种总数量的六成，在我国畜牧业生产中占有举足轻重的地位。地方品种种群规模变化和原因经系统梳理发现，178 个种群规模上升的品种中，有 137 个呈明显增长趋势，增幅 50% 以上。分析其原因主要有两个：一是市场需求拉动。两广小耳花猪（广东小耳花猪）、文昌鸡、清远麻鸡、瑶鸡、狮头鹅、浙东白鹅、闽西南黑兔等地方品种，因产品品质好、风味佳、有特色，符合差异化、多元化、个性化的市场需求，特色产业发展前景好，养殖效益比较高，老百姓和相关企业愿意养殖，尤其是有龙头企业的带动，市场行为导致品种群体规模不断增加。二是产业政策扶持。在中国大力发展牛羊产业政策拉动下，湖羊、小尾寒羊等地方品种因繁殖力高、适应性强等特点，可以快速扩群，被广泛用作肉羊杂交生产的当家母本，并用于培育新品种，推广至全国各地，导致群体数量明显增长。另外，地方畜禽品种分布地往往与贫困地区非常契合，发展特色养殖业是该地区脱贫攻坚、实现乡村振兴的重要途径。

在 308 个种群规模下降的品种中，268 个品种呈明显下降趋势，下降幅度超过 50%。造成群体规模下降的原因主要有两个：一是商业化品种应用广泛，主导品种市场占有率越来越高，地方品种占有率快速降低。二是部分地方品种生长速度慢，饲料转化率低，生产成本高，市场竞争力差，优异性状挖掘不充分，未能将资源优势转化为产业优势，长期处于保种状态。下一步应加强对这些畜禽的动态监测，加强开发和利用。

三、分布区域

第三次普查发现，我国畜禽遗传资源依据养殖数量和品种特性呈现不同分布状态，“面”“点”“片”三种并存。一是主导品种呈全国性分布，如杜洛克猪、长白猪、大白猪和杜泊羊等引入品种，中国荷斯坦牛和中国西门塔尔牛等性能优良的培育品种，以及湖羊、小尾寒羊等开发利用较好的地方品种。二是绝大部分地方品种以主产区和核心区分布为主，呈点状分散分布，如猪、普通牛、水牛、绵羊、山羊、马、驴、家禽等畜种的地方品种。三是特色地方品种连片分布，如牦牛、西藏羊等集中分布在青藏高原区域。

按畜种分，猪以引入品种为主，主要为长白猪、大白猪和杜洛克猪等生长速度快、瘦肉率高的国产化引入品种，呈全国性分布。89 个地方品种覆盖 30 个省（区、市），其中，32 个地方品种仅分布在原产地省份，57 个地方品种跨省分布。地方品种主要分布在闽粤、青藏高原、西南和湘鄂赣 4 个地理生态文化区，以主产区和核心产区分布为主。

普通牛以培育品种为主，主要为中国西门塔尔牛和中国荷斯坦牛等性能优良的品种，呈全国性分布。其中中国西门塔尔牛分布在全国 24 个省（区、市），中国荷斯坦牛分布在全国 27 个省（区、市）。57 个地方品种覆盖 29 个省（区、市），其中 30 个地方品种仅分布在原产地省（区、市），27 个地方品种跨省（区、市）分布。地方品种主要分布在西南、青藏高原和湘鄂赣 3 个地理生态文化区，以主产区和核心产区分布为主，呈点状分布。牦牛以地方品种为主，主要分布在我国海拔 3 000 m 以上的青藏高原区域，集中分布在青海、西藏、四川和甘肃。22 个地方品种覆盖 13 个省（区、市），其中 12 个品种仅分布在原产地省（区、市），10 个品种跨省（区、市）分布；分布区域以主产区和核心产区为主，且连片分布趋势增强。水牛以地方品种为主，集中分布在云南、广西、海南和贵州 4 个省（区），以主产区和核心产区分布为主。

绵羊以地方品种为主，56 个地方品种覆盖 31 个省级行政区，其中 25 个品种仅在原产地省（区、市）分布，31 个品种跨省（区、市）分布。地方品种主要分布在内蒙古、青藏高原和新疆 3 个地理生态文化区，以主产区和核心产区分布为主，呈点状分布。杜泊羊等引入品种、湖羊和小尾寒羊等开发利用较好的地方品种呈全国性分布，杜泊羊分布在 20 个省（区、市），湖羊和小尾寒羊分别分布在 29 个和 18 个省（区、市）。山羊以地方品种为主，67 个地方品种覆盖 31 个省（区、市），其中 13 个地方品种仅在原产地省（区、市）分布，54 个地方品种跨省（区、市）分布；地方品种分布在内蒙古、青藏高原和西南 3 个地理生态文化区，以主产区和核心产区分布为主。

马以地方品种为主，29 个地方品种覆盖 24 个省（区、市），其中 3 个品种仅在原产地省（区、市）分布，26 个品种跨省（区、市）；地方品种主要分布在内蒙古、青藏高原、新疆和西南 4 个地理生态文化区，以主产区和核心产区分布为主。

驴全部为地方品种，分布在华北、内蒙古、西南和新疆 4 个地理生态文化区，以主产区和核心产区分布为主。

骆驼主要分布在内蒙古、青藏高原和新疆 3 个地理生态文化区，全部为地方品种，以主产区和核心产区分布为主。其中，阿拉善双峰驼、新疆塔里木双峰驼等 4 个地方品种分布呈扩张趋势，且群体规模上升；新疆准噶尔双峰驼呈点状分布。

鸡、鸭和鹅以地方品种为主，主要分布在东南、闽粤、湘鄂赣 3 个地理生态文化区，以主产区和核心产区分布为主，呈点状分布。鸡地方品种分布范围最广，133 个地方品种覆盖 29 个省（区、市），其中，52 个地方品种在原产地省（区、市）分布，81 个地方品种跨省（区、市）分布；38 个鸭地方品种覆盖 18 个省（区、市），其中，9 个地方品种在原产地省（区、市）分布，29 个鸭地方品种存在跨省（区、市）分布；32 个鹅地方品种覆盖 15 个省（区、市），其中，6 个地方品种在原产地省（区、市）分布，26 个鹅地方品种存在跨省（区、市）分布。

四、特征特性

第二次调查以来，中国畜禽遗传资源的特征特性随市场变化发生了新的变化。地方品种受开发利用和本品种选育等因素的影响，利用方向和生产性能产生了明显变化。市场占有率高的引入品种通过持续的本土化选育，生产性能稳步提升，日益接近原产国水平。

（一）地方品种的主要性能因利用方向改变而变化

由于市场需求变化，湖羊生产逐步从“皮主肉从”向“肉主皮从”的综合利用方向发展，羔羊一级羔皮率下降，宰前活重和胴体重持续增加；驴由传统单一役用向肉、奶、胶等全方位多分支综合利用方向转变；骆驼由役用、骑乘向奶、肉、绒方向转变；江山乌骨鸡、丝羽乌骨鸡、润州凤头白鸭、四川麻鸭、云南麻鸭等由综合利用逐渐向肉用、药用等专门化利用方向转变；一些观赏型地方禽种，如吐鲁番斗鸡、贵妃鸡等逐渐向肉用型利用方向转变。

（二）地方品种的优良特性因开发利用程度不同而有升有降

一些开发利用较好的地方品种，其繁殖、产肉、产蛋和产奶等主要性能指标显著提高。如广东小耳花猪总产仔数和产活仔数稳步提升，初产数均提升 1.8 头，经产分别提升 2.6 头、2.3 头。秦川牛成年公牛体重增加 34.1 kg，体高增加 5.3 cm。九龙牦牛成年公牛体重增加 25.8 kg，体高增加 4.6 cm。辽宁绒山羊产绒量明显提高，母羊产绒量提高 72%，同时羊绒品质保持优良。全国奶山羊 300 天泌乳期平均产奶量提高 11.1%，阿拉善双峰驼日产奶量提高 150%。家禽成年体重、产蛋数显著升高：清远鸡 9 周龄体重，公母平均从 0.82 kg 增加到 1.79 kg，提高了 118.3%；文昌鸡成年体重，公母平均从 1.86 kg 增加到 2.17 kg，提高了 16.7%，年产蛋数增加 50 个以上；狮头鹅成年体重，公母平均从 8.23 kg 增加到 8.91 kg，提高了 8.3%，10 周龄体重增加 350 g。开发利用不足的地方品种选育强度不高，生产性能呈现不同程度的下降。如大花白猪和隆林猪的日增重降低 190~241 g，浦东白猪和皖南黑猪的平均产仔数下降 3 头；兰坪乌骨绵羊和多浪羊的胴体重分别平均下降 11.53 kg 和 16.69 kg。

（三）引入品种本土化选育效果明显

如杜洛克猪、大白猪和长白猪等主导品种的重要经济性状获得稳步提升，100 kg 体重日龄分别降低 9 天、6.7 天和 5 天，大白猪和长白猪总产仔数分别提高 1.7 头和 1 头；奶牛群体产奶量显著增加，成年母牛平均单产提高 73%。

第二章

中国畜禽遗传资源特色鲜明

中国丰富的畜禽遗传资源，是在多样化的地理、生态、气候和人文环境下，通过长期自然选择和人工驯养培育形成的。在与畜禽和谐共生的漫长岁月里，勤劳聪慧的中华民族将畜禽价值发挥得淋漓尽致：肉、蛋、奶、毛、绒、皮等衣食功能；农耕、运输、通信等役用功能；祭祀、娱乐、观赏、艺术等文化功能；军事、外交、科学等特殊功能。在统筹推进中国式现代化进程中，畜禽遗传资源在保障国民经济发展、改善社会民生、彰显文化自信、建设生态文明等方面不断展现新的时代价值。

第一节　独具魅力的优异特性

与欧美商业化的高产品种相比，中国畜禽遗传资源别具特色。在起源上双方关系疏远，中国畜禽遗传资源具有起源差异优势，而且品种数量多，种质特性各异，特别是在繁殖性能、适应性、耐粗饲、产品品质等方面表现突出，还有一些品种具有优异的产绒性能和医用药用、竞技观赏价值，携带有大量优良特性基因，是一座珍贵的基因宝库，独具魅力。

一、肉质鲜美

原产于中国的猪、牛、羊、鸡、鸭、鹅等地方品种，素以肉质鲜美、细嫩、醇香、风味独特著称于世，特别适合国人的口味和消费习惯，这是欧美品种无法比拟的，也是中国畜禽品种的优势所在。例如，以文昌鸡、清远麻鸡、北京油鸡等为代表的三黄鸡，皮薄、肉嫩、味美，成为全国食客追捧的对象；以北京鸭为原料的中华美食——北京烤鸭享誉世界；莱芜猪、深县猪等肌内脂肪含量达 10% 以上，能生产出“雪花猪肉”，其肉质细腻、口感香醇、富有弹性、营养价值高，深受广大消费者喜爱。乌珠穆沁羊的胴体丰满，色泽鲜红，肉层厚实紧凑，肌内脂肪分布均匀，鲜嫩多汁，无膻味，是涮羊肉、手抓羊肉等的上乘原料。

二、繁殖力高

中国的猪、绵羊、山羊品种中蕴藏着高繁殖力基因。与欧美品种相比，梅山猪、二花脸猪等品种性成熟早、乳头数多、产仔多、繁殖力强，享有“国宝”之誉。二花脸母猪和梅山猪公猪杂交，历史上曾创造了窝产仔 42 头的世界最高纪录，为提高世界种猪产仔数做出了重要贡献。湖羊、小尾寒羊、济宁青山羊等常年发情，母性强、奶汁足，平均产羔率达 260%，远远超过欧美那些著名的多产品种。当前湖羊和小尾寒羊已成为中国肉羊生产的当家母本。

三、产蛋量多

鸭蛋产业是中国传统的特色优势产业，这得益于优秀的高产蛋鸭品种。绍兴鸭、金定鸭、龙岩山麻鸭等品种开产早、产蛋多、持续时间长，产蛋数多达 310 个，超过了欧美专用品种在集约化饲养条件下的平均生产水平，有力支撑了中国特色鸭蛋产业的发展。豁眼鹅、籽鹅、四川白鹅等品种是世界上产蛋量很高的珍稀鹅种资源。在半放牧条件下，豁眼鹅产蛋数可达 100 个以上，为世界之冠。四川白鹅为中型鹅种，其配合力强、综合性能好，被广泛用作鹅育种的母本。

四、抗逆性强

中国畜禽在起源上与欧美品种关系疏远，普遍适应性强、抗逆性强、耐粗饲，同时蕴含着多种多样的非特异性免疫基因，为更好应对未来需求变化和不可预见风险提供了战略储备条件。例如，千百年来中国种植业和养殖业相辅相成，长期驯养造就了中国的猪、黄牛、绵羊和山羊消化利用秸秆、藤蔓、糠麸、糟渣等农副产品饲料的禀赋，且表现出良好生产性能，而欧美高产品种难以适应这种饲养条件。原产于东北地区的民猪抗寒能力强，冬天其皮肤表面长满绒毛，在 –20℃气温条件下仍能正常活动。藏猪是世界上分布海拔最高的猪种，常年放牧饲养，能适应青藏高原高海拔低氧环境条件。蒙古马具有超强耐寒性，冬天能从 40 cm 厚雪下刨出干草充饥，生存能力极强。阿拉善双峰驼能忍饥耐渴，善于在沙漠中长途跋涉。中蜂普遍具有抗逆性强的特点，华中中蜂对当地寒冷气候耐受能力强，在 5℃环境时依然能出巢采集冬季开花的枇杷蜜源；阿坝中蜂适应高原生态环境，能够在 3 500 m 以上高海拔地区生存繁衍，并能利用高原草甸上的珍稀药用蜜源。

五、产绒性能优异

中国是羊绒生产大国，羊绒产量约占世界总产量的 70%，这离不开优良品种的种源支撑。中国绒山羊的产绒性能和品质领先国际。其中，辽宁绒山羊是世界上产绒量最高的品种，最高产绒量：成年公羊 2 300 g，成年母羊 2 170 g，具有绒纤维长、净绒率高、绒毛洁白、改良中低产绒山羊效果好等特点，被誉为“中华国宝”。内蒙古绒山羊以绒毛品质好著称于世，绒细度多在 14.5~16.0 μm，具有极高绒用价值，被誉为“软黄金”“纤维宝石”。分布在长城以北地区、北纬 35° 以北的黄河流域和青藏高原的山羊一般都具有产绒潜力，而且绒质各具特色。此外，中国的一些鹅品种也表现出优秀的产绒性能，如皖西白鹅产绒量高达 71.8 g，羽绒洁白、弹性好、蓬松度好，以绒朵大著称。

六、毛皮性能优良

中国家畜中众多品种具有突出的产毛产皮性能，在促进特色产业发展中发挥了重要作用。中国兔毛、兔皮产量居世界第一位，占世界总产量的90%以上，是名副其实的生产大国，其中的优良品种对此做出了重要贡献。如浙系长毛兔产毛量高，2000年创造了千只长毛兔群体产毛量的世界纪录，公母兔平均年产毛量分别为1 715 g和1 940 g，远高于国际公认的高产毛量的德系安哥拉兔。第三次普查测定结果显示，浙系长毛兔平均产毛量达到2 177 g。长江三角洲白山羊生产笔料毛，以5~8月龄公羔颈脊部的细光峰毛最为珍贵，其毛色洁白、挺直有峰、富有弹性，是过去制作御用贡品“湖笔”的专用原料毛。滩羊生产的裘皮，毛股长7~8 cm，弧度均匀，毛穗柔软洁白，质地细润，波浪弯曲、皮板柔韧，保暖性强，曾是中国出口创汇的传统优势商品。乌苏里貉的毛皮飘逸柔润，色泽丰满，绒毛厚密，是世界裘皮界公认的精品。

七、产浆性能好

蜂王浆作为纯天然“药食同源”蜂产品，具有抗氧化、提高机体免疫力等特殊保健功能，深受消费者欢迎。中国是世界上蜂王浆最大生产国与出口国，年出口量稳定在1 000吨以上，产量占全球90%以上。我国蜂品种经过长期选育，王浆产量高，质量好。20世纪60年代起，浙江杭嘉湖平原的蜂农持续开展群众性选种育种工作，以蜂王浆产量为育种目标，对意大利蜂进行定向选择，经过近30年努力，育成了泌浆性能优异的品种—浙江浆蜂。浙江浆蜂育成后很快在全国各地得到推广应用，根本性地改变了我国传统西蜂养殖模式，蜂王浆生产逐步成为蜂农收入的重要来源。作为全世界唯一商品化的产浆蜂种，第三次普查结果显示，浙江浆蜂单群蜂王浆年产量在16 kg以上，最高可达20 kg。浙江浆蜂的蜂种选育与推广是中国对世界养蜂业发展最重要的贡献之一。

八、蚕血液型脓病抗性强

家蚕血液型脓病是家蚕病毒病之一，此病一旦发生，危害很大。我国科学家利用保存的家蚕遗传资源库，发掘出抗血液型脓病——*BmNPV*基因，先后将该基因导入生产用品种，育成的抗血液型脓病“华康”系列等品种，抗病性能提高1 000倍以上。培育新品种深受市场欢迎，目前已覆盖我国20多个主产省（区、市）蚕区，合计推广量超过1 000万盒，主蚕区血液型脓病的发生率极显著下降；同时一代杂交种还成为出口蚕种的主力军，截至2022年，已出口206万盒到乌兹别克斯坦、阿塞拜疆等“一带一路”共建国家。“华康”系列等抗血液型脓病品种的育成与推广，基本解决了蚕业生产上脓病频发的“卡脖子”问题，为蚕桑产业可持续发展做出了积极贡献。

第二节　国民经济的重要支撑

畜禽与生俱来就是为人所用的，可为农业生产提供动力和肥料，贯穿社会经济发展全过程，服务于一二三产业，能改善老百姓的衣食住行，是促进国民经济发展和改善社会民生的物质基础，具有重要战略价值、经济价值和科学价值。随着时代变迁，人们各种需求不断变化，畜禽资源特性不断变化，畜禽利用价值也在不断改变。在古代，畜禽主要用于军事、农耕、肥田、交通运输和饮食，各地选育了一大批特色鲜明的符合军事、生产与生活需要的地方品种，如蒙古马、伊犁马、秦川牛、南阳牛、鲁西牛、晋南牛、延边牛、宁乡猪、荣昌猪、太湖猪、金华猪、滩羊、文昌鸡等。现在畜禽主要是为人们提供优质动物蛋白，并用于种业创新、稳产保供和科学研究，同时肩负着脱贫攻坚和乡村振兴的时代重任，其军事、役用价值越来越低。这期间变化的是市场需求和利用方式，不变的是畜禽所蕴藏的利用价值。畜禽资源始终与人们的生活紧密相连，在人类发展史上发挥着重要作用。

一、军事价值

在古代冷兵器时代，马是一个国家的重要战略资源，主要用于军事，能使军队机动灵活、出奇制胜，并为军用物资运输提供动力。《后汉书·马援传》记载“马者，兵甲之本，国之大用”，足以说明战马的重要性，马政为国家之大政。不是所有的马都能成为战马，这与品种资源及其种质特性密切相关。战马必须体型庞大，适合装甲骑具，耐力强，勇敢，听从命令，长途骑行舒适，这就成为当时马的主要选育方向。伯乐相马就是要发现善于长距离奔跑的“千里马”。晋朝崔豹《古今注·鸟兽》记载秦始皇有追风、白兔、蹑景、奔电、飞翮、铜爵、神凫等名马。汉武帝时期开始从西域地区引进体格较大的善于奔跑的大宛马、乌孙马。唐朝认识到“即杂胡种，马乃益壮”，从大宛、康居、波斯等地引进大宛马、康居马、波斯马，还从突厥引进蒙古马。中国瑰宝“昭陵六骏”雕刻了唐太宗李世民骑过的赫赫有名的六匹战马，分别叫拳毛䯄、什伐赤、白蹄乌、特勒骠、青骓、飒露紫。中国文学作品中的名马如赤兔马、的卢、乌骓、绝影、照夜玉狮子、爪黄飞电、穆王八骏等，无不体现出人们对优良马品种的追求。至今，中国还保留着伊犁种马场、昭苏马场、山丹军马场、红山军马场等大型马场，饲养有伊犁马、山丹马、蒙古马等优良品种，见证着马利用方向的历史变迁。目前，马主要用于民族赛事、观光休闲骑乘、文旅活动、产品用马等，同时还被用作邦交友好的国礼。

二、役用价值

农耕社会，牛是国计民生之基石，为耕稼之本，是古代农业生产的主要动力。“牛乃耕农之本，百姓所仰，为用最大，国家之为强弱也”（东汉应劭《风俗通义》），“君所恃在民，民所恃在食，食所资在耕，耕所资在牛。牛废则耕废，耕废则食去，食去则民亡，民亡则何恃为君”（《新唐书·列传》第四十三回）等，都是对牛役用价值和重要性的精当论述。自汉朝开始，为了保证农业生产有足够的畜力，以“禁止私杀牛”为内容的耕牛保护制度便被载入中国历代王朝的法律中。由于生态气候、耕作制度和生活习俗不同，各地选育了适合当地条件、以役用为主的牛品种。北方以旱作为主，培育了秦川牛、南阳牛、鲁西牛、晋南牛、延边牛等优良品种，主要特征是体格大、骨骼粗壮、体质强健、役力强，同时表现出良好产肉性能。南方以稻作为主，培育出了适合水田耕作的水牛品种，如江苏的海子水牛、浙江的温州水牛、广西的富钟水牛、云南的德宏水牛等。20 世纪初，“牛是农家宝，耕田少不了”“槽头耕牛兴旺，地里五谷丰登”等谚语广为流传。中华人民共和国成立之初，黄牛主要用作役力，国家还出台了役畜保护措施。随着机械动力在农业生产中的普及应用，“铁牛”逐渐代替耕牛，牛以役力为主的角色逐渐弱化，转为以提供奶、肉，即优质动物蛋白为主。

三、食物价值

随着中国经济快速发展，肉、蛋、奶从过去的“奢侈品”变为如今老百姓的“家常菜”。这一转变代表了我们对传统畜禽资源价值进行审视与利用的改变。在古代，畜牧业是农业生产的从属产业，养猪、养牛、养马不是为了吃肉喝奶，主要是为了肥田、耕地、军事等目的。现在，以畜禽遗传资源为基础支撑的畜牧业，已成为关系国计民生的重要产业、农业农村经济的支柱产业、保障食物安全和居民生活的战略产业，国民身体健康的主要依靠。产业发展要求畜禽品种的主要用途是提供优质蛋白质，要求其生产性能更高、产品质量更优。可以说，畜禽品种选育方向的这一转变具有革命性、根本性、方向性。只有如此，畜禽养殖业才能更好发挥其经济效益、社会效益和环境效益，产业发展才更有质量、效益和竞争力，才能不断满足人民日益增长的美好生活需要。

随着畜牧科技的不断创新发展，中国利用优异畜禽遗传资源自主培育了一批高产、高效、优质，符合新时代要求的新品种。如自主培育的高产奶牛肉牛品种有中国荷斯坦牛、云岭牛、华西牛等；自主培育的高产蛋鸡蛋鸭有京红系列、国绍Ⅰ号、农湖2号等；高产肉鸡肉鸭有圣泽901、广明2号、沃德188、中新白羽肉鸭、京典北京鸭等；优质猪、鸡品种有乡下黑猪、湘沙猪和雪山鸡、温氏青脚麻鸡2号、京海黄鸡、富凤麻鸡等。同时从境外引进了一批高产优良品种，如杜洛克猪、西门塔尔牛、萨能奶山羊、海兰蛋鸡等。通过品种创新、本土化选育、良种引进和产业化开发，有力支撑了畜禽产品的有效供给，畜禽产品总产量达2亿吨，实现了中国人的饭碗里主要装自家产的肉、蛋、奶的目标。

四、医药价值

中国人自古讲究药食同源，在饮食中注重养生保健和治病。畜禽在中医药传承和创新发展中同样发挥着重要作用。至今保留下来的一些中医药名品，其原料就来源于这些特殊的畜禽资源。

泰和乌鸡的药用功效很早就被李时珍写入《本草纲目》，乌鸡全身均可入药，可以配成多种成药和方剂。现在广为应用的名贵中药乌鸡白凤丸，是以乌鸡全鸡为主、配以其他中药材制成的妇科常用良药。鹿茸等产品具有补精髓、助肾阳、强筋健骨的功效。阿胶自古以来都是滋补养生佳品，具有补血止血、养肾固精、美容养颜等功效，药用保健价值高。

随着现代医学技术和动物实验技术的发展，人们发现畜禽资源具备新的医学研究价值，突出表现为中国畜禽在动物模型研发、医药保健等方面存在巨大潜力和价值。例如，猪是人类疾病研究的动物模型，也是器官移植非常好的供体选择；荣昌猪纯白突变个体的听力存在缺陷，是人类遗传性感音神经性耳聋疾病的理想动物模型，生物医学潜在价值巨大；五指山小型猪近交系被认定为中国实验动物资源，具有自主知识产权，已应用于新药鉴定、食品安全、医用生物敷料产品和异种组织移植等多个领域，为人类疾病模型建立、药物研发等提供了新的高标准实验动物。

五、生态价值

生物多样性是人类赖以生产和发展的基础。保护生物多样性是维持地球生态平衡、促进人与自然和谐发展的重要任务。畜禽是生物多样性的重要组成部分，每个畜禽种类在自然界中都有其独特的生态地位和功能，是生态系统的有机组成部分。多样化的畜禽生态类型和生产力类型，有助于满足不同地域、不同生态、不同生产条件下的多种育种需求，有助于满足广大人民群众个性化和多元化消费需求，有助于适应未来需求之变化，具有不可估量的价值。

中国畜禽长期在不同自然、经济和文化背景下演化，形成了多种生态类型，其中有些类型在世界范围内是绝无仅有的，如分布在青藏高原的牦牛、藏羊、藏猪、藏鸡等对高寒、低氧、强辐射等恶劣自然环境具有极强适应性，五指山猪等小型猪种对海岛热带气候高度适应。同时中华民族对畜禽的利用有着卓越的智慧，创造了多种多样的产品类型，形成了丰富多彩的生产力类型。如同样是猪，有专供腌制火腿的金华猪，也有烤乳猪用的香猪；同样是鸭，有适合生产鸭蛋的绍兴鸭、金定鸭，适合生产烤鸭的北京鸭，适合生产板鸭的大余鸭，以及适合生产肥肝的建昌鸭等；鸡有适宜蛋用、肉用、肉蛋兼用、药膳用（乌鸡系列）、竞技用（斗鸡系列）等类型；兔有肉用、毛用、皮用、观赏、实验用途等多种类型。

蜜蜂有“农业之翼”的美称。蜜蜂授粉对于维持生态平衡、保护生物多样性以及维持许多生态系统功能至关重要。作为主要传粉昆虫之一，蜜蜂在植物的繁殖和种群生态中起着关键作用。它们从花朵中采集花粉和花蜜，通过花粉传播，促进了植物的繁殖和多样性。蜜蜂不仅能提供美味蜂蜜和其他蜂产品，还是农业增产的关键因素之一，对人类社会具有巨大的经济和社会意义。目前蜜蜂授粉业蓬勃发展，北京、浙江等地的设施农业授粉，内蒙古等地的向日葵授粉，广东、福建等地的荔枝、龙眼授粉等已初具规模。通过蜜蜂授粉，油菜、棉花、油葵、草莓、苹果等产量大幅增加，品质显著改善。

六、社会价值

一方水土养一方人，产一方物，兴一方产业，富一方百姓。畜禽产于乡村牧户，是当地老百姓的重要生产生活资料。从古至今，畜禽养殖都是发展农业农村经济的重要抓手。《史记·货殖列传》中记载“天水、陇西、北地、上郡与关中同俗，然西有羌中之利，北有戎翟之畜，畜牧为天下饶”，展示的是古代西北一些地区因畜禽养殖而富甲一方。即使在东部，也因为畜禽养殖而富民兴业，唐朝姚合在《扬州春词三首》中写到扬州“有地惟栽竹，无家不养鹅”。

在全面建成小康社会的今天，这些畜禽遗传资源以其本土适应性和优异生产性能，通过产业扶贫、产业振兴等方式，在打赢脱贫攻坚战、助力乡村振兴中再次展现出时代价值，发挥着越来越重要的作用。尤其在“三区三州”国家深度贫困地区和全国14个集中连片特困地区的脱贫攻坚中，畜禽遗传资源的作用更加突出，涌现出了一批可复制可推广的成功典型案例。例如，属于武陵山集中连片特困地区的湖北神农架林区、五峰土家族自治县和重庆市石柱土家族自治县，充分利用当地中蜂资源和蜜源植物优势，大力发展中蜂产业扶贫，走出了一条产业兴村富民之路，被评为全国养蜂精准扶贫示范县。其中，五峰土家族自治县的中蜂产业扶贫工作入选“全球110个获奖减贫经典案例”，被联合国作为世界减贫案例在全球推广。浙江湖州通过对口帮扶，向新疆柯坪、四川广安等地选送湖羊种羊，示范带动当地5 000余户农户增收脱贫。“湖州湖羊进疆入川种质资源开发减贫案例”获得由联合国粮农组织等举办的第二届全球减贫案例活动的最佳案例。

第三节　中华文化的生动载体

在漫漫历史长河中，畜禽及其产业发展不仅在物质层面促进了社会进步，同时在精神层面对中华文化的塑造产生了重要影响，孕育了极为丰富多彩的文化资源，对中华文明的起源、形成和发展起到了重要作用，为人类文明增添了光辉灿烂的一页。畜禽以其独特的形象、特点与价值，植入到中华传统文化之中，在丰富传统文化、诠释民族精神过程中，增强了中华文明的厚重感，推进了文化自信自强。

一、传统文化的重要元素

农耕文化是中华优秀传统文化的根和魂，是五千年中华文明的根基。畜禽资源则是构成优秀传统文化的重要元素。牛耕田、马运输、鸡司晨、猪祭祀和积肥、鸽传书、蚕吐丝、蜂酿蜜，这些是畜禽资源在农业生产中的独特角色与价值，同时在传统文化中扮演了重要的角色。

畜禽资源对传统文化的影响起始于人们对牲畜图腾的崇拜。新石器时代，当我们所熟知的牛与马还没有引入时，猪是作为重要的家畜用于祭祀并被崇拜的。新石器时代早期的墓葬中时常有猪的骨骼出现，因为人们将猪作为财富的象征来供奉死者。红山文化遗址曾经出土了“玉猪龙”，猪在当时与龙并称，说明其文化形象远比现在高大。商代的祭祀，有太牢与少牢两种形式，太牢主要是用牛、猪与羊作为祭品，少牢则用猪与羊。中国最看重“家”字，实际上与猪关联很大，“猪”古字为“豕”，即无“豕”不成“家”。

随着马和牛被驯化并引入中国北方，马和牛的形象开始出现在古代文化艺术品中。马常常以威武的形象成为艺术品的常客。1969 年 10 月出土于甘肃省武威市雷台汉墓的铜奔马，通高 34.5 cm，长 45 cm，宽 13.1 cm，重 7.3 kg，造型矫健精美，作昂首嘶鸣、疾足奔驰状，显示了一种勇往直前的豪情壮志，是中华民族“天行健，君子以自强不息”气质的象征。晋朝皇甫谧《帝王世纪》云：“神农氏，姜姓也”“人身牛首，长于姜水”“以火德王，故曰炎帝”，将遍尝百草倡导农耕的炎帝神农氏描述为“牛首人身”，显然是将牛视为正面的形象来刻画的。

畜禽还是历代诗词曲赋和字画等艺术作品中不可或缺的元素。南北朝时期的北朝民歌《敕勒歌》：“天苍苍，野茫茫，风吹草低见牛羊”，是对自然生态下牛羊放牧情形的描写；唐朝骆宾王《咏鹅》：“白毛浮绿水，红掌拨清波”，描绘了鹅在水中游动的美景；唐朝鲍溶《将归旧山留别孟郊》：“蚕桑能几许，衣服常著新”，既是对伟大母爱的感慨，同时也是对栽桑养蚕给人们生活带来福祉的描写；唐朝罗隐《蜂》：“采得百花成蜜后，为谁辛苦为谁甜”，是对蜂辛勤劳动付出的赞美。

与畜禽相关的文化作品的展示，已经成为各地弘扬传统文化的主要途径。目前全国与畜禽、蜂和蚕遗传资源相关的博物馆、文化馆有近百个，它们从各自领域、以不同视角向今天的人们展示着底蕴深厚的、植根于畜禽养殖的中华传统农耕文化的根基和脉络。

丰富的畜禽遗传资源也是中国传统饮食文化形成的要素来源。“五畜为益”，无论是古代官宦家厨烹调的私房菜，还是民间厨师研制的大众食法，都在对畜禽美食的挖掘和创新中彰显了厚重的中国传统文化底蕴。全聚德烤鸭、高邮松花蛋、南京盐水鸭、金华火腿、德州扒鸡、四川回锅肉、巴马香猪肉、新疆烤羊肉串、酸马奶、驼掌、蜜汁煎鱼、花粉糕等，这些文化内涵深厚的传统美食，其原料都来自我国品质优异的畜禽遗传资源。

二、民族精神的重要象征

以勤劳、勇敢、坚韧、谦逊、内敛、守信、奉献、担当、忠诚等为内核的民族精神，是中华民族现代精神谱系中的重要内容，其中有很多文化内涵来源于畜禽与昆虫养殖所体现出来的优秀品质。可以说，人们是在利用畜禽资源的过程中获得灵感并总结提炼成中华民族的文化品格，激励每一位中华儿女勤劳奉献、奋发有为。

在中国历史上，马在战争与交通中发挥了重要作用，往往被视为是胜利和成功的象征，所以成语有“马到成功”。马在中国传统艺术和文学中经常被描绘为奔驰的姿态，象征着快速和勇敢。关于马，还有龙马精神一说。龙马是指传说中的骏马，龙马精神就是像龙马一样非常具有力量，形容健壮非凡的精神。马在中国传统文化中还象征着财富和繁荣，人们认为马能够带来财富和好运。在一些传统节日和庆典中，马作为吉祥的象征，经常用以祈求来年的幸福。

牛代表着勤奋与奉献。赞美牛是传统文化的重要组成部分，人们赋予牛“厚德载物，吃苦耐劳；脚踏实地，奋力向前；默默无闻，无私奉献”的品德。还总结出牛具有“为民服务孺子牛、创新发展拓荒牛、艰苦奋斗老黄牛”的“三牛”精神。鲁迅先生不仅礼赞牛“吃进去的是草，挤出来的是奶”，还自勉“俯首甘为孺子牛”。

鸡代表守时，同时有“五德之禽”一说。汉朝韩婴所作《韩诗外传》中描述鸡“头上有冠，是文德；足后有距能斗，是武德；敌前敢拼，是勇德；有食物招呼同类，是仁德；守夜不失时，天明报晓，是信德。”民间还常常将鸡视为吉祥物，认为可以吃掉各种毒虫，为人类除害，具有避邪之功。因此，开年第一天，民间以红纸剪鸡做窗花，并且把这天定为“鸡日”。

蜜蜂一直是勤劳的代名词，明朝吴承恩《咏蜂》中写有“穿花度柳飞如箭，粘絮寻香似落星。小小微躯能负重，嚣嚣薄翅会乘风”，阐释的是蜜蜂具有勤劳、付出和敬业的精神。蜜蜂酿蜜的过程，还体现了团队合作和匠人特点，因而蜜蜂也是团队精神和工匠精神的代表。

蚕有“破茧成蝶”“春蚕到死丝方尽”的成语与诗句，表达了蚕不畏艰难、甘于奉献的精神；与丝绸相关的“丝路精神”则代表开放包容、互利共赢，更是全面建设社会主义现代化国家新征程上极为重要的精神力量。

三、生态农业的重要组成

加强生态文明建设，迫切需要汲取传统农业精华，继承发展生态循环农业。我国有几千年的农牧结合、桑渔结合、稻鱼鸭结合等实践经验，当下备受推崇的种养循环、生态农业理念古已有之——“以农养牧、以牧促农”。中国传统农业始终秉承协调和谐的三才观、辨土施肥的地力观、变废为宝的循环观，桑基鱼塘、稻田系统、庭院经济等传统的生态循环模式，是中国历经千载而“地力常壮”的主要原因。

畜禽遗传资源作为生态循环农业系统的重要组成部分，参与创作了生物多样性丰富、生态景观独特的各类农业文化遗产，如全球重要农业文化遗产“浙江湖州桑基鱼塘系统”“甘肃迭部扎尕那农林牧复合系统”“内蒙古阿鲁科尔沁草原游牧系统”，中国重要农业文化遗产“西藏当雄高寒游牧系统”“云南腾冲槟榔江水牛养殖系统”“重庆大足黑山羊传统养殖系统”“四川石渠扎溪卡游牧系统”“江西泰和乌鸡林下生态养殖系统”“山西阳城蚕桑文化系统”“浙江桐乡蚕桑文化系统”“江苏吴江蚕桑文化系统”，省级重要农业文化遗产“苏州吴中区环太湖流域林畜复合系统”等。这些珍贵农业文化遗产既是古老生态种养智慧的浓缩，也是未来循环农业发展的范例。

专栏

◆苏州吴中区环太湖流域林畜复合系统◆

苏州市吴中区居民令当地环境与太湖流域独特的生态环境协同进化，结合湖羊、枇杷、中蜂等农业资源优势，将养羊积肥、林果种植、养蜂授粉等多重生产活动合理搭配，形成环太湖流域林畜复合系统——圈养湖羊产生的粪便经过发酵处理后作为枇杷等果茶种植的有机肥料，茶果叶及林间杂草用来饲喂湖羊，中蜂则为冬季开花的枇杷授粉。该系统呈现了林畜复合的农业种养景观和农村经济特色，衍生出丰富多彩的湖羊文化、林果文化和中蜂文化，盛产的湖羊、枇杷、枇杷蜜、杨梅等特色产品美名远扬，以中蜂、枇杷、碧螺春茶、湖羊为主的特色农业产业产值超10亿元。

农牧结合中，能量循环利用，要素相互流动。北方旱作农业区，马、牛作役畜助耕，食用作物的副产品与秸秆，过腹并通过粪便还田。南方稻作农业区，牛吃稻草、猪吃糠麸，其粪积肥，人食稻米及畜产品。农耕时期，由于猪在积肥方面的重要功用，几乎家家养猪，谚语有云“种田不养猪，秀才不读书”，体现了猪与农业生产的特殊关系。雪域高原，牦牛是生态系统中的重要物种，也是牧民重要的生产生活资料，其奶、肉可食，皮毛可做帐篷、毛毡、衣服，粪可作肥料及燃料。畜禽资源有效提升了农作物利用效率，提高了土壤生产力和固碳能力，促进了农业绿色高质量发展和生态良性循环。

桑渔系统里，“塘基种桑、桑叶喂蚕、蚕沙养鱼、鱼粪肥塘、塘泥壅桑”，种桑和养鱼相辅相成、桑地和池塘相连相倚，实现循环链近乎“零排放”的生态效益，产生“两利俱全，十倍禾稼”的经济效益。近年来，浙江大力保护利用“浙江湖州桑基鱼塘系统”，2018 年成功申报全球重要农业文化遗产，并进一步深化这一可持续多层次的复合生态农业循环系统，有力推动了生态农业全产业链发展，助力人民共同富裕。

稻鱼鸭结合中，稻田养鱼和鸭，鸭不仅可为水稻提供肥料、为鱼提供饲料，还能清除部分田间杂草，有效控制稻田病虫害。此外，鸭还被专门用来治蝗，据明代陈经纶《治蝗笔记》记载：“四十只鸭，可治四万之蝗”。如今苏南经济带的农村，润州凤头白鸭等品种参与稻鸭共作，不仅生产着优质鸭产品，还成为农业文化遗产保护的有效载体。

四、休闲娱乐的重要依托

畜禽资源能够给人们带来娱乐，以及观赏带来的愉悦。与畜禽资源相关的众多竞技娱乐活动起源很早，并一直延续到今天，并被赋予新价值。斗鸡是古代一项娱乐活动，发源于西周时期，至汉晋时期主要是上层社会的游戏。例如，西周时期纪渻子为宣王养斗鸡，春秋时期季氏、郈氏养斗鸡，临淄城中出现斗鸡赛狗等。汉晋以后，斗鸡成为寒食节必备的一种民俗活动。南朝时宗懔著《荆楚岁时记》记载南方地区在寒食节时有斗鸡的习俗。丝羽乌骨鸡在元初的《马可波罗行记》中就有记载，在 1915 年巴拿马万国博览会上，丝羽乌骨鸡以其独特的体型外貌，获观赏鸡种金奖。漳州斗鸡、河南斗鸡、鲁西斗鸡等天性勇敢，能拼善斗，常用于各种民间斗鸡表演活动中。润州凤头白鸭头顶凤冠，极具观赏价值，已先后游进江苏苏州虎丘、上海豫园、浙江横店圆明新园等景点，供游人欣赏。

秦汉时期出现了舞马。《盐铁论》有“百兽马戏”的记载。三国时曹植《献马表》谈到他训练的大宛紫骍马，“教令习拜，今辄已能，又能行与鼓节相应”。隋唐时期，又出现骑马打球等体育娱乐活动。今天，中国云南、贵州、四川及广西百色地区的矮马品种，体高不足 1 米，体型矮小俊美，性情温顺，如德保矮马，在很多城市的游乐场、动物园、马术俱乐部等开设骑乘观赏和训练等项目。蒙古马等地方品种能跑善战，耐力极强，是那达慕“男儿三技”等民族盛事的首选用马；岔口驿马以善走对侧快步而闻名，用于仪仗队表演。

斗牛在西方比较盛行，主要是人与牛斗，而中国西南少数民族地区的斗牛习俗，主要是牛与牛斗。这种娱乐形式主要出现在苗族、侗族和彝族地区，规模和影响大的是在凯里、雷山、台江、剑河等县市举行的苗族斗牛，以及黎平、从江、榕江等地举行的侗族斗牛。侗族还在斗牛比赛基础上，创造了一种名为古式斗牛的舞蹈。彝族斗牛已有 1 000 多年历史，每逢火把节、春节或遇重要喜庆活动，人们便以村或乡为单位举行斗牛比赛。比赛时参赛的公牛被牵到一起进行顶力和耐力较量，以淘汰的方式决出“冠军”。

第三章

中国畜禽遗传资源保护体系日益完善

中国高度重视畜禽遗传资源保护，《种业振兴行动方案》把资源保护利用列为首要行动。种质资源普查是畜禽遗传资源保护的基础性工作，种质特性测定和安全状况评估是资源保护的重要依据。1976年以来，中国先后开展了3次全国性畜禽遗传资源调查（普查）。2021年启动的第三次全国畜禽遗传资源普查实现了区域全覆盖、畜种全覆盖、主要指标全覆盖，全面摸清了我国畜禽、蜂和蚕遗传资源家底，对现有品种全部建立“户口本”，系统评估了我国畜禽遗传资源的安全状况和特征特性，落实“一品一策”保护方案，61个濒危品种全部得到抢救性保护。

实施国家和省级两级管理，建立国家统筹、分级保护、有效衔接的保护机制，国家级保护品种159个、省级保护品种537个。科学规划布局保种场、保护区、基因库相结合的保护体系，加快建设资源保护“三道”安全屏障，国家级保护品种原产地活体保护率达到100%，省级保护品种的活体保护率达到73%；国家家畜基因库保存了371个品种135万份遗传材料，保存品种数和保存数量均居世界首位；家养动物种质资源库保存了体细胞10万余份，家禽活体基因库保存了鸡品种46个、鸭品种22个、鹅品种20个。蚕基因库保存种质资源2 000多份，位居世界前列。同时，民间保种方兴未艾、蓬勃发展，构建起政府主导、多元参与的畜禽遗传资源保护新格局。

第一节　依法开展畜禽遗传资源调查（普查）

畜禽遗传资源始终处于动态变化中，需要定期组织开展调查。新修订的《中华人民共和国畜牧法》对此作出了明确规定。中华人民共和国成立以来，中国先后组织开展了三次全国性资源调查（普查）。2021—2023年第三次全国畜禽遗传资源普查，是新中国历史上规模最大、覆盖范围最广、技术要求最高、参加人员最多的一次全国性普查，摸清了全国畜禽、蜂和蚕遗传资源的种类、数量、分布、特征和性能，掌握了资源演变趋势和濒危状况，为加强资源保护与管理、制定种业发展战略规划、加强科学研究、开展国际交流与合作提供了科学依据。

一、第一次全国畜禽遗传资源调查

为摸清畜禽遗传资源状况，从20世纪50年代开始，中国就着手畜禽遗传资源调查。中华人民共和国成立后不久，相关部门于1954—1958年对部分畜禽品种开展了初步调查，出版了《祖国优良家畜品种》，收录畜禽品种46个（猪13个、黄牛8个、水牛1个、绵羊12个、山羊2个、马6个、驴1个、家禽3个）。这些优良品种引起了有关部门和畜牧科技工作者的高度重视，为开展第一次全国性调查奠定了基础。

1976年，原农林部启动第一次全国畜禽遗传资源调查，会同各有关部门，历时8年之久，初步摸清了全国大部分地区的畜禽遗传资源状况，出版了《中国猪品种志》《中国牛品种志》《中国羊品种志》《中国马驴品种志》和《中国家禽品种志》，收录畜禽品种282个。这是中国首次出版畜禽品种志书，论述了畜禽品种的起源、演变、历史，介绍了每个品种的产地分布、外貌特征、生产性能、保护利用现状及展望等，对于产业发展、科学研究、人才培养等具有重要历史、经济和科学价值，该套志书于1987年获得国家科学技术进步奖二等奖。1996—1999年，我国对西藏、贵州、云南、四川西南四省（区）的偏远地区进行了补充调查，新发现79个品种（类群）。

20世纪80年代初，原农牧渔业部组织开展了对全国26家单位家蚕遗传资源的摸底调查，在此基础上出版《中国家蚕品种志》，收录家蚕品种与遗传材料510个，介绍家蚕品种来源、主要形态性状与经济性状，提出其优良杂交组合与适应地区范围。这是中国第一部较完整记述家蚕品种的专著，对我国蚕业生产、科研教学、家蚕育种具有重要意义。

二、第二次全国畜禽遗传资源调查

2006年6月，农业部启动了第二次全国畜禽遗传资源调查，同期启动蜂遗传资源调查，组织各地畜牧兽医部门、技术推广机构和科研院校，动员6 900多人，历时3年，基本摸清了全国绝大部分地区畜禽遗传资源状况和变化趋势；出版《中国畜禽遗传资源志》7卷，收录畜禽和蜂品种812个，系统记述了第一次调查以来中国畜禽遗传资源的演变和发展，翔实记载了中国畜禽遗传资源的最新状况。其中，蜜蜂和特种畜禽相关志书为中国首次出版，填补了该领域志书的空白。《中国畜禽遗传资源志》于2013年荣获第三届中国出版政府奖图书奖。

与第一次调查相比，第二次调查的范围更广，畜种更多，内容更丰富，不仅涉及猪、牛、羊、家禽、马、驴等，还包括骆驼、兔、鹿、水貂、狐、貉、蜂等。通过调查，在偏远地区新发现了高黎贡山猪、瓢鸡等一批特色地方品种，进一步丰富了我国畜禽遗传资源多样性。依据调查结果和对品种认知的不断深化，对太湖猪、中国水牛、中国斗鸡等“同名异种”品种进行了科学拆分，再加上新培育的品种和新引入的品种，第二次调查确认的品种数量比第一次多494个。

第二次调查之后，2011—2020年又陆续鉴定一系列畜禽和蜂遗传资源，编写出版《中国畜禽遗传资源（2011—2020年）》，收录畜禽品种37个，包括猪7个、牛10个、羊5个、兔1个、鸡7个、鸭5个、鸽1个、蜂1个。

三、第三次全国畜禽遗传资源普查

2021年3月，农业农村部组织31个省（区、市）[①] 和新疆生产建设兵团，启动了第三次全国畜禽

① 此处不包含中国港澳台地区。

遗传资源普查。普查工作历时 3 年，首次全面系统摸清了畜禽、蜂和蚕遗传资源的家底，包括畜种种类、品种数量、地理分布、生态环境、群体数量、特征特性等基本情况，明晰了有什么、有多少、在哪儿、怎么用等，掌握了其演变趋势和濒危状况。第三次普查结果表明，中国有畜禽品种 1 018 个，蜂 39 个，蚕 307 个。据统计，全国有 15 万名专家、4.5 万个单位、80 万调查人员参与普查工作，行程超过 4 000 万公里，调查测定畜禽、蜂和蚕超过 3.1 亿只（头、匹），撰写调查报告 1 500 份，拍摄影像资料和品种照片 450 万幅，掌握了大量第一手资料。

与前两次调查相比，第三次普查范围更广、规模更大、对象更明确、内容更全面、手段更先进，具体表现如下。

一是畜种和区域全覆盖。第三次普查以行政村为单元开展调查，覆盖了 31 个省（区、市）和新疆生产建设兵团的全部县、乡、村及相关单位，挨家挨户进场逐一调查，走访了每一个养殖场（户）和每一个村，共调查 3 078 个县（区、旗及相关单位）、4 万个乡镇（街道）、62.5 万个行政村，实现了应查尽查。涵盖了《国家畜禽遗传资源目录》收录的所有畜禽、蜂和蚕品种。

二是内容更全面更深入。第三次普查的内容不仅包括品种来源、数量分布、外貌特征、体尺体重、生产性能等常规指标，还采集了品种群体照片和部分品种视频资料。同期还组织开展了精准鉴定工作，采集畜禽品种血液或组织样本，开展基因组测序，挖掘特异基因，为每个品种建立分子身份证和 DNA 特征库。

三是手段更先进。第三次普查采取资料搜集与实地调查相结合、面上普查与重点调查相结合、现场调查与远程指导相结合、常规测定与分子检测相结合、信息技术与调查技术相结合的方式，即查即报、在线审核、实时调度，工作效率显著提升。

四是保护更及时。第三次普查同步启动了品种资源的抢救性收集保护，即边普查边收集边保护，以防止我国地方品种消失。

第二节　系统开展畜禽遗传资源状况评估

第三次普查全面评估了中国畜禽遗传资源的安全状况，发现 61 个地方品种受到不同程度威胁，亟需抢救性保护，其余品种处于安全状态；系统测定了 33 个畜禽、蜂和蚕种的特征特性，为畜禽遗传资源开发利用奠定了基础。

一、安全状况评估

评定畜禽遗传资源安全等级是明确保护优先顺序、落实分级分类保护措施、加强精准管理的一项重要基础性工作。在第三次普查中，按品种统计，没有未发现的地方品种，说明第二次调查以来没有一个地方品种丢失；按类群统计，地方品种仅有 1 个类群——灶猪未发现，为淮猪的 1 个类群[①]。对中国 604 个地方品种进行安全状况评估，发现八眉猪、秦川牛、湖羊、北京油鸡等 543 个品种处于安全状态，但河套大耳猪等 61 个地方品种受到不同程度威胁，占地方品种（类群）总数的 10.1%。农业农

① 据第二次调查统计，淮猪有 6 个类群，分别是：淮北猪、山猪、灶猪、定远猪、皖北猪、淮南猪。

村部立即组织各地开展抢救性保护工作，使这些地方品种的安全状况整体好转。

（一）处于濒危状况的畜禽遗传资源

不同国家、不同组织评定畜禽濒危等级的方法和标准不尽相同。对比分析 FAO、欧盟等的评估方法，综合分析影响畜禽濒危状况的因素指标，中国研究制定了适合国情、科学有效、具有自主知识产权的畜禽遗传资源濒危等级评定方法：《家畜遗传资源濒危等级评定标准》（NY/T 2995）《家禽遗传资源濒危等级评定标准》（NY/T 2996），以 100 年群体近交系数为关键评定指标，同时提出随机交配和家系等量留种的具体评估方法，将畜禽濒危等级划分为濒临灭绝、严重危险、危险、较低危险和安全 5 个等级，既符合中国畜禽遗传资源保护实际，又提高了评估方法的可操作性和适用性，为全面、系统、科学评估全国畜禽遗传资源安全状况提供了有力支撑。

按照《家畜遗传资源濒危等级评定标准》和《家禽遗传资源濒危等级评定标准》进行安全状况评估，结果显示，处于濒临灭绝状态的畜禽品种 24 个（表 0–3–1），严重危险状态的畜禽品种 13 个（表 0–3–2），危险状态的畜禽品种 24 个（表 0–3–3），濒危畜禽品种占地方品种总数的 10.1%，明显低于第二次调查结果（濒危品种占 14%）和 2016 年畜禽品种濒危比例（18%），远低于全球畜禽品种濒危比例（21.4%）。

在濒危品种中，猪的数量最多，有 35 个，占比最高，达 57%；牛有 11 个，占 18%；家禽有 6 个，占 10%；羊有 4 个，占 7%；其他畜种有 5 个，占 8%（图 0–3–1）。

猪的濒危品种数量最多，占猪地方品种总数的 39.3%，不少地方品种养殖规模不断萎缩，部分品种的群体数量锐减，主要有三方面原因：一是近年来非洲猪瘟等疫病对地方猪种造成了严重威胁；二是长白猪、大白猪、杜洛克猪等引入品种的大范围商业化推广应用，挤占了地方品种的市场份额；三是地方猪种品质和风味方面的优势未能转化为市场竞争优势，好猪肉没有卖出好价格，养殖比较收益低于引入品种。

表 0–3–1　处于濒临灭绝状态的畜禽品种（24 个）　　个

畜种	品种数量	品种
猪	14	河套大耳猪、东串猪、淮猪、姜曲海猪、米猪、兰溪花猪、官庄花猪、闽北花猪、莆田猪、滨湖黑猪、杭猪、乐平猪、海南猪、湖川山地猪
普通牛	6	冀南牛、平陆山地牛、徐州牛、蒙山牛、阿沛甲咂牛、樟木牛
水牛	1	上海水牛
绵羊	1	泗水裘皮羊
驴	1	临县驴
鸡	1	吐鲁番斗鸡

表 0–3–2　处于严重危险状态的畜禽品种（13 个）　　个

畜种	品种数量	品种
猪	8	浦东白猪、碧湖猪、华中两头乌猪（监利猪）、大花白猪、黔东花猪、龙游乌猪、北港猪、项城猪

续表 1-3

畜种	品种数量	品种
水牛	1	贵州白水牛
山羊	2	马关无角山羊、临沧长毛山羊
鸡	2	太白鸡、烟台糁糠鸡

表 0-3-3　处于危险状态的畜禽品种（24 个）

个

畜种	品种数量	品种
猪	13	马身猪、沙乌头猪、圩猪、武夷黑猪、赣中南花猪、玉江猪、大蒲莲猪、蓝塘猪、粤东黑猪、五莲黑猪、沂蒙黑猪、深县猪、枣庄黑盖猪
普通牛	3	太行牛、复州牛、温岭高峰牛
山羊	1	承德无角山羊
马	1	腾冲马
驴	1	长垣驴
兔	1	云南花兔
鸡	2	漳州斗鸡、东安鸡
鹅	1	鄱县白鹅
雉鸡	1	天峨六画山鸡

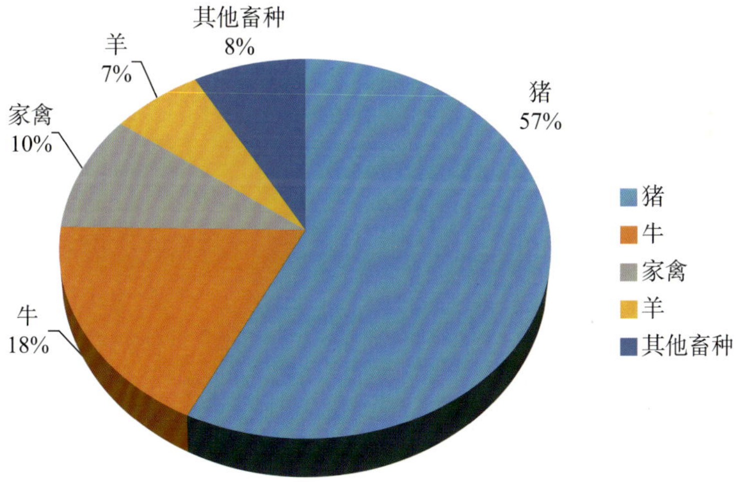

图 0-3-1　畜禽濒危品种构成

（二）抢救性保护

在对畜禽遗传资源安全状况评估的基础上，中国及时启动畜禽濒危品种抢救性保护行动，对 61 个畜禽品种进行重点保护。针对畜禽品种特征特性和养殖现状，制定“一品一策”个性化抢救性保护方案，成立 134 个工作组和专家组，从中央财政普查工作经费中安排抢救性保护资金 915 万元，支持开展活体保护工作。河北、陕西、西藏等 23 个省（区、市）组织开展了濒危畜禽遗传资源的再次核查，进一步摸清群体底数，组建保种群体，明确近百家保护主体，压实保种责任。国家和省级专家深入现场分品种指导抢救性保护工作，建立保种基础群系谱档案，制定留种方案，开展体型外貌和生产性能测定，增加家系数量，扩大群体规模。制定遗传材料采集制作方案，组织开展冷冻体细胞、冷冻精液、冷冻胚胎等遗传材料的采集制作工作，做到所有濒危品种全覆盖。持续开展珍稀濒危畜禽遗传资源动态监测，实时掌握其动态变化。

通过开展抢救性保护工作，61 个濒危品种确定了保护主体，获得了专项经费支持，种群数量得到不同程度增长，安全状况整体向好，灭失风险得到有效控制。冀南牛在第三次普查时发现存栏仅 37 头，处于濒临灭绝状态。河北省认真落实抢救性保护工作方案，认定保护主体为省级保种场，组织冀南牛所在市农业农村局、县人民政府和保护主体签订了《河北省畜禽遗传资源保护协议书》，进一步明确了三方的权利和义务。在中央财政投入 34 万元基础上，河北省财政安排资金 80 万元、邯郸市财政安排 20 万元，加快对冀南牛实施抢救性保护工作。目前，冀南牛群体已扩大到 54 头，同时还采集保存了冀南牛体细胞 210 份，冷冻精液 800 多支，保护成效显著。太白鸡在第三次普查中发现存栏仅 58 只，消失灭绝风险极高。陕西省各级农业农村主管部门、市县政府和保护主体，认真落实太白鸡抢救性保护工作方案，在中央财政给予 20 万元补助费的基础上，省财政拿出 66 万元、市和县财政分别拿出 10 万元，全部用于太白鸡抢救性保护工作。目前，太白鸡群体数量从 58 只扩繁到 450 只，增长明显。西藏自治区科技厅和农业农村厅还将阿沛甲咂牛和樟木牛保护纳入自治区“十四五”重大科技攻关计划，设立重点研发项目，给予重点支持。

专栏

◆ 绝不让雪域高原濒危种质资源灭失 ◆

阿沛甲咂牛和樟木牛是分布在青藏高原的珍稀品种，适应高原极端生态环境，肉、奶生产性能优秀。第三次普查发现，樟木牛仅存 19 头，阿沛甲咂牛仅存 39 头，可用种公牛只有 1 头，当时完全“靠天”养殖，处境非常危险，随时都有可能灭绝。农业农村部、西藏自治区人民政府第一时间全面启动抢救性保护行动，“三管”齐下，决不让雪域高原濒危种质资源灭失。一是在原产地林芝市工布江达县仲莎乡和日喀则市聂拉木县樟木镇，分别划定阿沛甲咂牛和樟木牛保护区域，建立联户保种机制，将现有种群全部保护起来；二是采集制作阿沛甲咂牛 1 公、7 母，以及樟木牛 1 公、3 母的耳缘组织体细胞 500 份，在国家家畜基因库进行战略保存；三是成功开展体细胞克隆保种，尽快扩大群体数量。

专栏

◆ 抢救性保护罗盘山猪 ◆

罗盘山猪是湖川山地猪的一个重要类群，因产于重庆市潼南区境内的罗盘山地区而得名。第三次普查发现，该类群仅存母猪 155 头、种公猪 3 头（来自同一家系），处于濒临灭绝状态。重庆市相关部门采取了多种措施进行抢救性保种。一是对现存所有罗盘山猪进行外貌鉴定、分子遗传鉴定，理清血缘系谱、佩戴专用耳标，收集保存精液、体细胞等遗传材料3 000多份。二是通过近缘种Y染色体导入血统恢复技术创制新的罗盘山猪血统，同时开展罗盘山猪体细胞克隆。三是重庆市政府每年安排抢救性保护专项经费用于养殖补贴，扶持保种大户和企业，扩大罗盘山猪的群体数量。四是开展异地保种，将部分罗盘山猪移至重庆市国家级重点区域基因库（位于重庆市畜牧科学院育种基地）进行活体保种。

二、种质特性评估

畜禽种质特性是畜禽品种所独有的，有别于其他种群并能稳定遗传的特性。种质特性评估是明确各遗传资源价值、指导资源保护和利用的基础。第三次普查中，全面调查测定了33个畜禽、蜂和蚕种的973个品种的基本信息、地理分布、群体规模、生态自然条件、资源保护、开发利用、饲养管理、品种评价、体型外貌、生长发育、屠宰性能、生产性能、产品品质、繁殖性能等15类重要指标，调查测定量最多的品种指标高达321个；首次对蜂与蚕的形态特征、生产性能和生物学特性进行了全面测定，调查测定量最多的品种指标高达1 135个；拍摄畜禽、蜂和蚕个体、群体和特征照片450余万幅，影像资料近3 000套，采集数据超过1 200万条，为遗传资源保护和开发利用奠定了基础。

（一）传统畜禽

猪 系统测定了猪遗传资源的生长发育、屠宰性能、肉品质、饲料转化率等175个指标。中国地方品种猪资源的突出特点是肉质优良，肌内脂肪含量在3%~5%，其中莱芜猪可达10.9%。部分品种具有繁殖性能好、环境适应性强、耐粗饲等优势，如二花脸猪的乳头数10对以上，窝均总产仔数16头；民猪在–28℃的寒冷环境下可正常活动；藏猪在海拔4 000 m以上仍保持正常生长发育；马身猪的粗纤维表观消化率达60.18%。但地方猪资源也普遍存在生长速度慢、产肉效率低等问题，达到上市体重普遍要10个月以上，瘦肉率仅40%左右。

普通牛 中国普通牛地方品种以肉用型和肉役兼用型为主，其次为奶肉兼用型和奶用型。地方品种成年公牛体重在400 kg以上的占45%，鬐甲高120 cm以上的占60%。部分品种具有肌内脂肪丰富、肉质鲜嫩、风味口感好的优势，例如，经育肥的晋南牛肌内脂肪含量评分达到3.7（雪花牛肉）、郏县红牛的剪切力仅3.88 kg/cm^2。不足的是，部分中国地方牛品种存在体格小、生长速度慢、后躯发育欠丰满等缺点，如迪庆牛、江城黄牛、南丹牛的成年体重仅有181~235 kg，鬐甲高仅为104~105 cm。

牦牛 中国牦牛主要以奶肉兼用型为主，其次为肉用型。成年公牛体重在300 kg以上的占47%，鬐甲高120 cm以上的占63%。我国牦牛被誉为“高原之舟”，具有天然的高寒低氧适应性、抗逆性强等优势，如娘亚牦牛、查吾拉牦牛、玉树牦牛等常年生长在海拔4 000 m以上的青藏高原。中国牦牛资源存在生长发育速度慢、繁殖性能不高等缺点，例如，斯布牦牛、昌台牦牛、类乌齐牦牛、麦洼牦牛、木里牦牛、查吾拉牦牛的初产年龄都在48月龄以上。环湖牦牛成年公牛鬐甲高平均仅107 cm、体重170 kg，母牦牛101 cm、活体重158 kg。

水牛 中国水牛主要为役肉兼用型，其次为肉用型。我国水牛具有体型较大、性情温顺、役用性能好、耐高温高湿、抗病力强等特点。例如，地方水牛品种成年公牛体重在400 kg以上的占85%，鬐甲高 130 cm 以上的占 81%；兴隆水牛的生长地区年平均气温为 23.0~24.5℃，年最高气温达 41.3℃。中国水牛资源普遍存在繁殖效率低、屠宰率低等缺点。例如，德昌水牛、东流水牛、恩施山地水牛的初产年龄都在 42 月龄以上。

羊　中国羊遗传资源分为肉用、毛（绒）用、皮用、奶用和兼用类型，具有繁殖力高、毛（绒）用和皮用性能好、适应性和抗逆性强等优势，有 9.3% 的绵羊地方品种平均产羔率超过 200%，例如，湖羊、小尾寒羊平均产羔率超过 260%；31.3% 的山羊地方品种平均产羔率超过 200%，例如，济宁青山羊、广丰山羊平均产羔率超过 280%；54.6% 的山羊品种产绒量超过 500 g/ 年，例如，辽宁绒山羊是我国优秀的绒用山羊，成年公羊平均产绒量为 1 381 g；滩羊生产的“二毛皮”，毛穗柔软洁白、质地细润、波浪弯曲、皮板柔韧、保暖性强，有“千金裘”的美誉；长江三角洲白山羊是我国唯一生产优质笔料毛的品种，所产的笔料毛是制作高端毛笔的原料；西藏山羊对青藏高原极端环境有很好的适应性。近些年来，由于饲养条件的改善，一些地方品种的肉用性能明显提升，例如，湖羊公羊的胴体重由 24 kg 增长至 29 kg，哈萨克公羊的胴体重由 18 kg 增长至 20 kg。

马　测定了马性能指标 132 个，首次对马的生长发育、产奶性能指标进行了系统测定。中国马地方品种以乘挽兼用类型为主。蒙古马具有超强的耐力性能，30~100 km 耐力赛中，蒙古马中途不用歇息就能完成比赛；走马赛中的岔口驿马、高原地区比赛的藏马和河曲马、山区比赛的西南马在适应性方面具有独特的优势。蒙古马、哈萨克马、巴里坤马、克尔克孜马、焉耆马是产奶性能较强品种。其中，哈萨克马泌乳性能最好，日产奶量达到 14 kg，泌乳期产奶量超过 2 000 kg。与第二次调查相比，由于饲养管理条件改善，部分马种的体高、体重等有一定程度提高，如哈萨克成年母马体重从 317.09 kg 增加到 387.60 kg。中国马地方品种对腺疫、鼻疽、马传染性贫血的易感性比西欧品种马低。由于本地马品种多以散养放牧为主，营养供给不足，体况较差，存在屠宰率低的问题，如甘孜马、西藏马、贵州马、大通马等屠宰率均不足 50%。

驴　中国驴遗传资源主要是肉用和皮用。中国地方品种驴具有体型高大、产肉和产皮量高、耐粗饲等优点。例如，关中驴屠宰率达 59.6%，德州驴、库伦驴和长垣驴屠宰率也在 54% 以上；出皮率一般为 6.2%~9.5%，其中太行驴出皮率达 9.5%。但是驴繁殖性能较差，多数品种驴的年产驹率不足 70%。

骆驼　测定了阿拉善双峰驼、青海骆驼、苏尼特双峰驼、新疆塔里木双峰驼、新疆准噶尔双峰驼 5 个品种的体尺体重、屠宰性能、产毛性能，增加测定产奶性能和生长发育性能等共计 130 个指标。我国骆驼生长发育较慢，但具有极强的耐饥、耐渴、耐热、耐寒能力，嗅觉灵敏，对荒漠沙地有极好的适应性。同时，具有一定的产毛和产奶性能，成年母驼年产毛 3~6 kg，公驼 5~8 kg；母驼除哺育驼羔外，一般日可挤奶 1~2 kg，最多可挤奶 3~4 kg，挤奶期可持续 15 个月。与第二次调查相比，由于养殖方式的转变（散养模式转变为规模化养殖模式），阿拉善双峰驼产奶性能有所提升，其日产奶量达到 2.8 kg，较《中国畜禽遗传资源志 · 马驴驼志》（2011）记载的提高了 1.12 kg。

兔　中国兔遗传资源主要是肉用型，毛用和皮用也是其重要用途。中国地方品种兔性成熟早、耐粗饲、适应性强，但生长速度较慢。四川白兔的公兔性成熟期为 4~4.5 月龄，母兔为 3.5~4 月龄；断奶至 12 周龄平均日增重为 19.5 g。毛兔产毛量高，中国已实现毛兔品种 100% 自主可控。浙系长毛兔嵊州系年产毛量为 2 177.2 g，居世界首位。中国皮兔具有被毛稠密、皮张面积大的特点，如川白獭兔 23 周龄皮张面积为 1 585.9 cm^2，为世界之首。

鸡　中国地方鸡种以兼用型为主；溧阳鸡、浦东鸡等品种公鸡成年体重可达 4 kg 左右，产肉性能较好；部分品种具有特殊的环境适应性，如静原鸡和边鸡耐粗饲，能适应高寒干旱气候；茶花鸡、文昌鸡耐炎热潮湿；藏鸡对高海拔恶劣多变的气候环境有较良好的适应能力。南方鸡品种大多具有早熟性，大部分地方鸡品种肉品质较好，肌内脂肪含量高、肌纤维细致，肉质鲜美，具有特殊风味。同时，我国多数地方鸡种生长速度较慢，产蛋性能较差，年产蛋仅 120~180 个，就巢性较强。

鸭　中国鸭遗传资源依生产类型分为肉用型、蛋用型和兼用型；羽色包括白羽和有色羽，其中有色羽包括麻羽、黑羽、红羽等，部分品种存在“凤头”特征；肉用型鸭品种以改良后的北京鸭为代表，生长速度快，8 周龄公鸭和母鸭可达体重 4 kg 以上；蛋用型鸭以绍兴鸭、金定鸭、龙岩山麻鸭等为代表，性成熟早，开产日龄 110~130 天，年产蛋数 280 个以上，蛋重 67~72 g。兼用型鸭以建昌鸭、高邮鸭、巢湖鸭等为代表，8 周龄体重 2.0~2.5 kg，年产蛋数 150~200 个。

鹅　中国鹅遗传资源以肉用为主，按体型大小可分为大型、中型、小型鹅种，羽色上有白羽和灰羽之分。部分鹅种产肉性能较好，如大型鹅种狮头鹅 70 日龄公鹅体重达 6.6 kg 左右，母鹅 5.7 kg 左右；中型鹅种浙东白鹅 70 日龄公鹅 4.1~4.2 kg，母鹅 4.0 kg 左右。产蛋数少、就巢性强是国内外所有鹅种都存在的问题，中国地方品种鹅产蛋量高，大多数年产蛋 30~50 个。中型鹅种中产蛋数最高的为四川白鹅，年产蛋 70 个左右；小型鹅种豁眼鹅年产蛋可达 110 个。与第二次调查相比，部分鹅种产肉性能和繁殖性能有所提升，例如，狮头鹅成年公鹅平均体重达 9.3 kg、母鹅达 8.5 kg，分别平均提高 0.9 kg 和 0.4 kg；年产蛋 29~30 个，较之前的 26~29 个也有所提升，主要归因于饲养管理条件的改善。

鸽　中国鸽遗传资源主要是肉用，占比 78%。中国鸽培育品种具有父母代繁殖性能高、商品乳鸽生长速度快的优势。例如，苏威 1 号肉鸽父母代 86 周龄出栏乳鸽数 19 只，乳鸽 4 周龄平均体重 570 g，综合性能达到国际领先水平。但地方品种鸽还存在产蛋数少、乳鸽体重低的缺点。例如，塔里木鸽 86 周龄出栏乳鸽仅为 12 只，乳鸽 4 周龄平均体重仅 266 g。

鹌鹑　中国鹌鹑遗传资源主要是蛋用，占比 67%。其中自主培育的神丹 1 号蛋鹌鹑，商品代料蛋比仅有 2.2~2.5，优势明显，且实现了商品代羽色自别，自别准确率 99% 以上。

（二）特种畜禽

鹿　规范了鹿外貌特征登记和汇总方法，明确了外貌特征观察、生产性能测定的群体和个体数量要求，统一了屠宰性能、产茸性能、繁殖性能等测定指标，使鹿的种质特性评估更加全面和系统。中国鹿遗传资源以茸用（驯鹿主要为役用、奶用、观赏）为主，具有产茸量高、遗传稳定性好等特点。与第二次调查相比，部分鹿种产茸性能和屠宰性能有所提升，如双阳梅花鹿成年公鹿头茬三杈鲜鹿茸平均产量为 5.08 kg；清原马鹿成年公鹿头茬四杈鲜茸平均产量为 17.47 kg；伊河马鹿具有较高的屠宰性能，屠宰率达到 62.53%。

羊驼　完成了羊驼的种质特性评估工作，系统测定了羊驼体尺体重、生长发育、产奶性能、毛用性能、繁殖性能等。羊驼是从国外引进的，主要为毛用动物，兼作皮用。成年羊驼平均产毛量 2.9 kg，背部毛自然长度为 92.7 mm，毛色主要以白色、黑色、浅黄褐色、褐色色调为主。母驼日产奶量平均 0.5 kg，以哺育驼羔。与第二次调查相比，成年公羊驼、母羊驼的平均体重、体长、胸围以及 1 周岁母羊驼体重、平均毛产量和毛自然长度均有不同程度的增长，其中，平均产毛量提高了 1.26%。

毛皮动物　主要包括水貂、银狐、北极狐和貉。规范了毛皮动物体型外貌的登记方法，明确了性能测定的个体数量要求，增加了毛皮动物 9 月龄的体尺体重、皮张长度，臀部、腹中部、十字部的针毛长度、针毛细度、绒毛长度、绒毛细度、针绒长度比等测定指标，完成了种质特性评估。我国地方品种乌苏里貉 6 月龄体重达 7.4 kg 和 7.5 kg，分别比第二次调查提高了 2.0 kg 和 1.9 kg；针毛长度

9.61 cm，绒毛长度 7.62 cm，也较之前提高了 0.37 cm 和 0.85 cm。

特种家禽 规范了火鸡、珍珠鸡、雉鸡、鹧鸪、番鸭、绿头鸭、鸵鸟、鸸鹋等特种家禽的外貌特征登记方法，建立了各类特禽的体重体尺、生产性能测定的指标体系，明确了测定的群体和个体数量要求，全面系统地评估了我国特禽 23 个品种的种质特性。中国特种家禽遗传资源均为肉用型，兼具观赏价值，具有产肉量高、肉质优良和适应性强等特性。与第二次调查相比，闽南火鸡成年体重明显变小（公火鸡从 8.9 kg 下降到 5.6 kg），中国雉鸡成年体重也有降低（母雉鸡从 1.35 kg 下降到 1.05 kg），中国番鸭的成年体重和生长性能总体略有提高。

（三）蜂

第三次普查全面调查和测定了中国蜜蜂、熊蜂、壁蜂遗传资源的种质特性。首次增加了熊蜂、壁蜂、切叶蜂的形态特征测定，并对蜜蜂形态特征、性能登记进行了规范，明确了蜜蜂形态特征与性能测定的蜂群和个体数量要求，细化蜜蜂性能测定内容。新增测定体型外貌指标 40 个和生产性能测定指标 7 个、生物学特性指标 10 个，全面评估了中国蜂资源的生产性能、授粉性、越冬性、越夏性、盗性、温驯性、迁徙性、分蜂性、抗病性等种质特性。

中国蜂遗传资源以产蜜型为主。中蜂和西蜂之间生产性能差异较大，中蜂蜂群年生产蜂蜜在 15 kg 以上的品种占比 44%，西蜂蜂群产蜜能力普遍高于中蜂，所生产蜂产品较中蜂更为丰富。部分品种具有产浆力优势，如浙江浆蜂群年产王浆达 16 kg 以上，较第二次调查的 5 kg 增加了 2.2 倍。

（四）蚕

第三次普查首次对所有蚕遗传资源进行了全面调查，规范了蚕体型外貌特征调查和生产性能测定的方法，准确鉴定了中国蚕遗传资源的体型外貌、生长发育、茧丝品质、繁育性能等 70 余个性状，拍摄并精选各品种 4 个变态期，包括卵、蚁蚕、壮蚕、蛹、茧和蛾的图片，全面评估了我国蚕资源种质特性。

中国蚕遗传资源主要用于生产蚕丝，年产生丝量占世界 80% 以上。在第三次普查中，统计蚕重要指标成绩前 10% 的不同类别家蚕品种的数量与占比，发现地方品种、培育品种明显优于引入品种；在虫蛹率、解舒率方面，地方品种占比较高，说明其生命力较强、解舒性能优越；在全茧量、茧层率、茧丝长等蚕茧、生丝产量方面，培育品种具有压倒性优势。兰溪 20、临海 20、白云等的虫蛹率达 99% 以上，苏（24）、秀（601A2）、丰（601A2）等的茧丝长超过 1 400 m，川 26、江苏蚕 1、796 等单蛾产卵量大于 625 粒，德清 1、夏 6、薪杭等的茧丝洁净度高于 97 分，菁松 N、皓月 N 等对 BmNPV 的抗性超过常规品种 1 000 倍以上，辽蚕 582、选大 4 号等全茧量达 12 g 以上。种质特性评估结果表明，经多年努力，我国培育蚕的品种经济性状已取得显著进步，满足了我国北起黑龙江、南至海南、西起新疆、东至江浙的 5 大蚕区 17 个亚区的蚕业需求，是我国茧丝绸产业长期位居世界第一的重要支撑。

第三节　科学实行分级分类保护

中国实施畜禽遗传资源分类分级保护制度，制定并发布国家级保护品种 159 个、省级保护品种

537 个[1]；构建了“原产地与异地保护相结合、活体与遗传材料相补充”的多元化保护体系，建有国家级保种场、保护区和基因库 227 个，省级保种场、保护区和基因库 625 个，省级保护品种的活体保护率达到 73%，国家级保护品种的活体保护率达到 100%。

一、分级保护

我国畜禽资源丰富，开发利用的程度不同，对每个品种开展相同的保护工作既不合理，也不现实，必须有针对性的保护措施和要求。《畜牧法》明确提出要“实行分类分级保护”。分级保护就是实行国家级和省级两级管理，保护思路为国家统筹并重点保护国家级保护品种，地方政府重点保护省级保护品种。《畜牧法》规定，农业农村部和各省（区、市）农业农村部门负责制定、调整和公布国家和省级畜禽遗传资源保护名录。保护名录根据不同时期畜禽遗传资源的状况进行动态调整，做到“有进有出”。

（一）国家级保护品种

根据重点突出和“珍贵、稀有、濒危”等原则，2014 年 2 月，农业部发布第 2061 号公告，确定国家级畜禽遗传资源保护品种共 159 个。其中，猪 42 个、牛 21 个、羊 27 个、鸡鸭鹅 49 个、马驴驼 13 个、其他品种 7 个，这些品种都是“国宝”，是国家重点保护的对象。

猪　八眉猪、大花白猪、马身猪、淮猪、莱芜猪、内江猪、乌金猪（大河猪）、五指山猪、二花脸猪、梅山猪、民猪、两广小花猪（陆川猪）、里岔黑猪、金华猪、荣昌猪、香猪、华中两头乌猪（沙子岭猪、通城猪、监利猪）、清平猪、滇南小耳猪、槐猪、蓝塘猪、藏猪、浦东白猪、撒坝猪、湘西黑猪、大蒲莲猪、巴马香猪、玉江猪（玉山黑猪）、姜曲海猪、粤东黑猪、汉江黑猪、安庆六白猪、莆田黑猪、嵊县花猪、宁乡猪、米猪、皖南黑猪、沙乌头猪、乐平猪、海南猪（屯昌猪）、嘉兴黑猪、大围子猪。

牛　九龙牦牛、天祝白牦牛、青海高原牦牛、甘南牦牛、独龙牛（大额牛）、海子水牛、温州水牛、槟榔江水牛、延边牛、复州牛、南阳牛、秦川牛、晋南牛、渤海黑牛、鲁西牛、温岭高峰牛、蒙古牛、雷琼牛、郏县红牛、巫陵牛（湘西牛）、帕里牦牛。

羊　辽宁绒山羊、内蒙古绒山羊（阿尔巴斯型、阿拉善型、二狼山型）、小尾寒羊、中卫山羊、长江三角洲白山羊（笔料毛型）、乌珠穆沁羊、同羊、西藏羊（草地型）、西藏山羊、济宁青山羊、贵德黑裘皮羊、湖羊、滩羊、雷州山羊、和田羊、大尾寒羊、多浪羊、兰州大尾羊、汉中绵羊、岷县黑裘皮羊、苏尼特羊、成都麻羊、龙陵黄山羊、太行山羊、莱芜黑山羊、牙山黑绒山羊、大足黑山羊。

鸡　大骨鸡、白耳黄鸡、仙居鸡、北京油鸡、丝羽乌骨鸡、茶花鸡、狼山鸡、清远麻鸡、藏鸡、矮脚鸡、浦东鸡、溧阳鸡、文昌鸡、惠阳胡须鸡、河田鸡、边鸡、金阳丝毛鸡、静原鸡、瓢鸡、林甸鸡、怀乡鸡、鹿苑鸡、龙胜凤鸡、汶上芦花鸡、闽清毛脚鸡、长顺绿壳蛋鸡、拜城油鸡、双莲鸡。

鸭　北京鸭、攸县麻鸭、连城白鸭、建昌鸭、金定鸭、绍兴鸭、莆田黑鸭、高邮鸭、缙云麻鸭、吉安红毛鸭。

鹅　四川白鹅、伊犁鹅、狮头鹅、皖西白鹅、豁眼鹅、太湖鹅、兴国灰鹅、乌鬃鹅、浙东白鹅、钢鹅、溆浦鹅。

马驴驼　德保矮马、蒙古马、鄂伦春马、晋江马、宁强马、岔口驿马、焉耆马、关中驴、德州驴、广灵驴、泌阳驴、新疆驴、阿拉善双峰驼。

---

① 数据截至 2024 年 1 月 31 日。

其他 敖鲁古雅驯鹿、吉林梅花鹿、中蜂、东北黑蜂、新疆黑蜂、福建黄兔、四川白兔。

截至2023年年底，159个国家级畜禽遗传资源保护品种全部建立国家级保护单位，保护率达到100%。

（二）省级保护品种

全国各省（区、市）定期发布省级保护品种名录，对省内分布的畜禽遗传资源“应列尽列”。目前，已确定的省级保护品种有537个，建有省级保种场、保护区和基因库625个，省级保护品种的活体保护率达73%。一般国家级保护品种也会被同时列入原产地省级保护名录，具有双重身份，实行“双重保护”。

分级保护措施为保种经费合理分配、地方畜禽品种资源长期保存和利用奠定了基础。

二、分类保护

为更好保护畜禽、蜂和蚕遗传资源，根据《畜牧法》要求，中国实行分类保护方式。分类保护主要是根据不同物种的生物学特征和保护品种所处的濒危、珍贵、稀有状况，采取保种场、保护区、基因库[①]等针对性的保护措施，宜场则场，宜区则区，宜库则库，形成了场区库相结合、原产地与异地相结合的多元化保护体系。

（一）保种场、保护区、基因库相结合

截至2023年12月，建立国家级保种场、保护区和基因库227个，省级保种场、保护区和基因库625个，市县级保种场和保护区60个，构建了国家、省、市县三级保护网络。

保种场 现建有国家级畜禽遗传资源保种场191个，其中，猪保种场58个，普通牛14个，牦牛3个，水牛4个，大额牛1个，羊31个，马5个，驴7个，骆驼1个，兔2个，鸡31个，鸭11个，鹅14个，蜂7个，梅花鹿1个，驯鹿1个，共保护158个品种（类群）。部分国家级保护品种建有2个以上国家级保种场，如藏猪、内蒙古绒山羊、延边牛、德州驴、静原鸡、中蜂等，实现了对其品种及其不同类型应保尽保。江苏省建有国家级保种场18个，数量最多。同时，全国建有省级保种场537个。山东省省级保种场建设数量最多，有58个。部分省还实行“多点保护”，即在品种原产地及周边主要分布区同时建有多个省级保种场。例如，安徽建有4个淮南麻黄鸡保种场，陕西建有2个八眉猪保种场。河南、湖南、浙江、新疆等多个省（区、市）还进一步加强落实属地责任，建立了市县级保种场58个。

保护区 现建有国家级畜禽遗传资源保护区25个，其中，猪7个，牦牛2个，羊4个，马3个，驴2个，骆驼1个，蜂6个，共保护18个品种（类群）。全国还建有省级保护区47个。在省级保护区数量上，四川省保护区建设数量最多，有10个。凉山岩鹰鸡和大围山微型鸡2个品种的原产地极为闭塞，四川和云南利用当地天然的隔离条件分别在美姑县、屏边县建立了省级保护区。河南和湖南还进一步加强落实属地责任，分别建立了太行裘皮羊和酃县白鹅2个市级保护区。

基因库 现建有国家级基因库11个，其中鸡活体库3个，水禽活体库2个，蜜蜂基因库2个，蚕活体库3个，畜禽遗传材料库1个。3个鸡活体基因库位于江苏、浙江和广西，共保存地方鸡种46个。2个水禽活体基因库位于江苏和福建两省，共保存地方鸭品种22个、地方鹅品种20个。2个蜜

① 保种场是指有固定场所、相应技术人员、设施设备等基础基本条件，以活体保护为手段，以保护畜禽遗传资源为目的的单位。保护区是指国家或地方为保护特定畜禽遗传资源，在其原产地中心产区划定的特定区域。基因库是指在固定区域建立的，有相应人员、设施等基础条件，以低温生物学方法或活体保护为手段，保护多个畜禽遗传资源的单位。基因库保种范围包括活体、组织、胚胎、精液、卵、体细胞、基因物质等遗传材料。

蜂基因库位于北京市和吉林省，共保存蜂品种 25 个、冷冻精液 15 万支。3 个国家级蚕遗传资源基因库位于辽宁、江苏和重庆，保存遗传资源 2 000 多份。畜禽遗传材料库（国家家畜基因库）位于北京，保存畜禽品种 371 个，遗传材料 135 万份。此外，国家畜禽种质资源库正在建设，总建筑面积 1.4 万 m^2，规划超低温保存遗传材料 3 300 万份。

近年来，省级基因库建设蓬勃发展。安徽、江西、山东、云南等 22 个省（区、市）建有省级基因库 41 个，对本地区地方畜禽品种的收集、保存和研究利用具有重要意义。仅广东建成的畜禽种质资源库，就保存了粤东黑猪、蓝塘猪、杏花鸡等 45 个畜禽品种的近 10 万份遗传物质。

专栏

◆ 库容彩凤，精心守护——国家地方鸡种基因库（江苏）保种实践 ◆

国家地方鸡种基因库（江苏）由江苏省家禽科学研究所承担建设，是 2000 年原农业部批准的首批国家级基因库。江苏省家禽科学研究所自 1959 年建所以来，持续开展地方鸡收集、保护和评价工作，经过几代人的不懈努力，基因库现活体保存地方鸡种 32 个。采用自主研发的“家系等量留种随机选配”保种方法，保种群遗传漂变和近交增量得到有效控制，品种特征特性及遗传变异度得到有效保护。基因库引入保存的藏鸡已有二十多年，将其返回原产地后，它们对高寒缺氧的极端环境仍能很快适应。

基因库在濒危资源的抢救性保护中发挥着重要作用，分别于 1976 年和 1996 年对萧山鸡、鹿苑鸡 2 个濒危品种实施抢救性保护，通过科学的保种措施，使群体得以恢复，避免了优良品种资源的消失。2000 年和 2005 年，鹿苑鸡、萧山鸡又分别返回原产地，在当地家禽生产中发挥了重要支撑作用。

（二）原产地保护和异地保护相结合

已建立的 191 个国家级保种场、25 个保护区和 11 个基因库，广泛分布于 30 个省（区、市）。其中，190 个保种场建立在原产地，唯一的 1 个异地保种场是从海南迁出在北京建立的国家五指山猪保种场。25 个保护区全部为原产地保护区。11 个国家级基因库分布于北京、江苏、重庆等 7 个省（区、市），全部是异地保护。原产地保护既有利于品种集中管理和观察测定，又能保留其对原产地环境的适应能力，对传承当地文化也起到了重要作用。依托人才、平台和技术优势，在异地建立基因库进行集中保存，是对原产地保护的一种重要补充，在保种方法创新、濒危资源抢救性保护、品种资源评估及创新利用中发挥着重要作用。

已建立的省级保种场 537 个、保护区 47 个和基因库 41 个广泛分布于 29 个省（区、市）。其中，537 个省级保种场中有 530 个建立在原产地，7 个为异地建设；47 个省级保护区均是建立在原产地；41 个省级基因库有 11 个建立在原产地，30 个建立在异地。建立在异地有多种原因，如实施多点保护以增强单个品种安全性、品种内因存在不同类群实行分散保护以及原产地暂时不具备建设条件等；原产地与异地保护相结合有效保障了各省（区、市）内分布的畜禽遗传资源的安全。

民间保种队伍是我国畜禽遗传资源保护体系中的一支重要力量。在第三次普查中发现的新品种资源以及重新发现的曾宣布灭绝品种，基本都是来源于民间坚持自繁自养保存的群体，如北港猪、太平鸡、烟台糁糠鸡等品种。另外，在农户饲养的群体中发现了官庄花猪、徐淮白山羊、江淮水牛等品种资源，增加了对应品种的血统数量。近年来，国家大力鼓励和扶持发展家庭农场，地方畜禽品种资源是家庭农场种养结合、有机循环的重要素材，极大提高了农户饲养地方品种资源的积极性。

此外，近年来发生的非洲猪瘟疫情对地方猪种造成严重威胁。农业农村部未雨绸缪，2019 年紧急启动地方猪种抢救性保护行动。经过两年的不懈努力，采集制作完成冷冻精液 35.3 万支、体细胞 1.2 万份、耳组织 6 480 份，所有 42 个国家级保护品种的遗传材料全部纳入国家家畜基因库进行战略保存。同时，江苏、湖南、四川等省份相继启动省级品种抢救性保护行动，建设保种备份场 75 个，加强生物安全防护，实现了活体保护双备份、双保险。兰溪花猪、二花脸猪、定远猪、罗盘山猪、藏猪等地方品种的体细胞克隆保种先后取得成功，降低了非洲猪瘟对地方猪种的灭群威胁，遗传多样性得到了保护。

专栏

◆ “小品种”走上“大舞台”——民间自发抢救保护官庄花猪 ◆

官庄花猪原产地为福建省龙岩市上杭县官庄乡、珊瑚乡一带，耐粗饲、适应性强、性情温顺，是小型早熟脂肪型品种，尤其是群体中约一半的个体呈现极为罕见的嫩红色背膘。第二次调查时仅剩 3 头种公猪（2 个血缘数），面临灭绝风险。上杭县官庄龙坑家庭农场成立于 2014 年，主要从事立体种养，了解到官庄花猪的困境后，农场主蓝锡金就在官庄畲族乡乡长钟育发的支持下，开始对官庄花猪进行抢救性收集保护，克服重重困难，从龙岩市连城县、武平县、长汀县等地收集种公猪 5 头，加上场内原有的来自上杭本地的 3 头种公猪进行繁育。目前农场存栏种母猪 88 头、后备母猪 25 头，种公猪 12 头（血缘数 6 个以上）、后备公猪 15 头，扩大了种群数量，官庄花猪得到抢救性保护。在福建省畜牧总站的科学引导和指导下，该农场注册成立了上杭县宏庄兴龙养殖发展有限公司，承担起官庄花猪保种任务，并于 2021 年申领到了省级种畜禽生产经营许可证，成为唯一的省级官庄花猪保种场。

专栏

◆ 珍稀野桑蚕保护的坚守与传承——安康学院建成国内最大的野桑蚕保护基地 ◆

中国古野桑蚕是家蚕的驯化始祖，现代野桑蚕是家蚕近缘物种，也是家蚕新品种培育和基础研究的重要遗传资源。陕西安康学院于 1998 年开始野桑蚕遗传资源的收集与保护工作。二十年多来，科研人员历尽艰辛，经过两代人的坚守与传承，广泛搜集野蚕资源，自主研发仿生态饲养设施，创建了野桑蚕人工繁殖体系，建成了国内最大的野桑蚕遗传资源库，目前保存了来自全国 9 个省（区、市）的 35 份野桑蚕遗传材料，年繁育野桑蚕卵 10 万粒以上。近年来，学院积极开展野桑蚕遗传资源利用研究，选育出具有野蚕血统的家蚕创新种质 120 个，育成金丝一号和黄茧一号等实用家蚕新品种；同时将野桑蚕资源作为家蚕泛基因组学研究的重要材料，证实了黄河流域是家蚕唯一起源地。

第四章

中国畜禽遗传资源可持续高效利用

中国坚持以用促保、保用结合，坚持服务国家需求和产业发展，坚持以市场为导向、企业为主体、科技为动力，加快促进资源优势向产业优势、经济优势转变。紧紧围绕“稳、产、保、供”这一重点任务，大力推进畜禽遗传资源自主创新利用，加快种业振兴行动，实现种源自主可控有保障。紧紧围绕畜牧业高质量发展这一主题，大力推进畜禽遗传资源高产高效利用，支撑保障畜产品有效供给，实现基本自给，肉类自给率超过 90%、奶源自给率达到 70%，牢牢端稳了手里的“肉坛子”“蛋篮子”“奶罐子”。紧紧围绕深化农业供给侧结构性改革这一主线，大力推进畜禽遗传资源多元化开发利用，提供更多“精、特、美”优质产品，让人民吃出好味道、穿戴上档次、享受大健康、生活有品位，不断满足人民对美好生活的需要。

第一节　创新畜禽遗传资源利用方式

在全面推进乡村振兴、加快建设农业强国的大背景下，在市场拉动和政策推动下，畜禽遗传资源开发利用的步伐明显加快，呈现蓬勃发展态势，特色畜禽产品不断涌现，满足了人民多元化的消费需求，逐步实现了资源优势向市场优势的转化。据统计，截至 2024 年 1 月底，61% 的地方品种得到产业化开发利用（如注册商标、建立品牌等）（表 0–4–1）。其中，家禽遗传资源开发利用较好，有 140 个地方品种得到产业化开发利用，占比达 68%；36% 的地方猪品种成功用于新品种和配套系培育。不同畜种开发利用模式和方式不同，家禽以配套系培育利用为主；牛羊以经济杂交利用为主，同时积极开展新品种培育；猪的开发利用则是采用经济杂交、新品种和配套系培育等方式。

受多种因素影响，不同品种的利用方式可能不尽相同，有的品种直接利用，有的采取经济杂交，有的用于培育新品种和配套系，主要取决于优异性状的利用方向、产品定位、综合效益等。

表 0-4-1 地方畜禽品种产业化开发利用情况

畜种	产业化开发地方品种		其中用于培育新品种、配套系的地方品种	
	品种数量	占比	品种数量	占比
猪	52	58%	32	36%
牛	54	50%	11	10%
羊	82	67%	27	22%
家禽	140	68%	53	26%
兔	6	75%	2	25%
其他	33	47%	5	7%
合计	367	61%	130	22%

一、以本品种选育的方式直接利用

为保持优良品质、独特风味、特殊性状等，有的品种只能通过本品种选育直接利用，导入外血会导致其失去特色、优势和竞争力。本品种直接利用有两种方式：一是直接生产优质产品，满足市场需求；二是选育出某方面特别突出的专门化品系，如抗病性、高繁殖性、产品优质等，用于开展经济杂交或者培育新品种和配套系。本品种直接利用既有益于保护畜禽遗传资源，又能促进品种本身的质量提升，形成在保种中利用、在利用中发展的良性循环。如金华猪、清远麻鸡、文昌鸡等肉质风味独特，五指山猪等品种高度耐近交，岔口驿马擅走对侧步，丝羽乌骨鸡、德州驴、梅花鹿等的产品是制作医药保健品的专用原材料，唯有采取纯种选育，直接利用，才能保持其正宗、正味和正品，这是发展壮大特色优势产业的核心竞争力。

二、以经济杂交的方式利用

有的畜禽通过本品种选育直接利用，发现其产品没有市场竞争力或者竞争力不强，可采取经济杂交方式，克服本品种缺点、发扬优点，获取更大的经济价值。经济杂交，又称生产性杂交，旨在通过不同属、畜种或品种间畜禽杂交，利用杂种优势提高其生产性能，以获得具有明显经济优势的后代。经济杂交包括品种间杂交、种间杂交和属间杂交三种类型。

品种间杂交是同一畜种的不同品种进行杂交，实现品种间优秀基因聚合，进而提高其生产性能。生产实践中，牛、羊、猪等家畜的品种间杂交利用较为普遍，父本多为商业化专用高产引入品种，母本多为地方品种及其杂交后代。引入品种中，牛有西门塔尔牛、荷斯坦牛等，羊有杜泊羊、波尔山羊、德国肉用美利奴羊等，猪有杜洛克猪、长白猪、大白猪等。家禽的品种间杂交利用中，父本多为快大型肉禽，母本多为繁育性能高的蛋禽，如小型白羽肉鸡，又称肉杂鸡或小白鸡，是高产肉鸡和高产蛋鸡品种间经济杂交利用的经典案例，是中国特有的一种肉鸡繁育模式，以快大型白羽肉鸡父母代公鸡为父本，高产商品代蛋鸡作母本，杂交生产的肉鸡具有繁育成本低、生长较快、肉质良好的特点，适合中国当前中快速型肉鸡的生产需求，经过 30 多年的发展，已成为中国肉鸡的主要品种之一。

种间杂交为亲缘关系相近的畜种间杂交。如马和驴种间杂交产生骡，骡有雌雄之分，但几乎没有生殖能力。公驴和母马杂交的后代称为马骡，公马和母驴杂交的后代称为驴骡或駃騠。骡生命力和抗病力强，体质结实，肢蹄强健，耐力好，易于驾驭，役用价值比马和驴都高。羊种间杂交也颇为常见，如北山羊和家山羊、盘羊和阿勒泰羊、盘羊和哈萨克羊等种间杂交，创制了山羊公羊绒细度 10.6 μm 和绵羊公羊绒细度 11.4 μm 的世界纪录。牦牛与普通牛种间杂交产生犏牛，具有明显的杂种优势，产肉量比牦牛提高 20% 以上，产奶能力提高 2~3 倍，且性情温顺，役用性能好。梅花鹿和马鹿种间杂交产生的杂交个体为花马，鲜茸产量得到显著提高。

属间杂交是同科不同属的物种之间杂交。骡鸭（又称半番鸭）是用栖鸭属的公番鸭与河鸭属的母家鸭进行杂交产生的，自身不育，但能表现出较强的杂种优势。中畜长白半番鸭是以番鸭为父本、奥白星鸭为母本进行属间杂交而成，生长快、生活力强、肥肝率与饲料转化率高。

三、以培育新品种的方式利用

经过长时间固定模式的经济杂交或者有目的的加强选育，将 2 个或 2 个以上品种（品系）的不同优良特性集中到一个群体上，并能够稳定遗传给下一代，就创造出了一个新品种，其最大优势是不再维持更多的品种群体，只需继续选育提高这一新品种，就能满足生产和市场需要，繁育模式简约明了。世界主导家畜品种如荷斯坦牛、长白猪、大白猪、杜洛克猪等都是通过这种方式培育而成的。第二次调查后，截至 2024 年 1 月，中国自主培育了 50 个新品种，其中猪 13 个、牛 4 个、羊 23 个、兔 4 个、家禽 1 个、其他畜禽 5 个。

地方品种里岔黑猪肉质好，有多肋优异性状，但生长速度较慢、饲料转化率不高，通过导入巴克夏猪（引入品种）血统培育成的黑猪新品种，既保持了猪肉品质，又提高了生长速度和饲料转化率，满足了优质猪肉的生产用种需求。以澳洲美利奴超细型公羊为父本，以中国美利奴羊、新吉细毛羊和敖汉细毛羊为母本，采用级进杂交，历经 14 年系统选择，育成的细毛羊新品种，羊毛细度为 17.9~19.3 μm，达到了精纺用超细羊毛的要求。利用中国特有野牦牛为父本，当地家牦牛为母本，培育而成的大通牦牛新品种，是世界上第一个牦牛培育品种，生产性能好，抗逆性强，遗传性稳定，成为高原牧区的主导品种之一。

四、以培育配套系的方式利用

配套系是畜禽遗传资源创新利用的主要方式之一。与经济杂交和新品种利用方式相比较，利用杂种优势更充分，能更好地适应市场需求变化，能有效保护品种权益和竞争力，但育种和繁育方式相对复杂。第二次调查后，截至 2024 年 1 月底，中国自主培育了 95 个配套系，其中家禽 80 个、猪 9 个、兔 4 个、其他畜禽 2 个。这些配套系大多以中国地方品种为主要素材培育而成，生产性能明显提高，同时保持了较强适应性和良好品质。

顾名思义，配套系至少有 2 个品系配套而成，家禽、猪和兔的配套系以三系或四系配套较为常见，牛、羊、马、鹿等家畜少见配套系育种模式。配套系的构成由配合力测定决定，所有专门化品系各有主选性状，父本品系一般主选经济性能，母本品系一般主选繁殖性能。三系配套是最常见的配套系模式之一。猪的三系配套又分为内三元和外三元，其中内三元杂交所得个体有 25% 的内血（地方品种）和 75% 的外血（引进品种）。内三元和外三元各有优点，外三元均由外血引进杂交而得，生长速度更快；而内三元因带有地方品种血缘，肉质更好。国内黄羽肉鸡和特色蛋鸡配套系等多为三系配套系。中国自主培育的肉用白鸭配套系均采用四系配套杂交而成，在料肉比、胸肉率、皮脂率等关键性能指标上较引入品种具有明显优势，更符合国内消费市场需求。

第二节　明确畜禽遗传资源利用方向

中国丰富的畜禽遗传资源携带了大量的遗传变异，其中就包括数量众多的优异等位基因。坚持目标导向、需求导向和问题导向，以重要经济性状为育种目标，深度发掘优异种质、优异基因是强化育种创新的基础，目前已经鉴定了矮小、绿壳、高繁殖力、高肌内脂肪等许多重要经济性状的基因突变，利用相关成果培育了一批符合市场需求、各具特色的新品种、配套系，从核心种源上推动了现代畜牧业的高质量发展。

一、高效导向

高效是现代畜牧业发展的主攻方向，主要体现在畜禽吃得少、长得快、繁殖效率高等方面。

禽蛋消费量稳居世界首位，蛋禽育种处于国际先进水平。中国首次发现鉴定白来航蛋鸡新的羽色基因突变位点，创新应用双向选育方法和基因组选择技术体系，成功培育出羽毛红、产蛋多的蛋鸡新品系，这是一种正常体型、蛋重小于 60 g 的小型蛋专门化配套系，不仅破解了红羽鸡产粉壳蛋的奥秘，同时在国内率先实现了“100 周产 500 个蛋”的育种目标。中国成功研发了蛋鸭青壳性状分子选育技术，使得鸭蛋青壳率高达 98.2%。培育的三系配套高产、青壳、抗逆蛋鸭新品种，凭借其开产早、产蛋多、青壳率高、抗逆性强、饲料转化率高等特点，受到了养殖户、加工企业和消费者的追捧。中国培育的三系配套蛋鸭处于国际领先水平。根据蛋鸭养殖模式的变化，中国培育的全程笼养条件下的高产节粮型蛋鸭新配套系，以高产、节粮、抗病、肉质优、环保为主要特点，每年产蛋量可达 300 个以上，抗病能力强，饲料转化率比传统蛋鸭提高 10%~15%，有效解决了缺乏蛋鸭笼养专门化品种的问题，深受市场喜爱。

高产高效肉鸭育种成效显著。中国在国际上首先解析了北京鸭参考基因组，鉴定出鸭体重 *IGF2BP1*、脂肪沉积 *NR2F2* 等主效基因，利用北京鸭生长速度快、饲料转化率高等特点，培育的白羽肉鸭配套系，38 日龄出栏体重达 3.1 kg 以上，料肉比 1.87∶1。中国科研人员搜集利用鸭高产品种作育种素材，通过后裔测定、超声波测定等育种新技术，育成了半番鸭新品种，每只鸭肥肝重量达 670 g 左右，达到优质肥肝等级标准，料肝比 16.3∶1，主要生产性能指标优异，在国内肥肝市场的占比提高到 40% 左右。

高效绵山羊品种选育成果突出。中国在国际上率先构建了湖羊基因组选择参考群，研发出具有完全自主知识产权的基因组育种芯片，选育了高繁、快长、节粮的小尾湖羊新品系 4 个。利用地方品种繁殖性能好、适应性强的特点，与生长速度快、饲料利用率高的引进品种杂交，育成了适合农区舍饲养殖的肉羊新品种，生长发育速度、胴体重、产羔率均比原品种高出 20% 以上。通过地方品种选育成功获得的戈壁短尾羊和草原短尾羊等新品种，产肉效率和饲料报酬提升 15% 以上，显著提升了单位草原面积产出。培育了适合南方舍饲圈养的云上黑山羊新品种，生长发育速度、胴体重、产羔率均比原有品种高出 25% 以上，实现了节本增效。

二、优质导向

畜禽产品品质优良主要体现在肉蛋风味物质含量高、肉系水力高等，颜色等外观符合消费者喜好。我国传统饮食文化对食材具有很高的要求，不同类型的菜肴和加工方式需要不同的基础原料。猪肉香味是消费者非常关注的品质指标，如传统经典川菜“回锅肉”，需要以优质带厚皮的成华猪肉烹饪。数千年的养殖历史，在我国多个地方孕育了上百个具有优良产品性能的地方猪种；如莱芜猪以高肌内脂肪含量闻名，平均含量超过 10%，成为我国多个自主培育的新品种的育种素材之一。荣昌猪、成华猪具有肉质好、皮厚、抗逆性强等优势性状，是发展特色生猪产业重要的战略资源。通过“洋为中用、土洋结合、本品种选育”等多种方式，培育的黑猪等新品种及配套系，具有肉质好、皮厚和综合生产性能高的特点，肌内脂肪含量约 3.67%，肌纤维较细、肉质细嫩多汁，能极好地满足四川及西南地区消费者对带厚皮优质猪肉的特殊消费偏好。用现代种猪育种基因聚合技术，整合广东小耳花猪、莱芜猪、圩猪、湘西黑猪等多个中国地方猪品种的优秀基因资源，突出肉质优良，兼顾提升产肉效率，经过十余年的自主育种，黑猪新品种肌内脂肪含量超过 3.6%、瘦肉率在 52% 以上，肉品质和风味得到巩固和稳定，产肉效率提高了 30% 以上，综合养殖效益得到显著提升。以地方猪种为基础培育的新品种还带动了猪肉品牌发展，打造了“壹号土猪”“精气神山黑猪”“北京黑六”和“膳博士黑猪”等知名品牌，在脱贫致富和产业振兴中发挥着重要作用。

羊绒衫因其优异的保暖性能深受人们喜爱。辽宁绒山羊是世界上产绒量最高的白绒山羊品种，具有绒纤维长、净绒率高、绒细度适中、绒毛洁白、体型壮大、适应性强、遗传性能稳定、改良中低产绒山羊效果好等特点，成年公羊、母羊的绒纤维自然长度平均 7.5 cm，群体净绒率达到 70%，被誉为“中华国宝”。兔毛是一种高级毛纺原料，纤维轻而保暖性强，具有轻细、柔软、美观、暖和等特点，被称为特种纤维。利用引入的高产安哥拉兔，中国培育的长毛兔新品种，产毛量远超德系安哥拉兔，兔毛总产量占全球市场的 90% 以上，其中浙系长毛兔产毛量位居世界第一。

家禽资源变化多样，消费者对家禽品种外貌特征、蛋壳颜色等各种性状均有不同要求。利用泰和乌骨鸡为素材，培养的新品种不仅保留了泰和乌鸡皮黑肉黑等十全特征，而且提高了生产速度，降低了料肉比，使它成为一个大众能消费的品种，年生产量达 5 000 万只。利用我国著名地方鸡品种——惠阳胡须鸡和自主挖掘的胡须控制基因，育成的配套系，父母代产蛋量比惠阳胡须鸡原种提高 90% 以上，商品代肉鸡标志性外貌特征胡须髯羽的产生率更是达到 100%，近 5 年来商品肉鸡年均上市量超过 1 亿只。为满足国人对绿壳鸡蛋、粉壳鸡蛋和青壳鸭蛋的青睐，我国科学家利用东乡绿壳蛋鸡作父本培育了绿壳蛋鸡配套系，所产鸡蛋绿壳率达 100%；以绍兴鸭、山麻鸭等优秀地方品种为素材，培育出了高产青壳蛋鸭新配套系。

中国蚕茧产量占全球 70% 以上，生丝量占 80% 左右，但在国际市场的高质量丝绸占比份额较少。中国科学家利用性连锁平衡致死系种质资源，通过持续二十多年创新研究育成的 7 对专养雄蚕系列品种，累计推广雄蚕杂交种 150 万张，使我国成为世界上唯一能够大规模生产雄蚕丝的国家，有效提高了高品位生丝在全球所占比例。劳动力成本的不断提高，加快了传统的蚕桑生产向集约化、规模化生产转型，这也是新的发展趋势。中国蚕业突破人工饲料蚕种的培育难题，系统集成品种、饲料、生产工艺、人工智能等创新技术，育成了全龄人工饲料工厂化养蚕专用品种，实现了高效率、低成本、高效益的现代化茧丝产业生产模式，并成功实现产业化应用，年产高质量鲜茧达 1 万吨。

三、节粮导向

节粮主要是利用优异基因，充分提高饲料转化效率。饲料成本占养殖成本的60%~80%，减少饲料消耗是提高养殖效益的最有效手段。中国利用矮小（*dw*）基因成功培育出的小型蛋鸡系列新品种，不仅体型小、耗料少，与普通蛋鸡相比节粮12%，而且低碳环保。与饲养普通蛋鸡相比，每饲养1万只小型蛋鸡，在产蛋量相同的情况下，每年可节约饲料41.6吨，减少温室气体（CO_2）排放量65.3吨。此外，通过将*dw*基因引入我国优质黄羽肉鸡育种中，培育D型矮洛克品系，矮脚鸡长骨短小，胸肉发达，胴体的肉骨比高，非常适合优质肉鸡的体型发育特点和我国活鸡市场对优质鸡的要求。利用*dw*基因的遗传特点，用矮小型公鸡配正常型母鸡培养出的新兴矮脚黄鸡，其公鸡体型大、生长速度快、饲料转化率高，符合北方市场对大公鸡的要求，母鸡矮脚优质，特别符合广东的烧鸡（窑鸡）市场需求。

四、抗逆导向

抗逆是指畜禽对不同环境具有较好的环境适应能力。我国幅员辽阔，气候类型多样，由于养殖水平、养殖模式、养殖环境在不同区域差异较大，对抗逆性畜禽新品种培育在特定区域具有很大的市场需求。西藏等高原地区空气稀薄、气压低、氧气少，平原地区畜禽难以适应青藏高原。满足藏区对肉、蛋、奶的需求，是一项重大任务，也是一个科学和技术难题。中国利用藏鸡和白来航鸡为素材，育成的适应高海拔环境的特色蛋鸡品种，具有抗逆性强、耐粗饲特点，可适应西藏2 800~4 100 m海拔的特殊饲养环境。在继承传统藏鸡高原适应性强，蛋肉品质优良等优点的基础上，该品种繁殖性能和生长性能也明显改善，72周龄日产蛋数提高了134个，不仅缓解了高海拔地区禽蛋、禽肉的严重缺乏，而且为西藏蛋鸡种源自给提供了保障，有效拓宽了农牧民群众的增收渠道。

牦牛是中国的主要牛种之一，从古至今一直是青藏高原牧区的优势种畜和当家畜种。它们的毛可以制作成衣服或帐篷，皮是制革的好材料。野牦牛常年生活在海拔4 500~6 000 m的高山荒漠地带，由于严酷的自然选择和特殊的闭锁繁育，野牦牛体高、体重、抗逆性、生活力等性状的遗传水平远高于家牦牛，它和家牦牛相比具有显著差异。充分利用野牦牛的优点，将其作为父本与家牦牛杂交培育的牦牛新品种，显著提高了家牦牛的生产性能，体重与产肉指标比同龄家牦牛提高25%；增强了家牦牛的抗逆性及生活力，能更好地适应高山草原。目前，新品种已推广覆盖了我国牦牛75%以上的产区。

另外，我国畜禽遗传资源还具有其他的利用方向。例如，器官移植、药物开发等大量人类医学研究需要模式动物。猪是重要的动物医学模型，小型猪在生理解剖结构、代谢过程、病理诊断指标等方面与人类有很多相似之处，生命周期较短，繁殖力强，且幼仔体积较大，易于观察和操作，是医学研究的理想选择对象。滇南小耳猪等小型猪在医学模型构建上具有天然优势，由此选育的近交系是宝贵的实验动物材料，为人类健康和医学进步提供了有力支撑。五指山小型猪近交系群体体型小、遗传稳定、基因高度纯合、猪内源性逆转录病毒无传染性，已成功用于人类疾病模型、新药鉴定、生物敷料产品，以及角膜、皮肤等异种移植多个方面。

第三节 支撑畜禽种业振兴发展

畜牧发展，良种先行。良种对产业发展贡献率超过 40%。种质资源是畜禽良种选育的物质基础，是种业创新的“源头活水”，关系着种源安全和产业发展安全。立足于国内优异的遗传资源和本土化的引入品种，深入实施种业振兴行动，持续开展联合攻关和遗传改良，大力推进品种自主创新，集中力量破难题、补短板、强优势、控风险，实现种源自主可控。总的来看，目前畜禽种源安全有保障、风险可管控，核心种源自给率超过 75%，自主可控水平逐年提高，夯实了现代畜牧业高质量发展的种源基础。

解决好 14 亿人吃饭问题始终是治国理政的头等大事。保障 2 亿吨畜产品供给，与 6 亿多吨粮食一样，都是“国之大者”。满足全国 14 亿人的肉、蛋、奶需求，需要立足国内，以自我保障为主。畜禽遗传资源是保障国家畜禽产品有效供给的战略性资源，通过品种创新、本土化选育、良种引进和产业化开发，畜禽种业有力支撑了畜牧业的持续健康发展，为生产 100% 的禽蛋、90% 以上的畜禽肉、70% 左右的牛奶提供了基础保障，实现了中国人的饭碗里主要装自家产的肉、蛋、奶的目标。

一、初步实现种源自主可控

自主可控的要义就是立足国内有保障、风险可管控，守住种业发展安全底线，满足产业高质量发展需求。种源自主可控可分为 4 种情况：一是完全自主可控；二是具备完全自给能力；三是基本自主可控；四是实现零的突破。

（一）黄羽肉鸡、白羽肉鸭等种源完全自主可控

黄羽肉鸡是中国优势特色产业，其肉质醇香鲜美，特别适合国人消费，年出栏量超过 35 亿只，其种源全部为地方品种或自主培育品种。据第三次普查，中国有 133 个地方鸡品种，同时自主培育了黄羽肉鸡新品种（配套系）78 个。黄羽肉鸡良种繁育体系比较健全，建有国家级核心育种场 16 家、良种扩繁基地 14 家，种源供给 100% 自主可控。

多年来，中国白羽肉鸭种源主要依赖进口。国外基于北京鸭培育出的樱桃谷鸭（英国）、枫叶鸭（美国）、南特鸭（法国）等，以市场绝对优势的占有率主导了国内外市场。近年来，中国加大自主创新的力度，成功培育出中畜草原白羽肉鸭、强英鸭和京典北京鸭等白羽肉鸭，以及武禽 10、天府农华等优质肉鸭配套系，料肉比、胸肉率、皮脂率等关键生产性能指标接近或超过引进品种，更加符合国内消费市场需求。2017 年，中国成功收购英国樱桃谷农场有限公司 100% 股权，彻底摆脱了肉鸭种业受制于人的被动局面。2020 年，国产肉鸭品种的占比已经超过 86.5%，枫叶鸭、南特鸭在国内市场的占比逐渐减少。

此外，得益于中国优异的畜禽遗传资源及其国际领先的生产性能，蛋鸭、绒山羊、牦牛、桑蚕等养殖业历来是中国传统特色优势产业，其核心种源完全自主可控。

（二）高产蛋鸡种源具备完全自给能力

自主培育的高产蛋鸡种源在国内市场占有率近六成，其生产性能与国外商业化高产品种相媲美，72 周龄入舍母鸡产蛋数 310 个，具有国际竞争优势。2023 年 6 月 15 日，自主培育的京红 1 号高产蛋鸡出口坦桑尼亚，实现了中国首次对外供应蛋鸡品种。蛋鸡商业化育种体系完善，良种繁育体系健全，育繁推一体化，建有国家级蛋鸡核心育种场 5 家、良种扩繁推广基地 16 家。中国蛋鸡种业自主培育高产蛋鸡种源产能储备充足，育种、繁种、供种能力强，即使不进口，也能完全满足国内用种需求。

（三）生猪、奶牛等种源基本实现自主可控

杜洛克猪、长白猪和大白猪（以下简称“杜长大”）是世界三大主导品种，生长速度快、饲料转化率高、瘦肉率高，国内外市场占有率均近九成。对“杜长大”进行本土化选育是国际通行做法。近年来，中国持续加强猪遗传改良，“杜长大”本土化选育成效显著，核心育种场种猪生产性能与国际先进水平基本持平，同时利用地方品种进行优势互补，育成了适应市场需求的多个新品种，种源自给率突破 95%。近 10 年来，我国平均每年从境外引进种猪不足 1 万头，属于正常的遗传交流与种群更新，并非“依赖性”引种。从产业发展实际情况看，即使不进口种猪，也不会对我国生猪生产造成明显影响。

奶牛以中国荷斯坦牛为主，每头年均产奶量 9.2 吨，相当于国际先进水平的 90%。荷斯坦牛以本品种选育为主，重点是持续提高综合生产性能指标，核心是培育优秀种公牛，减少对国外的进口依赖。国产种公牛种源数量充足，但质量不及国外高产优秀种公牛，目前国内占比仅为 30%，更多市场主体选择从国外引种补充或直接购买国外种公牛的冷冻精液。但这种依赖不是种源垄断和技术壁垒层面的“绝对依赖”，而是由于国内种公牛自主培育体系不健全、冷冻精液质量不高，国产品牌公信力不强导致的“相对依赖”。依托国内良种资源和技术，通过完善自主选育体系，加快提高自主培育种公牛的生产性能，完全可以摆脱对国外种源的依赖。

肉牛生产以杂种优势利用为主，国内种公牛种源自给率约 76%。其中，西门塔尔牛及其改良牛约占肉牛总量的 70%，辽育白牛、云岭牛等品种约占 30%。2021 年自主培育的专门化肉牛新品种，遗传性能稳定，生产性能达到国际先进水平，提升了国产种牛竞争力。

肉羊种源自给率超过 90%，自主选育品种多样化，母本主要是地方品种及其杂交后代，高端父本种源稍有缺乏，竞争力有待提升。

（四）白羽肉鸡种源取得突破性进展

国际上，白羽肉鸡行业高度垄断，主要由德国的 Erich Wesjohann Group（EW 集团）和美国的 Tyson Group（泰森集团）两大跨国公司掌控。中国每年出栏肉鸡 100 亿只以上，其中一半以上是白羽肉鸡。过去白羽肉鸡核心种源 100% 依赖进口，产业发展严重受制于人。立足国内育种素材和基因资源，2021 年中国自主成功培育出了圣泽 901、广明 2 号、沃德 188 这 3 个快大型白羽肉鸡配套系，其生产性能与国际先进水平不相上下、各有千秋，打破了种源完全依赖进口的局面。白羽肉鸡国产替代正在加快推进，2023 年国产白羽肉鸡的国内市场占有率已达到 25%。

二、有力保障畜产品有效供给

（一）肉

中国是畜牧业大国，也是畜禽种业大国。随着畜牧业的不断发展，依托丰富的畜禽遗传资源，中国畜禽种业逐步发展壮大，畜禽种业市值达到3 000亿元以上，已成为全球最大的畜禽种业市场。2023年，全国种畜禽场（站）有9 514家，其中主要畜禽如猪4 405家、牛661家、羊1 030家、蛋鸡438家、肉鸡1 409家等。畜禽养殖相关上市企业有30多家，市值近万亿元。畜禽种业的发展支撑了高速发展的畜牧业对种畜禽的需求，保障了畜禽产品的有效供给。

猪粮安天下。猪肉是中国最主要的肉类食品，猪肉稳产保供至关重要。中国是世界猪肉生产和消费第一大国，每年出栏生猪约7亿头，平均每2人每年消费一头猪。目前猪肉供给立足国内有保障，自给率超过95%，每年从境外补充性进口猪肉不足5%，进口猪肉主要用于季节性和产品种类调节。例如，2022年猪肉产量5 541.4万吨，进口量仅175.8万吨，猪肉消费量共计5 717.2万吨。在供给结构中，本土化的杜洛克猪、长白猪与大白猪及其杂交群体生产了85%的猪肉；地方品种及其杂交群体生产了10%左右的猪肉，主要用于满足优质猪肉市场需求。

牛肉消费在一定程度上已经是美好生活的象征和标志，随着国民经济发展和农业机械化水平的提高，黄牛逐渐从生产资料转变为生活资料，肉牛产业在中国始于20世纪80年代。牛肉生产体系中母本100%使用地方种牛资源，或地方品种与引进品种的杂交群体，地方黄牛、牦牛、水牛等生产了21%的牛肉产品。2022年我国肉牛总出栏量为4 839.9万头，牛肉生产量为718.3万吨，占肉类总生产量的7.7%；牛肉消费量987.3万吨，进口量269.0万吨，国内自给率达到了72.8%。

羊肉是构成肉食品消费的重要部分，不可或缺，已主要由区域性消费转变为全民消费，消费量稳步增加。我国羊肉生产和消费均居世界首位，每年羊出栏量超3亿只，平均每5人每年吃掉一只羊。在主要消费区域，如新疆和内蒙古等地，平均每人每年分别吃掉2.5只和1.8只羊。目前国内羊肉供给安全稳定，2022年羊肉产量524.5万吨，国外补充性进口35.8万吨，国内自给率为93.6%。羊肉生产结构中，主要以本地羊品种为主，包括蒙古羊、小尾寒羊、湖羊和哈萨克羊；引进品种为辅，主要利用进口品种作为父本进行杂交商品羊生产。随着肉羊生产体系不断完善，优质羔羊肉市场份额逐年增加，提升了羊肉消费水平。

禽肉是中国第二大肉类食品，占肉类消费总量的25%。每年出栏肉禽约160亿只，包括肉鸡、水禽（鸭、番鸭、半番鸭和鹅）、肉鸽以及其他淘汰蛋禽。目前禽肉供应立足国内基本有保障，因为中国人爱吃家禽的爪、翅和内脏等，所以有一定的进口作为补充，同时还有少量分割肉、半加工禽肉出口。2022年，全国禽肉生产总产量2 442.6万吨，禽肉及杂碎进口量131.6万吨、出口量28.3万吨，国内禽肉自给率达95.9%。从禽肉供给结构来看，鸡肉占比超过60%，水禽肉占比近40%。在鸡肉中，白羽肉鸡产肉量占比近2/3，黄羽肉鸡产肉量占比约1/4；在水禽肉中，鸭肉产量远超过鹅肉，占比达80%以上。全部黄羽鸡肉和水禽肉、部分白羽鸡肉的供给都来自我国畜禽遗传资源，其贡献率达60%以上。

（二）蛋

中国禽蛋（包括鸡蛋、鸭蛋、鹌鹑蛋等）产量世界第一，已连续38年居世界首位，实现了禽蛋完全自给。其中80%是鸡蛋，年人均占有量20 kg，平均每人每天一个蛋。2022年禽蛋总产量3 456.4万吨，消费量3 445.8万吨，自给率100%；出口量10.8万吨，主要出口至中国香港、中国澳门和日本等地。目前在产商品代蛋鸡存栏约11亿只，国产品种约占“半壁江山”。近年来，中国蛋鸡育种取得了巨大成效，培育的京红、京粉等国产品种的产蛋性能与海兰、罗曼等引进高产品种相媲美，同时还培育了绿壳蛋鸡等特色品种，进一步丰富了老百姓的菜篮子。与鸡蛋相比，鸭蛋产量呈下降趋势，每年约300万吨，蛋鸭养殖量约2亿只，均为地方品种和自主培育品种，如绍兴鸭、龙岩山麻鸭、金定鸭等。

（三）奶

2022年中国奶类产量达到4 026.5万吨，首次突破4 000万吨大关，位居全球第四名，其中牛奶产量（3 931.6万吨）占奶类总产量的比例超过97%；乳制品产量突破3 117.7万吨，进口量为327.2万吨，乳制品自给率为90.6%。中国奶牛以中国荷斯坦牛为主，其生产性能不断提升，连续5年每年超过100万头母牛参与奶牛生产性能测定。其他奶用、奶肉兼用牛品种包括娟姗牛、中国西门塔尔牛、新疆褐牛、三河牛及蜀宣花牛等，存栏量占比低于15%。2022年我国奶水牛存栏量577万头，奶产量约300万吨，主要产奶群体为摩拉、尼里拉菲及其杂种后代。

羊奶是中国第二大奶品，羊奶占全国奶类总产量的比重快速提升，产奶群体以萨能奶山羊、关中奶山羊、东佛里生羊等品种为主。2021年我国羊奶产量147万吨，主要奶用绵羊品种为东佛里生羊，主要奶用山羊品种为萨能奶山羊、关中奶山羊和文登奶山羊等。羊奶脂肪球颗粒小且均匀，易消化吸收，更适合婴幼儿、孕妇和老人食用，且长期饮用不会引起脂肪堆积和发胖。随着人民生活水平提高、专用化奶绵羊新品种的培育，绵羊奶占比将进一步提高。

三、更好满足多元化消费需求

随着社会经济不断发展和生活水平不断提高，人们不但要求肉、蛋、奶供应充裕，还要品出好味道、享受大健康、穿戴有品位、充实精神生活，中国大力推进地方畜禽遗传资源多元化、特色化开发利用，提供了更多“特、精、美”产品，不断满足人民日益增长的美好生活需要。

（一）守护传承中国味道

中国畜禽遗传资源是劳动人民在历史长河中不断驯化、选择并留存下来的，用其制作的美食，味道更适合中国百姓的味蕾，是传统地道的中国味。

一是满足了人们对特色肉品的追求。红烧肉在我国各地流传甚广，做法甚多，原料选用以地方猪的五花肉为最佳。沙子岭猪是制作毛氏红烧肉的首选食材，以沙子岭猪和引进品种为素材自主培育的新配套系，保持了沙子岭猪耐粗饲、肉质好的特质，研发出毛氏雪花猪肉、扣肉、香肠等高附加值品牌产品，还曾一次性烹饪出520 kg红烧肉创了吉尼斯世界纪录。回锅肉是全国人民喜爱的川菜经典，其最佳食材来源于四川的成华猪。金华火腿和宣威火腿名扬中外，其最佳原料来源于金华猪和乌金猪的后腿。香猪小而早熟，用其烤制的乳猪肉，皮酥肉嫩，肥而不腻，入口奇香。中华老字号北京东来顺涮羊肉，食材便是来自内蒙古的苏尼特羊等地方羊品种。滩羊肉细嫩、低脂、无膻味，最适合手抓羊肉、清炖羊肉汤等原生态烹饪，曾入选国宴专用食材，《舌尖上的中国》也曾对其给予高度评价。

“无鸡不成宴”，鸡是中国百姓餐桌上最为常见的佳肴。清远麻鸡皮脆肉弹、肉质细嫩、脂肪少，曾登上了人民大会堂的国宴菜单，当属粤菜高端菜品，年消费量 5 000 万只以上。皖南三黄鸡是安徽省南部山区古老的地方遗传资源，其童子鸡、老母鸡深受长三角地区人民喜爱，形成了年销售 3 000 万只的皖南土鸡产业。中国利用地方优质鸡遗传资源，培育了 78 个黄羽肉鸡新品种（配套系），打造了全球规模最大的黄羽肉鸡产业，年出栏量近 40 亿只。烤鸭、板鸭、烧鹅仔、盐水鹅等美食的食材均来自我国水禽遗传资源地方品种。享誉全球的北京烤鸭，皮脆肉嫩、多汁酥香、色如琥珀、味道醇厚，正宗食材来源于具有 600 年历史的北京鸭。广东餐桌上价格超千元的老鹅头，则是取材于饲养两年以上的狮头鹅，以妙不可言的食味品质赢得了大量消费者的青睐。

二是满足了人们对高端特色禽蛋的需求。中国人对土鸡蛋有独特的偏爱，传统意义上的土鸡蛋是指地方品种鸡下的蛋，色、香、味俱佳，量少价高，市场上冠以草鸡蛋、山鸡蛋、柴鸡蛋、乌鸡蛋、绿壳鸡蛋等品牌字样。近年来，国内企业利用地方鸡遗传资源作为素材，培育出了十多个蛋鸡新品种及配套系，在保留土鸡蛋特征特性的基础上，进一步提高了产蛋量。它们每年产蛋量约 280 万吨，占鸡蛋总产量的 10% 左右，满足了人们对高端鸡蛋的消费需求。2022 年中国鸭蛋产量约 260 万吨，蛋鸭全部来源于国内地方鸭遗传资源。绍兴鸭、龙岩山麻鸭、金定鸭等都是我国十分优良的蛋鸭遗传资源，利用它们培育出的蛋鸭新品种及配套系，产蛋量大幅提高，已接近高产蛋鸭品种。鹌鹑蛋和鸽蛋作为高端蛋品，日益受到消费者青睐，在中国禽蛋市场上也占有一定的份额。

三是满足了人们对乳制品多元化的需求。我国原料奶年产量达 4 000 万吨，乳制品年产量达 3 100 多万吨，乳制品质量基本达到发达国家水平，国产婴幼儿配方奶粉市场占有率超过 68%。牛奶是我国第一大奶品消费品，富含蛋白质、维生素（如维生素 D 和维生素 B_{12}）、矿物质（如钙和磷）以及健康脂肪等营养物质。牛奶及其乳制品可以轻松地适应各种特殊的饮食需求。云南、广东、福建等南方省份利用槟榔江水牛、西林水牛等地方品种水牛奶，制作成“奶饼”“奶豆腐”“奶皮”“姜汁奶”等风味食品，形成传统小吃。牦牛奶干物质、蛋白质、脂肪、乳糖和矿物质含量较其他牛种高，被称为“天然浓缩乳”，是高原地区各族人民重要的食品和乳制品加工原料。羊奶是中国第二大奶品，目前中国年产羊奶约 150 万吨，羊奶蛋白质组成接近人乳，易消化吸收，更适合婴幼儿、孕妇和老人食用。马奶、骆驼奶、驴奶产业在特定区域也得到了一定发展，其特色乳制品很受产地人们的重视。

（二）滋补养生保护健康

中医学自古以来就有“药食同源”（又称医食同源）理论，《神农本草经》《千金要方》《本草纲目》等著作均有食疗相关内容。畜禽、蜂和蚕在提供人们食物的同时，还具有一定的药用价值，有滋补养生、防治疾病的保健作用。

乌骨鸡的药用价值在《本草纲目》里有明确的记载。以乌骨鸡为主要原料制作而成的乌鸡白凤丸，对于妇科疾病、体虚等病症有显著的疗效，其中以泰和乌骨鸡、雪峰乌骨鸡制作最为正宗。江西泰和县庞大的乌鸡产业使得该县享有“中国乌鸡之乡”的美称。民间素有“一鸽胜九鸡”的美誉，鸽汤是产后及手术后益于伤口愈合的补品，《维吾尔医学手册》中记载，鸽肉可以缓解哮喘等呼吸道疾病，风沙肆虐的新疆南部地区农村几乎家家户户饲养、食用塔里木鸽。

驴皮制成的阿胶具有补血、滋阴、润燥等功效，阿胶及 6 款阿胶制品入选《国家药典》。老字号品牌“东阿”阿胶中的九朝贡胶便是以德州驴中的乌头驴的驴皮为原料制成。在阿胶产业的带动下，驴产业已发展成为中国为数不多的千亿元畜牧产业之一。鹿茸是名贵中药材，作为药用材料在中国已有 2 000 多年历史。中医认为，鹿茸有强筋骨、壮肾阳、益精血、调冲任、托疮毒等功效。中国年产鹿茸

300 吨以上，得益于中国对茸用鹿遗传资源梅花鹿和马鹿的高效开发利用。酸马奶是蒙古族人民利用马奶开发的一种高级饮品，其药用保健价值在《蒙古秘史》《蒙医药选编》等著作中有记载，对伤后休克、胸闷、心前区疼痛有较明显的疗效，对高血压、冠心病、肺结核等有一定的防治作用。

蜂王浆对神经衰弱、心血管和肝脏疾病等具有辅助疗效，是药食同源的珍贵保健品。浙江浆蜂生产了全球 90% 以上的蜂王浆，该蜂种的推广应用，使蜂王浆走入了普通家庭。蜜蜂工蜂尾部螯刺腺体中排出的毒汁，具有祛风除湿、止痛之功效。中医认为，蜂针疗法（蜂螫法）对风湿病、类风湿性关节炎等具有特殊的疗效。

（三）穿戴舒适提升品位

中国拥有全球最大的畜禽生产市场，在为消费者提供大量优质食材的同时，也提供了大量的轻纺工业原料，为全球提供了数量众多的优质高档羽绒、山羊绒、丝绸、毛皮等纺织业和服装业制品，让人们穿戴舒适、暖和、有品位，满足百姓“穿戴升级”的需求。

羽绒服饰轻柔保暖、吸湿散气，是人们钟爱的冬季保暖服饰。羽绒被透气干爽，有助于安神入睡、美容养颜，民间还有“羽绒被下出美人”的说法。高端羽绒服和羽绒被的填充羽绒来源于优质鹅绒或鸭绒。中国羽绒产量占全球 75% 左右，皖西白鹅、浙东白鹅、豁眼鹅等是中国优良地方鹅种遗传资源，羽绒品质优良，是制作高档羽绒服和羽绒被的首选材料。特别值得一提的是，皖西白鹅羽绒品质优异，其原产地安徽省六安市年产皖西白鹅羽绒约 4 000 吨，为制作高档羽绒服和羽绒被提供了稳定的羽绒来源。

山羊绒是高档的天然纺织原料，中国拥有非常宝贵的绒山羊遗传资源，如产绒量高的辽宁绒山羊、绒品质好的内蒙古绒山羊等。中国羊绒产量和世界贸易量约占全球 70%，鄂尔多斯市是世界上最大的优质羊绒主产区，曾获批国家级绒山羊优势特色产业集群，已形成了以“鄂尔多斯”等品牌为代表的羊绒品牌体系，其顶级产品已被列为“中华国宾礼”。

蚕丝是唯一的天然的动物性蛋白长纤维，具有独特的亲肤、轻柔、富有光泽等优点，有“纤维皇后”的美称。得益于对丰富的蚕遗传资源的开发利用，中国蚕丝产量占世界总量的 80% 以上。如今蚕丝纺织品已走进中国千家万户，尤其是“汉服”文化的兴起，戴丝巾、穿丝绸服装成为新的潮流。

中国立足于牛、羊、兔、貂、貉、狐等动物遗传资源开发，为皮草行业提供了丰富的优质原材料。如宁夏滩羊以盛产“二毛裘皮”而驰名中外，其毛色洁白、光泽如玉、花穗美观、轻盈保暖，是裘皮中的佳品。

第五章

中国畜禽遗传资源科技创新

坚持科技是第一生产力、人才是第一资源、创新是第一动力，紧紧围绕安全保护和高效利用目标任务，深入实施创新驱动发展战略，集中力量攻克资源保护利用中的重大科学问题和关键技术难题，创新优化畜禽保种理论与方法，创建保护利用技术体系；搭建专业化、智能化资源鉴定与基因发掘平台，绘制完成牦牛、山羊、鸭、鹅、驴、双峰驼、梅花鹿和家蚕的参考基因组图谱；发掘鉴定一批与猪抗寒适应性、鸡绿壳蛋、鸭肉质风味等优良性状高度相关的关键基因，促进种质资源优势向基因资源优势转变，不断塑造资源保护利用新动能，为加快种业振兴和建设农业强国提供强有力支撑。

第一节　加强畜禽保种理论与方法研究

围绕畜禽遗传资源保护的重大需求，加强基础理论研究与关键核心技术攻关，丰富畜禽保种理论，优化小群体活畜保种方法，提高活体保种效率；构建超低温冷冻保存技术体系，畜禽遗传材料实现低成本长期安全保存；自主研发标准化数字化调查评价方法，统一资源调查“度量衡”；完善畜禽濒危状况评估方法，明确保种优先顺序，为畜禽遗传资源安全保护提供科学依据和技术支撑。

一、丰富畜禽活体保种理论与方法

活体保种是目前中国畜禽遗传资源保护的主要方式，是最直接最有效的保种方式之一，但维持成本高，受疫病、自然灾害等的侵袭风险大。如何用最少数量的种群规模保住一个品种，使其遗传资源不丢失、种质特性不改变、遗传多样性不降低？这就需要理论创新、方法创新和技术创新。中国科学家先后提出了系统保种理论和保种优化理论，并在生产实践中不断丰富发展，形成了适合国情、科学高效、经济实用、可操作性强的小群体活畜保种方法，解决了一系列保种科学问题，既提高了活体保种效率，又降低了保种成本，有效支撑了畜禽遗传资源保护体系建设。

小群体活畜保种的主要做法包括保持适当规模保种群，拥有一定数量的彼此间无亲缘关系的公畜；

各家系等量留种；在保种群内不进行选择；避开全同胞、半同胞的不完全随机交配，每头公畜配等量母畜；合理规划保种环境；延长世代间隔；对保种群遗传变异程度进行监测评估。

二、构建遗传材料超低温冷冻保存技术体系

遗传材料保存是活体保种的重要补充，也是畜禽保种的最后一道安全防线。特别是对于濒临灭绝的品种，通过保存遗传材料，利用人工授精、胚胎移植、体细胞克隆等生物技术，可在短时间内快速复原所需要的种畜个体。与活体保种方式相比，遗传材料保存成本低，受环境因素影响小，不受时间、地域和种畜生命周期的限制，但技术要求高，保存的畜禽个体类型是“静态”的。通过加强原始创新、集成创新和引进后消化吸收再创新，中国已创建一套科学高效的遗传材料采集、制作、保存的技术体系，发布国家和行业标准 20 余项，实现了畜禽遗传材料低成本长期安全保存。

胚胎超低温冷冻保存技术。将经过特殊保护处理后的胚胎保存在液氮（–196℃）超低温环境下，达到长期保存的目的。胚胎冷冻保存是遗传材料中保种效果最好的一种方式，胚胎中含有畜禽个体的全部遗传信息，保存一枚胚胎就相当于保存一个活体，能在较短时间内恢复保种群。该技术已广泛应用于普通牛、绵羊和山羊保种实践中。随着活体采卵、体外受精等胚胎工程技术的创新与应用，中国攻克了牦牛和水牛体外胚胎生产关键技术，较好解决了牦牛和水牛胚胎冷冻保存难题。对于自然繁殖效率低的单胎家畜，如普通牛、水牛、牦牛等，胚胎冷冻保存技术尤为重要，可极大提高保种效率。例如，2015 年的复州牛保种实践中，国家家畜基因库创造了一次性冲胚，每头牛平均获得了 8.25 枚优质胚胎的历史最好成绩。再如，国内首次开展的湖羊冷冻精液和冷冻胚胎保存效果验证试验中，复苏的胚胎产羔率达 41%，冻精受胎率达 60%，与现在饲养的湖羊相比，冷冻精液和冷冻胚胎活羔的毛色更加洁白、波浪形花纹更加突出，重现了二三十年前的湖羊典型特征。截至 2024 年 1 月，65 个牛羊地方品种的 1.6 万枚冷冻胚胎已纳入国家家畜基因库战略保存。

精液超低温冷冻保存技术。利用液氮（–196℃）将特殊处理后的精子长期保存起来，是畜禽保种的另一种有效方式。冷冻保存技术的创新应用，使低成本长期保存珍稀濒危品种的精液成为现实。研究表明，保存冷冻精液和胚胎能最大限度地减少质量性状基因的丢失和防止数量性状的遗传漂变。精子只含有一半遗传信息，较胚胎冷冻保存的群体复原周期更长、难度更大，但冷冻保存精液相当于保存种公畜禽，效率高、成本低、操作简便，是国际上基因库遗传材料保存的主要方式，对一些难以制作胚胎的畜禽，更是如此。相对而言，牛羊精液冷冻保存技术成熟且高效，广泛应用于保种和生产实践中。牛羊冷冻精液也是世界各国动物基因库中最常见且保存数量最多的遗传材料。截至 2024 年 1 月底，国家家畜基因库保存了 192 个品种共计 106 万份冷冻精液，第一批保存的文山牛、湖羊等品种冷冻精液已保存达 41 年之久。同时，中国集中力量开展联合攻关，完全掌握了鸡和猪精液冷冻保存的核心技术，设施设备全部实现国产化，处于国际先进水平。中国已建成亚洲最大家禽精子库，收集保存北京油鸡、东乡绿壳蛋鸡、藏鸡等 20 个品种共计 4 000 份冷冻精液。

体细胞超低温冷冻保存技术。该技术是畜禽活体保种、胚胎和精液冷冻保存技术的补充，为构建畜禽体细胞库、大规模保存濒危品种有效遗传材料提供了保障。体细胞含有父母双方的遗传信息，但与胚胎不同的是体细胞不能直接发育成个体，需通过体细胞克隆技术复原畜禽个体。2000 年，中国率先提出利用体细胞保存畜禽遗传资源的思想，自主研发了体细胞保存技术和细胞生物学特性检测方法，2006 年建成了世界上最大的畜禽遗传资源体细胞库，保存了 43 个珍稀畜禽品种的体细胞 2 万余份，技术水平与细胞保存总量处于国际领先地位。通过体细胞克隆技术，中国成功克隆并复原了兰溪花猪、

冀南牛、德保矮马等地方品种个体。

另外，中国在新技术研发方面也取得了重要进展，自主研发的鸡原始生殖细胞保护与复原技术、猪和牛卵母细胞玻璃化冷冻保存技术实现新进展，为安全保护珍稀濒危畜禽遗传资源提供了技术储备。

三、自主研发标准化数字化资源调查评价方法

定期开展畜禽遗传资源调查评价是加强资源保护的基础性工作，旨在摸清家底、建立台账、加强精准管理和研判发展趋势。中华人民共和国成立以来，中国政府先后组织开展了三次全国性畜禽遗传资源调查（普查），以及多次区域性调查和专项调查。经过多年实践和研究，中国自主创建了涵盖所有物种的调查、测定与评价方法，制定了调查评价共性标准、品种个性化描述标准、质量控制、数据标准规范、收集整理技术规程、照片拍摄要点等，构建了科学完整的调查方法和指标体系，统一了资源调查的“度量衡”，实现了全过程的规范化、数字化，制定、修订了国家和农业行业标准100余项。基于地理信息系统（Geographic information system，GIS）技术，自主开发全国畜禽遗传资源调查信息系统和数字化品种名录，配套开发PC端和手机App功能，建立数据采集、整理、分析和信息化共享平台，较好解决了以往调查数据手工记录、效率低、准确性不高等问题，实现了资源信息的可视化、可查询、可对比，为加强行业管理、科学研究、开发利用和国际交流提供了重要基础信息，为新资源发掘、育种素材搜集和品种特性对比提供了信息化公益平台。

基于自主研发的调查评价方法和指标体系，指导制定第三次畜禽遗传资源普查方案，确定畜禽、蜂和蚕三大类别15类性状约5 000个指标，开展性状全覆盖的大规模表型测定，调查评价中国境内全部地方品种、培育品种和引入品种共计1 445个，建立了中国最全、最新、最系统的畜禽遗传资源表型数据库。通过调查、测定与评价分析，进一步掌握了中国主要畜禽品种优异、特色和重要性状的生物学规律和表现特征，探明了优异性状的群体变异特征、不同生长阶段的变化趋势，发掘了一批繁殖性能突出、生产性能优异、抗逆性强等优良性状，为畜禽遗传资源安全保护和高效利用提供了基础数据和科学依据。

第二节 创新畜禽精准鉴定技术

资源精准鉴定是各国种业领域争夺的制高点。针对中国畜禽遗传资源鉴定的难点与卡点，中国逐步完善了畜禽遗传资源的鉴定技术，推进了经济性状、品质性状、抗逆性状等表型的精准鉴定，绘制了多个畜禽高精度参考基因组图谱，挖掘了遗传资源所蕴藏的优异基因和原创性育种标记，卓有成效地支撑了畜禽遗传资源的高效利用。

一、研发标准化规范化畜禽遗传资源鉴定技术

资源鉴定是具有中国特色的一项制度性安排，旨在规范、加强和促进新资源的发掘鉴定。经过多年研究、实践和不断完善，形成了一套标准化、规范化的畜禽遗传资源鉴定技术规范，涵盖了猪、牛、羊、马、驴、驼、兔、家禽、特种畜禽、蜂、蚕等所有物种，内容包括血统来源、分布区域、历史文化、外貌特征、性能指标、群体规模与种群结构等，量化了鉴定技术条件，规范了发掘鉴定行为。

专栏

◆ 鸽中瑰宝——太湖点子鸽 ◆

点子鸽因头上有一黑点而得名，外貌特征明显，性能卓越，历史较为久远，在诸多史料中均有记载，如明朝顾起元所著记述明朝南都金陵的史料笔记《客座赘语》中有“鸽之最贵者曰袍袖、曰点子…翱翔矫健，嬉舞空中…”；晚明人张万钟著《鸽经》中对“点子”的描述为“额上有黑毛如点。嘴上黑下白，一名阴阳嘴…”；民国于非厂所著《都门豢鸽记》中有“点子，名称最古，有黑紫二种…全身均为白色，尾黑色…”等。众多丹青圣手的名作中也不乏点子鸽的形象，如北宋名画家徐崇嗣画有《双鸽秋艳图》、南宋画家鲁宗贵作《玲峰鹁鸽》(现存于故宫)等。江苏南通市的陈卫彬作为一名“鸽痴”一直遗憾点子鸽没有正式的“身份”。自2015年起，陈卫彬先后到环太湖地区——无锡、江阴、湖州、扬州等27个农户家中，高价收购点子鸽143只，并进一步对收集的资源进行扩繁、整理，目前保种群保持在300对以上、扩繁群2 000只左右。相关研究人员对点子鸽开展了系统生产性能测定；同时利用简化基因组测序技术，对中国地方品种石岐鸽、塔里木鸽、点子鸽和国外引进品种白羽王鸽等品种在分子水平进行鸽群亲缘关系分析，结果显示太湖点子鸽与其他鸽种的同源性较低；使用全基因组重测序技术，对点子鸽的特殊羽色、凤头和多趾性状进行选择消除和全基因组关联分析，鉴定到与羽色相关的基因1个，与凤头相关的单核苷酸多态性（single nucleotide polymorphisms, SNP）位点6个，与多趾相关的基因2个；测定肉质成分发现，与其他鸽种相比，点子鸽的蛋白质含量（22.72%）、单不饱和脂肪酸（44.58%）和二十碳五烯酸（0.47%）含量更高。正是这一系列的鉴定工作为太湖点子鸽新资源鉴定奠定了基础。2020年，点子鸽通过国家畜禽遗传资源委员会鉴定，被正式命名为太湖点子鸽，列入《国家畜禽遗传资源品种名录（2021年版）》。

二、构建畜禽遗传资源分子身份证

构建畜禽品种分子身份证，在DNA水平上为每个品种提供准确独特的数字化代码，可实现畜禽遗传资源的精准识别。2021年，中国全面启动畜禽种质资源精准鉴定工作，该工作的核心内容是以中国33个畜种的地方品种和主要引入品种为主要研究对象，通过基因组高通量检测技术，构建具有中国畜禽品种特色和自主知识产权的DNA特征库，为审定畜禽新品种和鉴定新资源提供一把精准的分子标尺，同时推动种畜禽市场监管技术手段更新换代。截至目前，收集整理了700余个畜禽品种（类群）的血液或组织样品近4万份，完成了中国境内115个猪品种（类群）全基因组测序，通过特征选择和机器学习优化算法构建了具有自主知识产权的猪分子身份证，形成了可用于区分中国现有猪品种的“分子密钥”。基于滩羊遗传资源，开发了群体遗传学和机器学习联合鉴定新方法，筛选出了16个区分滩羊与非滩羊群体的SNP位点，建立的滩羊鉴定模型通过2 112只盲测个体的检测及优化，鉴定准确率高达94%。率先开发的滩羊“基因身份证”已成功应用于消费者市场，基因检测产业化落地已完成送检滩羊19.2万只，为精准辨别滩羊肉打造了一个高科技识别器，也为滩羊遗传资源的保护利用构筑了一道坚固的防火墙。

第三节　创新畜禽遗传资源基因挖掘技术

一、绘制畜禽高精度基因组图谱

绘制高精度参考基因组图谱是发掘畜禽优异基因、实现资源高效利用的重要基石和科学指南，是在畜禽遗传资源领域体现国家科技自立自强的重要标志。针对中国特有的畜禽遗传资源，利用高通量测序等技术，在世界上率先绘制了牦牛、山羊、鸭、鹅、驴、双峰驼、梅花鹿、家蚕等的参考基因组图谱。随后，在三代测序技术的助力下，拓展了泛基因组的深度和精度，进一步自主完成了猪、牛、绵羊、鸡、鸭和蚕等高精度、高密度的泛基因组图谱（图 0–5–1、图 0–5–2），有助于充分挖掘遗传变异资源、鉴定品种特有性状调控基因。例如，2022 年西南大学利用 1 078 份蚕种质资源，绘制了全球首个家蚕超级泛基因组图谱，囊括了目前最全面的家蚕和野桑蚕基因组信息，是迄今全球动植物领域最大的长读长泛基因组，使中国家蚕品种资源基础研究的总体实力和水平进入世界领先行列。

A

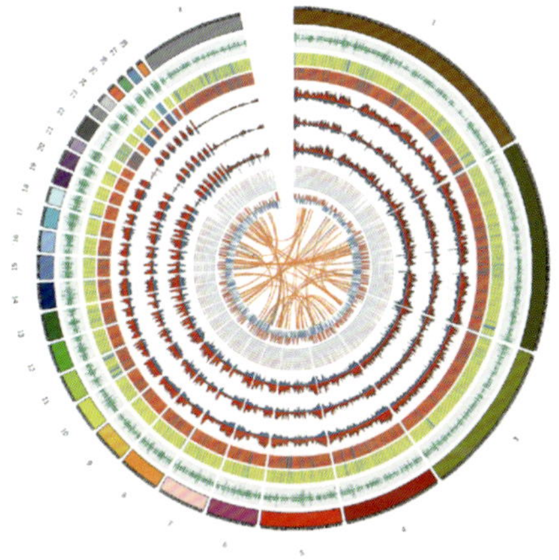

图 0–5–1　鸭的泛基因组图谱

B

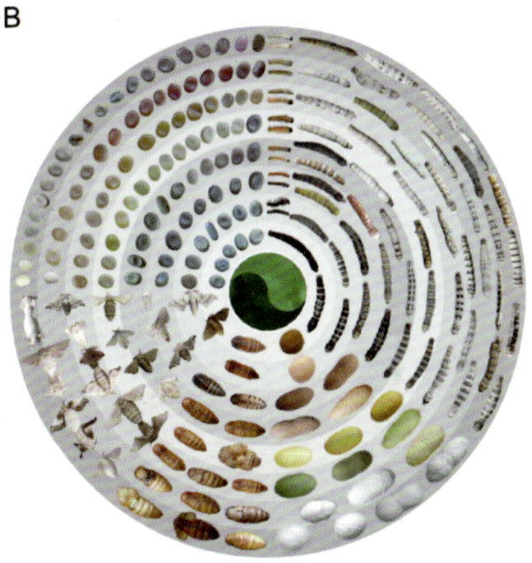

图 0–5–2　家蚕生命周期各阶段丰富的表型多样性

二、系统集成多组学技术挖掘优异基因

畜禽优异基因挖掘是世界各国资源利用和种业自主创新的主战场，关系着畜禽种业的核心竞争力。通过整合基因组、转录组、蛋白组、代谢组、宏基因组等多组学，利用全基因组关联分析、基因编辑等技术，中国已自主鉴定了一批影响畜禽优异特性和重要经济性状的因果基因和分子标记，主要包括中国地方猪种抗寒、肠道菌群丰度，中国水牛毛色，绵羊尾型，地方鸡种绿壳蛋、玫瑰冠、羽色以及抗病力，鹅肝脂肪代谢等基因位点，为畜禽品种资源的遗传改良和创新奠定了坚实基础。

（一）揭示中国猪种抗寒遗传机制，为高产耐寒品种创制提供支撑

藏猪、东北民猪等是中国优良地方品种，主要分布在中国的青藏高原和东北等寒冷地带，具有极强的抗寒能力，在 –25℃环境下仍可以正常产仔和哺乳。中国科学家通过对抗寒优良地方猪抵御寒冷

应激的分子机制研究，揭示了解偶联蛋白 3（Uncoupling protein 3，UCP3）与白色脂肪棕色化对猪能量代谢的重要影响，并进一步利用 CRISPR/Cas9 介导的非同源重组整合外源片段的方式，构建了解偶联蛋白 1（Uncoupling protein 1，UCP1）的基因，定点敲入猪基因片段内，实现了 *UCP1* 基因在猪白色脂肪组织的特异表达。试验结果表明，*UCP1* 转基因猪在急性冷刺激（4℃暴露 4 h）情况下的体温维持能力显著优于野生型猪，能更好地抵抗寒冷环境。生产性能测定结果显示，*UCP1* 转基因猪脂肪率显著降低（减少 4.89%），背膘厚度显著降低（减少 2.4 mm），瘦肉率显著增加（增加 3.38%），同时猪的抗寒能力显著提高，为猪的新品种培育提供了良好素材。

（二）解析鸡绿壳蛋形成的分子机理，为绿壳蛋鸡品种培育提供分子标记

绿壳蛋鸡因产绿壳蛋而得名。绿壳蛋由于壳中沉积了较多的胆绿素，深受中国人的喜爱。中国的地方鸡品种中，有一些具有产绿壳蛋的特性。为了解析绿壳蛋形成的遗传机制，中国科学家利用全基因组关联分析、基因组精细定位、表达分析和基因功能鉴定等技术手段，发现母鸡 1 号染色体的溶质载体有机阴离子转运家族成员 1B3（Solute carrier organic anion transporter family member 1B3，SLCO1B3）的基因启动子区域存在鸡内源性病毒（Endogenous retroviral，EAV-HP）的插入，使得 *SLCO1B3* 基因在母鸡的卵壳腺中特异表达，因而导致母鸡产绿壳蛋。*SLCO1B3* 基因属于有机阴离子转运蛋白（Organic anion transporting polypeptide，OATP）家族，能帮助胆盐类物质跨膜运输至卵壳腺，卵壳腺将胆绿素分泌至蛋壳中，使得最终的蛋壳呈现绿色。该研究成果为中国绿壳蛋鸡品种的高效保护和分子选育提供了标记辅助选择的手段。

（三）多组学解析水牛白毛色遗传机制，为特色品种资源保护提供理论基础

分布于中国贵州黔北地区的贵州白水牛，是全世界唯一经过长期选育形成的白毛色水牛遗传资源，又称凤冈白水牛或亮毛牛，是贵州特有的地方水牛。白水牛的皮肤呈粉红色，被毛、角和蹄均为白色，但眼睛是黑色的。虽然人们已经知道水牛白毛色是显性遗传的性状，但其分子机制却一直未被解析。中国研究团队通过全基因组重测序、转录组测序、Nanopore 单分子测序以及基因功能研究，发现在白水牛 Agouti 信号蛋白（Agouti-signaling protein，ASIP）的基因上插入转座子，使白水牛皮肤 *ASIP* 基因的表达量提高近 10 倍。研究表明 *ASIP* 基因的高表达阻碍了黑色素细胞的发育，导致白水牛皮肤基底层缺乏成熟的黑色素细胞及色素颗粒。这些多组学结果系统地揭示了白水牛毛色性状形成的分子机制，丰富了人们对动物白毛色形成机理的认识，加深了对白水牛遗传特性的了解，为中国白水牛特色遗传资源的有效保护和科学选育提供了重要的科学依据。

（四）发掘绵羊脂尾性状因果基因，为低脂瘦尾绵羊育种提供靶点

中国地方品种绵羊按尾型分类分为长瘦尾、短瘦尾、长脂尾、短脂尾和肥臀尾 5 种，其中 76% 的绵羊品种为脂尾羊和脂臀羊，如兰州大尾羊、小尾寒羊等，尾脂重占胴体重的 10%~20%。脂尾羊为满足人类早期的脂类需求提供了大量脂肪，也为绵羊抵御极端寒冷的环境储存了能量，但是随着人们生活水平不断提高以及对高脂类羊肉偏好降低，尾脂过度沉积反而会增加饲养成本，制约绵羊产业的高质量发展。中国科研人员针对不同尾型性状的绵羊，通过全基因组选择分析，确定了血小板衍生生长因子 D（Platelet derived growth factor D，*PDGFD*）的基因是影响绵羊尾部脂肪沉积的重要因果基因，发现了改变绵羊尾巴长度的主效因果变异——同源框 B13（Homeobox B13，*HOXB13*）的基因不仅揭

示了绵羊尾型变异的分子机制，也为瘦尾羊及低脂肉用绵羊新品种的创制提供了关键靶位点。

（五）揭示鸭肉独特风味分子机理，为优质肉鸭育种提供基因资源

作为继猪肉、鸡肉之后的第三大消费肉类，鸭肉早已成为我们生活不可分割的一部分。鸭肉可以为人们提供优质氨基酸、蛋白质、不饱和脂肪酸等营养物质，鸭肉中的代谢物（氨基酸、多肽、维生素、肌苷酸等）经过不同的加工方式可以产生浓郁的肉香味，即鸭肉的风味物质。科研人员基于北京鸭 × 连城白鸭梯度血缘群体，使用液相色谱 - 质谱联用技术在胸肌中检测出 3 431 种代谢物，同时使用固相微萃取 - 气相色谱 - 质谱联用技术检测出 702 种风味物质。结合全基因组重测序数据进行了代谢物全基因组关联分析（Metabolome cenome-wide association study, mGWAS），确定了 48 个影响鸭肉重要营养代谢物及风味物质的主效基因，如鸭肉中对人体神经系统起保护作用的缩醛磷脂含量受到缩醛乙醇胺去饱和酶（Transmembrane protein 189，TMEM189）的基因调控，对人体抗氧化、抗衰老、抗疲劳、增强肌肉缓冲力有着重要作用的肌肽以及鹅肌肽含量受到谷氨酸脱羧酶（Glutamate decarboxylase like 1，GADL1）和肌肽 N- 甲基转移酶 2（Carnosine N-methyltransferase 2，CARNMT2）的两个基因共同调控。研究结果对培育新型优质肉鸭、改善鸭肉品质具有重要意义。

第六章

中国畜禽遗传资源治理体系

中国政府高度重视畜禽遗传资源治理体系建设，坚持保护制度先行、加强组织管理、强化政策保障，建立了以国家保护制度为核心的畜禽遗传资源法律体系，从法律上明确并强化了畜禽遗传资源保护的基础性、公益性、战略性、长期性地位；构建了以国家保护为主的畜禽遗传资源政策支持体系，鼓励和支持有关单位和个人依法发展畜禽遗传资源保护事业；构建了畜禽遗传资源科技创新体系，形成了人才培养、平台建设和科技投入一体化的战略支撑。畜禽遗传资源治理体系得到全面加强，治理能力的水平得到全面提升，开创了中国畜禽遗传资源保护新境界。

第一节　法律法规体系

2006 年，中国政府颁布实施了《中华人民共和国畜牧法》，随后发布了《中华人民共和国畜禽遗传资源进出境和对外合作研究利用审批办法》《畜禽遗传资源保种场保护区和基因库管理办法》《畜禽新品种配套系审定和畜禽遗传资源鉴定办法》等配套法规。2015 年和 2022 年，先后两次对《畜牧法》进行了修正和修订，对畜禽遗传资源保护和管理做了全面规定，对畜禽遗传资源实施目录制管理，建立畜禽遗传资源保护制度，明确畜禽遗传资源保护责任等。

根据种业振兴和乡村振兴战略需要，借鉴国际惯例和普遍做法，2020 年 10 月 17 日，中国政府颁布了《中华人民共和国生物安全法》（中华人民共和国主席令第 56 号），2021 年 4 月 29 日颁布了《中华人民共和国乡村振兴促进法》（中华人民共和国主席令第 77 号），分别从生物安全、国家主权、资源保护、安全审查机制等方面，对包括畜禽在内的生物种质资源管理作了严格规定。

目前，《畜牧法》及其配套法规和部门规章制度，加上陆续颁布的涉及畜禽遗传资源管理的法律法规，构成了现阶段相对比较完善的中国畜禽遗传资源法律法规体系，完善了畜牧业治理体系，提升了畜牧业治理能力水平，开创了中国畜禽遗传资源管理的新局面。

一、目录管理

《畜牧法》规定，经过驯化和选育而成，遗传性状稳定，有成熟的品种和一定的种群规模，能够不依赖野生种群而独立繁衍的驯养动物，可以列入畜禽遗传资源目录。为贯彻落实第十三届全国人民代表大会常务委员会第十六次会议《关于全面禁止非法野生动物交易、革除滥食野生动物陋习、切实保障人民群众生命健康安全的决定》和《畜牧法》有关规定，经国务院批准，2020 年 5 月 29 日，农业农村部公布了《国家畜禽遗传资源目录》(以下简称《目录》)(农业农村部公告第 303 号)。

按照坚持科学、突出安全、尊重民族习惯、与国际接轨 4 条原则，最终确定将 33 种家养畜禽纳入《目录》，包括传统畜禽 17 种、特种畜禽 16 种。传统畜禽是我国畜牧业生产的主要组成部分，主要用来生产肉、蛋、奶，其肉类总产量约占我国肉类总产量的 99%，禽蛋产量为供应总量的 100%。传统畜禽包括猪、普通牛、瘤牛、水牛、牦牛、大额牛、绵羊、山羊、马、驴、骆驼、兔、鸡、鸭、鹅、鸽、鹌鹑 17 种。特种畜禽是畜牧业生产的重要补充，包括 3 部分：一是中国自有的区域特色种类，已形成比较完善的产业体系，如梅花鹿、驯鹿等；二是国外引进种类，虽然在中国养殖时间不长，但在国外已有上千年的驯化史，如羊驼、火鸡、珍珠鸡等；三是非食用特种用途种类，主要用于毛皮加工和产品出口，中国已有（包括从国外引进）成熟的家养品种，如水貂（非食用）、银狐（非食用）、北极狐（非食用）、貉（非食用）等。

这些畜禽都是经过人类长期驯化和选育而成的家养动物，具有一定群体规模或大量用于农业生产的品种，种群可在人工饲养条件下繁衍，为人类提供肉、蛋、奶、毛皮、纤维等产品，或满足役用、运动需要等。其内涵在于：第一，“畜禽”不是生物学概念，而属于畜牧生产学范畴，并不是所有家养动物都属于畜禽。家养动物成为畜禽，要有稳定的人工选择经济性状，主要在农牧场（户）生产，养殖技术相对成熟，价值链相对完整。第二，用于肉、蛋、奶、皮、纤维、药材等产品生产，及满足役用、运动需要等。用于其他用途的，要综合考虑人民群众是否接受、是否符合国际通行做法与惯例。第三，突出确保人的健康安全，建立了相对稳定的产业体系和疫病防控体系。要综合考虑公共卫生安全、生态安全等风险，以及传统文化、民族习惯等要素。第四，畜禽以哺乳纲和鸟纲动物为主，不含两栖、爬行、昆虫和腔肠类等动物。

列入《目录》管理的畜禽是物种的概念，在生产实践中畜禽是按品种管理的。一个物种往往包含很多品种，如大白猪、长白猪、梅山猪等都属于猪这个物种的具体品种。品种又分为地方品种、培育品种和引入品种。顾名思义，地方品种就是老祖宗留下来的、土生土长的“土种”，如原产于我国海南岛的五指山猪，产于太湖流域的梅山猪、二花脸猪等，都属于地方品种。引入品种是从国外引进的“洋种”，如大白猪、杜泊羊、安格斯牛等。培育品种就是利用“土种”“洋种”或者“土洋结合”定向选育而成的。为方便养殖场户、管理人员和社会公众查询，增强《目录》贯彻实施的针对性、规范性和可操作性，国家畜禽遗传资源委员会公布了与《目录》配套的《国家畜禽遗传资源品种名录》(以下简称《品种名录》)，并保持动态更新。第一次公布《品种名录》是 2020 年 5 月 29 日，第二次是 2021 年 1 月 14 日。据第三次普查，中国共有畜禽品种 1 018 个，其中地方品种 604 个、培育品种及配套系 281 个、引入品种及配套系 133 个。《目录》及《品种名录》属于正面清单，列入的畜禽按《畜牧法》管理，未列入的不按《畜牧法》管理。

《目录》首次明确了《畜牧法》中畜禽的法律边界和内涵，厘清了家养畜禽和陆生野生动物以及水生动物的界限，回答了学术界和社会各界普遍关注的问题，明确了哪些动物属于家畜家禽，哪些畜禽的遗传资源保护利用、繁育、饲养、经营、运输等活动适用于《畜牧法》管理，既充分考虑了当前畜牧业生产的实际需求，又科学兼顾了未来畜产品安全消费的发展趋势，具有较强的规范性、指导性、前瞻性和可操作性，补上了长期以来畜牧业管理制度的短板，完善了畜牧业治理体系，提升了畜牧业治理能力水平，开启了中国畜禽遗传资源正面清单管理的新阶段。

《畜牧法》明确规定，蜂、蚕的资源保护利用和生产经营，适用本法有关规定。国家畜禽遗传资源委员会还将陆续公布《国家蜂遗传资源品种名录》和《国家蚕遗传资源品种名录》。

二、保护制度

《畜牧法》规定，国家建立畜禽遗传资源保护制度，开展资源调查、保护、鉴定、登记、监测和利用等工作，发布《中国畜禽遗传资源状况报告》，制定并落实畜禽遗传资源保护和利用规划。各级人民政府应当采取措施，加强畜禽遗传资源保护，将畜禽遗传资源保护经费列入预算。畜禽遗传资源保护以国家为主、多元参与，坚持保护优先、高效利用的原则。国家鼓励和支持有关单位、个人依法发展畜禽遗传资源保护事业，鼓励和支持高等学校、科研机构、企业加强畜禽遗传资源保护、利用的基础研究，提高科技创新能力。

建立并实行分级分类保护制度。根据畜禽遗传资源分布状况，农业农村部和省级人民政府农业农村部门分别制定、调整和公布国家和省级畜禽遗传资源保护名录，分别建立或者确定国家和省级保种场、保护区和基因库，对原产于中国的珍贵、稀有、濒危的畜禽遗传资源实行重点保护。按照分级保护和珍贵、稀有、濒危、重点性状等原则，在资源调查评估的基础上，农业部对《国家级畜禽遗传资源保护名录》进行了 3 次修订，分别是 2000 年 8 月农业部第 130 号公告，确定 78 个畜禽品种为国家级保护品种；2006 年 2 月农业部第 662 号公告，确定 138 个品种为国家级保护品种，比上一版增加了 60 个；2014 年 2 月农业部第 2061 号公告，确定 159 个品种为国家级保护品种。

与 2006 年公告比较，2014 年保护名录增加了 21 个品种，主要修订内容：一是删除了不适用《畜牧法》管理、情况不明、保护性状雷同或不突出的品种，包括河西猪、德宏水牛、圭山山羊、百色马、九斤黄鸡、鲁西斗鸡、酃县白鹅、山东细犬等 14 个品种；二是调整黄淮海黑猪、太湖猪、华中两头乌猪等 3 个品种；三是增加了一批更有特色、更有价值的品种，包括米猪、槟榔江水牛、苏尼特羊、瓢鸡、缙云麻鸭、浙东白鹅等 32 个品种。

按照第三次普查和畜禽遗传资源状况评估结果，农业农村部和各省（区、市）将分别修订、发布国家级和省级畜禽遗传资源保护名录。保护名录的制定、修订，为实行分级分类保护提供了法律遵循和科学依据。

实践证明，建立保种场、保护区和基因库是实施畜禽遗传资源保护的有效手段，中国政府将这一成功做法写入了《畜牧法》。2006 年 6 月农业部制定了《畜禽遗传资源保种场保护区和基因库管理办法》（农业部令第 64 号），江苏、安徽、山东、广东、海南、云南、新疆 7 个省（区）出台了省级管理办法，对保种场（区、库）基本条件、建立和确定条件、监督管理等做了全面规定，规范了保种行为，提升了保种效果。截至 2023 年年底，确定国家级保种场 191 个、保护区 25 个、基因库 11 个，实现了现阶段国家级保护品种的场、区、库保种措施全覆盖。

三、审定鉴定制度

实行畜禽新品种审定和遗传资源鉴定是具有中国特色的一项制度性安排。实践证明，这项制度符合以适度规模为主的畜禽养殖方式和种畜禽生产管理实际，有利于保护和合理利用畜禽遗传资源，有利于培育和推广优良品种，有利于促进畜禽种业振兴，有利于从源头上保障和提高种畜禽质量，是国家加强种畜禽监管、维护市场秩序和广大畜牧业生产经营者合法权益的有效措施。

1994 年国务院颁布的《种畜禽管理条例》规定，对培育的畜禽新品种在推广前实行二级审定，即跨省推广的品种由国家畜禽品种审定委员会审定，报国务院畜牧行政主管部门批准；省内推广的品种由省级畜禽品种审定委员会审定，报省级人民政府畜牧行政主管部门批准、国务院畜牧行政主管部门备案。鉴于绝大部分畜禽品种均需跨省推广，继续实行二级审定不利于形成全国统一的种畜禽大市场，2005 年颁布的《畜牧法》将二级审定改为一级审定，规定培育的畜禽新品种、配套系和新发现的畜禽遗传资源在销售、推广前，应当通过国家畜禽遗传资源委员会审定或者鉴定，并由国务院农业农村部主管部门公告。《畜牧法》规定，新发现的畜禽遗传资源在鉴定前，各省（区、市）人民政府的农业农村相关部门应当制定保护方案，采取临时保护措施，并报农业农村部备案。

为了规范畜禽新品种、配套系审定和畜禽遗传资源鉴定工作，根据《畜牧法》的有关规定，2006 年 6 月农业部颁布了《畜禽新品种配套系审定和畜禽遗传资源鉴定办法》，国家畜禽遗传资源委员会制定了猪、牛、羊、家禽等审定鉴定技术规范，对品种的基本条件、群体数量、外貌特征、性能指标、命名规则、程序要求等做了明确规定，使审定鉴定行为有法可依、有标可循、更加规范。自 1994 年实行审定鉴定制度以来，相关人员紧紧围绕服务于现代畜牧业发展和供给侧结构性改革，按照安全、高效、优质、生态的原则，共审定畜禽新品种（配套系）228 个，鉴定畜禽遗传资源 151 个，进一步丰富了中国畜禽遗传资源多样性，提升了核心种源自主可控水平，有效保障了畜牧业生产用种需求，夯实了人民对美好生活向往的种源基础。

四、进出境审批制度

从境外引进畜禽遗传资源，向境外输出或者在境内与境外机构或个人合作研究利用列入保护名录的畜禽遗传资源的，实行审批制管理。未经审批或审批未通过的，任何单位和个人在中国境内不得开展畜禽遗传资源进出境和对外合作研究利用的有关活动；不得向境外机构和个人转让中国畜禽遗传资源信息，包括重要的畜禽遗传家系和特定地区遗传资源及其数据、资料、样本等；不得向境外输出或者在境内与境外机构或个人合作研究中国特有的、新发现未经鉴定的资源，以及国家明令禁止出口的其他资源。违反规定的，将追究其法律责任，没收违法所得的畜禽遗传资源。

从境外引进畜禽遗传资源的，引进的目的要明确、用途要合理，来自非疫区，符合中国畜禽遗传资源保护和利用规划，以及进出境动植物检疫和农业转基因生物安全的规定，不对境内畜禽遗传资源和生态环境安全构成威胁。从境外首次引进畜禽遗传资源和引进种用畜禽遗传资源的，还要符合有关技术要求，如《从境外首次引进畜禽遗传资源技术要求》《种猪及精液进口技术要求》《种牛及冷冻精液和胚胎进口技术要求》《种鸡及种蛋进口技术要求》《种羊及冷冻精液和胚胎进口技术要求》《种兔进口技术要求》等。

向境外输出列入保护名录的畜禽遗传资源，用途要明确，有合理的国家共享惠益方案，不对境内畜牧业生产和畜禽产品出口构成威胁。在境内与境外机构或个人合作研究利用列入保护名录的畜禽遗传资源的，要有明确的研究目的、范围和合作期限，知识产权归属明确，研究成果共享方案合理。合作研究利用的申请主体为中国境内依法取得法人资格的中方教育科研机构或中方独资企业，其他单位或个人没有资质申请。

同时依据《中华人民共和国对外贸易法》《中华人民共和国货物进出口管理条例》和《中华人民共和国技术进出口管理条例》等有关规定，中国对货物和技术进出口实行统一的管理制度，制定、调整并公布禁止或者限制进出口货物目录和技术目录。凡禁止出口货物目录和禁止出口技术目录涉及的畜禽遗传资源，不得出口；凡限制出口技术目录涉及的畜禽遗传资源，实行许可管理，未经许可，不得出口。这对防止境内畜禽遗传资源流失发挥了重要作用。2023 年 12 月 21 日，商务部、科技部调整发布了新版《中国禁止出口限制出口技术目录》（商务部 科技部公告 2023 年第 57 号），明确禁止出口部分有畜牧品种的繁育技术（控制要点：《国家畜禽品种出口管理分级名录》列为“一级”类品种的繁育技术）；蚕类品种、繁育和蚕茧采集加工利用技术（控制要点：①除杂交一代蚕品种以外的蚕遗传资源，②柞蚕、蓖麻蚕、天蚕等蚕类及近缘绢丝昆虫利用技术）；限制出口部分有畜牧品种的繁育技术［控制要点：①《国家畜禽品种出口管理分级名录》列为“二级”类品种的繁育技术，②百色矮马繁育技术，③巴马（环江）香猪繁育技术，④北京油鸡繁育技术］；绒山羊繁育技术（控制要点：杂交、人工授精、胚胎、基因克隆繁殖技术）；绒山羊品种的培育技术（控制要点：内蒙古绒山羊、乌珠穆沁白绒山羊、罕山白绒山羊、辽宁绒山羊、晋岚绒山羊、河西绒山羊和西藏绒山羊母本、父本、杂交改良培育新品种）。

实施审批许可制度，在有效防止境内珍贵稀有资源流失的同时，也从源头上确保了引种质量。近十年来，我国平均每年审批引进种鸡 120 万套、种牛 10 万头、种猪 5 000 头，满足了新品种培育和规模化生产对核心种源的需求，有力促进了畜禽种业创新和现代畜牧业高质量发展。

五、种畜禽生产经营许可制度

种畜禽是经过选育、具有种用价值、适于繁殖后代的畜禽及其卵子（蛋）、精液、胚胎等遗传材料。中国对种畜禽生产经营及推广实行许可制度，旨在加强生产经营许可证的申请、审核、核发和监督管理，规范种畜禽生产经营秩序，保护广大畜禽养殖者权益，促进畜禽种业高质量发展。

1994 年国务院发布《种畜禽管理条例》，对种畜禽生产经营作出原则性规定，为全国的种畜禽管理提供了依据，对畜牧业稳定发展起到了重要作用。2006 年《畜牧法》进一步细化了种畜禽生产经营许可的有关要求，包括所具备的条件、许可机构分工、申请程序、进口技术要求及监督管理机构等，规定除家畜卵子、精液、胚胎等遗传材料的生产经营许可由省级农业农村行政主管部门管理外，其他种畜禽生产经营许可由各省（区、市）确定并执行。各省（区、市）根据《畜牧法》要求，结合本地实际情况，先后制定相关种畜禽生产经营管理办法，以及配套的种畜禽场评审（勘验）办法（要求）。经过近 18 年的运行实施，构建了由 8 000 多家种畜禽场组成的，具有中国特色的多层级畜禽良种繁育体系，为畜牧业的长期健康发展提供了有力保障。

家畜卵子、精液、胚胎等遗传材料是畜禽遗传资源的重要组成部分，具有保存期限长、传播范围广、种用影响大等特点，需要进行重点监督管理。2010 年，农业部发布了《家畜遗传材料生产许可办法》，加强对家畜遗传材料的生产管理，明确要求从事家畜遗传材料生产的单位和个人应当取得农业部核发的《种畜禽生产经营许可证》。2015 年，随着《畜牧法》修正，该许可权下放至省级农业农村行政主管部门。

2022 年，新修订的《畜牧法》明确规定，生产经营的种畜禽应当列入《国家畜禽遗传资源目录》及《国家畜禽遗传资源品种名录》，或者是通过国家畜禽遗传资源委员会审定鉴定的新品种、配套系，或者是批准引进的境外新品种、配套系。种畜禽生产经营许可证实行统一管理，县级以上农业农村主管部门按照职责分级负责，并将种畜禽生产经营许可证的办理条件、程序等向社会公开。农业农村部正研究制定《种畜禽生产经营许可管理办法》及《种畜禽生产经营许可技术要求》，搭建中国种业大数据平台，种畜禽生产经营许可证的申请、受理、核发、变更、延续及证书打印等业务统一在中国种业大数据平台办理。这些制度落地后，必将进一步规范全国种畜禽生产经营行为，提升种畜禽质量水平，推动畜禽种业和畜牧业健康稳定发展。

六、专家技术负责制度

畜禽遗传资源的管理、保护和利用，专业性强，技术要求高，中国借鉴 FAO 做法成立了由专业技术人员组成的具有一定管理职能的技术专业组织——国家畜禽遗传资源委员会，主要任务是协助有关部门加强畜禽遗传资源管理，具体承担新品种新资源审定鉴定工作，在资源保护方面发挥决策咨询和技术支撑作用。最早成立的委员会是国家畜禽遗传资源管理委员会，后更名为国家畜禽遗传资源委员会。

国家畜禽遗传资源管理委员会成立于 1996 年 1 月，由农业部根据《种畜禽管理条例》的有关规定批准成立，主要任务是协助行政管理部门，具体负责国家畜禽遗传资源管理工作。农业部分管部领导担任该委员会主任。委员会的办事机构设在全国畜牧兽医总站（现全国畜牧总站）。委员会下设四个机构，分别是委员会办公室、国家畜禽品种审定委员会、委员会技术交流及培训部、委员会基金会。其中，国家畜禽品种审定委员会内设猪、牛、羊、家禽和特种经济动物 5 个专业委员会。各专业委员会设主任、副主任及秘书各 1 名，委员若干名。委员会成立后的十几年间，共审定南江黄羊、苏太猪、中国西门塔尔牛、大通牦牛、农大 3 号小型蛋鸡、Z 型北京鸭等国家级新品种（配套系）43 个。

2007 年 4 月，根据《畜牧法》第十条和《畜禽新品种配套系审定和畜禽遗传资源鉴定办法》第五条规定，农业部将国家畜禽遗传资源管理委员会名称变更为国家畜禽遗传资源委员会。委员会的主要任务是依法负责畜禽遗传资源的鉴定、评估和畜禽新品种、配套系的审定，承担畜禽遗传资源保护与利用的规划论证及有关畜禽遗传资源保护的咨询工作。委员会每届任期 5 年。2022 年 12 月，农业农村部成立第四届国家畜禽遗传资源委员会，根据工作需要，委员会下设猪、牛、羊、马驴驼、家禽Ⅰ、家禽Ⅱ、兔和特种家畜、蜂、蚕 9 个专业委员会和 1 个顾问委员会，共有 140 余名专家。委员会办公室设在全国畜牧总站。截至 2024 年 1 月，委员会共审定畜禽、蜂、蚕新品种（配套系）185 个、鉴定新资源 151 个，参与制定和修订《畜牧法》配套法规、《种业振兴行动方案》、全国畜禽遗传资源保护和利用规划、第二次调查和第三次普查方案等，发挥了重要决策咨询和技术支撑作用。

根据工作需要，山西、吉林、江苏、浙江、安徽、河南、湖南、广东、海南、四川、贵州、西藏、宁夏、新疆等 14 个省（区）相继成立了畜禽遗传资源委员会，共有 800 名专家，组建了一支结构科学、上下衔接、支撑有力的专业队伍，有力推动了各地畜禽遗传资源保护和利用的事业发展。

第二节　政策支持体系

中国畜禽遗传资源保护以国家为主，坚持保护优先、高效利用、政府主导、多元参与，这是区别其他国家的最鲜明特征。中国政府强化顶层设计、加强规划引领、强化政策保障、加强责任落实，构建了以国家保护为主的畜禽遗传资源政策体系。

一、中央《种业振兴行动方案》

农业现代化，种子是基础。2020年中央经济工作会议提出“解决好种子和耕地问题”。2021年7月9日，中央全面深化改革委员会第二十次会议审议通过《种业振兴行动方案》(以下简称《方案》)，要求把种源安全提升到关系国家安全的战略高度，集中力量破难题、补短板、强优势、控风险，按照“一年开好头、三年打基础、五年见成效、十年实现重大突破”的总体安排，全面启动种质资源保护利用、创新攻关、企业扶优、基地提升、市场净化五大行动，实现种业科技自立自强、种源自主可控。这是继1962年《关于加强种子工作的决定》印发后，中共中央、国务院再次对种业发展作出全面部署，在中国种业发展史上具有里程碑的意义。

《方案》将资源保护列为首要行动，要求实施第三次全国畜禽遗传资源普查，全面摸清资源家底；开展动态监测评估，提高畜禽遗传资源保护管理的精准性和前瞻性；启动畜禽遗传资源精准鉴定评价，构建具有自主知识产权的表型和DNA特征库，为畜禽种业自主创新做好“芯片”储备；健全畜禽遗传资源保护体系，筑牢资源保护“三道”安全屏障；提升畜禽遗传资源保种能力，实行应保尽保，夯实种业振兴的资源基础；加大畜禽遗传资源开发利用，推动资源优势转化为产业优势，打造乡村振兴新亮点。

《方案》要求加强组织领导，明确各级党委和政府责任，做好长远规划，给予长期稳定支持，将种业振兴行动纳入粮食安全责任制和“菜篮子”市长负责制一同考核监督，建立中央统一部署、部门统筹协调、地方党委和政府组织抓落实的工作机制。

二、国务院《关于加强农业种质资源保护与利用的意见》

2019年12月，国务院办公厅印发《关于加强农业种质资源保护与利用的意见》(国办发〔2019〕56号)，这是中华人民共和国成立以来首个专门聚焦农业种质资源保护与利用的重要文件，是一个既管当前又管长远的历史性和纲领性文件，开启了农业种质资源保护与利用的新篇章。

第一，实现了“四个首次明确”。一是首次明确了畜禽遗传资源保护的基础性、公益性、战略性、长期性定位。二是首次明确了保护优先、政府主导、多元参与、高效利用的基本原则。三是首次明确了责任主体，即主管部门的管理责任、市县政府的属地责任和保种单位的主体责任。四是首次明确了畜禽遗传资源实施国家和省级两级管理，建立国家统筹、分级负责、有机衔接的保护机制。

第二，确立了“四大核心任务”。一是开展系统收集保护，实现应保尽保。二是强化鉴定评价，提高利用效率。三是建立健全保护体系，提升保护能力。四是实施优异种质资源创制与应用行动，推进多元化开发利用，提升种业竞争力。

第三，出台了“四大含金量高的政策”。在人才队伍建设方面，提出对种质资源保护相关科技人员的绩效工资给予适当倾斜，可在政策允许的项目中提取间接经费；对种质资源保护的相关科技人员实行同行评价，收集保护、鉴定评价等基础性工作可作为职称评定的依据；在用地管理方面，要求地方政府合理安排保种场、保护区和基因库用地，不得擅自、超范围划定禁养区。在财政保障方面，规定中央和地方有关部门可通过现有资金渠道，统筹支持种质资源保护工作，在现代种业提升工程、国家重点研发计划、国家科技重大专项等方面加大支持力度。在激励机制方面，明确对有突出贡献的单位和个人给予表彰奖励。

第四，提出了“四方面更高标准要求”。将畜禽遗传资源保护与利用工作纳入政府相关工作考核；审计机关对政策落实情况依法进行审计监督；对造成种质资源流失、灭绝等严重后果的，要依法依规追究有关单位和人员责任；经公共财政支持的相关单位，在管理部门监督下落实好种质资源科研项目成果与信息汇交机制。

此外，2020 年 9 月，国务院办公厅印发《关于促进畜牧业高质量发展的意见》（国办发〔2020〕31 号），要求强化畜禽遗传资源保护，加强国家级和省级保种场、保护区、基因库建设，推动地方品种资源应保尽保、有序开发。

三、畜禽遗传资源保护相关规划

2021 年 12 月，国务院印发《“十四五”推进农业农村现代化规划》（国发〔2021〕25 号），提出要加强农业种质资源保护，全面完成畜禽等遗传资源普查，摸清资源家底，抢救性收集珍稀、濒危、特有资源与特色地方品种；启动畜禽等农业种质资源精准鉴定评价，推进优异种质资源创制与应用，构建 DNA 分子指纹图谱库、特征库和种质资源数据库；支持建设畜禽等国家种质资源库；围绕重点品种资源，启动实施关键核心技术攻关；加快实施农业生物育种重大科技项目，有序推进生物育种产业化应用；实施现代种业提升工程和新一轮畜禽遗传改良计划等。

2021 年 8 月，农业农村部印发《“十四五”全国现代种业提升工程建设规划》，提出加强畜禽遗传资源保护，开展第三次全国畜禽遗传资源普查，摸清畜禽遗传资源群体数量和分布情况；适时调整国家级和省级畜禽遗传资源保护名录，加强保种场、保护区、基因库的改造提升，及时开展抢救性保护工作，确保珍贵稀有濒危畜禽遗传资源应保尽保；建立畜禽遗传资源遗传材料保存库，重点保存精液、胚胎、体细胞、DNA 等遗传物质，构建活体保护和遗传物质保存相结合的遗传资源保护体系；利用基因组测序等分子生物技术开展遗传信息分析和评估，建立遗传信息数据平台，实现数字保种；加强现代化育种体系建设，加快构建“以企业为主体、以市场为导向”的商业化育种机制，支持科研院校开展育种基础性研究，加快分子育种等现代生物育种技术产业化应用；加强良种推广应用，鼓励大型种业企业建立种畜禽场，优化良种扩繁场布局，加强畜禽遗传资源开发利用。

为贯彻落实《畜牧法》，保护和合理利用畜禽遗传资源，2006 年以来，农业部办公厅接续实施了全国畜禽遗传资源保护和利用的 3 个五年规划；2019 年发布了《畜禽遗传资源保护和利用三年行动方案》，明确了每个阶段的发展目标、重点任务、主攻方向、技术路线和保障措施，较好完成了第二次调查，构建了畜禽遗传资源保护体系，所有 159 个国家级保护品种全部得到了保护，资源保护能力水平得到明显提升。

2008 年以来，农业部陆续启动实施奶牛、生猪、肉牛、蛋鸡、肉鸡、肉羊和水禽 7 个畜种遗传改良计划；2021 年 4 月发布了新一轮《全国畜禽遗传改良计划（2021—2035 年）》（农种发〔2021〕2 号），对优势特色地方品种持续加强选育，加快培育专门化品系和新品种。2008 年 2 月 25 日至 2024 年 1 月 31 日，利用地方品种培育新品种（系）达 146 个，占建立审定制度以来审定品种总量的 64% 以上，有力促进了畜禽遗传资源的创新利用和产业化开发。

四、畜禽遗传资源保护项目

可分为四类项目：一是科技类项目，用于开展畜禽遗传资源种质特性基础研究，主要项目有国家自然科学基金项目、科技部国家重点研发计划项目等；二是物种保护类项目，用于畜禽活体保护和基因保存，就是畜禽保种的“口粮钱”，主要项目有畜禽遗传资源保护等；三是基建类保种项目，用于保种场、保护区和基因库的基础设施设备建设，就是畜禽保种的“厂房设备钱”，主要项目有畜禽良种工程等；四是即需即报类保种项目，主要用于畜禽遗传资源普查、抢救性收集保护等阶段性保种任务。

科技类项目中，国家自然科学基金委面上项目每年固定支持家畜种质资源与育种学、家禽及其他经济动物种质资源与遗传育种学项目，重点项目支持畜禽、蜂和蚕重要性状的形成与调控机制研究。国家自然科学基金委员会与国际农业研究磋商组织合作研究项目重点支持畜禽重要遗传资源的基础研究。科技部“十四五”国家重点研发计划为加快实现高水平畜禽种业科技自立自强，持续推进“揭榜挂帅”，已陆续开展了猪、牛、家禽等优异种质资源挖掘项目，总支出近亿元。

国家畜禽遗传资源保护经费项目属于中央财政物种资源保护项目，设立于 1995 年，至今已有 28 年。中国政府不断加大中央财政支持力度，特别是 2021 年实施种业振兴行动后扶持力度明显加大，保种经费年度资金由最初的 200 多万元增至 1 亿多元，实现了所有国家级保种单位全覆盖，畜禽保种得到了长期、稳定、连续的政策支持。

畜禽良种工程设立于 1998 年，由国家发展和改革委员会和农业部共同组织实施，重点支持保种场、保护区和基因库基础设施建设，推动建立健全国家畜禽遗传资源保护体系。项目实施至今已有 25 年，每 5 年制定新一期建设规划。2021 年 8 月，国家发展和改革委员会、农业农村部联合发布了《“十四五”现代种业提升工程建设规划》，将资源保护基础设施建设列为重点支持内容，提出以国家畜禽种质资源库、保护场（区）为重点，打造具有国际先进水平的种质资源保护利用体系。“十四五”期间用于畜禽种业工程建设的中央投资预算较“十三五”增加 75%。

即需即报类项目是根据阶段性、临时性、应急性畜禽保种实际需要设立的。如 2021—2023 年，中央财政拿出 2 亿元支持开展第三次普查；为应对非洲猪瘟影响，2019 年中央财政一次性拿出 1 700 万元，紧急启动国家级地方猪品种抢救性收集保护行动等。

31 个省（区、市）及新疆生产建设兵团结合自身实际，制定了“种业振兴行动实施方案”“现代种业发展规划”“加强资源保护与利用中长期规划”等相关政策文件，出台配套政策措施，设立专项经费，全面加强畜禽遗传资源保护与利用。例如，在第三次普查中，各地配套资金达近 4 亿元，其中江苏、湖南等省（区）列支省级配套资金 2 000 万元以上；在保种体系建设方面，河北、山东、陕西还设立了市级保护品种，补充保护了未纳入国家级和省级保护的品种。另外，《畜牧法》规定县级以上地方人民政府应当保障畜禽遗传资源保种场和基因库用地的需求。确需关闭或者搬迁的，应当经原建立或者确定机关批准，搬迁的按照先建后拆的原则妥善安置。

第三节　科技创新体系

人才是科技创新之要，平台是科技创新之基，投入是科技创新之保障。中国高度重视畜禽遗传资源人才培养和学科建设，优化配置创新资源，加大多元化科研投入，优化国家科研机构、高水平研究型大学、科技领军企业定位和布局，强化国家实验室和新型研发机构建设，形成了集人才培养、平台建设和科技投入为一体的创新体系，为畜禽遗传资源科技自立自强提供了战略支撑。

一、全面打造多层次人才队伍

创新的根本在人才，人是最关键、最核心的创新要素。中国深入实施人才强国战略，坚持“四个面向”（面向世界科技前沿、面向经济主战场、面向国家重大需求、面向人民生命健康），持续加强畜禽遗传资源人才队伍建设，培养了一批与畜禽遗传资源保护相关的战略科学家、科技领军人才、产业技术人才和基层推广人员，初步建立了一支规模宏大、结构合理、素质优良的人才队伍，引领、支撑着畜禽遗传资源科技创新。

2007 年以来，农业部成立了 50 个现代农业产业技术体系，其中涉及畜禽的现代产业技术体系有 11 个，分别是生猪、奶牛、肉牛、肉羊、绒毛用羊、蛋鸡、肉鸡、水禽、兔、蜂和蚕，每个体系都设置了畜禽遗传资源岗位，每个岗位都有一个团队支撑，有力促进了产业技术人才培养。北京、江苏、新疆等 27 个省（区、市）和新疆生产建设兵团根据畜禽遗传资源实际情况和产业发展需求，陆续成立了省级现代畜禽产业技术体系，在全国各地培养了一大批畜禽遗传资源专业化技术人才，为全面建设中国特色种业现代化提供了强有力的人才支撑。

基层推广人员是打通科技创新普及“最后一公里”的重要支撑和保障力量。依托各级畜牧站，组建了国家、省、市、县、乡五级畜牧业技术推广体系，打造了一支懂农业、爱农村、爱农民的公益性技术推广服务队伍。2023 年队伍人数达到 18 万余人。种畜禽企业和保种单位充分发挥市场主体和创新主体作用，加大人才培养和吸引力度，引进来、走出去，多措并举，组建壮大自身技术力量，有力促进了畜禽遗传资源科技创新与成果转化。

青年科技力量是人才培养的未来，是创新活力之所在。通过实施“强基计划”，建立青年拔尖人才培养机制，设立青年科学家项目等，大胆使用青年科技人才，支持青年科技人才挑大梁、担重任，形成了重视青年人培养、给青年人更多机会、让青年人才迸发的良好生态，使畜禽遗传资源事业后继有人、科技人才辈出。

二、加快建设世界一流学科

人才培养离不开学科建设，一流人才源于一流的学科建设和培养环境。中国持续加强动物基础学科、新兴学科、交叉学科建设，加快建设中国特色、世界一流的大学和优势学科。第一个动物遗传育种系可追溯至 20 世纪 60 年代，由中国动物遗传育种学奠基人吴仲贤教授创建于北京农业大学（现中国农业大学），是中国动物遗传育种学科的发源地，也是中国农科高校第一个动物遗传育种学科。该学科于 1988 年被评为国家重点学科，是全国首批博士点和首批“211 工程”项目建设学科。目前，全国有 100 多家高等院校和科研院所开设了动物遗传育种学科，其中“双一流”高校 6 个，畜牧学一级博士学位授权点 30 多个，构建了本科、硕士、博士一体化人才培养体系，有力支撑了畜禽遗传资源保护事业发展。

家蚕是动物遗传学研究的重要模式生物之一，加之产业发展需要，家蚕遗传育种学一直是蚕学科建设的主轴，人才培养体系完整，研究水平国际领先。目前本科招生蚕学专业的高等院校有 3 家，分别是西南大学、华南农业大学、江苏科技大学，另有 6 家高校将蚕学专业合并到动物科学等相近专业进行招生。包含蚕学研究方向的硕士和博士授权点单位有 8 家，其中“双一流”高校有 4 家，分别是浙江大学、西南大学、苏州大学、华南农业大学。同时，中国科学院和中国农业科学院的部分研究所也能培养以蚕为研究对象的硕士和博士。此外，全国还有 20 个省属蚕业研究所，均有专门队伍从事蚕遗传资源保护和遗传育种等科技研究和人才培养工作。

在蜂学科建设方面，福建农林大学和云南农业大学开设了蜂学专业和本科教学；江西农业大学、浙江大学、山东农业大学、扬州大学等10多所高等院校开设了蜂学课程；中国农业科学院蜜蜂研究所、中国科学院动物研究所、中国科学院西双版纳热带植物园、吉林省养蜂科学研究所、重庆市畜牧科学院蜜蜂研究所等10多家科研院所开展蜂学研究、人才培养和技术服务等工作；涵盖蜂学学科的硕士、博士学位授权点单位多达十几个。有些单位虽然没有设专门的蜜蜂研究机构，但也从事着蜂学相关的研究工作。构建了以高等院校和科研院所为主的教育科研体系。

三、打造高水平科技创新平台

强化国家战略科技力量，优化配置创新资源，依托优势科研院校和国家种业阵型企业，已建成畜禽生物育种全国重点实验室、国家工程实验室、省部共建全国重点实验室、省部级动物遗传资源重点实验室等相结合的国家实验室体系。加强科技基础能力建设，打造畜禽遗传资源高水平科技创新平台，提升创新体系整体效能。

2023年，由中国农业大学和中国农业科学院北京畜牧兽医研究所联合建设的实验室，成为第一批畜禽生物育种领域的全国重点实验室，聚焦猪、牛、鸡和鸭等主要畜种，加大关键核心技术攻关，实现种业科技高水平自立自强，同期建立了一批全国重点实验室。如江西农业大学建设了猪遗传改良全国重点实验室，创建了多个具有国际领先水平的全国共享重要材料平台，在国际上率先申请了多肋、体长、优质猪肉等多项专利。西南大学于2022年建设了资源昆虫高效养殖与利用的全国重点实验室。

依托优势高等院校和科研院所，农业农村部遴选了3个畜禽遗传育种与繁殖学科群重点实验室。依托江苏省家禽科学研究所、河南农业大学、扬州大学和浙江省农业科学院4家优势单位，组建了农业农村部畜禽资源（家禽）评价利用重点实验室。依托山东省农业科学院畜牧兽医研究所、中国农业科学院农业基因组研究所和四川农业大学，组建了农业农村部畜禽生物组学重点实验室，以畜禽遗传资源创新利用为着力点，力求在重要经济性状遗传解析和多组学研究、特色品种资源挖掘和功能基因研究等方面取得突破。依托中国农业科学院兰州畜牧与兽药研究所、西藏自治区农牧科学院畜牧兽医研究所和青海省畜牧兽医科学院，组建了农业农村部青藏高原畜禽遗传育种重点实验室，以青藏高原特色畜禽为主要研究对象，聚焦学科前沿，强化技术创新，致力于打造更具竞争力、可复制可推广的创新成果，为青藏高原畜禽种业发展提供坚实保障。此外，依托西南大学、中国农业科学院蚕业研究所、江苏科技大学等优势单位，农业农村部分别组建了蚕桑生物学与遗传育种重点实验室和蚕桑遗传改良重点实验室。农业农村部还积极与各地组建部省共建专业重点实验室。例如，依托郑州大学，与河南省共同组建地方牛羊种质资源创新利用重点实验室；依托四川省农业科学院，与四川省共同组建天府种业创新重点实验室等。

依托国家种业阵型企业，农业农村部遴选了23家部级企业重点实验室，旨在加强畜禽遗传资源保护、关键核心技术攻关、培育突破性新品种等。例如，依托内蒙古赛科星繁育生物技术（集团）股份有限公司建立了牛种质创制与繁育工程技术重点实验室；依托福建圣泽生物科技发展有限公司建立了白羽肉鸡生物育种重点实验室；依托铁骑力士食品有限责任公司建立了地方猪育种与营养重点实验室；依托青岛康大控股集团有限公司建立了兔良种繁育重点实验室；依托内蒙古赛诺种羊科技有限公司与中国农业大学建立了羊遗传育种与繁殖技术重点实验室等。

此外，企业主导自发成立的新型研发机构得到蓬勃发展，涌现出了一批科技领军企业，成为国家科技创新体系的重要组成部分。企业相继成立了独立研究院和技术研发中心，整合多方科技力量，培养壮大自身科研人才队伍，走出了一条创新驱动发展的成功之路。

第七章

畜禽遗传资源面临的挑战与中国行动

作为世界上畜禽遗传资源最丰富的国家之一，中国一直践行“在保护中利用、在利用中保护”的理念，建成了独具中国特色的畜禽遗传资源保护体系、可持续利用体系、科技支撑体系、国家治理体系，为畜禽遗传资源多样性保护、促进现代畜牧业发展提供了全方位的要素保障。今天，经济社会快速发展，全球气候变化、重大疫病频发、畜牧业转型升级、城镇化进程加快等多种因素影响着畜禽遗传资源多样性，同时，畜禽遗传资源面临着畜禽优异性状的有利基因的深度挖掘不够，高素质人才队伍欠缺，资源可持续利用体系尚不完善等诸多问题挑战。FAO 统计数据显示：从 2008 年到 2023 年，全球畜禽遗传资源处于危险和灭绝状态的品种数量增加了 449 个，生物多样性减少已引发全球担忧。

面对各种风险和挑战，在习近平新时代中国特色社会主义思想指引下，中国正紧紧围绕国家战略需求、畜禽种业安全、畜牧业可持续发展、改善社会民生、推动乡村振兴等重大需求，打造畜禽遗传资源动态监测体系，推出抢救性和预防性保护举措，加速优异基因的深度挖掘利用，构建学科培养和技能培训的人才体系，多措并举开展科普宣传，以大国担当的开放姿态加强多边合作与国际交流。

一、完善动态监测体系

面对全球畜禽遗传资源多样性减少的现状，中国正采取数智化新技术、新手段建立国家畜禽遗传资源动态监测预警体系，搭建全国统一的畜禽遗传资源动态监测预警平台，应用互联网、物联网、大数据、区块链技术全面监测资源状况，通过数据分析实时掌握资源动态变化，及时发布预警信息，提高畜禽遗传资源保护数据化、信息化、智能化水平。实时监测各级保种场、保护区和基因库保种状况，实现全程监督管控和综合考核评价，指导保种主体适时调整完善保种方案，提高保种效果。加速构建具有自主知识产权的畜禽资源分子指纹图谱库和分子身份证，建立遗传资源数字序列信息，全面评估鉴定畜禽遗传资源种质特性，为畜禽种业科技自主创新做好“芯片”储备。中国正以新技术、新模式为引领，全力打造以动态监测、精准鉴定、智能预警为一体的畜禽遗传资源保护监测新体系，全面应对未来的挑战。

二、强化高效保护举措

面对突发性自然灾害和重大疫情给畜禽遗传资源造成的损失，中国不断强化资源多样性主流化，一贯突出资源保护基础性、公益性、战略性地位，以可持续理念推出了一系列资源收集和高效保护举措：①加强来自起源中心、多样性中心和特殊生态环境的优异遗传资源以及国外资源收集；②对生态环境脆弱区、独特地理生态区的资源进行特殊保护；③加强活体基因库的建设与资源备份，发生严重灾害时及时将其迁出原产地进行保护，形成以定期监测、长期保存、紧急救援为主要特征的畜禽遗传资源抢救性保护新格局；对重要的畜禽遗传资源做预防性保护，不仅采用活体保护方式，而且同时采用遗传材料保护途径，全面启动各种遗传材料冷冻保存及复原的技术体系研究，实现对遗传材料长期冷冻保存，做到有备无患。中国正以实施资源保护系列重大工程的形式，实施最严格执法监管，形成畜禽遗传资源持续保护的中国方案。

三、深度挖掘优异基因

一粒种子可以改变一个世界，一个基因能够造就一个产业。中国作为传统农业大国，从丰富的畜禽遗传资源中挖掘出优异基因，是促进我国种质资源基础研究与先进技术的原始创新、保障粮食安全的战略选择。面对当下畜禽遗传资源可利用的优异基因少、挖掘鉴定速度慢等不足，在种业振兴行动、大食物观、高质量发展理念指引下，中国正在打造多学科交叉集成、关键技术支撑的国际一流水平的科技创新平台，抢占基因研究高地，通过多组学大规模、高通量深度挖掘在抗逆、抗病、优质、高产等方面有育种价值和可直接产业化的关键基因和优异种质资源，将生物学、生理学、遗传学、统计学、计算机科学、计量学和其他相关学科相融合，将功能性状与基因组关联起来，打造快速种质特性挖掘的“新武器”。构建以基因编辑和智能化选育为核心的高效种质创新技术体系，规模化创制“育种中好用、育种者想用”的突破性新种质。通过优异基因挖掘和种业工程实施抢占国际基因资源制高点，储备一批优质基因资源，推动我国从遗传资源大国向基因资源强国转变，解决当前种质资源丰富而满足产业发展需求的育种材料稀缺的难题，全面支撑现代畜禽种业发展，推动畜禽产业优质、绿色、安全发展，为社会创造更多的财富。

四、创新人才培养机制

人才是资源保护的基础性、战略性支撑，只有全方位、多维度构建技术人才体系，才能塑造资源保护的新动能、新优势。面对专业技术人才短缺的挑战，中国正在聚集高等院校、科研院所、培训机构的资源，以时代步伐加速构建“产学研推”深度融合的人才培养体系，加强创新型、技能型、应用型人才培养，专门培养“一懂两爱（懂农业、爱农民、爱农村）人才”，稳步实施知识更新工程、技能提升行动。把生物多样性和畜禽遗传资源保护内容纳入高等教育体系，充分发挥畜牧学科高端人才培养的作用，全面推进畜禽遗传资源保护专业人才和生物育种技术人才定向培养，凝力打造资源保护、鉴定评价、基因挖掘、资源利用的高端人才保障体系。充分利用国家和省级现代农业产业技术体系、各级农业技术推广体系、各级学术团体，统筹各类专业培训资源，通过系统培训更新畜禽遗传资源保护基层人员的知识储备，为现代畜禽遗传资源保护提供有力的科技支撑，实现畜禽遗传资源多样性保护与经济社会发展双向奔赴。

五、开展体验式科普宣传

面对公众认知不足，中国正以创新思维制定新形势下畜禽遗传资源科普宣传策略，开展主动体验式科普宣传活动，营造“众创、严谨、共享”的科普生态圈：通过传统媒体和网络媒体广泛宣传畜禽遗传资源保护理念，通过科普宣传活动讲好中国畜禽遗传资源故事；在每年国际生物多样性保护日、农民丰收节期间设立畜禽遗传资源专场活动，举办内容丰富、形式多样的畜禽文化节；以畜禽遗传资源为核心建设多层次、体验式博物馆和智能化观光农业园区，集聚社会资源打造特色资源小镇，提升公众对地方资源的认知水平，增强畜禽遗传资源保护利用的自觉性和主动性；建立有效激励机制，动员、引导、支持社会公众积极参与资源保护利用，构建利益相关方共同参与的伙伴关系，营造公众广泛参与的遗传资源保护利用氛围，提高公众参与度和生物多样性保护意识，建立全社会共同参与的资源保护利用机制。

六、加强多边合作与国际交流

生物多样性是人类赖以生存和发展的基础，是地球生命共同体的血脉和根基。中国珍贵的畜禽遗传资源不仅丰富了全球生物多样性，也为繁荣世界各国经济做出了突出贡献。面对畜禽遗传资源多样性保护的全球性挑战，中国正在开启构建地球生命共同体的新篇章，以实现人与自然和谐共生的可持续发展。中国愿意以大国担当的开放姿态参与全球生物多样性和畜禽遗传资源保护的国际交流、多边合作，从协议到协力，丰富生物多样性，凝聚生物多样性保护全球的共识，勇于担当作为，将愿景转化为行动；广泛收集多样性丰富的、拥有众多有利基因及目前价值不明显或暂时价值不高但有特色的种质资源，丰富畜禽遗传资源种类，打造更大容量、更高质量、更具特色的世界一流畜禽种质资源保护平台；坚持畜禽遗传资源获取、开发利用的惠益分享和知识产权保护相结合，为全球畜禽遗传资源协同保护利用敞开中国大门，借助“一带一路”“南南合作”等多边合作机制，为发展中国家收集利用畜禽遗传资源提供支持；持续加强生态文明建设，以全球发展倡议为引领推动绿色发展，秉持“昆蒙框架”战略理念，持续推进生物多样性治理体系和治理能力现代化，推动全球生物多样性治理迈上新台阶，书写人与自然和谐共生的美好画卷，用保护全球生物多样性的中国行动造福人类社会。

分报告一

中国猪遗传资源状况

大围子猪

宁乡猪

香猪

藏猪（四川藏猪）

金华猪

两广小花猪（广东小耳花猪）

华中两头乌猪（通城猪）

第一章

中国是猪遗传资源极为丰富的国家

中国是世界上家猪主要起源驯化中心之一。磁山遗址（河北）考古证据表明，中国猪驯化历史可追溯至9 000多年前，是世界上家猪驯化较早的国家之一。中国自然生态多样、文化多元创造了丰富多样的猪遗传资源。中国猪地方品种因具有高繁殖力、优良肉质、强适应性等优良特性而备受青睐，自第二次调查以来，我国纯种群能繁母猪中地方品种占比由5%上升至23%。第三次普查结果表明，20多年来共发掘了5个具有优良特性的地方猪新资源，育成了25个性能优异、深受市场欢迎的新品种（配套系），有力地支撑了我国生猪养殖产业可持续发展。

第一节　中国猪遗传资源历史悠久

猪是人类历史上较早驯养的动物之一，广泛分布于世界各地，在人类文明发展史上发挥了重要作用。猪遗传资源的起源和驯化研究，阐明了猪种群的发展历史和遗传结构，为猪遗传资源的保护和利用提供了科学依据。

一、中国是世界上家猪主要起源中心之一

猪在动物学分类上属于脊索动物门哺乳纲真兽亚纲鲸偶蹄目猪形亚目猪科猪属。猪科起源于至少2 000万年前的渐新世，在始新世晚期或渐新世早期与西貒科（Tayassuidae）享有共同祖先。猪科家族是目前世界上分布最广泛的一个科，下分6属18种，分别为鹿豚属、林猪属、疣猪属、姬猪属、非洲野猪属和猪属。

猪属，也就是现代野猪，与人类关系最为密切。现代野猪共分9种，包括巴拉望须猪（*Sus ahoenobarbus*）、婆罗洲须猪（*Sus barbatus*）、印支野猪（*Sus bucculentus*）、米沙鄢野猪（*Sus cebifrons*）、苏拉维西野猪（*Sus celebensis*）、民都洛野猪（*Sus oliveri*）、菲律宾野猪（*Sus philippensis*）、欧亚野猪（*Sus scrofa*）以及爪哇野猪（*Sus verrucosus*）。猪属动物体躯中等大小，平

均体长 1.4~2.0 m，肩高 0.6~0.9 cm，体重 90~200 kg，不同地区野猪在体躯大小、被毛颜色、皮肤厚度、尾的长度、獠牙大小、乳头数目等外貌特征存在很大差异，以中国为代表的东亚地区是家猪主要起源中心之一。

二、中国是世界上家猪驯化较早的国家之一

中国是世界上主要的家猪驯化中心之一，其驯化始于约 9 000 年前。我国相继出土的贾湖（河南舞阳）、磁山（河北武安）以及河姆渡（浙江余姚）等遗址均发现了符合家猪典型特征的猪骨标本，目前考古学主流观点认为磁山遗址是中国最早的家猪驯化地。已有的考古学和分子遗传学数据均支持中国家猪本土多区域驯化的观点，驯化地分布于长江中下游流域、黄河中下游流域、澜沧江流域、东北地区、青藏高原等，其中华南野猪（*Sus scrofa chirodontus*）和华北野猪（*Sus scrofa moupiensis*）被认为是两个最主要的祖先。古代先民通过长期驯养，最终使野猪的体型及内部结构发生了剧烈变化，性情变得温顺，易于家养。距今 5 000~4 000 年前的全新世中期，随着中国先民的迁移，中国猪遗传资源沿两条途径向外传播扩散：一条为通过东南亚大陆传播到爪哇岛、苏门答腊岛，再扩散至澳洲大陆等地；另一条为通过台湾等中国东部地区和菲律宾等地进行种群传播，对世界养猪业发展做出了积极贡献。

专栏

◆ 磁山遗址与猪的“不解之缘” ◆

猪是中国较早被驯养的动物之一，其作为重要的家畜，在中国历史上扮演着重要的角色。1976 年挖掘的河北武安磁山文化遗址，出土了大量的猪骨化石，通过对牙齿尺寸、个体的屠宰年龄以及该遗址的农作物种植总体情况进行评估，该遗址被认为是中国最具说服力的猪驯化遗址。

第一，有证据表明该时期盈余的谷子及其副产品作为饲料来喂养牲畜。该遗址发现了 300 多个矩形的土坑，其中 80 个坑中找到了栽培谷子的残骸。根据炭化谷子的体积，估计储存时谷子的重量超过 50 000 kg。第二，磁山遗址猪的下颌第三磨牙的平均长度为 41.4 mm，平均宽度为 18.3 mm，这些尺寸与现代家猪的数据接近。第三，相当多的猪（超过 60%）在 0.5~1 岁时被杀死，这表明人们在有意识地控制种群，这种行为更贴近于早期驯化而非狩猎。更重要的是，人们发现了埋在坑里完整的猪骨架，这些骨架年龄鉴定为 1 岁左右，并且有些猪的遗骸被埋在碳化谷子下面。以上考古发现，证实了早在 8 000 多年前，人类已着手尝试与野猪建立联系，并逐渐驯化它们成为家畜。

第二节　中国猪遗传资源全球最为丰富

一、中国拥有全球最多的猪遗传资源

根据 2024 年 FAO 家畜多样性信息系统（DAD-IS）最新数据，全球共有 602 个猪品种，其中 543 个为地方品种，占 90.20%。亚洲是猪遗传资源最丰富多样的大洲，共计 258 个猪品种，其中 235 个为地方品种，占 91.09%。其中，中国共有 143 个品种，占亚洲猪品种 55.43%（表 1-1-1）。

中国是亚洲乃至世界猪遗传资源最丰富的国家，根据第三次普查数据，我国共认定 140 个猪品种，包括地方品种、引入品种（配套系）、培育品种（配套系）三种类别。

表 1-1-1　世界各大洲猪地方品种数量分布情况

地区	地方品种数量 / 个	地区	地方品种数量 / 个
亚洲	235	北美洲	10
欧洲及高加索地区	171	西南太平洋地区	11
拉丁美洲及加勒比地区	59	近东和中东地区	1
非洲	56	总计	543

在认定的 140 个猪品种中，地方品种共 89 个，占 63.57%，按省（区、市）分布见表 1-1-2；引入品种有 6 个，为大白猪、长白猪、杜洛克猪、皮特兰猪、汉普夏猪和巴克夏猪，另有 2 个引入配套系，为斯格猪和皮埃西猪，培育品种（配套系）共 43 个，占 30.71%。

表 1-1-2　中国猪地方品种分布表

省（区、市）	品种
北京	巴马香猪、五指山猪、藏猪、香猪
河北	深县猪、民猪、梅山猪、巴马香猪、两广小花猪、香猪、藏猪、里岔黑猪
山西	马身猪、藏猪
内蒙古	马身猪、河套大耳猪、民猪、枫泾猪、东串猪、二花脸猪、梅山猪、莱芜猪、大花白猪、巴马香猪、香猪、藏猪
辽宁	民猪、巴马香猪、香猪、藏猪
吉林	民猪、二花脸猪、梅山猪、巴马香猪、两广小花猪、白洗猪、香猪、高黎贡山猪、藏猪
黑龙江	民猪
上海	枫泾猪、浦东白猪、沙乌头猪、梅山猪

续表 1-1-2

省（区、市）	品种
江苏	东串猪、二花脸猪、淮猪、姜曲海猪、梅山猪、米猪、沙乌头猪、红灯笼猪、枫泾猪、淮猪、巴马香猪、香猪、藏猪
浙江	碧湖猪、岔路黑猪、嘉兴黑猪、金华猪、兰溪花猪、嵊县花猪、仙居花猪、北港猪、龙游乌猪、二花脸猪、兰溪花猪、皖浙花猪、玉江猪、巴马香猪、荣昌猪、藏猪
安徽	安庆六白猪、皖浙花猪、圩猪、皖南黑猪、淮猪、烟台黑猪、梅山猪、莱芜猪、二花脸猪
福建	官庄花猪、槐猪、闽北花猪、莆田猪、武夷黑猪、巴马香猪、香猪
江西	华中两头乌猪、赣中南花猪、杭猪、乐平猪、武夷黑猪、玉江猪、滨湖黑猪、巴马香猪、香猪、藏猪、里岔黑猪
山东	大蒲莲猪、莱芜猪、里岔黑猪、五莲黑猪、烟台黑猪、沂蒙黑猪、枣庄黑盖猪、枫泾猪、二花脸猪、梅山猪、嘉兴黑猪、兰溪花猪、大花白猪、巴马香猪、香猪、藏猪、五莲黑猪、梁山黑猪
河南	南阳黑猪、确山黑猪、豫西黑猪、项城猪、淮猪
湖北	清平猪、阳新猪、华中两头乌猪、枫泾猪、二花脸猪、淮猪、梅山猪、米猪、嘉兴黑猪、皖南黑猪、莱芜猪、南阳黑猪、宁乡猪、湘西黑猪、大花白猪、巴马香猪、荣昌猪、湖川山地猪、内江猪、香猪、藏猪、汉江黑猪、八眉猪
湖南	大围子猪、华中两头乌猪、宁乡猪、黔邵花猪、湘西黑猪、藏猪
广东	大花白猪、蓝塘猪、两广小花猪、粤东黑猪、巴马香猪、二花脸猪、梅山猪、藏猪
广西	巴马香猪、德保猪、桂中花猪、隆林猪、两广小花猪、华中两头乌猪、香猪、二花脸猪、嘉兴黑猪、湘西黑猪、大花白猪、五指山猪、藏猪、烟台黑猪
海南	海南猪、五指山猪、两广小花猪、内江猪、民猪
重庆	荣昌猪、二花脸猪、梅山猪、巴马香猪、湖川山地猪、内江猪、香猪、藏猪
四川	湖川山地猪、成华猪、内江猪、雅南猪、乌金猪、二花脸猪、巴马香猪、荣昌猪、藏猪
贵州	白洗猪、关岭猪、江口萝卜猪、黔北黑猪、黔东花猪、民猪、二花脸猪、梅山猪、米猪、岔路黑猪、嘉兴黑猪、湘西黑猪、巴马香猪、两广小花猪、荣昌猪、内江猪、乌金猪、香猪、藏猪
云南	保山猪、滇南小耳猪、高黎贡山猪、丽江猪、明光小耳猪、撒坝猪、巴马香猪、两广小花猪、乌金猪、香猪、藏猪
西藏	藏猪
陕西	汉江黑猪、枫泾猪、二花脸猪、巴马香猪、海南猪、黔北黑猪、香猪、藏猪、八眉猪、烟台黑猪
甘肃	香猪、藏猪、八眉猪、岔路黑猪、巴马香猪、马身猪、二花脸猪、嘉兴黑猪、莱芜猪、内江猪、黔北黑猪、里岔黑猪
青海	八眉猪、荣昌猪、藏猪
新疆	梅山猪、巴马香猪、藏猪
台湾	桃园猪、兰屿小耳猪

与第二次调查相比，第三次普查新增 40 个猪品种，包括新发掘鉴定的地方品种 5 个，培育的新品种（配套系）25 个，补充或重新发现的遗漏地方品种 8 个，增补的引入配套系 2 个。此外，伊犁白

猪、南昌白猪、三江白猪、光明猪配套系、冀合白猪配套系 5 个培育品种（配套系）已经消失。

我国不仅拥有丰富的猪品种和类群，还具有庞大的种群数量。第三次普查数据显示，我国纯种猪群体规模为 1 335 万头，其中集中饲养 974 万头，散养 361 万头，能繁母猪数量达 407 万头。两广小花猪、乌金猪、藏猪等代表性地方品种总数量均超过 40 万头，能繁母猪数量均超过 15 万头，切实保障了猪地方品种的保种和利用需求。

专栏

◆ 类群丰富的华中两头乌猪 ◆

华中两头乌猪（图 1-1-1）原产于长江中游以及江南平原湖区、丘陵地带，是我国长江中游地区数量最多、分布最广的地方品种，包括湖南的沙子岭猪、湖北的监利猪和通城猪、江西的赣西两头乌猪和广西的东山猪等 5 个类群。华中两头乌猪是我国猪遗传资源鉴定历史上“同种异名”的典型代表。2009 年，国家畜禽遗传资源委员会猪专业委员会在武汉召开，鉴于华中两头乌猪群体大为减少，各类群之间又很少交流，彼此在性能上有一定差异，从有利于保种的角度出发，继续按照沙子岭猪、监利猪、通城猪、赣西两头乌猪和东山猪等名称分列予以保护。

华中两头乌猪是我国地方猪遗传资源丰富多样的典型代表。华中两头乌猪躯干和四肢为白色，头、颈、臀、尾为黑色，黑白交界处有 2~3 cm 宽的晕带，即“点头墨尾”或“两头黑”。第三次普查结果表明，华中两头乌猪存栏超 5 万头，各群体公猪血统符合保种要求，其中沙子岭猪、监利猪、通城猪等群体在华中地区仍具有相当的规模。

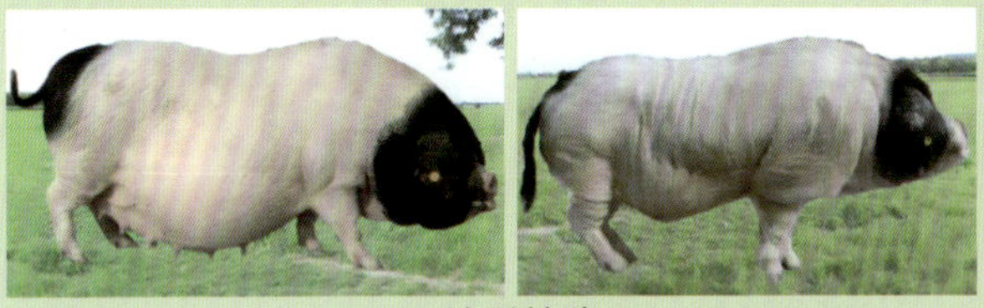

a. 沙子岭猪

b. 监利猪

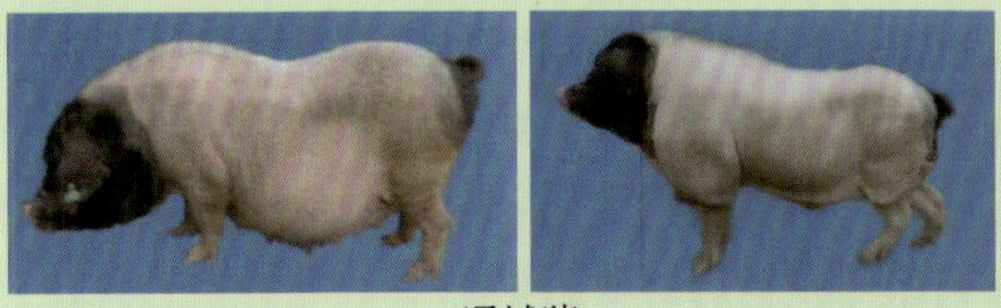

c. 通城猪

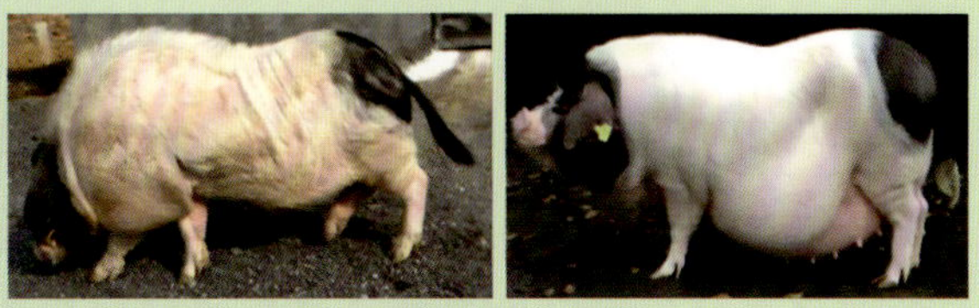

d. 赣西两头乌猪

e. 东山猪

图 1-1-1　华中两头乌猪不同类群外貌图（左公右母）

二、中国猪遗传资源丰富多样

中国地处亚洲东部，太平洋西岸，北起漠河附近的黑龙江江心，南至南沙群岛的曾母暗沙，西起帕米尔高原，东至黑龙江、乌苏里江汇合处，涵盖广阔的经纬度范围。中国地势西高东低，复杂多样，高原、平原、丘陵和山地等各种地形纵横交错，气候类型主要包括温带季风气候、亚热带季风气候、热带季风气候、温带大陆性气候和高原山地气候等。广泛的地域、多样化的地理气候环境，加之广大劳动者的长期驯养和精心选育，孕育出了丰富且适宜不同区域的猪遗传资源，形成了大量与生态环境相适应的地方品种。

在华南地区，如广东、广西等地属于亚热带气候，一些地方品种具有耐高温、高湿能力，如广西的巴马香猪、海南的五指山猪。在华北及西北地区，如黑龙江、内蒙古等地，一些地方品种如民猪有极强的耐寒性。在华东地区，如江苏、安徽等地，一些地方品种如二花脸猪、梅山猪具有高繁特性。在高海拔地区，如西藏、云南等地，具有低氧、低温、紫外线辐射强等环境特征，繁衍着如藏猪等地方品种。

体型外貌是猪品种的重要特征之一。中国丰富多样的猪遗传资源展现了不同地域各具特色的外貌特征。在北方地区的黑龙江、内蒙古等地，一些地方品种如民猪，大多体型高大，额部多纵行皱纹，腹大耳大且下垂，鬃毛发达，被毛为全黑；在华中地区的湖北、湖南等地，一些地方品种如宁乡猪，体型中等大小，背毛稀疏，毛色为黑白花；在华南地区的广东、广西等地，一些地方品种如香猪，体型小，头小且额部多横行皱纹，皮薄毛疏，毛色为全黑或六白；在高海拔地区的西藏、四川西部等地，一些地方品种如藏猪，一般呈现体躯短小、皱纹较少、鬃毛长而密、毛色多为黑色的外貌特征。

总体来说，中国地域广阔、气候多样的特点，造就了我国丰富多样的猪遗传资源。这些适应不同环境的地方品种，为我国农业发展和生态平衡做出了积极贡献。随着科技不断发展，有望进一步挖掘不同地方品种的种质特性，优化猪遗传资源的利用。

专栏

◆ 抗寒先锋——民猪 ◆

民猪作为东北地区古老的地方品种，是我国猪遗传资源生态环境适应性的杰出代表。民猪原产于东北及华北地区，主要分布在黑龙江、辽宁、吉林等地，冬季严寒，属于寒带气候。在寒冷气候条件下，民猪通过长期的人工和自然选择，形成了超强的耐寒能力。从外貌特征来看，民猪的皮肤表面布满黑色绒毛，并且随季节的变化生长和脱落，一般在秋冬季节大量生长。低温下民猪体温调节能力优越，体温下降幅度较小，心率的变化也较小，展现出很好的适应性。近年来，对民猪抗寒性能的遗传基础研究表明，其体内独具的米色脂肪细胞，可以促进代谢产热，对民猪的抗寒能力起重要作用。极端寒冷条件下，妊娠母猪能在简易猪舍内正常产仔和哺育，且生理指标稳定性较其他猪品种更高，证明民猪具有卓越的寒冷适应能力。

第三节　中国猪遗传资源种质特色鲜明

第三次普查全面调查了猪遗传资源七大类性状，测定了175个指标，完成了中国89个猪地方品种种质特性的评估，了解了中国猪地方品种的遗传特性，主要体现在繁殖力强，肉质风味好，抗逆性强等。

一、高繁殖力

中国猪地方品种素以繁殖力强闻名世界，多年来国外已竞相引进我国地方品种梅山猪，用以改良其本国品种的产仔性能。中国猪地方品种突出表现为母猪性成熟早，排卵数和产仔数多等。例如，母猪产仔数多的代表性地方品种二花脸猪，总产仔数为15.36头，产活仔数达14.36头。

专栏

◆ 世界产仔之王——二花脸猪 ◆

二花脸猪是江苏的优良地方品种，以高繁殖性能著称于世，被誉为“世界猪种产仔之王”。1982年2月17日，江苏江阴县月城公社（现江阴市月城镇）一头第八胎二花脸母猪，创造了总产仔数42头、产活仔数40头的世界纪录。目前，二花脸猪经产母猪总产仔数达15.36头，超过20头的约占20%，超过30头的也时有出现。

据2022年江苏常熟调查，二花脸猪初产母猪总产仔数为12.3头，产活仔数为11.9头，初生窝重达10.24 kg；经产母猪（三胎及以上）总产仔数为15.4头，产活仔数为14.4头，初生窝重达13.83 kg。

二花脸猪高产性能主要由其遗传基因决定。经分子生物学分析，在二花脸猪上发现促卵泡激素β亚基基因（*FSHβ*）、雌激素受体基因（*ESR*）、骨桥蛋白基因（*OPN*）、芳香烃受体基因（*AHR*）、骨形态发生蛋白受体基因（*BMPR1B2*）等与繁殖性状关联的候选功能基因。此外，二花脸猪还具备性成熟早、排卵数多、母性强等特征，乳头数多达9~11对。

二花脸猪高产性能也得益于生存环境。中心产区（江苏常州和苏州）常以大麦、米糠、麸皮等精饲料，以及南瓜、红薯藤、萝卜、青草、水浮莲、水花生等青饲料作为主要饲料资源喂猪。这些饲料磷多钙少，有利于生殖器官的发育。

二、肉质优良

肉质优良是中国猪地方品种最突出的特性，根据第三次普查数据，中国猪地方品种在肉色、肌内脂肪含量、大理石纹、系水力等肉质性状表现优良：一是肉色鲜红，赖氨酸比例高，无PSE肉（pale soft exudative meat)，肉色评分大多为 3.5 分；二是肌内脂肪含量高，猪肉风味好，肌内脂肪含量为 3%~5%，明显优于引入品种；三是肌肉大理石纹适中，评分为 3~4 分；四是系水力强，猪肉细嫩多汁，滴水损失在 2%~3%，明显优于引入品种。

三、抗逆性强

中国猪地方品种具有良好的抗逆性：一方面体现在环境适应性方面，例如，我国具有极强抗寒能力的东北民猪，耐高温、高湿能力的广东大花白猪和广西巴马香猪，适应西藏高海拔环境的藏猪；另一方面体现在对高粗纤维含量饲料（如秸秆、青干草、秕壳饲料等）的强消化能力和适应性，典型代表为具有明显耐粗饲特性的山西马身猪。

第四节　中国猪遗传资源新变化

随着时代的进步和经济的快速发展，中国猪遗传资源也在持续变化。许多特色资源得以开发利用，品种多样性不断增加，为养猪生产提供了更多的选择，提升了核心种源自给率和种业持续发展竞争力。通过此次普查，我们掌握了猪遗传资源分布和变化新趋势，为中国猪遗传资源可持续高效利用和中国养猪业跨越式发展提供了有力支撑。

一、发掘了一批特色新资源

自新中国成立以来，我国分别于 1979—1983 年、2006—2009 年开展了两次调查。第一次调查中猪遗传资源确定了 48 个地方品种、12 个培育品种和 6 个引入品种；第二次调查中猪遗传资源确定了 76 个地方品种、18 个培育品种和 6 个引入品种。受当时条件制约，调查覆盖区域不够全面，因此，我国于 2021 年启动了第三次普查。与前两次调查相比，这是新中国成立以来规模最大、覆盖面最广的全国畜禽遗传资源普查。第三次普查中猪遗传资源确定了 89 个地方品种、43 个培育品种（配套系）、6 个引入品种和 2 个引入配套系。

相较于第二次调查，第三次普查新发现了 5 个地方猪新资源，包括丽江猪、枣庄黑盖猪、豫西黑猪、红灯笼猪、梁山黑猪；重新认定了 5 个遗漏品种（类群），包括北港猪、项城猪、龙游乌猪、内江猪（毫杆嘴型）、东北花猪（吉花系），这些新资源的发掘丰富了我国猪遗传资源库。

二、培育了一批优良新品种（配套系）

种业振兴，良种先行。我国地方猪种类丰富、特色鲜明，根据第三次普查数据，我国新品种（配套系）培育取得重大进展，与第二次调查相比，增加 25 个新培育猪品种（配套系）。包括以我国特有的遗传资源藏猪和引入品种杜洛克猪作为育种素材，采用 BLUP 法与分子标记辅助选择相结合的现代育种技术，历经 12 年培育而成的优质高效黑色父本新品种川乡黑猪，是我国首个拥有自主知识产权的父本新品种；以地方品种成华猪和引入品种巴克夏猪作为育种素材，运用群体继代选育法和现代分子育种新技术，历经 12 余年持续选育而成的优秀母本新品种天府黑猪；以地方品种乌金猪和引入品种长白猪为育种素材，集成应用现代猪育种技术，在育种素材选集、杂交创新、横交固定基础上，历经 10

年 8 个世代选育而成的宣和猪，可作为火腿优质原料，满足优质猪肉市场需求。在培育过程中，进一步强化地方猪遗传资源优质特性，培育以风味独特、肉质鲜美为主，兼顾生长速度的特色新品种（配套系），生产性能明显提高。这些新品种（配套系）的育成，极大地满足了我国生猪市场对优质、特色猪肉的需求，也促进了猪遗传资源创新利用和产业化开发。

三、基本摸清了中国猪地方品种的分布和数量

根据第三次普查结果，共认定 140 个猪品种，猪纯种群体规模为 1 335.30 万头，能繁母猪 407.12 万头，除西北地区分布较少外，在全国各区域猪遗传资源分布较为均衡。地方品种群体规模为 267.57 万头，约占总数的 20%，其中能繁母猪 95.08 万头，约占能繁母猪总数的 23%，与第二次调查相比，地方品种能繁母猪占比涨幅超过 18%，主要分布在华南和西南等南部区域，如四川、云南、广西等地。培育品种（配套系）群体规模为 39.93 万头，能繁母猪 8.55 万头，在全国各区域均有分布，其中华中和东北地区分布最多。引入品种（配套系）为 1 027.80 万头，能繁母猪 297.16 万头，主要分布在东北、华北、华东和华中等东部和北部区域。此次普查，基本摸清了中国猪地方品种的分布状况，为猪遗传资源保护和开发利用奠定了基础。

四、揭示了猪遗传资源变化趋势

我国猪遗传资源伴随生猪养殖的发展而变化，品种类型与数量历经了由多到少再逐步恢复的趋势，主要与引入品种的杂交改良密切相关。新中国成立初期，主要养殖品种为地方品种，采用放牧和圈养相结合的方式养殖。随着国民经济发展和生产力的恢复，人们对瘦肉需求增加，同时可供放牧的地域减少，养猪方式逐渐从放牧和圈养相结合转变为圈养为主，主要养殖品种母本仍以地方品种为主，父本逐步引入长白猪、大白猪、杜洛克猪等瘦肉型品种，以杂交方式生产商品肉猪。改革开放以来，我国大力推广集约化、机械化的养殖方式，生猪养殖规模快速发展，引入品种“杜长大”三元杂交逐步成为商品猪主流生产模式。近年来，随着消费者对优质肉差异化品牌的需求增加，地方猪遗传资源的开发利用得到了稳步提升。

与第二次调查结果相比，不同猪品种的主要生产性能指标有不同程度的提升。生长性能方面，多数地方品种和培育品种的性能显著提升。以凉山猪为例，与第二次调查相比，公猪和母猪的育肥期平均日增重分别提高 22% 和 36%。繁殖性能方面，培育品种仍维持在较高水平，地方品种也在不断提高。例如金华猪，与第二次调查相比，总产仔数和产活仔数分别提高 0.72 头和 0.98 头。肉质性能方面，向优质化、差异化、品牌化方向发展，其中尤以培育品种表现最佳，近年来培育的新品种，不仅保持了地方品种肉色鲜红、肉嫩多汁的特性，同时还大幅度提高了产肉效率。

在追求生猪高效率养殖需求引导下，我国大量引入国外猪种，在一定程度上忽略了地方品种的保护和利用，加之近年来非洲猪瘟等疫病对地方品种的冲击，导致一些地方品种处于濒危或危险的状态，部分群体遗传多样性呈下降趋势。自第二次调查后，抢救性保护了马身猪等 19 个地方品种，濒危品种的灭绝风险得到了有效控制，种群数量得到了恢复性增长。第三次普查中猪遗传资源有 15 个地方品种濒临灭绝，9 个地方品种处于严重危险的状态，17 个地方品种处在危险的状态。与第二次调查相比，濒危品种（包括濒临灭绝、严重危险和危险）所占比例有所降低。

第二章

中国猪遗传资源支撑全球猪业半壁江山

我国是世界养猪第一大国，2022 年世界猪肉总产量为 10 984.6 万吨，我国猪肉产量 5 541 万吨，占全球总产量的一半以上。从汉唐时期开始，中国地方猪就被引入西方，用于当地猪种的改良，很多欧洲猪种都有中国猪种血缘的渗入，亚洲种猪资源对西方现代品种的贡献为 20%~35%，可以说对世界猪种培育做出了重要贡献。我国有丰富的猪遗传资源，对猪种培育、产业发展、文化自信、社会民生、农业生态等方面有重要的作用与价值。

第一节　中国猪遗传资源为世界猪种培育贡献巨大

中国家猪自汉代以来就闻名全球，被罗马统治阶级的大奴隶主们引进，用来改良本地猪种，其中尤以华南猪最受欢迎，由此育成的罗马猪对近代西方著名猪种的选育具有重要作用。在工业革命时期，欧洲引入亚洲种猪资源以改善本地猪种生产性能，使欧洲猪种失去原来粗野特征，逐步形成体躯丰满平滑、性情温驯、肉质良好的“中国猪血统”特质。很多欧洲猪种都有中国猪种血缘渗入，亚洲种猪资源对西方现代品种贡献为 20%~35%。

18 世纪初期，中欧通商频繁，广州附近的优良猪种被引入英美。约克夏猪原产于英国北部的约克夏郡及邻近地区，体大粗糙，毛白色且具有黑色斑点，与中国广东猪和莱赛斯特猪（Leicester，含有中国猪种血缘）杂交后育成优良的白色猪种，由于中国血缘的渗入，1818 年曾被称为“big China pig”，而后改为大约克夏猪。英国巴克夏猪在早期也经过中国猪种血缘（从广东引进的黑猪和黑白花猪）的改良。切斯特白猪（Chester white）和波中猪作为美国著名的猪种，也是在 19 世纪由中国猪种改良而成的。此外，丹麦的长白猪、苏联大白猪、加拿大的拉康伯猪、菲律宾的阿泊加猪等均含有不同比例的中国猪种血缘。

20 世纪 60 年代后，具有高繁殖力的中国梅山猪、枫泾猪，被赠送或出口至法国、英国、美国、日本等许多国家，用于当地猪种杂交培育，其繁殖性能得到明显提升，育成了当今高繁商业化猪种长白猪、大白猪等，为现代国际主流猪种培育做出了重要贡献。

对全球范围45个猪种的934头猪、21个中国地方猪种的602头猪进行了线粒体*CytB*基因和D-loop区的测序及遗传多态性分析发现，目前，欧洲家猪确实是由中国地方猪种和欧洲家猪的祖先杂交形成的，欧洲常用商品猪群中，平均含有29%的中国猪种单倍体基因型。其中，大白猪的培育受中国地方猪种影响程度大于长白猪，法国皮特兰猪部分品系也与中国猪种单倍型具有较高的相似度。中国地方猪种和西方现代猪种之间共享的D-loop单倍型主要是中国东南部的猪种，特别是广东（97.73%）、广西（96.00%）和福建（86.67%）；另外，对广东、广西和海南等地17个地方品种534头猪线粒体DNA D-loop区测序发现，在西方现代猪种中，巴克夏猪（Berkshire）和大白猪具有明显的亚洲母系印记，广东和广西的花猪对西方现代猪种培育做出了重要贡献。

第二节　猪遗传资源是国家战略性基础资源

一、生猪产业发展的基础

我国是世界生猪生产与猪肉消费第一大国，2022年全国生猪出栏69 995万头，猪肉产量5 541万吨，占全球总产量一半以上，人均猪肉表观消费量为40.47 kg。在新中国成立至改革开放前，我国生猪生产几乎百分之百依赖地方品种，地方品种是生猪产业发展的重要种质基础。1984年，我国人均猪肉表观消费量13.84 kg，猪肉消费占肉类消费的97.38%。改革开放以后，随着国外种猪资源的引入，在全国范围形成了两种杂交生产模式：一是引入品种为主，如“杜长大”；二是以地方品种为母本，以引入品种为父本。1997年，我国人均猪肉表观消费量29.09 kg，猪肉消费占肉类消费的68.3%。随着集约化、规模化生猪产业的大力发展，中国猪遗传资源逐步向满足差异化优质猪肉、高端猪肉需求方向发展。

随着引入品种在商业化生产体系中占据主导地位，引入品种本土化选育成为重点，2009年开始实施全国生猪遗传改良计划，对引入品种持续开展本土化选育，缩短了与国际育种发达国家种猪性能的差距，为中国生猪稳产保供奠定了基础。猪肉是中国居民的第一大消费品类，2012—2022年，猪肉年均生产量占肉类年均生产总量的61.4%，年均消费量占肉类年均消费总量的61.9%，是国民“肉盘子”安全的重要保障，生猪稳产保供成为一项重要的民生工程，在重要农产品稳产保供中发挥着基础和关键作用，对于保持经济平稳运行、社会稳定和高水平小康社会建设具有十分重要的意义。

二、支撑多元化特色产品开发

通过地方猪遗传资源的产业化开发利用，有效支撑了多元化特色产品开发，满足消费者炒、烤、煎、蒸、煮等多样化烹饪需要，多样化产品、多样化烹饪均需要有猪肉本身的香味。多元化特色产品开发主要体现在：一是基于品种多样化生产出不同的特色产品，如基于两广小花猪肌纤维细、肉质鲜嫩的特点，采用杂交方式生产“壹号土猪”等知名品牌；二是基于市场多样化生产出不同的特色产品，满足市场对猪肉要求感官好，货架期长，在肉色、系水力、肌内脂肪含量等要有明显差异的需求，结合生产效率，通过培育新品种，如乡下黑猪、山下长黑猪、天府黑猪等；三是基于养殖方式多样化生产出生态特色产品，许多消费者要求“土猪土养”，更多地采用青绿饲料，地方猪遗传资源的广饲耐粗特性可满足这种养殖方式，如硒都黑猪，农户养殖时使用山上的青草和自产的玉米、红薯、南瓜、蔬菜等天然农作物作为主要饲料，生产美味、绿色的黑猪产品。

三、支撑食品和餐饮业的发展

食品工业方面，猪肉是我国食品加工业的主要原材料，占肉类加工品的55%~60%，主要有中式和西式肉制品两大类：中式肉制品包括熏烧烤制品、腌腊制品、干制品、酱卤制品等；西式肉制品包括香肠制品、火腿制品与培根等。2016—2021年，除2020年受新冠肺炎疫情影响外，我国肉制品市场规模整体上呈现稳定增长的态势。知名的肉制品包括金华火腿、宣威火腿、威宁火腿等。最受欢迎的菜品为梅菜扣肉、小酥肉、毛氏红烧肉、卤猪蹄、卤猪耳、红烧狮子头、肥肠、东坡肉、香芋扣肉、黄豆焖猪蹄等，其中，梅菜扣肉、小酥肉预制菜年销售额超10亿元。

随着全球经济的迅速发展及消费者生活水平的提高，猪肉食品成为消费者餐桌上最常见的食材，猪肉及其制品的搭配非常丰富，这是消费者喜爱的关键要素。八大菜系中湘菜、川菜均以猪肉为主要原材料，如毛氏红烧肉、粉蒸肉、回锅肉、鱼香肉丝、水煮肉片、糖醋排骨、辣椒炒肉等，都是餐桌上的主要消费菜肴。我国猪肉消费中，餐饮消费占24%左右。60%以上的消费者喜食猪肉，甚至无肉不欢，猪肉食用场景非常多，早餐有早餐肠、蒸排骨、烤乳猪等，午餐、晚餐更丰富，还有各种佐餐小食等。

第三节　猪遗传资源是厚植文化自信的重要源泉

一、家文化的重要象征

我国以农业立国，常用五谷丰登、六畜兴旺来表达对美好生活的期盼，也形容国家繁荣昌盛。猪作为“六畜”前列，在生肖属相中排在最后，作为十二生肖的压轴，猪浑身都是宝，皮、肉、毛皆可利用。在我国文字发展过程中，充分体现家与猪的密切关系，如“家”字，拆解开来，宝盖头下面的“豕”代表猪的形象，从甲骨文到现代汉字，不管字形如何变化，都是房屋里面有“豕”才有家，这象征着中华儿女从迁徙走向定居的生产方式，可见猪在人们生活和文化中占有相当重要的地位。

同时，猪也是家庭物质基础和财富标志，不仅可以为人类提供美味肉食，还可以易物、辟邪，与生活富足安泰紧密相关，在我国以农耕为主的地区，猪在人们生活中占据不可或缺的地位。在丧葬习俗中，猪也是厚葬的重要陪葬品，用“握猪”表示死后也要带走“财富”，自汉代出土墓葬中，就有握玉猪的现象，由于玉猪价格昂贵，东汉以后出现了石猪、陶猪等陪葬品。

二、中国民俗文化的重要载体

中华民族的传统文化里，猪象征着吉祥福寿，“猪”和“诸”同音，常被借用为“诸事吉利”，象征意义仅次于“龙”。《左传·成公十三年》称：“国之大事，在祀与戎”。古人在祭社稷、祭山川、祭祖先、祭神灵时，衍生出众多祭品，包括献食、玉帛、人祭、血祭等，其中以献食最为普遍，献食多以动物为重，而猪作为驯化家养的主要家畜，是祭祀活动最常使用的献祭食品。用于祭祀时，猪牛羊合称“三牲”，“三牲”齐备，则谓之“太牢”。“太牢”在祭祀中的规格最高，只有天子祭祀社稷时才能使用。现代生活中也有很多用猪祭祀的民俗，例如，广东潮汕迎亲的花轿前要挂一块肥猪肉，山东沿海渔民杀猪祭海，四川凉山彝族逢年过节流行送猪脑壳，畲族的抢猪节，荣昌猪年猪节等。在中国诸多民族大小祭祀活动中，猪都扮演着不可或缺的重要角色。此外，猪的形象还可以用来驱除鬼祟、护卫死者。在洛阳汉墓内壁上曾以较大面积描绘了一个猪头怪人，被称为“方相氏”，该习俗一直沿袭到元代，具有用猪驱邪祛祟的明显用意。

在我国近代传统艺术中，猪肥头大耳的形象被认为是富贵和福气的象征，因此，衍生出很多猪形象的艺术作品，例如，逢年过节给孩子制作猪头鞋、猪头帽、猪形小枕等，来表达对孩子的祝福，祈盼孩子健康、快乐成长。憨厚可爱的猪造型也渗透在剪纸、刺绣、布玩、陶瓷、面塑等民间艺术中。

三、丰富了中国的饮食文化

上古时期，猪是人们圈养的首要家畜，作为最主要的肉类食物，该饮食习惯沿袭至今。根据不同地域风格，与猪相关的民间饮食风俗在日常饮食、年节宴会和典型食品中各具特色。

一是中国猪肉美食各具特色，存在明显的地区差异　东北地区喜食猪肉是从祖辈传下来的，满族祖先肃慎人所食之肉“无牛羊，多畜猪”，辽宁凤城肉食以猪肉为主，牛羊肉次之，代表食物如锅包肉、白水煮肉、猪肉酸菜饺子、杀猪菜（猪肉炖粉条）等。浙江的名菜东坡肉，苏轼特意为此作了一首《猪肉颂》；广东粤菜中的咕噜肉、梅菜扣肉、蜜汁叉烧；江西的粉蒸肉；江苏淮扬菜中的狮子头、火腿等；陕西的肉夹馍；北京的卤煮；川渝地区自制的腊肉、腊肠、回锅肉、鱼香肉丝等；湖南等地为大众熟知的红烧肉等，均是以猪肉为原料且深受大众喜欢的日常佳肴。另外，广东、福建、江西等客家地区最有名的八刀汤，是当地居民早餐的首选。

二是猪肉是我国年节宴会餐桌上的主要肉品　很多地区都保持着“杀年猪”的习俗，即在春节前将饲养近一年的猪宰杀，在过年期间宴请家人和宾客。农历二月初二也是龙抬头、吃猪肉的重要节日，东北地区在龙抬头日有食猪头肉的习惯，将猪头肉视之为龙头，祈福新的一年风调雨顺、五谷丰登。烤乳猪在历代都是珍馐美味，到清初更成为“满汉全席”的主打菜，在两广地区，“烤乳猪”是清明节必不可少的祭祀物品。

专栏

◆ 大花白猪培育与酒文化的历史渊源 ◆

大花白猪形成历史是一个经典的猪文化与酒文化的结合史。自秦汉以来，珠江口岸就是对外出口肥猪和国酒的“南大门”。据宋代史学家周去非《岭外答客》记载：“舟如巨室，帆若垂天之云，拖长数丈，一舟数百人，中积一年粮，豢豕酿酒其中……”。原文生动地形容汉代我国生猪出口，从南海出发穿马六甲，绕印度洋，经波斯湾，入地中海，直取古罗马那不勒斯湾，中国的汉代楼船在华夏大地装上饲料和猪苗，沿海上丝绸之路将猪运到古罗马，航程中边酿酒边喂猪，到达彼岸时猪已长成肉质鲜美的大肥猪。这种猪与酒的共荣文化一直影响至近代农业。传统珠江三角洲农业是以“猪、蚕、桑、鱼、酒”五环生态链为特点，酒糟喂猪，猪粪肥桑喂鱼，猪、酒相辅相成，在一定程度上成就了大花白猪肉特殊的鲜香风味。

第四节　猪遗传资源是改善社会民生的要素支撑

一、满足人民日益增长的美好生活需要

随着人民生活水平的提高，优质猪肉的需求持续上升。在第三次普查中也发现，我国多数猪地方品种肌内脂肪含量高、肉色好，有“雪花肉”特征，如莱芜猪、两广小花猪等，谷氨酸、天冬氨酸、苯丙氨酸等风味氨基酸，以及不饱和脂肪酸等含量更高，因此，肉味更鲜美，吃起来更香，能够更好地满足人民日益增长的美好生活需要。

二、助力国家乡村振兴

地方猪遗传资源不仅对农村经济、文化传承、粮食生产和生态环境都有重要的作用和价值，同时还是助力乡村振兴的重要资源之一，有力地支撑了国家乡村振兴战略的实施。一是丰富乡村经济，作为重要的家养动物之一，猪对乡村经济的贡献不可低估；二是农村文化传承，猪在中国传统文化中有着重要的地位和意义，因此，保护和传承地方猪遗传资源也是保护和传承农村文化的重要内容；三是保障粮食生产，猪是重要的肉食动物之一，对饲料粮的需求量较大，保护和利用地方猪遗传资源不仅有助于粮食生产发展，还能满足人们日益增长的食物需求；四是生态环境保护，猪是循环生态农业中重要的一环，通过保护和利用地方猪遗传资源，可以增加农业生态系统的稳定性，保护生态环境。

生猪产业在国家乡村振兴战略实施过程中担任重要的角色。通过大力推进我国地方猪遗传资源品牌建设，打造独具特色地方猪的猪肉品牌，已经成为产业化、特色化、新型化的乡村产业发展的新动能。例如，壹号土猪、湘村黑猪、黑加宝、宁乡花猪等地方特色猪肉品牌，在当地甚至全国都有很高的知名度。全面实现乡村振兴需要将农业创新与乡村特色产业发展相结合，提高养殖户对地方猪遗传资源的认知，加大企业对品牌的宣传和研发，集合社会各方力量，利用地方猪遗传资源助推乡村振兴发展。

专栏

◆ 中国四大名猪种之一——宁乡猪富民强业显成效 ◆

宁乡猪有国家级保种场和保护区，宁乡市致力于将宁乡猪产业打造成“富民产业、品牌产业、百亿产业”，建成以宁乡猪为中心，涵盖保种育种、生态养殖、饲料兽药、疫苗保健、种养结合、精深加工、市场营销、品牌提升、观光旅游等一二三产业融合的国家级现代农业产业园。至 2022 年年底，全市已投产的宁乡猪规模养殖场达到 300 多家，其中年出栏 1 万头以上的规模养殖场 14 家，年出栏 3 000 头以上的规模养殖场 28 家。全市宁乡猪养殖企业中，有国家级龙头企业 1 家、省级龙头企业 4 家、五星级休闲农庄 1 家、国家级示范合作社 2 个。2022 年，全市累计存栏宁乡猪 28.97 万头，出栏宁乡猪

44.61 万头（含杂交生产），全产业链产值 41.93 亿元，带动数十万人就业。2022 年“宁乡花猪”连续 3 年获评湖南省“一县一特”农产品优秀品牌，列入 2022 年全国农业品牌精品培育计划。

三、解决特殊地区人民劳动生活所需

畜牧业是与特殊地区人民劳动生活密切相关的支柱产业，而养猪业又是重中之重，成为一些边远山区广大农民提高生活质量和增加收入的重要产业。在农村地区，猪遗传资源是人们摄取动物蛋白和微量营养元素的来源，在儿童和哺乳期妇女的饮食中尤其重要。如藏香猪，又名“人参猪”，是西藏原始的瘦肉型猪品种，属野外牧养类，一般生长在海拔 3 000~4 000 m 的地区，以天然野生可食性植物及果实为主食，适合在农家果园和杂草丛生的地方圈养或放养，主要分布在四川阿坝、甘孜，西藏山南、昌都，云南迪庆，甘肃甘南等地。藏香猪营养价值高，且肉质鲜美，不油腻，在市场上广受欢迎，被称为“高原之珍”，是当地人民摄取动物蛋白的主要来源。

专栏

◆ “党支部 + 合作社 + 贫困户”恩施黑猪产业化模式有效解决人民劳动生活所需 ◆

恩施黑猪是我国独具特色的地方优良品种，2009 年，被列入湖北省畜禽遗传资源保护名录；2012 年，恩施黑猪肉被国家质量监督检验检疫总局认定为国家地理标志保护产品；2013 年，咸丰县加大了恩施黑猪保种力度，逐步形成了以忠堡、唐崖等乡镇为重点的恩施黑猪保护区，通过杂交利用，推进地方猪遗传资源的开发和利用。

恩施黑猪杂交利用采取小区域先行探索，打造发展示范样板，最后以点带面，向全县推广的模式。2017 年，在农业部的关心下，彭家沟村以“党支部＋合作社＋贫困户”模式成立了“咸丰县唐崖恩施黑猪养殖专业合作社”，合作社以恩施黑猪饲养与销售为主要经营项目，全村主推恩施黑猪“16113”（一户一栋 100 m^2 标准化“恩施黑猪”栏舍、饲养 6 头能繁母猪、年出栏 100 头育肥猪、配套一口沼气池或者化粪池和特色农作物种植面积 30 亩）养殖技术，示范带动恩施黑猪养殖发展。2020 年，合作社“16113”规模化猪舍达 150 余栋，彭家沟村黑猪产值突破 1 亿元，成为恩施州“畜牧养殖第一村”。为大力推广恩施黑猪“16113”养殖技术，咸丰县农业农村局出台“先建后补、以奖代补”的政策，激发了养殖户的热情，该技术从唐崖镇推广到全县 11 个乡镇，由原来的 24 栋发展到 1 200 余栋，黑猪养殖蔚然成风，咸丰县多年蝉联“生猪调出大县”荣誉称号。2023 年，唐崖镇彭家沟村上榜第十二批全国“一村一品”示范村镇，恩施黑猪“16113”养殖技术荣获湖北省乡村振兴实用技术大赛三等奖。

四、用于现代医学研究造福人类

大型哺乳动物、灵长类动物在解剖学和生理学上与人类相似，在疾病机制解析中发挥了重要作用，为预防和治疗多种疾病开辟了新的医疗策略。猪在解剖学尺寸和结构、免疫学、基因组和生理学方面与人类相似，因此，在转化和临床研究应用方面比啮齿类动物模型更受欢迎。科学家鉴别了与人类疾病相关的更多的遗传变异，进一步支持猪作为一种有价值的生物医学模型。国内完成了藏猪、二花脸猪、莱芜猪、巴马香猪、滇南小耳猪以及中国家猪祖先——东亚野猪群体等的全基因组测序和分析，其中包括可作为人类医学研究模型以及治疗性药物测试模型的五指山猪、版纳小型猪等。

猪也是研究人类肥胖及相关疾病的重要模型，主要是因为猪与人类具有相似的特征，包括相似的心血管系统、比例相似的器官大小以及相似的蛋白质和脂质代谢途径，猪在基因上也与人类接近，所以被公认为研究肥胖症的重要生物医学模型。同时，猪和人类的众多生理功能之间的相似性激发了广泛的生物医学研究，例如，在繁殖、组织退化 / 生物维持、基因改造 / 功能基因组学、干细胞研究和异种移植等研究领域也是非常有用的动物模型。

第五节　猪遗传资源是循环农业生态系统的重要角色

一、生物多样性的重要组成部分

猪遗传资源是全球生物多样性中的重要组成部分，对发展中国家的生存和经济发展尤为重要。生猪养殖长期以来都是广大农民的就业途径和收入来源。地方猪遗传资源作为培育品种的素材，可增加生猪产业的经济产值，在生猪养殖中发挥着重要的作用。中国建立了国家、省、市、县四级猪遗传资源保护场，形成原位保护与异位保护相结合、遗传材料保存为补充的全方位遗传资源保护体系，为我国生物多样性的重要组成部分。

二、保护、调节和修复农业生态系统

动物遗传资源多样性是农业生态系统的重要组成部分，是十分宝贵的资源，对维持生态平衡和生物适应性有着至关重要的作用，具有重要的经济价值、文化价值和社会价值。猪遗传资源在农业生态系统保护、调节和修复方面具有积极的作用，主要体现在：一是可以利用人类食物链中的各种有机残留物和废弃物作为猪的饲料，为人类节约资源。二是将猪的排泄物制成肥料，变废为宝，不仅可以节约成本，还对环境保护工作大有裨益。猪粪便和尿液是农业生产的重要副产品，据估计，粪便为作物施肥贡献了全球约 60% 的养分。三是通过饲养耐寒或耐热的猪品种来减少化石能源的使用，这样既是对资源的保护，也是提升动物福利的一种方式。四是种质多样性越来越受到重视，为应对未来遗传资源匮乏提供重要保障。

第三章

中国猪遗传资源得到有效保护

自新中国成立以来，中国分别在 1976 年、2006 年开展了两次调查，第二次调查确定的畜禽遗传资源数量比第一次调查多 494 个。2021 年启动了第三次普查，系统开展了 140 个猪品种的精准鉴定和分类工作，包括 89 个地方品种、43 个培育品种（配套系）、6 个引入品种和 2 个引入配套系。科学评定品种濒危等级，共有 35 个地方品种受到不同程度的威胁，其中，濒临灭绝的有 14 个，严重危险的有 8 个，危险的有 13 个。落实“一品一策”保护方案，有 15 个濒危猪品种全部得到抢救性收集保护。落实分级分类保护制度，布局了国家和省级保护品种，实施国家和省级两级管理，建立国家统筹、分级保护、有效衔接的保护机制。科学规划布局保护体系，以原产地活体保护和异地基因库保存相结合，加快建设资源保护“三道”安全屏障。民间保种蓬勃发展，有效配合了国家保护行动，以政府主导、多元参与、多层次保护为主要特征，构建了新时代中国畜禽遗传资源保护新格局。

第一节　摸清了中国猪遗传资源的家底

一、第一次调查

为摸清畜禽遗传资源状况，从 20 世纪 50 年代开始，中国就着手畜禽遗传资源调查。新中国成立后不久，1954—1958 年对部分畜禽品种开展了初步调查，出版《祖国优良家畜品种》共 4 集，收录畜禽品种 46 个，其中猪 13 个。这些优良猪品种的介绍，极大增强了社会大众的民族自豪感，引起了有关部门和畜牧科技工作者的高度重视，为开展第一次调查奠定了基础。

1976 年，中国启动第一次调查，农林部组织全国农科教有关部门，历时九载，初步摸清了除西藏及部分边远地区外的畜禽品种资源家底。在此基础上，1986 年编撰出版了《中国猪品种志》，收录猪地方品种 48 个、自主培育品种 12 个、引入品种 6 个，是我国首次出版系统记载畜禽品种的志书。

二、第二次调查

2006年，我国启动第二次调查，由全国畜牧总站牵头，历时三年多，基本摸清了当时我国畜禽遗传资源状况和30年来的变化，编纂出版了《中国畜禽遗传资源志》，与第一次调查相比，第二次调查的范围更广，覆盖我国绝大多数省（区、市）。《中国畜禽遗传资源志·猪志》收录了76个地方品种、18个培育品种和6个引入品种，同时对太湖猪、黄淮海黑猪等品种进行了科学拆分。

三、第三次普查

2021年3月，农业农村部组织31个省（区、市）和新疆生产建设兵团，启动第三次普查。历时三年，首次全面系统摸清了中国畜禽遗传资源的家底，包括畜禽种类、品种数量、地理分布、生态环境、群体数量、特征特性等基础数据，明晰了有什么、有多少、分布在哪儿、怎么用等问题，掌握了其演变趋势和濒危状况。

与第二次调查相比，第三次普查调查的范围更广，规模更大，对象更明确，内容更全面，手段更先进，具体表现如下：

一是区域全覆盖 第三次普查以行政村为单元开展调查，覆盖了31个省（区、市）和新疆生产建设兵团的全部县、乡、村及相关单位。

二是内容更全面更深入 第三次普查的内容不仅包括品种来源、数量分布、外貌特征、体尺体重、生产性能等常规指标，还配套开展了精准鉴定，利用基因组测序挖掘特异基因，为每个品种建立分子身份证和DNA特征库。

三是手段更先进 第三次普查采取资料搜集与实地调查相结合、面上普查与重点调查相结合、现场调查与远程指导相结合、常规测定与分子检测相结合、信息技术与调查技术相结合等方式，即查即报、在线审核、实时调度，工作效率和准确性得到了显著提升。

四是保护更及时 第三次普查同步启动了抢救性收集保护，边普查、边收集、边保护，避免发生刚普查过就有品种消失的情况。

第三次普查共发现140个猪品种，其中地方品种89个。特别是发现了第二次调查遗漏的北港猪、项城猪、龙游乌猪、内江猪（毫杆嘴型）、东北花猪（吉花系）5个遗漏品种（类群），新发现了丽江猪、枣庄黑盖猪、红灯笼猪、豫西黑猪、梁山黑猪5个新品种。

专栏

◆ 登顶世界屋脊，摸清藏猪家底 ◆

藏猪四个类群保种场分散在四川、甘肃、西藏、云南，涉藏牧区因地广人稀，牧民与外界交流沟通较少，开展畜禽遗传资源普查难度很大。普查人员克服重重困难，圆满完成了藏猪遗传资源精准鉴定样品采集，完成了性能测定工作，为藏猪遗传资源保护和开发利用提供了重要材料。普查工作得到四川省畜牧总站、四川省畜牧科学院、乡城县农业农村局、西藏自治区畜牧总站、甘肃农业大学动物科技学院、甘南藏族自治州兽医局、云南农业大学动物科技学院、各地方主管部门以及保种场领导和工作人员的大力帮助和支持。

第二节　猪遗传资源特征特性得到系统评估

一、遗传多样性分析

畜禽遗传资源是指畜禽所携带的具备现实价值或者潜在价值并可被利用的遗传物质与信息。开展畜禽遗传资源多样性分析，是进行系统性畜禽遗传资源保护的前提。在生产实践中，畜禽遗传资源是按照品种进行管理的。

以金华猪为例，简要介绍分子遗传多样性现状。由中国家猪数字保种库调取金华猪及其他 18 个品种的简化基因组测序数据，这 19 个品种共含 914 头猪，其中 789 头来自中国猪种，125 头来自西方猪种，包括杜洛克猪、长白猪、大白猪、皮特兰猪和巴克夏猪 5 个品种。除金华猪外的其他品种在此作为对照。所有品种的信息，包括品种名、缩写、样本量以及来源区域见表 1–3–1。

表 1–3–1　各个品种的样本量和缩写

个

区域	品种	缩写	样本量	物理区域	品种	缩写	样本量
浙江	金华猪	JH	259	江苏	小梅山猪	SMS	35
	兰溪花猪	LX	38		二花脸猪	EH	21
	嵊县花猪	SH	68		姜曲海猪	JQ	30
	淳安花猪	CA	59	山东	莱芜猪	LW	26
	碧湖猪	BH	30	安徽	定远猪	DY	20
	岔路黑猪	CL	45	国外	杜洛克猪	DD	30
	嘉兴黑猪	JX	91		巴克夏猪	BB	16
上海	沙乌头猪	SW	29		皮特兰猪	PP	20
					长白猪	LL	19
	中梅山猪	MMS	38		大白猪	YY	40

全基因组水平上的 FST 值估计表明金华猪具有独特的遗传特性。在所有群体中，大白猪与长白猪、二花脸猪与沙乌头猪的遗传分化程度较小（0.11），兰溪花猪和巴克夏猪的遗传分化最大（0.51）。金华猪与西方猪品种群体的分化程度（0.42~0.50）均要高于中国猪地方品种群体的分化程度（0.18~0.30）。其中金华猪与巴克夏猪的分化程度最高（0.50），与兰溪花猪的分化程度最低（0.18）。从整体上讲，金华猪与其他群体的遗传分化程度呈中等偏上的水平，说明金华猪具有独特的遗传特性。

主成分分析（PCA）进一步证实了金华猪具有独特的遗传特性。金华猪等群体的遗传结构分析结果如图 1–3–1 所示。第一主成分能够清晰地区分中国猪地方品种和西方猪品种群体，第二主成分则可以区分中国猪地方品种群体。从图 1-3-1 中可以看出金华猪与其他中国猪地方品种群体相比较为独立，说明金华猪有其独特的遗传特性；与金华猪群体距离比较近的是浙江的兰溪花猪、嵊县花猪、淳安花猪、碧湖猪和岔路黑猪，说明金华猪与浙江（除嘉兴黑猪外）其他地方品种的遗传关系较近。与太湖流域的几个地方品种（嘉兴黑猪、中梅山猪、小梅山猪、沙乌头猪和二花脸猪等）群体距离也较近。

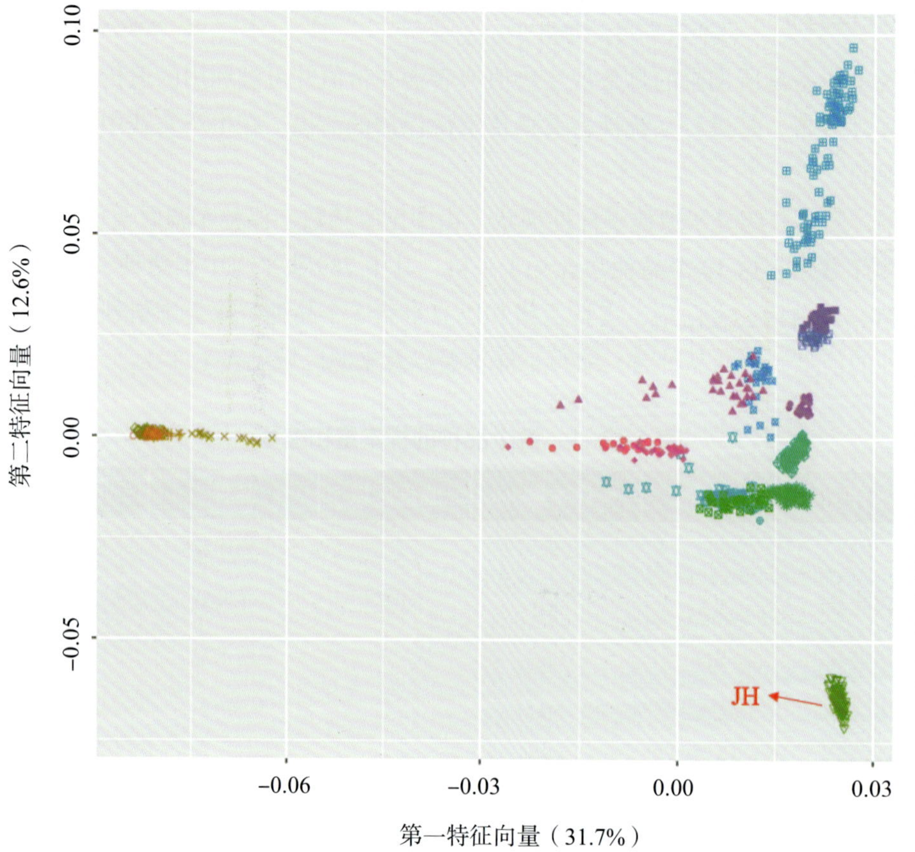

图 1-3-1 所有群体的 PCA 聚类图

群体遗传结构分析进一步量化了群体间的混杂程度（图 1-3-2）。中国猪地方品种和西方猪品种最先形成两个群体（K=2），但是有些中国猪地方品种的遗传背景混杂少量西方猪品种的遗传背景，如淮猪（定远猪）、莱芜猪、姜曲海猪和兰溪花猪等。当 K=3 时，中国猪地方品种开始分为两个祖先血统：一个是以金华猪为代表的，另一个是以梅山猪和嘉兴黑猪为代表的，说明了这几个品种的血统比较古老。在 K=3 时，金华猪就已经从其他群体中独立出来，再一次说明金华猪具有独特的遗传特性。当 K=5 时，紧接着梅山猪（包括小梅山猪和中梅山猪两个类群）和嘉兴黑猪同时独立出来。当 K=9 时，杜洛克猪独立出来，而此时仍有部分中国猪地方品种未独立出来。当 K=11 时，中国猪地方品种群体大部分已经独立出来。当 K=23 时，所有品种基本上已经分开，但是仍有几个群体出现混杂（如长白猪）。金华猪和中梅山猪在 K=23 时，内部分为两个部分，可能是因为上述分析中金华猪包含两个品系（Ⅰ系和Ⅲ系），中梅山猪有两个保种场。

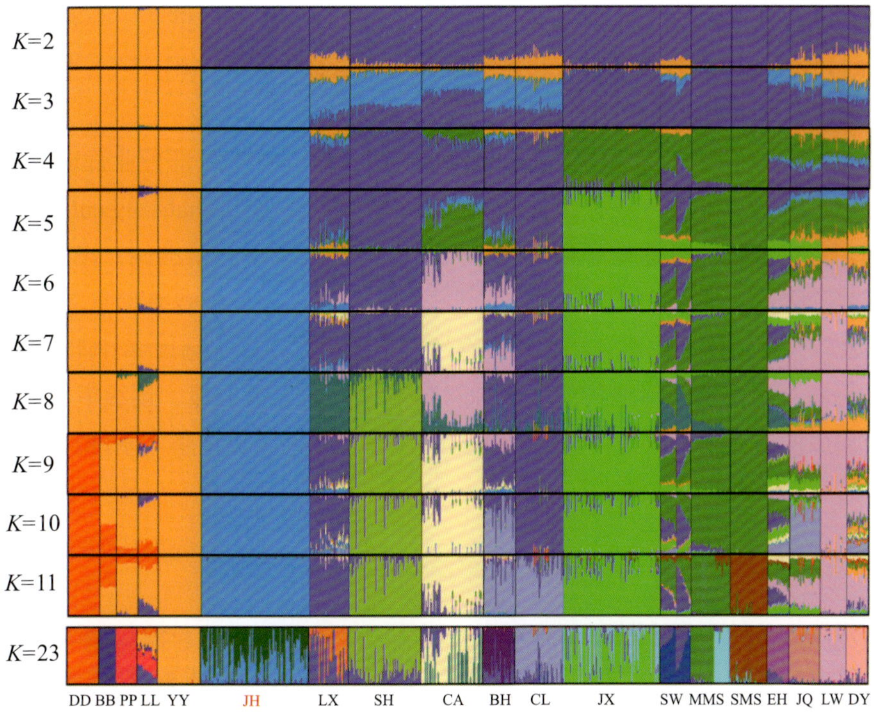

图 1-3-2 所有群体的群体遗传结构图

由基因交流（也称基因迁移）分析可以看出主要有三个群体基因交流事件：梅山猪向沙乌头猪、大白猪向莱芜猪和淮猪（定远猪）、金华猪向兰溪花猪，这些基因交流事件与群体遗传结构相吻合（图 1-3-3）。

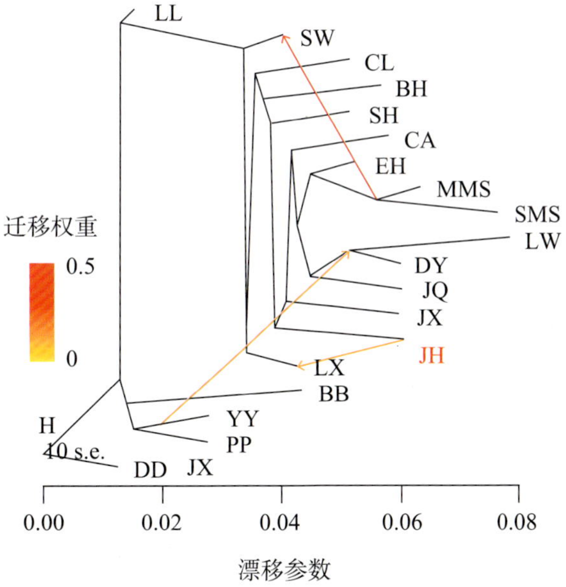

图 1-3-3 家猪群体间基因交流

二、表型数据库

为推进地方猪遗传资源特性的系统评估工作，在农业农村部领导下，开发了“中国猪地方品种登记”网络平台，作为登记种猪系谱、生产性能以及各种组学数据的规范性公共平台，也为政府开展遗传资源管理、企业进行日常保种与生产管理、科研人员开展相关研究提供了一个有效平台，目前存储了80万条登记条目和950万条统计条目，用来统计和生物信息学分析。相关的表型数据为猪遗传资源系统保护和分子设计育种奠定了基础。

2021年，为推动第三次普查信息化管理水平提档升级，由农业农村部种业管理司牵头，全国畜牧总站组织研发第三次全国畜禽遗传资源普查系统正式上线（https://zypc.nahs.org.cn/），全面启动面上普查信息填报工作。普查系统充分运用了信息化手段以提高普查效率和精准性，设立部、省、市、县、乡等五级普查账号和密码，通过PC端和手机移动端App两种途径填报普查信息，系统登记猪遗传资源概况、猪体型外貌、种猪体尺体重、猪生长发育性能、猪育肥性能、猪屠宰性能、猪胴体肌肉品质、公猪采精信息、母猪繁殖性能、猪遗传资源影像材料等信息。逐级上报、逐级审核，让数据多跑路、基层少跑路，为加快推进我国畜禽遗传资源动态监测管理和可追溯奠定坚实基础。该系统的研发是第三次普查区别于前两次调查的一大亮点。

三、分子鉴定

品种鉴定在猪遗传育种工作中具有重要作用，传统的品种鉴定主要是通过形态学标记（毛色、体态、生理特征、健康性状等）、细胞学标记（染色体核型和带型、染色体数目）、蛋白质标记（酶蛋白质、非酶蛋白质）等特征进行鉴定的。随着分子标记技术的发展，DNA分子标记（限制性片段长度多态性、微卫星、SNP）因其不易受环境影响、信息含量丰富、分析效率高、检测手段简便快捷等优点在品种鉴定中广泛应用，其中SNP是最常用的分子标记。前期通过SNP进行猪品种鉴别已有不少研究，但这些研究往往针对的品种数有限（一般不超过20个品种），且缺乏系统性。我国拥有全世界约1/5的猪品种，如何对如此多的猪品种进行准确鉴别无疑是一项艰巨的任务。

近期，中国科研团队收集世界各地124个猪品种（包括国内70个猪品种），合计3 605头猪SNP数据，建立大规模参考数据集，集成为猪品种鉴别平台。基于这些数据集，用户可以直接上传品种未知个体的SNP基因型数据，猪品种鉴别平台将使用机器学习模型对上传个体进行品种鉴定。

在第三次普查中，国家统一安排了精准鉴定项目，目前，中国猪地方品种均已完成样品采集（每个品种50头）和高深度测序。采用逻辑回归、支持向量机模型、KNN方法、贝叶斯方法和决策树/随机森林等构建了我国猪分子特征库（分子身份证）及在线分析系统，品种判别准确度达99%以上。

第三节　濒危猪品种得到抢救性保护

一、濒危猪遗传资源评估

（一）新发现资源

发现了丽江黑猪、枣庄黑盖猪、豫西黑猪、红灯笼猪与梁山黑猪5个新资源。北港猪、项城猪、龙游乌猪、内江猪（豪杆嘴型）、东北花猪（吉花系）5个遗漏品种（类群）在第三次普查中重新发现，并通过国家畜禽遗传资源委员会专家的现场审验。

（二）未发现的猪资源

经核实确认，地方品种中仅有1个类群——灶猪未发现，其为淮猪的一个类群。与第二次调查（有15个地方品种未发现）相比，资源灭绝状况得到了根本性扭转。

（三）濒临灭绝的猪资源

濒临灭绝的地方品种（类群）有14个：米猪、滨湖黑猪、杭猪、河套大耳猪、姜曲海猪、兰溪花猪、闽北花猪、东串猪、官庄花猪、莆田猪、海南猪、湖川山地猪、淮猪、乐平猪。

（四）严重危险的猪资源

处于严重危险等级的地方品种有8个：碧湖猪、黔东花猪、浦东白猪、大花白猪、华中两头乌猪、龙游乌猪、北港猪、项城猪。

（五）危险的猪资源

处于危险等级的地方品种有13个：蓝塘猪、粤东黑猪、圩猪、马身猪、玉江猪、沙乌头猪、大蒲莲猪、五莲黑猪、沂蒙黑猪、深县猪、枣庄黑盖猪、武夷黑猪、赣中南花猪。

与第二次调查相比，濒危品种（包括濒临灭绝、严重危险和危险的品种）所占比例显著降低。

在濒危畜禽品种中，猪占比达61.2%。之所以猪的濒危品种（类群）数量最多，究其原因主要有三：一是非洲猪瘟等疫病对地方品种造成了严重威胁；二是引入品种的大范围商业化推广应用，大大挤压了地方品种的生存空间；三是现阶段市场经济没有完全实现优质、优价，导致地方品种的养殖规模锐减。

二、实施抢救性保护

采用超低温冷冻技术等现代保护手段，采集保存猪地方品种的DNA、精液、体细胞等遗传材料，是丰富地方品种保护手段以及完善遗传资源保护体系的重要途径。农业农村部高度重视遗传材料保种工作，制定实施了《国家级地方猪遗传材料采集保存工作实施方案》，组织有关高校、科研院所、国家级地方猪保种场、保护区等相关单位，加快对42个国家级猪地方品种遗传材料采集制作，并收集至国家家畜基因库长期保存。同时，指导各地利用地方基因库加快采集地方猪遗传材料，并予以妥善保存。

国家家畜基因库制定了家畜品种的濒危等级划分规则，提出了不同濒危等级、不同层次的保种方案和措施，建立了家畜生物技术保种技术规程和遗传物质安全管理规范，设立了猪DNA数据库，截至2023年9月30日，该库有105个中国猪地方品种和引入品种DNA，保存有部分体细胞等遗传素材。此外，多家科研单位也保存了一定数量的不同地方品种个体DNA。

专栏

◆ 应用现代繁殖技术恢复兰溪花猪资源 ◆

2023年5月16日，在浙江金华市兰溪市，1头代孕母猪顺利产下3头冷冻体细胞克隆纯种兰溪花猪，是体细胞冷冻保存与克隆技术结合应用于地方猪遗传资源保护的成功案例。兰溪花猪已有千年历史，是浙江省优质地方良种猪之一，但非洲猪瘟暴发给兰溪花猪保种工作带来了巨大挑战，为此，兰溪市对兰溪花猪的体细胞进行采集并冷冻保存。2019 年，浙江省农业科学院畜牧兽医研究所和浙江省畜牧总站一起构建了浙江猪地方品种体细胞保种库。此次成功获得了冷冻保存体细胞克隆兰溪花猪，证明猪体细胞保种技术是可行的，可应用于地方猪保种实践。

第四节　珍稀品种实现应保尽保

一、保护名录及制定依据

根据“重点突出”和“珍贵、稀有、濒危”等原则，我国公布确定了国家级畜禽遗传资源保护品种。2014 年《中国国家级畜禽遗传资源保护名录》确定的国家级地方猪保护品种 42 个，具体包括八眉猪、大花白猪、马身猪、淮猪、莱芜猪、内江猪、乌金猪（大河猪）、五指山猪、二花脸猪、梅山猪、民猪、两广小花猪（陆川猪）、里岔黑猪、金华猪、荣昌猪、香猪、华中两头乌猪（沙子岭猪、通城猪、监利猪）、清平猪、滇南小耳猪、槐猪、蓝塘猪、藏猪、浦东白猪、撒坝猪、湘西黑猪、大蒲莲猪、巴马香猪、玉江猪（玉山黑猪）、姜曲海猪、粤东黑猪、汉江黑猪、安庆六白猪、莆田黑猪、嵊县花猪、宁乡猪、米猪、皖南黑猪、沙乌头猪、乐平猪、海南猪（屯昌猪）、嘉兴黑猪、大围子猪。

二、保护体系

目前中国畜禽遗传资源保护主要采取两种方式，即原位保护（in-situ conservation）和异位保护（ex-situ conservation）。原位保护和异位保护是生物多样性保护的两种方式，各有优缺点，互为补充，构成现阶段中国畜禽遗传资源保护工作的主体。原位保护通过在资源原产地建立保种场和保护区的方式进行活体保存。具体做法如下：资源原产地制定相关的保护政策，如禁止外来品种的杂交；实施科学、有效的选种选配方案，避免近交等技术措施；制定资源保护技术标准等。原位保护是保护生物多样性最合适的方法，野生动物和牲畜的保护主要以原产地保护为主。异位保护是指在自然栖息地以外的其他地方进行资源保护的方法，主要包括异地活体保存、细胞保存和基因库保存。中国畜禽品种大多数仍在原产地保护，只有少数品种迁移出原产地建场进行异位保护。例如，香猪和五指山猪，曾经被中国农业大学引入进行纯繁和研究。

三、保护数量和质量

《畜禽遗传资源保种场保护区和基因库管理办法》（农业部令第 64 号，2006 年 7 月 1 日生效）对国家级地方猪遗传资源保护场符合种用标准的基础畜禽数量做出规定，要求母猪在 100 头以上，公猪在 12 头以上（三代之内没有血缘关系的家系数不少于 6 个）。根据第三次普查，中国集中饲养地方品种群体规模为 267.57 万头，能繁母猪 95.08 万头。

除国家级保种场外，多个猪遗传资源建立了省级、县级保种场。此外，部分地区着手建设畜禽遗传资源备份场，有效减少了资源灭失风险。农业农村部正加快推进异地建设地方猪备份保种场和区域性活体基因库，以便科学合理分散资源，提升保护能力。

保护区保护是在畜禽遗传资源中心产区开展活体保护的重要途径，目前已建成国家级地方猪保护区有 7 个，详见表 1–3–2。

表 1–3–2 国家级地方猪保护区

序号	品种	保护区	保种地址
1	藏猪（迪庆藏猪）	国家级藏猪保护区	西藏林芝市工布江达县农牧局
2	藏猪（四川藏猪）	国家级藏猪保护区	四川甘孜藏族自治州乡城县农牧和科技局
3	藏猪（西藏藏猪）	国家级藏猪保护区	云南迪庆州畜牧兽医站
4	藏猪（合作猪）	国家级藏猪保护区	甘肃甘南藏族自治州合作市
5	宁乡猪	国家级宁乡猪保护区	湖南宁乡市畜牧水产局
6	荣昌猪	国家级荣昌猪保护区	重庆荣昌区畜禽品种改良站
7	二花脸猪	国家级二花脸猪保护区	江苏常州市舜溪畜牧科技有限公司

专栏

◆ 宁乡猪保护区 ◆

猪地方品种是在我国特有的自然条件下，经过长期的自然选择和人工选择而形成的，能在一定环境中和特定的历史时期发挥作用，从而使品种表现出人类所需的优良特性。因此，认真保护地方品种遗传资源是人类一项长期重要的任务。原产地保护是最提倡的方式，既有利于品种集中管理和观察测定，又能保留品种对原产地环境的适应能力，对传承当地文化也能起到重要作用。保护区一般不少于保种场群体规模的 5 倍，所保护的畜禽品种质量符合品种标准。

宁乡以猪地方品种保护为基础，建立了宁乡花猪国家级保护区 1 个，同时，配套建立了宁乡花猪国家级保种场 1 个、一级扩繁场 4 个，建设了宁乡花猪保护中心（赤塅基地）、宁乡花猪种公猪站（草冲基地）和宁乡花猪遗传资源基因库，率先形成了较为完善的遗传资源保护体系，宁乡花猪遗传资源保护工作走在全国前列。

在建立宁乡猪保护区的基础上，宁乡与湖南农业大学、湖南省畜牧兽医研究所合作成立宁乡花猪种业创新中心，挂牌岳麓山种业创新中心宁乡分中心，邀请中国工程院院士印遇龙专家团队为宁乡花猪种业高质量发展提供系统技术、解决方案，目前开展的“宁乡猪基因组血缘关系鉴定”“生长育肥阶段的营养需求研究”以及“宁乡花猪亲本及其配套系生长发育研究”等课题研究，为百亿花猪产业发展提供了强劲的科技竞争力。

四、遗传材料保护

除实体保护外，我国非常重视精液、体细胞等遗传材料的保护，建立了国家畜禽基因库 1 个。实施冷冻精液、体细胞、组织、DNA 等多种遗传材料保护，已存储了 62 个地方品种 76 万余剂冷冻精液、1.5 万份体细胞，丰富了地方猪遗传资源保护手段。此外，广东、浙江、山东等地建立了省级遗传材料保存中心。自 2018 年起，浙江省畜牧总站开始建立畜禽遗传资源保存库，以保存冷冻精液、体细胞、胚胎为主，目前已保存 8 个地方品种的冷冻遗传材料约 4.5 万份。在此基础上，浙江省农业科学院尝试体细胞冷冻保存结合克隆技术的猪细胞保种技术，已成功克隆出金华猪 11 头、兰溪花猪 3 头。应用冷冻精液复苏繁育技术，扩充恢复嵊县花猪 8 个家系、淳安花猪 3 个家系，增加 14 头嵊县花猪，群体濒危状态得到了有效缓解。

五、民间保种方兴未艾、蓬勃发展

民间保种方兴未艾、蓬勃发展，有效地补充了国家保护行动，形成了“政府主导、多元参与、多层次保护”为主要特征的新时代中国畜禽遗传资源保护新格局。例如，项城市鑫发养殖有限公司饲养的项城猪、浙江平阳县百正家禽养殖场饲养的北港猪、龙游县龙游乌农业开发有限公司饲养的龙游乌猪等，为列入红色名单的 3 个地方品种的抢救性保护做出了重要贡献。

遗漏资源北港猪民间保护工作　温州市平阳县腾蛟镇一直有饲养黑猪的传统。平阳县百正家禽养殖场经营人从 20 世纪 80 年代初开始养殖黑猪。养殖过程中留种的黑猪均自繁自养，养殖数量逐渐扩大，至今存栏已达近百头。在第三次普查中，结合现场查验和群体调查情况，在省级、市级农业相关部门的指导下，平阳县立即开展了一系列遗传资源抢救性收集保护工作。一方面，就地做好强化隔离、提升免疫、群体登记等临时保护措施，并依托温州市农业科学院专家团队制定保护工作方案，科学落实性能测定、系谱建立、认定申报等措施；另一方面，积极协调推进疑似北港猪保种场异地选址建设，目前已于原场址周边流转林地 9.5 亩，计划建设包含种猪舍、育肥舍及其他设施的现代化规模养殖场，保障再发现品种能得到及时有效的保护。

遗漏资源龙游乌猪民间保护工作　龙游乌猪在 20 世纪 90 年代仍然没有建立保种场，成为濒临灭绝的地方品种。2007 年在龙游县与遂昌县交界的山区农村偶然还发现有养殖户养殖龙游乌猪，故在 2006 年第二次调查的基础上，在主产区广泛寻找收集，至 2009 年收集龙游乌猪 132 头；2013 年，龙游乌猪列入《浙江省畜禽遗传资源保护名录》；2015 年起，省级、县级农业相关部门与保护单位龙游县龙游乌农业开发有限公司签订三方协议，每年安排一定省级财政经费支持龙游乌猪保种工作，并组织浙江省畜牧总站开展年度保种效果监测，确保资源不灭失；2021 年，委托浙江大学对浙江所有黑猪地方品种开展分子生物学监测，从遗传多样性上确定龙游乌猪是一个独立的黑猪地方品种。

专栏

项城猪——“失而复得”的宝贵资源

项城猪养殖历史悠久，属于我国著名的猪地方品种之一。但由于近年来外来杂交品种猪的引入，项城猪数量逐渐减少。第一次、第二次调查时，由于调查品种和区域范围窄、交通条件受限等因素，未调查到项城猪。项城市鑫发养殖有限公司自 1998 年开始生猪养殖以来，重点开展项城黑猪的饲养、繁育和保护工作。经过14年的发展，黑猪养殖规模越来越大，带动了周边十几户养殖户饲养项城黑猪，为项城黑猪的保护做出了突出贡献。第三次普查工作启动后，周口市畜牧总站在全市范围内组织相关单位和生猪养殖场开展了普查工作，发现在项城市、沈丘县、太康县等地存在一定数量与项城黑猪外貌特征基本一致的黑猪群体。通过走访、现场调查、资料对比等，初步认为这些种群符合项城黑猪遗传资源的特点。2023年5月，国家畜禽遗传资源委员会按照遗漏品种认定程序，对项城猪进行了现场核验，抢救保护了这一列入红色名单的宝贵遗传资源。

第四章

中国猪遗传资源可持续高效利用

猪遗传资源的开发利用与资源保护是相辅相成的，资源的可持续高效利用一方面保障了中国生猪种源基本自主可控，目前，中国生猪核心种源自给率高达95%；另一方面通过优异资源、性状、基因的高效利用，培育了43个新品种（配套系），地方猪遗传资源成为种业持续创新的重要基础。猪遗传资源为猪肉的有效供给提供保障，是满足人民对优质猪肉需求以及对美好生活向往的重要条件。通过本品种选育、杂交利用、新品种（配套系）培育等，59%的地方品种得到了有效保护和利用；通过打造优质肉品牌、全产业链一体化、专业合作社、保用结合、生态农庄、文旅结合等多种利用模式，推动了遗传资源的持续高效利用。

第一节　猪遗传资源的利用为国家种业振兴打下基础

一粒种子可以改变一个世界，一个基因能够繁荣一个产业。根据第三次普查，中国猪地方品种有89个。从美国、丹麦、法国等不同国家引进的杜洛克猪、长白猪与大白猪种猪历经40多年的本土驯化，实现了核心种源的自主可控。以地方猪遗传资源为主培育了43个适合不同区域市场的新品种（配套系）。目前父母代种猪实现100%自给，核心群种猪年均进口约5%，主要用于提高核心群的性能和丰富遗传物质，在极端情况下（2020年非洲猪瘟影响导致种源供给能力下降）接近20%。中国地方猪遗传资源和引进猪遗传资源本土化共同支撑了生猪种业的自主可控。

一、生猪种源基本自主可控

我国是世界上猪遗传资源最丰富的国家，遗传资源基础丰富多样，能够满足当前和未来我国生猪种业发展的需求。

（一）遗传资源基础

根据第三次普查统计，我国共认定 140 个猪品种，占全球登记猪品种的 20% 以上，其中地方品种 89 个。地方品种大多具有肉质鲜美、繁殖力强、抗逆性强等优良种质特性。引入品种 6 个、引入配套系 2 个，引入品种多数经过 40 年以上的本土驯化，培育了一批适合不同区域市场的培育品种。根据全国生猪遗传改良计划，组建了 104 家国家核心育种场（含 10 家地方猪核心育种场）、8 家国家核心种公猪站。截至 2022 年年底，存栏基础母猪（本土驯化杜洛克猪、长白猪与大白猪种猪）17 万头。

（二）种源供给有保障

一是生猪种源自主可控　近 10 年来，我国生猪种源自主供种能力不断加强，父母代母猪 100% 自给，核心种源自给率达 95% 以上，支撑了我国商品猪生产的可持续发展。

二是有效支撑我国猪肉稳产保供　我国地方品种、培育品种及引入品种本土化，有效支撑了我国猪肉稳产保供。2012—2022 年，中国生猪年均出栏量为 68 336.1 万头，猪肉年均生产量为 5 274.1 万吨，占肉类总生产量的 61.4%，年均表观消费量 5 524.7 万吨，占肉类总消费量的 61.9%，猪肉国内平均自给率为 95.3%。

三是生猪良种繁育体系日趋完善　我国生猪良种繁育体系日趋完善，建立了包括核心场、扩繁场、商品场和公猪站的三级繁育体系。在武汉、广州、重庆建立了 3 个农业农村部种猪质量监督检验测试中心（种猪性能测定中心），在河北、河南、山东、广西、贵州等 10 多个省（区、市）建立省级种猪性能测定中心，承担全国种猪与种公猪精液质量等监测任务。成立了全国猪育种协作组，积极推进种猪测定、选育与区域性猪联合育种工作，形成了以原种场、扩繁场、种公猪站、性能测定中心（站）、遗传评估中心和质量检测中心为主体的良种猪繁育体系。

二、种业持续创新有基础

（一）优异资源的高效利用支撑了生猪种业的创新发展

目前，利用较好的地方猪遗传资源包括二花脸猪、梅山猪、两广小花猪、莱芜猪、民猪、藏猪、华中两头乌猪、荣昌猪等，先后培育 43 个新品种（配套系），培育品种 / 配套系具有地方品种适应性强、耐粗饲、繁殖率高、肉质好等优点，同时在肥育性状和胴体瘦肉率等方面也达到了优良水平。荣昌猪、宁乡猪、莱芜猪、金华猪、陆川猪、滇南小耳猪、巴马香猪、淮安黑猪、乌金猪等，先后列入非物质文化遗产，加工制作的宣威火腿、金华火腿享誉全球。2022 年，“壹号土猪”“吉神黑猪”两个品牌被列入农业农村部十大畜禽遗传资源转化典型案例。

专栏

◆ 对全球生猪种业改良作用巨大的梅山猪 ◆

梅山猪是世界最著名的中国猪地方品种，因为二花脸母猪与梅山公猪配种创造了窝产 42 头总产仔数的世界纪录。梅山猪因早熟、繁殖力高、泌乳力强和肉质鲜美而闻名，是世界产仔数最多的猪品种之一。

首先，梅山猪在国际养猪界名气最旺。20 世纪 60—70 年代，梅山猪因其优异的繁殖性能，曾被作为“国礼”，赠送给阿尔巴尼亚、泰国。20 世纪 80 年代后，中国梅山猪、枫泾猪，被赠送或出口至法国、英国、美国、日本等许多国家，与当地猪品种进行各种杂交试验，使当地猪群的繁殖性能得到了明显改进与提升。因此，中国猪地方品种对国外猪品种的贡献是十分明显且持续的，有效改善了国外猪种的种群性状和结构。梅山猪也是国内多个培育品种和配套系的亲本之一，如上海白猪、苏太猪、滇陆猪、天府肉猪配套系、川藏黑猪配套系、苏山猪等。

（二）优异性状的利用促进了生猪种业的发展

中国地方猪普遍有肉质好、风味佳、适应性强、繁殖性能优良等优点，通过高效利用这些优异性状，培育了乡下黑猪、北京黑猪、鲁莱黑猪等享誉全国的优质猪新品种（配套系），并实现了规模化、集约化生产，对保障我国生猪种源的自给、促进生猪种业的稳步发展具有重要作用。

优质肉性状的利用 优质肉性状是中国地方猪遗传资源最重要的特性，基于不同市场需要与不同区域地方品种的特点，在高端优质肉领域，重点利用中国地方猪肌内脂肪含量高、肌纤维细等性能特点，培育新品种或杂交利用，例如，壹号土猪采用广东小耳花猪为母本、引入品种杜洛克猪为父本杂交生产商品肉猪，深受消费者欢迎；应用莱芜猪培育的鲁莱黑猪、鲁烟白猪、鲁农 I 号猪配套系、乡下黑猪等新品种（配套系）肉质优良，充分利用了莱芜猪肌内脂肪含量高的优良特性。在特色产品开发领域，利用金华猪生产的金华火腿、乌金猪生产的宣威火腿家喻户晓。

高效生产性状的利用 利用二花脸猪、梅山猪等地方品种高繁特性，先后培育了苏太猪、苏钟猪、川藏黑猪配套系、天府肉猪配套系等新品种（配套系），繁殖性能均有了显著提升。

专栏

◆ 对我国生猪种业改良贡献突出的莱芜猪 ◆

莱芜猪以肌内脂肪含量高闻名，平均为 11.6%，最高可达 21.0%。在我国多个自主培育的新品种中，莱芜猪发挥了巨大作用。例如，2006 年通过国家审定的鲁莱黑猪品种，就是利用莱芜猪与大约克夏猪通过杂交建系、横交固定、定向培育而成的，鲁莱黑猪具有莱芜猪 50% 的血统，其肌内脂肪含量约 5%，综合性能较优。2023 年，莱芜猪为育种素材之一培育的乡下黑猪通过审定，其综合性能优良且肉质好，在近 3 年的扩繁推广过程中，依托培育单位的营销网络，乡下黑猪肉及其杂交商品代猪肉辐射华南、华东、华北、西南地区，满足不同区域市场对优质肉消费的需求。采取“掌控终端、品牌经营”的全新商业模式，构建“研、育、产、加、运、销”垂直一体化产业链布局，目前，专营连锁店遍布广州、深圳、北京、上海、成都等 30 余个城市，门店数量近 2 000 家，乡下黑猪“不止好吃，还更安全”，备受全国广大忠实消费者的认可与青睐。

（三）关键基因的发掘利用促进了生猪种业的高质量发展

随着高通量技术的发展，大批量的数据挖掘出猪肉质、脂肪沉积、抗逆、繁殖等相关的优异基因。优异基因的利用将有效提升生猪核心种源自主选育效率，引领现代特色优质生猪种业发展。一是针对猪的特定基因遗传特征进行改良，提高猪的生产性能和品质，如氟烷基因、毛色基因等；二是通过基因编辑技术，利用 CRISPR-Cas9 等工具，对猪基因进行精准编辑，实现性状遗传改良；三是通过细胞培养技术，将猪优异基因的细胞分离培养，进而实现猪的无性繁育和胚胎移植等。

猪多肋基因 *VRTN* 的应用：排骨是高经济价值猪肉之一，猪肋骨（排骨）数由胸椎数决定。商品猪胸椎数变异显著（14~16 根），每增加 1 个胸椎，将增加 1 对排骨，商品猪（100 kg）体长增加 1.5 cm，优质猪肉产量增加 1 kg。但猪肋骨性状属复杂性状，不能活体测量，常规育种技术成效甚微。2008 年以来，江西农业大学遗传育种项目组在构建世界上最大的家猪 F_2 群体及 4 个不同中西方猪杂交群体基础上，创新研究方法，在猪的 7 号染色体鉴别了影响效应达 1 根肋骨的因果基因 *VRTN* 及其因果突变，并系统阐明了其分子遗传机制。对 4 个不同实验群体、400 多项表型性状的系统评估证明，选育 *VRTN* 有利基因增加肋骨数、体长和乳头数，但不影响肉质、生长等其他经济性状。项目组由此创建了猪多肋基因育种专利新技术（ZL201210509536.7）。

2012 年以来，该专利技术在国家核心育种场等企业推广应用，为全国 11 个生猪主产省份、17 家大型种猪育种企业累计检测种猪核心群 31 249 头，育成杜洛克猪、长白猪、大白猪多肋新品系 12 个。通过完善繁育体系，技术覆盖出栏商品猪超 3 亿头，累计直接经济效益 30 亿元。

第二节　猪遗传资源的利用满足人民对美好生活的向往

中国猪遗传资源在人类文明历史长河中扮演着重要角色。中国地方猪遗传资源为满足人民对猪肉及其副产品的肉食需求，发挥着主力军作用。近年来，在肉食产品供需基本平衡情况下，中国地方猪遗传资源又担当起改善人民生活水平的高端营养产品角色。此外，中国地方猪遗传资源长期为丰富人民精神生活充当祭祀品、演员与伴侣等角色。

一、满足猪肉的有效供给

中国是世界上最早将野猪驯化为家猪的国家之一，但养猪长期处于副业地位。从新中国成立以来，历经近半个世纪，生猪产能从供给严重不足到占据全球半壁江山，中国已成为世界养猪“巨无霸”，各项指标取得长足进步，为保障人民对猪肉的需求发挥了积极作用。早期主要依赖的是中国地方猪遗传资源，即使到了 20 世纪 90 年代初，经济发达的江苏江阴县的申港、月城等乡镇，尽管家家户户都平房变楼房，但仍旧是楼上住人、楼下养猪，一个乡镇有 1 万多头母猪，几乎都是二花脸母猪，号称“二花脸母猪之乡”。

（一）产能严重不足背景下地方猪遗传资源猪肉保供当家做主期（1949—1978 年）

新中国成立初期，可以用于饲料转化的粮食有限，猪肉产量仅 400 万吨左右，产能严重不足。此时，全国百废待兴，如何解决老百姓有肉吃的问题，成为中国政府高度重视的问题。1959 年 10 月 31 日，毛泽东主席《关于养猪业发展的一封信》发表，提出“要把养猪看得和粮食同等重要，要大养特养其猪”。实事求是地讲，当时中国养猪水平仍然很低，猪肉要凭肉票限购。1978 年全国猪肉产量 789 万吨，年人均猪肉占有量 8.2 kg。当时，中国畜产品结构非常简单，猪肉占肉类总产量的比重高达 94.2%。可见，这个时间段中国人均肉类总体消费量非常有限，而且比较单一，这个时间段全国各地所养的猪品种基本是地方品种，所以尽管生长速度与生产效率比较低，但其具有非常明显的耐粗饲、适应性强等优势，且占用的是家家户户房前屋后零碎土地，不与粮食生产争土地资源；猪吃的是剩饭剩菜、田间杂草、修剪树叶甚至是作物秸秆等，不仅不与人类争粮食，还最大限度地使生活以及农作物生产副产物被资源化利用，真正实现过腹产肉；同时，猪粪尿经过沤肥之后被用作当家肥，又切实做到过腹还田。正是中国地方猪遗传资源耐粗饲等优良特性，成就了先人创造的遵循自然生态平衡的种养循环模式。

（二）产业持续快速发展前提下地方猪遗传资源被杂化忘却期（1979—1997 年）

中国进入改革开放时期，经济高速发展，农民获得生产自主经营权，生猪养殖积极性提高；国外瘦肉型猪品种被大量引进，其生长速度快、瘦肉率高等优势逐渐被消费者、生产者、管理者所重视。随着瘦肉型猪本土化进程推进，中国生猪产业呈现出产能迅速扩增、效率迅速提升的特征，生猪供应紧缺程度得到了缓解。截至 1984 年，肉食品种仍相对单一，猪肉产量占肉类总产量的比重高达 93.78%，全国猪肉产量 1 445 万吨，年人均猪肉占有量达到 13.84 kg。1985 年生猪购销政策全面放开，市场自由交易开始，1988 年农业部“菜篮子工程”建设实施，中国地方猪遗传资源的市场空间进一步被日益本土化的瘦肉型猪资源及其杂交猪所代替，部分中国地方猪遗传资源面临灭绝边缘。1997 年全国猪肉产量大幅度增加至 3 596.3 万吨，年人均猪肉占有量达 29.1 kg，首次超过美国年人均猪肉占有水平，生猪供给紧缺局面彻底扭转。生猪存栏、出栏和猪肉产量均约占世界的一半，成为绝对的养猪大国。美国尽管排名第二，但与中国的差距越来越大。与此同时，中国地方猪遗传资源耐粗饲、适应性强、繁殖力高、肉质优的优势在高效率规模化集约养殖中未能得到充分体现，行业广泛接受的是中国地方猪遗传资源的“杂交改良”，导致相当一部分中国地方猪遗传资源遭受一定程度的杂化、退化，所占市场份额也逐步大幅度下降。

二、满足人民对美好生活的向往

在猪肉食产品供需基本平衡确保有肉吃的背景下，消费者开始怀念“儿时的味道”，从追求有肉吃转为追求有“好”肉吃。中国地方猪遗传资源及其杂交与培育品种又担当起为改善人民生活水平提供高端营养产品的角色。

（一）产业结构调整地方猪遗传资源重新得到关注期（1998—2006 年）

这段时间，中国养猪业进入重要的产业结构调整期。家禽、牛羊等产业得到广泛关注，中国畜牧业产业结构不断丰富，猪肉占肉类总产量的比重降至 2006 年的 63.50%，但生猪产业本身仍然保持较高水平的发展，2006 年中国猪肉产量达 5 053 万吨；年人均猪肉占有量不断提高，达 38 kg。同时，城乡居民猪肉消费比重却有所下降，尤其是城市居民猪肉消费比重降至 60% 左右。渐渐地，部分地方政府、行业专家、企业业主以及消费者，开始怀念地方猪特有的猪肉品味，相继呼吁重视中国地方猪遗传资源的保护与利用。更重要的是，2005年发布、2006年生效的《中华人民共和国畜牧法》中，以地方猪等地方畜禽遗传资源为主题的条款占据绝对多的篇幅。这段时间，围绕中国地方猪遗传资源的产品开发、品牌建设、市场运营及历史文化挖掘也逐渐被有识之士所重视。例如，苏太猪品牌成为其中的佼佼者与开拓者，推出了以中国地方猪遗传资源含量多少划分的“极品猪肉”“精品猪肉”和“优质猪肉”运作模式，为我国优质猪肉产业发展起到了典型示范作用。

（二）龙头企业扩张背景下地方猪遗传资源得到进一步重视期（2007年至今）

猪肉作为主要农产品之一，常年占中国居民肉类消费的60%以上，是人民群众“肉盘子”安全的重要保障。作为中国大多数居民主要肉食品来源，猪肉与民生息息相关，生猪稳产保供是一项重要的民生工程。受宏观经济、大资本涌入、疫病、国家政策调控、食品安全事件、进口肉、环保政策等因素影响，生猪和猪肉价格呈周期性大幅度波动。随着中国国民经济的不断发展，广大人民群众已经不仅仅满足于有猪肉吃，更希望吃到优质安全的猪肉。中国地方猪遗传资源的优势得到了广泛关注，尤其是在禁养区划定上，实实在在地建设了一批中国地方猪遗传资源保种场、保护区，使中国地方猪遗传资源有机会在夹缝中获得生机，积极推动基于地方猪及其杂交后代或培育品种（配套系）打造优质猪肉品牌，创建了一系列优秀的优质猪肉品牌，使消费者获得美满生活感。以两广小花猪、莱芜猪、金华猪、沙子岭猪、淮猪、二花脸猪等纯种地方品种生产的特色品牌猪肉，以及利用北京黑猪、苏太猪、湘村黑猪、吉神黑猪、壹号土猪等培育品种或杂优猪生产的优质猪肉已经成功占据一定的市场份额，形成区域性的消费市场，为消费者生活档次的提升发挥了重要作用。

同时，对地方猪品种选育主要经济性状也得到持续重视。中国地方猪遗传资源保种场绝大多数在用地政策上被予以特别重视。最为突出的代表是莱芜猪，为了满足消费者对肌肉嫩度的需求，围绕莱芜猪高肌内脂肪群体进行定向选留与扩群，使高肌内脂肪含量成为莱芜猪的代名词。90 kg体重屠宰，肌内脂肪水平从2006年第二次调查时的9.26%提高至2022年第三次普查时的10.90%。猪地方品种的屠宰性能得到了一定程度的改善，优质肉猪生产效率得到了一定程度的提高。以梅山猪为例，从2006—2020年，屠宰率从64.71%增加至66.97%，眼肌面积从16.21 cm^2增加至21.56 cm^2，瘦肉率从43.42%增加至50.03 %，脂肪率从27.15%下降至24.24%。

（三）满足基础素质教育与文旅结合的需求

随着乡村振兴战略的推进，不仅仅是城市里的孩子，即使是来自农村的孩子，也越来越失去与猪相依相伴的成长期。中小学生素质教育以及亲子教育越来越受到社会各方关注，猪文化长廊、猪文化博物馆建设以及围绕猪元素的文旅产品的设计成为各地猪文化建设的重点。游客融入其中，可以在游玩中享受大自然，了解猪文化，增强孩子们的爱心。目前，这类文化馆很多，如安佑猪文化博物馆、荣昌猪文化博物馆、陆川猪文化博物馆等，近两年开园的熊猫猪猪·两头乌国际牧场，集金华两头乌猪智慧养殖观光、科普教育、研学团建、休闲游乐、美食体验、亲子趣玩、网红打卡于一体，书写了乡村振兴的新篇章，描绘了全域旅游的新画卷，打造成为国际化网红打卡牧场，是全球首家以金华两头乌猪为IP形象的复合型亲情互动乐园。

三、满足人民精神文化的需求

猪在中国文化传承中有着深厚的根基，不仅与人类的生存和发展密切相关，也与人的思想和情感紧密相连。

（一）猪的图腾信仰

图腾是原始社会中人们对自然界某种动物或植物的崇拜和标志，它代表着人们对自己祖先和部落的认同和尊敬。中国地方猪遗传资源作为一种重要的图腾动物，在全国各地有着广泛的分布和影响。例如，彝族、苗族、壮族等少数民族有以猪为图腾的部落或氏族，他们认为自己是猪的后裔，把猪视为神灵和保护神，用猪来祭祀祖先和神灵，也用猪来表示友好和尊重。在他们的语言、服饰、建筑、艺术等方面，猪的图案或元素频频出现。猪作为图腾信仰的载体，体现了人们对自然界的尊重以及对社会关系的认知。

（二）猪的吉祥象征

猪在中国传统文化中也是一种吉祥象征，它代表诚实质朴、富贵吉祥、多子多福等美好寓意。这些寓意主要来源于中国地方猪遗传资源的形态特征、生活习性、声音谐音等方面。例如，中国地方猪普遍体态浑圆、肥硕多肉，所以被认为是富裕和丰收的象征；中国地方猪因为性情温驯、不挑食、不争斗，所以被认为是诚实和平和的象征；中国地方猪又因为繁殖能力强，被认为是多子多孙和延续香火的象征；猪还发出“呼噜”声，与“福”字谐音，所以被认为是幸福和吉祥的象征。在中国各地，用猪来表示吉祥和祝福的习俗和礼仪十分常见，如送猪头、猪蹄、猪肉等，还有用猪的图像或玩具来装饰或赠送亲朋好友。

（三）猪的文学艺术

猪在中国文学艺术中也有着丰富的表现和创造，它们既是作品的主题，又是作品的形象，既有现实的写照，又有想象的创造。在中国古典文学中，有不少关于猪的诗词、故事、寓言、神话等，如《诗经》中的《小雅·斯干》《楚辞·九歌·山鬼》《庄子·秋水》等，都有描写或比喻猪的内容。在中国民间文学中，有不少关于猪的传说、神话、寓言、童话等，如《山海经》中的“独角兕”“饕餮”“鲸鱼”等，都是与猪有关的神兽；《西游记》中的“猪八戒娶妻”、《聊斋志异》中的“狐狸精变成猪”等，都是与猪有关的故事；《西游记》中的“猪八戒”，是与猪有关的人物。在中国现代文学中，也有不少关于猪的作品，如老舍的《四世同堂》、王小波的《黄金时代》等，都有反映或借用中国地方猪遗传资源的形象。在中国美术、雕塑、剪纸、年画等方面，也有不少以猪为题材或元素的作品，如任预的《十二生肖图册》、陈半丁的《金猪送福》、民间剪纸《五福临门》等，都展示了中国地方猪浑圆、憨厚的美好寓意和艺术魅力。

第三节　猪遗传资源可持续利用模式创新发展

随着优质肉需求的不断增加，中国猪遗传资源开发利用蓬勃发展，品种资源利用模式不断创新升级，高端猪肉市场以本品种开发利用为主，优质特色猪肉（中端猪肉）以直接杂交利用、新品种（配套系）培育成为主要生产模式。

一、猪遗传资源开发利用整体呈蓬勃发展之势

（一）本品种开发利用

随着人们生活水平的提高，对猪肉品质的要求也越来越高。土杂猪（由地方品种和引入品种杂交）的猪肉已经不能满足少数高收入消费者的需求，他们需要更高档优质的猪肉。中国有多个猪地方品种具有肉质优良的特色，是生产高端猪肉的理想品种。当前，我国89个地方品种中，至少有金华猪、乌金猪、梅山猪等10多个品种已经成功地实现了本品种产业化开发推广，形成了知名品牌，有效实现了品种资源保护和高端猪肉产业开发的双重效应。例如，金华两头乌猪带动了金华火腿的生产，金华市目前有火腿生产企业88家，年产火腿300万只，产值约9亿元，通过"养殖场+专卖店"营销模式在金华、上海、杭州等地建立了10余个专卖店和销售点专门销售金华猪生鲜猪肉。乌金猪是宣威火腿制作的主要原材料品种，宣威火腿产业已经发展成为云南宣威市的支柱产业，每年带动养殖户22万余户、火腿加工企业20多家，年火腿产量6.2万吨，实现产值100亿元以上。梅山猪是被誉为"国宝"的中国猪地方品种优秀代表，是太湖猪种之一，以繁殖力高著称于世，上海市当前建立了梅山猪保种与开发推广一体化的生产模式，通过与周边的种植合作社合作建立了种养结合的生态养殖模式，与屠宰场加工厂合作形成了产销精准对接，在上海开设了15家梅山猪肉专卖店，促进了梅山猪遗传资源保护和开发利用高质量发展。另外，本品种成功开发高端品牌猪肉的地方品种还有宁乡猪、二花脸猪、五指山猪、荣昌猪、恩施黑猪、藏猪、淮猪、莱芜猪、深县猪、槐猪等。

（二）直接杂交利用

中国地方猪具有生长速度慢、瘦肉率低、饲料转换效率差、饲养周期长等劣势，直接进行商品育肥生产，生产效益低。为了快速改良这些缺点，可与引进的商业化瘦肉型猪品种进行杂交生产。相对于新品种和配套系培育来说，直接杂交利用的门槛比较低，育种投入少且见效快，因此，受到广大中小散户和养殖企业欢迎。目前，直接进行杂交利用的地方品种有两广小花猪、民猪、嘉兴黑猪、海南猪等。例如，通过将两广小花猪与杜洛克猪杂交，对二元商品猪进行育肥生产，广东壹号食品成功打造了"壹号土猪"品牌，建立了从育种、养殖、屠宰、配送和零售的垂直化经营管理体系，实现了年出栏商品猪60多万头，已在全国35个城市设立2 000多家品牌猪肉连锁店。将嘉兴黑猪与巴克夏猪、长白猪等进行二元或三元杂交，浙江青莲食品成功打造了知名黑猪肉品牌"膳博士"，公司在上海、杭州等城市拥有品牌专卖店1 000余家，在江浙沪地区居于行业领先地位，形成了年销售30万头的高端猪肉市场规模。海南定安县将定安猪与杜洛克猪杂交，打造了定安黑猪的商品猪杂交生产模式，定安黑猪产业年产值可达10亿元，全县农民养猪年纯收入2.5亿元，外销仔猪36万头、肉猪33万头，有效实现了定安猪遗传资源保护与品种开发，带动了县域经济的发展。另外，进行杂交利用的地方品种还有沙子岭猪、八眉猪、莱芜猪、东北民猪、五指山猪等。

（三）新品种（配套系）培育

新中国成立以来，为应对国外瘦肉型猪品种的冲击，培育适应中国国情和不同区域消费需求的猪品种，猪育种学家做了大量、卓有成效的育种工作，取得了丰硕成果。利用我国30多个地方品种与引进的国外瘦肉型猪品种杂交，或者进行不同地方猪品种杂交，累计培育新品种62个、配套系21个。

这些新品种和配套系的培育，满足了新中国成立以来不同阶段对不同类型猪肉的市场需求，实现了地方品种优良特性的有效开发利用。但是，其中部分配套系由于没有被很好地利用，现已灭绝。

1. 新品种培育

根据时间划分，中国猪新品种的培育可以分为三个时间段：1949—1978年（早期阶段）、1979—1995年（中期阶段）、1996年至今（现代阶段）。

1949—1978年 改革开放以前，中国猪新品种培育发展相对缓慢，新品种培育主要以苏联引入猪品种（苏联大白猪、苏联克米洛夫猪、俄国白猪等）杂交为主，本时期培育的新品种有7个，分别为定县猪、宁安黑猪、温州白猪、哈尔滨白猪、新淮猪、上海白猪和伊犁白猪等。培育的新品种均为肉脂兼用型，产肉性能与中国猪地方品种相比实现了较大幅度的提升，但性能指标仍然与引进瘦肉型猪品种存在较大差距。其间，1972年成立的“全国猪育种科研协作组”，对我国后续的地方品种保护和新品种培育起到了积极的协调组织和推动作用。

1979—1995年 改革开放至国家家畜禽遗传资源管理委员会（1996年）成立以前，是中国猪新品种培育的快速发展阶段。新品种培育主要以从欧美引进的杜洛克猪、长白猪、大白猪和巴克夏猪等品种进行杂交为主，本时期培育的猪品种有28个，其中包括17个肉脂兼用型品种（新金猪、福州黑猪、广花猪、北京黑猪、新疆黑猪、新疆白猪、宁夏黑猪、山西黑猪、内蒙古黑猪、芦白猪、关中黑猪、乌兰哈达猪、甘肃黑猪、皖北猪、泛农花猪、北京花猪、赣州白猪）和11个瘦肉型品种（三江白猪、湖北白猪、浙江中白猪、伊犁白猪、广西白猪、汉沽黑猪、昌潍白猪、湘白猪、冀合白猪、四川白猪、豫农白猪）。其中，三江白猪是中国历史上培育的第一个瘦肉型猪新品种，对我国猪新品种育种方向起到了重要的引导作用。

1996年至今 国家家畜禽遗传资源管理委员会成立以来，是中国猪新品种培育的稳步发展阶段，进一步明确了新品种审定的标准和办法，推动了中国猪新品种育种工作的规范化、科学化。这一阶段，以引进瘦肉型猪品种、中国猪地方品种和培育品种为基础素材，采用群体继代选育、分子标记选择等现代育种技术，培育了27个新品种。这个培育阶段包括22个瘦肉型品种：军牧1号白猪、南昌白猪、松辽黑猪、苏太猪、苏钟猪、大河乌猪、鲁莱黑猪、鲁烟白猪、汉中白猪、晋汾白猪、豫南黑猪、湘黄猪、金枫猪、新丹黑猪、山黑猪、宣和猪、辽丹黑猪、川乡黑猪、硒都黑猪、山下长黑、乡下黑猪、天府黑猪；另外5个为肉脂兼用型猪品种：甘肃白猪、滇陆猪、苏淮猪、湘村黑猪、苏姜猪。

2. 配套系培育

猪配套系培育利用是杂种优势利用的主要手段，是推进产业化经营、提高生猪商品生产水平的重要举措。国外种猪育种公司在20世纪50—60年代就开始了猪的配套系选育，我国猪配套系选育工作相对起步较晚。1998年，由深圳光明畜牧合营有限公司、深圳市农牧实业有限公司分别培育的光明猪配套系、深农猪配套系通过国家家畜禽遗传资源管理委员会审定，标志着我国从此有了自己的猪配套系。截至目前，经过国家审定的配套系一共有14个，分别为深农猪配套系、中育猪配套系、华农温氏Ⅰ号猪配套系、滇撒猪配套系、渝荣Ⅰ号猪配套系、湘沙猪、天府肉猪、龙宝1号猪、川藏黑猪、江泉白猪配套系、温氏WS 501猪配套系、香雪白猪、蓝思猪配套系、龙民黑猪配套系。

按配套系类型的不同，可分为三系、四系和五系配套系，但主要以三系配套系为主。按照亲本品系的品种来源划分，这些配套系可分为三类：第一类是父系母系均为外来品种，如深农猪配套系、华农温氏Ⅰ号猪配套系、中育猪配套系、温氏WS 501猪配套系等；第二类是母系中含有一定比例中国地方猪血液的配套系，如川藏黑猪、天府肉猪、渝荣Ⅰ号猪配套系、香雪白猪等；第三类是亲本系中的母系采用从地方品种中经纯繁选育出的专门化品系，如滇撒猪配套系、龙宝 1 号猪、江泉白猪配套系、湘沙猪等，分别以撒坝猪、陆川猪、沂蒙黑猪、沙子岭猪作为母系母本。第三类配套系能够直接利用地方猪的某些优良特性，有利于地方猪遗传资源的保护。

二、猪遗传资源可持续利用模式多样化发展

（一）优质肉品牌带动利用模式

随着人们生活水平的提高，优质高端猪肉需求增加是必然趋势。中国猪地方品种及其杂交后代具有肉质鲜美特性，富含多种维生素、氨基酸、微量元素、亚油酸和多不饱和脂肪酸等功能营养素，是生产优质高端猪肉的天然品种，但是其生长速度、节粮、产肉效率无法与引进瘦肉型品种相比，与瘦肉型品种及其杂交商品猪相比，在大众消费市场中缺乏竞争优势，品牌化、特色化路线是地方品种、地方杂交品种和新品种（配套系）可持续产业化发展的必由之路。目前在沿海和部分地区，已经初步形成了针对中端市场的土杂猪肉和针对高端市场的（纯种）土猪肉消费群体和专门化市场，中高端猪肉的市场将逐步向内陆、中西部地区扩散，中国猪地方品种的开发利用前景也会越来越好。国内以地方品种或其杂交商品猪打造的高端猪肉品牌有壹号土猪、精气神、巴山土猪、湘村黑猪、宁乡花猪、膳博士、北京黑六、黑加宝、定安黑猪、徒河黑猪、得利斯等一系列品牌，且新的品牌还在不断地出现，这些品牌猪肉味道鲜美、口感好，品牌的生产、屠宰、加工、销售一体化模式不断完善，在我国猪肉消费市场中的份额不断增加。依托大型农业龙头企业为支撑，进行品牌化发展，是未来地方猪资源可持续性利用的一个重要模式。

（二）全产业链一体化利用模式

全产业链一体化利用模式，是当前国内国外猪规模化、现代化发展的一个主要模式，也是实现地方猪及其杂交商品猪推广的一个重要方式。全产业链包括育种、繁育、养殖、饲料加工、屠宰分割、产品加工、物流、品牌建设、营销等方面，全产业链模式能够有效发挥地方品种的特色优势，有效保证猪肉产品质量，实现优质优价，提升养殖端的生产效应和全产业链价值。以莱芜猪为例，其全产业链开发项目组建了由种猪繁育基地、养殖基地、饲料生产加工基地、有机肥生产加工基地、屠宰加工基地、冷链物流基地、豆制品生产加工基地等组成的产业集团。两广小花猪采取“公司 + 基地 + 农户 + 屠宰 + 连锁店 + 配送”垂直一体化管理模式，培育和打造极具市场竞争力和前景的全产业链发展模式。藏猪依托西藏沃野藏猪开发有限公司，采用“公司 + 合作社 + 基地 + 养殖户”模式，实现藏猪繁育、养殖和精细加工全产业链一体化生产模式，带动藏猪产业规模化、标准化的发展。二花脸猪全产业链建设以养殖为中心，重点进行二花脸肉猪生产和品牌推广，形成二花脸猪遗传资源保护、品种开发、规模养殖、品牌推广、销售终端等环节的全产业链发展模式。通过整合优势资源，打通全产业链条，是未来地方品种及其杂交品种可持续开发的一个重要途径。

（三）专业合作社利用模式

专业合作社、专业品种协会是不同畜禽品种保护和开发的一个重要方式。专业合作社、专业品种协会有利于提高散户养殖的组织化程度，形成较大规模的养殖基地、养殖聚落，进而实现猪苗、饲料、疫苗采购和销售等的一体化管理，可有效降低生产经营成本，减轻市场风险。通过专业合作社的建立，

可以克服散户在养殖和经营中小规模的局限，实现地方猪养殖全过程的标准化、专业化和高效化，提高综合经济效益。同时，专业化合作社还可以为养殖户提供养殖培训，提高养殖水平，进行统一的生物安全防控体系建设，降低养殖场发生重大疫病的风险。合作社还可与屠宰加工厂进行订单生产、代宰等产销合作，稳定销售渠道，形成品牌效应、品牌优势，增强抵御风险的能力。专业合作社将是未来中、小规模地方品种或其杂交品种养殖场（户）实现规模化、品牌化发展的一个重要组织模式。

专栏

以用促保，保用结合，持续提升广东小耳花猪综合生产性能

广东壹号食品股份有限公司长期致力于开展优良地方猪遗传资源的保护与开发利用工作，推动两广小花猪（广东小耳花猪）突破区域限制，布局华北、华东和西南地区。

一是加强广东小耳花猪遗传资源保护。以广东省优良地方品种——广东小耳花猪为基础，建立了广东省广东小耳花猪保种场。保种群母猪规模563头，公猪家系10个，为国内最大的地方猪保种群体。2014年，该公司与中山大学 、华南农业大学合作，开创性地打造了地方猪数字化育种体系，构建了广东小耳花猪DNA库、成纤维细胞库及冷冻精液库，为广东小耳花猪遗传资源保护、研究与利用奠定坚实基础。2019年，根据农业农村部种业管理司要求，积极配合华南农业大学完成两广小花猪（广东小耳花猪）遗传材料采集工作。

二是持续提升广东小耳花猪的繁殖性能。在2万多头广东小耳花猪纯种母猪群体中选择1 200头高繁母猪组建育种群，以繁殖性状为主选性状，兼顾肉质，历时10年培育了广东小耳花猪高繁殖力新品系。目前存栏该品系种猪近4万头。2019年，经广东省农业农村厅批准进行中间试验，结果表明主要经济性状遗传稳定，繁殖性能高，具有良好的推广价值。2022年，该品系初产总仔数、活仔数达到12.56头、11.85头，经产分别为14.73头、13.32头，远高于2011年版《中国畜禽遗传资源志 · 猪志》中的数据。

三是聚合多地猪遗传资源培育新品种，多角度强化地方猪遗传资源的利用。自2011年底开始，以广东小耳花猪及莱芜猪（山东）、圩猪（安徽）、湘西黑猪（湖南）等4个猪地方品种及瘦肉型猪品种杜洛克猪为育种素材，通过多元杂交与横交固定等方式，培育了乡下黑猪新品种。目前，该品种遗传稳定，肉质优良，存栏纯种母猪繁育群1 200头，核心群母猪近300头，公猪家系7个，于2023年通过国家遗传资源委员会的新品种审定。

四是加快育种新技术应用，构建新型地方猪育种体系。通过建立表型－基因组信息数据库，挖掘地方猪重要经济性状相关标记基因，开发低密度功能芯片，构建以全基因组选择与基因编辑等为主的现代育种技术体系，应用于地方猪重要育种新材料创制、新品系的构建，提升地方猪产业化综合效益。

（四）生态农庄利用模式

生态农庄运用农业生态循环理念，将养殖场、沼气工程、发电站、种植园、休闲农庄等进行对接，实现农业生产废弃物循环利用。生态农场通过养猪与种地一体化生产，可获得较好的经济效益和生态效益，实现绿色、无抗等生态养殖模式。但是，一般这种模式生产规模较小，不能独立承担资源保护的重要任务。由于受到资金、技术和养殖模式的限制，生物安全水平难以达到规模化大型猪场要求，疫病防控难度很大。部分农场主专业水平不足，与既要熟悉粮食生产又要精通生猪养殖还有较大差距。生态农业模式适宜在我国西部山区人员稀少、养殖密度低、疫病风险小的地区推广利用。

（五）文旅结合利用模式

文旅结合利用模式是满足新时代人们需求多元的转变，带动区域经济发展，拓展产业空间，创新旅游产品及构建文化传播通道的新型文化和旅游发展模式。根据不同地区的自然禀赋、产业结构和社会基础以及地方猪遗传资源特色，赋能地方猪养殖，实现一二三产业融合，促进产业提升，弘扬乡土文化，助力乡村振兴。例如，浙江金华的熊猫猪猪·两头乌国际牧场、江苏太仓的猪文化博物馆、上海的祥欣猪文化展示馆等，是实现猪遗传资源保护与文化传承的文旅结合的典型案例。

专栏

◆ 一二三产融合的猪文旅模式 ◆

金华婺城熊猫猪猪·两头乌国际牧场是全球首家以金华两头乌猪为IP形象，集智慧养殖观光、科普教育、研学团建、休闲游乐、美食体验、亲子趣玩、网红打卡于一体的复合型亲情互动乐园牧场。桂林阳朔猪文化主题生态农庄“猪猪小镇”，巧妙地将一二三产结合起来，形成一个循环的生态商业模式。“华腾猪舍里”庄园位于浙江嘉兴桐乡市洲泉镇，是一个一二三产业融合、多功能、体验式的开放生态农场，集循环农业、休闲、观光、游乐、科普、文化、采摘以及餐饮于一体，让孩子和家长在感受大自然风光的同时，传递健康的生活理念与科学知识。在业务打造上，“华腾猪舍里”探索出一条“一二三产业融合”的发展模式，即生态养殖（一产）+产品加工（二产）+亲子研学（三产）融合发展。交通的便利和人口的优势，在为整个项目赋能，庄园每年接待游客10万+人次，每年营业额达6 000多万元，其中客户到农庄游玩、体验餐饮等收入1 000多万元，其余5 000多万元都是猪肉以及制品带来的。同样，文旅结合利用模式在养殖规模、疫病防控、标准化生产等方面存在一定的弊端，只能作为地方猪遗传资源保护的补充。

分报告二

中国牛遗传资源状况

帕米尔牦牛

天祝白牦牛

鲁西牛

秦川牛（早胜牛）

上海水牛

甘南牦牛

槟榔江水牛

第一章

中国是牛遗传资源极为丰富的国家

中国养牛历史悠久，是世界牦牛和沼泽型水牛的起源驯化中心，拥有普通牛、水牛、牦牛、瘤牛、大额牛等牛种，是世界牛遗传资源重要的基因库。据第三次普查，中国现有普通牛、水牛、牦牛、瘤牛、大额牛共计139个品种，包括107个地方品种、13个培育品种、19个引入品种。中国牛地方品种资源数量位居世界前三，其中水牛和牦牛数量排名世界第一，是全球牛遗传资源极为丰富的国家。中国牛遗传资源分布富有地域特色，普通牛广泛分布于中国各地，水牛广泛分布于中国南方水稻种植区，牦牛主要分布于中国青藏高原及其毗邻地区。中国牛体型外貌多样，生态类型丰富，种质特性突出，能适应各类严酷的生态环境。与第二次调查相比，第三次普查的这段时期内，新发现、培育及引进了更多的牛遗传资源，其中普通牛品种资源增加13.89%，水牛品种资源增加7.14%，牦牛品种资源增加100%。近10年来，中国牛遗传资源明显向专门的乳用和肉用方向发展，其群体数量大，特色更加鲜明。中国丰富的牛遗传资源对保障中国肉牛与奶业的高质量发展与种业振兴具有重要的意义。

第一节　中国是世界牦牛与水牛的重要起源驯化中心

人类驯化家牛的历史可追溯至一万年前。中国作为世界四大文明古国之一，具有悠久璀璨的养牛历史，是世界牦牛和沼泽型水牛的起源驯化中心。中国幅员辽阔，生态环境复杂多样，多民族融合形成了多元一体格局，加之中国先民们几千年来的精心选育，形成了丰富的牛遗传资源。

一、青藏高原是世界牦牛的起源驯化中心

据史料记载、考古证据和形态学研究结果，牦牛起源于中国，可能最早在西藏地区被驯化。早在5 000年前，藏北羌塘等地的藏族先民古羌人将野牦牛驯化为家牦牛，后经地理隔离和人工选育，形成了不同的地方品种与类群。随着古羌人的迁移及商业贸易的发展，牦牛从驯养点向四周适宜生存的地区扩展。根据敦煌文献和藏民族文献的记载，公元前5世纪之前，牦牛已经成为部落的名称。到达布

聂塞赞普时期，西藏地区出现了犏牛。1959年中国青海都兰诺木洪塔里遗址出土的文物证明，早在殷商时期之前，古羌人就在青海西部和南部地区驯养了家牦牛，并且很早就以牦牛产品为原料制作了许多生活用品。近年来，基于Y染色体和线粒体DNA分子标记和基因组重测序信息的研究表明，青藏高原东北部的青海以及东南部的西藏昌都地区可能是牦牛最早的起源和驯化地。全基因组研究分析表明，家牦牛由游牧民族经野牦牛驯化而来，且牦牛数量在3 600年前增长至驯化之初的6倍，群体驯化和扩张时期正好与新石器时代早期和全新世晚期两个早期人群扩张的时间吻合，显示牦牛的驯化对早期人类征服青藏高原地区和随后的社会稳定发展起着至关重要的作用。

二、中国西南是沼泽型水牛的重要起源驯化中心

世界上所有家养水牛都属亚洲水牛，均由亚洲野水牛驯化而来。亚洲家养水牛分为沼泽型与河流型两大类。中国是世界上第三大水牛养殖国，也是沼泽型水牛最大的栖息地。据考古及线粒体DNA与Y染色体标记等研究结果显示，中国是世界上最早驯化沼泽型水牛的国家，中国西南及周边地区是沼泽型水牛的起源驯化中心。在中国的黑龙江、北京、河北、山东、山西、河南、四川和浙江等地发现了从更新世中期到晚期的大量水牛化石，说明在远古时代中国大地上就存在野水牛。沼泽型水牛在中国的驯化可追溯至约7 000年前，河姆渡文化、马家浜文化、良渚文化和湖熟文化等文化遗址中发现的众多水牛遗存，都证明中国先民很早以前就开始饲养水牛。在中国绵延五千年的农耕文明中，水牛的驯化与长江流域以南地区的稻作文明具有非常密切的关系。

三、中国普通牛的驯养历史悠久

原牛是家牛的始祖，目前已经灭绝。据考古证据和史料记载，距今10 500年前，普通牛在西南亚新月沃地被驯化，从西南亚传播至世界各地。在8 000年前，瘤牛在南亚印度河流域被驯化，逐渐扩散到非洲、东亚和美洲。

中国的普通牛遗传资源主要指中国地方黄牛，按照地理分布区域分为北方黄牛、中原黄牛和南方黄牛三大类，其祖先为普通原牛和瘤原牛。原牛被驯化为普通牛与瘤牛后，于4 000年前进入中国。因此，中国地方黄牛主要为普通牛和瘤牛混合起源的后代。普通牛传入中国并扩散至亚洲东北部地区和青藏高原，由于地理隔离，青藏高原地区保留了最原始的普通牛遗传资源。瘤牛血统在东南沿海地区的比例最高，并呈现由南向北、由东向西逐渐下降的趋势。历史上中国广泛存在东亚原牛、牦牛、印度野牛、大额牛与爪哇牛等近缘牛种，这些牛种与普通牛存在不同程度的杂交，对中国黄牛地方品种的形成和环境适应性具有重要贡献。例如，中国南方黄牛受爪哇牛的影响，表现出极高的遗传多样性，且适应南方极端湿热的环境；青藏高原农牧交错区的西藏牛则受牦牛的基因渗入影响，提高了对青藏高原高海拔极端环境的适应性。上述近缘牛种是中国黄牛遗传多样性的重要贡献来源，对中国黄牛的保护利用具有重要价值。

第二节　中国牛遗传资源富有特色

牛遗传资源是家畜遗传多样性的重要组成部分，与人类的生产生活息息相关。中国辽阔的土地和

复杂的生态地理环境，以及社会、经济和文化的诸多差异，加之人们对牛遗传资源选择和利用方式的不同，形成了体型外貌特征、生产性能各异的中国牛遗传资源。据第三次普查结果显示，中国不仅有家养的普通牛、水牛与牦牛，还有野生近缘牛种——印度野牛、大额牛和野牦牛等丰富的牛遗传资源，品种数量多，群体规模大，是世界牛遗传资源极为丰富的国家。同时，一些地方品种如秦川牛、鲁西牛、南阳牛等，具有良好的肉用特性，与海福特牛、安格斯牛等世界著名肉用牛品种相比，各具优势，培育潜力巨大。

一、牛遗传资源分布富有地域特色

家畜文化具有地域性。中国地域辽阔，大致可以划分为10个家畜文化区：东北文化区、内蒙古文化区、新疆文化区、华北文化区、甘宁过渡文化区、青藏高原文化区、东南文化区、湘鄂赣文化区、闽粤文化区和西南文化区。中国牛遗传资源的种类及其分布与家畜文化区密切相关。

中国普通牛遗传资源在中国10个家畜文化区均有分布，地域特征非常明显，北方黄牛以蒙古牛和延边牛为代表，分布于东北、华北和西北广大地区。中原黄牛以秦川牛为代表，分布于陕西关中平原、山西晋南盆地、山东鲁西南地区及河南广大地区等。南方黄牛以雷琼牛为代表，广泛分布于华中、西南、东南、华南及陕西南部。西藏牛分布于青藏高原等藏区及涉藏区，能适应高海拔缺氧环境，在生态地理环境上与其他黄牛品种相互隔离，是一类比较特殊的原始小型黄牛类型。中国水牛的遗传资源分布地域特征更加鲜明，主要分布在以稻作种植为主的北纬36° 以南、东经97° 以东的温带、亚热带和热带气候条件的广大地区，主要包括东南文化区、湘鄂赣文化区、闽粤文化区、西南文化区等4个文化区。中国牦牛遗传资源主要分布在青藏高原及其毗邻高山地区，包括青海、西藏、四川、甘肃、新疆和云南广大藏区与涉藏区，属于新疆文化区、甘宁过渡文化区、青藏高原文化区等3个文化区，分布区域广、地理分布差异显著是中国牦牛遗传资源分布的主要特点。

二、牛遗传资源生态类型多样

中国普通牛在不同的自然生态、经济与文化背景下长期演化与选育，形成了现有的北方黄牛、中原黄牛与南方黄牛三种生态类型。北方黄牛适应干旱寒冷的环境，特别是青藏高原黄牛适应高海拔、低氧和寒冷的严酷环境；南方黄牛适应炎热潮湿的环境，中原黄牛既适应干旱寒冷又适应炎热的环境。中国水牛主要属沼泽型水牛，可分为四大类型：滨海型、平原湖区型、高原平坝型与丘陵山地型，其中滨海型为大型水牛，平原湖区型和高原平坝型为中型水牛，丘陵山地型为小型水牛。槟榔江水牛是中国唯一的河流型水牛地方品种，主要生活在云南腾冲海拔较低的低热河谷地带。中国牦牛在青藏高原的自然生态与文化背景下演化与选育，形成了多样化的生态类型——青藏高原型、横断高山型和羌塘型。

三、牛遗传资源总量居世界前三

普通牛、瘤牛、水牛与牦牛在全世界分布广泛。根据2023年FAO家畜多样性信息系统（DAD-IS）最新数据，全世界共有2 579个家牛（普通牛与瘤牛）地方品种，其中，欧洲808个、亚洲568个、非洲565个、美洲598个、大洋洲40个品种。欧洲主要为普通牛品种，亚洲的瘤牛品种数量最多，非洲既有普通牛品种，又有瘤牛品种，还有普通牛与瘤牛的杂交种，南美洲和拉丁美洲以瘤牛品种为主，北美以普通牛品种为主。全世界共有125个水牛地方品种，其中，欧洲8个、亚洲102个（含中东地区5个）、非洲3个、南美洲9个、北美洲1个、大洋洲2个品种。沼泽型水牛主要分布在中国南方和东南亚的越南、缅甸和印度尼西亚等；河流型水牛主要分布在印度、巴基斯坦、意大利等。家牦牛主要分布于12个国家，共32个地方品种，其中亚洲30个品种，欧洲和美洲各1个品种。

中国牛遗传资源极其丰富，有普通牛、水牛、牦牛、大额牛与瘤牛共五大牛种，还有野生近缘种——印度野牛和野牦牛。据第三次普查，中国共有139个牛品种，包括地方品种107个、培育品种13个、引入品种19个。其中，普通牛有83个品种，包括57个地方品种、15个引入品种、11个培育品种。水牛有27个地方品种和3个引入品种，牦牛有22个地方品种和2个培育品种。此外，还有1个大额牛地方品种和1个瘤牛引入品种（表2-1-1）。

目前，中国的普通牛、水牛与牦牛地方品种数量占世界牛地方品种数量的3.76%。在全世界牛地方品种数量排名前十位的国家中，中国综合排名世界第三（表2-1-2），其中家牛地方品种数量，中国排名世界第五，水牛地方品种数量，中国与印度并列排名世界第一，牦牛地方品种数量，中国排名世界第一。可见，中国是世界上牛遗传资源极为丰富的国家。

表2-1-1　中国牛品种数量　个

牛种	类型	第一次调查	第二次调查	第三次普查
普通牛	地方品种	28	53	57
	培育品种	4	8	11
	引入品种	5	11	15
水牛	地方品种	1	26	27
	引入品种	2	2	3
牦牛	地方品种	5	12	22
	培育品种	0	1	2
大额牛	地方品种	0	1	1
瘤牛	引入品种	0	0	1
总计		45	114	139

表2-1-2　牛地方品种数量排名前10位的国家

国家	普通牛+瘤牛/个	水牛/个	牦牛/个	合计/个	综合排名
印度	87	27	5	119	1
英国	108	0	0	108	2
中国	57	27	22	106	3
澳大利亚	76	1	0	77	4
南非	69	0	0	69	5
德国	55	1	0	56	6
俄罗斯	54	1	1	56	7
西班牙	52	0	0	52	8

续表 2-1-2

国家	普通牛 + 瘤牛 / 个	水牛 / 个	牦牛 / 个	合计 / 个	综合排名
美国	52	1	1	54	9
法国	50	0	0	50	10

第三节　中国牛遗传资源种质独特

普通牛、水牛与牦牛是中国重要的牛遗传资源，由于中国地理与气候的多样性，以及不同地区不同民族的驯养偏好差异，造就了特色鲜明的中国普通牛、水牛与牦牛遗传资源，其主要体现在多样化的体型外貌、丰富的遗传来源、优良的产品品质以及较强的适应能力等独特的种质特性。

一、体型外貌多样

北方黄牛被毛长而密，毛色多为黄色，其次为黑色、灰色及杂色；头短宽，角向上前方弯曲，颈短薄，鬐甲低，垂皮不发达，属于无峰牛；胸较宽深，背腰平直，后躯短窄而斜，体型中等。中原黄牛体躯高大，被毛较短，毛色多为红色和黄色，少量为黑色；头较大，角短，多向下、向后或向上前方弯曲，颈短粗，公牛鬐甲较高而宽，垂皮较发达，属于无峰牛和有峰牛的混合类型；胸宽而深，背腰平直，后躯短斜，体型大。南方黄牛体躯小，被毛短，毛色多为黄色，偶有黑色和花色；头长窄，角短，多为扁担角、龙门角，颈粗大，公牛鬐甲高耸，垂皮发达，属于有峰牛；胸宽而深，背腰平直，后躯短斜，体型小。北方黄牛（蒙古牛、延边牛）、中原黄牛（渤海黑牛、秦川牛）和南方黄牛（峨边花牛、雷琼牛）的体型外貌如图 2-1-1 所示。

a. 蒙古牛　b. 延边牛　c. 渤海黑牛

d. 秦川牛　e. 峨边花牛　f. 雷琼牛

图 2-1-1　中国地方黄牛代表性品种的体型外貌

长期以来，水牛的驯养以役用为主要目的，它们普遍体躯矮而粗重，皮厚毛粗，身短腹大，前躯发达，尻部发育差；角粗大而扁，多呈新月形，并向后方弯曲；毛色全身以铁青色、青灰色居多，芦毛、灰毛和白毛较少。因为皮厚且汗腺极不发达，热时需要浸水散热，所以得名水牛。通常腿短蹄大，适合耕作，役力、泌乳量和耐粗饲都比黄牛好。中国水牛代表性地方品种的体型外貌如图 2–1–2 所示。

a. 上海水牛　　b. 西林水牛　　c. 德昌水牛

d. 富钟水牛　　e. 贵州白水牛　　f. 槟榔江水牛

图 2–1–2　中国水牛代表性地方品种的体型外貌

牦牛体质偏粗糙，紧凑结实，全身被长毛，下覆底绒，腹部被毛长者可及地面（约 40 cm），其余各部位被毛较短；毛色多样，以黑色、黑褐色居多，间有白色、青色和驼色，毛发密度高，可以保护其免受严寒的侵袭。公牛头中等大小，相貌粗野，额宽而凸出，面稍凹，颈部粗壮，鬐甲高，向后渐倾，背腰平直，间有凹背；胸宽而深，肋骨弓圆，腹部较大；四肢较短，蹄质结实，脚掌呈圆形，极适山行，后腿轻瘦，尾大如帚。母牛乳房较黄牛稍小，乳静脉不发达，乳头短小。中国牦牛代表性地方品种的体型外貌如图 2–1–3 所示。

a. 亚丁牦牛　　b. 中甸牦牛　　c. 娘亚牦牛

d. 天祝白牦牛　　e. 玉树牦牛　　f. 帕米尔牦牛

图 2-1-3　中国牦牛代表性地方品种的体型外貌

二、遗传来源丰富

中国牛是多元起源的。中国黄牛起源于普通牛与瘤牛，其至少来源于三个祖先血统：东亚普通牛、欧亚普通牛和中国南方瘤牛。在云南和西藏西南边陲，当地黄牛还受到印度瘤牛的重要影响。沼泽型水牛起源于中国西南及其周边地区，牦牛起源于中国青藏高原。目前，中国境内普通牛、水牛、牦牛与其近缘牛种——大额牛、印度野牛、野牦牛并存。中国牛遗传资源不仅地方品种数量多，而且群体数量也较大（表 2-1-3）。如此多样化的遗传资源，为牛新品种培育提供了丰富的育种素材。

表 2-1-3　群体数量排名前十位的中国牛地方品种　　万头

牛种	地方品种	群体数量	主要分布省（区）
普通牛	西藏牛	95.34	西藏
	文山牛	28.85	云南
	凉山牛	26.32	四川
	滇中牛	25.72	云南
	巫陵牛	24.75	湖北、湖南、贵州
	云南高峰牛	22.48	云南
	雷琼牛	22.47	广东、海南
	蒙古牛	22.40	内蒙古
	甘孜藏牛	21.55	四川
	哈萨克牛	15.37	新疆
水牛	滇东南水牛	19.52	云南
	贵州水牛	6.24	贵州
	兴隆水牛	5.56	海南
	西林水牛	5.22	广西
	德宏水牛	3.85	云南
	富钟水牛	3.65	广西
	鄱阳湖水牛	2.74	江西

续表 2-1-3

牛种	地方品种	群体数量	主要分布省（区）
	江汉水牛	2.40	湖北
	滨湖水牛	2.04	湖南
	德昌水牛	0.86	四川
牦牛	西藏高山牦牛	429.97	西藏
	青海高原牦牛	377.23	青海
	麦洼牦牛	190.27	四川
	昌台牦牛	105.67	四川
	甘南牦牛	105.21	甘肃
	环湖牦牛	79.60	青海
	玉树牦牛	57.56	青海
	金川牦牛	40.85	四川
	雪多牦牛	34.53	青海
	帕米尔牦牛	20.24	新疆

注：数据来源于第三次普查。

三、产品品质优良

牛肉是养牛业最主要的产品，中国大多数地方品种的牛肉都具有独特风味。中国地方黄牛素以肉质鲜美、香味浓郁闻名，其肉质细嫩，富有弹性，大理石状花纹明显，风味良好，营养丰富，蛋白含量高，胆固醇含量低。中国牦牛多以自然放牧为主，其肉质鲜美，香味浓郁，回味悠长，蛋白含量高，脂肪含量低，素有“高原绿色有机食品”之美誉。

牛乳，又称牛奶，被誉为“最接近完美的食物”，富含蛋白质、钙、磷、维生素 A、维生素 D、维生素 B_2 等营养物质，且营养成分配比合理均衡，是理想的天然食品。我国牛奶生产主要依赖中国荷斯坦牛遗传资源，而水牛奶和牦牛奶因营养成分更高而在部分地区受到人们推崇。水牛奶的脂肪、蛋白质含量约为普通牛奶的 2 倍，香醇浓厚，尤其是酪蛋白含量较高，适合高品质乳制品的深加工。牦牛奶被称为“天然浓缩乳”，是高原地区各族人民重要的食品。

牦牛是唯一能生产毛和绒的牛种，不同长度、细度和毛纤维类型的绒毛组成了牦牛特有的混合被毛。牦牛不同体躯部位毛的形态差异很大，既有粗长的尾毛（长达 40 cm），又有细短的绒毛（长仅 3.0 cm）。绒毛平均直径 18~20 μm，弹性强，光泽柔和，手感光滑，是和山羊绒品质相似的高级纺织原料。粗毛直径大于 55 μm，外形平直少弯曲，表面光滑，可作衬垫织物及帐篷、毛毡、沙发垫料等，尾毛可作装饰品和假发等。

四、适应能力强

中国牛大多耐粗饲，环境适应能力强。中国黄牛性情温顺，易管理，利用秸秆、稻草、藤蔓、麦糠、糟渣、下脚料等农副产品饲料的能力强。水牛长期作为役用动物，以采食粗饲料为主，其粗纤维消化能力强，水牛瘤胃中细菌、原虫、真菌种类及数量与普通牛的差异可能是其耐粗饲、消化力高的重要因素。中国牦牛长期以自然放牧为主，胃肠道消化系统非常发达，粗饲料采食和消化能力较强。

北方黄牛具有耐干旱、抗寒冷、抗高海拔等适应严酷环境条件的能力；南方黄牛耳大、垂皮比较发达，瘤峰明显耸立，具有发达的汗腺和垂皮，能适应南方潮湿炎热的环境，抗体表寄生虫的能力强。水牛为热带和亚热带地区的优势牛遗传资源，中国水牛对南方高温高湿气候具有很强的适应性。牦牛对高海拔、低氧、严寒等恶劣生态气候环境具有很强的适应性，在青藏高原海拔 3 000~5 000 m 的高山峡谷，尚能翻越崇山峻岭，故有“高原之舟”的美誉。

第四节　中国牛遗传资源变化趋势

中国养牛历史悠久，但对牛遗传资源的普查及通过科学手段实施品种改良，是从新中国成立后才开始进行的。大致可以分为三个阶段：第一阶段是新中国成立初期到 20 世纪 80 年代，开展第一次调查，建立了品种改良技术推广体系，主要目标是提高役用性能，同时兼顾乳用和肉用性能；第二阶段是 20 世纪 90 年代到 21 世纪初期，开展了第二次调查，随着国家的发展和农业机械化水平的提高，对牛的役用性能需求降低，改良方向转为乳用、乳肉兼用和肉役兼用；第三阶段是 21 世纪初期至今，开展了第三次普查，改良方向主要为肉用、乳肉兼用、乳用，肉牛、奶牛种业创新如火如荼。纵观三次普（调）查结果，中国牛遗传资源数量呈上升趋势，利用方向和模式更加多元，肉用、乳用的专门化特色突出，群体种质特性更加鲜明。

一、遗传资源进一步丰富

随着中国经济的快速发展和人民收入的显著增加，人民群众对牛肉和牛奶等畜产品的消费需求显著提高，促进了中国养牛业的持续发展，使得中国牛遗传资源挖掘利用得到了长足发展。就地方品种来看，与第二次调查相比，第三次普查发现了更多的牛新资源，包括普通牛增加 4 个品种，水牛增加 1 个品种，牦牛增加 11 个品种，其中牦牛遗传资源增幅达 100%；就培育品种来看，与第二次调查相比，新增加蜀宣花牛、云岭牛与华西牛 3 个普通牛新品种，增幅达 37.5%，牦牛增加 1 个以无角为典型外貌特征的阿什旦牦牛新品种；而引入品种增加 4 个普通牛新品种、1 个瘤牛新品种和 1 个水牛新品种（表 2–1–1）。

二、主要用途更加多元

中国普通牛主要用途为肉用、乳用及乳肉兼用，是中国牛肉和牛奶供应链稳定和安全的基础。普通牛产业中地方品种呈现以小群体为主体的生产方式，是乡村产业振兴的基本模式。饲养模式有散放饲养和舍饲饲养两种方式，在内蒙古、新疆、青藏高原等传统牧区则以放牧为主。调查显示，肉用牛以杂种群体为主，西门塔尔牛、安格斯牛、夏洛莱牛、利木赞牛及其他进口肉牛品种是杂种牛的主要父本；同时，自主培育了中国西门塔尔牛、草原红牛、夏南牛、辽育白牛、延黄牛、云岭牛、华西牛等新品种，其中华西牛的选育提高工作有序推进，推广面积正逐步扩大，有望成为中国肉牛生产的主导品种；黄牛地方品种资源利用的积极性空前高涨，有利于促进地方区域性特色肉牛产业发展。奶牛以大规模牧场舍饲养殖荷斯坦牛、娟姗牛为主，牧区以放牧方式饲养新疆褐牛、三河牛、西门塔尔牛和蜀宣花牛等乳肉兼用牛品种，规模小但乳品质有特色，除满足农牧民生活所需外，在本地形成季节性特色的乳品销售市场。此外，乳肉兼用的特性促使这些区域保留了大量母牛群体，有效提供优质架子牛。役用牛仅在少数偏僻山地尚存。

中国水牛主要用途为肉、乳、角、皮等多用，主要为小群体小规模的饲养方式。中国水牛多为圈养，少数奶水牛企业采用集约化、规模化的养殖模式。随着中国农业机械化高质量发展，水牛的役用价值显著降低，除肉用外，利用丰富的水牛遗传资源，培育乳用及乳肉兼用型水牛新品种是中国水牛育种及水牛产业的重要方向。2022 年，广西、广东与云南水牛奶产量占全国 90% 以上，水牛奶产品产值接近 100 亿元，对促进这些地区乡村振兴和一二三产业融合发展具有重要意义。随着人们生活水平的提高和市场多元化需求，水牛产品向多元化方向发展，除传统的水牛肉与乳产品外，以水牛奶为原料加工的纯奶、酸奶、双皮奶、姜撞奶、奶酪、奶茶、奶油等产品形式多样。水牛角替代犀牛角作为著名中药“安宫牛黄丸”的原料，水牛角还用于制作梳子、刮痧板及其他工艺品，水牛皮是制作高档皮鞋和凉席的优质材料。水牛产品在制药、保健、化妆品、文化娱乐等方面均呈现多元化利用趋势。

中国牦牛是青藏高原农牧民不可或缺的重要生产资料和生活资料，主要以千家万户的分散放牧饲养为主，用途高度多元化。近年来，生态牧养及牧繁农育模式大范围推广，以适度规模和集约化养殖的饲养模式为主的家庭牧场、合作社、养殖场日渐兴起。随着人们生活水平的提高和市场多元化需求增加，牦牛产品也向着多元化方向发展，除传统的牦牛肉与牦牛奶产品外，牦牛肉精细分割、排酸嫩化后的牦牛排、牛腩等产品供不应求，以牦牛奶为原料加工的酸奶、奶粉、奶贝、干酪、奶油等产品以及以牦牛新鲜肉生产的风干肉、牛肉干产品不可胜举，骨髓、皮、角、血液和内脏等也都出现了新的加工利用方式，在医药、保健、化妆品、文化旅游、科创等多个行业均出现了与牦牛息息相关的商品和加工形式。

三、专门化特色日益突出

随着中国社会经济的快速发展，中国地方普通牛与水牛的存栏量呈下降趋势，牦牛的存栏量呈增加趋势，其中 90% 以上的普通牛品种下降幅度较大，97% 的水牛品种的群体数量出现急剧下降，而牦牛品种存栏量有不同程度的增加。究其原因，中国地方牛遗传资源在肉、乳产量和生长速度等方面存在天然不足，无法适应现代奶业、肉牛业的要求，亟待挖掘中国地方牛遗传资源优势，凭借其特色、优质的产品，向肉用和乳用两大方向转型。2023 年第三次普查发现（表 2-1-4）：第一，专门化的奶牛品种，如中国荷斯坦牛和荷斯坦牛的存栏量庞大；第二，乳肉兼用牛品种，如中国西门塔尔牛与新疆褐牛，存栏量大且主要作为肉用品种广泛饲养；第三，中国自主培育的专门化肉牛品种，如夏南牛、辽育白牛、延黄牛存栏量大，引入肉牛品种如安格斯牛、西门塔尔牛、海福特牛与夏洛莱牛等品种的存栏量较大。这些现象表明，中国牛遗传资源更集中于乳用和肉用专门化品种，这与近 10 年我国消费市场对牛奶和牛肉需求量的急剧上升相吻合。

表 2-1-4　中国牛培育品种与主要引入品种群体数量变化情况　　万头

牛种	品种	群体数量		
		第一次调查	第二次调查	第三次普查
普通牛	中国荷斯坦牛	56.00	410.76	346.15
	中国西门塔尔牛	—	3.00	920.57
	三河牛	8.50	4.03	7.05
	新疆褐牛	24.00	59.01	121.29
	中国草原红牛	2.80	0.60	2.57
	蜀宣花牛	—	—	7.36
	夏南牛	—	2.52	16.11
	延黄牛	—	9.88	6.83
	辽育白牛	—	1.90	17.19
	云岭牛	—	—	0.80
	华西牛	—	—	1.20
	荷斯坦牛	—	30.00	134.92
	西门塔尔牛	—	3.00	14.98
	夏洛莱牛	0.04	1.00	2.75
	利木赞牛	—	—	0.91
	安格斯牛	—	—	37.53
	娟姗牛	—	0.02	5.16
	短角牛	—	—	0.06
	海福特牛	0.03	—	5.98
	和牛	—	—	1.63
水牛	尼里－拉菲水牛	0.02	0.10	0.06
	摩拉水牛	0.19	0.16	0.20
	地中海水牛	—	—	0.08
牦牛	大通牦牛	—	0.40	3.61
	阿什旦牦牛	—	—	0.43

第二章

中国牛遗传资源价值得到全面发挥

中国牛遗传资源是在多样化的环境、气候和人文条件下，通过长期自然、人工选择和培育形成的。在漫长的岁月里，勤劳聪慧的各族人民挖掘了不同类型牛遗传资源的作用和价值。牛作为影响国计民生的重要畜禽遗传资源，不断为人民提供肉、奶、皮、毛、绒等生活必需产品，是满足人民美好生活需求的重要基础。与此同时，牛遗传资源也在服务国民经济发展、国家乡村振兴、区域产业发展、生态环境保护等方面发挥着重要作用。

第一节　牛遗传资源是五千年中华传统文化繁荣的重要源头

牛在中华传统文化中享有独特而崇高的地位，居于“六畜”和太牢之首，是中华农耕文化的重要象征。在漫长的文明进程中，中华民族驯养和选育了许多独特的牛种，形成了丰富的牛遗传资源。这些牛遗传资源不仅是中华农耕文化的重要根基，而且还为中华传统民族文化、游牧文化、饮食文化和艺术文化的形成和繁荣发展做出了至关重要的贡献。

一、牛遗传资源是中华农耕文化的重要根基

中华民族以农立国，日出而作、日落而息，凿井而饮、耕田而食。农耕文化是中华优秀传统文化的主体，重农固本被历代奉为治国的不易之道。在上下五千年的中华农耕历史中，牛是农耕文明的重要象征，而不同类型的牛遗传资源一直在中华农耕文化中发挥着基础性作用，为中华农耕文化不断发展进步做出了重要贡献。

牛遗传资源推动中华文明发展进步和农业生产技术变革。新石器时代河姆渡遗址发现了水牛遗骨，牛的驯化为早期人类提供了较可靠的肉食来源，为增强先民的体质创造了条件。同时发现了用牛肩胛骨制作成的骨耜，其可用于松土、开沟等；《世本》中“胲作服牛”与《吕氏春秋》中“王冰作服牛”均记载了先民训练牛用于负重拉车等，牛开始成为重要的役使动力。

商代，牛骨等作为早期文字的载体，其所记载的甲骨文是汉字的源头，是中华优秀传统文化的根脉。商代祭祀风行，牛作为上品，供天子、诸侯和大夫使用，地位低者只能祭以羊、豕。

春秋战国时期，发明牛耕技术，畜牧业发达与否关乎农业兴旺、百姓生活及战争胜负，是判断国家贫富强弱的标志，《管子·牧民篇》指出，“积于不涸之仓者，务五谷也；藏于不竭之府者，养桑麻育六畜也”，其中民富的关键是牛。《国语·晋语》记载，“将耕于齐，宗庙之牺，为畎亩之勤”，说明牛已经开始用于耕地。

秦汉时期极为重视农业生产。尤其是汉代，采取推广牛耕等一系列措施，鼓励发展农业生产。随着犁耙、耧车等耕作工具的发明，更加有力地提升了耕作效率，推动了农耕生产进步。牛耕形式由二牛三人逐渐演变成一牛一人式。东汉牛耕图见图 2-2-1。

图 2-2-1　东汉牛耕图

隋唐宋元时期，牛遗传资源在农业生产中的重要性日益凸显。唐代尤为重视耕牛，耕牛关乎粮食生产，关乎人心安定，有“耕所资在牛，牛废则耕废，耕废则食去，食去则民亡”的说法。随着北方战乱的持续和经济中心南移，牛的应用范围得到了显著扩大，促进了唐代南方水田精耕细作技术的形成。在宋元时代，牛作为重要的役用动力被广泛应用，特别在提水灌溉方面出现了牛转翻车的创新。

中国牛遗传资源从最初肉用到拉车、耕地的役用，史料留存了较完整的选育技术，《隋书·经籍志》中摘录了相传为春秋人宁戚所写的《相牛经》，唐代韩鄂的《四时纂要》中有“拣耕牛法”，清代黄谷著有《相牛心境要览》，是一部外形鉴定牛优劣的专书，其内容是以相水牛方法为主，次及黄牛，对现代牛的鉴定也具有参考价值。

二、牛遗传资源是各民族传统文化的重要源泉

中国各民族自古就有丰富的牛文化资源，如《诗经》中牛意象的描摹、牛郎织女的传说、自秦代开始各地敬牛神的活动、青藏高原少数民族的牦牛文化等。稻作文化地区的汉族长期使用牛作畜力，牛因其役用价值而具有重要的地位，人们将牛作为牛神崇信敬拜，祝愿来年生产丰收，族人平安。壮族在春耕过后举办“牛魂节”，用上好的饭菜喂牛，感谢牛的辛勤劳作。苗族视水牛为神物，祭祀祖先等重大活动用水牛作牺牲，代表水牛的银角成了苗族银饰造型中最具代表性的饰品。佤族、独龙族以剽牛数多为荣，祭祀之后，要把牛头骨积累起来挂在房屋的壁板上显示自己的财富和地位。藏族人民认为牦牛是世间一切宝物的“源泉”。在藏族几千年的历史长河中，牦牛不仅是一种物质财富，而且已

经融入藏族的精神世界之中，形成了代表忠诚、勇敢、坚毅、感恩、奉献精神的独特牦牛文化，并传承至信仰、工作和生活等各个方面。

三、牛遗传资源是游牧文化的承载基础

牛遗传资源和游牧文化两者紧密结合、相辅相成，保护牛遗传资源才能使游牧文化世代相传。游牧文化的产生可追溯至新石器时代末期。游牧文化是在干旱、半干旱地区从事游牧生产的游牧部落、游牧民族和游牧族群共同创造的文化。藏族游牧文化以牦牛为基石，蒙古族游牧文化以蒙古牛为承载点，新疆游牧民族则以哈萨克牛、阿勒泰白头牛、新疆褐牛为依托，牧民选择向阳临水、避风平坦的草地，居住在牛毛织成的帐篷里面，在广阔无垠的草场上放牧，挤牛奶、打酥油、晒奶渣，体现尊敬自然、感恩自然、接近自然，崇尚天、地、人、万物和谐共生的游牧文化内涵。

专栏

◆内蒙古阿鲁科尔沁草原游牧系统——蒙古族游牧文化的典型代表◆

阿鲁科尔沁草原游牧系统核心区位于内蒙古赤峰市阿鲁科尔沁旗巴彦温都尔苏木，自古以来就是游牧民族狩猎和游牧活动的栖息地。蒙古牛是蒙古族牧民极其重要的生产和生活资料，牧民熟知当地山川、河流、草场的分布和季节变化，根据雨水丰歉和草场长势决定一年四季的游牧线路、放牧时间。牧民－牲畜－草原之间形成了天然的依存关系，延续至今，不断孕育和发展着蒙古族人民所独有的生产方式、生活习俗、文化特质和宗教信仰，体现了蒙古族人民敬畏自然、天人合一的生活理念。该游牧系统在2014年入选中国重要农业文化遗产，2022年经FAO认定入选全球重要农业文化遗产。

四、牛遗传资源是中华饮食文化的主要载体

不同类型牛遗传资源的产品极大地丰富了中华民族的饮食内容和饮食文化。伴随着牛相关食品的不断丰富，牛美食文化也在不断地繁荣和发展。

牛肉弘扬中国传统饮食文化 中国牛遗传资源产品相关美食在各地都有独具地方特色的标志性产品，如山西“平遥牛肉”、兰州“牛肉拉面”、内蒙古“牛肉干”、北京“月盛斋酱牛肉”、黔江“牛肉脯”和云南“牛干巴”等。全国各地举办的“全牛宴”更是成为美食节中当之无愧的主角，突出一个“牛”字，意寓“牛气冲天”。

牛奶传承中国特色奶食技艺 《齐民要术》中有用牛乳制酪、酥的记载，《释名·释饮食》解释“酪”曰：“酪，泽也，乳汁所作，使人肥泽也”。各族人民利用牛奶制作乳制品的历史悠久，自古乳茶、乳饼、乳羹、乳奶鱼卷等乳制品就在满汉全席中占据一席之地。明朝《南诏野史》记载“酥花乳线浮杯绿”描述的即为云南大理白族的一种传统乳制品——乳扇，具有悠久的技术工艺和历史文化。内蒙古奶豆腐等传统乳制品的制作技艺“察干伊德”已于2014年列入国家非物质文化遗产名录。

五、牛遗传资源融入中国传统艺术文化

牛对文化流传与民俗形成影响深远，中国很多民族认为牛具有“神性”，崇奉炎帝和黄帝为先祖，《山海经》记载，炎帝牛首人身，其部落以牛为图腾。

牛艺术创作多样 南阳汉画《牛虎戏》中牛作为辟邪神兽映射出南阳地方文化因素，牛能辟鬼的习俗至今仍在河南南阳一带的民间广为流传。祈庄稼避虫害、得丰收的“敬牛神”“鞭春牛”活动在中国历史上多个民族中都曾流行。无论是藏区保存完整的有关牦牛题材的原始岩画，还是殷商时期雕刻在青铜器皿上的牛头纹饰，甚至包括日前出土的牦牛青铜器，苗族服饰中的蜡染、刺绣，都可以追溯到远古华族以牛为祖先的图腾崇拜中。

牛精神内涵深刻 牛是古人图腾崇拜的主要对象之一，被认为是神秘力量的化身，象征着财富和权力。在中国文化中，牛是吃苦的符号、高尚的象征、任劳任怨的代名词，许多仁人志士常以牛自喻。“孺子牛”“拓荒牛”“老黄牛精神”，蕴含着中华儿女在逆境中顽强奋起、自强不息的精神密码，鼓舞着中国人民在新征程上继续奋斗、再创辉煌。

专栏

◆ 黄河蒲津渡遗址的浮桥地锚——“唐开元大铁牛” ◆

唐玄宗李隆基在开元十二年，于蒲州城（现山西永济市）西门外黄河两岸各铸造铁牛四尊，以维桥梁。以晋南牛为原型的8尊铁牛头戴漂亮头饰，骨骼粗壮，肌肉丰满，牛角形龙门，长尾甩在背上，既有憨厚朴实的特点，又有大唐雄浑厚重的气势。古人奉牛为“镇水神兽”，将其作为征服水患、战胜自然灾害、造福于人民的“法宝”，“唐开元大铁牛”传承着千年的镇水文化（图2-2-2）。

图2-2-2 黄河蒲津渡遗址的“唐开元大铁牛”

第二节 牛遗传资源是满足人民美好生活需求的重要保障

畜禽遗传资源对畜牧业发展的贡献率超过40%。作为畜牧业的重要组成部分，牛遗传资源为人民提供了生活必需的优质肉类和乳制品，为轻工业和出口贸易提供副产品，同时也为农业生产提供畜力和粪肥，有助于保护生态环境，提高土地利用率，促进农业健康可持续发展。

一、牛遗传资源支撑中国日益增长的牛肉需求

牛是中国农耕时代最重要的役畜，随着经济社会的快速发展，耕牛退出了农业生产第一线，肉用经济价值越来越得到重视。随着经济的快速增长，中国居民经济消费水平持续上升，食品文化和饮食结构逐渐改善，我国牛肉消费量不断增加。据国家统计局和中国海关数据统计，2011—2022年中国的牛存栏从9 384万头增加至1.02亿头，牛肉产量从610万吨增加至718万吨，与此同时，中国牛肉进口量从2万吨增加至269万吨。2022年中国人均牛肉消费量为6.99 kg，较2011年的4.53 kg增长54%，表明中国牛肉产量和消费量均呈现显著上升趋势。

中国是世界上地方牛遗传资源极为丰富的国家，丰富的牛遗传资源为肉牛产业奠定了坚实的基础，出栏肉牛的母本绝大多数为地方牛遗传资源。同时，中国积极利用丰富的地方牛遗传资源，加快肉牛自主核心种源建设，利用引进的西门塔尔牛、夏洛莱牛、利木赞牛、婆罗门牛等品种与中国牛地方品种杂交培育了中国西门塔尔牛、夏南牛、辽育白牛、延黄牛和云岭牛等一批肉牛新品种，使其在生长速度、饲料转化效率和胴体重等性能方面较本地牛有显著提升。2022年，专门化肉牛新品种“华西牛”的育成，创建了肉牛基因组选择技术体系，打破了当前中国肉牛主导品种核心种源严重依赖进口的局面，标志着中国主导品种自主制种和供种技术取得了突破性进展，为中国高效生产优质牛肉奠定了种源及选育基础。地方牛遗传资源如延边牛、秦川牛、夷陵牛和雷琼牛等及其与和牛、安格斯牛等专门化肉牛品种的杂交后代生产的脂肪型高档牛肉，也初步满足了中国消费者对高档牛肉的需求。

专栏

◆西门塔尔牛融入中国◆

19世纪末，西门塔尔牛随中俄铁路上各国人士的脚步来到中国。1954年的华北地区牛品种调查中显示，西门塔尔牛是当地血缘比例最高的品种。自20世纪70年代起，畜牧工作者总结出欧洲、北美洲和大洋洲的西门塔尔牛在中国各个区域广泛适应性的经验，通过杂交大幅度提升中国本地品种的肉乳特性，并以此杂交群体为基础，先后培育了三河牛（1987）、中国西门塔尔牛（2002）、蜀宣花牛（2012）和华西牛（2022）。2018年部分省份肉牛品种调查显示，80%左右肉牛含有西门塔尔牛的血统。西门塔尔牛与中国本地黄牛资源的融合奠定了中国肉牛产业的脊梁。2019年，建立了以西门塔尔牛血缘为基础的肉牛参考群体系，并在中国肉牛基因组选择技术平台发布。

近年来，中国高寒地区的特色畜种牦牛和南方地区主要役畜水牛的牛肉产量也实现了增长。牦牛主要分布于青藏高原及周边地区，全球95%以上的牦牛都产自中国。2021年中国牦牛存栏1 636万头，出栏378万头，肉产量为48.4万吨，胴体重平均128 kg/头。经长期选育所得到的牦牛新品种大通牦牛、阿什旦牦牛，增重快、繁殖效率高，为青藏高原民族地区和高寒牧区牦牛肉生产的发展树立新典范。2021年全球水牛存栏2.04亿头，中国水牛存栏近2 700万头，占全球水牛存栏量的13.2%。全球水牛肉产量432.2万吨，中国水牛肉产量65.9万吨，占世界总量的15.2%。

二、牛遗传资源满足人民对乳制品的多元化需求

“一杯牛奶强壮一个民族”，牛奶是改善国民营养与健康的重要食物资源。据FAO统计数据显示，2021年全球牛奶产量7.49亿吨，中国牛奶产量占世界总量4.91%。由于对食品营养的需求，牛奶及牛乳制品的消费需求也在稳步增长。中国人均乳制品消费量与发达国家仍有差距，但消费者对牛奶营养价值的关注度日益增加。液态奶是中国乳制品的主要商品，其原料奶主要来自规模化牧场；以高乳成分原料为优势的奶酪、酪香型酸奶、双皮奶等高端特色乳制品开发日益加快，满足了多元化的市场需求，其原料多来自养殖特色牛遗传资源的小规模牧场。以中国荷斯坦牛为主体的奶牛群体，存栏量稳定，选育卓有成效，单产水平稳步上升，全国成年母牛平均年单产达9.2吨。此外，其他乳用和乳肉兼用牛品种包括娟姗牛、中国西门塔尔牛、新疆褐牛、三河牛及蜀宣花牛，存栏占比低于15%，奶产量占比低于5%，但为特色乳品品牌（如娟姗牛奶）建设、民族特色乳制品（奶茶、奶豆腐、酸奶疙瘩、奶皮子）生产提供优质原料。2022年，我国奶水牛存栏577万头，产奶量290万吨，主要产奶群体为摩拉水牛、尼里拉菲水牛及其杂种后代、本土河流型水牛品种槟榔江水牛，在广西、云南等地形成了上万头的高产群体，单产可达2 000 kg以上，水牛奶香气醇厚，被誉为牛奶中的奢侈品。牦牛及牦牛奶，是藏区农牧民日常酥油、奶茶、黄油的优质来源，为保障藏区乳制品供应做出了较大贡献。

专栏

百年落户史，“黑白花”正当家

“黑白花”奶牛自从19世纪末来到中国，就因其产奶量高而得到了当时人们的高度关注。从测试杂交改良本地黄牛的效果，到比较“小荷兰”与“大荷兰”牛在中国的适应性，一代一代科技人员不断发现“黑白花”牛的优秀性能，同时也培育形成了适应中国各种气候环境条件的奶牛群体，1985年中国黑白花牛正式定名，1992年更名为中国荷斯坦牛。中国荷斯坦牛以其泌乳性能优异而盛名，2008年农业部发布实施《中国奶牛群体遗传改良计划（2008—2020年）》，加快了中国荷斯坦牛育种体系的构建和种牛选育步伐，2012年建立了中国第一个奶牛基因组选择技术平台。到2022年，参加全国奶牛生产性能测定的中国荷斯坦牛平均单产已达9.2吨。目前，我国奶业养殖中85%以上使用的品种为中国荷斯坦牛，是当之无愧的当家品种。同时，中国荷斯坦牛融合北美洲、欧洲、大洋洲等地荷斯坦牛优秀基因，也是世界荷斯坦牛大家庭中的一员。

三、牛遗传资源支撑特色轻工业发展

中国丰富的牛遗传资源中有许多地方品种具有优良的皮毛性状，普通牛的皮、牦牛的毛和绒、水牛的骨和角等副产品为制革、制胶、制药等轻工业奠定了良好的原材料基础，具有重要的商品价值。2021年FAO统计数据显示，中国普通牛皮和水牛皮生产量分别为1 552.18吨、190.21吨，占全球产量的16.56%和22.72%，为全球牛皮产量最大的国家，促进了生皮和板皮等制革工业的快速发展。在

高原地区，牦牛的皮毛是牧民离不开的生活资料。其中，牦牛毛、绒可以用来编织衣物、帐篷、毡等生活用品，牦牛皮则是良好的制革材料。牛的骨、角等也可加工为有利用价值的副产品，可用于各种装饰品、工具、家居用品以及制胶、制陶工业中。在中医药中水牛角已经代替了犀牛角成为“安宫牛黄丸”的主要原料，且功效相近。

第三节　牛遗传资源是乡村振兴和区域发展的重要支柱

漫长的农耕时代里，牛为“耕稼之本”，既是主要的生产力，又是重要的生产资料，推动了农耕时代的社会进步和现代农业的快速发展。牛产业为农村地区提供了就业机会和增收渠道，成为全国脱贫地区乡村振兴和脱贫攻坚有效衔接的主导产业，例如，有“高原之舟”美誉的牦牛是维护青藏高原民族地区和高寒地区经济发展和社会稳定的支柱产业。

一、牛遗传资源开发利用是乡村振兴的重要支柱

肉牛产业是脱贫攻坚的重要抓手。据不完全统计，60% 以上的贫困县将发展肉牛产业作为农民增收的主要途径。中国贫困地区主要集中在中西部山区及西南地区，这些地方自然环境恶劣，资源缺乏，基础设施薄弱，经济收入低；但拥有丰富的饲草资源，许多贫困县都将肉牛养殖产业列为脱贫攻坚重点扶持项目。充分利用秸秆等粗饲料资源发展养牛生产，实现脱贫致富和产业振兴。以宁夏固原市为例，当地将肉牛产业确定为巩固拓展脱贫攻坚成果，及全面推进乡村振兴的主导产业，大力发展适度规模养殖，推进生产标准化、经营规模化、发展产业化，让全市肉牛产业快速发展，西吉、泾源等县实现了“人均一头牛”，使得全市各县顺利“脱贫摘帽”。

二、牛遗传资源支撑区域特色产业发展

青藏高原、云贵高原、内蒙古高原及新疆部分地区，气候环境具有极强的特殊性，高寒、缺氧、高辐射和干燥的严酷环境不适宜大多数家畜生长繁育。但当地经过长期驯化的牛遗传资源形成了对特殊生态环境的适应性，能够在空气稀薄、气候寒冷、牧草生长期短等一系列恶劣环境下生长、繁衍、生产。牦牛为高原地区的牧民提供了生存的基本保障，成就了藏民的衣、食、住、行、运、烧、耕，同时也涉及高原牧区的政、教、商、战、娱、医、用等方面。依托当地独特牛遗传资源和生态资源优势，积极发展牛业生产，对畜牧经济的可持续发展和增加农牧民群众经济收入有着不可替代的重要作用。以西藏为例，当地重点打造牦牛高原特色产业，大力推广牦牛产业集中式发展，在日喀则、那曲、昌都、拉萨等地利用丰富牦牛资源，拓展全产业链，通过“金融 + 龙头企业 + 基地 + 合作社 + 贫困户 + 科技”的模式，为当地经济发展提供了有力的保障。

水牛原为中国南方水稻区的重要役畜，绝大多数分布于我国东南和西南地区，但是由于农业机械化的快速发展，水牛逐步由役用向乳用和肉用方向转变。广西为打造水牛产业发展的新格局，积极探索适宜当地的水牛全产业链模式，如“地中海水牛全产业链”新型发展模式，该模式通过引进地中海水牛，培育具有区域特色品牌的水牛新种质并大力推广，对巩固脱贫攻坚成果和推进区域特色畜牧产业发展发挥了重要作用。

专栏

◆新疆褐牛支撑伊犁新产业◆

新疆伊犁哈萨克自治州特克斯县于2008年5月成立白泉新疆褐牛养殖专业合作社，社员利用哈萨克牧民传统乳制品耐储藏的特点及新疆褐牛牛奶干物质含量高、放牧养殖乳脂风味美等优势，手工制作酸奶、奶疙瘩、奶皮子，打造了本地“名牌”，每天生产加工新疆褐牛巴氏奶、酸奶、奶疙瘩、奶皮子等系列休闲类食品达2 000 kg。产品依托电商平台，远销至西安、南京、上海等城市，带动周边600余户养殖户致富。合作社的加工、销售模式解决了新疆褐牛放牧养殖过程中奶源分散销售难、售价低的问题，发挥了新疆褐牛的优势，为养殖户带来较高的经济效益。新疆褐牛成为伊犁特克斯全县牧民创造美好生活的畜牧“当家品种”。

第四节　牛遗传资源赋能自然生态和循环农业健康发展

中国丰富的牛遗传资源为不同区域生态系统提供各种各样的生态系统服务。在中部平原地区，肉牛和奶牛可充分利用秸秆资源，进而减少秸秆处理和焚烧造成的高成本和高污染。在多山的南方丘陵地区，地方牛和水牛放牧有利于植被健康和植物多样性。在青藏高原地区，牦牛与当地生态环境长期进化、互存互依，在维持青藏高原植物和动物生态链的系统平衡方面起着至关重要的作用。

一、牛遗传资源促进农区和农牧结合地区循环农业的发展

“以种带养，以养补种，种养结合，提高效益”是中国农业经济发展的重要战略选择。发展以养牛为主的节粮型畜牧业，实现“种养结合”，在确保农业生态环境稳定的同时，提高土壤肥力和有机质含量。

秸秆养牛为稳定生态平衡、促进农业生产创造了条件。秸秆中的部分有机质可转化为畜产品，而未被消化的物质则变为粪尿排出体外，成为天然的有机肥，使农作物秸秆先过腹后还田，大幅度缩短秸秆发酵时间，加速物质的有效循环。种养业的另外一个结合方式是可以在庄稼收割后的耕地上放牧，牛的排泄物成为优良的肥源，而收割后剩下的庄稼茬为牛提供了食物。一头成年牛每年可消化3.5吨秸秆，年产粪尿相当于139 kg标准化肥，可增产159 kg粮食，这对生态良性循环发挥了重要作用。牛粪还经常被用来作为燃料和制作沼气，对于那些薪材比较缺乏且经济欠发达地区更是如此。草原放牧地区牛的放牧饲养对于当地草原、灌丛草地和沼泽草地的维持和再生也有重要作用。

二、牦牛遗传资源维系青藏高原牧区生态平衡

牦牛遗传资源对于维持青藏高原生态系统生物多样性具有举足轻重的作用，对于优化草畜平衡、生物进化、保护水源、涵养水土、促进生物界的物质循环和能量流动等方面也具有重要价值。维持牦牛群体在不同草地类型、不同季节放牧的数量、品种、结构以及牧养模式，对于维持青藏高原草地生

态系统人–草–畜的和谐统一、健康发展十分关键。

牦牛生活于高寒地带，可利用高寒草地牧草资源及其他家畜不能利用的湿生植物等，使各类牧草资源得到有效利用。牦牛可以在高海拔低氧区域采食，促进该地区牧草的生长。牦牛作为青藏高原最主要的经济畜种，对生态的影响要远远高于其他畜禽。如牦牛粪在天然放牧草地具有重要的生态学意义，粪便可以为这些地方的植被提供养料，进行有机质再循环，或为牧民生活提供清洁燃料，在便捷利民的同时维持高原的生态平衡。

第五节　牛遗传资源使世界畜禽资源的多样性更加丰富

中国各具特色的牛遗传资源，是世界牛遗传资源多样性的重要组成部分，独特的牛遗传资源促进了全球畜禽遗传资源库的建设和“一带一路”共建国家肉牛产业的发展。

一、中国地方牛遗传资源是世界畜禽遗传多样性的重要组成

中国地理环境和气候条件的类型多样，民族众多且风俗各异，加之长期以来劳动人民的驯养和精心选育，形成了现如今丰富多彩的牛遗传资源。中国牛遗传资源的多样性和优异性，是几千年来多样化的自然环境和社会发展所赋予的，地方牛遗传资源抗逆性、耐粗饲、抗病性、特色风味等优良特性可为世界肉牛和奶牛新品种选育杂交提供丰富的遗传素材。

二、独特的牛遗传资源促进全球畜禽基因数据库的建设和共享

中国极为重视国家畜禽遗传资源库的建设和加强与全球畜禽基因数据库共享与合作。中国独具特色的牛遗传资源丰富了世界遗传资源数据库。例如，分布于云南独龙江和怒江流域的独龙牛，是中国唯一半野生半家养的珍稀牛种。独龙牛栖息于高山陡坡环境中，具有十分优秀的攀爬能力，肌纤维细长，对其基因组测序及种质特性的研究促进了世界基因数据库的建设和共享。中国牦牛作为高寒地区不可替代的生物物种，是一个极为宝贵的基因库，在世界畜禽资源中也有着不可忽视的地位。目前，中国已经构建了牦牛 22 个地方品种和 2 个培育品种的基因组图谱，为未来牦牛遗传资源的鉴定评价和保护利用提供了重要遗传信息。

三、良种资源国际交流促进“一带一路”国家牛业发展

中国是世界牦牛主产国，拥有丰富的牦牛遗传资源，自主培育的新品种大通牦牛和阿什旦牦牛，具有优良的生产性能和抗逆性能。针对尼泊尔、不丹等南亚国家和地区缺乏牦牛良种资源及科学选种选配等技术问题，邀请当地牦牛生产一线人员来中国学习牦牛人工授精等技术，提高南亚地区农技人员技术水平。在种源方面，为积极响应国家“一带一路”倡议，向南亚国家输出大通牦牛、阿什旦牦牛 2 个优良培育品种的冷冻精液，通过人工授精技术改良当地牦牛，提高当地牦牛生产性能，为南亚牦牛产业发展、构建睦邻友好合作关系起到积极的促进作用。

第三章

中国牛遗传资源得到全方位保护

目前，中国已构建牛遗传资源全方位保护体系，系统开展了遗传资源全国性调查、种质特性评估、濒危种质资源抢救性保护以及珍稀遗传资源分类分级保护。新中国成立以来，共开展了三次普（调）查。前两次调查摸清了全国各省（区、市）牛遗传资源的基本情况、主要特征和濒危情况，2021 年启动的第三次普查，全面系统地厘清了中国牛遗传资源的状况，并对种质特性进行了全方面的评估，对品种濒危等级进行了科学评定。利用原产地活体保种与冷冻精液、胚胎和体细胞保种相结合的手段，濒危牛品种得到了抢救性的收集保护。对 12 个普通牛品种、5 个牦牛品种和 3 个水牛品种及大额牛建立国家级保种场和保护区，实现了中国牛遗传资源的全方位保护，为牛遗传资源开发利用奠定了坚实基础。

第一节　全国性调查摸清中国牛遗传资源状况

畜禽遗传资源调查是了解和掌握中国畜禽遗传资源状况的基本手段，也是科学制定保护方法和实施保护措施的前提。中国先后进行了多次畜禽遗传资源调查，其中具有代表性的包括 1954—1958 年的区域性调查，第一次、第二次调查以及第三次普查等。通过以上资源调查活动，全面掌握和摸清了中国牛遗传资源的状况，为中国科学制定牛遗传资源评估、保护和开发利用奠定了坚实的基础。

一、1954—1958 年区域性调查掌握主要产区的牛遗传资源

新中国成立初期，全国地方良种黄牛育种委员会开展了全国性黄牛地方品种的调查工作。中国畜牧兽医学会于 1953 年制定了《全国各类家畜品种调查提纲（草案）》。这次调查涉及的地方黄牛包括秦川牛、南阳牛、海南黄牛、荡角牛、晋南牛、蒙古牛、山东牛、北满牛等，后由中国畜牧兽医学会于 1956 年 11 月出版了《祖国优良家畜品种》1~4 集。此后，畜禽遗传资源调查相继在广东、湖南、江西、安徽、四川、山西、青海等地开展，并相应出版了调查报告、畜禽品种汇编和图谱。20 世纪

50—70年代，中国部分畜牧科技工作者和科研单位，还出版了有关介绍畜禽品种的书籍。该时期的区域性调查掌握了中国主要产区的牛遗传资源，为第一次调查奠定了基础。

二、第一次调查初步摸清中国牛遗传资源状况

1976年，中国启动第一次调查，历时八载，初步摸清了我国除西藏及部分边远地区外的牛品种资源。并在此基础上，编撰出版了《中国牛品种志》，这是中国首次出版的系统记载牛品种的专著。此次全国牛遗传资源调查系统研究了中国牛的起源与驯化，厘清了中国名目繁多的牛品种名称，掌握了各牛品种的分布特点、外貌特征和生产性能等情况，初步解决了牛种（属）的类型划分和同种异名等问题。《中国牛品种志》共收录45个品种，其中普通牛品种37个（包括地方品种28个、培育品种4个、引入品种5个）；牦牛品种5个（均为地方品种）；水牛没有划分地方品种，统称为中国水牛，引入品种2个。

三、第二次调查系统监测牛遗传资源消长变化

中国在2006—2009年组织实施了第二次调查，掌握了自1979年以来牛遗传资源的消长变化。编纂出版了《中国畜禽遗传资源志·牛志》，收录普通牛品种71个，其中地方品种52个、培育品种8个和引入品种11个；牦牛品种13个，其中地方品种12个、培育品种1个；水牛品种28个，其中地方品种26个、引入品种2个。对比第一次调查，新增普通牛品种34个，其中地方品种26个、培育品种4个、引入品种4个；新增牦牛品种8个，其中地方品种7个、培育品种1个；水牛地方品种26个均为新增品种。根据第二次调查结果显示，中国牛遗传资源存栏量达10 594.8万头，但部分品种存栏量较少，舟山牛、蒙山牛、徐州牛、邓川牛、太行牛、樟木牛、复州牛、温岭高峰牛、冀南牛、阿勒泰白头牛等10个品种的群体数量低于1 000头，尤以舟山牛、蒙山牛、徐州牛、邓川牛4个品种的状况最为危急，每个品种的个体数均在100头以下，已处于濒临灭绝的状态。

四、第三次普查全面厘清中国牛遗传资源状况

第三次普查实施期限为2021年3月至2023年12月，实施范围为31个省（区、市）。此次普查涵盖了前两次调查登记和最新鉴定、审定的所有牛品种与资源共计139个，其中普通牛品种83个、水牛品种30个、牦牛品种24个、大额牛品种1个、瘤牛品种1个，群体数量分别为2 116.4万头、58.0万头、1 544.8万头、0.4万头和81头。

与第二次调查比较，中国牛遗传资源发生较大变化。新资源、培育品种和引进品种都有所增加，其中普通牛增加11个，水牛增加2个，牦牛增加12个，瘤牛增加1个。从存栏量上看，普通牛和牦牛遗传资源群体数量总体增加，而水牛数量急剧减少，普通牛增加255.31万头，水牛减少649.52万头，牦牛增加758.34万头。普通牛地方品种中存栏低于1 000头的牛有16个品种，水牛地方品种中存栏低于1 000头的有6个品种，牦牛品种中增加最快的3个品种为西藏高山牦牛、青海高原牦牛和甘南牦牛。在普通牛中，地方品种群体数量降低1 055.09万头左右，下降最快的3个品种是南阳牛、关岭牛和锦江牛；培育品种群体数量增加955.43万头，增加最快的3个品种是中国西门塔尔牛、夏南牛和新疆褐牛；引入品种群体数量增加169.87万头，增加最快的是荷斯坦牛和西门塔尔牛，其中荷斯坦牛增加104.92万头。

五、其他调查结果是中国牛遗传资源状况的有益补充

2007—2009 年，西北五省（区）重要地方畜禽品种资源调查组调查了分布在陕西、甘肃、宁夏、新疆和青海 5 个省（区）在内的牛品种 13 个。其中，对 8 个普通牛品种（秦川牛、陕西巴山牛、安西牛、早胜牛、哈萨克牛、新疆蒙古牛、阿勒泰白头牛、柴达木黄牛）的中心产区及分布、品种来源、体型外貌、体尺、生产与繁殖性能、饲养管理情况以及遗传资源相关基础性科研成果进行了归纳总结，结果发现安西牛和阿勒泰白头牛处于濒危状态，数量不足 2 000 头，处于濒危状态。

第二节　牛种质特性得到全面系统评估

种质特性是遗传资源所具有的有别于其他种群并能稳定遗传的特性。种质特性评估，是明确各遗传资源价值、指导资源保护和利用的基础。农业农村部先后制定了《畜禽遗传资源调查技术规范》和《畜禽新品种配套系审定和畜禽遗传资源鉴定技术规范（试行）》等文件，进一步明确了遗传资源调查内容、方法和鉴定条件。同时，结合现代分子生物技术和手段，将全基因组 SNP 芯片和全基因组测序应用于牛遗传资源鉴定与评价中。第三次普查，对 83 个普通牛品种、30 个水牛品种、24 个牦牛品种、1 个大额牛品种、1 个瘤牛品种从体型外貌、体尺体重、生长性能、屠宰性能、肉品质、繁殖性能等方面进行了全面系统的评估。同时，采集其代表性个体的血液及组织样品，构建各牛种（或品种）的分子身份证，开展精准鉴定研究工作。这些工作为优化保种方案、制（修）订国家重点保护品种名录和遗传资源开发利用提供了科学理论依据。

一、建立牛遗传资源表型综合评估指标体系

表型评估是牛遗传资源调查评估的基础工作。2011 年农业部制定《畜禽遗传资源调查技术规范》，明确了牛等常见畜禽遗传资源调查的技术指标及方法。2021 年，在第三次普查期间，农业农村部进一步完善了牛遗传资源的普查测定指标，在原有体型外貌、体尺体重、屠宰性能、繁殖性能、产奶性能基础上，根据产业发展需要，增加了生长性能、肉品质鉴定等测定指标，指导各牛遗传资源的表型综合评估。通过构建标准化的牛表型评估体系，确保了各牛种测定性状、测定指标、测定数量、测定方法的统一和准确，使牛种质特性评估工作更加全面和系统。

二、制定牛遗传资源鉴定技术规范

牛新资源鉴定技术规范的建立，有利于牛新资源的快速、准确发掘，推动了牛遗传资源的合理保护与充分利用。2010 年，国家畜禽遗传资源委员会印发《畜禽新品种配套系审定和畜禽遗传资源鉴定技术规范》，规定了牛新品种审定和遗传资源鉴定的办法。在实施过程中，国家畜禽遗传资源委员会结合分子鉴定技术的发展，形成了更为全面、系统的牛遗传资源鉴定技术体系。该体系要求牛新资源必须满足的条件如下：群体血统来源基本相同，分布区域相对连续，与所在地自然及生态环境、文化及历史渊源有较为密切的联系；未与其他品种杂交，外貌特征相对一致，主要经济性状遗传稳定；公母牛只及核心群达到一定数量；提供必要的分子遗传学证据。

牛新资源鉴定综合技术规范的进一步明确，极大促进了牛新资源的精准鉴定与发掘。根据该技术规范，2010 年以来，先后对中国 13 个牛新资源群体进行鉴定，其中包括 3 个普通牛品种群体（皖东牛、夷陵牛、江城黄牛）和 10 个牦牛品种（查吾拉牦牛、昌台牦牛、环湖牦牛、金川牦牛、雪多牦牛、玉树牦牛、类乌齐牦牛、帕米尔牦牛、亚丁牦牛和肃南牦牛）。这些新资源极大地丰富和补充了中国牛遗传资源的多样性，为进一步进行新资源的开发和利用提供了新的素材。

专栏

◆帕米尔牦牛：第三次普查期间鉴定的新资源◆

帕米尔牦牛在 2021 年被列为全国新发现的十个优异畜禽遗传资源之一，分布于新疆帕米尔高原的塔什库尔干塔吉克自治县，这里是中国唯一与陆地三国——巴基斯坦、阿富汗、塔吉克斯坦接壤的"一县通三国、两口通两亚、两路连东西"的边境县。当地平均海拔 5 000 m 以上，氧气含量不足平原的一半，风力常年在七级以上，最低气温可达 -40℃，环境极其恶劣。帕米尔牦牛适应性极强，善爬陡峭山路，是塔吉克族乳、肉、毛等生活资料的重要来源，同时，还是山区托运物资和边境巡逻的重要交通工具。

2017 年以来，新疆畜牧兽医局先后组织新疆农业大学、新疆畜牧科学院、自治区畜牧总站、中国农业科学院兰州畜牧与兽药研究所的技术人员对帕米尔牦牛遗传资源开展调查工作，撰写材料报国家畜禽遗传资源委员会审查。2021 年 10 月，国家畜禽遗传资源委员会专家组到帕米尔牦牛养殖基地进行现场鉴定审核，一致认为帕米尔牦牛符合畜禽遗传资源鉴定的条件，同意上报国家畜禽遗传资源委员会进行初审。2021 年 12 月，"帕米尔牦牛"通过国家畜禽遗传资源委员会审定，正式成为我国牦牛遗传资源的成员之一。

三、全面系统评估牛种质特性

1. 普通牛

第三次普查完成了普通牛 57 个地方品种、11 个培育品种、15 个引入品种的种质特性评估。我国普通牛以肉用型和肉役兼用型为主，其次为乳肉兼用型和乳用型。测定结果显示，普通牛地方品种成年公、母牛平均体重分别为 406.86 kg 和 303.72 kg；鬐甲高分别为 125.49 cm 和 116.48 cm；培育品种成年公、母牛体重分别为 723.19 kg 和 573.04 kg，鬐甲高分别为 141.36 cm 和 134.59 cm。与第二次调查数据相比，部分牛品种体重体高、产肉性能指标有所提升，如秦川牛（早胜牛）公牛体重达 655 kg，体高为 147 cm，母牛体重达 482.41 kg，体高为 136.43 cm，公牛胴体重 335.44 kg，屠宰率 60.62%，净肉率 48.6%，眼肌面积 86.72 cm^2。培育品种辽育白牛的公牛体重达 941.25 kg，体高为 146.4 cm，母牛体重达 554.31 kg，体高为 135.14 cm，公牛胴体重 450.96 kg，屠宰率和净肉率分别为 60.75% 和 51%，眼肌面积为 110.2 cm^2。

中国牛地方品种普遍具有系水力高、肉质鲜嫩、风味口感优等特点，第三次普查显示，鲁西牛、渤海黑牛、滇中牛和昭通牛肌肉系水力均在 80% 以上，邓川牛、迪庆牛、文山牛和云南高峰牛均在 70% 以上。但是，部分中国牛地方品种也存在体格小、生长速度慢、后躯发育欠丰满等缺点，例如，邓川牛、江城黄牛、迪庆牛的成年体重仅为 165~205 kg，鬐甲高仅为 100~107 cm，日增重仅为 0.49~1.15 kg，这体现了中国南方牛地方品种的生长特性，也可能与饲养管理条件的限制和缺少系统选育有关。

自第二次调查以来，中国普通牛遗传资源的特征特性发生了新的变化。一是部分开发利用较好的地方品种和培育品种，生产性能不断提高，例如，以中国荷斯坦牛为主体的奶牛群体生产水平显著提高，2022 年生产性能参测成母牛年平均单产达 9 200 kg，较第二次调查增长 73%；二是部分开发利用不足的地方品种仍处于维持状态，生产性能甚至呈现不同程度的下降。

2. 水牛

第三次普查完成水牛 27 个地方品种、3 个引入品种的主要生产性能测定。目前，中国水牛遗传资源主要为役肉兼用型，其次为肉用型、乳肉兼用型。中国水牛具有体型较大、性情温顺、役用性能好、耐高温高湿、抗病力强等优势。测定结果显示，水牛地方品种成年公、母牛体重分别为 513.92 kg 和 482.95 kg，鬐甲高分别为 131.02 cm 和 128.54 cm。部分水牛生长性能得到明显提升，成年公牛体重在 400 kg 以上的品种占 85%，其中成年公牛体重在 630~800 kg 的有海子水牛、盱眙山区水牛、温州水牛、涪陵水牛和上海水牛 5 个品种。成年母牛体重在 630~800 kg 的有海子水牛和上海水牛 2 个品种，其中上海水牛母牛成年体重达 740.4 kg。鬐甲高 130 cm 以上的品种资源占 81%，其中海子水牛和上海水牛成年公牛分别达到 152.7 cm 和 148.3 cm。

屠宰性能测定结果显示，地方品种公、母牛胴体重分别为 206.95 kg 和 201.62 kg，其中胴体重在 207 kg 以上占 57%，如德宏水牛母牛胴体重达 344.8 kg。但水牛地方品种的屠宰率和净肉率相对偏低，公、母牛屠宰率仅分别为 49.24% 和 48.87%，净肉率分别为 38.14% 和 37.64%。其中，成年公牛屠宰率在 50% 以上占 38.46%，屠宰率在 55% 以上的仅有德宏水牛和槟榔江水牛 2 个品种；成年母牛屠宰率在 55% 以上的只有德宏水牛和陕南水牛 2 个品种，净肉率在 45% 以上的仅有陕南水牛（47.35%）。肉质性状测定结果显示，地方品种公、母牛肌肉大理石花纹评分分别为 1.21 和 1.14，嫩度分别为 7.63 kg/cm^2 和 8.04 kg/cm^2。部分水牛肉品质得到提升，如信阳水牛公牛和兴隆水牛母牛的肉质嫩度均低于 5 kg/cm^2，分别为 4.77 kg/cm^2 和 4.30 kg/cm^2。

3. 牦牛

第三次普查完成牦牛 22 个地方品种、2 个培育品种主要生产性能的测定。目前，中国牦牛资源主要以乳肉兼用型为主，其次为肉用型。牦牛受高原地理气候特点的影响，产奶时间短，产奶量不高，产奶周期与高原牧草生产周期一致。已测定的 8 个牦牛品种数据表明：牦牛产奶期为 152.07 天，产奶量为 202.64 kg，牦牛奶具有高乳脂率、高蛋白、干物质含量高等特点，平均乳脂率、乳蛋白率和干物质分别为 6.32%、4.12% 和 16.93%。新近审定的亚丁牦牛产奶量最高，初产、经产母牛 153 天平均挤奶量分别为 306.52 kg 和 391.13 kg。牦牛是中国青藏高原地区个体最大的家畜，成年公牛体重在 300 kg 以上占 47%，鬐甲高 120 cm 以上占 63%。牦牛遗传资源群体平均胴体重为 135.44 kg，屠宰率 49.78%，净肉率 39.05%。由于饲养条件的改善，牦牛屠宰率整体有所提高。屠宰率最高的地方品种是昌台牦牛（52.97%），西藏高山牦牛的屠宰率最低（40.17%）。培育品种肉用性能优于地方品种，大通牦牛和阿什旦牦牛屠宰率分别为 54.52% 和 53.90%。牦牛肉肌内脂肪沉积较少，肉色偏暗、肉质偏老，平均剪切力为 8.99 kg/cm^2。

中国牦牛遗传资源被誉为“高原之舟”，对高寒低氧的恶劣环境具有极强的适应性，例如，娘亚牦牛、查吾拉牦牛、玉树牦牛常年生长生活在海拔 4 000 m 以上的青藏高原。中国牦牛资源也存在生长发育速度慢、繁殖性能低等缺点，斯布牦牛、昌台牦牛、类乌齐牦牛、麦洼牦牛、木里牦牛、查吾拉牦牛初产年龄都在 48 月龄以上，大多数能繁母牛 2 年 1 胎或 3 年 2 胎。

第三节　濒危牛遗传资源得到抢救性保护

濒危品种需要抢救性收集和保护。经评估，中国有 9 个普通牛地方品种和 2 个水牛地方品种受到不同程度的威胁，处于濒危状态。中国以高度负责的态度，实施抢救性保护专项行动，制定濒危牛品种抢救性保护方案，不让一个濒危牛品种灭失，切实维护牛遗传多样性，为子孙后代留下宝贵财富。

一、开展牛遗传资源濒危状况的科学评估

畜禽遗传资源的濒危等级划分为制定不同层次的保种方案和措施提供了基本依据。中国制定科学客观的遗传资源濒危评估方法，将其划分为濒临灭绝、严重危险、危险、较低危险、安全共 5 个等级。根据第三次普查统计，近 15 年来中国牛遗传资源的濒危程度发生了较大变化。经评估，有 9 个普通牛地方品种受到不同程度的威胁（表 2-3-1），其中，濒临灭绝的有 6 个品种，危险的有 3 个品种；2 个水牛地方品种受到不同程度的威胁，其中，濒临灭绝、严重危险各 1 个品种。这些濒危牛遗传资源都存在灭绝的风险，亟须抢救性保护。

与第二次调查相比，上海水牛被重新发现，同时处于濒临灭绝等级的品种数量减少 4 个，但濒危品种总数量增加 3 个（平陆山地牛、贵州白水牛和盐津水牛），其群体数量均不到上次调查数量的 10%。另外，邓川牛、舟山牛和蒙山牛群体数量均有不同程度地增加，其中，蒙山牛增加最快，为上次调查数量的 10 倍，舟山牛群体数量增加 4 倍。但也有 10 个牛遗传资源群体数量呈现不同程度的下降趋势，其中，阿沛甲咂牛下降最快，仅为第二次调查数量的 0.93%。因此，濒危牛品种的抢救性保护任务刻不容缓。

表 2-3-1　牛遗传资源濒危名单

濒危等级	品种数量 / 个	品种名称	
		普通牛	水牛
濒临灭绝	7	冀南牛、徐州牛、蒙山牛、阿沛甲咂牛、樟木牛、平陆山地牛	上海水牛
严重危险	1		贵州白水牛
危险	3	温岭高峰牛、太行牛、复州牛	

注：资料来源于第三次普查。

二、紧急抢救性保护珍稀濒危牛遗传资源

中国地方牛遗传资源有濒危品种（包括濒临灭绝、严重危险和危险品种）11 个，占全国畜禽地方

濒危品种总数的 16.4%。对此，中国及时启动濒危品种抢救性保护行动，对濒危牛品种进行 100% 的抢救性保护，实施“一品一策”的保护方案，将活体保护与基因库保存相结合，因地制宜、因种施策、快速扩繁，尽最大努力把种群保护起来，把遗传材料保存起来，以最快速度恢复濒危种群规模结构。目前，抢救性保护已取得了阶段性成效，濒危品种的灭失风险得到了有效控制，保种群数量得到了恢复性增长，遗传材料应采尽采，并纳入国家基因库战略保存，温岭高峰牛、蒙山牛、上海水牛等 11 个濒危品种的安全状况整体向好，大额牛、舟山牛、温州水牛、斯布牦牛和帕里牦牛等 8 个品种从濒危名单中移除。

专栏

上海水牛在城市变迁中“重回”人们视线

上海水牛是中国著名的大型地方良种水牛遗传资源，具有体躯粗壮、耐粗饲、放牧性能好、抗病力强、生长速度快等优良特性，主要分布于上海市崇明区。随着农业机械化程度的不断提高，水牛的役用价值逐渐被替代，上海水牛的群体数量逐年快速下降，直至濒临消失。2016 年《全国畜禽遗传资源保护和利用“十三五”规划》中已将上海水牛定为灭绝品种。2019—2022 年，农业农村部、上海市全面启动上海水牛抢救性保护行动。在第三次普查期间，上海市成立专项调研组，对上海水牛养殖情况进行全面摸底排查，开展生产性能调查和测定，组建活体保种群。同时，采集血液样本，制作冷冻精液和体细胞，送至国家家畜基因库进行长期保存。

在农业农村部高度重视下，国家畜禽遗传资源委员会公布了《国家畜禽遗传资源品种名录（2021 年）》，将上海水牛重新列入其中。2022 年上海水牛被农业农村部列入《濒危畜禽遗传资源抢救性保护行动方案（2022—2026 年）》，制定了《上海水牛抢救性保护工作方案》。同年，上海水牛被列入《上海市畜禽遗传资源保护名录》，启动保种场建设。随着抢救性保护行动的及时实施，上海水牛这一珍贵的畜禽遗传资源在城市变迁中“重回”人们视线。

第四节　优良牛遗传资源得到有效保护

中国牛遗传资源实施分类分级保护制度，制定并发布国家级保护品种 21 个、省级保护品种 82 个。构建了以原产地保护为主、活体保种和遗传材料保存相补充、国家级和省级相衔接的牛遗传资源保护体系，设立国家级牛保种场、保护区和基因库 25 个，省级保种场、保护区和基因库 109 个，对中国重点牛遗传资源实行全面保护。国家级保护品种的保护率达 100%，牛珍稀遗传资源实现应保尽保。

一、制定国家级和省级牛遗传资源保护名录

结合第二次调查的结果，2014 年农业部公布《国家级畜禽遗传资源保护名录》（第 2061 号公告），

确定159个畜禽品种为国家级畜禽遗传资源保护品种，其中包括延边牛、复州牛、南阳牛、秦川牛、晋南牛、渤海黑牛、鲁西牛、温岭高峰牛、蒙古牛、雷琼牛、郏县红牛、巫陵牛（湘西牛）、九龙牦牛、天祝白牦牛、青海高原牦牛、甘南牦牛、帕里牦牛、海子水牛、温州水牛、槟榔江水牛、独龙牛（大额牛）共21个中国牛地方品种。

与此同时，各省（区、市）农业主管部门根据相关文件及各省（区、市）资源情况，相应制定并公布了省级牛保护品种共82个。一般国家级保护品种也会同时被列入原产地省级保护名录，具有双重身份，实行“双重保护”。分类分级保护措施为保种经费合理分配、地方畜禽遗传资源长期保存和畜禽产业可持续发展奠定了坚实基础。

二、利用分级保护体系构筑资源保护安全屏障

因为牛个体大、世代间隔长、繁殖率低，所以其保护方式仍以活体为主、遗传材料为辅，实施国家和省级两级管理，建立国家级保种场、保种区24个，基因库1个，省级保种场、保护区和基因库109个，以及市级保种场和保护区28个，形成以原产地保护为主、活体保种和遗传材料保存相补充、国家级和省级相衔接的牛遗传资源保护体系，国家级保护品种保护率达100%。

截至2023年8月，中国已对21个国家级牛遗传资源保护品种实现应保尽保，共建立国家级牛遗传资源保种场和保种区24个，包括保种场22个和保护区2个，其中普通牛、水牛、牦牛和大额牛保种场保种区分别为14个、4个、5个和1个，其中鲁西牛、延边牛和海子水牛各有2个国家级保种场，极大地增强了对国家级保护品种的保护能力。

各省（区、市）共建立了94个省级牛遗传资源保种场和保护区，对82个地方品种进行了活体保种，省级保护品种保护率达66%以上。鲁西牛、延边牛、海子水牛、蒙古牛、巫陵牛、巴山牛等地方品种均建有2个以上的省级保种场，使我国对地方品种的保护能力得到了进一步增强。

另外，农业农村部建立了国家畜禽种质资源保存利用中心（国家家畜基因库），截至2023年8月已保存有全国30个牛品种的冷冻精液、冷冻胚胎及体细胞共169 827份，其中冷冻精液共30个品种345头公牛165 683剂，冷冻胚胎共15个品种2 821枚，体细胞共9个品种1 323份。此外，安徽、北京、河北、上海、江苏等地建立了省级家畜遗传资源基因库15个，对国家级及省级保护资源形成了强有力的补充。

专栏

◆九龙牦牛“多点保种　保用并举”保种模式成效显著◆

九龙牦牛是第一次调查时发现的优良牦牛遗传资源，具有产肉性能好、体型高大等特点，中心产区位于九龙县斜卡乡和洪坝乡。九龙牦牛原生状态主要以土司、头人等分散养殖，19世纪80年代后分配到户，但由于缺乏选种、选配经验，出现了一定的退化情况。第一次调查后，九龙牦牛入选《中国牛品种志》，1999年组建九龙牦牛良种繁育场，2000年九龙牦牛被列入《国家级畜禽品种资源保护名录》，2007年被列入《四川省畜禽品种资源保护名录》，2009年确定为国家级保种场，2014年获得地理保护标志。

四川通过系统、持续的保种场规划建设，建立了九龙牦牛“中心和多点协同保种”

的保护模式。这一系列举措使得九龙牦牛的存栏量显著提升，由最初的存栏3万头，增加至目前的14.79万头。现阶段，九龙牦牛良种繁育场核心保种群规模500余头，洪坝小沟扩繁群2 000余头，汤古九龙牦牛采精场存栏种公牛15头，进行人工采精和冷冻精液生产。通过九龙牦牛保种场的系统建设和设施配套，初步实现了保种场规范管理和保种方式的多样化。多年来，九龙牦牛除了在四川阿坝州、甘孜州、凉山州等地的广泛推广外，还推广到西藏、云南、青海等地，年推广种牛达300头以上。九龙牦牛“多点保种、保用并举”的模式，扩大了优质种牛的覆盖面积，对乡村振兴和农民致富起到了良好的示范作用。

三、优良品种得到有效保护

通过开展第二次调查和第三次普查，根据“政府主导，社会参与”的原则，根据急需保护品种资源的分布情况，国家财政安排专项经费支持畜禽遗传资源的保护工作。通过实施畜禽良种工程、畜禽种质资源保护等项目，先后建设了一批重点牛遗传资源保种场、保护区和基因库，构建了以原产地保护为主、活体保种和遗传材料保存相补充、国家级和省级相衔接的牛遗传资源保护体系，对濒危资源实施抢救性保护，对国家级、省级保护品种实施重点保护和分级管理。

自第二次调查以来，国家级保护品种得到有效保护，渤海黑牛、雷琼牛、海子水牛等13个品种数量下降趋势得到进一步缓解，蒙古牛、槟榔江水牛、九龙牦牛、大额牛等8个群体数量有所增加，群体内种公牛和能繁母牛的数量也逐步增加。同时，大额牛、舟山牛、温州水牛、斯布牦牛和帕里牦牛等8个品种从濒危名单中移除，其遗传多样性得到进一步恢复。各资源群体冷冻精液、胚胎及体细胞等遗传物质的保存数量也在逐步增加，国家级保护品种的保护率达100%，省级地方保护品种的保护率达66%以上，15个省（区、市）已经建立了其特有家畜遗传资源基因库，极大地提高了对遗传资源的保护能效。

专栏

◆独龙牛保种工作30年卓有成效◆

独龙牛于1978年被发现，是中国唯一的半野生半家养珍稀牛种。该群体仅分布于云南怒江和独龙江流域，生活在横断山脉的崇山峻岭中，生境条件差，以竹子为主要食物，定期补饲食盐，但却表现出极强的生命力和繁殖能力。与地方黄牛相比，具有生长速度较快、肉用体型明显、对粗饲料消化率强、极细的肌纤维直径和极低的脂肪含量等特征。

总体而言，独龙牛品种的保护成效显著。独龙牛1986年仅存栏77头，1996年鸠木当野牛谷经贡山独龙族怒族自治县人民政府批准设立为独龙牛保种场，2008年列入国家级保种场，占地面积4.4万亩。2009年怒江县全境存栏独龙牛2 028头，2014年出台《云南省怒江傈僳族自治州特色畜禽资源保护与利用条例》，将独龙牛的保护纳入法治轨道。2022年泸水市凤凰山独龙牛保种扩繁基地同时被列为云南省级保种场。至此，独龙牛饲养从独龙江到怒江全境，还持续扩充到腾冲、昆明等地。2004年腾冲县（现腾冲市）

引进40头独龙牛放养于高黎贡山明光大竹坝，到2021年存栏量达350头，后搬迁至腾冲苏江国有林场，并建立保种场，采取放牧加舍饲相结合的方式对其进行保护。据第三次普查统计，独龙牛存栏数量3 833头，其中能繁母牛2 071头、种公牛973头，并将其从濒危名单中移除，群体遗传多样性得到了进一步恢复。

四、制定科学保种方案确保长效保护

国家级和省级保种场、保护区和基因库都制定了科学且及时更新的保种技术方案，尤其是21个国家级保护品种还根据其特征特性制定了“个性化”保种方案。保种场、保护区和活体基因库保存的各牛品种的家系数量、公母畜数量，遗传物质基因库保存的单品种冷冻精液、胚胎数（剂）量及家系数量，均符合《畜禽遗传资源保种场保护区和基因库管理办法》规定的标准，品种需要重点保护的特征性状及群体内的遗传变异度均得到了有效保护。

牛保种场、保护区、活体基因库单品种基础数量要求：母牛150头以上，公牛12头以上，三代之内没有血缘关系的家系数不少于6个；保护区不少于保种场群体规模的5倍，所保护的畜禽品种质量符合品种标准。

牛遗传物质基因库保存单品种遗传材料数量和质量要求：冷冻精液保存3 000剂以上，精液质量达到国家有关标准；公牛必须符合其品种标准，级别为特级，系谱清楚，无传染性疾病和遗传疾病，三代之内没有血缘关系的家系数不少于6个。冷冻胚胎保存200枚以上，胚胎质量为A级；胚胎供体必须符合其品种标准，系谱清楚，无传染性疾病和遗传疾病；供体公牛为特级，供体母牛为1级以上，三代之内没有血缘关系的家系数不少于6个。

第四章

中国牛遗传资源开发利用成效显著

中国政府历来重视牛遗传资源的保护和利用，针对不同时期国计民生的需求，提出了一系列促进牛业发展的方针政策，使中国牛遗传资源得以发展壮大。近年来，按照“依法保护、科学利用”的原则，以中国牛地方品种为主要素材，采用常规育种方法与现代育种技术相结合的方法，在保持地方品种主要优良性状基础上，使中国牛遗传资源在本品种选育、杂交改良、种质资源创新利用和产业化开发上均取得显著成效。

第一节　牛遗传资源开发利用促进牛产业发展

随着中国经济的快速发展，人们生活水平逐步提高，消费市场对牛奶、牛肉的需求量越来越大，养牛业在畜牧业中的比重逐渐加大。中国现有的牛遗传资源均已在不同程度上应用于畜牧业的生产之中，但仍有巨大的潜在利用价值未被充分开发。2016 年农业部制定了《全国畜禽遗传资源保护和利用“十三五”规划》，2019 年农业农村部组织实施了《畜禽遗传资源保护与利用三年行动方案》，各级地方政府和社会公众对牛遗传资源保护意识不断增强，开发利用迈出新步伐、踏上新征程。随着生物信息技术的快速应用，社会资本投入不断增加，牛遗传资源保护和开发利用迎来了广阔的发展前景，可逐步实现资源优势向经济优势的转变。

一、牛遗传资源为中国牛产业快速发展提供种源支撑

中国牛遗传资源基础丰富多样，能够满足当前和未来中国牛种业产业发展的需求。目前，肉牛种源自给率已达 76%，牦牛、水牛种源自主可控。现阶段，中国已逐步建成了较为完备的奶牛、肉牛遗传改良技术体系，经过十余年全国牛遗传改良计划的实施，奶牛、肉牛的品种登记和生产性能测定等基础性工作稳步推进，核心群群体结构不断优化，主要目标经济性状遗传进展明显，已遴选出一批国家核心育种场，多种形式的联合育种组织也相继成立。2022 年，拥有国家肉牛核心育种场 42 个，国

家奶牛核心育种场16个，奶牛种公牛站22个，肉牛种公牛站36个，年生产冷冻精液达5 500余万剂，为牛产业快速发展奠定了种源基础。同时，以地方牛遗传资源为育种素材，培育了华西牛、蜀宣花牛、云岭牛、大通牦牛和阿什旦牦牛等新品种，有效支撑了国家的种业振兴。

二、优质牛产业带动牛遗传资源的保护与可持续利用

1. 产量增加满足人民日益增长的肉奶需求

随着中国人民生活水平的日益提高，牛肉的需求量不断增加，牛肉品质也受到了前所未有的重视。正是由于中国丰富的牛遗传资源及其优良品质，才有效支撑了我国市场优质牛肉的供给。2022年中国肉牛出栏量为4 840万头，牛肉生产量为718万吨，占肉类总生产量的7.7%，牛肉消费量983万吨，占肉类总消费量的10.0%，牛肉国内自给率达72.8%，其中地方黄牛、水牛、牦牛品种生产了21.0%的牛肉产品。

日渐增大的牛奶和乳制品消费需求是推动奶业发展的主要动力。2022年我国牛奶产量达到3 932万吨，占奶类总产量的97.7%，牛奶总消费量5 691万吨，占奶类总消费量的93.3%，液态奶国内自给率达97.5%。其中，牦牛奶产量约100万吨，是高原地区各族人民重要的食品和乳制品加工原料；水牛奶产量290万吨，主要供应广西、云南、广东、湖北、福建等南方地区对特色牛奶产品的消费需求。

2. 建设繁育体系促进地方牛遗传资源产业化开发利用

长期以来，中国地方牛多以役用为主，未进行系统选育和专门化品种培育，致使大部分牛遗传资源仍处于原始品种状态。著名的秦川牛、南阳牛、鲁西牛、晋南牛和延边牛等五大黄牛品种，为牛遗传改良奠定良好的群体基础。同时，着手开展地方品种登记工作，在有效保护的基础上，使具有特色的地方品种得到产业化开发，初步构建成资源保护与利用相结合、开发与创新相融合的新格局。按照《国家畜禽联合攻关计划（2019—2022）》要求，组织开展荷斯坦牛、华西牛的联合攻关项目，逐步建立健全以市场为导向、企业为主体、产学研用相结合的商业化育种体系。

专栏

◆秦川牛：国之瑰宝，誉满中华◆

秦川牛因产于陕西关中“八百里秦川”而得名，位居中国五大良种黄牛之首，被誉为“国之瑰宝”。其养殖历史可追溯到4 000年前，毛色以紫红和红色为主，具有体格高大、结构匀称、皮薄骨细、早熟易肥、抗逆性强、耐粗饲和肉质佳等特点，曾推广到全国20多个省（区、市）。经过提纯复壮和定向选育，秦川牛的肉用生产性能得到进一步提升，成为大陆长期供港活牛的首选品种，牛肉多次出口中东、独联体等国家和地区。秦川牛是陕西及毗邻省（区）发展肉牛产业的重要品种，也是农业农村部2022年发布的全国十大优异畜禽种质资源中唯一入选的牛地方品种。近20年来，陕西已探索出“注入式”“链接式”“捆绑式”产学研合作模式，建立了“政府引导、专家指导、企业主导”的秦川牛专家大院，创立了“以品种选育改良为先导、以养殖大户繁育为支撑、以龙头企业育肥加工为主体”的全产业化模式。目前已开发的优质牛肉系列产品，远销海内外，深受消费者青睐。另外，秦川牛的牛皮质量上乘，柔韧度强，透明度高，色泽均匀，是制作皮影和皮具的上等原材料。

专栏

◆渤海黑牛、夷陵牛：挖掘资源特色，打造高品质产业链◆

渤海黑牛主产于山东无棣沿海一带，素有“黑金刚”之美誉，其肉质细嫩，色泽红润，营养丰富。夷陵牛分布于湖北宜昌、枝江等地，具有“两黑一笋”，即黑眼圈、黑鼻镜、笋角的典型外貌特征。依靠地域资源优势，产地采取“公司＋合作社＋基地＋农户”的运营管理模式，提升资源利用效率，让农户深度融入产业链、供应链和价值链。在品质提升上，利用阶段精准饲喂和营养动态调控的养殖技术，渤海黑牛与夷陵牛经高端育肥后均能生产出大理石花纹牛肉，提高了经济附加值。在品牌赋能上，渤海黑牛是农产品地理标志产品，其牛肉产品已通过国家有机认证；夷陵牛打造了湖北首个县域农产品公共品牌。2020年首届中国牛·优质牛肉品鉴大会推荐渤海黑牛、夷陵牛为“高品质牛肉生产推介品种”，品牌知名度和市场认可度得到了迅速提升，销售额和市场份额也随之增加。目前，渤海黑牛、夷陵牛的开发利用已涵盖了品种特色挖掘、选育保护、精准饲养、疫病防控、屠宰加工及餐饮等各环节，逐步实现了“以用代保”的全产业链技术开发模式。

3. 丰富的牦牛遗传资源保障青藏高原牧民增产增收

中国的牦牛品种多样性居于世界首位。20世纪70年代末至80年代初进行的第一次调查共列出5个地方品种。2006—2010年进行的第二次调查新增7个地方品种。2015年至今，国家畜禽遗传资源委员会先后审定了金川牦牛、昌台牦牛、类乌齐牦牛、环湖牦牛、雪多牦牛、玉树牦牛、帕米尔牦牛、查吾拉牦牛、亚丁牦牛、肃南牦牛等10个新资源。牦牛地方遗传资源在长期演化的过程中形成了鲜明的特色，具有深度开发的利用价值。牦牛由于对高海拔地带严寒、缺氧、缺草等恶劣条件具有良好适应能力，并为肉、奶、毛、绒、皮革、燃料等生产生活必需品提供原材料，在高寒牧区具有不可替代的重要地位，已成为青藏高原牧区乡村振兴的重要支撑，保障高原地区牧民增产增收。

专栏

◆天祝白牦牛：草原“白珍珠”，祁连“雪牡丹”◆

天祝白牦牛分布于甘肃天祝藏族自治县，是中国乃至世界稀有而珍贵的牦牛遗传资源，享有草原“白珍珠”之美称，2000年被列入《国家级畜禽品种资源保护名录》，2006年被列入《国家级畜禽遗传资源保护名录》。2008年天祝白牦牛主产区6个乡镇被农业部确定为国家级天祝白牦牛保护区（B6202002）。天祝白牦牛绒毛光亮洁白，易染色，是珍贵而独特的轻纺工业原料。尾毛更是软细纤长，是制作假发、拂尘、缨穗、戏装胡须等器具的首选佳品。通过实施以用促保、合理开发利用的战略，已研制、生产出天祝白牦牛精分割肉、骨髓粉、牛绒衫等8个系列近30个品种的产品。天祝白牦牛精分割肉已通过国家绿色食品发展中心A级绿色食品认证，产品已被国家技术质量监督部门审定为“中国市场放心健康食品信誉保证品牌”，天祝白牦牛骨髓粉、油茶粉荣获第八届中国专利新技术、新产品博览会金奖。

4. 营养好喝的水牛奶已成为南方地区人民奶源的重要补充

水牛奶综合营养价值高，其中生物活性肽、共轭亚油酸、神经节苷脂、低聚戊糖等含量丰富，尤其免疫球蛋白为普通牛奶的10倍，维生素的含量为普通牛奶的50倍，有“奶中之王”之称，是开发高端营养食品的优质原料。水牛奶中的芳香族类、甜味类、鲜味类氨基酸含量高，因此，其风味香甜、浓郁顺滑，品质优良特色鲜明，市场需求持续上升，已成为南方地区人民奶源的重要补充。国内的水牛奶工业化产品以巴氏杀菌鲜奶、风味酸奶、冻凝乳、奶油、干酪、调制乳为主，还存在少量作坊式加工的乳饼、乳扇，以及奶吧现制现售的双皮奶、姜撞奶和水牛奶茶等产品。目前，广西有9家水牛奶加工企业，共计有各类水牛奶产品97种，加工销售年产值达22亿元。另外，云南、贵州、广东和浙江等地共有6家水牛奶加工企业。

专栏

◆槟榔江水牛：独树一帜，产奶明星◆

我国对槟榔江水牛饲养已有500余年历史，其中心产地位于云南腾冲市槟榔江、陇川江和大盈江等流域，是目前中国唯一的河流型水牛。槟榔江水牛的产奶量是普通本地水牛的2.5倍，产奶性能可媲美国外河流型水牛。牛奶平均乳脂率6.73%、乳蛋白率4.81%、乳糖率5.13%、全乳固体率17.28%，口感浓郁香甜。槟榔江水牛良种繁育场先后入选“国家级示范场”“国家级肉牛核心育种场”“国家级畜禽遗传资源保种场”，2017年进入“中国第四批重要农业文化遗产目录”，2018年槟榔江水牛产区被批准为“中国第四批中国特色农产品优势区”。槟榔江水牛养殖、水牛奶生产、加工与销售已逐渐融合，呈现出一二三产业协同发展的态势，产值已超亿元，成为支撑新时代乡村振兴的特色产业。

三、优势区域发展及品牌建设促进地方品种开发利用

从区域布局和牛存栏量看，西南、西北、华中、东北4个优势明显的区域分布已经形成。各地通过建设肉牛优势区域，加大对规模化养殖和品种改良的扶持力度，全国范围内启动标准化养殖小区的鼓励措施，实施优质农产品品质提升行动，围绕优良品种、标准体系、品质评价等关键环节，推进品种培优、品质提升、品牌打造和标准化生产，促进中国牛遗传资源的开发利用。

1．全国农产品地理标志登记，保护地方牛遗传资源的地域特色

据全国地理标志农产品查询系统登记（http://www.anluyun.com/），截至2023年1月，与普通牛相关的“全国农产品地理标志”共37个，包括无棣黑牛、鲁西黄牛等牛品种28个，“巴林牛肉”“泾源黄牛肉”等牛肉制品8个，“吴忠牛乳”乳制品1个。与牦牛相关的“全国农产品地理标志”共25个，包括天祝白牦牛、九龙牦牛等牦牛品种21个，“香格里拉牦牛肉”“兴海牦牛肉”等牛肉制品4个。与水牛相关的“全国农产品地理标志”共3个，分别为江西吉安的峡江水牛，广西百色的西林水牛和广西钦州的灵山奶水牛。这些牛品种及其乳肉制品等农产品作为地理标志的登记，有力地保护了地方牛遗传资源的地域特色和品质，帮助消费者识别和购买优质的农产品，提高了我国畜产品在国际消费市场的竞争力，推动了牛产业发展。

2. 全国名特优新农产品登记发布，促进地方牛遗传资源产业化开发利用

截至 2023 年 1 月，在农业农村部定期公布的全国名特优新农产品目录（http://mtyx.aqsc.org/）中与普通牛相关的“全国名特优新农产品”共有 77 个，包括郏县红牛、三河牛等 21 个牛品种，“平凉红牛肉”“乌拉盖华西牛肉”等 48 个牛肉制品，“呼图壁牛奶”等 8 个乳制品。与牦牛相关的“全国名特优新农产品”共 6 个，包括帕里牦牛、亚丁牦牛、九龙牦牛 3 个牦牛品种，“玛曲牦牛肉”“天祝白牦牛肉”“都兰牦牛肉”3 个牦牛肉制品。这些牛品种及其乳肉制品等全国名特优新农产品的发布，积极引导了全国各地对名特优新农产品区域公用品牌的培育，引领了农业生产经营主体打造知名品牌，根据市场需求发挥地方牛遗传资源的特色优势，促进了生产与市场有效衔接，满足了市场对优质牛肉、有机健康牛奶及乳制品的个性化和多元化消费需求。

专栏

◆闻名遐迩三河牛　蓄力产业新征程◆

三河牛是 19 世纪 50—80 年代我国自主培育的乳肉兼用牛品种，以其适应性强、乳脂优良、产肉率高而享誉全国。三河牛在“十四五”推动种业产业化新局面中，再次蓄力启航，成为呼伦贝尔农垦重点培植的核心产业之一，以巩固奶源、种源基地建设，打造现代农牧业产业园区为中枢，延伸三河牛产业链条，升级含加工、冷链仓储为一体的三河牛乳制品生产体验中心，开发三河牛切达干酪、哈罗米鲜酪、酸奶等多款乳制品。制定了产品质量标准，推出了三河牛液态奶、三河牛生鲜肉等系列产品，该系列产品属高端乳肉制品，深受当地消费者的认可，产品知名度和市场占有率进一步提升。

3. 建设中国特色农产品优势区域，助推牛产业品牌打造与高质量发展

2017 年以来，农业农村部等七部委公布了四批 308 个“中国特色农产品优势区”名单。其中，与牛相关的中国特色农产品优势区有 7 个，分别位于吉林桦甸市（桦甸黄牛）、河北隆化县（隆化肉牛）、内蒙古通辽市（科尔沁牛）、河南泌阳县（泌阳夏南牛）、青海玉树州（玉树牦牛）、西藏（类乌齐牦牛）、云南腾冲市（槟榔江水牛）。各地扎实做好特色农产品优势区建设，立足当地资源群体，聚焦良种繁育推广、肉牛屠宰加工、市场流通、质量安全和科技服务体系建设等方面，推动畜产品品牌强农兴农，带动农牧民增收，促进特色农产品优势区高质量发展。

第二节　建立多元化的牛遗传资源开发利用模式

中国在资源保护的基础上，利用牛遗传资源进行本品种选育、杂交改良和新品种培育，形成了各具特色的开发利用模式，有效提高了各类牛品种的生产性能和遗传品质。

一、本品种选育驱动地方遗传资源直接利用

中国牛驯化历史悠久，距今已有4000多年的历史，从古代农耕文明到现代农业生产，牛遗传资源发挥了不可替代的作用。由于地理位置、气候条件、耕作制度等因素的不同，中国地方牛在长期进化的过程中形成了耐寒冷、耐干旱、耐湿热、耐粗饲、抗病抗逆性强、肉品质优等特点，但是也存在生长速度慢、精饲料转换能力差、饲养周期长等缺点。通过本品种选育，可在保持和发展品种的优良特性的同时，增加品种内优良个体的比重，达到保持品种纯度和提高品种性能的目的。例如，秦川牛通过本品种选育，既能保持个体大、肉质细嫩、牛肉风味佳等特点，又能显著提高屠宰率、增加脂肪沉积，改善其肉用性能。青藏高原自然地理环境差异大，牦牛不同品种遗传资源各具特色，故其在选育方向上各有所别，如九龙牦牛以肉用为选育方向，麦洼牦牛以乳肉兼用为选育方向，天祝白牦牛以毛肉兼用为选育方向。

二、杂交利用显著提升牛遗传资源生产性能

1. 引进高产品种赋能牛地方品种杂交利用

在20世纪30年代，中国先后从德国、法国、奥地利等国引进乳用荷斯坦牛、乳肉兼用西门塔尔牛、肉用夏洛莱牛、利木赞牛等十多个品种改良地方黄牛。在乳用性能方面，地方黄牛与荷斯坦牛级进杂交后，除乳脂率有下降的趋势外，其产奶量一般随着杂交代数的增加而不断提高。在肉用性能方面，用西门塔尔牛、短角牛、利木赞牛、夏洛莱牛等公牛与本地牛级进杂交，可逐代改进本地牛的产肉性能。在辽宁、河北、河南、安徽、内蒙古等地，用引入的夏洛莱牛、利木赞牛或西门塔尔牛等肉用品种或乳肉兼用品种对本地牛及其杂种后代进行二元或三元杂交，生产得到产肉性能较好的肉牛。

2. 杂交优势利用显著提升牦牛生产性能

牦牛杂交改良历史悠久，中国早在3 000年前的殷周时期，已有利用引入半农半牧区的公黄牛与当地牦牛杂交生产犏牛的记录，其杂交后代比牦牛温驯，易于饲养管理，且乳肉产量显著增加。20世纪70年代中期，青海、四川等地先后在高原藏区引入人工授精技术，提高了牦牛杂交改良速度。利用娟姗牛杂交改良牦牛，所生产犏牛的产奶性能可提高200%以上，利用安格斯杂交改良牦牛，所生产犏牛的产肉性能可提高20%以上。利用牦牛、安格斯牛和本地黄牛进行三元杂交形成的杂种肉牛，具有生长速度快、产肉性能好等特征，2岁杂种肉牛与本地7岁育成牦牛相比，体重提高100 kg以上，屠宰率提高10%。野牦牛与家牦牛血缘关系相近，在环境条件特殊的高寒生态系统中，野牦牛是最理想的父本，杂交后代显示出极强的杂种优势，可有效复壮牦牛的抗逆性和生活力，使其生产性能得到显著提高。

3. 奶水牛杂交成为水牛遗传资源主要利用形式

中国本地水牛属沼泽型役用水牛，自身产奶量低，一个泌乳期平均产奶量500~600 kg，随着农业机械化的更新精进，本地水牛的数量不断下降。引入产奶量高的河流型水牛进行杂交改良，可以短时期内大幅度提高本地水牛的产奶量。例如，摩拉水牛或尼里–拉菲水牛杂交一代水牛的产奶量可达1 200 kg，杂交二代水牛的产奶量可达1 500~1 800 kg，个别优秀个体甚至可达3 600 kg。三品种杂交水牛平均泌乳期318天，平均产奶量达2 295 kg。经肥育后的摩杂一代水牛屠宰率可达56.5%~62.7%，比本地水牛的屠宰率提高7.56%~9.63%。三品种杂交水牛屠宰率比本地水牛高1.79%，净肉率高

1.51%。由此可见，杂交水牛的平均泌乳期产奶量、公牛屠宰率、净肉率更高，改良效果显著。

三、地方遗传资源为新品种培育提供育种素材

1. 与引入品种本土化杂交，培育优良普通牛新品种

中国大多数地方品种虽然经济性状欠佳，但普遍具有适应性强、抗逆性好、肉质风味佳、性情温驯等特点，是作为引入品种本土化杂交、培育牛新品种的重要素材。1973 年以后，相关主管部门从美国、加拿大、德国、丹麦、新西兰等国多批引入西门塔尔牛、利木赞牛、安格斯牛、夏洛莱牛、荷斯坦牛等普通牛品种 15 个，对本地黄牛进行杂交改良，培育出 1 个专门化乳用牛品种、5 个专门化肉用牛品种和 5 个兼用牛品种（表 2-4-1），对中国牛种业的发展起到了重要的推动作用。

表 2-4-1　中国普通牛新品种培育情况

品种	血统组成	育成时间	生产用途	品种特点
新疆褐牛	瑞士褐牛、阿拉托乌牛、科斯特罗姆牛与当地哈萨克牛杂交育成	1983 年	兼用	耐粗饲，抗寒，抗逆性强，适应性强，适宜山地草原放牧
中国荷斯坦牛	荷斯坦奶牛与地方黄牛杂交育成	1984 年	乳用	产奶性能高，体型外貌好，遗传性能稳定，适应性强
中国草原红牛	短角牛与蒙古牛杂交育成	1985 年	兼用	性情温驯，育肥性能好，肉质细嫩，乳品质佳，适应性和抗病力强，耐粗饲，耐寒
三河牛	西门塔尔牛、西伯利亚牛和蒙古牛杂交育成	1986 年	兼用	耐粗饲，耐寒，易放牧，生长发育较快，适应性强，抗逆性好
中国西门塔尔牛	德系、苏系和奥系西门塔尔牛与本地牛级进杂交育成	2002 年	兼用	耐粗饲，适应性强，产奶和产肉性能较优
夏南牛	法国夏洛莱牛与南阳牛杂交育成	2007 年	肉用	体质强健，生长发育快，耐粗饲，易育肥，繁育性能好，肉用性能好，抗逆性强
延黄牛	利木赞牛与延边牛杂交育成	2008 年	肉用	耐寒，耐粗饲，抗逆性强，饲料转化率高，生长发育速度快，肉质好
辽育白牛	夏洛莱牛与辽宁本地黄牛杂交育成	2009 年	肉用	生长速度快，体型大，产肉率高，增重快，肉质好，耐粗饲，耐寒性极强，适宜采用舍饲、半舍饲，半放牧和放牧式饲养
蜀宣花牛	西门塔尔牛、荷斯坦牛和宣汉黄牛三元杂交育成	2011 年	兼用	性情温驯，生长发育快，产奶和产肉性能较优，抗逆性强，耐粗饲
云岭牛	云南黄牛、墨累灰牛和婆罗门牛三元杂交育成	2014 年	肉用	生长速度快，育肥性能好，耐粗饲，耐热抗蜱，抗寄生虫能力强，适宜全放牧、放牧加补饲、全舍饲等不同饲养方式
华西牛	西门塔尔牛、蒙古牛、夏洛莱、三河牛杂交育成	2021 年	肉用	肉用性能突出，生长速度快，屠宰率高，净肉率高，适应性广，易饲养，好管理，既适应牧区，农区以及北方农牧交错带，也适应南方草山草坡地区

专栏

华西牛：边培育边建品牌的肉牛新品种

华西牛是中国农业科学院北京畜牧兽医研究所主导育成的专门化肉牛新品种，历时43年的杂交筛选和系统选育后，于2021年12月由农业农村部批准颁发新品种证书（农02新品种证字第9号）。该品种肉用性能突出，12~18月龄育肥牛平均日增重为1.36 kg/天，最高可达1.86 kg/天，屠宰率62.4%，净肉率53.9%，与国际同类型肉牛品种相比，核心指标达到国际先进水平，净肉率处于国际领先水平。华西牛的育成打破了中国肉牛核心种源严重依赖进口的局面，2023年华西牛种公牛新增151头，占全国新增种公牛的24%，累计推广种公牛850余头，推广冷冻精液1 600余万剂。与此同时，在培育过程中，通过种公牛拍卖会、网络拍卖等形式，积极打造华西牛品牌。2023年7月，第四届全国种公牛拍卖会总拍卖金额达1 889万元，其中华西牛拍卖金额达725万元。“标王”是一头华西牛种公牛，成交价66万元，是历年最高价的2.8倍，显著提升了品牌价值。截至2022年，全国华西牛核心场户达41家，联合育种企业总数达60余家，形成了华西牛联合育种模式。随着对华西牛的持续选育，其生产性能有望进一步提高，将有力提升中国肉牛产业和种业的核心竞争力，为中国肉牛核心种源国产化提供了重要保障。

专栏

云岭牛：适宜南方耐热又抗蜱的肉牛新品种

云岭牛于2014年获国家畜禽新品种证书，成为中国第一个热带亚热带肉牛新品种。云岭牛利用婆罗门牛、墨累灰牛和云南黄牛3个品种杂交选育而成。2016年成为农业部南方肉牛主推品种，2017年农业部公布云岭牛核心育种场入选第三批国家肉牛核心育种场。云岭牛的主要生产性能和综合品质优良，具有耐热抗蜱的能力。成年公牛体重可达850 kg以上，成年母牛可达550 kg以上，在架子牛强度育肥条件下，平均日增重1.5 kg以上。24月龄屠宰率公牛为59.56%，母牛为59.28%；净肉率公牛为49.62%，母牛为48.64%；优质肉切块率达39.4%。同时，在选育过程中，建立了云岭牛繁殖、饲养、高品质牛肉生产、胴体分割和加工等一系列配套技术体系。目前，云岭牛累计推广种牛7 580余头，冷冻精液84.4万剂，扩繁及生产杂交牛49.2万头。云岭牛为中国南方改良小型肉牛品种的理想种源提供了选择遗传资料。

2. 利用本土特有遗传资源，培育出独具特色的牦牛新品种

由于牦牛与普通牛的杂交后代雄性不育，种间杂交改良牦牛所获的优良性状和生产性能不能通过横交固定自群繁育的方式稳定遗传给后代，只能作为经济杂交用于商品生产，限制牦牛遗传资源的深度挖掘和利用。科技人员也曾利用不同地方牦牛品种进行杂交试验，由于其种质差异不大，效果亦不理想。在这一背景下，中国农业科学院兰州畜牧与兽药研究所与青海省大通种牛场开展联合攻关，通

过捕获野牦牛，杂交改良家牦牛，成功培育了大通牦牛，解决了牦牛在低投入的青藏高原畜牧业粗放生产管理系统中，如何有效提高其生产效能和保持其特有遗传性能这一科学难题。

专栏

◆ 大通牦牛：利用野生近缘遗传资源培育的牦牛新品种 ◆

大通牦牛是利用中国特有的野牦牛遗传资源作父本，家牦牛作母本，经过25年选育而成的牦牛新品种。2005年3月农业部批准颁发了新品种证书（农02新品种证字第2号）。大通牦牛是通过有计划地捕获、驯化野牦牛，探索解决牦牛精液采集、冷冻精液研制及大面积人工授精等技术难点，通过建立育种核心群，高强度选择，利用适度近交、闭锁繁育、提高选育等主要手段，培育生产性能高，特别是产肉性能、繁殖性能、抗逆性远优于家牦牛的肉用型牦牛新品种。大通牦牛新品种与牦牛地方类群相比，产肉量比家牦牛提高20%，产毛、绒量提高19%，繁殖率提高15%~20%。品种已覆盖中国牦牛产区的75%，对促进高寒少数民族聚集地区，尤其是藏区社会、经济的发展具有重要作用和意义。

第三节　牛遗传资源利用开创新格局

牛遗传资源的开发利用，要落实贯彻创新、协调、绿色、开放、共享的新发展理念，以牛地方品种的有效保护和有序开发为目标，因地制宜，根据不同的生态类型和地域经济条件，有计划地进行杂交改良或本品种选育，推进品种培优、品质提升、品牌打造和标准化生产，完善标准体系，强化科学技术支撑，改进基础设施，加强品牌建设和龙头企业培育，推进形成产业链条相对完整、市场主体利益共享、抗市场风险能力强的特色优势产业，努力开创保护与利用相结合、资源优势和产业优势相融合的新格局，为中国现代畜牧业可持续健康发展提供有力支撑，助力乡村振兴战略的有效实施。

一、以用促保，提升地方品种生产性能

对于具有独特性能的优良地方普通牛遗传资源，在保护和提纯复壮的同时，提高其生产性能。强化独特性状和优异性能的遗传资源表型与基因型的深度鉴定、特异基因的挖掘与种质创制，拓宽育种遗传基础。同时，开发其独特的产品市场，实现这些遗传资源的直接利用。如体型高大、肉质性能好的秦川牛、晋南牛、南阳牛、鲁西黄牛、延边牛等，肉质风味独特、有较好的肌内脂肪沉积潜力的文山牛和夷陵牛等，应作为主要的遗传资源进行开发利用，采用常规育种与分子育种技术相结合的方式，向优质肉用性能和高品质牛肉的方向选育，培育优质、高产、抗病、节粮型新品种。

中国大部分地方牦牛、水牛品种生产性能较低，特色性状挖掘利用不够，可通过设定明确的选育目标，选与育并重，对其进行有目的、有计划的选择和培育。在中心产区建立保护区和保种群，同时建立本地牦牛、水牛核心群和繁育基地，明确系谱，严格选配，控制近交。通过选种选配、提纯复壮、

定向培育等方式，保持本品种的遗传特性的同时，进一步选育提高生产性能。

二、杂交改良，提升遗传资源生产效率

对于在特定的地理、气候条件下，具有特定适应性的牛地方品种，如适应寒冷、沙漠气候、耐粗饲的蒙古牛，适应湿热环境、抗逆性好的雷琼牛和大别山牛，要重点开展地方遗传资源的种质特性评估与分析，应利用其特殊的适应性，有序开展杂交改良，在提高生产性能的同时，考虑适应性的稳定。对于生产性能低又没有特殊用途且群体数量较多的遗传资源，应引进优良遗传资源对其进行杂交改良，提高遗传资源的经济价值。中国荷斯坦牛作为中国目前奶牛主导品种，就是利用引进的荷斯坦牛与国内地方黄牛杂交育成的，目前仍然在进行不同程度的选育提高和引进国外高产个体来改良。牛肉生产现主要利用西门塔尔、夏洛莱、利木赞、安格斯等国外专门化肉牛品种与地方黄牛进行杂交，在提高生长速度的同时，要充分利用好地方黄牛适应性好、耐粗饲、抗病力强等优异基因。

牦牛与野牦牛或普通牛杂交后代优势明显，应充分利用大通牦牛和阿什旦牦牛新品种及小型优良肉牛或肉乳兼用品种（如娟姗牛、安格斯牛等）开展牦牛杂交改良，生产二元、三元杂交犏牛，提高产肉产奶性能。中国本地沼泽型水牛与引入的三种河流型水牛杂交后，杂种后代表现出明显的杂种优势，可迅速提高肉用和乳用性能，增加水牛养殖的经济效益。因此，开展水牛品种杂交工作中，应有计划地进行品种区划的推广，为培育乳肉兼用水牛新类群打下良好的基础。

三、联合育种，应用先进育种技术开展选种选育

牛是大家畜，世代间隔长，繁殖率低，育种成本高，且品种繁多，单品种育种群数量少，选择强度低。联合育种是一种最为有效的方法，可以实现遗传资源、技术和育种信息的互通共享。目前，中国奶牛、肉牛的联合育种稳步推进，成立了多种形式的联合育种组织和产业联盟，如北方联盟、香山联盟等奶牛育种自主创新联合体，肉用西门塔尔牛育种联合会、安格斯牛育种联合会等肉牛联合育种组织，以及乳肉兼用牛培育自主创新联盟，初步形成了统一选种选配、统一性能测定、统一遗传评定、统一种质推介的“全国一盘棋”联合育种体系。加强牛遗传资源的创新利用，需要进一步完善联合育种组织体系，支持成立品种联合会、区域育种联合会、育种技术联盟等多种形式联合育种组织和牛遗传资源保护与利用创新联盟，支持种公牛站、国家核心育种场开展联合育种，支持发展创新要素有效集聚、市场机制充分发挥的联合育种实体，支持优势育种企业有效整合资源、人才、技术等创新要素，参与国际市场竞争，提升国产牛遗传资源影响力。

四、品牌建设，树立龙头企业标杆增强市场竞争力

深入开展农业生产“三品一标”提升行动，打造一批以特色牛遗传资源、牛肉制品、乳制品等产品开发为主导的产业化龙头企业，支持种业企业做强做大、做专做精，重点培育具有核心研发能力、产业带动力的领军企业，提高企业品牌影响力和市场竞争力。一是夯实品牌发展基础，提升农业品牌特色化差异化，加快绿色食品、有机农产品、地理标志农产品、名特优新农产品等认证和中国特色农产品优势区建设；二是鼓励差异化产业发展，促进地方结合本地区优势特色牛品种的优异性状开发产业，制定品牌地方标准，服务产业发展；三是深度挖掘传统农耕文化精髓，开展农业品牌文创活动，提升农业品牌文化内涵；四是依托中国国际农产品交易会、中国农民丰收节、赛牛会等展会活动，开展品牌推广。

分报告三

中国羊遗传资源状况

中国畜禽遗传资源状况

阿旺绵羊

湖羊

巴音布鲁克羊

乌珠穆沁羊

内蒙古绒山羊

凉山黑绵羊

欧拉羊

第一章

中国是羊遗传资源极为丰富的国家

家羊（绵羊和山羊）起源驯化于距今 11 000~10 000 年前新月沃土地区的野生羊种。人类迁移和以古丝绸之路等为媒介的古文明之间的交流、贸易，促进了西亚地区驯化羊种向中国迁移。中国羊的驯化历史可以追溯到 7 000 年前，属于世界上较早驯化羊的国家之一。随着时间的推移，这些羊种逐渐适应了中国的气候和环境，并在人工选择的影响下形成了独特的中国地方羊遗传资源。近代以来的育种和遗传改良工作，人们针对羊的不同特点进行选育和选配，培育出多个不同用途的新品种，不断丰富中国羊遗传资源。第三次普查数据表明，中国目前有 193 个羊遗传资源，广泛分布于全国各地，并呈现一定地域分布特征，其中包括 123 个地方羊遗传资源，占世界地方羊遗传资源总数的 7%；还有 51 个新培育品种和 19 个引入品种。中国是全球羊遗传资源极为丰富的国家，丰富的羊遗传资源支撑着中国羊产业的可持续发展。

第一节　中国是绵羊和山羊驯化较早的国家

根据考古学证据，绵羊最早被人类驯化于约 11 000 年前，驯化地位于西亚新月沃土地区；山羊驯化时间可最早追溯至 10 000 多年前，驯化地位于伊朗西南部扎格罗斯山脉及其周边地区。根据目前的分子遗传学研究，现代家绵羊的祖先源自新月沃土地区的野生亚洲摩弗伦羊，而近东地区的伊朗野山羊则是现代家山羊的祖先。羊经历起源驯化地的早期驯化后，通过古代文明之间的文化交流，扩散至世界各地进行后期本土驯化。中国羊的驯化历史最早可以追溯至 7 000 多年前，随后的迁移和扩散过程则与中国的历史和人口迁徙息息相关。

一、羊起源与驯化历史悠久

绵羊　在分类学上属哺乳纲偶蹄目洞角科（牛科）羊亚科绵羊属。目前已发现并较为公认的绵羊野生近缘物种主要有 7 个，分别是欧洲摩弗伦羊（*Ovis musimon*）、亚洲摩弗伦羊（*Ovis orientalis*）、东方盘羊（*Ovis vignei*）、盘羊（*Ovis ammon*）、大角羊（*Ovis canadensis*）、白大角羊（*Ovis dalli*）和雪羊（*Ovis nivicola*）。一般认为，与家养绵羊血缘关系最近的3个野生种是亚洲摩弗伦羊、盘羊和东方盘羊，其中亚洲摩弗伦羊最有可能是家养绵羊的祖先。根据考古学和全球家养绵羊的分子遗传学证据，家养绵羊最早驯化时间可追溯至11 000年前，近东和中东地区是最初的驯化地。

山羊 在分类学上属于哺乳纲偶蹄目牛科羊亚科山羊属。家山羊有9个野生近缘种，包括家山羊的野生祖先——镰刀型角的猾羊（*Capra aegagrus*）和螺旋状角的猾羊（也称捻角山羊）（*Capra falconeri*）以及7种北山羊（也称羱羊）（*ibex*）：阿尔卑斯北山羊（*Capra ibex*）、努比亚北山羊（*Capra nubiana*）、西伯利亚北山羊（*Capra sibirica*）、西班牙北山羊（*Capra pyrenaica*）、西高加索北山羊（*Capra caucasica*）、东高加索北山羊（*Capra cylindricornis*）和瓦利亚北山羊（*Capra walie*）。随着研究的深入，一个普遍被接受的观点是家山羊的直接祖先是伊朗野山羊（*Capra aegagrus*），驯化于距今约10 000年前的新月沃土地区，该驯化地带可从黎凡特南部穿过土耳其东南部和叙利亚北部，一直延伸到扎格罗斯高山牧场以及伊拉克、伊朗的干旱低地平原。

二、中国羊的驯化与中华文明相生相伴

绵羊养殖在中国已有超过7 000年的历史，其迁徙和扩张与人类的需求和民族历史密切相关。考古发现，中国家养绵羊现存最早的记录可追溯到7 000~5 000年前。古“丝绸之路”（4 500~4 000年前）的跨亚欧贸易通道和早期人们对绵羊肉毛产品的需求可能促使了绵羊从驯化地沿欧亚大陆进入中国西北和北方地区。亚洲地区古绵羊线粒体DNA标记研究结果揭示，乌兹别克斯坦—阿尔泰地区可能是东亚早期绵羊的迁徙中心，绵羊可能通过两次不同的路线穿越欧亚大陆来到中国：一次是在约4 000年前经过乌兹别克斯坦和中国西北部到达黄河中下游，另一次是在4 429~2 500年前经过阿尔泰地区到达内蒙古中部。基于欧亚等地绵羊分子遗传学研究，认为蒙古高原是绵羊经过高加索、里海和中亚地区向东迁移进入中国的“交通枢纽”，并通过该地区到达中国北部和西南部。家养绵羊在公元前5 000年—公元前3 000年期间主要分布在中国新疆、青海、内蒙古等西北和北方地区，公元前2 500年后向东、向南逐渐扩散至中国其他地区。经过长期自然和人工选择在新疆、内蒙古等地演化成为中国哈萨克系和蒙古系两大绵羊系统的原始祖先类群；随后，受气候、人口迁移等因素分两个阶段从中国北方到达青藏高原形成藏系绵羊的原始祖先类群：一是约3 100年前从陕西经甘肃到达青藏高原东北部，二是约1 300年前从东北部向西南方向迁移进入西藏。

中国山羊最早驯化的考古学证据在陕西北部石峁遗址（4 300~3 800年前的龙山晚期阶段）被发现。与西北地区相比，山羊在中原地区出现的时间稍晚，目前中原地区山羊出土最早的遗址是河南偃师二里头遗址（约3 700年前）。据考古和分子遗传学研究，西亚驯化山羊通过不同的路线从驯化中心向非洲、欧洲和亚洲迁移。其中，向亚洲的迁移主要有两条路线：一条是约6 000年前，从波斯和阿富汗经过中亚到达蒙古高原和中国华北地区，继而向南进入中原地区；另一条是约4 000年前，通过巴基斯坦和阿富汗之间的卡帕山口传播到印巴次大陆，然后传至东亚和东南亚广阔地区。据9个中国北方古代山羊遗址（3 900~4500年前）和驯化区域10 000~4 000年前古山羊分子遗传学研究结果，中国山羊起源于伊朗西部地区，最可能在7 000~6 000年前的红铜时期从该地出发，并在约4 000年前到达中国甘肃、青海等西北地区，进一步扩散到黄河流域，在3 700年前左右的二里头文化时期被引入中原地区。在商周时期（3 600~2 000年前），山羊开始在北方地区大量出现，并逐渐散布各地。经过数千年的演化和选择，分化为适应北方干冷和南方湿热环境的两大类群。

第二节 中国拥有丰富多样的羊遗传资源

绵羊和山羊在中国各种生态类型中具备广泛的适应性，形成了丰富的绵羊和山羊遗传资源。根据FAO数据，截至2022年9月，全球共有2 072个羊遗传资源，其中包括1 384个绵羊品种和688个山羊品种；而中国羊遗传资源数量占全球总量的9.3%，位居世界前五。根据第三次普查数据，中国现有193个羊品种，涵盖了肉、绒、毛、乳、皮等主要生产用途，并广泛分布于各类不同的生态环境中，是世界羊遗传资源利用类型极为多样的国家，这些品种构成了中国宝贵多元的羊遗传资源库。

一、中国是羊遗传资源极为丰富的国家

家养绵羊和山羊已成为畜牧养殖中重要的两个经济畜种。目前，全球共有1 744个羊地方品种（包括1 143个绵羊品种和601个山羊品种）、194个区域性跨境品种和134个国际性跨境品种，主要分布在亚欧非三大洲及高加索地区。2021年全球绵羊和山羊存栏量均超过11亿只，分布于170多个国家和地区，其中中国羊存栏量占比27.3%，位居世界第一。第三次普查数据表明，中国现有绵羊品种106个，占据世界绵羊遗传资源的7.7%，包括地方品种56个、培育品种37个、引入品种13个。绵羊遗传资源群体总数量为6 646.95万只，能繁母羊占比在60%以上，群体结构以地方品种为主。现有山羊品种87个，占世界山羊遗传资源的12.6%，其中包括67个地方品种、14个培育品种和6个引入品种，是世界上山羊遗传资源极为丰富的国家。山羊遗传资源总群体数量为2 740.19万只，能繁母羊平均占比50%以上，群体结构以地方品种为主（表3-1-1）。

表3-1-1 中国羊遗传资源种群结构概况

畜种	类型	数量／个	群体数量／万只	能繁母羊平均占比／%	种公羊平均占比／%
绵羊	地方品种	56	6 083.18	62.49%	7.60%
	培育品种	37	477.60	66.40%	4.36%
	引入品种	13	86.17	69.50%	10.29%
	总计	106	6 646.95	—	—
山羊	地方品种	67	2 039.99	52.88%	5.63%
	培育品种	14	670.05	59.26%	3.96%
	引入品种	6	30.15	65.69%	8.21%
	总计	87	2 740.19	—	—

二、中国拥有世界最全的羊遗传资源类型

中国地域广阔，气候生态类型多样，孕育了丰富多彩的羊遗传资源类型。根据生产用途、种质特

性或主要生态特征，中国羊遗传资源可以分为肉用羊、毛用羊等许多类型，涵盖世界上主流的羊遗传资源利用类型。

（一）中国绵羊品种类型繁多

从绵羊品种的形成、演化以及地理分布和遗传关系，可以将中国地方绵羊品种划分为蒙古系、哈萨克系和藏系三大系统（表 3–1–2）。按照尾形分为短瘦尾型（如西藏羊）、长瘦尾型（如新疆细毛羊）、短脂尾型（如蒙古系绵羊）、长脂尾型（如大尾寒羊）和脂臀型（如哈萨克羊）五大类型。绵羊按照生产方向分为细毛羊、半细毛羊、粗毛羊、肉脂兼用羊、肉用羊、羔皮用羊、裘皮用羊和乳用羊八大类（表 3–1–3），其中细毛羊和半细毛羊兼用以培育品种为主，乳用羊以引进品种为主。

表 3–1–2　中国地方绵羊品种系统分布及主要特征

系统	地区	主要特征	代表性品种
蒙古系	中国北部、中原地区及东部	脂尾	蒙古羊、乌珠穆沁羊、苏尼特羊、滩羊、湖羊、小尾寒羊、大尾寒羊、汉中绵羊、巴音布鲁克羊、洼地绵羊、晋中绵羊
哈萨克系	主要分布于新疆地区	脂臀，体型与蒙古系相似，明显大于藏系	哈萨克羊、多浪羊、阿勒泰羊、巴什拜羊、塔什库尔干羊、巴尔楚克羊
藏系	主要分布于青藏高原、云贵高原等高寒地区	包括山谷型、草地型和欧拉型；瘦尾，呈圆锥形，体型小	西藏羊、岗巴绵羊、霍尔巴绵羊、多玛绵羊、凉山黑绵羊、宁蒗黑绵羊、腾冲绵羊、威宁绵羊、昭通绵羊、贵德黑裘皮羊、石屏青绵羊、兰坪乌骨绵羊

表 3–1–3　中国绵羊遗传资源依据生产性能分类及其代表性品种

类型	代表性品种
细毛羊	中国美利奴羊（培育）、新疆细毛羊（培育）、甘肃高山美利奴羊（培育）
半细毛羊	凉山半细毛羊（培育）、云南半细毛羊（培育）、澎波半细毛羊（培育）
粗毛羊	蒙古羊、哈萨克羊、西藏羊、乌珠穆沁羊、阿勒泰羊、和田羊（地毯毛）
肉用羊	鲁西黑头羊（培育）、黄淮肉羊（培育）、无角陶塞特羊（引入）、萨福克羊（引入）
肉脂兼用羊	小尾寒羊、大尾寒羊、同羊
裘皮用羊	滩羊、岷县黑裘皮羊、贵德黑裘皮羊
羔皮用羊	湖羊、中国卡拉库尔羊（培育）
乳用羊	东佛里生羊（引入）

（二）山羊主要以生产用途为分类依据

中国山羊以地方品种为主，且都是短瘦尾型，因此，在分类上主要根据生产方向进行分类，一般分为绒用山羊、肉用山羊、毛用山羊、乳用山羊、皮用山羊和普通山羊六大类（表 3–1–4），其中乳用羊以培育品种和引入品种为主。

表 3-1-4　中国山羊遗传资源分类及其代表性品种

类型	代表性品种
绒用山羊	内蒙古绒山羊、辽宁绒山羊、河西绒山羊、陕北白绒山羊（培育）
肉用山羊	川中黑山羊、马头山羊、贵州黑山羊、云上黑山羊（培育）、南江黄羊（培育）、波尔山羊（引入）
毛用山羊	长江三角洲白山羊、安哥拉山羊（引入）
乳用山羊	关中奶山羊（培育）、崂山奶山羊（培育）、萨能奶山羊（引入）
皮用山羊	济宁青山羊（羔皮）、中卫山羊（裘皮）、宜昌白山羊（板皮）
普通山羊	西藏山羊、新疆山羊、太行山羊、建昌黑山羊

三、中国羊遗传资源生态分布格局

中国地域辽阔，南北气候差异明显，自北向南有寒温带、温带、暖温带、亚热带和热带五个气候带。地形地貌类型非常复杂，包含山地、高原、丘陵、盆地和平原五个不同地形，其中，以山地和高原为主，其次是盆地。由西向东形成了三大地势阶梯：第一阶梯以青藏高原为主，平均海拔 4 000 m 以上；第二阶梯覆盖内蒙古高原、黄土高原、云贵高原等地区，平均海拔 1 000~2 000 m；第三阶梯以丘陵、平原为主，包括东北平原、华北平原、东南丘陵等，大部分海拔小于 500 m。这种独特的气候和地貌特征对中国绵羊、山羊的系统发育与演化起着至关重要的作用。不同地区生态环境、经济条件、民族宗教习惯等方面存在差异，使得中国羊的分布不平衡。根据第三次普查数据，从全国范围来看，中国绵羊的主要分布地区属于温带、暖温带和寒温带的干旱、半干旱和半湿润地带，山羊则主要分布在干旱贫瘠的山区、荒漠地区和南方草坡较多的地区。在地理区域分布上，中国羊遗传资源群体数量西部多于东部，北方多于南方，主要集中分布在西北和华北地区。从全国各省（区、市）来看，主要集中分布在内蒙古、新疆、西藏和青海等地。

根据生态经济学原则和中国行政区域，可以将中国羊遗传资源的分布划分为八个生态地理区域：东北农区、内蒙古地区、华北农区、西北农牧交错区、新疆牧区、中南农区、西南农区和青藏高原区。

1. 东北农区

东北农区包括辽宁、吉林、黑龙江三省，属于寒温带和温带湿润、半湿润地区。冬季严寒，夏季炎热，年平均气温 0~8℃。东北农区是近 150 年内的新垦农区，地形复杂，山地、河谷及小平原相互交错，放牧植被多为灌木丛和山地草甸草场，农业和林果业发达，农副产品丰富，为养羊业的发展提供了较好的饲料和放牧条件。全区共有绵山羊资源群体（纯种群体）240.6 万只，占全国羊总数的 2.6%，其中，绵羊占全国绵羊总数的 1.0%，山羊占 6.3%。原产于该地区的地方品种有 1 个，为辽宁绒山羊，占全国地方羊遗传资源的 0.81%，资源群体规模（纯种群体规模）占全国羊地方品种规模的 2.07%，该品种是中国产绒量最优秀的绒用地方山羊品种；培育品种有 3 个，包括东北细毛羊、双乾肉羊和乾华美利奴羊。此外，该地区引进阿勒泰羊、马头山羊等 23 个地方品种，以及新吉细毛羊、关中奶山羊等 10 个培育品种。

2. 内蒙古地区

内蒙古地区以温带大陆性季风气候为主，春季多大风，夏季炎热，降水集中，秋季气温降低，冬季漫长寒冷。该地区在旧石器时代晚期就有居民和野羊同时存在，所形成的原始品种蒙古羊，几乎影响了中国东部的所有绵羊品种。全区共有羊遗传资源（纯种群体）2 933.5 万只，占全国羊总数的31.3%，其中，绵羊占全国绵羊总数的 32.3%，山羊占 28.7%，是中国羊遗传资源群体规模最大的区域。原产于该地区的地方品种有 7 个，包括蒙古羊、呼伦贝尔羊、苏尼特羊、乌冉克羊、乌珠穆沁羊、乌珠穆沁白山羊和内蒙古绒山羊，占全国地方羊遗传资源的 5.69%，资源群体规模（纯种群体规模）占全国羊地方品种规模的 24.15%；培育品种有 15 个，包括内敖汉细毛羊、巴美肉羊、草原短尾羊、察哈尔羊、鄂尔多斯细毛羊、戈壁短尾羊、呼伦贝尔细毛羊、科尔沁细毛羊、内蒙古细毛羊、乌兰察布细毛羊、兴安毛肉兼用细毛羊、昭乌达肉羊、杜蒙羊、华蒙肉羊和罕山白绒山羊。此外，该地区引进大尾寒羊、辽宁绒山羊等 12 个地方品种，以及东北细毛羊、关中奶山羊等 8 个培育品种。

3. 华北农区

华北农区一般指除内蒙古外的黄河中下游地区，包括山东、山西、河北、河南四省和北京、天津两个直辖市。地形主要有丘陵、平原、山地三种，气候为温带大陆性季风气候，四季分明，夏季高温多雨。该地区农业发达，农副产品丰富，养羊历史悠久。全区共有羊遗传资源（纯种群体）220.1 万只，占全国羊总数的 2.3%，其中，绵羊占全国绵羊总数的 1.4%，山羊占 4.6%。原产于该地区的地方品种有 21 个，包括大尾寒羊、广灵大尾羊、晋中绵羊、鲁中山地绵羊、泗水裘皮羊、太行裘皮羊、洼地绵羊、小尾寒羊、豫西脂尾羊、太行山羊、牙山黑绒山羊、燕山绒山羊、尧山白山羊、沂蒙黑山羊、伏牛白山羊、莱芜黑山羊、鲁北白山羊、黄淮山羊、济宁青山羊、吕梁黑山羊和承德无角山羊，占全国地方羊遗传资源的 17.07%，资源群体规模（纯种群体规模）占全国羊地方品种规模的 2.71%，其中，小尾寒羊和济宁青山羊属于世界少有的多胎绵羊和山羊品种；培育品种有 6 个，包括黄淮肉羊、鲁西黑头羊、鲁中肉羊、文登奶山羊、崂山奶山羊和晋岚绒山羊。此外，该地区引进湖羊、西州乌羊等 23 个地方品种，以及高山美利奴羊、云上黑山羊等 9 个培育品种。

4. 西北农牧交错区

西北农牧交错区包括陕西、甘肃和宁夏，地理上包括黄土高原西部、渭河平原、河西走廊等地。该地区多为内陆气候，干旱少雨，草场多属荒漠类型。绿洲农业发达，可提供农副产品作为羊的冬春补充饲料。全区共有羊遗传资源（纯种群体）1 111.9 万只，占全国羊总数的 11.8%，其中，绵羊占全国绵羊总数的 8.2%，山羊占 20.6%。原产于该地区的地方品种有 11 个，包括滩羊、同羊、兰州大尾羊、汉中绵羊、岷县黑裘皮羊、中卫山羊、河西绒山羊、子午岭黑山羊、洮羊、洮藏黑山羊和陕南白山羊，占全国地方羊遗传资源的 8.94%，资源群体规模（纯种群体规模）占全国羊地方品种规模的 2.75%，其中滩羊和中卫山羊是国内外知名的裘皮用羊品种；培育品种有 6 个，包括甘肃高山细毛羊、高山美利奴羊、陕北细毛羊、关中奶山羊、天华肉羊和陕北白绒山羊。此外，该地区引进巴音布鲁克羊、济宁青山羊等 31 个地方品种，以及鲁西黑头羊、崂山奶山羊等 14 个培育品种。

5. 新疆牧区

新疆是中国五大牧区之一，因深居内陆，形成了明显的温带大陆性气候。气温变化大，日照时间长，降水少。作物种植历史悠久、种类繁多，天然草场面积大，为养羊业发展提供了良好的基础。全区共有羊遗传资源群体（纯种群体）2 185.7 万只，占全国羊总数的 23.3%，其中，绵羊占全国绵羊总数的 29.5%，山羊占 8.3%，拥有中国第二大羊群体规模。原产于该地区的地方品种有 15 个，包括阿勒泰羊、巴尔楚克羊、巴什拜羊、巴音布鲁克羊、策勒黑羊、多浪羊、哈萨克羊、和田羊、柯尔克孜羊、罗布羊、塔什库尔干羊、吐鲁番黑羊、叶城羊、新疆山羊和皮山红羊，占全国地方羊遗传资源的

12.20%，资源群体规模（纯种群体规模）占全国羊地方品种规模的 20.43%，其中和田羊羊毛是纺织地毯、提花毛毯的优质原料；培育品种有 7 个，包括新疆细毛羊、中国美利奴羊（新疆型）、苏博美利奴羊、新吉细毛羊、中国卡拉库尔羊、德新肉用细毛羊和疆南绒山羊。此外，该地区引进滩羊、子午岭黑山羊等 17 个地方品种，以及鲁中肉羊、雅安奶山羊等 7 个培育品种。

6. 中南农区

中南农区指秦岭山脉和淮河以南，除四川、云南、贵州、重庆以外的广大农业地区，包括上海、江苏、浙江、安徽、江西、福建、湖北、湖南、广东、广西、海南、台湾 12 个省（区、市）以及香港、澳门 2 个特别行政区。该地区地处亚热带和热带，由于气候温暖潮湿，地形以丘陵、盆地、平原为主。自然环境条件优越，农业发达，灌丛草坡面积大，可全年供应充足的饲草资源，尤其是青绿饲草，形成了以养山羊为主的养羊业。除台湾以外，中南农区共有羊遗传资源群体（纯种群体）287.2 万只，占全国羊总数的 3.1%，其中，绵羊占全国绵羊总数的 2.0%，山羊占 5.6%。原产于该地区的地方品种有 15 个，包括湖羊、戴云山羊、都安山羊、福清山羊、赣西山羊、广丰山羊、雷州山羊、隆林山羊、麻城黑山羊、马头山羊、闽东山羊、湘东黑山羊、宜昌白山羊、千秋山羊和长江三角洲白山羊，占全国地方羊遗传资源的 12.20%，资源群体规模（纯种群体规模）占全国羊地方品种规模的 2.33%，其中，湖羊是农业农村部肉羊遗传改良的首推母本品种，具有出色的繁殖性能，也是中国唯一的白色羔皮用品种，长江三角洲白山羊是中国特有的笔料毛用地方山羊品种；培育品种 1 个，为皖临白山羊。此外，该地区引进大尾寒羊、大足黑山羊等 26 个地方品种，以及简州大耳羊、文登奶山羊等 8 个培育品种。

7. 西南农区

西南农区包括四川、云南、贵州和重庆。该地区属亚热带湿润季风气候。主体部分气温变化小，冬暖夏凉，雨季明显，主要集中在夏、秋季节。自古以来，该地就是多民族聚居区域，且生态环境复杂多样，由此形成中国羊遗传资源最丰富的地区。全区共有羊遗传资源群体（纯种群体）461.6 万只，占全国羊总数的 4.9%，其中，绵羊占全国绵羊总数的 1.0%，山羊占 14.5%。原产于该地区的地方品种有 37 个，包括迪庆绵羊、兰坪乌骨绵羊、凉山黑绵羊、宁蒗黑绵羊、石屏青绵羊、腾冲绵羊、威宁绵羊、昭通绵羊、黔北麻羊、宁蒗黑头山羊、威信白山羊、白玉黑山羊、板角山羊、北川白山羊、成都麻羊、凤庆无角黑山羊、古蔺马羊、圭山山羊、贵州白山羊、贵州黑山羊、龙陵黄山羊、罗平黄山羊、马关无角山羊、美姑山羊、弥勒红骨山羊、南充黑山羊、建昌黑山羊、川东白山羊、川南黑山羊、川中黑山羊、大足黑山羊、酉州乌羊、渝东黑山羊、云岭山羊、昭通山羊、羊坪长毛山羊和临沧长毛山羊，占全国地方羊遗传资源的 30.08%，资源群体规模（纯种群体规模）占全国羊地方品种规模的 5.16%；培育品种有 7 个，包括凉山半细毛羊、云南半细毛羊、贵乾半细毛羊、简州大耳羊、南江黄羊、云上黑山羊和雅安奶山羊。此外，该地区引进湖羊、长江三角洲白山羊等 7 个地方品种，以及关中奶山羊共 1 个培育品种。

8. 青藏高原区

青藏高原区包括青海、西藏、甘肃南部和四川西北部。该地区面积广大，雪山连绵，湖盆开阔，到处可见天然牧场，海拔一般 3 000 m 以上，气候寒冷干燥，枯草季长。全区共有羊遗传资源群体（纯种群体）1 926.7 万只，占全国羊总数的 20.5%，其中，绵羊占全国绵羊总数的 24.3%，山羊占 11.4%。原产于该地区的地方品种有 16 个，包括阿旺绵羊、多玛绵羊、岗巴绵羊、勒通绵羊、玛格绵羊、贵德黑裘皮羊、霍尔巴绵羊、欧拉羊、色瓦绵羊、苏格绵羊、西藏羊、扎什加羊、泽库羊、柴达木山羊、白玉黑山羊和西藏山羊，占全国地方羊遗传资源的 13.01%，资源群体规模（纯种群体规模）占全国羊地方品种规模的 15.22%；培育品种有 6 个，包括青海毛肉兼用细毛羊、青海高原毛肉兼用半细毛羊、澎波半细毛羊、象雄半细毛羊、柴达木绒山羊和藏西北白绒山羊。此外，该地区还引进哈萨克羊、中卫山羊等 10 个地方品种，以及甘肃高山细毛羊、陕北白绒山羊等 5 个培育品种。

随着人们对羊产品消费需求的变化和增长，以及育种改良工作的推进，湖羊、小尾寒羊等品质特性突出的品种推广范围逐渐扩大。例如，湖羊原产于中国浙江和江苏两地，由于其良好的适应性和高繁性能，目前已经推广至新疆、青海、海南等地。小尾寒羊原产于山东，鉴于其高繁性能，已被推广到内蒙古、甘肃等地。贵州黑山羊原产于贵州，由于具有耐寒、耐湿的特点，对丘陵山区的环境适应性强，可提供高品质的肉类产品，受到广大消费者的喜爱，如今已被推广到安徽、广西等地。辽宁绒山羊绒肉产量高，由于其显著的杂交改良效果，被内蒙古、陕西、新疆、山西等地作为种用羊引进，广泛用于育种和改良。这些羊品种的推广不仅有助于满足人们对羊产品的需求，还有助于改善地方低产品种的性能，推动当地畜牧业的发展，带动地区经济增长。

第三节　中国羊遗传资源种质特色鲜明

中国羊遗传资源种类丰富，种质特性多种多样，为羊产业发展提供了丰富的遗传资源基础，在肉类产品、乳制品和纺织工业等方面发挥重要作用。

一、体型外貌多样

绵山羊体型外貌在羊的选育和管理中具有重要作用，是其生活、生产和适应环境的关键因素之一。在三大绵羊系统中，藏系绵羊分为山谷型、草地型和欧拉型，其中，山谷型藏羊体格较小，结构紧凑，公羊角长而粗壮，呈螺旋状向左右平伸，母羊角偏小、扁平，呈捻转状，体躯被毛以白色为主；草地型藏羊体格较大，四肢较长，被毛主要为体躯白色、四肢杂色；欧拉型藏羊体格高大，四肢较长，多数体躯被毛为杂色。蒙古系绵羊体质结实，骨骼健壮，体躯呈长方形，部分公羊有螺旋形角，少数母羊有小角，被毛体躯为白色，四肢多为有色毛。哈萨克系绵羊体质结实，结构匀称，头中等大，耳大下垂，被毛以红棕色为主，部分个体头和四肢为黄色（图 3–1–1）。

a. 哈萨克羊

b. 蒙古羊

c. 西藏羊

图 3-1-1　三大绵羊系统体型外貌特征

山羊分布范围极为广泛，其体型外貌较为多变，因品种的不同而具有较大差异（图 3-1-2 a~f）。角形变异丰富，有倒八字形、扁形、捻角形、板角形和立角等。体格大小不一，如西藏山羊体格中等，闽东山羊则体格较大，赣西山羊体格较小。被毛颜色多数以白色、黑色为主，也有青色、灰色、麻色、棕色、褐色、杂色等。山羊毛除了粗毛外，还包含内层的绒毛（绒用山羊）。

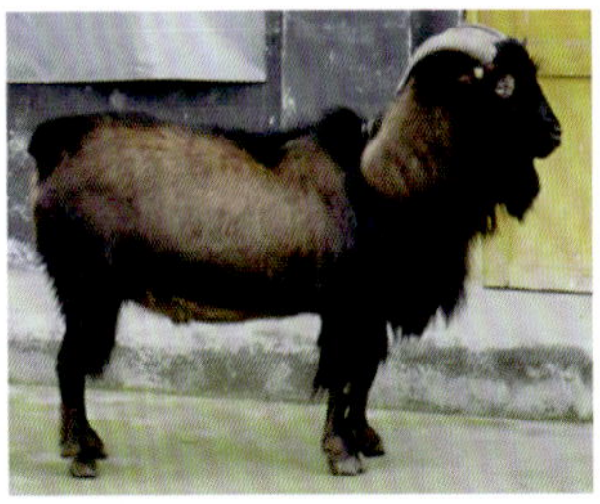

a.成都麻羊

b.辽宁绒山羊

c.子午岭黑山羊

d.西藏山羊

e.济宁青山羊

f.马关无角山羊

图 3-1-2　不同山羊品种外貌特征

二、繁殖性能突出

性早熟、常年发情和多胎高产等高繁殖性能是羊遗传资源利用和产业经济效益的重要体现。

根据第三次普查数据，湖羊等 5 个绵羊品种经产母羊产羔率超过 200%，占中国地方绵羊品种的 8.93%，如湖羊和小尾寒羊是中国乃至世界著名的高繁殖力绵羊品种，性成熟早，母羊四季发情；一般两年产 3 胎，初产窝产羔数 1.8 只，经产窝平均产羔数 2 只以上，最高可达 6~8 只，已成为目前国内绵羊当家母本。

在山羊地方品种中，黄淮山羊等 21 个品种经产母产羔率在 200% 以上，占中国地方山羊品种的 31.34%，如济宁青山羊和马头山羊，性成熟早，常年发情，一般一年可产两胎或两年三胎，每胎产羔 2 只以上，甚至可达 4~6 只。

三、羊肉品质优异

羊肉是一种优质的肉类产品，其质地鲜嫩，口感极好，并且含有丰富的蛋白质、维生素和矿物质。与其他肉类相比，羊肉的脂肪含量相对较低，这使得羊肉成为很多人喜爱的低脂肪肉类选择之一。

乌珠穆沁羊所产羊肉肉质细嫩，味美多汁，高蛋白（19.4%）、低脂肪（2.6%~3.6%），膻味小，而且水分少，富含钙、铁、磷等物质，人体必备的几种氨基酸含量高。滩羊肉肉质嫩滑，口感鲜美，脂肪含量较低（2.3%），以无膻味著称。

大足黑山羊所产肉营养价值高，蛋白质含量在 19.6% 以上，脂肪含量低于 3%，胆固醇含量低，含人体必需氨基酸 15 种以上，尤以谷氨酸含量高，达 11.03%。龙陵黄山羊是典型的肉用型山羊品种，这种羊体格大，生长快，易育肥，屠宰率高，其所产羊肉肉质细嫩多汁，膻味小，蛋白质含量在 22.3% 以上，脂肪含量低于 5%。

四、毛（绒）品质优良

中国地毯毛羊和培育的细毛羊、半细毛羊具有很高的经济价值，所产羊毛具有毛质柔软细腻、色泽光亮、弹性好、抗皱等优良的品质特性。例如，苏博美利奴羊是中国培育形成的超细型毛用羊品种，毛纤维直径为 17.9~19.3 μm，公羊平均产毛量为 6.8 kg，母羊平均产毛量为 4.2 kg，羊毛产量和品质在世界同类细毛羊中处于先进水平。甘肃高山美利奴羊是中国首个适应高海拔生态区的细型细毛羊新品种，具有良好的抗逆性，其毛细度为 20.1~21.5 μm，产毛量达到 4.9~5.8 kg，综合性能和品质优良。和田羊是适应中国新疆地区干旱炎热气候、毛品质好、适应性强的优良地方品种，所产毛弹性强、光泽好、两型毛含量高，所产地毯品质享誉世界。

绒用山羊是中国特殊而珍贵的山羊遗传资源，以辽宁绒山羊、内蒙古绒山羊为代表，具有产绒量高、羊绒综合品质好等特点。辽宁绒山羊是中国绒山羊品种产绒量最高的优秀地方品种，成年公羊产绒量平均达到 1.4 kg，绒伸直长度平均可达 10.6 cm，净绒率达 65% 以上，具有产绒纤维长、粗细适中、体型大、适应性强、遗传性能稳定的优良特性。内蒙古绒山羊所产羊绒纤维柔软，具有丝光、强度好的特点，分为阿尔巴斯型、二狼山型和阿拉善型。其中，阿尔巴斯型成年公羊产绒量平均为 1.2 kg，母羊为 0.79 kg；成年公羊绒伸直长度平均为 11.2 cm，母羊为 8.9 cm。阿拉善型成年公羊绒细度平均为 13.1 μm，母羊为 14.3 μm；二狼山型成年公羊绒层厚度平均为 6.31 cm，母羊为 6.67 cm。

五、特色羊资源丰富

中国是世界上羔裘皮羊品种极为丰富的国家，这些特色皮用羊产业适应当地民族产业的发展，具有稳定的遗传组成，所产毛皮品质较好，毛股光泽、弹性优良。例如，滩羊是中国特有的裘皮用地方绵羊品种，所产裘皮俗称“二毛皮”，毛股紧实，毛穗柔软洁白，质地细润，波浪弯曲，皮板柔韧，保暖性强；滩羊皮鞣制工艺（二毛皮制作技艺）被列为中国国家级非物质文化遗产，以非遗传统制作技艺生产的裘皮成衣等畅销欧美、东南亚等地，是中国传统出口名牌商品之一。湖羊是世界唯一的白色羔皮用绵羊品种，2~3 日龄羔羊生产的小湖羊皮具有皮板轻柔、毛色洁白、花纹呈波浪状、花案清晰、紧贴皮板、扑而不散、有丝样光泽、光润美观等特点，享有“软宝石”之称。中卫山羊是世界唯一的裘皮用山羊品种，所产裘皮又称“沙毛皮”，出生 1 月龄左右羔羊生产的沙毛皮具有毛股紧实、皮质洁白如玉、丝性光泽、花穗长而弯曲多（一般 3~4 个）的特点，品质在世界上享有盛誉。

长江三角洲白山羊是中国唯一生产优质笔料毛的珍稀山羊品种，其所产笔料毛（当年公羔颈脊部的羊毛制成）毛色洁白，挺直有峰，富有弹性，是制作湖笔的优良原料。笔料毛按照毛种类分为三大类共 23 个类型，其中尤以三类毛中的细光峰最为珍贵。

六、适应性强

中国绵羊、山羊主要分布在西北干旱、半干旱草原地带以及青藏高原，独特的气候环境造就了它们具有极强的环境适应性，能够很好地适应高海拔、高温干旱、高温高湿等极端环境。

分布在青藏高原地区的藏羊是最典型的例子。青藏高原号称“世界屋脊”，平均海拔 4 000 m 以上，面对高寒、低压缺氧、强辐射等苛刻环境，藏羊仍能保持良好的生产性能。相较于普通羊，藏羊体型更大，被毛粗硬、密长，皮下脂肪厚，有助于抵御寒冷侵袭及紫外线照射，心肺发达，血管较粗，体内血液流动快，血红蛋白含量高，使得藏羊具有格外强的供血和供氧能力，这些特征和特性使得藏羊具备了对高海拔环境出色的适应能力。新疆阿勒泰羊具有出色的抗寒性能，能在 −40℃的极端环境中生存。内蒙古、新疆、重庆等干旱、半干旱、高温高湿地区，夏季高温炎热，而羊的汗腺不发达，皮肤缺乏散热功能，当地羊会通过站立、喘息等增加机体散热，同时，从食物中获取更多水分的能力、良好的消化系统、隔热的毛发等特性增加了这些地区羊种对极端环境的适应性。

此外，中国羊地方品种普遍具有较强的抗病力和耐粗饲能力，相对于引入品种，更容易在资源匮乏的环境中生存和繁衍。

第四节　中国羊遗传资源变化新进展

随着时代的发展和经济的快速发展，中国羊遗传资源也在不断变化。一是品种的多样性在不断增加。随着人们对特色农产品的追求和市场需求的变化，许多新品种得到广泛推广，为农业生产提供了更多的选择。二是羊遗传资源的保护和利用也取得了良好成效。三是优质品种数量增加、跨区域流动成为显著特点。这些变化使得中国羊遗传资源得到了更好的保护和利用，为中国羊养殖业的可持续发展提供了有力支撑。

一、进一步摸清了中国地方羊遗传资源家底

第三次普查数据表明，中国现有绵羊地方品种 56 个，共 6 083.18 万只；山羊地方品种 67 个，共 2 039.99 万只（表 3–1–1）。从 1976 年第一次调查到 2021 年第三次普查，中国绵羊品种的数量从 30 个增加至 106 个，增幅占比达 253%，其中地方品种新增 41 个。此外，山羊品种多样性也显著增加，现有山羊品种数比 1976 年多 64 个，增幅占比达 278%，其中，地方品种新增 47 个。与第二次调查相比，绵羊品种总数增加 35 个（同比增加 49.3%），山羊品种总数增加 18 个（同比增加 26.1%）；地方绵羊、山羊品种分别增加 14 个、9 个（图 3–1–3）。

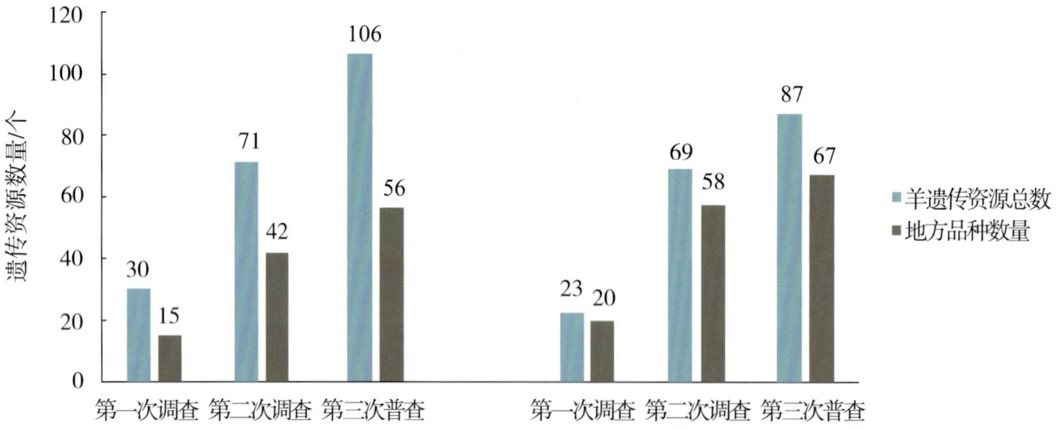

图 3–1–3　三次普（调）查中羊品种总数及地方品种数量变化

二、挖掘了一批特色新资源

青藏高原区域，包括西藏、青海、四川甘孜藏族自治州和阿坝藏族羌族自治州、云南迪庆藏族自治州和甘肃甘南藏族自治州，是世界最大、平均海拔最高、地势最高的高原。整个青藏高原的气候十分严寒，且空气稀薄，湿度低，日照时间长，独特的地理生态环境和多样化的畜牧业生产系统，孕育了丰富多彩的羊遗传资源。第三次普查在该区域新挖掘鉴定了欧拉羊、扎什加羊等 10 个地方特色品种，这些品种历史悠久，具有耐粗饲、抗寒、抗病力强的优良特性。其中，凉山黑绵羊、玛格绵羊、岗巴绵羊、霍尔巴绵羊、多玛绵羊、苏格绵羊和泽库羊，这七个绵羊新资源被评为 2021 年农业农村部“十大新发现优异畜禽遗传资源”。

此外，在新疆、云南、重庆等地还鉴定了一批优异的新资源。例如，皮山红羊是作为继多浪羊之后新发现的又一新疆地方多胎肉用羊优良种质资源；合川白山羊是重庆特有羊遗传资源，属肉皮兼用型地方山羊品种，具有繁殖性能高、肉质好、板皮质量优等特点。

三、培育了一批优良新品种

第二次调查以来，通过持续的科研攻关和创新实践，中国在绵羊和山羊良种培育方面取得了突破性进展，培育出了绵羊新品种 17 个（增长 85%）。例如，苏博美利奴羊、高山美利奴羊等细毛羊，具有毛细长、剪毛量和净毛率高、羊毛综合品质高的特点；乾华肉用美利奴羊、杜蒙羊等肉用绵羊新品种，具有生长发育速度快、屠宰率高（最高可达 56%）等特点。

山羊培育品种新增 6 个（增长 75%）。例如，简州大耳羊和云上黑山羊等肉用山羊新品种，屠宰率均达到 50% 以上，不仅生长速度快，适应性强，耐粗饲，而且肉质细嫩，适口性好；藏西北白绒山羊、疆南绒山羊等新品种的培育成功有效推动了羊绒产业的发展，其中，藏西北白绒山羊是中国高寒高海拔地区培育的唯一绒纤维直径在 15 μm 以内的绒山羊新品种。

四、掌握了羊遗传资源数量和分布的新变化

（一）高繁、优质肉用等地方特色绵山羊群体数量正在增加

近年来，随着人们对高品质肉制品需求的增加，高繁、优质肉用绵山羊群体的数量也逐渐增大。在第三次普查中，湖羊、小尾寒羊、多浪羊等 15 个（35.71%）绵羊群体规模增大，尤以小尾寒羊群体数量增长最为明显，2011 年群体数量约为 42 万只，经过十余年的保护和发展，群体数量已经增长至 847.2 万只，同比增长 19 倍；湖羊、岷县黑裘皮羊等 9 个品种群体规模扩大 1~7 倍。济宁青山羊、大足黑山羊等 13 个（22.41%）山羊品种群体数量增长，其中，尤以太行山羊群体规模扩增最为明显，2021 年群体数量相比于 2011 年增长近 50 万头，群体规模扩大约 7 倍；宜昌白山羊等 6 个品种群体规模扩大 1~5 倍。

通过国家以及各省（区、市）进行的畜禽遗传资源保护工作，一些特色地方品种数量逐渐恢复，并且群体规模也在增大。承德无角山羊经过数年的遗传资源保护行动，第三次普查中该品种群体数量较第二次调查增加近 3 倍。中卫山羊通过采取组建保种群、创新保种方法等多项措施，在第三次普查中群体数量上升到 18 万多只，增加 5 倍。

此外，有 72 个羊遗传资源（绵羊 27 个，山羊 45 个）群体数量出现不同程度的下降，导致这一结果的原因如下：第一，随着经济快速发展，人们对羊肉的需求不断增加，使得绵山羊在选育和养殖方向上更加偏向于优化产肉量、生长速度和繁殖性能等方面。这种产业转型导致了一些性能不突出或主要用于其他生产目的品种群体规模逐渐减小，如豫西脂尾羊、板角山羊和河西绒山羊等品种的群体规模均出现不同程度的缩小。第二,一些繁殖率低、肉用性能不突出的品种不适应市场发展需求，如泗水裘皮羊、成都麻羊等部分品种群体规模缩减近 1 倍。第三，保护资金支持力度不足以及缺乏专门化管理的人才等因素，也制约着羊遗传资源的有效保护和利用。

（二）地方绵山羊品种跨地区分布明显

随着现代畜牧业的快速发展，越来越多养殖人员开始采取积极措施促进羊品种间跨区基因交流和饲养，以此来达到改良绵羊品种、增加产量、提高肉质和毛皮质量以及养殖收益的重要目的。

从第二次调查的绵羊品种分布来看，超过 88% 的地方品种仅分布在单个地区，7.1% 的品种在两个地区均有分布，仅有 4.8% 的品种在多个地区饲养。而在第三次普查中，多地区分布趋势增加，单个地区分布比例为 67.8%，而 32.2% 的绵羊遗传资源分布在两个及以上的地区，比第二次调查增加 20.3%（表 3–1–5）。其中，湖羊是一个非常典型的跨区域流动案例，第二次调查时仅分布在上海、浙江、江苏，目前已覆盖黑龙江、安徽、广东等 29 个省（区、市）。

表 3-1-5 两次全国普（调）查绵羊资源地区分布变化情况

地区	第二次调查资源数 / 个	比例 /%	第三次普查资源数 / 个	比例 /%
单地区	37	88.1	38	67.8
双地区	3	7.1	9	16.1
多地区	2	4.8	9	16.1

第二次调查的山羊品种分布情况显示，87.9% 的地方品种仅在单个地区分布，8.6% 的品种分布在两个地区，只有 3.4% 的群体在多个地区出现。在第三次普查中，仅有 29.9% 的地方品种分布在单个地区，而 70.1% 的品种表现为多地区分布，增加 58.1%（表 3-1-6）。其中，贵州黑山羊是一个推广利用较为广泛的典型案例，第二次调查中仅分布在贵州，在第三次普查中则已经推广到了云南、广西等 10 个省（区、市），除东北地区外，其他几个地区均有分布。

表 3-1-6 两次全国普（调）查山羊资源地区分布变化情况

地区	第二次调查资源数 / 个	比例 /%	第三次普查资源数 / 个	比例 /%
单地区	51	87.9	20	29.9
双地区	5	8.6	23	34.3
多地区	2	3.4	24	35.8

五、优异地方品种资源特性逐步提升

（一）产肉性能有所提升

羊地方品种产肉性能有所改善。例如，从 2006—2021 年，阿勒泰羊成年公羊屠宰率从 48.9% 增加至 56.9%，净肉率增加 6.4%；母羊从 49.0% 增加至 54%，净肉率增加 4.2%。湘东黑山羊公羊胴体重从 9.1 kg 增加至 14.1 kg，屠宰率从 45.0% 增加至 50.2%，净肉率增加 1.4%。

（二）繁殖性能提升

地方品种繁殖性能在不断提高。相较于第二次调查结果，第三次普查中超过 1/3 的羊地方品种繁殖力有所增强。例如，多浪羊产羔率从 121.5% 增加至 160%；川中黑山羊产羔率从 189.3% 提高至 224%，莱芜黑山羊产羔率从 164% 提高至 185%。

（三）毛绒单产明显提高

羊绒产量提升以辽宁绒山羊为例，相较于 2006 年，2021 年成年公羊产绒量从 1 368 g 增加至 1 381.7 g，母羊产绒量从 641 g 增加至 1 100.3 g。净毛率提高以和田羊为例，第三次普查成年公羊净毛率为 74.6%，母羊净毛率为 74.3%，比第二次调查分别增加 14.4% 和 12.1%。

（四）少数品种的优异性能发生改变

受市场需求变化的影响，部分品种的优异性能发生了改变。例如，湖羊是世界珍稀产羔皮品种，1990 年后，随着国际市场逐步萎缩，湖羊生产逐步从“皮主肉从”向“肉主皮从”的综合利用方向发展；2018 年，全国畜牧总站畜禽资源保存利用中心开展了 20 世纪 90 年代湖羊冷冻胚胎复苏实验，冷冻胚胎产生的羔羊一级羔皮率为 32.15%，与 20 世纪 80 年代末（1989 年 34.08%）和 90 年代末（1997 年 30.55%）结果接近，但高于 2019 年测定的 26.05%，说明湖羊羔皮质量持续下降。总体来说，尽管湖羊产业发展势头良好，且由于其适应性好，在全国范围内推广广泛，但是湖羊的保种工作容不得松懈，挖掘和保护湖羊特色羔皮性状具有重要的现实意义。

第二章

中国羊遗传资源作用与价值

中国是养羊大国，饲养历史悠久，在得天独厚的自然环境和世世代代的劳动人民协同作用下，形成了种类丰富、分布广泛、数量巨大的羊遗传资源，并以其自身和产品以及通过其产品加工而成的各种原料、商品、产业等，在社会民生、经济、文化、生态等诸多领域发挥着独特的价值。羊遗传资源的价值在历史不同时期有所改变，如今，随着中国经济和社会的飞速发展，已经成为中国保障社会民生需求的基础性生物资源之一，作为现代畜牧业经济的重要组成部分，在保障畜产品安全稳产的同时，也是中华民族传统文化来源和传承的载体之一，是满足人民对美好生活诉求、提升幸福指数、实现乡村振兴的有效途径，维护着农牧结合生态体系平衡，还是科技创新的重要研究材料。在全面开启中国特色社会主义建设新征程的过程中，对增进民生福祉、提高人民生活品质具有不可替代的现实作用和时代价值。

第一节　中国羊遗传资源是社会民生保障和改善的基础资源

羊是通过长期自然选择和驯化形成的，是社会生产、人民生活等活动持续开展和逐渐提升的基础资源。羊产业是国家畜产品安全和稳定供给的保障，也是助力实现乡村振兴的重要举措，在畜牧业中的地位也不断提升，其也承载着戍边富民的功能，是边疆少数民族地区及偏远地区农牧民赖以生存的产业。同时羊遗传资源还是农业、医药等行业重要的研究材料，对推动国家农业产业结构调整与绿色发展等重大战略的实施具有重要作用。

一、羊遗传资源是国家食物安全、畜产品稳定供给的基础

中国是羊产品生产和消费大国，羊的存栏量和出栏量长期居于世界首位。随着国民经济水平的不断提高，人们对生活质量要求越来越高，绵羊、山羊为人民提供肉、毛（绒）、乳等多种类型的畜产品，不仅数量大，而且品质优异，能够满足人们对优质产品的需求。羊肉鲜嫩，营养丰富；羊毛（绒）天然性好，制品舒适度高；羊奶（也称羊乳）更加适合中国人体质。中国羊地方品种普遍具有产品风

味好、抗病抗逆性强、耐粗饲等优良特性，这些品种蕴藏着丰富的优异遗传资源，为有效保障国家食物源头安全健康，生产优质的畜产品提供了坚实可靠的基础。

二、羊遗传资源助推乡村振兴

中国是养羊的传统大国，分布广泛，尤其是在经济欠发达的区域，覆盖率极高。第三次普查数据显示，有 106 个绵羊品种，在全国 5 993 个乡镇分布；有 87 个山羊品种，在全国 9 824 个乡镇分布。羊产业一直以来都是作为广大农牧民的重要生活手段和生产、生活原料的来源，而随着国民经济的发展和需求，养羊更是成为赋能乡村振兴、夯实农村发展的重要举措。羊以其投资小、周期短、易管理等特点，成为不同层次人群都能够饲养的畜种，是农牧民增收的首选产业之一。随着社会经济的发展，规模化养羊行业以其占地需求小、管理难度小、环境污染小等吸引了更多的企业投资和政府支持，有些地方已经在打造专门化的"百万级"养殖小区或者区域经济带。

专栏

◆ 羊遗传资源助推甘肃环县乡村振兴 ◆

甘肃庆阳市环县，曾经是气候干旱、地瘠民贫的地方。近年来，环县不断推动羊产业转型升级，实现由传统的分散养殖向集约化转变，走出了全产业链、全价值链、全循环链高质量发展路子，被列为全国农业全产业链典型县和国家农业现代化示范区。2022 年，环县全年羊只存栏 360 万只肉羊，出栏 190 万只，羊业产值达 55 亿元，带动 3.3 万户近 12 万人口脱贫致富。

三、羊遗传资源稳疆固边，促进民族团结稳定

羊遗传资源承载着戍边富民功能，羊产业是边疆少数民族地区及偏远地区农牧民赖以生存的支柱产业。中国是一个多民族融合的国家，其中许多民族都有饲养羊的传统，羊肉、羊毛等更是生活的必需品之一，尤其是在一些边疆地区、偏远山区或少数民族地区，羊肉几乎成为当地各民族日常生活中的主要动物性蛋白类食物来源。不仅如此，很多民族从服装到饮食，从婚丧嫁娶到重大的民族节日，都能看到与羊有着密切关联的活动。例如，举办"羊节"或是"赛羊会"，作为一种大型综合文化活动，既可以宣传当地的羊文化、羊产品，又可以通过羊遗传资源促进各民族之间交流融合，已经成为民族发展过程中不可或缺的部分。

专栏

◆ 牧羊节：民族互通互融的新平台 ◆

羊在藏族人民生活中占有重要地位，每年藏历七月，牧羊节是那曲宗孔马部落的传统节日，是为祈求牲畜平安、免遭灾害的节日，曾经是旧社会牧民们精神解脱的一天假日，更是一年中最幸福的节日。新中国成立后，西藏的牧羊节注入时代的内容，牧羊节发展成为人们交流思想、进行贸易的商品性极强的重要节日。

四、羊遗传资源是种业和科技创新的重要研究素材

（一）种业创新的重要素材

中国羊遗传资源具有耐粗饲、适应性强、肉质好、繁殖率高等优良种质特性，可以为优质肉、毛（绒）、乳用等新品种培育提供丰富的优异育种素材。例如，湖羊和小尾寒羊具有高繁殖率的特性，是开展肉用绵羊品种培育首选的母本资源，目前中国已经利用这两个遗传资源培育了多个专门化肉用新品种，为肉羊产业的发展提供了优质种源。

（二）生物技术创新的重要素材

羊是现代基因技术应用和转化、繁殖技术研究、生物制品研发及生产等多个生物技术领域的研究素材。1996 年 7 月，世界上第一只被成功克隆的哺乳动物“多莉”就是利用绵羊品种进行的研究。同时，作为哺乳动物，羊是药理反应最接近人类的家畜品种，而且是容易获取和管理的实验动物，因此，在药理学领域被普遍应用。

第二节　中国羊遗传资源是畜牧业经济发展的要素保障

羊产业是依托羊遗传资源形成的产业，是中国畜牧业经济的重要组成部分。羊饲养历史悠久，且随着人们物质和文化生活水平的变化，羊产业的功能和结构也在随之转型，并已成为国民经济中必不可少的产业。羊的肉、毛、奶、皮是人类必需的生活物资，通过加工而获得的羊肉、羊毛、羊绒、羊奶、羊皮、肠衣、胎盘等产品为食品工业、服装业、制衣制革、医药等行业提供了必要的原料。

一、羊遗传资源是羊产业发展和提升的基石

羊产业依托羊遗传资源形成和发展，在不同的发展时期和社会需求下形成了顺应各类市场的产业，发挥了羊遗传资源对产业的支撑作用。羊遗传资源在传统养殖模式中主要服务于小农经济，而在新时期的现代养殖模式下，则成为提升羊产业发展水平，打造品牌的基石。例如滩羊，作为宁夏的特色绵羊品种，新中国成立初期以其“二毛皮”著称，开展裘皮产业。而如今，市场对羊肉需求旺盛，当地以做强“中国滩羊之乡”为目标，打造国内优质羊肉生产基地和“盐池滩羊”知名品牌，2022 年，其品牌价值达 106.82 亿元。经过多年培育，“宁夏滩羊”已成为百姓的致富羊、宁夏的发展羊、中国的品牌羊，也成为中国高端羊肉的代表品牌。

二、多样化的羊遗传资源支撑了中国众多民族对肉、奶消费的基本需求

在对羊肉的需求方面，自古以来，羊肉因其脂肪少、瘦肉多、蛋白质丰富、营养价值高、胆固醇含量低、风味独特的特点，不仅是少数民族、山区人民喜爱的食品，也是满足城镇居民对优质动物蛋白需求的重要来源，生产和市场需求量逐年增加。在不同的生态环境、各异的饲养管理模式、特色的民族习惯中孕育丰富多样的羊遗传资源，为中国不同地区，特别是在新疆、内蒙古、西藏、云南等多

民族地区提供着品质各异的肉类产品。在这些地区，羊肉及其附属产品不仅是最受欢迎的肉类，还是很多地方主要的肉类来源。

在羊奶的需求方面，从古至今，中国一些地区始终存在一些小农户饲养奶山羊，是许多“牧羊人家”赖以生计的重要方式。由于营养成分更接近人乳，还含有一些婴儿生长必需的物质且更容易被人体吸收，尤其适合婴儿、孕妇和老年人等特殊人群食用，羊乳制品已越来越被国人认可。中国羊奶主要来自奶山羊，由于这些资源具备适应性强、耐粗饲、易饲养、繁殖率高等优势，适宜农村和郊区发展，特别是对偏远地区的经济促进作用显著，是小农经济形态在畜牧养殖业的典型代表之一。

三、多类型的羊遗传资源保障了毛（绒）纺织业的全球竞争地位

羊毛产业是中国畜牧业的重要组成部分，也是西部地区农牧民从事的主要产业。中国是羊毛生产大国，更是全球羊毛产品加工中心，并且伴随着中国经济的高速发展，国内对羊毛的需求和消费也日益增长，使中国成为最大的羊毛进口国和消费国。这些与中国多类型的毛用羊遗传资源密不可分，无论是细毛羊、半细毛羊还是粗毛羊，不仅品种种类丰富，而且群体基数巨大。

山羊绒是世界上名贵稀有的动物纤维，是纺织工业的高档原料。全球绒山羊的专用优良品种较少，中国的辽宁绒山羊和内蒙古白绒山羊的绒毛洁白，细度和纯度均较理想，因而被认为是世界上最优质的高效性绒山羊品种。中国是世界上最大的羊绒生产国和出口国，羊绒产量和世界贸易量均占全世界的 70%以上，行业内有“世界羊绒看中国、中国羊绒看内蒙古”的说法。虽然羊绒业在中国整个纺织工业中所占比例并不大，但在国际羊绒业中却占据较高的市场份额，是迄今为止国内众多畜产品中唯一以“克（g）”为单位计价的纺织原料，具有很高的经济价值。绒山羊品种为中国绒产业国际竞争力提升提供了坚实的保障。

四、羊遗传资源的特异性支撑了区域特色经济需求和发展

中国羊遗传资源中有许多不同类型的品种，支撑着特色产业的发展。例如，长三角白山羊品种为毛笔的制作提供优质原料；中卫山羊、贵德黑裘皮羊、岷县黑裘皮羊等品种所产皮料是制造翻毛外衣、皮帽、皮领的优质原料。藏毯是一种具有悠久历史的民族手工艺品和民族生活必需品，其主要原材料均是来源于藏系羊的羊毛。

此外，羊的副产品还支撑着许多产业的发展。例如，羊皮是制革工业的原料，优质皮革服装是重要的出口产品。羊肠衣可以制作琴弦、肠类制品的外衣、肠线、缝合线、球拍线等。羊毛脂在工业上用于配制高级防锈油、低温润滑剂、印刷油墨、纤维油剂、皮革加脂剂、塑料增塑剂、胶乳消泡剂等；在医药上用于配制风湿膏、氧化锌橡皮膏及软膏基料。化妆品级羊毛脂可用于冷霜、防皱霜、防裂膏、洗头膏、护发素、发乳、唇膏及高级香皂等，也常用作油包水型乳化剂，是优良的滋润性物质。

另外，羊粪尿作为一种优质有机肥料，富含多种营养成分，可以提高土地的肥力，可有效替代氮磷钾肥，被广泛应用于农业生产中，特别是在花卉、茶树、果树等经济类种植业中备受青睐。

第三节　中国羊遗传资源是渗入中华文明的古老基因

文化连接着一个民族的过去、现在和未来，农业文化是中华传统文化中的瑰宝。羊柔弱温顺，慈善安详，容易饲养，不仅经济价值高，而且文化意蕴深厚，中国羊遗传资源的丰富离不开五千年中华民族文化对这些资源的驯化和培育。羊文化与中国人的传统、膳食、民俗等相得益彰，已经成为渗入中华文明的古老基因。

一、羊遗传资源是民族传统文化形成和传承的坚固基石

（一）汉字文化融进了羊的真、义、美精神

文化的形成与传承离不开文字，羊作为汉字文化中的“羊部”有许多的寓意。《说文解字》“羊部”收集有关羊的字 28 个，《太平御览》“羊目”中收集 78 条有关羊的史事，《辞海》“羊部”共收录 39 字，《康熙字典》“羊部”中收集有关字体 157 个。其中许多字辞都蕴含吉祥、真善、茂盛、广阔之义，从字形上观察，可以得知“美”肯定是与“羊”有着密切关系的。《说文》：“美，甘也。从羊，从大。羊在六畜主给膳也。美与善同意。”《诗经》中讲到羊的诗篇有 13 篇。不仅如此，还有许多和羊相关的成语故事、谚语等，如苏武牧羊等，家喻户晓。

羊更是中国吉祥文化的典型代表。由于羊生性温顺安详，在中国文化中一直被当作吉祥物，象征着安泰，体现正义，是美丽的化身。自古以来，羊是瑞兽，是十二生肖的一种，古代被当作是吉祥之物以祭祀天地。古往今来的音律、绘画、雕塑、工艺品上常常有羊的形象，人们常说的“三阳（羊）开泰”为吉祥话之一。古人寄予它们很多美好的想象，1938 年出土的商代最大青铜方尊——四羊方尊上纹饰羊龙并举，展示着礼器中的至尊气象。云南、四川、西藏的羌族、傈僳族、普米族等少数民族仍然有以羊为图腾的氏族。

（二）道德文化蕴含羊的孝顺、祥和、善良品质

善良是中国的传统道德文化的核心。羊被认为是善的化身，受到中国传统道德观念的普遍推崇。羊不仅从味觉感受上，还从视觉感受上满足了古人对美的追求，而且在传统文献里，人们很早就把羊的“道德”视为人的道德准则和榜样。《诗经・召南・羔羊》：“召南之国化文王之政，在位皆节俭正直，德如羔羊也。”《后汉书・王涣传》：“故洛阳令王涣，秉清修之节，蹈羊羔之义，尽心奉公，务在惠民。”《三字经》：“羊初生，知跪乳。”《法训》：“羊有跪乳之礼……”《郑氏婚礼谒文赞》：“羊群而不党，跪乳有敬。”羊代表知仁、知义、知礼，从不结党结派，集美德于一身。小羊“跪乳”的行为在今天看来也许只是一种动物行为，但在古代“以己度物”的中国传统类比式思维下，人自然会认为小羊羔懂得报答母亲的恩情，对羊的这种行为赋予了道德含义，表明羊对先民伦理道德认识的深刻影响。

二、羊遗传资源是中华特色膳食文化推陈出新的稳固来源

（一）羊遗传资源为中国美食文化提供了各式各样的天然素材

羊是中国人饲养较早也是分布范围最广的家畜，为人类的发展提供了多种多样的生活原料，其中最主要的就是羊肉。在中国多民族的背景下，人们发挥聪明才智，形成了众多具有地区民族特色的羊肉制作技艺和传统美食。

北方民族对羊肉的做法主要是烤和涮，如新疆烤羊肉串、兰州手抓羊肉、西安羊肉泡馍、内蒙古烤全羊、北京东来顺涮羊肉等，地方特色美食数不胜数。很多菜肴还具备特殊的意义，如内蒙古的全羊席，是一种对待贵宾的礼节和形式，其过程中有 15 个环节、108 道菜；在内蒙古，羊尾油要献给最尊贵的客人。南方对羊肉的做法主要是炖和炒，特别是喜欢吃带皮羊肉，如成都的羊肉汤锅、苏州的藏书羊肉等。各种美食还对其羊肉的来源非常讲究，如东来顺的羊肉均来自内蒙古大草原的放牧羊，宁夏的手抓羊肉都是本地的滩羊品种。

羊美食文化极大地丰富了中华民族的饮食文化内容。在李慧文等编著的《羊肉制品 678 例》中，收集了国内外羊肉腌、腊、蒸、煮、涮等 11 类、678 种羊肉制品。

（二）羊遗传资源的药用价值推动中国传统药膳文化

在中国传统医学里，羊肉、羊汤等不仅作为食物，与不同的中药、食材配伍，还是治疗多种疾病和滋补强身的良方，是中医中重要的“食补材料”。《本草纲目》中对羊全身产品的功能均有详细介绍。

羊肉：寒劳虚弱，产后心腹痛，崩中垂死，壮阳益肾，骨蒸久冷，壮胃健脾，身面浮肿，损伷青肿，妇女无乳。

羊乳：补肝肾气，和小肠，亦主消渴，治虚劳，益精气，合脂作羹食，补肾虚，治卒心痛，亦主女子与男子中风。

羊脂：下痢腹痛，汗出不止，虚劳口干，产后虚弱，发背安起，小儿口疮。

羊血：鼻血不止，产后血攻（或下血不止，心闷面青，身冷欲绝），大便下血，胎死不出（或死胎不下）。

羊肾：下焦虚冷（脚膝无力，阳痿），肾虚精竭，五劳七伤，阳虚无力，肾虚腰痛。

羊肝：目赤热痛，翳膜羞明，目病失明，青盲内障，牙疳肿痛，休息痢。

羊胆：病后失明，大便秘塞，烂弦同眼，流泪畏光。

痨胃：久病虚弱，四肢烦热，不能饮食，补中益气，中风虚弱，胃虚消渴，下虚尿闲，项下瘰疬。

羊角：气逆烦满，吐血喘咳，小泄多时，跌打伤痛。

羊脊骨：肾虚腰痛，肾虚耳聋，小便膏淋。

胫骨：湿热牙疼，筋骨挛痛，月经不断。

三、丰富多样的资源成为民俗文化发展和延续的重要载体

（一）羊遗传资源使中华民俗活动更加多姿多彩

在民间有许多与羊相关的风俗，如土族男女结婚，男方会送女方家里一只代表吉祥如意的母羊。

东乡族中涉及婚嫁的宴席，羊肉是必不可少的。蒙古族新生儿要包进羊羔皮里，以求平安吉祥。蒙古族以烤全羊待客，将羊身上最鲜嫩的部分以小刀片下，献给尊贵的客人或老人。汉族有流行于河北南部“送羊”的岁时民俗；哈萨克族、蒙古族、塔吉克族等在喜庆的日子里，流行“叼羊”的马上游戏。新疆地区锡伯族民间有婚礼之后“抢羊骨头”的婚俗。哈萨克族流行有新友、贵客、长者等重要客人来临的时候，都会宰羊招待，并以“羊头敬客”的习俗。彝族有悠久的“斗羊”竞技史，已经成为其著名“火把节”中一项民族传统体育赛事。在藏文化中，羊充当了许多角色，如在望果节中以羊右腿敬神以祈祷农业的丰收。羌族在冠礼和除秽仪式中，还要悬挂羊毛线，以示与羊一体；在丧礼中要宰羊一只，为逝者“引路”；羊骨、羊毛的挂饰也是避灾祸的象征。一件羊绒衫、一条羊绒围巾，都是带有“温度”的馈赠佳品。

（二）羊遗传资源让中华民族节日更加花团锦簇

江苏、安徽、山东等地有举办“伏羊节”的习俗，以本地羊品种为食材，采用多种烹饪方式，在最热的三伏天，吃着放有很多辣椒的红油羊肉，喝香喷喷的羊汤。云南牟定彝族有过羊年的习俗，除夕晚上，人们会在羊栏旁贴上春联，“招待”羊吃上用小米、荞麦、苞谷、大麦等粮食加工而成的年饭。四川秀山苗族有过“羊马节”的习俗，每年农历 4 月 26 日—28 日，人们请客送礼，十分热闹。藏族每年 7 月举行专门以羊为主角的牧羊节，既可以为牲畜祈求平安，同时也是区域人民进行商品交易、思想交流等事务的重要平台。

专栏

◆ 伏羊节：美食与文化的融合 ◆

伏羊节是中国传统美食节日之一，始于每年传统农历初伏之日开始，至末伏结束，持续一个月。它旨在纪念伏天季节的到来，同时欢庆丰收季节，拜祭祖先的传统习俗。伏羊节在江苏徐州地区拥有悠久的历史，最早可追溯到尧舜时期。自古以来，徐州地区民间就有“伏羊一碗汤，不用神医开药方”的说法。除了江苏和安徽，伏羊节也深受山东、宁夏、湖北、河南、辽宁等地广大群众的喜爱。它不仅是一场盛宴，更是一次品味传统文化、感受中华文明的机会。

羊全身都是宝，很多民族利用这些“宝贝”创造了属于自己特有的节日盛装。彝族利用凉山黑绵羊和凉山半细毛羊所产羊毛织的披毡，称为“查尔瓦”，是重要传统民族服饰，每逢重要日子都要披戴。使用云南地方绵羊毛为原料制成的“七星”羊皮披肩是云南丽江纳西族妇女服饰的重要标志。用羊毛制作成的毡帽是藏族、蒙古族、柯尔克孜族等很多民族的重要头饰。穿羊皮褂的习俗流传千古至今仍未改变，是很多少数民族日常穿戴的典型服饰，而且山羊皮是高档皮衣、皮具的重要原料。

第四节 中国羊遗传资源是农业生态系统平衡的高效“转化器”

羊遗传资源在中国的饲养范围相当广泛，对环境和生态具备极强的适应性，它们耐高温、耐高湿、耐粗饲，可以充分利用现有的草地和各式各样的农副产品资源，实现植物蛋白向动物蛋白的有效转化。同时，在适度放牧的模式下，可以维护良好的草原生态系统平衡。

一、促进了草原生态系统恢复和保护

近年来，受到草原生态环境恶化以及气候条件恶劣的影响，牧区养羊业发展受到限制。羊是一种食草动物，其食性决定了它们对植被的影响非常大。在中国很多草原面积较大的地区，游牧农业仍然是当地牧民的主要方式。多数中国羊地方品种善于游走，采食范围广，不仅可以在大草原上采食低矮的牧草灌木，还可以采食林间树下的杂草。特别是，中国还有总面积约 5 亿亩的盐碱地，分布在西北、东北、华北及滨海地区在内的 19 个省（区、市），这些区域自然环境恶劣，植被匮乏，羊可以高效利用中国盐碱地的植被资源和利用粪尿改善这类盐碱地的土质。通过不断地适度转场放牧，植被得到了保护，土壤得到了改良，水资源被合理利用，形成了适合不同地区的草原游牧系统，实现了自然环境和人类生存的和谐共存，推进了农业绿色发展。

二、提高了农作物秸秆及副产品的利用程度和效率

羊产业在消耗少量粮食或不消耗粮食条件下，能够提供优质蛋白，提高土地资源的食物产出率，是节粮型畜牧业的重要模式。中国的耕地面积超过 19 亿亩，每年可生产秸秆等接近 8 亿吨，农牧区普遍采用秸秆、人工牧草和精饲料作为羊的主要饲草饲料，养殖方式逐步由放牧转变为（半）舍饲。中国羊遗传资源有很强的耐粗饲特性，农作物秸秆、棉粕、菜粕、花生粕、红薯秧、花生秧、甘蔗梢叶等农副产品都能得到利用，此外，还有大量的豆渣、啤酒糟等食品工业下脚料也成为羊的饲料来源，而且在消化利用废弃资源的同时也缓解了养羊对草地资源和生态环境的压力。

三、推进了循环农业广泛和良性发展

中国荒山、荒坡、荒地、荒滩、荒水面积大，恢复和改善难度大，周期长。利用羊遗传资源，通过适度的放牧方式，不仅可以通过采食消除田间林地的杂草，其粪便也可以提高多种类型荒地土壤的肥力，有利于草山草坡生态系统的保护和改良。在苏州吴中区，当地农民传承并创新传统农耕文化，充分利用环太湖地区环境条件，将湖羊在枇杷林间放牧，在除杂草的同时促进了林果生长，提升了花粉质量，引来了更多的中蜂，进而提高了果实产量，实现了“中蜂采蜜、枇杷盛果，羊粪肥树、枇杷果甜”的典型农耕生态循环系统。同时，羊在放牧过程中还可以松土，特别是对草山草坡上的土壤，有助于土壤的通气和排水。此外，羊粪肥的使用使得土壤中良性微生物体系的繁殖生存状态良好，增加了土壤肥力。例如，基于羊粪堆肥研发的羊粪功能肥，用来种植娃娃菜和小油菜，可促进植物鲜重提高 10~16 倍，增加植物叶绿素、可溶性糖和维生素含量，提高土壤过氧化氢酶、脲酶和蔗糖酶活性，增加土壤微生物多样性和丰富度。

第三章

中国是羊遗传资源保护最有成效的国家

羊遗传资源是生物多样性的重要组成部分，是维护国家生态安全、农业安全的重要战略资源，是羊业可持续发展的物质基础。中国政府始终高度重视羊遗传资源的保护，为做好羊遗传资源普查和保护，新中国成立以来，先后开展了三次普（调）查工作，特别是2021年实施了规模最大、覆盖范围最广、技术要求最高、参与人员最多的一次普查。这次普查发现了一些新资源，查明了绵羊品种有106个，山羊品种有87个。依托科技进步，羊遗传资源鉴定方法不断完善，种质特性得到了全面系统评估。通过强化法律制度建设，加大支持力度，中国公布了《国家级畜禽遗传资源保护名录》，对珍贵、稀有、濒危的品种实施重点保护、应保尽保；建立健全了原产地保护和异地保护相结合、活体保种和遗传材料保存相补充、国家级和省级相衔接的羊遗传资源保护体系；实现所有国家级保护品种保护率达100%，省级保护品种保护率达70%以上。羊遗传资源保护取得了显著成效，为羊产业可持续发展、满足人类多样化需求奠定了基础。

第一节　全面摸清了中国羊遗传资源家底

中国政府对畜禽品种资源保护工作历来十分重视。为了摸清中国畜禽品种资源状况，国家从20世纪50年代开始，就开始着手畜禽品种资源调查，为响应时代发展变化，至今共开展了三次普（调）查工作。通过这三次普（调）查工作，摸清了全国畜禽遗传资源种类、数量、分布、主要性状等家底，明晰了演变趋势，有效收集和保护了珍稀、濒危、特有资源。畜禽品种资源调查为合理制定保护、开发利用政策、畜牧业整体发展规划和开展国际畜牧科技合作交流提供了必要的科学依据。

一、第一次全国羊遗传资源调查

新中国成立不久，1954—1956年我国开展了主要家畜的遗传资源调查，编著出版了《祖国的优良家畜》，其中收录绵羊遗传资源12个、山羊遗传资源2个，为开展第一次全国羊遗传资源调查奠定了基础。1976年，农林部将畜禽品种资源调查列为全国重点研究项目，由中国农业科学院牵头组织14个省（区、市）开展试点调查。随后于1979年开展了大规模、系统的全国畜禽品种资源调查，初步摸清了除西藏以及部分边远地区外的畜禽品种资源家底，在此基础上，编撰出版了《中国羊品种志》志书，列入羊品种志的有53个羊遗传资源，其中，绵羊品种30个（地方品种15个、培育品种7个、引入品种8个）、山羊品种23个（地方品种20个、培育品种2个、引入品种1个）。这是中国首次系统记载羊品种的志书，论述了羊品种的起源、演变、品种形成历史，详细介绍了每个品种的产地分布、外貌特征、生产性能、保护利用及展望。

1996—1999年在农业部的组织下，对云南、贵州、四川、西藏等地的畜禽遗传资源进行了补充调查，新发现了79个畜禽遗传资源，其中绵羊遗传资源6个、山羊遗传资源16个。

二、第二次全国羊遗传资源调查

2006年，根据农业部部署，由国家畜禽遗传资源委员会组织实施，开始了第二次调查工作。与第一次调查相比，第二次调查范围更广，调查的内容更全面。由全国畜牧总站牵头，历时三年多，摸清了羊各品种的分布与数量、外貌特征、生产性能、生物学特性及生态适应性等，但由于缺乏相关资料，同名异种问题仍未解决。在系统调查、搜集、整理的基础上，于2011年出版了《中国畜禽遗传资源志·羊志》。列入该羊志的羊遗传资源共140个，其中绵羊71个（地方品种42个、培育品种21个、引入品种8个）、山羊69个（地方品种58个、培育品种8个、引入品种3个），少部分资源因其特征特性不明显，以及虽具有某些特点但数量不多而未列入该志。需要特别说明的是，西藏及周边地区羊资源丰富，由于交通不便等因素的影响未深入调查，故在1989年出版的《中国羊品种志》和2011年出版的《中国畜禽遗传资源志·羊志》中将其统称为西藏羊和西藏山羊。

2016年以来，中国开展了藏区畜禽遗传资源补充调查，对得荣县及周边的玛格绵羊和理塘县勒通绵羊等遗传资源进行了挖掘和申报，为第三次普查奠定了坚实基础。

三、第三次全国羊遗传资源普查

2021年农业农村部启动了第三次普查，这次普查是新中国成立以来规模最大、覆盖范围最广、技术要求最高、参与人员最多的一次普查。农业农村部组织制定并印发了《全国农业种质资源普查工作总体方案》。与前两次调查相比，该次普查实现了区域全覆盖，将以前未覆盖到的青藏高原区域和边远山区作为重点，共计2 300余个县（旗、区），其中，青藏高原区域和边远山区最有可能发现新资源，是这次普查的重点区域；对象更明确，这次普查将所有的地方品种、培育品种和引进品种都纳入普查对象；内容更深入，这次普查除了继续注重畜禽遗传资源的分布区域、群体数量、体型外貌、生产性能等传统指标参数外，同时在分子水平上收集整理有关遗传信息，推动建立畜禽品种DNA特征库，且依靠畜禽保种单位和养殖场户全面系统开展生产性能测定，确保数据准确、可靠；手段更先进，针对本次普查，专门研发了全国畜禽遗传资源普查信息系统和数据库，开发了PC终端软件和移动终端App，普查数据即查即报，全部纳入数据库，实现动态监测和监督管理的信息化；保护更及时，此次普查同步启动抢救性收集保护工作，加大对濒危、珍贵、稀有资源的保护力度，对新发现的遗传资源，国家畜禽遗传资源委员会将按规定及时进行鉴定评估，最终实现应收尽收，应保尽保。

经各级种业管理部门、普查机构和有关专家攻坚克难、协同作战，组织开展进村入户“拉网式”大普查，第三次普查实现了区域全覆盖、应查尽查，并同步实施抢救性收集保护。随着普查工作的深入，新的羊遗传资源被陆续发现，2021 年鉴定通过了玛格绵羊、阿旺绵羊等 10 个青藏高原区域的羊遗传资源，填补了青藏高原区域调查的不足。除青藏高原区域外，其他区域遗漏的羊遗传资源也被发现并鉴定，2021 年鉴定通过了燕山绒山羊和南充黑山羊遗传资源，2023 年鉴定通过了合川白山羊和皮山红羊遗传资源。该次普查摸清了全国羊遗传资源种类、数量、分布、主要性状等家底，明晰了演变趋势，有效收集和保护了一批珍稀、濒危、特有的遗传资源。同时，在此期间为满足人们多样化的消费需求，提高羊生产性能和产品品质，新的培育品种不断育成。2021 年审定通过了贵乾半细毛羊和藏西北白绒山羊新品种；2022 年审定通过了杜蒙羊和皖临白山羊新品种。截至 2023 年 9 月，通过第三次普查发现，且经《品种名录》公布和国家畜禽遗传资源委员会新鉴定、审定通过的绵羊品种共有 106 个（地方品种 56 个、培育品种 37 个、引入品种 13 个）、山羊品种 87 个（地方品种 67 个、培育品种 14 个、引入品种 6 个）（图 3-3-1）。

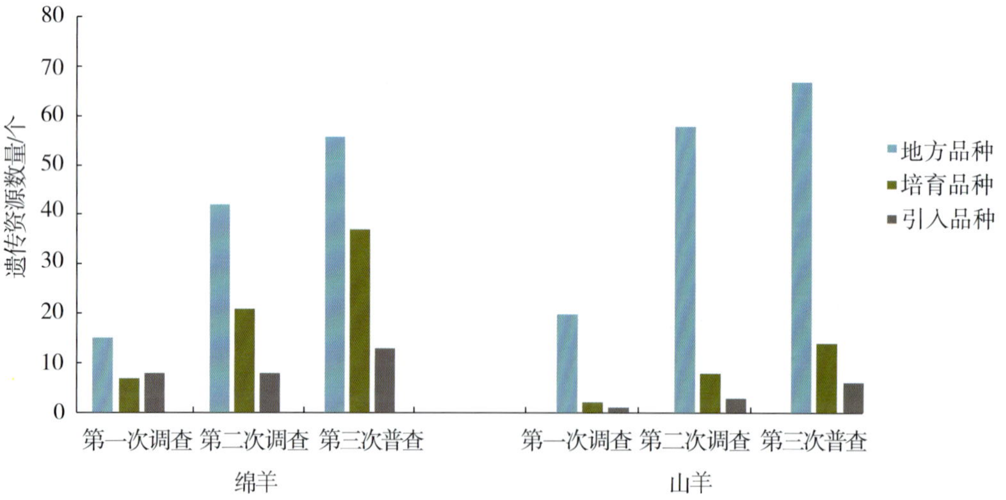

图 3-3-1　三次普（调）查中羊遗传资源数量及变化

专栏

◆ 七个来自青藏高原的羊遗传资源入选新发现的十大优异畜禽遗传资源 ◆

第三次普查，农业农村部派出了 200 多位专家深入青藏高原区域，东起秦岭山脉，西到帕米尔高原，南到喜马拉雅山脉南麓，北到昆仑山北缘。专家们克服高原反应和山高路远等困难，对每个新发现的遗传资源进行现场审核验收，最终经国家畜禽遗传资源委员会鉴定通过了多个在青藏高原新发现的羊遗传资源。2021 年农业农村部遴选出了新发现的十大优异畜禽遗传资源，其中就包括凉山黑绵羊、玛格绵羊、岗巴绵羊、霍尔巴绵羊、多玛绵羊、苏格绵羊、泽库羊共 7 个来自青藏高原地区的羊遗传资源。

青藏地区的绵羊资源十分丰富，具有适应高海拔、耐粗饲、抗病力强、体格健壮等特点。新发现的多玛绵羊分布在西藏安多县海拔 5 000 m 左右的草场，羊毛色泽美丽，毛绒厚密整齐，是藏族群众制作手工毯的优质原料。在四川凉山布拖县新发现的凉山黑绵羊，被牧民称作“黑色精灵”，全身被毛黑色，尾部披着裙帘，具有浓郁的民族风情。

第二节 中国羊遗传资源种质特性得到全面、系统评估

中国羊地方品种资源不仅数量众多，而且大多具有独特的、优良的种质特性，如繁殖率高、抗逆性强等，是培育优良品种的良好素材。充分鉴定、评估并挖掘地方品种的优良特性，培育适合中国国情、适应中国羊业生产需要的良种，是进一步提高中国羊产业生产水平和羊产品竞争力的需要。为此，中国畜牧主管部门组织相关单位，不断修订完善了羊遗传资源鉴定与评估技术规范；建设了畜禽遗传资源普查信息系统、畜禽遗传资源管理系统、中国畜禽品种资源网络数据库等数字化、信息化平台以服务羊种质特性登记和评估。第三次普查已完成羊遗传资源 193 个品种的种质特性评估，建立了涵盖所有羊遗传资源表型特征库，羊遗传资源种质特性得到了全面、系统的评估。

一、中国羊遗传资源种质特性评估指标体系

新中国成立以来，通过历次羊遗传资源普（调）查工作的实施，逐步完善了羊遗传资源种质特性评估技术体系，形成了羊遗传资源调查技术规范，并制定了相关标准。第三次普查工作中，统一制作并应用羊遗传资源系统调查表，系统调查了羊毛色、肤色、头型、耳型、角形、尾型等外貌特征指标 13 个，系统测定了羊体尺体重指标 8 项，初生重、断奶重等生长发育指标 4 项，宰前活重、胴体重、屠宰率等屠宰性能指标 10 项，蛋白质含量、脂肪含量、滴水损失等羊肉品质 7 项，以及产羔率、发情周期等羊繁殖性能等指标 10 项。同时，对于毛用羊还测定了涵盖剪毛量、净毛率等指标在内的羊产毛性能；对于绒用羊还测定了包含产绒量、绒纤维直径、净绒率等指标在内的羊产绒性能；乳用羊测定了产奶天数、总产奶量等指标在内的羊产奶性能；此外，针对湖羊羔皮、滩羊二毛皮、卡拉库尔羔皮、济宁青山羊猾子皮、中卫山羊沙毛皮等羔（裘）皮分别制定了个性化的皮用性能测定指标，针对长江三角洲白山羊笔料毛单独制定了笔料毛性能测定指标。与第二次调查相比，新增了羊肉品质指标以及初生重、断奶重、6 月龄重等生长发育指标，还新增了皮用品种的个性化皮用性能测定指标。此外，产毛和产绒性能分别制定了测定指标，地毯毛羊、长江三角洲白山羊制定了个性化的产毛性能测定指标。添加了尾周长等体尺指标以及胴体净肉率、胴体脂肪含量（GR）值、背脂厚、尾重等屠宰性能指标，使得羊遗传资源种质特性评估体系渐趋完善。

二、全面、准确掌握了中国羊遗传资源种质特性

第三次普查集全国之力，系统开展了 193 个羊品种的种质特性评估，经全面的生产性能测定、外貌特征评估，拍摄羊品种个体、群体照片 1 122 余张和影像资料 374 套，采集数据 1 044 533 条，实现了普查品种、关键指标和普查区域的全覆盖，构建了包含所有品种的羊遗传资源表型特征库。中国羊资源主要分为肉用、毛（绒）用、皮用、乳用等类型，具有繁殖力高、羊肉品质好、适应性强等优异种质特性。

（一）繁殖性能

绵羊产羔率超 200% 的地方品种有 5 个（湖羊、小尾寒羊、太行裘皮羊、策勒黑羊和洼地绵羊），

占所有地方品种资源的9.26%，山羊产羔率超200%的品种有21个（济宁青山羊、广丰山羊、大足黑山羊、黄淮山羊、马头山羊等），占所有地方山羊品种资源的31.34%。其中，湖羊和小尾寒羊是繁殖性能突出的绵羊品种，每胎产羔数可高达6~8只，广丰山羊和济宁青山羊是繁殖性能突出的山羊品种，每胎产羔数可高达4~6只。

（二）肉用性能

1. 绵羊

绵羊公羊成年体重在75~98 kg的地方品种有10个，包括小尾寒羊、吐鲁番黑羊、阿勒泰羊、滩羊、柯尔克孜羊、多浪羊、湖羊、呼伦贝尔羊、大尾寒羊、欧拉羊，其中小尾寒羊公羊成年体重达97.3 kg。绵羊母羊成年体重在60~83 kg的地方品种有8个，包括阿勒泰羊、乌冉克羊、太行裘皮羊、呼伦贝尔羊、大尾寒羊、欧拉羊、多浪羊和小尾寒羊，其中阿勒泰羊母羊成年体重达77.3 kg，小尾寒羊母羊成年体重达83 kg。

绵羊公羊胴体重在24~36 kg的品种有6个，包括泽库羊、小尾寒羊、豫西脂尾羊、阿勒泰羊、湖羊和欧拉羊，其中湖羊公羊胴体重29 kg，欧拉羊公羊胴体重35.4 kg。绵羊母羊胴体重在22~31 kg的地方品种有6个，包括晋中绵羊、泽库羊、阿勒泰羊、豫西脂尾羊、湖羊、欧拉羊，其中湖羊母羊胴体重25.6 kg，欧拉羊母羊胴体重30.4 kg。

绵羊公羊屠宰率在50%~57%的地方品种有8个，包括叶城羊、阿勒泰羊、同羊、哈萨克羊、蒙古羊、巴什拜羊、鲁中山地绵羊和湖羊，其中叶城羊公羊屠宰率53.81%，阿勒泰羊公羊屠宰率高达56.91%。绵羊母羊屠宰率在50%~55%的地方品种有8个，包括阿勒泰羊、巴什拜羊、哈萨克羊、蒙古羊、洼地绵羊、叶城羊、欧拉羊和湖羊，其中阿勒泰羊母羊屠宰率达54.20%，巴什拜羊母羊屠宰率达54.46%。

2. 山羊

山羊公羊成年体重在60~90 kg的地方品种有8个，包括辽宁绒山羊、大足黑山羊、燕山绒山羊、新疆山羊、内蒙古绒山羊阿拉善型、承德无角山羊、麻城黑山羊和川中黑山羊，其中辽宁绒山羊公羊成年体重达88.4 kg。山羊母羊成年体重在45~68 kg的地方品种有9个，包括辽宁绒山羊、宜昌白山羊、燕山绒山羊、圭山山羊、罗平黄山羊、马头山羊、内蒙古绒山羊阿拉善型、麻城黑山羊和川中黑山羊，其中辽宁绒山羊母羊成年体重达67.7 kg。

山羊公羊胴体重在20~26 kg的地方品种有6个，包括辽宁绒山羊、马关无角山羊、川中黑山羊、尧山白山羊、渝东黑山羊和麻城黑山羊，其中辽宁绒山羊公羊胴体重达24.0 kg，马关无角山羊公羊胴体重达24.6 kg。山羊母羊胴体重在17~25 kg的地方品种有6个，包括马关无角山羊、辽宁绒山羊、尧山白山羊、内蒙古绒山羊阿尔巴斯型、龙陵黄山羊和川中黑山羊，其中马关无角山羊母羊胴体重达24.1 kg、辽宁绒山羊母羊胴体重达24.2 kg。

山羊公羊屠宰率在52%~61%的地方品种有6个，包括马关无角山羊、子午岭黑山羊、黄淮山羊、南充黑山羊、龙陵黄山羊和圭山山羊，其中马关无角山羊公羊屠宰率高达60.53%。山羊母羊屠宰率在51%~61%的地方品种有6个，包括圭山山羊、马关无角山羊、辽宁绒山羊、南充黑山羊、内蒙古绒山羊阿尔巴斯型和龙陵黄山羊，其中圭山山羊母羊屠宰率达55.49%，马关无角山羊母羊屠宰率达60.38%。

与第二次调查相比，第三次普查多个羊品种资源的肉用性能明显提升，如湖羊公羊的胴体重由

24 kg 增长至 29 kg，哈萨克公羊的胴体重由 18 kg 增长至 20 kg。

（三）毛（绒）性能

1. 绵羊

绵羊公羊净毛量超 1 000 g 的地方品种有 3 个，包括汉中绵羊、欧拉羊和凉山黑绵羊，其中汉中绵羊净毛量 1 230 g。

绵羊公羊净毛率超 80% 的地方品种有欧拉羊和汉中绵羊，其中欧拉羊净毛率高达 88%。

2. 山羊

山羊成年公羊产绒量超过 1 000 g 的地方品种有 3 个，包括辽宁绒山羊、燕山绒山羊和内蒙古绒山羊阿尔巴斯型，其中辽宁绒山羊成年公羊平均产绒量达 1 381 g、燕山绒山羊公羊平均产绒量达 1 628 g。

山羊成年公羊绒纤维直径低于 15 μm 的地方品种有内蒙古绒山羊阿拉善型、燕山绒山羊、西藏山羊紫绒型、中卫山羊、西藏山羊白绒型、新疆山羊和吕梁黑山羊，其中内蒙古绒山羊阿拉善型成年公羊绒纤维直径平均为 13.0 μm。

（四）适应性

中国绵山羊是地理分布最广泛、适应性最强的家畜，可在严寒、酷热等各种气候条件下繁衍生存，耐粗饲，抗逆性和抗病力强。在人类居住的大部分地区，几乎都有分布。例如，西藏山羊对气候寒冷、高海拔等青藏高原极端环境有很好的适应性，新疆多浪羊对山地荒漠、半荒漠生态环境有很好的适应性，而湖羊具有耐高温、高湿的特性。

第三节　中国濒危羊品种得到抢救性保护

羊遗传资源属于可变性和可更新资源，一直处于动态变化中。受工业化、城镇化的加快推进、大量外来品种的引进和杂交、环境治理等因素影响，其传统生存环境受到极大影响，这将对遗传资源保护带来巨大挑战。经评估，有 4 个地方品种处于濒危状态，占地方品种总数的 3.4%。中国以高度负责的态度，积极开展抢救性保护专项行动，抢救性保护取得阶段性成效。

一、羊遗传资源受威胁状况

第三次普查表明，有 30 多个羊地方品种群体数量呈明显下降趋势，下降幅度超 50%，需给予关注并加强动态监测。对资源濒危状况进行科学评估，是分类采取保护措施的重要依据。依据第三次普查数据和《家畜遗传资源濒危等级评定》标准，对中国羊遗传资源的濒危状况进行了科学评估，发现 11 个羊品种受到不同程度的威胁。

1. 绵羊

有 1 个地方绵羊品种受到不同程度的威胁，其中，濒临灭绝的有 1 个（泗水裘皮羊），濒危品种（濒临灭绝、严重危险和危险）占地方绵羊总数的 1.8%。泗水裘皮羊主要分布在山东，第三次普查中纯种群体数量仅存 277 只，亟须抢救性保护。

第二次调查中，绵羊濒危品种有 3 个，分别为岷县黑裘皮羊、兰州大尾羊和汉中绵羊，群体数量分别为 750 只、200 只和 229 只。得益于对濒危品种及时的抢救性保护及建立保种场等加强保护的措施，第二次调查中被评定为濒危品种的岷县黑裘皮羊种群数量得到了有效恢复，濒危等级由濒危下调至安全，该品种主要分布在甘肃，第三次普查群体数量为 6 460 只，较第二次调查群体数量增加 8 倍。此外，兰州大尾羊和汉中绵羊濒危状态已有所好转，濒危等级由濒危下调至危险。其中兰州大尾羊主要分布在甘肃，第三次普查纯种群体数量为 651 只，较第二次调查数量增加 2 倍；汉中绵羊主要分布于陕西、甘肃两地，第三次普查群体数量为 531 只，较第二次调查群体数量增加 1 倍。

2. 山羊

有 3 个地方山羊品种受到不同程度的威胁。严重危险的有 2 个（马关无角山羊和临沧长毛山羊），危险的有 1 个（承德无角山羊），濒危品种（濒临灭绝、严重危险和危险）占地方山羊品种总数的 4.8%。在 3 个濒危品种中，马关无角山羊主要分布在云南马关县，现仅存 479 只；临沧长毛山羊主要分布在云南，现有群体数量 608 只；承德无角山羊主要分布在河北，现有纯种群体数量 1 616 只。

第二次调查中，山羊已灭绝品种 1 个（临沧长毛山羊），濒危品种有 2 个（承德无角山羊和马关无角山羊），其中，当时承德无角山羊群体数量 214 只，马关无角山羊群体数量 199 只。得益于第三次普查的全面摸底调查，临沧长毛山羊这一特色资源得以被重新找回，临沧长毛山羊原来主要分布在云南临沧县（现临沧市），在第二次调查中被确定为已灭绝品种，是被全国普查办列入第二次调查未发现的 15 个畜禽品种“红色清单”中唯一一个山羊品种，曾一度被认为已经消失多年。该品种比其他山羊毛长而粗，无绒毛，故称为临沧长毛山羊，又因外形像披着一件蓑衣，故被当地人俗称为“披蓑衣羊”或“蓑衣羊”；第三次普查在其原主产区之外的永德县和镇康县发现，现有群体数量 722 只。在今后的保种工作中，应根据目前临沧长毛山羊的分布状况、群体规模和散养状态，制定可行的抢救性保种方案，防止该品种资源得而复失。此外，承德无角山羊第三次普查纯种群体数量比第二次调查数量增加 2 倍，濒危状况有所好转，但仍处于濒危等级，须加大对这一特色资源的保护、开发和利用力度。马关无角山羊仍处于严重危险状态，群体总数比第二次调查数量减少将近四成，需要国家和地方政府加大投入和保护力度。

二、对濒危品种实施抢救性保护

中国及时启动羊濒危品种抢救性保护行动，实施“一品一策”保护方案，活体保护与遗传物质保存相结合，原地保护和异地保护相结合，因地制宜、因种施策、快速扩繁，以最快速度把种群恢复起来。通过遗传物质交换、建立保种场、体细胞克隆保种等方式，全国累计抢救性保护了承德无角山羊等多个地方品种。濒危品种的灭失风险得到了有效控制，保种群数量得到了恢复性增长，遗传材料被纳入国家基因库战略保存，4 个濒危品种的安全状况整体向好，抢救性保护取得了阶段性成效。

专栏

◆ 濒危品种汉中绵羊遗传资源抢救性收集 ◆

汉中绵羊是长期饲养于陕西汉中市秦巴山地区的绵羊品种，对于秦巴山区暖温带湿润季风气候环境有很强的适应性，抗病力强，繁殖性能好，是中国珍贵的绵羊品种资源，也是国家级畜禽遗传资源保护品种。第二次调查发现，由于受杂交改良等因素的影响，汉中绵羊纯种数量急剧下降，处于濒危状态。针对该现状，各级政府快速响应，启动汉中绵羊遗传资源抢救性保护工作：一是将汉中绵羊保种场建设列为县级重点项目，大力推进保种场建设项目落地生根；二是积极做好汉中绵羊的基因库建立和遗传材料采集工作，通过与国家家养动物种质资源库开展密切合作，保存汉中绵羊冷冻精液 2 500 剂、冷冻胚胎 185 枚；三是落实好各项安全防控措施，全力做好本部的保种各项工作；四是本着“不把鸡蛋放在一个篮子”的原则，多种方式保存遗传资源；五是做好保种工作的同时，大力开展资源开发利用，建立繁育开发基地，达到以保种促开发、以开发促保种的产业循环模式。截至 2023 年 6 月，汉中绵羊保种数量达 1 000 余只，且完成了遗传材料采集与保存，为汉中绵羊遗传资源长期保持奠定了基础。

第四节　中国珍稀羊品种实现应保尽保

羊遗传资源保护突出资源保护基础性、公益性的战略定位，以安全保护和有效开发为目标，采取以保为先、以用促保、保用结合的方针。通过创新体制机制，强化责任落实，着力加强科技支撑、政策扶持与法制保障，构建了羊遗传资源保护新格局；确立了《国家级畜禽遗传资源保护名录》和省级羊遗传资源保护名录，针对 27 个国家级羊保护品种和 105 个省级保护品种开展了重点保护；通过建立保种场、保护区和基因库对中国重点羊遗传资源全面保护，国家级保护品种保护率达 100%，省级保护品种保护率达 70% 以上，羊珍稀品种实现应保尽保。为建设现代种业强国、保障国家粮食安全和重要农产品有效供给、实施乡村振兴战略打牢了种质资源基础。

一、制定了国家级、省级羊遗传资源保护名录

按照“分级管理、重点保护”的原则，农业部于 2000 年公布了《国家畜禽品种保护名录》，对珍贵、稀有、濒危的品种实施重点保护，2006 年又对其进行了修订。2014 年 2 月 20 日，农业部发布第 2061 号公告，对《国家级畜禽遗传资源保护名录》再次进行了修订，确定辽宁绒山羊等 27 个羊品种资源为国家级畜禽遗传资源保护品种。27 个羊品种分别是：辽宁绒山羊、内蒙古绒山羊（阿尔巴斯型、阿拉善型、二狼山型）、小尾寒羊、中卫山羊、长江三角洲白山羊（笔料毛型）、乌珠穆沁羊、同羊、西藏羊（草地型）、西藏山羊、济宁青山羊、贵德黑裘皮羊、湖羊、滩羊、雷州山羊、和田羊、大尾寒羊、多浪羊、兰州大尾羊、汉中绵羊、岷县黑裘皮羊、苏尼特羊、成都麻羊、龙陵黄山羊、太行山羊、莱芜黑山羊、牙山黑绒山羊、大足黑山羊。

各省（区、市）也制定和公布了省级畜禽遗传资源保护名录，保护羊遗传资源 105 个，明确了地方品种保护的重点。

二、建立了保种场、保护区和基因库对中国重点羊遗传资源全面保护

“八五”规划期间，中国就开始启动了畜禽种质资源保护项目。根据“重点、濒危、特定性状”的保护原则和急需保护品种资源的分布情况，国家财政安排专项经费支持畜禽遗传资源的保护工作。从1998年开始，通过实施畜禽良种工程、畜禽种质资源保护等项目，国家先后建设了一批重点羊遗传资源保种场、保护区和基因库，建立了原产地保护和异地保护相结合、活体保种和遗传材料保存相补充、国家级和省级相衔接的羊遗传资源保护体系，对濒危资源实施抢救性保护，对国家级、省级保护品种实施重点保护，分级管理。截至2023年，逐步建立了31家国家级保种场、4家国家级保护区对24个国家级羊地方品种进行重点保护，实现了应保尽保。同时建立了1个国家家畜基因库，保存绵羊30个品种的冷冻精液11.3万剂，胚胎22个品种5 420枚，体细胞12个品种2 262份；山羊30个品种的冷冻精液9.4万余剂，胚胎30个品种7 717枚，体细胞13个品种1 795份；14个省级羊基因库，保存了湖羊、海门山羊、成都麻羊、川中黑山羊、川南黑山羊、北川白山羊、南充黑山羊、简州大耳羊等羊遗传材料。

各省（区、市）共建立起了127家省级羊遗传资源保种场和12个省级羊遗传资源保护区，对80多个地方品种进行活体保种，省级保护品种保护率达70%以上，此外，多地已经建立起了畜禽遗传资源基因库对羊遗传材料进行冷冻保存。

专栏

◆湖羊场库区一体化保种，打造羊遗传资源保护先行样板◆

湖羊是国家级畜禽遗传资源保护品种，分布于中国太湖地区，具有繁殖力强、适合舍饲、适应性强等特点，入选农业农村部2022年十大优异畜禽种质资源，是全国推广范围最广的优秀母本品种。作为原产地，苏州市高度重视湖羊遗传资源保护工作，在2011年经申请、遴选，东山镇被评为国家级湖羊遗传资源保护区。吴中区通过政策扶持，不断增加资金投入，统筹支持湖羊遗传资源保护工作，针对湖羊小散养殖户，通过签订保种协议、发放养殖补贴、更新种羊等方式，提高饲养积极性。同时，在苏州市建立了湖羊省级保种场，并积极鼓励、引导企业参与保种，2021年苏州太湖东山湖羊产业发展有限公司被遴选为国家级湖羊保种场。在做好活体保种的基础上，近年来，通过与扬州大学等高校合作，积极参与江苏省地方羊遗传资源基因库的建设工作，采集并保存湖羊精液、体细胞、胚胎等遗传材料，保护技术水平不断提高，实现了湖羊场库区一体化保种，为羊遗传资源保护打造了先行样板。

三、建立了国家主导、多元参与的保护机制

羊遗传资源保护是一项长期性、公益性、社会性的事业。中国积极将此项工作纳入国民经济和社会发展规划予以支持，同时鼓励有条件的企业和个人参与保护，科学开发，形成多元化保护的局面。

在政府的引领和带动下，羊遗传资源管理和保护机制不断创新，企业、个人从事羊遗传资源保护

工作的积极性有了很大提高，一些羊地方品种的保种育种协作组或专业合作社相继成立，原先以国有企事业单位为主体逐步转变为以政府为主导、多种形式并存的保护格局。一些社会资本积极参与羊遗传资源保护，特别是以开发促保护，拓宽了投融资渠道，促进了资源保护、产品开发、加工销售和市场开拓的有机结合，开辟了资源保护与利用的新途径，羊遗传资源多元化保护格局正在形成，民间保种事业蓬勃发展。

第四章

中国羊遗传资源可持续利用体系

羊遗传资源是保障国家肉、毛（绒）、奶有效供给的战略性资源，是羊种业创新的源头，良种对羊产业贡献率达 40%。目前，羊核心种源基本自主可控，自主可控率达 95%，其中绒山羊种源完全自主可控，为羊种业持续创新、打好种业翻身仗奠定种质基础。通过优异资源、优异性状的利用，培育了 51 个新品种。同时，羊遗传资源是支撑中国粮食安全、农产品有效供给的重要物质基础，支撑了中国 92% 以上羊肉、100% 羊绒、40% 以上羊毛、87% 羊皮的有效供给。

第一节　中国羊遗传资源为国家种业振兴打下基础

羊遗传资源作为国家不可或缺的战略资源，决定了整个产业链的生产效率，羊品种对羊产业贡献率达 40%。

一、羊种源基本自主可控有保障

中国绵羊、山羊遗传资源类型十分丰富，涵盖世界上肉用羊、毛用羊、乳用羊等所有生产类型的羊品种，丰富的羊遗传资源类型保障羊种源自主可控，但高产肉用羊父本、奶绵羊种源缺乏。

中国羊种源主要以地方品种（123 个）和培育品种（51 个）为主，引入品种仅占 9.84%，且引入品种饲养量不足 5%，中国羊遗传资源支撑了 95% 以上的种源供给，其中绒山羊种源完全自主可控，有效保证了优质羊种源供给。

二、羊种业持续创新基础

（一）优异资源的高效利用促进了羊种业的创新发展

优异资源是育种创新的基石，具有优良的遗传资源才能获得更多育种方面的选择，中国拥有世界所有生产类型的羊遗传资源，通过高效利用支撑羊种业生产方向全面发展。

主要利用的优异遗传资源包括湖羊、小尾寒羊、滩羊、蒙古羊、藏羊、哈萨克羊、辽宁绒山羊等。截至 2023 年，中国自主培育的羊新品种 51 个，其中第二次调查时自主培育的羊新品种 29 个，第三次普查时自主培育的羊新品种新增 23 个，均含有中国地方羊遗传资源血统；育成的新品种包括全部生产类型，其中肉用羊品种 14 个、绒（毛）用品种 33 个、乳用羊品种 4 个。

（二）优异性状的利用促进了羊种业的发展

与国外羊遗传资源相比，中国羊表型多样性丰富，在肉品质、产绒量及适应性上独具特色，普遍具有繁殖力高、肉质鲜美、适应性强、耐粗饲等优良特性，有的还具有药用、竞技等价值，是培育新品种不可缺少的原始素材，是中国羊种业可持续发展的宝贵资源。

优质产品性状的利用　中国拥有世界上最丰富的绒山羊品种，具有产绒量高、绒毛细、色彩自然、弹性高等突出的产绒性状。凭借绒山羊独特资源优势，利用 100% 的中国绒山羊地方品种，育成了 6 个绒山羊品种，支撑了绒山羊种业的发展。

专栏

◆ 辽宁绒山羊助力种业自立自强 ◆

辽宁绒山羊原产于辽宁东南部山区，具有产绒量高、绒质优良、适应性强、遗传性能稳定和改良效果显著等特点，被誉为“中华国宝”，是中国绒肉兼用型品种，也是目前世界上产绒量最高的地方绒山羊品种，被我国明令禁止出境，列为国家畜禽品种资源保护名录羊类之首。

多年来，辽宁绒山羊已经被推广至内蒙古、陕西、新疆等地，以其为父本，先后培育出罕山白绒山羊、陕北白绒山羊、柴达木绒山羊、晋岚绒山羊和疆南绒山羊 5 个新的绒山羊品种，在全国各地的绒山羊品种改良和品质提升方面发挥了至关重要的作用，保障了我国绒毛用羊种源完全自主可控。

环境适应性性状利用　中国幅员辽阔，生态环境类型十分丰富，加之近年来气候环境复杂多变，极端天气越来越多。在这样的大背景下，中国羊独特的环境适应性性状利用促进了羊种业的发展。例如，在保持甘肃高山细毛羊对青藏高原寒旱区的特殊生态条件良好适应性的前提下，以优秀细型、超细澳洲美利奴羊为父本，甘肃高山细毛羊为母本，历经 20 年选育而成的国内外唯一适应海拔 2 400~4 070 m 青藏高原高山寒旱草原严酷生态条件的羊毛纤维直径以 19.1~21.5 μm 为主体的毛肉兼用型细毛羊新品种。高山美利奴的成功培育，引领羊品种环境适应性的利用方向。

高繁性状利用　繁殖性状高低决定羊遗传资源利用效率的高低。羊繁殖性状作为经济性状的重要组成部分，主要体现在两个方面，一是产羔数高，二是常年发情。羊繁殖性状高低决定羊生产效率、生产成本，直接影响羊集约化生产的成效，中国羊集约化生产模式高繁性状利用在羊种业的发展中起决定性作用。例如，小尾寒羊和湖羊是中国羊具有突出繁殖性状的代表性品种：一方面，通过专门化肉用品种杜泊羊与小尾寒羊和湖羊杂交，培育出多个适于舍饲的高繁殖力肉羊品种；另一方面，通过引入肉用专门化品种作为父本，小尾寒羊和湖羊作为母本，通过经济杂交直接生产商品肉羊。羊高繁殖性状利用保障了肉羊集约化生产母本种源完全自主可控。

第二节　中国羊遗传资源支撑肉毛（绒）有效供给

羊遗传资源是支撑中国粮食安全、农产品有效供给的重要物质基础，支撑了中国 92% 以上羊肉、100% 羊绒、40% 以上羊毛、87% 羊皮的有效供给。

一、羊肉保障人民吃得好

目前，整体羊肉生产的母本 100% 依托地方羊资源；父本 75% 依托优良地方羊种源，20% 依托培育的肉羊新品种，补充性进口占 5% 左右。中国羊肉消费总量和人均消费量总体呈现上升趋势。2022 年中国羊肉生产量 525 万吨（表 3-4-1），占世界羊肉产量的 32.31%，人均羊肉表观消费量为 3.97 kg/人，占肉类总消费量的 5.7%，中国羊肉自给率达 93.6%，有效保障了羊肉供给稳定。

表 3-4-1　2018—2022 年中国羊出栏量、存栏量和羊肉产量情况

年份	出栏量 / 万只	存栏量 / 万只	羊肉产量 / 万吨
2018	31 010.5	29 713.5	475.1
2019	31 699.0	30 072.1	487.5
2020	31 941.0	30 654.8	492.3
2021	33 045.0	31 969.0	514.0
2022	33 624.0	32 627.0	524.5

二、毛（绒）、皮保障人民穿的暖

中国是世界羊毛生产大国，总量位居世界第二。羊毛分为绵羊毛和山羊毛。绵羊毛可再分为粗毛、半细毛和细毛。中国细毛、半细毛 100% 来自培育品种，如中国美利奴羊、高山美利奴羊；中国粗毛 100% 来自地方羊资源，如蒙古羊、藏羊以及和田羊。中国山羊绒 100% 来自完全自主可控的本地品种，如辽宁绒山羊、内蒙古绒山羊；或利用本地品种培育的新品种，如疆南绒山羊、藏西北白绒山羊。2021 年中国各类羊毛的产量中，绵羊毛产量共计 35.62 万吨，其中粗毛 12.98 万吨，半细毛 12.83 万吨，细毛 9.81 万吨；山羊绒产量 1.51 万吨。中国是世界上最大的羊毛加工大国，占世界羊毛加工量的 35%，中国纺织用细毛自给率约 40%。近年来，细毛羊饲养经济回报率较低，农牧民饲养细毛（半细毛）羊的积极性不高，影响细羊毛生产；半细毛和粗毛能满足国内需要，保障羊毛供给基本稳定；山羊绒 100% 自给，可有力保障山羊绒供给稳定。

羊皮是养羊业的产品之一。板皮指成年羊屠宰后所剥取皮张（原皮），也称生皮。成年绵羊皮主要是用于制裘，成为北方地区重要的御寒物资，也是重要的战略物资。中国的羊皮主要来自肉羊屠宰时

所剥生皮，据 FAO 估计，2021 年中国产生皮 179.61 万吨，约占世界总产量的 34.76%，进口 23.69 万吨，羊皮自给率 87%。

第三节 中国羊遗传资源利用满足人民对美好生活的向往

中国丰富的羊遗传资源，通过可持续高效开发利用，生产出了丰富多彩的羊产品，保障了羊产品供应多样化，一定程度上满足了人民“吃得香”“穿得好”的需求，提高了生活质量和幸福指数。

一、“御寒法宝”绵羊毛

绵羊毛作为一种天然纤维材料，具有保暖性能强、透气性好、柔软舒适、耐磨性强等优点，羊毛制品一直以来都被誉为御寒的“法宝”，因此，广泛应用于制作保暖服装、床上用品、地毯等。中国绵羊地方品种蒙古羊、藏羊、哈萨克羊、和田羊等生产的羊毛可制作成地毯。中国美利奴羊、高山美利羊以及其他培育的细毛羊品种所产细羊毛作为精纺原料，可用于生产精品服饰制品。凉山半细毛羊、青海高山半细毛羊等品种所产半细毛可用于生产毛线，进而制作耐磨舒适的披肩、挂毯、毛衣、民族服饰等。

专栏

◆ 新疆羊毛地毯：文化瑰宝，指尖上的艺术品 ◆

新疆地毯古称“氍毹”（音：qúshū），起源于新疆的和田、喀什等地，主要是和田，盛产非常多高品质的新疆地毯。制作新疆地毯的原材料主要是和田羊毛，其富有弹性，耐拉耐压，光感好，顺滑有质感。

地毯上的图案类型也极为丰富，多在边框中填入彩色的图案，例如，有结合了东西方文化和传说的“丝绸之路”为主题的地毯。新疆地毯聚集绘画、雕刻、编织、刺绣等多道工序，制作工艺相对复杂，但它的文化意义和历史传承价值极为珍贵。

二、“纤维皇后”山羊绒

中国的山羊绒制品在全球范围具备垄断优势，2020 年全球生产约 2.52 万吨含脂山羊绒纤维，其中约 60% 产自中国，20% 产自蒙古国，其他国家占 20%。中国山羊绒主要产自辽宁绒山羊、内蒙古绒山羊、藏西北白绒山羊等，由于纤维细度细、手感柔软、拉力大、光泽好、颜色正白、含异色毛少等优质特征，是人类能够利用的所有天然纺织原料都难以比拟的，但其产量稀少（仅占世界动物纤维总产量的 0.2%），因而被人们称为“纤维宝石”“纤维皇后”，又被称为“软黄金”，山羊绒是生产时髦与奢华兼具的服饰的主要原材料。

专栏

鄂尔多斯：名“羊”天下“绒”耀全球

鄂尔多斯市是世界上最大的优质羊绒主产区，获批国家级绒山羊优势特色产业集群，拥有全国规模最大的阿尔巴斯绒山羊种源基地。1988 年内蒙古自治区人民政府认定其为地方优良品种，2001 年列入首批发布的动物遗传资源保护名录一级保护品种。鄂尔多斯市共建成绒山羊种羊场 21 个，其中，国家级种羊场 1 个，年供绒山羊种公羊能力可达到 4 000 只。现有绒山羊家庭牧场 5 469 户，专业合作社 280 家。2021 年，全市绒山羊成年公羊绒纤维平均细度 15.75 μm，比 2007 年变细 0.98 μm；成年母羊绒纤维平均细度 15.21 μm，比 2007 年变细 0.73 μm，绒山羊存栏稳定在 630 万只左右，年产羊绒 3 300 吨。

形成了以鄂尔多斯羊绒集团等企业为龙头，以东胜羊绒产业园为重点的羊绒产业中心，产业链从单一的羊绒衫加工，发展到现在的全系列山羊绒制品及服装加工。年收储原绒 5 000 吨，生产无毛绒 2 000 吨、山羊绒制品 1 000 万件，占全球的 1/3。鄂尔多斯市山羊绒产品注册品牌达到 56 个，已形成了“鄂尔多斯”等品牌为代表的山羊绒品牌体系，以满足不同人群的需求。“1436”顶级产品已被列为“中华国宾礼”。

三、轻暖美观羔裘皮

中国是世界上羔裘皮羊遗传资源极为丰富的国家，生产羔裘皮的绵、山羊品种主要有 11 个，其中生产羔皮的绵羊品种有湖羊、卡拉库尔羊和策勒黑羊，山羊品种有济宁青山羊；生产裘皮的绵羊品种有滩羊、贵德黑裘皮羊、岷县黑裘皮羊、太行裘皮羊、泗水裘皮羊，山羊品种有中卫山羊。中卫山羊所生产的沙毛皮（35 日龄羔羊毛皮）花穗美观，色白如玉，轻暖，柔软，因而驰名中外；济宁青山羊生产的猾子皮（羔羊生后 1~2 天屠宰剥取的皮）具有天然色彩和花形，皮板轻，美观，所制翻毛外衣、皮领、皮帽在国际市场上深受欢迎，是中国传统出口物资。

四、鲜嫩多汁好羊肉

羊肉凭借其独特的风味、鲜美的口感和丰富的营养成分而深受欢迎。截至 2021 年，全国共有 124 项全国地理标志农产品（羊类），涉及近 100 个羊地方品种，形成了盐池滩羊肉、锡林郭勒羊肉等 31 个羊肉产品知名品牌，成就了北京的百年老店东来顺、江苏苏州的藏书羊肉等。中国优质羊肉的生产基本来自本土资源，如滩羊、乌珠穆沁羊、苏尼特羊等，基于地方羊遗传资源开发，创建了系列品牌。宁夏瑰宝盐池滩羊，肉质细嫩，无膻味，味道鲜美，脂肪分布均匀，被誉为中国羊肉的“顶流”。乌珠穆沁羊又被称为“熊猫羊”，为地理标志保护产品，是极为好吃的羊肉品种。

专栏

◆ 涮羊肉 · 草原传统特色美食 ◆

涮羊肉，又称“羊肉火锅”，始于元代，兴起于清代，早在18世纪，康熙、乾隆二帝所举办的几次规模宏大的“千叟宴”，其中就有羊肉火锅。后流传至市肆，由清真馆经营。《旧都百话》云：“羊肉锅子，为岁寒时最普通之美味，须与羊肉馆食之。”

内蒙古涮羊肉多选用本地肥尾羊（如乌珠穆沁羊等）的外脊、后腿、羊尾等部位，切成薄片，放在火锅沸汤中轻涮；再取备好的麻酱、腐乳、韭菜花、葱花、姜丝、虾油等作佐料，肉片鲜嫩可口，不膻不腻，边涮边吃。

五、乳中贵族羊奶

羊奶的营养价值早在中国古代就已经得到了认可。中国是世界上饲养奶山羊最多的国家，绵羊和山羊奶占世界总产奶量的4.82%。羊奶是中国第二大乳品，占中国总乳品的3.61%，羊奶占全国奶类总产量的比重快速提升。在许多草原牧区，是牧民生活中不可缺少的重要食品。中国特色羊奶生产主要以关中奶山羊、崂山奶山羊、文登奶山羊为主。山羊奶是一种营养较全面的食品，与牛奶相比，羊奶的球蛋白颗粒小，质量分数高，更易被人体消化吸收。羊奶中的酪蛋白和乳球蛋白含量较少，蛋白组成更接近人乳，饮用羊奶不容易引起过敏反应。羊奶脂肪球颗粒小且均匀，易消化吸收，更适合婴幼儿、孕妇和老人食用，且长期饮用不会引起脂肪堆积和肥胖。羊奶中的钙磷比例接近2 ∶ 1，是婴幼儿、老年人、骨质疏松及其他骨病患者的食补钙源。羊奶中还含有丰富的三磷酸腺苷（adenosine triphosphate, ATP），是“乳糖不耐症”患者的最佳乳品选择。此外，羊奶还可以加工制成乳酪、炼乳、酸奶、奶粉等，对满足人民群众不同的需要，提高人民的健康水平有很大的益处。需要指出，当前绵羊奶在中国市场占有率不高，其产业还处于起步阶段，随着人民生活水平提高以及专用化奶绵羊新品种的培育，绵羊奶市场占比将进一步提高。

第四节　中国羊遗传资源可持续利用方式不断优化

长期自然选择和驯养形成了具有区域特色、生产方向广泛的羊遗传资源，不同用途羊遗传资源类型的开发利用情况各异，总体上羊遗传资源利用比例高。本品种利用是优质肉、高端绒、特色皮羊遗传资源利用的主要方式；杂交利用是肉羊遗传资源重要的利用方式；新品种培育是细（半细）毛羊、乳用羊遗传资源主要的利用方式。这些不同的利用方式生产出差异化的羊产品，可以满足人民多元化的消费需求。

一、羊遗传资源开发利用整体呈现蓬勃发展

（一）羊遗传资源总体利用概况

羊遗传资源总体利用比例高。近年来，中国地方羊遗传资源开发利用步伐加快，满足了多元化的消费需求。通过本品种利用、杂交利用、新品种培育以及多元化利用，逐步实现了资源优势向经济优势的转化，资源开发潜力被进一步挖掘。"十二五"规划以来，以市场为导向，在全部123个绵山羊地方品种中，除10个品种处于纯保种状，大多数的地方羊遗传资源已经有了不同程度的开发利用。

（二）"政产学研推"模式融合发展促进羊遗传资源高效利用

具有中国特色的政府引导下的"政产学研推"融合发展，有力促进了羊遗传资源的高效利用，充分体现了社会主义集中力量办大事的优势。政府根据发展战略需求，设定引导政策，通过资金扶持、成立项目研发团队、组建现代农业产业技术体系等方式，解决羊遗传资源利用面临的区域发展不平衡问题，突破羊遗传资源技术瓶颈，解决产业体系共性技术与关键技术问题，提升羊遗传资源利用效率。

二、羊遗传资源开发利用呈现模式丰富

以市场需求为导向，形成了具有中国特色的优质品牌带动利用、全产业链一体化利用、专业合作社利用、保用结合利用、生态农庄利用、文旅结合利用等羊遗传资源利用模式，加大了羊遗传资源开发利用力度，实现了羊遗传资源优势向经济优势转化。

（一）优质品牌带动利用模式

中国早期的羊肉品牌多是基于悠久餐饮文化形成的，如东来顺、藏书羊肉等。中国羊肉品牌真正发展的时期是在改革开放以后，20世纪90年代诞生了一批诸如"小肥羊"等品牌知名度较高、影响力较大的企业品牌。进入21世纪，中国政府加强了农产品品牌的政策支持力度。在一系列政策的引导下，中国羊肉品牌化进入了快速发展的时期，蒙都等一大批知名企业品牌迅速成长，羊肉品牌化的发展使得中国羊肉产品品类日益丰富、质量不断提升，不仅企业获得了较高的利润，还较好地满足了不同消费群体的多元化消费需求。对"三品一标"（即无公害农产品、绿色食品、有机食品、农产品地理标志）农产品认证的推动，使得中国羊肉品牌由面向大众消费为主迈向了高端消费市场。尤其是近年来在中国肉羊优势产区，依托较好肉羊生产资源条件和悠久地域文化而形成的一批羊肉地理标志，诸如简阳羊肉、盐池滩羊肉、怀仁盖羊肉、锡林郭勒羊肉、苏尼特羊肉等，不仅增加了区域内地理标志使用企业的收益，还带动了当地养殖户增收，促进了肉羊产业集群的形成，并间接带动了企业品牌的发展，羊肉品牌化效应日益凸显。

（二）全产业链开发利用模式

羊全产业链开发利用模式以消费者为导向，从产业链源头做起，包括饲料、育种、繁育、养殖、粪污处理、屠宰分割、物流、品牌建设、营销等方面，形成安全、营养、健康的食品供应全过程。产业链一体化有利于提高经营效率，实现规模经济。

专栏

◆ 河池市"三联五统一"模式推动肉羊全产业链整体发展 ◆

近年来，广西河池市围绕做大做强羊产业，在都安瑶族自治县先行先试肉羊全产业链发展新机制，推出"联建联养联营"养殖模式，建立"供羔、饲料、技术服务、回收、屠宰加工销售"五个统一标准，实现产业链前端、中端、后端核心环节标准化、规范化、科学化，已构建起"自繁自育自销一体化"的全产业链发展体系。

2022 年，都安瑶族自治县已形成"县有基地、乡有羊场、村有羊舍、户有羊养"的产业发展格局，覆盖农户达 65.47%。该模式已逐步在天峨县、东兰县、大化瑶族自治县等地推广。通过探索改革，河池市肉羊产业实现现代化发展，肉羊全产业年产值 20 多亿元，带动 3.45 万户养殖群众增收，养殖户年均收入约 1.2 万元。全市 232 个村集体经济组织发展肉羊产业年实现分红约 1 500 万元；4 810 户易地搬迁群众发展澳寒羊产业获分红 576 万元。羊饲料产业带动了"粮改饲"种植产业的发展和饲料加工厂的兴建，农户每年实现增收 1 800 元左右。

（三）专业合作社利用模式

促进农民增收是中国政府持续推进的长期规划，是乡村振兴的最终目标，农民专业合作社作为实现这一目标中不可缺少的一个重要部分。羊专业合作社利用模式有利于在一定区域范围内提高羊散户养殖的组织化程度，充分利用羊遗传资源，提升利用效率，在对抗外来竞争等方面发挥着不可替代的作用。

（四）保用结合模式

中国重点对列入国家级畜禽品种保护名录的品种予以优先支持，对于濒危、利用价值大的品种，进行抢救性保种。同时，重视利用社会资本，创造条件引导资金雄厚、科技实力强的多种所有制企业，投资羊遗传资源的开发利用。对羊遗传资源要实行以用促保，保用结合，真正把地方遗传资源优势变为经济优势。

专栏

◆ 宁夏盐池滩羊选育场保育同步 ◆

近年来，宁夏盐池选育场，以滩羊遗传资源保护为己任，坚持保种育种同步，改善国家滩羊保种场基础设施、提升滩羊遗传资源保种供种能力，助推滩羊产业高质量发展。目前，滩羊核心群规模达 3 000 只，三代之内没有血缘关系的家系数达到了 12 个。2022 年完成滩羊良种推广 5 980 只，为宁夏滩羊保护利用及自治区"六特"产业做出了贡献。

（五）生态农庄模式

羊生态农庄是以绿色、生态、环保为目标，以资源有效利用为载体，以市场化运作为手段，把羊生产活动和旅游结合起来的一条综合效益较大农业生产模式。

（六）文旅结合模式

随着乡村振兴相关政策的不断推进，乡村振兴战略日渐明晰，各项配套政策逐步细化，“三农”问题逐步得到解决，乡村活力得到空前激发，农业景观资源、农业生产条件、乡村文化资源等的价值得到了进一步挖掘。羊文旅结合利用模式以羊产业为基础，旅游休闲为形态，风土文化为灵魂，挖掘乡村的深层价值，在乡村原有的基础上进行创新。羊文旅结合利用模式有利于推进农业结构转型，助力乡村振兴，实现农民脱贫致富，带动农村高质量可持续发展。

专栏

◆江苏苏州市：讲好一只“羊”的故事，走上“农文体旅”融合发展之路◆

苏州市木渎镇善人桥村依托丰厚的自然人文资源，蓄力深挖地域文化，阔步走上“农文体旅”融合发展之路，凝聚起乡村振兴的强大合力。一是讲好“羊”故事。善人桥村积极筹划推进藏书羊肉的品牌化经营，统一打造品牌形象，规范传统烹饪手法，深挖美食背后故事，并积极开发羊肉礼盒等衍生品，提高美食的附加值，全力助推藏书羊肉产业做大做强。二是农文体旅融合发展。善人桥村持续深化特色田园乡村的打造和申报，突出各自然村的产业特色，并用创建成果赋能基础设施建设，进而实现全村“农文体旅”融合发展的美好愿景。

三、羊遗传资源开发利用呈现方式多样

（一）本品种利用

本品种利用是优质肉、高端绒、特色皮羊遗传资源利用的主要方式。羊主要分布在山区及特殊生态地区（如高海拔、高寒、干旱、贫瘠、高温等），受经济、适应性等因素限制，本品种直接利用仍是羊遗传资源利用的主要方式之一，产出风味独特的羊肉、高端绒、特色皮等产品。例如，具有风味独特、肉质鲜美的乌珠穆沁羊、苏尼特羊，高原适应能力强的藏羊、藏山羊，产绒性能好的辽宁绒山羊，都是以本品种利用为主的。

（二）杂交利用

1. 经济杂交

将不同品种的羊进行杂交可以提高杂种优势，杂交是快速、充分利用中国本土羊高繁、适应性好

等优异遗传资源的有效方式。通过选择合适的杂交亲本进行繁殖生产，产羔率可提高 20%~30%，增重率可提高 20%。目前，这种经济杂交利用方式主要用于商品化肉羊的生产。一般选择发育快、体格高大、产肉性能良好、饲料转化率高的肉用优质公羊作为父本，如杜泊羊、德国肉用美利奴羊、波尔山羊、努比亚山羊等；一般选择本地区数量多、性成熟早、繁殖力高、适应性好的本地母羊品种作为杂交母本，如湖羊、小尾寒羊、黄淮山羊等。

2. 种间杂交

种间杂交是指异种生物体通过杂交产生杂种子代的手段，是远缘杂交的一种。在羊遗传资源利用中，种间杂交是充分利用羊野生近缘种优良特性的主要方式。

专栏

种间杂交培育羊新种质

中国一直是世界最大的山羊绒生产国，同时中国的山羊绒以细度好而闻名世界，但由于通常把提高线单产作为主要选种方向，近 20 年来中国山羊绒不断变粗，主体平均纤维直径已经从 14.5~15.0 μm 为主，变成 15.3~15.5 μm。但中国缺少超细的种质资源，因此，培育细绒型的进展较为缓慢。中国科研工作者利用先进的设备，发现北山羊、盘羊的绒细度分布在 10.0~19.0 μm，在此基础上，通过开展北山羊 × 家山羊和盘羊 × 阿勒泰羊、盘羊 × 哈萨克羊等种间杂交，创制出绒细度为 10.6 μm 的全世界最细的绒山羊公羊和 11.4 μm 的绒绵羊公羊。

（三）新品种培育

利用中国羊地方品种优良的种质特性，通过引进国外品种，改良地方品种生产性能，培育适应中国国情和市场需求的新品种，所有培育的新品种 100% 都使用了中国地方羊遗传资源。

肉用羊品种方面　通过繁殖力高、适应性强的羊地方品种与引入肉用专用品种进行杂交培育 13 个肉羊新品种。例如，以努比山羊为父本，云岭黑山羊为母本，培育出了云上黑山羊；以南非肉用美利奴羊公羊为父本，以东北细毛羊为母本，采用级进杂交方法，培育出了乾华肉用美利奴羊。

毛用羊品种方面　通过引入细毛羊或毛肉兼用羊品种对中国地方羊进行育成杂交，培育出 23 个毛用或毛肉兼用羊新品种，如以新疆细毛羊、考力代羊为父本，威宁藏系绵羊为母本，育成了贵乾半细毛羊。

绒山羊方面　以辽宁绒山羊为父本，培育出陕北白绒山羊、疆南绒山羊等 5 个绒山羊新品种，在各地的绒山羊品种改良和品质提升方面发挥了至关重要的作用，保障了中国绒毛用羊种源完全自主可控。

乳用羊方面　已利用萨能奶山羊与本地山羊杂交培育出 4 个乳用山羊新品种，如以萨能奶山羊为父本，本地山羊为母本，育成了关中奶山羊。此外，利用引进东佛里生奶绵羊品种，与湖羊杂交，培育奶绵羊新品种也取得了一定成效。

分报告四

中国马驴驼遗传资源状况

德州驴

苏尼特双峰驼

伊犁马

蒙古马

阿拉善双峰驼

第一章

中国是马驴驼遗传资源极为丰富的国家

中国自古以来是马驴驼的主要分布区域。中国广袤的疆域、复杂的自然环境条件、多样化的地理、生态和气候条件，众多的民族及不同的生产生活方式，加之广大劳动者的长期驯养和精心选育，逐渐形成了丰富多样的马驴驼遗传资源，其中驴和驼遗传资源在世界上最为丰富。中国马驴驼遗传资源具有适应性强、抗严寒、耐粗饲、耐力强、抗病力强、合群性好等特点，并形成了独特的体貌特征和生理功能，为中国农牧业、运输业和社会文化发展做出了巨大贡献。本章主要介绍中国马驴驼遗传资源起源与驯化，遗传资源的丰富性、种质特色和变化趋势，以期全面揭示中国马驴驼遗传资源状况，为科学制定中国马驴驼地方品种保种措施及合理开发利用方案提供参考。

第一节　中国马驴驼遗传资源起源和驯化

据考古证据、史料记载和分子进化研究结果，中国驯养马驴驼历史悠久。在农耕社会中，马驴驼能够作为耕种和驮运的畜力，对农牧业生产起到重要支撑作用。中国幅员辽阔，地貌、生态环境复杂多样以及不同地区的社会经济和文化存在差异，人们对马驴驼品种的选择和利用方向不同，逐渐形成了丰富多彩的马驴驼遗传资源。

一、中国马遗传资源驯养历史悠久

（一）马的起源

马属动物的祖先可追溯到大约在 5 500 万年前的始祖马，马的祖先大约在距今 450 万~400 万年与斑马和驴完成了分化，普氏野马和家马约在距今 7.2 万~3.8 万年完成分化。家马 5 500 年前在亚洲哈萨克斯坦北部的博泰地区被成功驯化，但是这些家马并不是现代家马的祖先，它们的后代繁衍数千年后形成了现在的普氏野马（Equus przewalskii）。通过分析生活在公元前 10 000 年—公元前 200 年间的

273匹古代马基因组，发现4 200~4 000年前一支生活在北高加索地区大草原的马群体，凭借温顺性和更强壮脊椎骨两个优势，快速取代了从大西洋到蒙古草原上的所有野马种群，成为现代家马的祖先。

（二）中国马的驯化

中国有近30处旧石器时代的遗址发现有马的骨骼，多集中在北方地区，骨骼化石经过鉴定以普氏野马居多，而新石器时代中国发现马骨遗存的遗址不足20处，除陕西华县南沙村遗址外遗存多为破碎骨骼和零星牙齿外，马骨的发现数量与旧石器时代相比相去甚远，说明家马可能不在中国完成驯化。商代晚期的河南殷墟遗址（3 300年前）出土的殉马坑和车马坑，证明家马已经参与人们生产生活中。家马Y染色体DNA的研究成果表明，其仅有一个或有限的父系起源，但对线粒体DNA的研究显示中国家马有多个母系祖先。学界主流观点认为，中国家马的起源过程为新石器时代晚期野马在哈萨克草原北部最早被驯化，进入青铜时代，家马群体扩张，人口膨胀，人群开始向东西两个方向迁徙，沿途不断猎获野生母马，并使其与畜养的公马交配繁衍。内蒙古草原地区在中国家马起源扩散过程中占据重要地位，中原地区的马也可能由内蒙古草原自北向南传入。

（三）中国家马的饲养历史悠久

《史记》根据当时皇家持有的大量古籍和先民世代口口相传的史述，记载说："帝尧者，放勋。……富而不骄，贵而不舒。黄收纯衣，彤车乘白马。"说明中原地区在唐尧时代马已家化，这是关于中国家马最早的记述。但是自此至夏代，没有涉及家马的记述；大致是因为当时家马尚未广泛应用。从唐尧后期经虞舜到夏禹，黄河、长江中下游流域经历了大约一个半世纪的洪水期，马的利用、推广受到限制。记载夏禹时代以后的文献中，涉及家马的记事较多。三国时代蜀汉谯周编写的《古史考》记载："黄帝作车……禹时奚仲为车正，加马。""车正"是夏朝管理车务的官员。《尚书·甘誓》记录了夏朝第二代帝王夏启讨伐有扈氏的临战誓词，其中有"御非其马之正，汝不恭命"的表述；意为战事中"驾车的士兵如果不能使车马进退得当，就是你不奉从命令。"《史记·夏本纪》中有相同记载。记录夏朝第三代国君太康因荒废政事，被其五个弟弟谴责的《尚书·五子之歌》中有"予临兆民，懔乎若朽索之驭六马"的文字，意为我面对千万民众，内心的畏惧有如以朽绳驾驭六马。这些文献反映，在夏代马已被普遍利用。

岩画反映的时代和文献记载大体吻合。关于家马的远古岩画，北方多于南方，西南多于东南沿海。在公元前21—16世纪，传说中的夏王朝中期以前，中国南北史前居民留下来的许多岩画、岩刻，反映了先民利用马的事实。新疆阿勒泰山、库鲁克山区，内蒙古阴山、乌兰察布草原、克什克腾旗白岔河地区，宁夏贺兰山，甘肃嘉峪关黑山，云南沧源，广西宁明县花山，贵州开阳县画马岩等地不少涉及马的岩画；其中，新疆昆仑山的"放牧"岩刻，画面中有几只弯角羊骨羊和两位骑马的牧人（图4-1-1），青海刚察县舍不齐沟中的史前岩刻表现一位骑士正在张弓射野牛（图4-1-2），宁夏贺兰县贺兰山口的单马岩画，描绘了一匹修剪过鬣毛的马，贵州开阳县画马岩大岩口的"太阳和马"岩画，描绘了两匹在太阳下安详伫立的马。

马在古代曾是农业生产、交通运输和军事等活动的主要动力。春秋时期，马开始被用于军队作战，成为军事力量对比的一个重要因素。数千年来，马在人们的驯化进程中，逐步演变成为生存能力极强、体力超众、性格温顺、聪敏智慧、行动迅捷、便于人类驯养和管理的大型食草型动物。

图 4-1-1　新疆昆仑山的“放牧”岩刻
（多鲁坤　摄）

图 4-1-2　青海刚察县舍不齐沟中的史前岩刻
（陈明　摄）

二、中国驴驯养历史悠久

（一）家驴的起源

家驴起源于非洲野驴（*Equus africanus*）。中国家驴在演化早期具有与非洲野驴相似的种群变化历史，其从非洲野驴中分离出来后，不同群体间仍然具有高度相似的种群演化历史，说明家驴的起源比较单一，只有一个母系起源。近年来，生物信息学的研究表明，世界上所有家驴均起源于非洲野驴，且驴的谱系都可以追溯到公元前 5 000 年的东非地区，大约是在非洲之角的位置；驯化的驴从那里传播到非洲其他地方以及欧亚大陆，并逐渐形成遗传上不同的群体。

（二）中国家驴的起源

家驴是通过直接驯化而来的。中国家驴大约在 4 000 年前由非洲东北部通过埃及扩散到欧洲、中亚及东亚，渐次传播到中国北部、西北部。中国西域先民对其进行了饲养、驯化和创新利用，成功将其融入中华农耕文明的发源和兴盛。汉通西域之后，驴和中国北部、西北部的其他“奇畜”才大规模进入黄河中下游流域。据西汉桓宽《盐铁论》记载：“嬴（骡）驴骆驼，衔尾入塞”。开始引入的驴多集中在关中地区，以后逐渐向北、向东扩散。

家驴的驯化与演化伴随着古代农业的发展而进行，家驴与野驴相比，其体型、习性、繁殖力、消化代谢、生理生化等均产生了较大的改变。家驴四肢和体长较长，背腰平直，体重增加，胃肠道容积增加，性情也较为温顺。

（三）中国驴养殖历史悠久

中国驴养殖历史悠久，并开展种间杂交。根据中国古文献记载，中国的新疆、内蒙古和甘肃等地很早就开始饲养驴并繁殖了与马的杂种骡。据《史记·匈奴列传》记载："唐虞以上有山戎、猃狁、荤粥，居于北蛮，随畜牧而转移。其畜之所多则马、牛、羊，其奇畜则橐驼、驴、骡、駃騠、騊駼、驒騱。"唐尧、虞舜是中国历史上传说的两个很著名的部落联盟领袖，其生活时代距今 4 400 年前。可见，中国北方及其西部少数民族饲养驴的历史，应当远在原始公社时期。

据《逸周书》卷七记载："伊尹（夏末商初人）为献令，正北、空同、大夏、匈奴、月氏诸国以野马、駃騠为献"。依此而论，至少在 3 500 年前，在新疆天山以南和甘肃等地就已经养殖家驴，并利用驴和马杂交获得駃騠。西汉时，张骞通西域后，大批良种驴也随之东来。开始引入的驴多分散在甘肃南部和陕西关中地区，以后逐渐向北、向东扩散到华北各地。唐宋之前，驴已普及至中原各地，成为当时主要役畜之一。近代以来，驴又随农民被带到吉林、黑龙江的松花江、嫩江流域。历经长时间的繁育，驴的分布几乎遍及中国各地。

三、中国养驼历史悠久

（一）骆驼的起源

古生物学家对地质化石的研究证实，骆驼起源于北美洲的"原柔蹄类"，见于新生代的始新时期（距今约 5 500 万年）。骆驼曾在第四世纪冰期（距今约 100 万年）由北美洲发源地分两路大规模迁徙。其中一路经白令海峡到东半球、中亚、蒙古高原和满洲里较寒冷的干旱地区，进化成双峰驼（*Camelus bactrianus*）；另一路跨过大陆干旱中心地带进入东欧，有的穿过中东、横过北非，向西迁徙远达大西洋，向南达坦桑尼亚，有的到达小亚细亚和非洲比较炎热的荒漠地带及印度北部干旱平原等地，演变成单峰驼（*Camelus dromedarious*）。目前生存的不同类型和不同品种的骆驼是对自然环境适应和自然选择进化的结果。

（二）骆驼的演化与驯化

1. 骆驼的演化

在始新世末期（距今 5 000 万~3 500 万年），北美洲气候温暖湿润，遍生茂密多汁的灌木林。当时有一种原柔蹄类的动物，体小如兔，长约 80 cm，体重 2.6 kg 左右，无驼峰，身高不足 0.6 m；前肢短而后肢长，每肢四趾。根据其牙齿与颌的结构表明它们的饮食为低级的多叶植被。到了渐新世（距今 3 390 万~2 300 万年），骆驼科物种进化较快，它们失去了两个边趾，更接近现代骆驼的双趾结构，但这些早期的二趾原驼仍然没有驼峰（图 4-1-3）。体格比原柔蹄类大，站立时高 0.9 m，与如今的鹿差不多。二趾原驼的头骨很像现在的美洲驼，有狭窄的鼻腔和长长的脖子；前牙齿很尖，有利于采食。

渐新世后，二趾原驼逐渐进化成不同的几种，其中一种进化成原驼（图 4-1-3）。经历渐新世到中新世（2 000 万~500 万年前），这一时期地球环境开始变得又干又冷，大草原被沙地所取代。随着环境的改变，生活在中新世晚期和上新世早期的原驼进化出与现代的骆驼相似独特的牙齿和下颌结构，牙齿变得更长且顶部更高，在其上颌上有一对小的门牙，脚部开始带有柔软的脚垫，脖子变得大而长，腿细而长。这一时期的骆驼进化出与现代骆驼相似的步伐。

从中新世到上新世（1 030 万~490 万年前），一批更加庞大的骆驼横行于北美大陆，其中典型的为巨驼，身高约 5.0 m，肩高约 3.8 m，体重约 4.09 吨，是在地球上漫步的最大的骆驼物种。在 250 万年

图 4-1-3 骆驼的演化过程（Monchot，2015）

前的上新世，南北美洲相连，这给骆驼的祖先副驼的迁徙带来了机会，许多骆驼向南迁徙，成为现代家养美洲驼和羊驼的祖先。

2. 骆驼的驯化

家骆驼驯化时间的推测为距今约 4 500 年前，其驯化地点相关的证据主要集中在伊朗北部和土库曼斯坦南部等地区。通过贸易往来，家骆驼传入中国。中国是世界上驯养骆驼较早的国家之一，根据《逸周书》卷七记载，早在 3 500 年前，中国新疆、内蒙古、甘肃等地已有骆驼驯养。

另外，岩画记载的内容体现了畜禽资源被驯化的事实。当骆驼进入人们的生活，便成了岩画的重要内容。在中国，骆驼岩画（图 4-1-4）主要集中在新疆阿勒泰地区、塔城地区和哈密地区（现为哈密市），甘肃祁连山和河西走廊狭长地带，宁夏贺兰山东麓，青海中北部以及内蒙古西部阿拉善左旗，在内蒙古东部的苏尼特及克什克腾的百岔河岩画中也出现了骆驼形象。

图 4-1-4 中国新疆骆驼岩画（左）和内蒙古骆驼岩画（右）

骆驼相关岩画的分布与骆驼在中国的分布范围基本一致。岩画中骆驼的表现形式极为多样，有表现单个骆驼的，也有表现骆驼群体关系的，更有表现人与骆驼或其他动物与骆驼关系的，生动地再现了青铜时代至早期铁器时代的先民对骆驼的认识。以上骆驼形象几乎全部为双峰驼。

第二节　中国马驴驼遗传资源多样性丰富

马驴驼遗传资源是世界生物多样性的组成部分，是人类农耕文明的主要承载者。据第三次普查，中国有 86 个马驴驼遗传资源，占中国畜禽遗传资源的 8.7%，且中国是世界上驴和骆驼遗传资源最为丰富的国家。中国不同区域地形外貌、气候等生态环境条件差异以及社会、经济和文化的发展程度不同，人们对驯化马驴驼的选择和利用目的也不同，历史上形成了体型外貌和生产性能各异的不同类型的马驴驼遗传资源。

一、世界马驴驼遗传资源概况

马驴驼遗传资源是世界生物多样性的重要组成部分。根据 FAO 建立的全球家畜多样性信息系统（DAD-IS）数据，截至 2023 年 9 月，全球共计马驴驼品种 1 026 个，其中马品种有 833 个，驴品种有 176 个，骆驼品种有 17 个。

全球马驴驼的品种中，地方品种 875 个，区域性跨国品种 76 个（同一区域不同国家出现），国际性跨国品种（多个区域出现）75 个（表 4-1-1）。从地理分布来看，欧洲和高加索地区马和驴的品种数量最多，其次为亚洲地区；亚洲地区骆驼品种数量最多。

表 4-1-1　全世界马驴驼品种数量及地区分布

个

品种数量	本地品种			区域性跨国品种			国际性跨国品种		
	马	驴	骆驼	马	驴	骆驼	马	驴	骆驼
非洲地区	52	24	—	9	4	—	—	—	—
亚洲地区	137	42	12	10	3	—	—	—	—
欧洲和高加索地区	374	48	3	36	3	—	—	—	—
拉丁美洲和加勒比地区	71	24	—	6	1	—	—	—	—
近东和中东地区	16	13	—	0	0	—	—	—	—
北美地区	25	6	—	4	0	—	—	—	—
西南太平洋地区	25	3	—	0	0	—	—	—	—
全世界	700	160	15	65	11	—	68	5	2

注：数据引自 FAO 全球家畜多样性信息系统（DAD-IS）数据库（2023 年 9 月）。

二、中国马驴驼遗传资源多样性丰富

自改革开放初期至今，中国马驴驼遗传资源的数量迅猛增加，增加后持续稳定。根据第三次普查数据，中国拥有 57 个马遗传资源，占全球登记马品种（833 个）的 6.8%，在世界范围内仅次于德国

和英国，位列世界第三；拥有 24 个驴地方品种，占全球登记驴品种（176 个）的 13.6%，是世界上驴遗传资源最为丰富的国家；拥有 5 个骆驼品种，均为地方品种，占全球登记骆驼品种的 29.4%，是世界上骆驼遗传资源最为丰富的国家（表 4-1-2）。

表 4-1-2　中国马驴驼遗传资源数量　　个

物种	第一次调查	第二次调查	第三次普查
马	33	51	57
驴	10	24	24
骆驼	—	5	5

三、中国马驴驼遗传资源丰富多彩

（一）中国马遗传资源分布生态类型多样

中国马遗传资源丰富，分布广泛。中国共有 29 个地方品种，其中云南 7 个，新疆 4 个，青海 4 个，内蒙古 4 个，四川 3 个，甘肃、广西各 2 个，贵州、陕西、湖北、福建、西藏各 1 个，其中河曲马在四川、青海、甘肃跨省（区）分布。中国共有 14 个培育品种，其中内蒙古 3 个；新疆、辽宁各 2 个；云南、甘肃、吉林、山东、河南、河北、黑龙江各 1 个。中国不同省（区）区马匹数量分布见表 4-1-3，数量最多的是新疆，其次是内蒙古和四川，排名前三的省（区）马匹数量占全国比例为 67.16%。从马匹数量分布来看，一方面中国马匹集中分布在老少边穷地区，可能和当地的文化和生产力有直接关系；另一方面也说明在这些地区的马产业发展有利于当地农牧民的经济增收，对于乡村振兴和民族团结具有重要意义。

表 4-1-3　中国不同省（区）马匹数量统计

省（区）	马匹数量 / 万匹	马匹数量占全国比例 /%
新疆	105.7	28.36
内蒙古	74.0	19.86
四川	70.6	18.94
西藏	27.2	7.30
贵州	14.1	3.78
云南	14.1	3.78
青海	12.6	3.38
甘肃	11.6	3.11
广西	11.1	2.98
黑龙江	7.9	2.12
河北	7.4	1.99

续表 4–1–3

省（区）	马匹数量 / 万匹	马匹数量占全国比例 /%
吉林	6.5	1.74
辽宁	4.4	1.18
湖南	1.4	0.38
山西	0.9	0.24

注：数据来源于国家统计年鉴（2021 年）。

中国马遗传资源按照其生态分布格局分为蒙古马系统、西南马系统、哈萨克马系统、河曲马系统和西藏马系统。各系统马匹品种群体数量、主要产区分布和资源特性见表 4–1–4。

蒙古马是中国乃至全世界较为古老的马品种之一。主要产于内蒙古草原，生命力极强，能够在艰苦恶劣的条件下生存，是典型的草原马品种。但是由于蒙古马分布广，产地环境不同，有些地方还局部导入其他品种的血液，以致蒙古马内部明显分化为若干类群及品种。

西南马分布于中国西南山区，四川、云南、贵州及广西一带，原称川马，是中国马地方品种中的小型马。

哈萨克马产于新疆，也是一种草原型马品种，曾被视为蒙古马系统的一支，其实它与蒙古马各有悠久历史。

河曲马也是中国一个古老而优良的地方品种，属于地方品种中体型较大的。原产黄河上游青海、甘肃、四川三省交界的草原上，因地处黄河盘曲，故名河曲马。

西藏马简称“藏马”，古称“山后马”。西藏马的分布不限于西藏，青海南部、四川西部、云南西北部均有分布，即藏马随同藏族跨省（区）分布。其适应性极强，在海拔 3 000 m 以上地区仍能生存。

表 4–1–4　五大系统马匹品种群体数量、主要产区分布和资源特性

品种	主要产区	资源特性
蒙古马系统		
蒙古马	内蒙古、东北三省、华北和西北部分地区	乘挽兼用型，成年体高 128~134 cm，体重 318~353 kg
阿巴嘎黑马	内蒙古锡林郭勒盟阿巴嘎旗北部	乘挽兼用型，毛色以黑毛居多，成年体高 136~140 cm，体重 360~383 kg
鄂伦春马	自大小兴安岭山区、内蒙古自治区鄂伦春自治旗和黑龙江部分地区	乘驮兼用型，毛色以青毛居多，成年体高 129~137 cm，体重 323~399 kg
锡尼河马	内蒙古呼伦贝尔市鄂温克族自治旗	乘挽兼用型，成年体高 142~148 cm，体重 426~455 kg
焉耆马	新疆巴音郭楞蒙古族自治州北部	乘挽兼用型，毛色以骝毛、栗毛和黑毛为主，成年体高 135~139 cm，体重 341~372 kg

续表 4-1-4

品种	主要产区	资源特性
大通马	青藏高原东北部	乘挽兼用型，毛色以骝毛为主，成年体高 129~136 cm，体重 306~342 kg
柴达木马	青海柴达木盆地境内	乘挽兼用型，毛色以骝毛为主，成年体高 136~140 cm，体重 347~374 kg
岔口驿马	甘肃天竺藏族自治县	乘挽兼用型，毛色以骝毛居多，成年体高 130~135 cm，体重 336~430 kg
巴里坤马	新疆巴里坤哈萨克自治县	乘挽兼用型，以骝毛、栗毛为主，成年体高 130~132 cm，体重 325~338 kg
西南马系统		
宁强马	陕西西南部宁强县境内	山地驮挽兼用型，短小精悍，毛色以骝毛和栗毛为主，成年体高 110~112 cm，体重 176~180 kg
利川马	湖北西南山区	驮挽乘兼用型，毛色以骝毛、栗毛、青毛和黑毛为主，成年体高 123~128 cm，体重 298~316 kg
品种	主要产区	资源特性
百色马	广西百色市、崇左市	驮挽乘兼用型，毛色以骝毛为主，成年体高 109~113 cm，体重 160~173 kg
德保矮马	广西德保县	驮挽乘和观赏兼用型，毛色以骝毛和栗毛为主，成年体高 97~98 cm，体重 106~112 kg
建昌马	四川凉山彝族自治州	乘驮兼用型，毛色以骝毛和栗毛居多，成年体高 114~117 cm，体重 189~191 kg
贵州马	贵州西部和中部	驮乘兼用型，毛色以骝毛和栗毛为主，成年体高 111~115 cm，体重 215~234 kg
大理马	云南西部横断山系东缘地区	驮乘兼用型，毛色以骝毛和栗毛为主，成年体高 118~121 cm，体重 235~239 kg
腾冲马	云南西部边陲的保山市腾冲市	驮挽乘兼用型，毛色以骝毛和栗毛为主，成年体高 113~124 cm，体重 205~273 kg
文山马	云南文山壮族苗族自治州	驮挽乘兼用型，毛色以骝毛、栗毛和青毛为主，成年体高 112~117 cm，体重 184~200 kg
乌蒙马	云南昭通市的镇雄县、彝良县、永善县、邵阳区	山地驮乘兼用型，毛色以骝毛和栗毛为主，成年体高 120~126 cm，体重 229~247 kg
云南矮马	云南红河哈尼族彝族自治州屏边苗族自治县	山地驮挽乘兼用型，毛色以骝毛和栗毛居多，成年体高 104~106 cm，体重 142~146 kg
晋江马	福建晋江市、莆田市、泉州市、厦门市同安区	乘挽兼用型，毛色以骝毛为主，青毛次之，成年体高 125~126 cm，体重 226~288 kg
哈萨克马系统		
哈萨克马	新疆天山北坡、准格尔盆地以西和阿尔泰山脉西段一带	乘挽兼用型，毛色以骝毛、栗毛和黑毛为主，成年体高 131~139 cm，体重 317~370 kg

续表 4-1-4

品种	主要产区	资源特性
柯尔克孜马	新疆克孜勒苏柯尔克孜自治州	属乘驮兼用型，毛色以骝毛和栗毛为主，成年体高 136~143 cm，体重 309~323 kg
河曲马系统		
河曲马	甘肃、四川、青海三省交界处的黄河第一弯曲部	挽乘兼用型，毛色以黑毛、骝毛和青毛为主，成年体高 138~147 cm，体重 375~399 kg
西藏马系统		
中甸马	云南迪庆藏族自治州香格里拉市	高原驮挽乘兼用型，毛色以栗毛和骝毛为主，成年体高 120~128 cm，体重 252~278 kg
品种	主要产区	资源特性
西藏马	西藏东部	乘驮挽兼用型，毛色以骝毛、青毛和栗毛为主，成年体高 127~129 cm，体重 245~259 kg
甘孜马	四川甘孜藏族自治州，阿坝藏族羌族自治州红原县	乘驮挽兼用型，毛色以青毛和黑毛为主，成年体高 125~129 cm，体重 253~306 kg
玉树马	青海玉树藏族自治州	乘挽兼用型，毛色以青毛和骝毛为主，成年体高 129~132 cm，体重 307~314 kg
永宁马	云南丽江市、迪庆藏族自治州等地	驮挽乘兼用型，毛色以骝毛、栗毛和黑毛为主，成年体高 121~124 cm，体重 219~253 kg

（二）中国驴分布区域与体型的独特性

中国驴品种的形成、品种数量及其分布与自然环境有密切关系。复杂的地理环境和气候条件，对驴遗传多样性的形成产生深刻的影响。按气候和地理条件，中国以大兴安岭、阴山、贺兰山、巴颜喀拉山和冈底斯山所形成的山脉屏障划界，西北部地区为牧区，东南部为农区，中间过渡地区为半农半牧区。

中国驴体型与区域分布存在一定的相关性，根据其体型分为大型驴、中型驴和小型驴。大型驴体高在 130 cm 以上，主要分布黄河中下游的陕西、山西、河南、山东平原的著名粮棉产区。这里农副产品丰富，素有种植苜蓿喂畜的习惯。受农耕和社会发展需要的影响，经过人们累代选育和精心饲养，终于使这些驴品种成为体格高大、结构匀称、毛色纯正、基本摆脱了原始品种某些特征的优良地方品种，关中驴、德州驴、晋南驴和广灵驴均属此类型。中型驴体高多在 110~130 cm，主要分布在陕西、甘肃、冀北高原和豫中平原。这里过去多为杂粮产区，自然经济条件较大型驴产区稍差，但人们喂驴精细，经过长期选育最终形成了体高中等、结构良好、多为黑色的中型驴。佳米驴、泌阳驴、庆阳驴等均属此类型。小型驴现存数量多，分布广，体高多在 110 cm 以下，主要分布在新疆、甘肃、青海、宁夏、内蒙古、陕北、华北、江淮地区、云南、四川及东北三省的部分地区。小型驴外形毛色较复杂，皆以地方命名。如陕北毛驴、凉州驴、太行驴、淮北灰驴、库伦驴等。根据形成的历史、体型外貌特点、产区，小型驴划分为新疆驴系统、华北驴系统和西南驴系统。

（三）骆驼遗传资源分布富有地域特色

中国是世界上骆驼的主要产地之一，以地方品种为主，无培育品种和引入品种。中国主要有阿拉善双峰驼、苏尼特双峰驼、青海骆驼、新疆准噶尔双峰驼和新疆塔里木双峰驼等 5 个双峰驼品种。

根据第三次普查，中国双峰驼总数为 341 899 匹，主要分布在内蒙古、新疆、青海、甘肃等地的干旱荒漠草原上；其中内蒙古双峰驼数量最多，为 182 622 匹，占中国总数的 53.41%，其次是新疆，占中国总数的 39.81%（136 118 匹），甘肃和青海骆驼群体数量分别占中国总数的 4.11%（14 037 匹）和 2.62%（8 970 匹）；此外，山东、湖北、贵州、北京等地也有少量分布（152 匹），仅占中国骆驼总数的 0.04%。中国骆驼遗传资源分布情况见图 4–1–5。

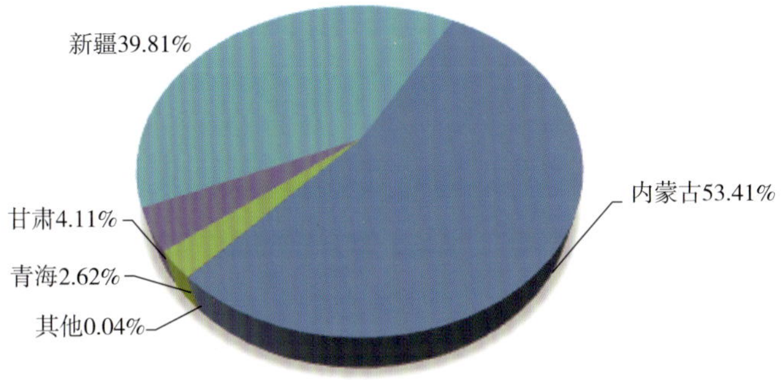

图 4–1–5　中国骆驼主产地群体数量占比

从分布区域的广度来看，以新疆分布最广，几乎全区各县、市都有一定数量的双峰驼。从分布的生态地理规律看，由草原带向荒漠带过渡的地区，荒漠化程度越高，双峰驼数量也就越多；从内蒙古的东部向西部，双峰驼的数量逐渐增加，直到阿拉善左旗、阿拉善右旗、额济纳旗等草原荒漠化程度较高地带，双峰驼数量最为集中。

从品种分布来看，阿拉善双峰驼群体数量最多（180 150 匹），占中国总数量的 52.69%；其次是新疆准噶尔双峰驼（82 637 匹）和新疆塔里木双峰驼（52 068 匹），分别占中国总数量的 24.17% 和 15.23%；相比其他品种双峰驼，苏尼特双峰驼（16 419 匹）和青海骆驼（10 625 匹）群体数量较少，分别占到中国总数量的 4.80% 和 3.11%（图 4–1–6）。

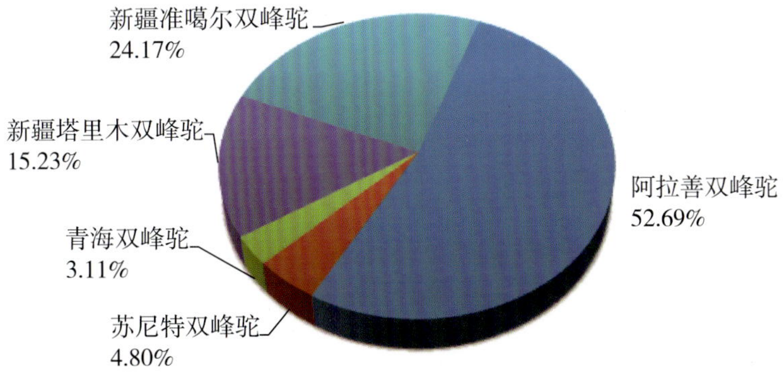

图 4–1–6　中国 5 个骆驼群体数量占比

第三节 中国马驴驼遗传资源种质特性鲜明

中国马驴驼遗传资源具有多元的起源系统和文化特征、地域来源广泛、生态类型多样等特点，形成了鲜明的种质资源特征，如肉质风味好，乳制品营养丰富，适应性和抗逆性强等，开发利用前景广阔，具有明显的资源优势。同时，随着生活水平的提高，人们对驴肉、驼肉、马奶、驴奶、驼奶、阿胶等的需求量逐渐增高，丰富了中国畜牧业市场的多样性，具有巨大的发展潜力。

一、独特的骑乘与役用性能

蒙古马是中国古老的品种，具有超强的耐力性能，能够中途不休息跑完全程。根据蒙古马比赛记录，在 1903 年，举行了一场从北京到天津 120 km 的骑乘比赛，共 38 匹蒙古马参赛，冠军马匹用时 7 h 32 min 完成比赛，且前 5 h 50 min 就完成了 100 km 路程。内蒙古呼伦贝尔市每年都会举行蒙古马耐力赛，比赛开始地点是新巴尔虎左旗阿木古郎镇，乌尔逊河东岸与开始地点相距 50 km，蒙古马到达乌尔逊河东岸后，再返回到赛事起点，赛程共 100 km。

关中驴、德州驴是世界知名的体力强大的地方优良品种，秦晋高原沟壑区的小型驴成本低，适应性强，相对驮载力强，在当地生产、生活中一直发挥着重要作用。驴遗传资源中最为著名品种有关中驴、德州驴和佳米驴等，其中关中驴挽、乘、驮均可，公驴最大挽力相当于体重的 93.8%，母驴适用于山路驮运和骑乘。

中国古代和近代史上，著名的“丝绸之路”的物资运输，主要靠骆驼，它在这个时期的内、外贸活动中，起过特殊的作用，被誉为“沙漠之舟”。从骆驼的体型外貌结构看，它最适合役用。自古以来，骆驼就是一种重要的骑乘和驮、挽役畜，用作牧民放牧、外出骑乘、驮载生产和生活物资；在军事上，骆驼还是驼兵骑乘以及驮、挽军需物资和武器弹药的运载工具。在农田作业中耕、耙、播种、收获的挽运及碾压脱粒驼均可派上用场。在中国西北和内蒙古荒漠地区及农业区至今还利用骆驼使役。

二、生长和繁殖性能

中国马驴驼遗传资源生长繁殖性能随气候、品种以及个体的不同而异。母马的适配年龄一般在 2.5~3 岁，繁殖年限一般为 18~20 年。在中国 5—6 月是马集中发情旺季，母马妊娠期平均为 340 天。种公马繁殖周期可持续 6 个月，在中国一般配种期在每年的 2—7 月，非配种期为每年的 8 月至翌年 1 月。种公马初情期一般出现在 18~24 个月，适配年龄 3~4 岁，繁殖力 6~12 岁时最强。目前，中国地方品种马繁殖方式以本交为主，公母比例在（1 ∶ 10）~（1 ∶ 40）。马驹出生后 6 月龄以内生长发育最快，中国地方马遗传资源初生平均体重占成年体重的 10%，6 月龄体重占成年体重的 37%，增长 27%，12 月龄体重占成年体重的 55%，与 6 月龄相比增长 18%。

不同驴品种，其性成熟时间略有差异。母驴发情周期为 19~24 天，妊娠期平均 361 天。公驴性成熟时间为 20~25 月龄。目前，中国仅有德州驴、关中驴、阳原驴和广灵驴多采用人工输精方式进行配种，其余均采用本交方式。一般公驴的利用年限为 10~13 年。驴驹从初生到成年，年龄越小，生长发育越快。不同品种资源在不同的年龄阶段，各部位的生长发育强度也不一样。青海毛驴、凉州驴和长垣驴胎儿期的生长强度最大，为成年体重的 16% 以上，而太行驴最低，不足成年体重的 9%。从出生到断奶（6 月龄）是驴驹出生后生长发育最快的阶段。哺乳期各项体尺为出生后生长的 50% 左右。从断奶到 1 岁，幼驹体高和管围相对生长发育最快。断奶后第一年，即 6 月龄至 1.5 岁其体高、体长、胸围、管围分别占成年的 93.35%、89.89%、86.13% 和 93.45%，只是体重偏小，不宜肉用；2 岁前后，体重相对生长发育速度加快。3 岁时，驴的体尺接近成年体尺，体格基本定型，虽然胸围和体重还有小幅度增长，但此时驴的性机能已完全成熟，可以投入繁殖配种。

母驼的性成熟年龄一般为 3 岁，但此时还未达到体成熟，应在 4 岁配种为宜。母驼性活动与白昼变长有关。大多数（85%）是 12 月下旬至 1 月中旬开始，4 月中旬发情结束。公驼的性活动年龄一般为 4 岁，配种年龄应在 5 岁以后，繁殖年龄可达 20 岁以上。从排卵之日起，母驼的怀孕期为 374~419 天。母驼怀孕期长，而且驼羔哺乳期长达 14~15 个月，因而母驼只能是两年一胎。幼驼在哺乳期生长迅速，是整个生长发育过程中体重增长最快的 1 年，其中第一个月最为关键。发育良好的驼羔，满周岁时应该达到成年驼体高的 84%，体长的 76%，胸围的 72%，活重应该不低于 150 kg。幼年期骆驼性情活泼，食量不断增加，骨骼和肌肉生长迅速。青年期（3~5 岁）骆驼性器官和第二性征逐渐发育，外形上逐年表现出两性特征，绝对增重达到最高峰。成年期（6~19 岁）骆驼生长发育完善，生理机能也完全成熟，生产水平达到最高峰期。老年期骆驼整个机体代谢水平下降，各种器官的机能逐渐衰退。

三、生产性能突出

（一）屠宰性能

中国马地方品种平均屠宰率为 52%，其中腾冲马屠宰率最高，甘孜马屠宰率最低。从五大系统来看，西南马系统的屠宰率较高，其中百色马、大理马、腾冲马、乌蒙马、云南矮马屠宰率均超过 55%，但是西南马体型较小，所以宰前活重、胴体重、净肉重较少。蒙古马系统中锡尼河马宰前活重最大，屠宰率接近平均水平，其胴体重和净肉重在中国马地方品种中是最高的。哈萨克马系统中哈萨克马和克尔克孜马屠宰率均为 52%，与地方品种平均值一致（表 4-1-5）。综合体重和屠宰率，比较适合作为肉用马的地方品种有蒙古马、阿巴嘎黑马、锡尼河马、焉耆马、岔口驿马、哈萨克马等。

表 4-1-5　中国马地方品种屠宰性能

品种	宰前活重 /kg	胴体重 /kg	净肉重 /kg	骨重 /kg	骨肉比	屠宰率 /%
蒙古马	333	168	129	39	3	51
阿巴嘎黑马	354	189	139	42	3	53
锡尼河马	426	218	179	39	5	51
焉耆马	311	160	127	33	4	52
大通马	214	102	71	26	3	48
柴达木马	268	142	107	33	3	53
岔口驿马	302	161	121	35	3	53
巴里坤马	174	87	66	21	3	50

续表 4-1-5

品种	宰前活重 /kg	胴体重 /kg	净肉重 /kg	骨重 /kg	骨肉比	屠宰率 /%
宁强马	198	100	76	19	4	50
百色马	222	128	105	20	5	57
德保矮马	118	59	44	14	3	50
建昌马	176	90	66	21	3	52
贵州马	221	108	82	21	4	49
大理马	198	112	89	18	5	57
腾冲马	241	144	74	43	2	60
文山马	216	124	99	23	4	57
乌蒙马	252	142	82	34	4	57
云南矮马	223	129	50	48	1	59
哈萨克马	300	154	119	35	3	52
柯尔克孜马	280	145	113	32	4	52
河曲马	243	125	88	34	3	51
中甸马	185	97	77	16	5	53
西藏马	195	96	72	23	3	49
甘孜马	282	119	92	26	4	42
玉树马	223	113	85	25	3	51
永宁马	177	88	70	15	5	50

中国驴地方品种的屠宰率为 45.4%~59.6%，其中，关中驴公驴屠宰率最高，达 62.08%，其次为库伦驴公驴 57.12%。驴的净肉率为 31.3%~42.7%，其中超过 40% 的驴品种分别为关中驴、佳米驴、库伦驴、凉州驴、泌阳驴、长垣驴、吐鲁番驴，而川驴、广灵驴、临县驴、新疆驴、西吉驴、西藏驴和青海毛驴净肉率均不足 35%（表 4-1-6）。

表 4-1-6　不同品种驴屠宰性能

品种	宰前活重 /kg	胴体重 /kg	净肉重 /kg	骨重 /kg	骨肉比 /kg	腹脂重 /kg	脏器重 /kg	屠宰率 /%	净肉率 /%
川驴	112.3	57.4	38.8	15.4	2.5	1.9	9.7	51.2	34.5
德州驴	238.9	128.5	94.0	28.1	3.4	1.3	7.6	54.1	39.4
关中驴	301.0	179.9	129.3	35.2	3.7	15.5	26.9	59.6	42.7
广灵驴	223.7	109.0	75.5	32.6	2.4	4.4	23.0	48.9	33.9
和田青驴	179.7	91.2	70.6	19.9	3.6	0.3	14.6	51.1	39.4

续表 4-1-6

品种	宰前活重 /kg	胴体重 /kg	净肉重 /kg	骨重 /kg	骨肉比 /kg	腹脂重 /kg	脏器重 /kg	屠宰率 /%	净肉率 /%
淮北灰驴	185.7	90.0	66.3	21.8	3.1	7.9	16.1	48.3	35.5
佳米驴	197.0	103.2	79.1	21.2	3.7	1.3	18.0	52.5	40.2
晋南驴	236.0	122.3	92.6	27.8	3.4	6.8	21.0	51.5	39.2
库伦驴	351.9	199.0	141.8	54.3	2.6	9.5	7.6	56.7	40.3
凉州驴	137.5	74.0	55.9	14.6	3.9	3.4	15.3	53.7	40.6
临县驴	252.6	124.1	82.1	32.7	2.7	8.3	19.2	49.0	32.5
泌阳驴	268.0	140.6	109.1	30.5	3.6	7.1	26.9	52.5	40.7
长垣驴	248.5	136.5	102.4	27.7	3.7	5.5	21.5	55.0	41.3
云南驴	115.3	59.1	44.2	9.8	4.6	2.6	10.4	51.4	38.3
阳原驴	251.2	125.8	88.6	35.2	2.5	1.6	9.6	50.5	35.2
新疆驴	120.3	57.7	39.6	15.6	2.6	0.7	12.0	47.9	32.9
西吉驴	154.4	72.1	53.2	18.4	2.9	0.2	5.6	46.7	34.5
西藏驴	120.1	54.9	39.5	13.1	3.0	2.8	9.2	45.9	32.9
吐鲁番驴	231.4	119.2	93.4	25.7	3.7	8.2	15.9	50.9	40.4
太行驴	259.2	128.2	96.1	32.1	3.0	5.3	28.9	49.5	37.1
苏北毛驴	180.9	98.4	69.3	21.5	3.2	6.6	42.2	54.3	38.4
陕北毛驴	144.2	67.7	53.7	14.0	3.8	1.7	13.2	46.9	37.1
庆阳驴	165.4	82.4	64.7	17.6	3.7	1.9	15.9	49.9	39.1
青海毛驴	118.4	53.7	36.9	14.6	2.6	0.8	12.5	45.4	31.3

中国骆驼品种体型大，抓膘能力强，每年秋末冬初屠宰。不同品种骆驼屠宰性能存在一定的差异，骆驼屠宰率为 45%~60%，公驼屠宰率略高于母驼。膘好的成年骆驼一般都可得净肉 150~200 kg，是典型的瘦肉型肉类。以品种来说，苏尼特双峰驼个体较大，产地草生条件较好，故产肉性能一般高于阿拉善双峰驼（表 4-1-7）。

表 4-1-7 骆驼屠宰性能

项目	平均月龄 / 个	宰前活重 /kg	胴体重 /kg	净肉量 /kg	骨重 /kg	驼掌重 /kg	屠宰率 /%
阿拉善双峰驼							
公驼	122.0	463.7	229.7	160.7	50.5	6.9	49.6
母驼	132.8	398.1	189.4	130.5	39.5	6.0	47.5

续表 4-1-7

项目	平均月龄 / 个	宰前活重 /kg	胴体重 /kg	净肉量 /kg	骨重 /kg	驼掌重 /kg	屠宰率 /%
苏尼特双峰驼							
公驼	84.0	505.7	248.7	178.4	62.3	8.9	49.0
母驼	96.0	497.2	241.8	176.7	50.9	8.1	48.7
青海骆驼							
公驼	60.0	464.8	251.3	166.3	67.1	13.2	54.3
母驼	64.8	440.6	232.5	154.1	64.1	12.8	53.0
新疆准噶尔双峰驼							
公驼	69.6	484.8	300.6	225.9	63.2	7.9	61.8
母驼	57.6	402.5	238.9	174.8	56.1	7.1	59.8
新疆塔里木双峰驼							
公驼	62.4	509.0	263.9	174.8	62.5	6.3	51.8
母驼	67.2	410.7	201.0	132.9	54.3	6.1	49.2

（二）泌乳性能和乳成分

中国马地方品种具有较好的产乳性能，其中哈萨克马泌乳性能最好，日产奶量达到 14 kg，泌乳期产奶量超过 2 000 kg。马奶（也称马乳）营养丰富，营养价值高，乳脂 10~20 g/kg，乳蛋白 20~35 g/kg，乳糖含量较高，为 60~70 g/kg，维生素 C 含量丰富。相较于牛奶，马奶的乳糖含量较高，能够达到 7% 左右，比牛奶高 30% 以上，而且属于易消化吸收的糖类，在乳糖酶的作用下可以分解为葡萄糖和半乳糖，消化吸收率达 80%。马奶中蛋白质含量低于牛奶，但品质佳，容易吸收的白蛋白和球蛋白含量较高。

驴奶（也称驴乳）是最接近人乳的奶中珍品，对人体的心、胃、脾、肺、肝、前列腺等多种器官有保健作用。近年来，随着驴活体开发模式的不断推广，驴奶成为驴产业效益的新的增长点。在驴奶产业发展较好的新疆等地，驴日挤奶量可达 3 kg，而在山东等地，驴日挤奶量为 1 kg。

驼奶（也称驼乳）是荒漠地区牧民群众的重要奶食品来源。骆驼泌乳期 12~13 个月，母驼除哺育驼羔外，一般日挤奶量 1~2 kg，8—11 月产奶较多，每日最多可挤奶 3~4 kg，挤奶期可达 15 个月。驼奶中蛋白质、脂肪含量高于牛奶，乳糖含量适当，钙磷比为 1.5，处于人乳（2.1）和牛奶（1.3）之间。驼奶中 Ca、K、Na、Cu、Fe 等离子的含量高于人乳，与牛奶基本相当，维生素 C 和烟酸含量高于人乳。驼奶富含人体所需的 9 种必需氨基酸，不饱和脂肪酸含量高于牛奶、水牛奶等。脂肪球直径小，易于消化吸收。

（三）肉品质好

从营养学和食品学的角度来看，驴肉是集药、补、食于一体的食材。驴肉的营养极为丰富，含有多种有利于人体消化吸收的营养物质。判别肉中蛋白质是否全价及肉品质量高低的一个重要指标是色氨酸含量。每 100 g 驴肉中色氨酸的含量为 300~314 mg，高于猪肉（270 mg）和牛肉（219 mg）。谷氨酸和天冬氨酸这两种氨基酸的含量，其含量的多少决定了肉的鲜味程度。驴肉中鲜味氨基酸占氨基酸总量的27%。在驴肉的脂肪酸中，饱和脂肪酸含量较少，以不饱和脂肪酸为主，其含量为55.8%，所以从营养学方面来考虑，驴肉是一种比较理想的动物性食品原料。

骆驼肉富含高蛋白，肌纤维虽较粗，但无异味，骆驼的脂肪沉积绝大部分是在两峰和腹腔两侧，皮下脂肪很少，肌纤维间更少。因此，骆驼肉是一种含动物性蛋白质较高的瘦肉型肉类。骆驼产肉量高，产脂肪多，是高寒、荒漠等地区群众高能量食物的重要来源之一。

（四）毛用性能

骆驼的产毛量，由于品种类型、地区等不同而异。中国骆驼地方品种年产毛量，一般成年母驼3~6 kg，成年骟驼4~7 kg，成年公驼5~8 kg。根据《中国畜禽遗传资源志·马驴驼志》，阿拉善双峰驼年产毛量5~6 kg，公驼最高达12.5 kg。绒毛品质较好，成年驼绒细度，公驼20.0~24.6 m，母驼16.2~17.0 μm；强度为5.3~14.7 g；绒层厚度平均5 cm以上，伸度为37.5%~64.1%；净绒率66.6%~77.8%。驼绒毛纤维长、强度大，毛色浅、光泽好，有良好的成纱性，是高级毛纺织品的优质原料，素以“王府驼毛”驰名中外，成为出口创汇的拳头产品之一。

四、驴产皮性能优异

驴皮是熬制中药阿胶的重要原材料，因此驴皮对驴产业发展具有重要意义。不同驴品种出皮率差异显著（表4-1-8），一般为6.2%~9.5%，其中太行驴出皮率最高（9.5%），吐鲁番驴出皮率最低（5.7%）。经过近几年的科学研究，存栏量最大的德州驴的出皮率已由原来的6%提高到现在的7.6%。出皮率9%以上的驴品种有太行驴、苏北毛驴、长垣驴和淮北灰驴。

表4-1-8　不同品种驴出皮率对比表

品种	宰前活重/kg	皮重/kg	出皮率/%
川驴	112.3	8.0	7.2
德州驴	238.9	18.0	7.6
关中驴	301.0	19.7	6.6
广灵驴	223.7	18.0	8.1
和田青驴	179.7	12.5	7.0
淮北灰驴	185.7	17.5	9.4
佳米驴	197.0	15.9	8.1
晋南驴	236.0	18.9	8.0
库伦驴	351.9	23.9	6.8
凉州驴	137.5	8.6	6.2
临县驴	252.6	19.0	7.5
泌阳驴	268.0	19.3	7.2

续表 4-1-8

品种	宰前活重 /kg	皮重 /kg	出皮率 /%
长垣驴	248.5	22.7	9.2
云南驴	115.3	8.8	7.6
阳原驴	251.2	18.3	7.2
新疆驴	120.3	10.5	8.7
西吉驴	154.4	10.0	6.5
西藏驴	120.1	8.4	7.0
吐鲁番驴	231.4	13.3	5.7
太行驴	259.2	24.5	9.5
苏北毛驴	180.9	16.9	9.3
陕北毛驴	144.2	11.2	7.8
庆阳驴	165.4	12.4	7.5
青海毛驴	118.4	8.5	7.2

注：数据来源于第三次普查。

五、骆驼沙漠适应能力强

生活在戈壁沙漠地带的骆驼，经过长期的自然选择及不断进化，对荒漠沙地具有很好的适应能力。骆驼颈部较长，呈“乙”字形，可以调节双峰驼身体重心，实现起卧动作；四肢长，提高身体重心，体躯短使得地面的支持面小，因此，骆驼在松软易滑、强度弱、流动性大的沙地上可以有较快的行走速度和较强的持久力。

研究表明，骆驼在 12~15 天内不吃草、不饮水的情况下，仍然可以正常使役。生命极限耐饥耐渴试验表明，骆驼在不吃不喝的情况下可以存活 63 天，只吃草不喝水的情况下可以存活 78 天，只喝水不吃草的情况下存活时间会达到 110 天。荒漠戈壁地区夏季气温可高达 37~42℃，沙地表面温度可达 65~75℃，在此种环境下，牛、羊等家畜均难以适应，而双峰驼不仅可以保持正常的生理功能，还能进行正常的劳役。此外，骆驼的嗅觉相当灵敏，顺风情况下，可嗅到数公里甚至几十公里以外的气味，判断出很远地方的水源。

第四节　中国马驴驼遗传资源变化趋势

机械动力替换动物畜力是目前公认的对动物遗传资源多样性的一种潜在威胁。新中国成立以来，开展了三次普（调）查工作，这不仅为中国马驴驼遗传资源的保护提供了科学数据，而且为其开发利用及实现马驴驼产业现代化奠定了良好基础。根据三次普（调）查结果，中国马驴驼遗传资源在群体数量、多样性、遗传特性、利用方向等方面都发生了显著变化，这与马驴驼的耕作、运输等功能逐渐丧失密切相关。中国马驴驼产业发展与社会经济文化发展程度等密切相关，烙上了不同时期马驴驼不同功能变迁的印记。

一、马驴遗传资源进一步丰富

从世界范围来看，中国是马驴驼遗传资源最丰富的国家。中国马遗传资源多样性变化主要依据《中国马驴品种志》（1987）、《中国畜禽遗传资源志·马驴驼志》（2011）以及第三次普查（2023）数据进行分析，结果见表4–1–9。马地方品种从《中国马驴品种志》（1987）收录的15个增加至《中国畜禽遗传资源志·马驴驼志》（2011）和第三次普查（2023）的29个，其变化主要体现在第一版的群体较大的地方品种如藏马和云南马，在发展过程中演变为分散的、非连续分布的点状、小区域片状分布群落，在经过调查核实、征求意见与讨论后，分别拆成不同品种列入《中国畜禽遗传资源志·马驴驼志》（2011）中，如藏马分为西藏马、玉树马、中甸马和甘孜马。云南马分为乌蒙马、大理马、云南矮马、腾冲马。此外与《中国马驴品种志》（1987）相比，《中国畜禽遗传资源志·马驴驼志》（2011）和第三次普查（2023）马地方品种或遗传资源增加阿巴嘎黑马、柴达木马、德保矮马、晋江马、柯尔克孜马、宁强马、文山马和永宁马。

第一版《中国马驴品种志》（1987）收录的培育品种有11种，包括伊犁马、三河马、金州马、铁岭挽马、吉林马、黑龙江马、关中马、渤海马、黑河马、山丹马、伊吾马。《中国畜禽遗传资源志·马驴驼志》（2011）收录的培育品种有13种，包括三河马、金州马、铁岭挽马、吉林马、关中马、渤海马、山丹马、伊吾马、锡林郭勒马、科尔沁马、张北马、新丽江马、伊犁马。从培育品种数量来看从1987—2011年，培育品种增加2个。但实际情况是，2022年与1987年相比，缺少2个品种，包括黑龙江马和黑河马，新增4个品种，包括锡林郭勒马、科尔沁马、张北马、新丽江马。第三次普查（2023）在《中国畜禽遗传资源志·马驴驼志》（2011）收录的13种培育品种基础上重新发现了黑河马。

第一版《中国马驴品种志》（1987）收录的引进品种有7种，包括纯血马、阿哈捷金马、顿河马、卡巴金马、奥尔洛夫快步马、阿尔登马、苏维埃重挽马。《中国畜禽遗传资源志·马驴驼志》（2011）收录的引进品种有9种，包括纯血马、阿哈捷金马、顿河马、卡巴金马、奥尔洛夫快步马、阿尔登马、阿拉伯马、新吉尔吉斯马、温血马。第三次普查（2023）对纯血马、阿哈捷金马、奥尔洛夫快步马、阿尔登马、阿拉伯马、温血马、设特兰矮马、夸特马、法国速步马、弗里斯兰马、贝尔修伦马、美国标准马、夏尔马、苏高血马进行了遗传资源普查。2011年与1987年相比，新增阿拉伯马、新吉尔吉斯马、温血马，减少苏维埃重挽马。2023年与2011年相比，新增设特兰矮马、夸特马、法国速步马、弗里斯兰马、贝尔修伦马、美国标准马、夏尔马、苏高血马，减少新吉尔吉斯马、顿和马和卡巴金马。

表4–1–9 中国马驴驼遗传资源多样性变化 个

遗传资源	类型	第一次调查	第二次调查	第三次普查
马	地方品种	15	29	29
	培育品种	11	13	14
	引入品种	7	9	14
驴	地方品种	10	24	24
骆驼	地方品种	—	5	5

二、掌握了马驴驼种群数量

中国是养马大国，养马业一直都是很重要的产业，马匹主要用于军马、农耕、食用和娱乐等用途。21 世纪以来，随着中国经济发展的转型，机械化和现代化发展迅速，机械耕作和运输逐步替代畜力，军马和农耕役用马的大量退出，使中国养马业存栏量下降明显。2017 年底中国马匹存栏量下降至 3 438 829 匹。近年来随着国家和各级地方政府对于马产业发展的重视，马匹存栏量呈现稳中有升的趋势。随着我国驴产业链的开发利用，世界驴存栏量呈现显著上升趋势，2021 年 2 月 FAO 统计显示，全世界驴存栏量约 5 058 万头，比 2011 年增加近 1 000 万头。2016—2019 年，我国驴的存栏量连续 4 年维持在 260 万头左右，2020 年部分规模场停产或转产，驴总体数量随之下降，2022 年驴存栏量 173.54 万头，比 2019 年减少 86.53 万头，降幅 33.27%。中国的双峰驼 1981 年为 64 万匹，达到最高峰。之后的 29 年间，中国双峰驼的数量以每年 7.1% 的速度一路下滑，到 2010 年中国双峰驼总数下降至 23 万匹。近年来，因驼奶营养物质和药用价值为人们健康体质添能助力，受到大众青睐，使得经济效益持续提升，从而推动骆驼养殖业的发展。同时，在乡村振兴战略的倡导下，不断加大力度推进骆驼产业发展，自 2011 年以来，中国骆驼数量呈不断增长态势。2011 年中国共有 24.28 万匹双峰驼，一直缓慢增加至 2021 年的 46.2 万匹。2019 年增长速率较快，为 19.82%。2013—2022 年马驴驼数量情况见表 4-1-10。

表 4-1-10　2013—2022 年马驴驼数量情况

物种	2013 年	2014 年	2015 年	2016 年	2017 年	2018 年	2019 年	2020 年	2021 年	2022 年
马 / 万匹	431.68	415.75	397.50	351.18	343.64	347.31	367.10	367.16	372.49	366.68
驴 / 万头	425.71	383.62	342.37	259.26	267.78	253.28	260.07	232.43	196.69	173.54
骆驼 / 万峰	27.38	28.01	30.05	30.47	32.33	33.84	40.53	41.12	46.17	54.14

三、重新发现了培育品种黑河马

黑河马作为培育品种收录于《中国马驴品种志》(1987)。经各地“拉网式”大普查，发现了黑河马疑似品种，并上报全国普查办。根据《畜禽遗漏品种认定程序（试行）》(畜普办〔2022〕8 号)，经专家材料函审通过后，2023 年 6 月，第三次普查工作办公室组织专家在黑龙江黑河市对黑河马遗漏品种进行了现场核验和认定。专家组考察了黑河市爱辉区上马场乡黑河马养殖点、大头山三兴肉马养殖场，查验了历史记载等有关证明材料，随机抽测了部分个体，听取了品种发掘有关工作汇报，经充分质询讨论。专家组认为，黑河马历史记载清楚，真实存在，延续至今，佐证资料齐全；经核验资料和养殖户的陈述，现存马匹系黑河马的后裔；现场核查的黑河马群体体型外貌、体尺与历史资料记载基本一致，现场核验通过。经专家组函审、现场核验确认和大会委员会审议，一致认为黑河马符合遗漏品种认定的有关规定。黑河马的重新发现对推进中国畜禽种业高质量发展、做大做强地方畜禽产业具有重要意义。

四、揭示了马驴驼遗传资源新趋势

马驴驼遗传资源出现了新的变化趋势，如功能变化、养殖区域变化等。马的养殖区域由传统草原牧区向经济发达地区城郊延伸，驴的养殖区域由农区转向牧区和山区。马驴驼的饲养方式也从传统放牧模式逐渐向舍饲圈养为主的规模化养殖转型。

（一）马遗传资源的变化趋势

中国马基因多样性逐渐减少。由于长期以来对于少数优良种马的过度利用和基因交流的不足，中国马的基因多样性逐渐丧失。这可能导致遗传缺陷的积累和抗病力的下降。中国马遗传资源正面临着外来品种的竞争和影响。随着国际经济和文化交流的加深，外来品种的引入和交配在中国马养殖业中逐渐增多。虽然这些外来品种可能具有更高的肉质产量和生长速度，但是同时也会对中国马地方品种的纯种性和独特性产生一定的影响。近年来，现代马产业逐渐兴起，与马产业紧密相关的体育运动、休闲骑乘、文化旅游、专业化马产品开发等新业态蓬勃发展，受到越来越多消费者的青睐。随着社会需求的变化，对中国马遗传资源提出了新的要求，为保证品种的适应性和可持续发展，应该加大对中国马遗传资源的保护工作，促进马专门化品系选育与产业化发展，培育中国现代马产业急需的速度、耐力、休闲骑乘用马和产品用马。

（二）驴遗传资源的变化趋势

驴正由传统单一役用向全方位多分支综合利用方向转化，同时驴遗传资源也孕育着新的分化。中国驴遗传资源具有明显优势，关中驴曾经输出到亚洲、欧洲、美洲及大洋洲的一些国家和地区，对世界驴遗传资源具有重要影响，因而应当对中国驴进行合理、有效的保护和利用。近 30 年，中国驴遗传资源品种数量虽然未有变化，但由于各品种种群规模小，缺乏专门的保种场，4 个大型驴的种群规模萎缩。驴品种质量大不如前，特异性外貌特征也有所丢失，如关中驴铜色、驼色等稀有的被毛特征已于 20 世纪 90 年代绝迹。

中国共有 24 个驴地方品种，受气候条件、地理环境、饲草料等影响，这些品种的群体数量存在较大的差异。截至目前，中国驴地方品种群体数量占比见图 4–1–7。德州驴因其体格高大、耐粗饲等特点，存栏量最多，约占驴存栏总量的 42%，其次为新疆驴（10.6%）和云南驴（10.5%）。

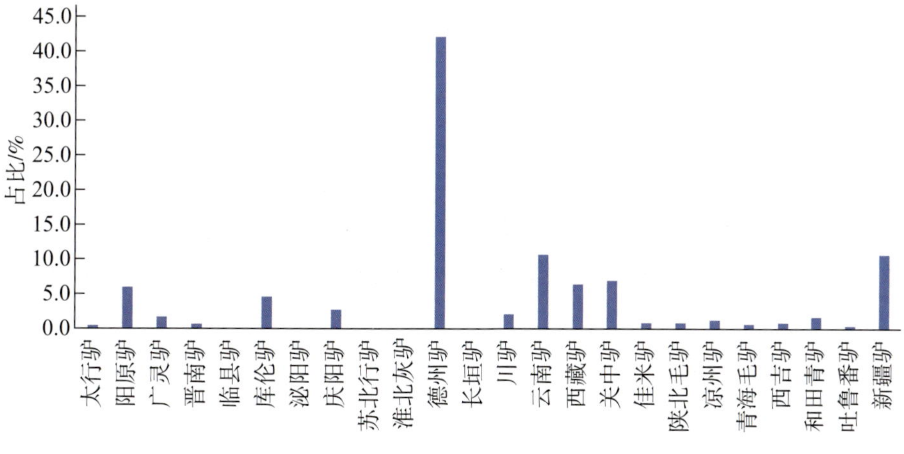

图 4–1–7　中国驴地方品种群体数量占比

随着驴用途的变化，截至2022年年底，中国驴遗传资源的数量和分布发生了较大的变化，即由以前的农业主产区转向山区和牧区，如内蒙古、新疆和云南（图4-1-8）。

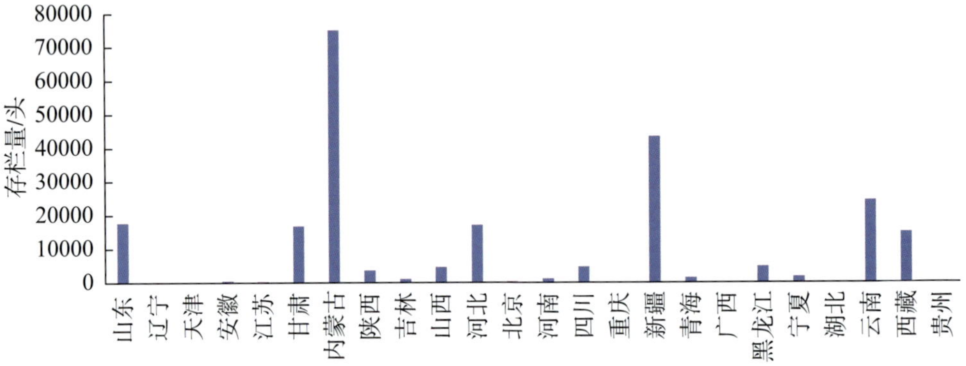

图4-1-8　中国驴各省（区、市）存栏量

（三）骆驼遗传资源的变化趋势

过去，骆驼是荒漠、半荒漠地区，尤其是沙漠地区的主要的骑乘工具；同时，在沙漠、戈壁、盐碱地、山地及积雪很深的草地上运送物资时，其他交通工具往往难以发挥作用，而骆驼则是这些地区最为重要的驮畜，发挥着其他家畜及交通工具难以替代的作用。时至今日，随着社会的进步与发展，骆驼的役用价值被削弱，但其经济价值逐渐凸显，驼肉和驼奶价格水涨船高，其利用方向逐渐由役用、骑乘转变成乳、肉、绒产品的加工利用。

第二章

中国马驴驼遗传资源作用与价值

马驴驼遗传资源是中国畜牧业重要组成部分，是中国特色产业和新兴产业。时至今日，在一些交通不便的山区和荒漠地区，马驴驼遗传资源仍然承担着役用和交通任务。马的速度、力量和敏捷性使其成为人类追求竞争和享受的伙伴，被广泛用于运动竞技和娱乐活动，如马术比赛、马球、赛马以及休闲骑马等。驴遗传资源承担了千亿规模的开发利用产业。骆驼在很多文化中都有着独特的象征意义和历史价值，体现了人类的智慧和创造力。马驴驼产业是融合一二三产的综合性产业，对经济和社会发展起到重要推动作用，在维护边疆稳定，助力乡村振兴方面发挥着重要的作用。保护和合理利用马驴驼遗传资源，不仅可以满足人类的各种需求，还将有助于维护生态平衡，保护生物多样性和文化遗产，促进可持续发展。

第一节　马驴驼遗传资源对经济的作用与价值

马驴驼是人类长期以来重要的家畜组成部分，自古以来就在人类的农业生产和交通运输等方面发挥着重要作用。中国马驴驼产业是民生产业、特色产业和朝阳产业，在国民经济中发挥重要作用。中国马驴驼养殖历史悠久、遗传资源数量排名世界前列，具有良好的产业基础。目前，中国马驴驼产业正处于转型升级阶段，在国家的重视和支持下，呈现良好的发展态势，马驴驼遗传资源是产业可持续发展、提高产业经济效益的根本保障。

中国历史上马文化底蕴深厚，近年来，现代马产业逐渐兴起，呈现良好的发展势头，与马产业紧密相关的体育运动、休闲骑乘、文化旅游、专业化马产品开发等新业态蓬勃发展，马产业的内涵更加丰富。中国是养马大国，马匹数量居世界前列。2019 年，中国马存栏 367.1 万匹，占世界总存栏的 6%，位居第 5 位。据行业统计，马业全产业链产值约 700 亿元。从全球来看，赛马产业本身具有极大的经济效应，赛马之所以能成为世界流行的体育娱乐项目，除了本身具备的不确定性、激烈性和可观赏性之外，其中蕴含的巨大的经济利益更是其发展的主要动力。赛马产业的行业跨度非常大，从上游畜牧业横跨至下游服务业、彩票业等多个细分行业。赛马产业链上游有育马、饲料、马匹交易、马匹培训等产业，以马匹为核心；赛马产业链下游包括赛事运营、马术俱乐部、表演娱乐、媒体杂志、专业服务、金融支持等一系列赛马相关的服务业。随着马术运动在国内的普及以及下游消费等领域需求的强劲，中国的马术行业市场规模不断扩大，2021 年达 170.4 亿元规模（图 4–2–1）。

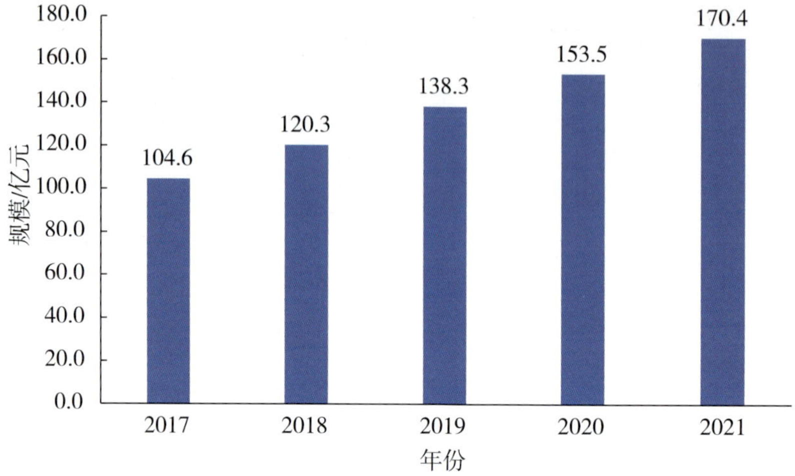

图 4–2–1　中国马术市场规模

驴皮、驴肉和驴奶及其副产物的消费市场保障了驴产业的健康发展。驴产业是中国的千亿产业之一，对畜牧业结构调整和国民大健康产业都具有重要作用。多年前，中国曾一度从全世界进口驴，出现需求大于供应的现象。因此，驴种业振兴对中国驴产业发展具有举足轻重的作用，对中华瑰宝阿胶产业发展具有决定性的意义。中国在《全国草食畜牧业发展规划（2016—2020 年）》《全国畜禽遗传资源保护和利用“十三五”规划》等文件中，将驴产业作为调整畜牧业供给结构、支持畜牧业差异化特色化发展的重点支持产业。

随着居民消费水平的提升，健康饮食意识的增强，在消费升级的影响下，驼奶开始逐渐被中国居民重视，其需求也呈现持续增长态势。据相关统计数据显示，2014 年驼奶需求量为 1.40 万吨，2019 年增长至 1.66 万吨，同比增长 11.18%。2020 年中国对驼奶的需求已突破 1.8 万余吨，总销售额约为 44 亿元人民币（图 4–2–2）。可见驼奶产品越来越受消费者的欢迎。近年来，国内驼奶收购价格呈增长态势，从 2014 年的 30 元 /kg 增长至 2019 年的 50 元 /kg。2014 年中国驼奶收购规模约为 4.20 亿元，2018 年增加至 7.30 亿元，2019 年中国驼奶收购规模为 8.30 亿元，同比增长 13.70%。

从驼乳制品的市场销售额来看，中国近 5 年驼乳制品市场需求增长迅速（图 4–2–3）。2021 年中国驼乳制品销售总额（产值）751.3 百万美元，比 2016 年的 556 百万美元提升 35.1%，年均增长率为 5.53%。市场需求的增速显著高于欧洲、非洲及亚洲其他国家。未来，随着中国人均 GDP（gross domestic product）突破 1 万美元，中等收入群体人数超过 4 亿人，强大的内需潜力将会给中国市场的驼乳制品带来更大的市场增长空间。未来几年，驼乳制品的消费量将不断加大，国内驼奶及驼乳制品会出现供不应求的现象，仍有较大的进口空间。

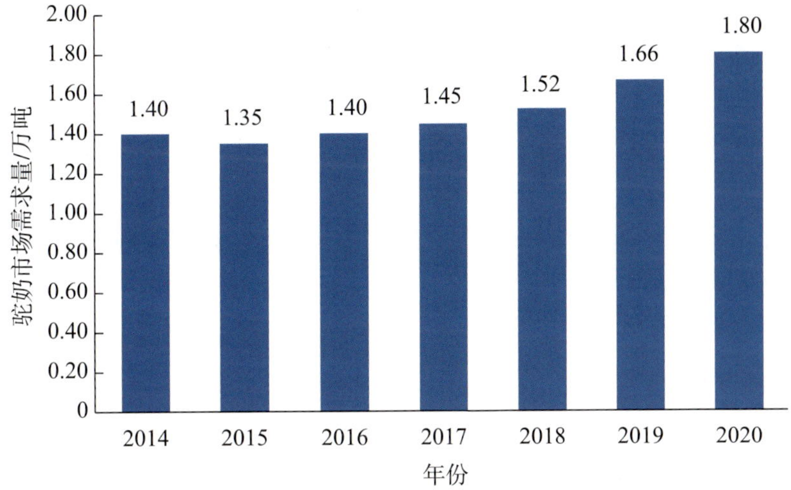

图 4-2-2　2014—2020 年中国驼奶需求量情况

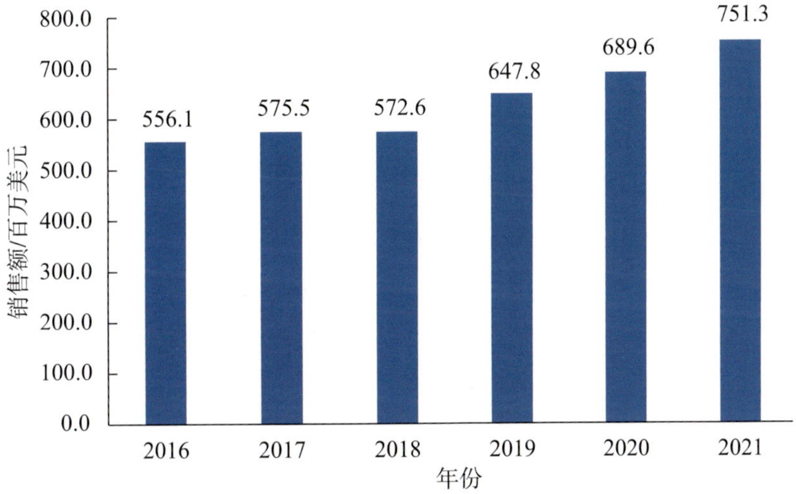

图 4-2-3　2016—2021 年中国驼乳制品的市场销售额

第二节　马驴驼遗传资源是民族特色文化的载体

在特定的自然生态环境和社会历史条件下，经过人类长期驯化、培育形成了中国丰富的马驴驼遗传资源。马驴驼遗传资源几千年来一直与人类生活密切相关，在传承中华农耕文化、促进“一带一路”国际合作、推动人类社会发展的过程中发挥了不可替代的作用。马驴驼遗传资源承载着多彩的民族特色文化，是民族文化历史的见证，不仅提供耕种役力，还在军事、运输、娱乐、旅游乃至民族精神的塑造上发挥过重大作用。

一、民族精神的重要源泉

马一直是人类忠实的朋友，中国人咏马、画马、舞马，马也是人们抒志的精神寄托，人们的爱马情结形成了独具中国特色的马文化。马文化一直伴随着中华民族的进步和发展并对其起着极大的促进和推动作用。马在中国历史上一直具有特殊的地位和象征意义，也与民族精神有着紧密的联系。马代表勇敢、自由、奔放、坚韧和奉献等精神品质。在中国传统文化中，马被赋予了许多寓意深远的象征意义。它是勇猛的象征，代表胜利和冒险精神。马也是忠诚和忍耐的象征，在古代文人笔下常被用来形容英雄和忠臣。马还象征力量和速度，被视为成功和追求卓越的象征。民族精神体现了一个民族的文化传承、价值观念和社会凝聚力。马作为中国文化中的重要元素之一，与中华民族的精神追求紧密相连。无论是历史上的红色革命“马上功成”的口号，还是当代的“中国梦，马上实现”，都展示了马在塑造民族精神和激励人们奋斗的过程中所起到的重要作用。同时，马还在中国的传统节日和民俗活动中扮演着重要角色，如赛马、马术表演活动等，这些都体现了人们对马的崇敬之情。总之，马作为动物与中国民族精神具有紧密联系，无论是其象征意义还是在文化传统中的地位，都彰显了中华民族的传统价值观念和信仰。

专栏

发扬蒙古马精神，共圆伟大中国梦

蒙古马（图 4-2-4）是中国马地方品种的代表，其数量多，分布广，历史悠久，具有抗严寒旱、耐粗饲、抗病力强、耐力强、适应性好等特性，在现代马产业的发展和乡村振兴中具有不可替代的作用。蒙古马于 2022 年入选农业农村部十大优异畜禽遗传资源。习近平总书记 2014 年提出了“吃苦耐劳、一往无前，不达目的绝不罢休”的蒙古马精神。蒙古马精神是新时代社会主义核心价值观的体现，是中华民族宝贵的精神财富，是实现各族人民团结奋斗的坚定信念。当前，我国正处于全面建设社会主义现代化国家新征程、向第二个百年奋斗目标进军的重要发展阶段，全国上下要大力弘扬蒙古马精神，将其落实到行动上、体现在发展中，争作蒙古马精神坚定的弘扬者、传承者和践行者，书写好中国高质量发展的新篇章，为共圆伟大中国梦不懈奋斗！

图 4-2-4　蒙古马

二、民俗文化的见证

（一）马的民俗文化

马位居六畜前列，在中华民族传统文化中占据极高的地位，在人类发展过程中形成了很多马的民俗文化。

1. 马日节

古时的汉族节日中有马日节。马日节兴起于汉朝之前，盛行于南北朝和唐宋时期，明清时期渐衰。关于马日节的记载，首见于汉代东方朔的《占书》：“凡岁后八日，一日鸡，二日犬，三日豕，四日羊，五日牛，六日马，七日人，八日谷。其日晴，所主之物育，阴则灾。”这是古人根据正月初一到初八的阴晴来判断一年丰歉以及 8 种包括人在内事物的吉凶状况。在民间流传这样的说法，马日节当天如果天气晴朗，当年的养马业就会兴旺；如果天气阴晦，当年的养马业则衰落。至今，河北、湖北、湖南、浙江等地还流传着马日节习俗，为了使马生长繁衍顺利，在马日节当日要精心喂养马匹，忌打骂、杀戮马匹。

2. 马奶节和赛马节

游牧民族对马的重视体现在传统节日马奶节和赛马节的庆祝活动中。佤族过春节时要喂马吃糯米饭，并观察马在马厩中的姿态以占卜吉凶。青海地区的一些汉族有饮“回马酒”的仪式。湖北、四川一带流行“回马车”的婚姻风俗。在陕西澄城地区，“送金马”婚俗十分流行。

3. 回马酒仪式

青海地区的一些汉族有饮“回马酒”的仪式，其具体过程如下：在男方家举行婚礼时，女方宾客要骑马离开男家前行一程，然后青壮年调转方向，返回男家门口，男方家人则递上酒壶，让其痛饮后策马离去。如此要反复一两次，只听马蹄声中夹杂着欢声笑语，洋溢着喜庆热闹的气氛。

4. 回马车婚俗

湖北、四川一带流行“回马车”的婚姻风俗。在湖北，传说新娘出嫁时，本家历代亡灵都会跟随前往，且途中也可能撞着各种煞神附身，会给男家带来不利。故迎亲日，男家预先请方士一人，于门外设香案祭告天地和车马神，并杀鸡以驱鬼。祭毕，抓米撒在新妇的彩轿上，以表示打掉煞神。新郎也同时向花轿四周行礼，礼毕方可入内。在四川，彩轿到男家后，新娘不下轿，此时男家将一桌子置于大门右侧，拜祝祭酒，边作揖边向彩轿撒米，口中念“日吉时良，天地开张，新人已到，车马还乡”等语句，以驱除不祥。

（二）驴的民俗文化

在中国的一些地区，养驴已经成了一种传统文化。人们在养驴的过程中，会传承一些养驴的技术和习俗，这些技术和习俗已经成了一种文化传统。

1. 跑驴

跑驴是中国北方地区的传统民间舞蹈，流传于河北、陕西、湖北、山东等地。以河北昌黎、卢龙、滦县一带最为著称，多在春节或赶会时随秧歌队表演，相传已有 200 多年的历史。跑驴中的驴形道具用竹、纸、布扎成前后两截，下面用布围住。表演者多扮成农村少妇，把驴形道具系在腰间，上身做骑驴状，以腰为中心，左右小晃身，下身用颤抖的小步蹭动，模拟驴的跑、颠、跳、踢、惊、犟等动作和神态。演员上下身动作的强弱、大小、高低要相呼应，并与另一扮演赶驴的人相配合，有说有唱有舞，诙谐风趣。跑驴主要伴奏乐器有唢呐、小鼓、大钹和小钹等，乐曲常选用冀东唢呐曲《满堂红》。

2. 驴年节

在中国的一些地区，人们会举办驴年节。为了纪念驴的贡献和价值，人们会在驴年节里举办各种活动，如驴的游行、驴的比赛、驴的展览等。驴年节已经成了一种文化传统，是养驴的重要习俗之一。

3. 驴的祭祀

在中国的一些地区，人们会在驴的祭祀日里祭祀驴。驴的祭祀是为了感谢驴的贡献和价值，人们会在这个日子里给驴烧香、放烟火、祈祷等。驴的祭祀已经成了一种文化传统，是养驴的重要习俗之一。

（三）骆驼民俗文化

骆驼民族文化在蒙古族的游牧文化生活中占主导地位，是它的重要组成部分。其中赛驼、驼球、评比种公驼和评比骆驼等是骆驼民族文化的主要内容。近年来，这些活动逐年活跃起来，为当地民族体育非物质文化项目增添了有价值的新内容，更加繁荣兴旺地发展壮大起来。

1. 赛驼

赛驼是完全符合养驼区地方特色的，有着独特风格的传统体育项目。赛驼和赛马一样，有其独立的深刻含义，比赛水准高，是具有浓厚民族特色的、不断发展壮大的群众性文化体育活动之一。在赛驼前要精心挑选比赛的骆驼，经过细心照料和调拴等过程，使赛驼的体力达到最佳状态再进行比赛，赛出骆驼的速度和耐力。赛程的距离一般在 15~30 km。赛驼开始之前举行隆重的开赛仪式，骑手要围绕篝火堆转三圈后，要喝完欢送者端上来的一银碗驼奶后，才能出发去参加比赛。比赛结束后，要奖励前几名。

2. 驼球比赛

起初，驼球只是民间组织的竞技游戏，没有严格的比赛规则，只要场地稍加平整即可开展，简单易行，深受广大农牧民群众的喜爱，因此，迅速在草原上风靡。后来经过不断发展和完善，形成了独特的竞赛规则。驼球比赛场地宽 100 m、长 150 m，门宽 3 m、高 2 m，参赛的两支队伍分别有 6 名队员，其中正式上场的队员 5 名、预备队员 1 名，驼球手们手拿长 1.3~1.5 m 的球杆打球射门。比赛分为上半场和下半场，双方以进球多少决定胜负，比分相等则以互射点球决定胜负。比赛时，双方球杆高举相碰，表示球赛友好开始；双方球杆放平分开相举，表示球赛结束。目前，乌拉特后旗已组建驼球代表队有 30 支球队，300 多位传承人。2006 年，中国内蒙古第一届驼球邀请赛在乌拉特后旗盛大开幕，此后，该旗每年举办一次国际邀请赛。此外，乌拉特后旗还多次参加过蒙古国驼球冠军联赛。乌拉特后旗被誉为“中国驼球之乡”“中国驼球摇篮”。

3. 祭驼

祭驼是流传于蒙古族牧驼群众中的一种集宗教信仰、传统生产、人文思想为一体的民间活动。祭驼以双峰驼为对象，由祭公驼、祭母驼、祭驼群等内容组成。祭公驼是区域性的组织活动，一般在寺庙集中举行。祭母驼和祭驼群则是以水井为中心的相邻牧户为片区分散进行。在祭驼活动中有极其丰富的内容，产生了诸如“功臣驼”“劝奶歌”“骆驼赞”“祝颂词”等大量拟人的诗词歌赋，富含蒙古族忠厚善良、刚正不阿、吃苦耐劳、勤奋顽强的骆驼精神。

三、中医药文化的传承发展

（一）酸马奶（策格）

酸马奶（策格）作为蒙古人的传统饮食佳品，不仅在蒙古民族饮食文化中占据重要位置，同时还在中医药中占有特殊地位。酸马奶不但具有保健功效，对一些疾病也有很好的治疗效果，是抵御许多疾病的“绿色医药保健品”。直到现在，酸马奶对高血压、冠心病、肺结核、慢性胃炎、肠炎、糖尿病等疾病的预防和治疗作用非常明显，尤其对伤后休克、胸闷、心前区疼痛疗效显著。酸马奶是具有保健功效的天然乳制品，必将成为今后功能性绿色保健食品和蒙医蒙药等医药领域一个新的发展趋势。在长期的医疗实践和医学研究基础上，蒙医学还创立了“酸马奶疗法”。

唐人颜师古注《汉书》曰：“酸马奶，撞桐而成也。”《新唐书》也载有北狄“资重酪以食”。藏医名著《四部医典》中，在介绍“五械涂治法”治疗体表脓疮时，指出使用马奶等调制成外敷膏，记有“棘豆灰与马驴奶调和，旧脓疮漏转为核疮愈”。又如元代《饮膳正要》记载：“马乳，性冷，味甘，止渴，治热”。《元史·祭祀三》记载：“其祖宗祭享之礼，割牲、奠马湩，以蒙古巫祝致辞，盖国俗也”“凡大祭祀，尤贵马湩。将有事，敕太仆寺桐马官，奉尚饮者革囊盛送焉”。《蒙古秘史》记载：“帖祯……向日将系腰挂在项上，将帽子挂在手上，椎胸跪了九跪，将马奶子洒奠了……”。

（二）驴皮阿胶

中医药文化源远流长，千百年来世代流传，经久不衰，为中华民族的健康发展和繁衍昌盛做出了巨大贡献。被称为“圣药”的阿胶，传承至今也有几千年的历史，为历代医药学家所推崇，以其独特的功效造福华夏儿女。驴皮做成的阿胶，与牛黄、鹿角、鹿角胶、羚羊角、鸡内金、猪胆粉等6款畜禽原料共同列入国家药典，具有中医调理作用。阿胶能滋阴养血、补肺润燥、止血安胎，自古以来就是滋补养生的佳品，具有较高的药用价值，还是有着上千年历史文化的皇家贡品。

专栏

◆ 驴——中药瑰宝阿胶的原料 ◆

阿胶为马科动物驴的干燥皮或鲜皮经煎煮、浓缩制成的固体胶，具有补血滋阴、润燥、止血的功效。阿胶是中国传统名贵中药，始载于《神农本草经》，列为上品。阿胶是中医治疗血虚的首选药物，被历代医家誉为滋补“上品”、补血“圣药”，与人参、鹿茸并称中药滋补“三宝”。主要用于治疗血虚萎黄、眩晕心悸、肌痿无力、心烦失眠、虚风内动、肺燥咳嗽、劳咳咯血、吐血尿血、便血崩漏，妊娠胎漏等。阿胶、山东阿胶膏、阿胶补血口服液、阿胶三宝膏、阿胶补血膏和复方阿胶浆等6款驴皮相关产品入选国家药典。

不同品种的驴出皮率不同，阿胶产业巨大。90%的阿胶产自山东，仅山东聊城就有203家阿胶相关企业，2017年底阿胶相关产值达780亿元。

第三节　马驴驼遗传资源是调节社会民生的元素

一、民族团结和边疆稳定

茶马古道是中国历史上运输交易茶叶和马匹的重要通道，其核心地带以云南、四川的产茶地为起点，一路向西通往拉萨、日喀则等青藏高原腹地。茶马古道沿途所经地区多为民族地区，有汉族、藏族、白族、回族、彝族、纳西族、普米族、傈僳族等。他们相依共存、团结协作，形成了独具特色的生活方式。一方面，对于青藏高原上的人民来说，茶马古道带去了中原的茶叶等物资；另一方面具有鲜明特色的边疆文化也通过茶马古道传到了内地，如马球文化。茶马古道将沿途各民族紧紧联系在一起，是各民族在经济、文化、情感上相依相存，你中有我、我中有你的历史见证和生动写照。在这条古道上，西南马起到了不可替代的作用，对茶马古道的发展和繁荣做出了巨大的贡献。西南马通常体型较小，体态匀称紧凑，结实而灵活，适应中国西南地区的山区环境。西南马作为一种适应高山崎岖地形的地方品种，为茶马古道的交通运输提供了可靠的载体，使得茶马古道的贸易能够顺利进行。

漠漠黄沙之中，有一种声音在历史的轮回中响彻千年，那便是清脆、响亮的驼铃声。秦汉时期，中原和西域，相隔万里，两地之间，山川与沙漠接连不断。要想沟通中原与西域，促进两地各方面的融合与交流，必须克服地理上的重重阻碍。骆驼作为沟通中原和西域的使者，自此踏上了与黄沙为伴的历史旅途。骆驼作为主要的交通驮具，输入与输出各种文化迥异的商品，促进中原和西亚、中亚文明的交流，形成民族之间水乳交融的良好局面。

二、脱贫攻坚和乡村振兴

马产业是中国畜牧业的重要组成部分。发展现代马产业，是深化农业供给侧结构性改革、促进农牧民增收致富、推进乡村振兴战略的重要抓手，对于助力乡村振兴，促进农牧民增收，培育体育和文旅产业新业态、新模式，满足群众物质和精神文化需求，弘扬中华马文化具有重要意义。遗传资源保护也是乡村产业振兴之“重”。充分利用中国马遗传资源，形成集马品种保护繁育、马赛事及马术运动、马休闲康养骑乘、马文化及科研、马产品开发于一体的“五马奔腾”产业融合发展格局，实现现代马产业高质量发展，提高产业效益，助力乡村振兴。中国马的分布主要在边疆和少数民族地区，马遗传资源是马产业可持续发展的保障和前提，马产业发展对于提高农牧民收入、助力脱贫攻坚和乡村振兴中发挥着重要作用。

专栏

◆ 神奇的酸马奶，助力乡村振兴 ◆

酸马奶有着漫长的历史，是居住在大草原上的各游牧民族长期实践经验的结晶。酸马奶的营养和医疗价值很高，特别是在蒙医学中占有很重要的位置。古典记载，酸马奶味酸、甘、涩，有驱寒、舒筋、活血、补肾、消食健胃等功能。现代医学研究进一步发现酸马奶对一些神经性疾病、肺结核、肺气肿、冠心病、高血压、高血脂和糖尿病，还有一些胃肠疾病等具有良好的治疗作用。酸马奶的全产业链生产是集一二三产业于一体的产业，包括马匹饲养、酸马奶加工、产品服务，在提高农牧民收入、助力乡村振兴中发挥着重要作用。

养驴业是重要的特色产业，在中国各地的乡村振兴中发挥着重要作用。驴产业是畜牧业结构调整、优化畜产品供给结构和乡村振兴的重要途径，已经成为国家支持畜牧业特色化、差异化发展的重点对象。驴作为草食家畜，符合国家《中国草食畜牧业发展规划（2016—2020年）》政策。2018年7月，农业农村部提出，将按照中央要求，指导各省（区、市）落实乡村振兴战略和脱贫攻坚要求，统筹考虑驴产业发展，通过加大先进科技推广力度，带动提升养驴业发展水平。中国共有9个省（区、市）16个市出台了23个文件发展驴产业。

专栏

◆“规模化、基地化、活体循环开发”的山东养驴模式◆

东阿黑毛驴作为山东唯一入选中国特色农产品优势区的畜牧业产品以及90%以上的阿胶产自山东的产业特点，使山东成为现代驴产业发展的重要区域成为必然。这一产业现状促使山东第一个成立省级产业技术体系，围绕产业发展需要解决的问题开展相关研究，推动了中国驴产业的快速发展，成为山东推动新旧动能转换的典范。山东推动300头以上的规模化驴场饲养模式，采用“龙头企业＋养殖基地”的模式，兴建驴奶加工厂促进驴遗传资源的活体开发，这种模式相继被中国各地模仿借鉴。目前“山东方案”已在8个省（区、市）进行复制、推广，单头驴价值3年增长1 000元以上，惠及1 000余个乡镇，帮扶2万多贫困户、6万多贫困人口实现脱贫，形成了可持续的、驴产业独有的扶贫模式，走出了一条产业发展与养驴脱贫协同并进之路，开创了世界驴产业发展新模式，被国务院扶贫办选为产业精准脱贫试点模式并向全国推广，荣获“中国脱贫攻坚奉献奖”“社会责任扶贫奖”。

骆驼产业的发展最大限度地利用中国西北地区骆驼资源优势，重点围绕饲养、繁殖、产品开发、生物技术研究等领域，与实际生产紧密结合，为骆驼产业的发展制定科学规划，增加就业岗位，带动周边地区人民实现脱贫致富，不仅促进牧民增收，还能带动其他相关产业和经济发展，符合农业和农村经济发展整体规划，树立边疆脱贫致富的新标杆、新榜样；进一步推动农牧业产业化经营，促进农村经济结构调整优化，提高牧业效益，极大地促进边疆地区的繁荣稳定和长治久安，助力实现全面建成小康社会的宏伟目标。

专栏

◆ 驼奶产业发展，助力边疆少数民族地区牧民脱贫致富 ◆

在中国，食用驼奶可追溯至千年以前。《本草纲目》记载："驼乳，冷，无毒。补中益气，壮筋骨，令人不饥。"2000 年，中国食品科学技术协会（IFT）把驼奶列为 21 世纪最具发展前景的非草药类天然健康食品。2006 年，FAO 正式向大众推广驼奶，由此驼奶名声大振。CCTV 10 播出的节目《驼奶寻踪记》对驼奶进行了深度的探访，让大众了解驼奶、认识驼奶的益处。

2022 年，阿拉善右旗建成阿拉善双峰驼规模养殖基地 20 个、标准化驼圈 203 座、驼奶中转站 7 个、驼奶生产小作坊 6 家；培育骆驼养殖户 654 户、驼产业专业合作社 93 家。阿拉善双峰驼产量由 2018 年的 32 吨增长至 2021 年的 2 786 吨，投身骆驼产业发展的农牧民近 3 000 人，养驼户户均增收 2 万元以上，占农牧民人均纯收入的 27.2%，占经营性收入的 52.5%。2021 年，驼产业综合收入突破 2 亿元。2022 年 1—6 月，全旗共计收购驼奶 1 486.46 吨，同比增长 14.96%，实现销售收入约 5 411 万元。

第四节 马驴驼遗传资源对生态的作用与价值

一、马是构成草原生态系统的重要群落

草原是中国面积最大的绿色生态屏障，与森林一起构成中国陆地生态系统的主体。中国草地面积位居世界第一，草原畜牧业是中国新疆、西藏、内蒙古等地的主导产业。草原是畜牧业发展的主要物质基础，是农牧民赖以生存发展的基本生产资料，具有低能耗、低成本的优势。草原生态系统是指居于草原地区的生物群落（植物、动物、微生物）和非生物环境（光、热、水、气、土壤等）之间相互作用、不断进行物质循环与能量交换而构成的生态综合体。草原生态系统是畜牧业的主要生产基地，草原养育着大量家畜，如牛、羊、马等，这些生物丰富了草原的生态环境，从天然草地获得主要饲料来源的草地畜牧业生产，是中国牧区的主体产业。食物链上的各种生物环环相扣、互惠共存，少了其中的任何一环都有可能影响到整个生物链。马是草原生态系统的重要群落，对草原生态系统稳定具有重要的作用。马在草原生态系统的作用主要体现在以下方面：一方面，马是草食家畜，可以利用草原上的各类牧草进行生存，不能消化的牧草经粪便排出体外，粪便可以为牧草的生长提供营养，形成良好的草畜循环；另一方面，在草原生态中，马对于牛羊的生存也具有重要的作用，特别在天气寒冷的冬季，草原被大雪覆盖，中国马遗传资源适应了当地的气候环境，能够在寒冷的冬季通过刨雪采食被大雪覆盖的干草，由于马和牛羊的采食行为不同，马采食后暴露的剩余干草可以被牛羊利用，甚至马采食后排出的粪便中不能消化的营养物质，牛也可以进一步消化吸收。

二、骆驼在沙漠生态中的重要作用

骆驼是软蹄动物，蹄面积大而压强小，对戈壁沙漠践踏程度小，踩过的小草依然能正常生长，这对于维护荒漠地区脆弱的生态平衡有重要作用。骆驼采食范围大，放牧半径可达5 km。骆驼牙齿坚硬，咬肌发达，所以能大量采食粗硬的灌木、顶端有针刺的植物。驼峰还是沉积脂肪的仓库，当食物充裕时保存脂肪，当食物不足时供应机体需要以保证骆驼耐饥饿，适应荒漠地区植物贫瘠和四季供应不平衡的环境。

与其他反刍动物相比，骆驼具有很高的杂食性。喜欢采食其他家畜不愿采食的带有刺、毛、强烈气味和盐碱重的菊科、藜科植物，可采食草本植物、灌木、仙人掌和枝条，有时为生存必须吃富含纤维素和纤维而蛋白含量很少的植物。在采食过程中，一般边选边吃，留给植物充分的再生机会。

骆驼还采食一些成熟的牧草种子，种子在其消化道内经过一系列的生理生化反应，使种皮发生改变，从而有利于发芽，并随着粪便的排出，植物种子得以传播。这种现象说明骆驼与荒漠草原的植物之间具有互相依存、互相利用的关系。

第三章

中国马驴驼遗传资源保护卓有成效

中国高度重视马驴驼遗传资源保护，为夯实种质资源基础、推动种业振兴，实施并完成了第三次普查，实现了区域全覆盖、畜种全覆盖、主要指标全覆盖，全面摸清了中国马驴驼遗传资源家底。发现待鉴定新资源3个、遗漏品种1个。全面系统测定并准确掌握了中国马驴驼遗传资源基础性能，科学规划布局保护体系，以原产地活体保护为主。科学评定品种濒危等级，落实“一品一策”保护方案，建立国家级马驴驼品种保护区6个，国家级马驴驼保种场13个。实施国家和省级两级管理，建立国家统筹、分级保护、有效衔接的保护机制。民间保种方兴未艾、蓬勃发展，与国家保护行为一道，以政府主导、多元参与、多层次保护为主要特征，构建了新时代中国马驴驼遗传资源保护新格局。

第一节　摸清了中国马驴驼遗传资源家底

一、第一次全国马驴遗传资源调查

新中国成立以来，中国先后组织开展了两次大规模的资源调查。1976—1983年，中国开展了第一次调查，完成了《中国马驴品种志》的编写，其中马收录了15个地方品种、11个培育品种和7个引入品种，驴收录了10个地方品种，初步了解中国马和驴的遗传资源多样性、分布以及品种特征。

二、第二次全国马驴驼遗传资源调查

2006—2009年开展第二次调查工作，基本摸清了当时中国马驴驼资源状况和30年来的变化，出版了《中国畜禽遗传资源志·马驴驼志》，其中马收录了29个地方品种、13个培育品种、9个引入品种；驴收录了24个地方品种；骆驼收录了5个地方品种，进一步掌握了中国马驴驼遗传资源多样性、分布以及品种特征。

三、第三次全国畜禽遗传资源普查

2021—2023 年，农业农村部组织 31 个省（区、市）和新疆生产建设兵团，启动第三次普查，全面系统地摸清了中国马驴驼遗传资源多样性、遗传资源数量、分布，评估了特征特性，测定了生产性能，重新发现遗漏品种黑河马，加大珍稀濒危资源的收集保护力度，实现应收尽收、应保尽保。

第二节　马驴驼遗传资源种质特性得到全面系统评估

随着中国马驴驼遗传资源利用模式的转变，其数量、质量和分布发生了巨大变化。为查清和掌握马驴驼遗传资源状况，加强对马驴驼遗传资源普查的技术指导与支撑，增强可操作性，根据《全国农业种质资源普查总体方案（2021—2023 年）》及《第三次全国畜禽遗传资源普查实施方案（2021—2023 年）》，制定了第三次全国畜禽遗传资源普查操作手册。第三次普查的数据更加翔实，并在体尺、体重和屠宰性能测定中补充了若干个指标，同时增加了产奶性能和生长发育性能的测定，马驴驼遗传资源种质特性得到全面系统的评估。第二次调查和第三次普查马驴驼性能测定对比见表 4-3-1。

表 4-3-1　第二次调查和第三次普查马驴驼性能测定对比

性能种类	第二次调查	第三次普查
体尺体重	体重、体高、体长、胸围、管围	全部马驴驼地方品种体重、体高、体长、胸围、胸深、管围、尻宽、尻长、头长、颈长、体斜长；新增了驼峰指数，如前 / 后驼峰高、宽、峰距
屠宰性能	个别品种记录了宰前活重、胴体重、屠宰率、净肉重等指标	全部马驴驼地方品种全部完成了宰前活重、胴体重、屠宰率、净肉重、骨重、脏器重、腹脂重等指标；驴测定了皮重、肋骨对数、椎骨数量
产奶性能	根据查阅资料，个别品种统计了产奶量、乳脂率等指标	部分马驴驼地方品种全部完成了泌乳期、泌乳期产奶量、日产奶量、乳脂率、蛋白含量、乳固形物等指标
生长发育性能	无	记录了全部马驴驼地方品种初生重、6 月龄和 12 月龄体重；部分品种记录了 3 月龄和 24 月龄体重
影像资料	公母侧面照片	公母侧面照片、群体照片、前后照片和视频

第三节　所有品种实现应保尽保

一、濒危马驴遗传资源评估

根据中国的国情，参照国际自然保护联盟濒危物种红色名录等级制定了中国动植物红皮书来划分物种濒危等级；而当前中国现行使用的马驴遗传资源濒危等级评定标准是 NY/T 2995—2016，明确中国地方马驴遗传资源濒危状况。根据第三次普查数据，经评估中国部分地方马驴遗传资源均有处于不同濒危等级，濒临灭绝状态等级的有 1 个驴品种，危险等级的有 1 个马品种和 1 个驴品种，详见表 4-3-2。

表 4-3-2　马驴遗传资源濒危名单

濒危等级	品种数量 / 个	品种名称
濒临灭绝	1	临县驴
危险	2	腾冲马、长垣驴

二、马驴驼保护体系

2016 年《全国畜禽遗传资源保护和利用“十三五”规划》公布数据显示，马驴驼以活体保护为主，主要保护产品品质、抗逆性等特色种质特性。利用方向是加强本品种选育，因地制宜开展肉、乳、皮等特色产品开发，拓展文化和医药等功能。

根据第三次普查数据显示，中国已经有国家级保护区马 3 个、驴 2 个、骆驼 1 个；国家级保种场马 5 个、驴 7 个、骆驼 1 个；省级保种场马 24 个、驴 21 个、骆驼 2 个。

三、民间保种方兴未艾、蓬勃发展

在中国一些偏远山区，由于交通闭塞，该区域的马驴驼品种几乎无其他品种的杂交，这种民间保种在马驴驼遗传资源保护中发挥着重要作用。例如，河北涉县旱作石堰梯田系统被认定为全球重要农业文化遗产，驴在该梯田系统保护过程中具有重要作用，因此，河北涉县的大洼村和王金庄等村落对太行驴的保种工作起着重要作用。

专栏

◆ 石堰梯田农业促进民间保种 ◆

涉县旱作石堰梯田系统位于太行山腹地、晋冀豫三省交界处，总面积达 26.8 万亩，1990 年该梯田系统被联合国粮食计划署认定为“世界一大奇迹”“中国的第二长城”。2021 年被评为“生物多样性 100+ 全球典型案例”。涉县旱作石堰梯田系统位于石灰岩山区，梯田石厚土薄，机械耕作不便。

太行驴因体型较小、运动和爬坡能力强，多作为用于运输、耕地等的工具。几乎所有石堰梯田系统范围内的村庄，如大洼村和王金庄，无论房屋大小，都有一个饲养驴的圈舍。仅王金庄一个村，最多的时候，全村驴存栏量多达 1 000 头，现在仍有近 300 头。在当地有“一头驴相当于家里半个产业”的说法。

由传统的耕作模式、封闭的交通环境、分散的驴存栏等因素的影响，形成了太行驴民间保种的典型模式。

第四章

中国马驴驼遗传资源可持续高效利用

中国拥有丰富的马驴驼遗传资源，在有效保护品种资源的前提下，以市场需求为导向，深入挖掘地方品种的优质资源和特性，推动资源共享和持续利用，促进资源优势转化为市场优势，实现保护与利用有机结合。马驴驼产业是中国特色产业、民生产业，对于维护社会稳定、促进民族团结，助力乡村振兴具有重要的作用。近年来，中国马驴驼遗传资源分布优势地区的地方政府按照“依法保护、科学利用”的原则，充分挖掘各品种遗传资源的价值与潜力，充分发挥其食用、药用、观赏、竞技等价值，达到以用促保。目前，中国马驴驼遗传资源在本品种利用的基础上，形成了饲养、产品加工、文化娱乐一二三产融合的发展模式，尤其以第三产带动全产业链发展，具有良好的发展前景。

第一节　马驴驼遗传资源种源自主可控和高质量发展

根据第三次普查数据，中国驴和骆驼遗传资源数量均位居世界第一，马驴驼遗传资源实现了自主可控。依托优异的马驴驼遗传资源，马驴驼产业链年总产值近 3 000 亿元，其中马驴产业均成为千亿畜禽产业之一。

一、中国马驴驼遗传资源支撑种业自主可控

中国马骆驼遗传资源丰富，根据第三次普查数据，中国马驴驼遗传资源群体共有 58 个马驴驼地方品种、14 个马培育品种，自主产权马驴驼遗传资源占比超过 86%，实现了种源品种自主可控。

如图 4-4-1 所示，中国马 29 个地方品种群体数量占比为 74.12%，14 个培育品种群体数量占比 25.52%，引入品种群体数量占比仅有 0.36%，表明中国马产业是以中国本土化马遗传资源为主，种源数量自主率超过 99%，为发展中国特色的马产业打下坚实的种业基础。

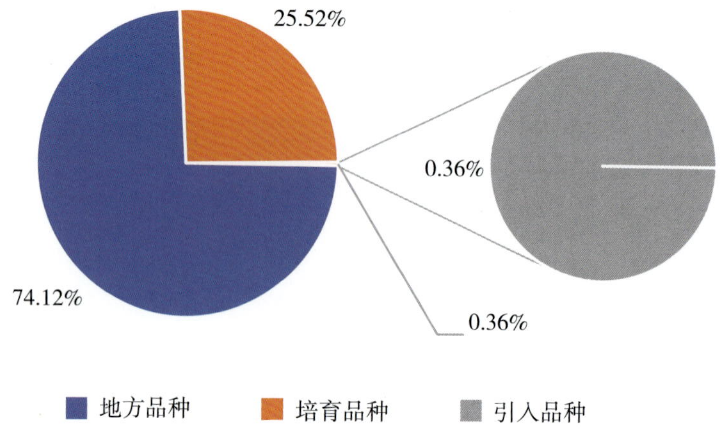

图 4-4-1　中国马遗传资源群体占比

二、优异资源的挖掘，推动马驴驼种业发展

随着马驴驼种业的不断发展，以及人民生活水平的提高，马驴驼利用方向已发生转变。中国科研工作者通过对不同马驴驼品种的遗传特性和特异性状的分子遗传机理进行了深入的研究和分析，挖掘了具有不同利用方向、生产性能优异的品种和决定特定性状的分子标记位点，目前正在以优秀的马驴驼遗传资源或性状，采用传统育种与分子育种相结合的育种方法，有望培育出丰富多彩的马驴驼遗传资源，以促进马驴驼产业的高质量发展。

经过连续多年的努力，中国已成功培育出 14 个马培育品种。优异的马驴驼遗传资源已被充分用于直接生产或者作为育种素材培育新的马驴驼品种，如高产奶量的马和骆驼品种的培育等，为马驴驼产业升级提供了基础。马驴驼品种具有耐粗饲、适应性广、抗病力强等特点，既适用于野外放牧散养，又可以适用于圈养。以三河马和山丹马为代表的培育品种因其独特的适应性，存栏量已扭转持续下降的局面。

第二节　支撑竞技等产业发展，促进农民增收

马驴驼产业做到了三产融合，既可以为人民提供优质的肉和奶，又可以丰富人民对优质畜产品的需要，并且多元化的利用方式如赛马、跑驴、赛驼等活动也丰富着人民的生活。

一、丰富了人民对优质畜产品的消费需求

（一）丰富了人民对特色肉制品的需求

马驴驼肉均具有高蛋白、高铁含量、低脂肪和低胆固醇的特点，不饱和脂肪酸含量高，并含有人体所需的 α- 亚麻酸，不仅可以做成刺身，还可制成肉干、肉松、肉肠、肉卷、酱卤肉等多种特色肉制品。CCTV 中文国际频道《美食中国》栏目在《独特风味》第四集着重介绍了惠水马肉这道美食的

过去、现在和将来，展示了惠水浓郁的地域文化特色。现代医学研究也表明，马肉在多种疾病的调节、预防等方面具有显著疗效，如预防贫血、动脉硬化、血虚、高血压等。“天上龙肉、地下驴肉”的美誉是对驴肉作为健康肉的最好称赞，驴肉消费量逐年递增。骆驼终年放牧在荒漠、半荒漠地带，那里地域辽阔、人烟稀少、无任何污染，因此，驼肉及其屠宰副产品是真正的绿色食品。驼掌号称“沙漠熊掌”，是极其珍贵的烹饪原料；驼峰脂肪坚实，含油量少，也是加工制作名菜的原料，多供应于高档宾馆和饭店。

（二）丰富了人民对特色乳制品的需求

马奶含有丰富的维生素和矿物质，容易被人体消化吸收，具有调节人体生理功能、提高人体免疫力及防治疾病的功能，不饱和脂肪酸和低分子脂肪酸对预防高胆固醇血症、动脉硬化有良好作用。《随息居饮食谱》指出，马奶“功同牛乳而性凉而不腻”，常人多食能强身健体、延缓衰老。中国马地方品种如蒙古马、哈萨克马、柯尔克孜马、巴里坤马等都有较高的产奶潜力，可以为人们提供马奶以及多样的马奶产品，如酸马奶、马奶酒、马奶粉、马奶饮料等。

骆驼地方品种的驼奶营养丰富，脂肪球小易消化，富含维生素 C、大量人体所需的不饱和脂肪酸以及功能性的肽类物质，同时驼奶不含过敏原且具有一定的保健功效，是生产功能性彩妆制品的最佳选择。例如，阿拉善双峰驼采用纯天然、绿色、健康的养殖模式，驼奶原料优质，为当地驼奶产业提供了良好的奶源。

此外，驴奶中乳清蛋白、乳糖和乳铁以及硒和溶菌酶含量丰富，具有提高机体免疫和抗氧化的功能。

（三）丰富了人民对健康保健的需求

驴皮主要用于制作阿胶。阿胶，别名傅致胶（《神农本草经》），又名盆覆胶（《本草经集注》），为马科动物驴的干燥皮或鲜皮经煎煮、浓缩制成的固体胶块，主产于山东，以东阿县所产者品质最优，故以“阿胶”命名。传统的九朝贡胶是以每年冬至子时取阿井水，炼制乌驴皮，用金锅、银铲、桑柴火，历时九天九夜制成的。阿胶味甘，性平，无毒。主肺、肝、肾经。主要功效为补血，滋阴润燥，止血。被历代医家誉为滋补“上品”、补血“圣药”，与人参、鹿茸并称中药滋补“三宝”。

阿胶产品众多，有阿胶块、阿胶粉、阿胶原浆、阿胶糕、阿胶膏、阿胶糖、阿胶胶囊、阿胶口服液、阿胶珠等。随着经济发展和人民生活水平的提高，人们对畜禽产品的需求已转向绿色、无公害、更营养、更美味，特别是具有特色的地方品种及其产品在市场中的地位及所占份额逐步增长，如近年来市场上驼奶产品的需求量大增。从驼奶产业分布来看，新疆驼奶加工企业已处于中国领先地位。目前，驼奶企业已先后开发出液态驼奶、驼奶片、酸驼奶、驼初乳、全脂驼粉、驼奶益生菌活性品、驼初乳胶囊、驼奶化妆品等系列产品。虽然驼奶身价不菲，但驼奶销售依然供不应求。因此，发展驼奶产业前景十分广阔，这样不仅可以增加干旱和荒凉地区人口的营养来源，还有助于减少贫困，促进地区经济发展，值得各国政府、企业以及投资者积极采取措施，大力推动驼奶产业的发展。

（四）丰富了对医疗事业的需求

孕马血清促性腺激素（pregnant mare serum gonadotropin，PMSG）又称马绒毛膜促性腺激素，是一种糖蛋白激素，由妊娠 40~120 天的母马子宫内膜杯组织产生，与人绒毛膜促性腺激素不同的是，马绒毛膜促性腺激素不会排出到马的尿液中，而只存在于妊娠母马的血清中，因此，只能通过孕马血清来提取和获得。PMSG 是一种经济实用的促性腺激素。

（五）丰富了人民对美好生活的需求

驼绒组织结构特殊，被纺织部门誉为毛纺原料中的“添加剂”，即只要在纺织产品中添加一部分驼绒，即可大大改善纺织产品的性能。近年来，毛纺企业以驼绒为原料，通过单纺或混纺，开发研究出驼绒衫裤、驼绒呢、驼绒衣料、驼绒毯、驼绒围巾等粗纺及精纺产品，多次获国家及国际金银奖，远销国内外，颇受消费者青睐。驼绒还是良好的絮棉，用它絮制的衣、裤、被褥，松软轻暖，弹性好，吸湿性强。然而，目前驼绒的开发力度还不够，需要提高产品的科技含量，增加花色品种，生产出更多精品，以适应市场的需求。

二、满足了人民对文化旅游的需求

马驴驼作为骑乘、运输等活动的载体，在人们的生活中扮演了重要角色，满足了人民丰富的精神生活。竞技是一种体育活动，旨在展示和比较马驴驼在各种条件下的不同表现。

（一）融入国际赛道

自 2009 年起，中国各地不断组织多起参与人数不等、路线各具特色、兼具旅游性质的大小马术耐力赛事，举办地点从北京、青岛、大连、承德、乌珠穆沁，到新疆的昭苏、那拉提等地，每年赛事近百场。近年来，国内赛事举办的水平及组织层次也在不断地提高，赛事类型包括场地障碍、盛装舞步、三项赛、耐力赛、速度赛马、马球等。

马赛事除与国际接轨外，充分考虑了中国马地方品种资源优良特性、民族传统文化习俗、消费习惯以及市场偏好，已经建立了符合中国实际的马匹养殖体系和马术运动规则标准，成功打造了多个符合中国马特点的专属赛事和特色民族文化旅游品牌活动，有利于发展中国特色马产业。

（二）赓续传统文化

近年来，内蒙古举办马文化活动，主题丰富的各类马术实景剧不断地创新推出，场景宏大的有《永远的蒙古马》《千古马颂》《英雄》等，音乐剧有《蒙古马》，马头琴演奏的经典曲目《万马奔腾》等。还举办马主题电影放映、蒙古马雕塑研究展、“弘扬蒙古马精神”的摄影展及创意大赛等，推动了内蒙古马文化创新发展。蒙古族在庆祝节日时，通常会在草原上举行赛马比赛，参赛马匹多为蒙古马。

驴竞技活动可以在农村地区、节日庆典以及专门的比赛场地举行。赛驴已有近千年的历史，是当地的传统文化和体育项目之一。例如，陕西定边县每年的农历八月十五都会举办盛大的赛驴活动，是中国著名的赛驴之乡，吸引着众多观众和参赛者。赛驴往往包括拉力赛、驾车比赛、绕桩比赛和载人跑步等项目。这些比赛既是一种娱乐活动，又是对当地驴品种的保护和传承。赛驴活动以其独特的民俗风情和地方特色，成了当地乡村旅游的文化名片。

通过建设马驴驼文化博物馆，保护传承非物质文化遗产，深入挖掘马驴驼文化资源。中国毛驴博物馆包括序厅、远古走来、驴背之上、济世之驴与艺术之驴五个大部分，展陈面积约 1 220 m^2。中国毛驴博物馆藏品丰富，以图文、实物、多媒体展现为主，叙事性场景为辅，生动翔实地讲述了毛驴的生物进化、社会作用、产业价值、艺术形象等内容，既可以了解驴的起源，纵览驴的历史，感叹毛驴智慧；又可以领略毛驴精神，品味毛驴文化。中国骆驼馆和中国骆驼文化博物馆承载着地方骆驼遗传资源文化的传播，展陈面积 2 035 m^2，展品 594 件，包括骆驼进化史展区、骆驼科研成果展区、“一带一路”区、骆驼文化区、骆驼产品区、骆驼产品体验区等 6 个区域。展陈的产品包括等比例的金黄骆驼模型、不同品种骆驼的展列、“沙漠白金”驼奶、驼奶驼脂化妆品、驼绒制品等，讲述了骆驼发展的历史及骆驼产业带来的收益和发展前景，展现了各族人民勤劳致富、团结奋斗的智慧和力量，也展现了民族文化大融合、民族团结大丰收的成果和优势。中国骆驼文化博物馆以“路”为创意构思展开一场生命之舞的路上盛宴，讲述骆驼进化在路上，创造在路上，发展在路上。通过骆驼呈现文化，通过文化展示地域，通过地域弘扬精神。

（三）丰富休闲娱乐

马驴驼作为传统骑乘交通工具，是先辈生活的重要组成部分，承载文化的传承和对先辈的怀念，还可以丰富人们文化旅游、休闲娱乐的生活。

1. 休闲旅游中的马元素

蒙古马文化是内蒙古草原文化的重要标志，马知识科普课堂、马主题研学、马术培训、马主题摄影等是草原旅游的重要组成部分。这些丰富多彩的马文化旅游主题产品，不仅丰富了游客的旅游体验，而且全面生动地展示了内蒙古独具特色的马文化旅游，极大地促进了文化和旅游融合发展，带动了文化旅游产业的高质量发展。2019 年内蒙古打造“骑着马儿游草原”十大主题线路，对于挖掘内蒙古蒙古马文化旅游资源，打造马文化旅游品牌，宣传马文化起着十分重要的作用。例如，阿拉善村马队合作社已发展到每年旅游季有 200 匹马从事旅游服务，景区随处可见骑马游玩的游客，这不仅带动了当地的经济增长，同时还帮助当地贫困家庭脱贫。呼伦贝尔每年的夏季会打造“草原风情之旅”，在草原、白桦林、河流等未被开发的牧场里骑乘专属的马匹游玩，极大地缓解人们的生活压力，释放心灵，放飞自我。

新疆昭苏是中国最后一个天马故乡，依靠马文化旅游，昭苏县年旅游收入在 4 亿元左右。昭苏县将进一步壮大马文化旅游及休闲产业，优化天马旅游文化园规划设计，融资 1 亿元推进基础设施建设，编创天马文化、乌孙文化等演艺节目，提升服务质量，营造消费环境，建成集名马展示、文化创意、赛事常态、马术学习、生态景观、休闲餐饮、特色产品展销等为一体的文化旅游主题园，争创 5A 景区。

德保矮马因其体格矮小、性格温顺，是儿童骑乘训练、游乐、观赏等的首选品种。以德保矮马为元素设计的矮马玩具、矮马抱枕、矮马书包等具有马文化和元素系列及生活服饰用品，成为游客的伴手礼，推动文旅产品融入生活。2013 年，德保矮马荣获“CCTV 中国十大最具魅力农产品”荣誉称号。德保县还成立了德保矮马专业表演队，为各种大型商业活动、文化展演、行业宣传等提供表演宣传服务，逐步探索德保矮马产业发展新路子。

专栏

◆ 百香百色——德保矮马：“小个子”蕴藏“大能量” ◆

短短的腿走长长的路，矮矮的个爬高高的山，“哒哒”马蹄声划破长空……想必，大家都猜到我是谁了吧？对，没错！我就是被誉为“马中熊猫”的——德保矮马！我的原名叫百色石山矮马，是德保县的一张珍贵名片。1981 年，我被中国科学院科研人员发现，并证实是世界上两大矮马源流之一。2006 年，我被列入《国家级畜禽品种资源保护名录》。别看我身材矮小，我作用可大着呢！成年体高只有 76~106 cm 的我，体型结构紧凑结实，能正常用于驮物、乘骑、拉车等农活。政府坚持“保护为开发、开发促保护”理念，用经济杠杆撬动我们产业发展。建立了国家级的保种场，将马术表演、马球公开赛等内容融入年度德保红枫旅游节，让我们实现知名度和美誉度“双赢”。打造了德保矮马王国，是国内首个集动漫赛事、亲子游乐、互动体验、教育科普、文化演艺等于一体的矮马 IP 主题亲子乐园。来这里，不但能住上精致的树屋酒店和帐篷酒店，还可以体验跑马场、萌宠生活部落、矮马牛仔小镇、生态科普乐园、动物大电影帐篷、热气球乐园、迎宾小马车、王国小火车、矮人国奇幻树屋等有趣的项目，好玩又长知识。我们成了家喻户晓的“明星”，荣获“CCTV 中国十大最具魅力农产品”荣誉称号。

中国多地出台政策，鼓励培育国产运动马匹用于体育旅游服务，整合国内马术旅游资源，加快旅游产业与马术运动融合，支持建设一批产业特色鲜明的马术小镇和马业强镇，鼓励开发马术文化旅游产品。支持新疆、内蒙古等地开展马术旅游、推广长距离赛马比赛。

2. 休闲旅游中的驴元素

新疆毛驴等小型驴性格温顺，适宜骑乘。骑驴嫁娶、驴拉磨、驴驾车和骑驴等活动，还原了农村生活和传统的交通方式。这些活动不仅能够提供独特的旅游体验，还能够使人了解和感受驴在农村生活中的重要作用。

社火作为陇州非物质文化遗产，每年从正月开始，以各村为单位相序就开始社火表演，社火文化已流传上千年，现已发展成有脸谱、服饰、道具和表演的群众性娱乐活动。驴社火其实是马社火的延伸。原先在山区里，马驴骡是主要的劳动工具，骑马骑驴社火表演，也就自然而生。

驴拉磨是一种传统的农村劳动方式，通过驴的力量驱动磨石磨碾谷物或榨油。一些农村旅游景点或者农家乐提供驴拉磨体验，让游客参与这一传统劳动。游客可以亲自体验如何让驴拉动磨石，感受传统农村劳动的魅力。

驴驾车是一种传统的交通方式，特别是在农村地区。游客可以选择在驴车上坐着，让驴子带着他们在农村小道上行驶。这样的旅行方式能够欣赏到乡村的风景，感受到驴的平稳和安静。同时，还可以欣赏到乡村居民的生活和风俗，丰富旅行经历。

3. 休闲旅游中的骆驼元素

苏尼特双峰驼是中国三大骆驼品种之一。苏尼特右旗有着“中国骆驼文化之乡”的美誉。为发展壮大骆驼产业、传承和发展苏尼特草原骆驼文化，苏尼特右旗成功举办了十几届骆驼文化节，成功打造苏尼特双峰驼旅游品牌，实现了促进旅游经济发展和“增加牧民收入，保护草原生态”双赢目标，驼产业已成为苏尼特右旗产业发展新亮点。

三、满足了人民对心灵陪伴的需求

与马互动有很积极的治愈作用。例如，马术运动能给人们带来享受、挑战、友谊、欢乐、成就和自信。花时间和马在一起相处，无论是抚摸或打理、骑乘或学习马房管理课程，都可以给人们的身体、精神和心情上带来长久稳定且积极的改变。与马相处并建立互动关系，可以增进互信、尊重、同情心并丰富感情，还可以帮助建立自信、自尊，提升处理事情的能力，改善心态。与马互动可以给人们打开一个全新的世界，给予心灵更多的可能性和机会，意味着这是一条治疗、改善、痊愈之路，能给人们的生活质量带来巨大的提升。与马互动还可以降低压力水平，帮助残障人士应对各种心理健康的挑战。马是需要被照顾的，刷马和抚摸马可以给人带来放松和平静，从而获得幸福感、满足感，满足人民心灵的陪伴。

第三节 马驴驼遗传资源可持续利用模式不断优化

围绕马驴驼遗传资源特性，中国马驴驼遗传资源开发利用呈现可持续的新模式。马驴驼遗传资源利用模式顺应不同时代背景，有三个阶段的发展历程。首先是新中国成立至改革开放初期，是品种形成和利用的关键时期。20 世纪 80 年代末至 21 世纪初，中国多用大型驴与小型驴、中型驴进行杂交，以实现对原有品种体型的遗传改良。第三阶段为 2000 年后，农业机械逐步普及，马驴驼的役用功能逐步丧失，经过二十余年的发展，马驴驼利用模式已经向经济型转变。

一、组建马驴遗传改良体系

国家发布《农业农村部关于印发新一轮全国畜禽遗传改良计划的通知》(农种发〔2021〕2 号)(以下简称《计划》)，覆盖了生猪、奶牛、肉牛、羊、马、驴等家畜品种。《计划》要求到 2025 年，马术运动和休闲骑乘国产用马供给能力明显提高，运动用马数量达到 10 万匹。

《计划》指出畜禽种业是畜牧业发展的根基，是畜牧业核心竞争力的重要体现。发展马产业顺应消费结构升级需要，发挥马术运动、马文化活动、骑马旅游等新兴市场的引领作用，强化宏观政策引导，加强部门协同配合，积极营造规范有序的发展环境，促进马产业各领域共享融通，形成多领域融合发展的新格局。在《计划》指导下，已经建立了马现代化养殖体系、马术运动体系以及促进一二三产业融合发展的机制、方法和保障条件。

二、利用方式

(一) 本品种利用

目前，中国马驴驼产业处于初级发展阶段，马驴驼遗传资源利用模式以本品种利用为主。

(二) 杂交利用

过去，马驴在杂交利用上，利用最多的是与马杂交产生骡。骡体质结实，生命力强，富有持久力，对不同气候区域或是高海拔地区都有很强的适应能力。与马相比，骡的饲料转化率高，食量比马少 20%~25%；骡神经类型比较均衡，对饲料和管理条件要求不高，耐粗饲，消化能力比马高 15%~20%，且不易得消化道疾病。骡挽力、耐热性、耐劳苦和抗病力均强于马，在耐力、寿命、利用年限和抗病力等性能上也强于驴。利用各品种之间的品种优势，将不同品种进行杂交，杂交后代往往具有生命力强、生长发育快、饲料利用率高、耐粗饲等多方面的优点。随着机械化和技术的发展，骡的使用逐渐减少。然而，在一些农村地区和特定场合，骡仍然发挥着重要作用，并以其耐力、适应性和可靠性受到农民和相关行业的青睐。

三、马驴驼遗传资源利用方向

中国马驴驼遗传资源丰富，不少品种以其特异的遗传特性著称于世。随着社会需求的变化，对品种资源提出了新的要求，为保证品种的适应性和可持续发展，应该加大对中国本土马驴驼的保护工作，组建中国马驴驼育种专家指导委员会，制定实施中国马驴驼遗传改良计划，促进专门化品系选育与产业化发展，培育中国现代马驴驼产业急需品种。重点发掘中国马地方品种持久力好、矮小俊美、善走对侧步等特性，加大蒙古马、百色马、德保矮马等地方品种资源开发利用，有针对性地开展专门化品系培育工作，以锡林郭勒马、三河马和山丹马等培育品种为基础群体，培育中国混血马。驴遗传资源开发利用的重点方向是在进一步提升生产效率的前提下，发挥地方资源肉质、产皮、产奶、抗逆等方面的优势，创新育种技术，聚合生产效率、肉质风味、产皮性能、产奶性能、繁殖性能的优势基因，降低制种和生产成本，提升良种覆盖率，促进产业的持续健康发展。骆驼资源开发重点聚焦乳用性能提升和产品的精细加工。

分报告五

中国家兔遗传资源状况

闽西南黑兔

莱芜黑兔

九嶷山兔

四川白兔

福建黄兔

第一章

中国拥有丰富多样的家兔遗传资源

中国是最早驯养家兔的国家之一，拥有悠久的家兔养殖历史，对家兔的驯养远早于欧洲。根据第三次普查数据显示，中国现有家兔遗传资源 34 个，包括地方品种、培育品种（配套系）、引入品种（配套系），经济类型主要有肉用兔、毛用兔和皮用兔，占全球登记兔品种的 9.3%，是当今世界家兔遗传资源最丰富多样的国家之一。我国家兔地方品种大多分布在长江以南多山的省份，且特征特性鲜明，地方品种数量占亚洲地区总量的 50%。

第一节　中国是最早驯养家兔的国家之一

现代家兔是由一部分古代的野生穴兔，经人类长期驯养与选择逐渐演变而成。从 20 世纪 80 年代起，国内外学者从考古学、古生物学、化石、兔的头颅结构、生化指标、线粒体 DNA（mtDNA）、核基因等方面进行研究。结果表明，家兔起源于穴兔属（*Rabbits*）的野兔，而不是旷兔属（*Hares*）的野兔。

对于中国家兔的起源，至今尚无一致定论，主要存在两种观点：一种观点为“欧源说”，即所有的家兔品种均起源于欧洲野生穴兔，中国自古不产穴兔，所产的野兔全是旷兔类；另一种观点为“亚源说”或“本土说”，认为家兔很可能有多个起源中心，中国是世界上最早养兔的地区之一，不能排除中国家兔是由古代生活在中国、现今已经灭绝的野生穴兔传下来的可能性。

不管中国家兔起源于欧洲野生穴兔，还是本土野生穴兔，中国都是最早驯养家兔的国家之一。欧洲驯养穴兔始于 6 世纪至 10 世纪，最早在法国的修道院中进行。第一次报道穴兔在家养条件下繁殖成功的记载是 16 世纪，而在中国悠久的猎兔及养兔历史记载中（图 5-1-1），中国古代劳动人民对兔的驯化经历了更为漫长的历史阶段——从原始社会对野兔的捕猎，到秦汉时期宫廷园林式散养，再到隋唐时期掌握养兔技术并广泛流传至民间。北魏时期著名文学作品《木兰辞》中就有生动描述雄兔和雌兔不同生活行为的文字：“雄兔脚扑朔，雌兔眼迷离，双兔傍地走，安能辨我是雄雌。”可见，中国对兔的驯化远比欧洲国家要早。

图 5-1-1 最早的骨刻文“兔”字

注：该文物于 2004 年出土于山东昌乐县袁家庄山。经鉴定，其为距今 4 500~4 000 年前东龙山文化时期留下的骨刻文，是中国最早期的图画象形文字。其中，第 42 号骨片发现了“兔”字，是我国最早对兔的文字记录证据。

第二节 中国家兔遗传资源丰富多样

一、中国家兔遗传资源类型众多

经过 2 000 多年的发展，中国已成为当今世界上拥有家兔遗传资源十分丰富的国家。家兔品种涵盖了所有经济类型，主要包括肉用品种、毛用品种、皮用品种，以及实验用兔和观赏用兔。

根据第三次普查结果，加上新近通过国家畜禽遗传资源委员会审定的新品种（配套系），截至 2023 年底，中国共有家兔遗传资源 34 个（表 5-1-1、表 5-1-2），包括地方品种 8 个（占 23.5%）、培育品种（配套系）15 个（占 44.1%）、引入品种（配套系）11 个（占 32.4%）。其中，肉用品种 26 个（占 76.4%），毛用品种 4 个（占 11.8%），皮用品种 4 个（占 11.8%）。我国家兔生产中，实际饲养和用到的实验用兔主要有新西兰白兔、日本大耳白兔等兼用品种，没有专门化品种；观赏用兔主要来自国外，品种类型繁多，以小型、侏儒型为主，但尚未有经我国正式认定的专门化品种。

表 5-1-1 中国家兔遗传资源品种概况

类型	品种名称
地方品种	福建黄兔、闽西南黑兔、万载兔、九疑山兔、四川白兔、云南花兔、福建白兔、莱芜黑兔
培育品种	浙系长毛兔、皖系长毛兔、苏系长毛兔、西平长毛兔、吉戎兔、塞北兔、豫丰黄兔、川白獭兔、皖南黄兔、甬青獭兔、天府黑兔
培育配套系	康大 1 号肉兔、康大 2 号肉兔、康大 3 号肉兔、蜀兴 1 号肉兔
引入品种	青紫蓝兔、比利时兔、新西兰白兔、加利福尼亚兔、力克斯兔、德国花巨兔、日本大耳白兔
引入配套系	伊拉肉兔、伊普吕肉兔、齐卡肉兔、伊高乐肉兔

表 5-1-2　中国家兔遗传资源品种经济类型概况　　个

经济类型	地方品种	培育品种（配套系）	引入品种（配套系）	合计
肉用品种	福建黄兔 闽西南黑兔 万载兔 九疑山兔 四川白兔 云南花兔 福建白兔 莱芜黑兔	塞北兔 豫丰黄兔 皖南黄兔 天府黑兔 康大 1 号肉兔 康大 2 号肉兔 康大 3 号肉兔 蜀兴 1 号肉兔	青紫蓝兔 比利时兔 新西兰白兔 加利福尼亚兔 日本大耳白兔 德国花巨兔 伊拉肉兔 齐卡肉兔 伊普吕肉兔 伊高乐肉兔	26
毛用品种	—	浙系长毛兔 皖系长毛兔 苏系长毛兔 西平长毛兔	—	4
皮用品种	—	吉戎兔 川白獭兔 甬青獭兔	力克斯兔	4
合计	8	15	11	34

二、中国家兔遗传资源分布广泛

根据第三次普查结果，中国地方家兔遗传资源分布及群体数量见表 5-1-3。除四川白兔和云南花兔在原产省份分布不是最多之外，其他 6 个地方家兔遗传资源主要分布在原产省份，少量分布在其他省份，万载兔和莱芜黑兔全部分布在原产省份。

表 5-1-3　中国地方家兔遗传资源分布及群体数量　　只

品种	原产省份	现分布省（区、市）	群体数量	种公兔	种母兔
福建黄兔	福建	福建、江苏、山东	65 452	1 990	11 561
闽西南黑兔	福建	福建、北京	125 011	5 947	28 723
万载兔	江西	江西	225 108	21 262	53 724
九疑山兔	湖南	湖南、湖北、陕西、甘肃、新疆	8 620	695	2 683
四川白兔	四川	四川、贵州、湖北、北京、吉林、陕西、甘肃、新疆	37 453	427	1 915
云南花兔	云南	云南、贵州、北京	1 885	185	559
福建白兔	福建	福建、北京、贵州	102 831	2 288	16 298
莱芜黑兔	山东	山东	10 260	381	1 179

家兔培育品种及配套系主要分布在品种和配套系培育单位所在的省份，其他省份也有一些分布；引入品种除新西兰白兔在中国的 14 个省份有分布外，其他引入品种在少数省份有分布；引入的配套系主要分布在肉兔主产省份。

家兔地方品种资源大多分布在长江以南多山的省份，大部分引入品种分布在华东经济比较发达的地区，青藏高原、西北地区的家兔遗传资源相对贫乏。

根据第三次普查结果（表 5–1–4、表 5–1–5），中国家兔不同品种类型的群体数量为 1 058 612 只，地方品种的群体数量占总群体数量的 54.47%，地方品种的群体数量较多的是万载兔、闽西南黑兔、福建白兔和福建黄兔。家兔培育品种及配套系群体数量占总群体数量的 15.38%。

表 5–1–4　家兔不同品种类型数量及群体数量

品种类型	品种数量 / 个	群体数量 / 只	品种类型	品种数量 / 个	群体数量 / 只
地方品种	8	576 620	引入品种	7	226 703
培育品种	11	144469	引入配套系	4	92 494
培育配套系	4	18 326	合计	34	1 058 612

表 5–1–5　家兔不同经济类型品种数量及群体数量

经济类型	品种类型	品种数量 / 个	群体数量 / 只
肉用	地方品种	8	576 620
	培育品种	4	20 899
	培育配套系	4	18 326
	引入品种	6	210 488
	引入配套系	4	92 494
毛用	培育品种	4	70 544
皮用	培育品种	3	53 026
	引入品种	1	16 215
合计		34	1 058 612

根据第三次普查结果，在中国的 26 个省（区、市）和新疆生产建设兵团（以下简称“新疆兵团”）均有家兔的饲养（图 5–1–2），家兔种群数量最多的省份分别是福建、江西、山东、江苏和浙江，分别占中国家兔种群数量的 27.67%、21.26%、7.56%、7.39% 和 7.19%。

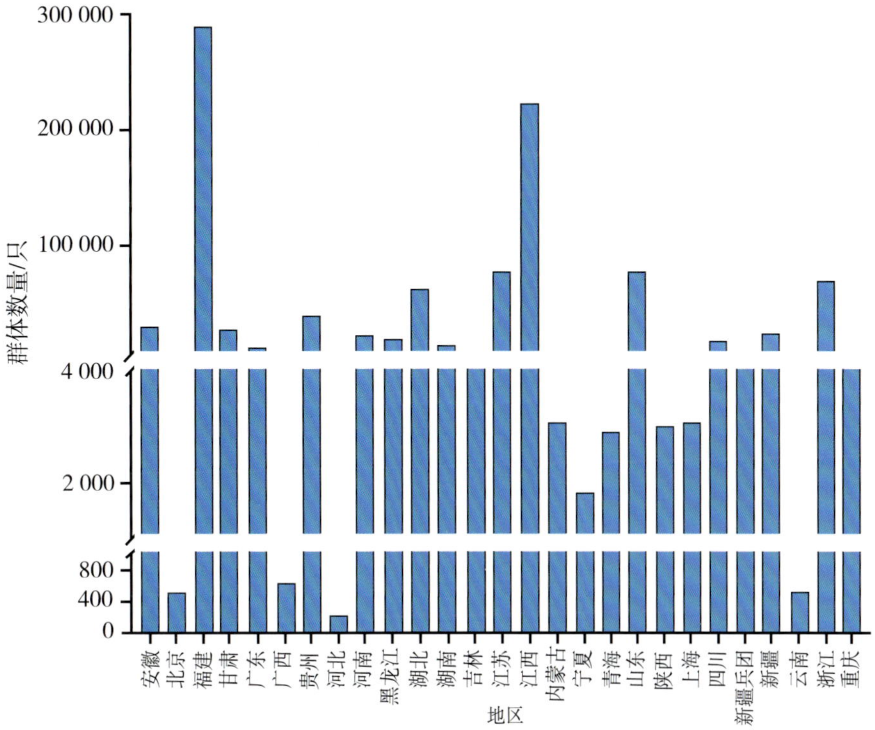

图 5-1-2　各省（区、市）家兔饲养数量

第三节　中国家兔遗传资源特征特性鲜明

中国地方家兔遗传资源在亚洲乃至世界家兔遗传资源中都占有重要地位，具有鲜明的特征特性，尤其是繁殖力强、抗逆性好、肉品质优良、毛色丰富等遗传特性。中国培育的长毛兔品种产毛量最高，位居世界第一；培育的川白獭兔被毛浓密，皮张面积最大，位居世界第一。

一、体型外貌各异

中国家兔地方品种多为小型肉用品种，体型偏小，躯体结构紧凑，被毛为标准毛型，头清秀，嘴较小，两耳直立。地方品种的毛色类型比较丰富，有黄色、白色、黑色、灰色、黑白花色、褐白花色、胡麻色等。眼球颜色因被毛颜色不同而不同，一般白兔眼球为红色，黑兔为蓝色或暗蓝色，黄兔为棕褐色，灰兔为黑色等。就耳型而言，相对于大多数家兔的双耳直立，中国培育的塞北兔则一耳直立、一耳下垂；与引入品种力克斯兔相比，中国培育的川白獭兔颈部、腹部、臀部等部位有许多皱襞。

二、繁殖性能突出

与引入品种比较，中国家兔地方品种繁殖力更强，主要表现在性成熟早、受胎率高、夏季不育现象不明显、耐血配、母性好。据黄邓萍、唐良美等观察测定，四川白兔公兔生殖器官的生长速度在 120 日龄达到高峰，在附睾中成熟精子达 60% 以上，交配能使母兔正常受孕；母兔生殖器官生长速度在105日龄达到高峰，110~120日龄的卵巢形态与卵泡发育状况与成年母兔基本一致，并有排卵点出现，120日龄母兔可正常繁殖。在相同环境条件下，中国家兔地方品种的性成熟期一般比引入品种早30~40天。家兔地方品种的发情期受配率和受孕率（自然交配）分别达95%和85%以上，比引入品种高10%~20%，尤其是血窝配种，地方品种母兔受胎率可达80%以上，引入品种仅40%左右。家兔引入品种尤其是大型品种在盛夏之后会出现“夏季不育”现象，一般要经过60天左右才能恢复正常的繁殖能力，而地方品种则无明显的繁殖季节性。

三、肉品质优异

中国家兔地方品种体型小、生长速度较慢。根据第三次普查结果，江西万载兔12周龄平均体重近2 kg，35日龄断奶后至12周龄平均日增重25 g，明显低于引入品种和培育品种。万载兔12周龄全净膛屠宰率48%左右，半净膛屠宰率52%左右。

中国家兔地方品种的生长速度虽然低于引入品种和培育品种，但地方品种的肉质优良，与大多数引入品种的兔肉相比，部分营养指标及鲜肉的风味口感更符合人们的消费需要。据福建、四川等地有关兔肉品质的初步研究，在相同饲养条件和屠宰日龄的情况下，地方品种的鲜肉蛋白质含量为21%~23%，比外来品种高1%~2%。从衡量兔肉的风味和口感相关的粗脂肪含量和肌纤维直径指标来看，地方品种与引入品种也存在一定差异：福建黄兔和闽西南黑兔的粗脂肪含量分别为1.76%和2.82%，比外来品种高1%~2%；四川白兔的肌纤维直径为（53.62 ± 8.54）μm，除与加利福尼亚兔相近外，明显小于其他引入品种，地方品种兔肉更鲜美、细嫩。另据农业农村部肉及肉制品质量监督检验测试中心（南昌）检测，闽西南黑兔鲜肉中富含铁、锌、硒等有益的矿物微量元素，其100 g兔肉中胆固醇含量仅为13.8 mg（引入品种一般为46~83 mg），烟酸含量高达25 mg，比其他品种高2倍多。

此外，药食同源是中国一些地方品种利用的另一大特色。福建沿海居民历来有在农忙劳动繁重或体弱需要补养时，以福建黄兔滋补身体的习惯。原产地消费者认为，福建黄兔的兔肉具有药用功效，尤其对胃病有辅助治疗作用，常被用作中药治胃病的药引子，故福建黄兔素有“药膳兔”之称。

四、产毛性能卓越

以产毛为主的长毛兔（又称安哥拉兔），毛长在5 cm以上，被毛密度大，产毛量高，毛品质好，毛纤维生长速度快，70天毛长可达5 cm以上，每年可采毛4~5次。中国自20世纪70年代末起，引入国外长毛兔品种并对其进行本土化、适应性改造，改善了中国家兔的毛用性能。中国自主培育的浙系长毛兔、苏系长毛兔、皖系长毛兔和西平长毛兔等品种，已取代了引入的德系安哥拉兔、法系安哥拉兔等品种，其中浙系长毛兔产毛量位居世界第一。2000年全国家兔育种委员会组织的“千禧年千只兔测定”中，浙系长毛兔创造了千只长毛兔群体产毛量世界纪录，得到了亲临现场的世界家兔科学协会主席布莱斯柯和秘书长雷巴斯的肯定及高度评价。

五、皮张质量优秀

中国自主培育的皮用兔品种有3个，即吉戎兔、川白獭兔和甬青獭兔，以产裘皮为主，被毛具有短、细、密、平、美、牢的特点，粗毛含量少，毛长1.6~2.2 cm，被毛平整、光泽鲜艳，皮肤组织紧密。其中，川白獭兔被毛浓密、粗毛含量少，颈部、腹部和臀部等部位有许多皱襞，皮张质优且大，皮张面积位居世界第一。

六、耐粗饲、适应性与抗逆性强

家兔为节粮型草食动物，中国家兔地方品种更耐粗饲，对粗饲料的利用率高，抗逆性好。在能量、蛋白质不平衡的饥饿日粮条件下，对四川白兔、哈尔滨大白兔、比利时兔的形体状态、体重及血液生理指标等变化进行观测：前 20 天，3 个品种的形体状态均正常；但从 25 天开始，个别比利时兔、哈尔滨大白兔出现精神不振状况，皮毛失去光泽；31 天后，先后有 2 只比利时兔和 1 只哈尔滨大白兔出现后肢瘫痪状况；40 天试验结束时，四川白兔除被毛凌乱外，精神状态仍然较好。试验全期，四川白兔日均增重 5 g，哈尔滨大白兔日均增重 2 g，而比利时兔在后期出现了负增重。

中国家兔地方品种的抗病力较强。研究发现，闽西南黑兔的免疫球蛋白 IgG、IgM、IgA 含量分别为 2 031.22 mg/L、96.78 mg/L、10.94 mg/L，补体 C3、C4 含量分别为 55.15 mg/L、17.89 mg/L，淋巴细胞刺激指数为 1.50，中性粒细胞吞噬率为 58.39%，中性粒细胞吞噬指数为 2.22，这些数据为闽西南黑兔一般抗病力的选择以及非特异性抗病育种提供了依据。

另据调查反映，同一兔场内饲养的地方品种家兔（尤其是有色兔种）的呼吸系统疾病、脚皮炎等感染发病率，明显比引入品种或用引入品种杂交培育的肉用兔、皮用兔品种要低。

第二章

中国家兔遗传资源的重要作用与价值

中国幅员辽阔，多样化的地理、生态、气候等自然条件以及长期的选育，形成了丰富多样的家兔遗传资源。家兔遗传资源及其产业在保障畜产品多元化供给、促进劳动力就业、增加农民收入和消除贫困的同时，也塑造了特色鲜明的兔文化并丰富了广大人民的精神生活。加强对家兔遗传资源的客观认识、全面有效保护和科学高效利用，可以更好地满足人民日益增长的美好生活需要，实现家兔遗传资源优势向经济优势转化，促进家兔产业的高质量发展，反过来家兔产业的良好发展也更有利于其遗传资源的持续有效保护。

第一节　家兔遗传资源是兔产业发展的核心资源

多样化的家兔遗传资源是生物多样性的重要组成部分，是兔产业发展的基础。正是由于丰富多样的家兔遗传资源，中国才拥有了肉用兔、毛用兔、皮用兔、观赏用兔和实验用兔等多样化的经济类型，为食品业和服装业等提供了丰富多样的产品。家兔遗传资源对中国兔产业经济发展而言是不可或缺的资源。

一、推动中国乃至全球兔业发展

家兔遗传资源是中国家兔种业振兴的重要组成部分，是兔产业发展的种源基础。种业是中国农业科技的核心，遗传资源则是种业的核心，对推进种业振兴、建设种业强国具有根本性的作用。

由于中国兔产业在全球中占有重要地位，因此中国家兔遗传资源在很大程度上也决定着全球兔产业的发展。目前，中国兔肉产量占了全球半壁江山，家兔存栏量占全球的六成，兔毛和獭兔皮产量更占到九成以上。中国兔产业在全球兔产业发展中举足轻重。近年来，中国培育了优良的毛兔和獭兔品种，包括浙系长毛兔、皖系长毛兔、川白獭兔和甬青獭兔等，但是肉兔品种的培育相对缓慢。快速发展的规模化肉兔养殖对种兔需求（种质资源）依然在较大程度上依赖于从欧洲引进。兔产业龙头企业积极引进国外优质种兔资源，如伊拉肉兔、伊普吕肉兔和伊高乐肉兔等配套系，推动了中国肉兔产业发展，乃至全球肉兔产业的发展。中国的优良种兔也走出了国门，在推动中国和朝鲜双边经贸关系方面发挥了重要作用。多年来，山东某兔业发展公司向朝鲜提供种兔和技术，帮助朝鲜发展兔业，这也是近年来朝鲜家兔养殖快速发展的重要原因之一。

中国丰富的地方家兔遗传资源虽然未能在国内大范围推广，但却促进了多样化的地方家兔品种发展。据第三次普查结果，中国现有家兔品种 34 个，占全球登记的兔品种（364 个）的 9.3%。从亚洲地区来看，中国家兔地方品种占 50%。这些家兔地方品种，推动了当地经济发展、改善了当地人民的生活，支撑了中国兔产业的多样化发展。例如，福建黄兔除了提供兔肉食品，还带动当地老年人和女性劳动力等群体就业，在消除贫困和增加农民收入方面发挥了重要作用。在福建一些地方传统中，在人体生病虚弱和妇女怀孕等情况下，兔肉还是一种重要的补品，具有药食同源的功效。

二、促进食品和餐饮业多样化发展

健康、营养、多元化的食物需求成为现代社会的主流。兔肉由于具有“高蛋白质、高赖氨酸、高卵磷脂、高消化率”等突出的营养价值，日益受到消费者的青睐。兔肉消费快速兴起，双流老妈兔头、兔肉火锅、手撕兔及全兔宴在以前所未有的速度扩张，四川、河南和山东的一些企业正在布局国内大市场。

中国优良的肉兔遗传资源促进了肉兔产业标准化生产，在支撑食品工业和餐饮业发展方面发挥了重要作用。改革开放早期，肉兔产业主要以地方品种为主，养殖标准化程度低，规模化加工企业少，市场范围小，对适应中国标准化养殖的肉兔品种需求不大。随着改革的深入、国内大市场的形成和完善，对标准化高效养殖的肉兔优良品种提出了更高要求，很多育种企业兴起，很好地弥补了肉兔地方品种的不足。我国自主培育的康大 1 号肉兔、康大 2 号肉兔、康大 3 号肉兔、蜀兴 1 号肉兔等配套系，以及引入的伊拉肉兔、伊普吕肉兔等优良品种，较大程度上提高了肉兔产仔数量，每只母兔的年出栏商品兔都达到了 50 只以上。丰富的肉兔遗传资源，也支撑了育种学家的相关研究，通过分子育种等手段，提高兔肉的肌内脂肪含量，不断改良兔肉品质和风味。2023 年四川农业大学团队培育出天府黑兔，这是中国首个具有自主知识产权的黑色肉兔新品种。天府黑兔肉质优，肌肉结实、无膻味，蛋白质、鲜味氨基酸和肌内脂肪含量高。同时，兔只生长速度快，10 周龄出栏体重达到 2.2 kg 以上。

三、保障裘皮和毛纺等轻工业稳步发展

獭兔皮由于成本低、价格低、被毛颜色多样化，深受皮草行业的欢迎。兔毛也由于其中空、轻滑、透气等特点，深受消费者青睐。但是过去近十年时间，受全球变暖、消费时尚变化等的影响，皮草行业持续疲软，獭兔养殖受到较大冲击，传统獭兔品种的养殖受到制约。但中国拥有丰富的家兔遗传资源，这为獭兔品种多样化选育提供了重要基础。为了顺应獭兔皮产品的市场需求，浙江宁波某兔业有限公司联合多家科研机构培育出中国第一个彩色獭兔新品种——甬青獭兔，很好地满足了消费者的偏好。

长期以来，在毛纺行业，绒毛产品受到消费者的广泛好评，兔毛产品也是如此。但是由于以往兔毛主要是作为辅料与其他面料混合使用，尤其是粗毛因其毛长且粗，不容易掉毛，所以其市场需求量高于绒毛。为此，在中国丰富的家兔遗传资源支撑下，广大育种科学家育成了粗毛型长毛兔——如皖系长毛兔、苏系长毛兔。近年来，随着兔毛纺织技术的革新和不断进步，兔毛产品易掉毛的问题已经

得到了解决，实现了100%兔毛的精纺以及兔毛与其他纺织纤维的优质混纺，更好地促进了中国兔毛市场和毛兔产业的发展。

需要特别强调的是，受国内外经济环境的影响，獭兔和毛兔产业徘徊不前了多年，市场在不断调整，产业也在不断转型升级，獭兔和毛兔遗传资源为家兔育种方向的调整提供了重要基础，也使许多新的能够更好适应市场需求的品种培育成为可能。

第二节　家兔遗传资源是改善社会民生的重要部分

家兔遗传资源的多样性不仅保障了优质的特色肉、皮、毛等产品供给，也丰富了百姓休闲娱乐生活，解决了妇女和老年人等弱势群体就业，肩负着助力脱贫致富、乡村振兴的责任。

一、满足人民日益增长的美好生活需要

家兔凭借其丰富的遗传资源，孕育了多样的家兔品种。肉兔为人们提供了健康美味的兔肉，獭兔和毛兔提供了色彩斑斓、丰富多彩的服装服饰，兔皮、兔毛等也被开发出大量的文创产品，包括被褥等床上用品、皮毛抱枕、玩具、手偶、毛绒娃娃、钥匙链等，造福了广大养殖户。

在山东蒙阴县等地，兔毛加工企业用兔毛加工被子，轻薄透气、保暖效果好、使用舒适。有些地方企业结合当地资源不断开发旅游文创产品，既很好地利用了兔皮和兔毛等产品，又很好地宣传了当地的旅游文化等。四川草原科学研究院联合兔皮加工企业开发了兔皮熊猫摆件，还被作为礼品赠送给国外领导人。

在种类多样的家兔品种中，宠物兔发展不断加速。家兔是较早作为观赏和伴侣动物在家中饲养的宠物之一，这主要源于小白兔的可爱以及其遗传资源禀赋——性情温和、机智灵活。“小白兔”几乎是很多小朋友最早听到的动物，一首“小白兔、白又白”的儿歌，锁住了很多人对童年的美好回忆。

宠物兔也在逐步走进老年人的生活，成为越来越多老年人家里的宠物，给大家带来了很多精神享受。目前，人们除了对物质生活的追求之外，还更加注重精神生活的追求，丰富的家兔遗传资源为满足人们多样化的需求提供了保障。

二、助力脱贫致富，有益于农村就业

家兔养殖，由于投资少、见效快、易创办、易管理，已成为很多贫困地区脱贫的支柱产业。例如，贵州普安县引入浙系长毛兔品种，显著促进了全县贫困人口通过长毛兔养殖实现脱贫。新疆和田市通过引入肉兔养殖，有效带动了当地肉兔产业发展，实现了脱贫致富。中国拥有丰富的家兔地方品种，保证了家兔养殖可以多地开花，很多中小养殖户不断发展；中国也有现代商业化培育的新品种，推动着家兔规模化和标准化生产，一些大型养殖场不断涌现，家兔产业呈现大、中、小规模养殖场共同发展，有力促进了近年来家兔产业的蓬勃发展。

由于家兔养殖灵活易行，很多妇女、儿童和老人，包括一些残疾人都可饲养，家兔养殖较为有益于这些弱势群体，这也是在很多曾经的贫困山区家兔养殖一直不衰的原因。小散户养殖家兔，既可以充分利用其闲暇时间，又可以充分利用其农业生产中的饲草和农作物副产品，同时养殖的家兔既可以

屠宰吃肉，又可以销售增加家庭收入。家兔养殖在实现消除贫困方面发挥了重要作用，在安排就业方面体现了较强包容性。

目前，在龙头企业的带动下，小散户的养殖逐步减少，家兔养殖的规模化和标准化程度不断提高，家兔育种正在从主要以提高生产效率为目标，向提高种兔的产品质量转变，实现生产效率和产品质量并重。

三、服务生物科学和医学发展

家兔是最早被用作实验用途的动物之一。与其他动物不同，家兔的经济类型中专门独立出了实验兔，用于生物科学实验。家兔作为非啮齿类动物，它的体型介于小鼠和猪等动物之间，便于实验操作。在饲养管理方面，相对于猪、犬等动物模型来说，家兔性情温顺、饲养成本更低，并且家兔的寿命比啮齿类动物更长。因此，家兔是开展遗传学、生理学、药理学、生物技术、基因编辑等研究的重要实验动物。

家兔在一些人类疾病的研究中具有独特的优势，种属遗传关系、免疫系统生理结构等相关基因也比啮齿动物更接近人类，在艾滋病、红斑狼疮等免疫相关疾病方面扮演着重要作用。在生理和组织结构方面，家兔也与人类具有极强的相似性，例如，成年家兔的腹主动脉和胸主动脉与成人冠状动脉相当。此外，家兔在脂代谢情况、低密度脂蛋白含量、眼部结构、性成熟后的骺板闭合等特征都与人类高度相似，使得家兔成为心血管疾病、高血脂、眼部疾病、骨质疏松等疾病研究的重要实验对象。以上特征使得实验兔成为生物技术研究中最常用的动物之一，现被广泛应用于胚胎学、免疫学、心血管研究。随着以 CRISPR/Cas9 为代表的多种 CRISPR 系统的开发和不断改进，基因编辑技术逐渐完善，极大地推进了基因修饰兔模型的发展，其种类逐渐增多，目前基于 CRISPR/Cas9 开发出的基因修饰兔模型已在多种疾病领域展开应用。

第三节　家兔遗传资源是厚植传统文化的重要源泉

兔和中国很多优秀的传统文化密切相关。最早，兔以食物的形式进入人们的生活中，而后兔文化在传承和演变中愈加丰富多彩，从饮食日用，到精神观念，再到民间习俗，无不烙下深深印记。兔作为六兽之一，是古代最常见的猎物，之后逐渐演变成“瑞兔”“玉兔”等神话形象，再到“兔儿爷”“兔神”各种民间习俗，成为中国传统文化中极具魅力且不可或缺的一部分。

一、饮食文化的生动见证

兔肉入馔，可追溯到文字记载之先，是人类食物最初选择的重要对象之一。在北京周口店发掘的“新洞”、辽宁鸽子洞遗址、西安半坡仰韶文化遗址以及齐齐哈尔昂昂溪遗址中，均出土了大量兔骨化石。这些均证明，野兔是原始人类的一种相当重要的狩猎食物。在中国 5 000 年的文明发展史中，广大人民基于丰富的兔遗传资源不断选育出多样的家兔品种，优质的兔肉成为人们饭桌上的美味佳肴。

西周时人们开始大量饲养兔子。《周礼・天官》中记载，“贵为天子者，享有‘九鼎’，鼎中所盛食物，除五谷外，还有六畜、六兽，六兽中包括麋、鹿、熊、麝、野豕、兔”。君王们开始食用“兔醢”，即兔肉剁碎后加入调料发酵成熟之后的肉酱。其后，兔肉的烹饪文化更加丰富。《礼记·内则》有“兔羹”“兔醢”等记载。《诗经·小雅·瓠叶》有大量关于烤兔的描述，“有兔斯首，炮之燔之……有兔斯首，燔之炙之”。明朝时，李时珍彻底颠覆了大众对兔肴的刻板印象，将兔引进药中，《本草纲目》记载，“今俗以兔肉饲小儿，云今出痘稀，盖亦因其性寒而解热耳”。在其他很多文献中对兔肉的保健药用价值也有记载，被誉为“药膳兔”“保健兔”。丰富的兔遗传资源孕育了多样化的家兔品种，很好地满足了不同做法、不同口味的兔肉美食烹饪需求。

现代社会中，人们继承经典，推陈出新。老妈兔头、冷吃兔、手撕烤兔、跳水兔、武陵烤兔、开封五香风干兔肉等产品广为人知。“飞禽莫如鸪，走兽莫如兔”，兔肉堪称中国肉类美食文化的精华，是人们美食文化中不可或缺的佳肴。

二、民俗文化在大地扎根

兔集祥瑞、仁善、长生、繁衍生育等多种象征意义于一身，深受人们喜爱，并形成了丰富的民俗文化，遍布人们衣、食、住、行的方方面面。

唐代有“过灯”仪式，人们用彩纸扎成兔形状的灯，点亮后，在村庄、祠堂巡游，兔灯至则意味着吉祥至、好运来。如今，人们用兔灯迎接新年，寓意生活红红火火。此外，清明悬兔寒燕，寓意消食祛病；端午绣制兔香包，希望驱毒避邪；中秋摆供兔儿，祈佑吉祥美满；除夕窗花贴盘兔，寓意子孙满堂。

因象征多子多福，兔状饰品在婚庆中被大量使用。山西婚庆窗花有“玉兔闹白菜”的纹样，玉兔喻“子”，白菜谐音“百”，寓意“百子”。剪纸中的蛇盘兔、鹰抓兔等形象暗喻男女之间阴阳结合，并祈盼女性能多子多孙。苗族群众多选择在兔年建房屋、结婚，以求生活兴旺、多子多福。

此外，刺绣、银饰及儿童衣物上也常用兔纹样装饰。在民间，女子常缝制以兔为形的衣饰物品，如兔儿枕、兔儿鞋、兔形香包、兔形布玩具、兔形挂饰等，一针一线中寄托了对生命的呵护与期许。兔鞋前端似兔头，绣鼻唇、红眼睛，鞋口两侧缀附兔耳造型，口沿后端则缀绣带以象征兔尾。在中国民间有中秋节给娃娃穿兔鞋的习俗，希望小孩如小兔般腿脚利落、行动灵活、身体健康。

北京、天津等地在明清时期兴起拜祭“兔儿爷”的习俗。“兔儿爷”的原型为神话中与嫦娥同在月宫的玉兔。传说中嫦娥曾派玉兔去人间为百姓消灾治病，消除瘟疫，于是人们用泥塑造了玉兔的形象，兔首人身，披甲胄，插护背旗，脸贴金泥，身施彩绘，或坐或立，或捣杵或骑兽，竖着两只大耳朵，憨态可掬。每逢中秋，家家户户用瓜果菜豆供奉玉兔，感谢它给人间带来的吉祥和平安，还亲切地称它为“兔儿爷”“兔奶奶”，形成了“兔儿爷”的祭祀传统。

三、精神文化的代代相传

在中国传统文化中，作为十二生肖之一，“兔”是一个极具美誉的字眼，承载着深厚的文化内涵和多重吉祥寓意，象征着祥瑞、长寿和生育等美好愿景，深受人们喜爱和尊敬。多样化的兔遗传资源，为中国传统文化增添了独特的魅力。

吉祥和瑞 兔，俗称瑞兔。在中国古代，因当时白兔珍稀罕见，古人视其为祥瑞之物。古书《瑞应图》中曾记载“赤兔大瑞，白兔中瑞”，并且白兔的现身被视为上天对君王德行的赞许，即“王者德盛则赤兔现，王者敬耋则白兔现”（《宋史》）。

健康长寿 东晋葛洪《抱朴子·内篇·对俗》中记载“虎及鹿兔，皆寿千岁，寿满五百岁者，其毛色白。能寿五百岁者，则能变化”。道教把兔视为能制作长生不老药的仙兔。后有汉乐府《董逃行》记载“采取神药若木端，玉兔长跪捣药虾蟆丸。奉上陛下一玉柈，服此药可得神仙”。

多子多福 母兔拥有双子宫，一年能产多胎，具有极强的繁殖能力，因此成为生命繁衍的象征和人们祈求生育的神灵。东汉班固在《尔雅·释兽》中记载“兔子曰娩”，意为兔之子称为娩，后来女性分娩的“娩”字即用此意。苏辙《中秋夜八绝》则写道“暗添珠百倍，潜感兔多生”，反映出兔在中国传统文化中寓意着姻缘美满、多子多福、人丁兴旺。

机智仁善 兔因外形可爱、性情温顺善良、机智敏捷而受到人们的喜爱。兔体态优美，或奔或跃，敏捷灵动，即使卧眠的姿态也惹人怜爱，可以说是美的化身。成语中的“动如脱兔”“惊猿脱兔”，以及汉字中的“逸”，均寓意着机智敏捷。由于兔食素，不予取予夺，性情温顺，也被类比为君子之仁善。

第四节 家兔遗传资源是农业生态系统的重要组成部分

兔的起源和发展经历了漫长的时间。在人类文明发展过程中，在人与自然的共生过程中，形成了包括家兔资源在内的丰富的畜禽遗传资源。作为生物链中的一个环节，家兔在生态系统调节、生物多样性和人与自然的和谐共生中发挥着重要作用。

一、家兔遗传资源是生物多样性的重要组成部分

生物多样性是生态系统健康发展的重要特征。在生态系统中，生物与生物、环境之间进行物质循环和能量交换，用来保持生态系统的平衡。生物的种类越多，食物链也会越长，生态系统也更加稳定。反之，生物种类越少，食物链越短，生态系统也更不稳定，当不稳定达到一定程度后，将导致整个系统失衡。

中国畜禽遗传资源共有 33 个物种、1018 个畜禽品种，其中，家兔有 34 个品种，是生物多样性的重要组成部分。国内从南到北、从东到西都有家兔饲养，有体型矮小的宠物兔，也有个体较大的肉兔，有性能优良的实验兔，也有野外生活的野兔，有白色、黑色、灰色和黄色等多种毛色，这些丰富多彩的不同种类的兔，为中国生物多样性增添了不少色彩。

联合国发起的《生物多样性公约》（以下简称《公约》）是一项保护地球生物资源的国际性公约，《公约》于 1993 年 12 月 29 日正式生效。中国作为《公约》成员，在生物多样性保护方面做出了重要贡献，其中家兔遗传资源对于家兔品种培育和兔产业发展发挥了重要作用，推动了生物多样性的健康发展。

二、家兔遗传资源是生态系统循环的重要一环

作为草食动物，家兔和牛、羊、马、驼等动物一样，其特点是能够将农业和食品工业副产品、人类不能食用的农作物秸秆等饲料资源转化为肉、奶、毛、皮等产品，减少或避免了这些农作物秸秆等因采用燃烧或填埋而对环境产生危害，促进了生态循环，起到了环境保护作用。

家兔在生态系统保护中发挥着重要作用。第一，家兔是重要的生态肥料产生者和草田养护者，通

过获取草场粗饲草，将其转化为高质量的有机肥料，有利于提高土壤肥力和农作物产量。第二，家兔的粪便含有大量的微生物和植物营养素，可以促进土壤微生物的繁殖生长，增加土壤的有机质含量和肥力，减少化学肥料的使用量，降低环境污染，减轻生态压力。第三，由于家兔具有极高的适应性，可以应对气候变化、环境污染和其他生态压力，能够为生态系统的保护和可持续利用提供重要的遗传素材和模型。另外，家兔作为生态系统中重要的食草动物，与其他植物和动物之间建立了丰富的食物链和生态关系，促进了生态系统的多样性发展。

生产实践中，各地出现了不同的种草养兔、循环养殖的模式。例如，山东蒙阴县农民将养兔和果树种植有机结合起来，兔粪作为果树的优质有机肥提高了水果品质，而当地的饲草资源又可作为家兔的重要饲料来源。

第三章

中国家兔遗传资源保护卓有成效

中国家兔遗传资源是中国兔产业长远发展和种质创新的基础和源泉，第三次普查实现了家兔遗传资源调查区域和主要指标全覆盖，摸清了中国家兔遗传资源的家底。我国持续开展家兔遗传资源的保护与评价工作，目前已建立了国家级兔保种场 2 个和省级保种场 8 个，制定了相关法律法规，为做好家兔遗传资源保护、打好种业翻身仗奠定了基础。

第一节　全面摸清了中国家兔遗传资源的家底

一、第一次调查

20 世纪 80 年代初，中国开展了第一次全国范围的畜禽遗传资源调查工作，当时特种畜禽（包括家兔等）也在调查之列。依托这次大规模的家兔遗传资源调查，记录了当时中国大部分家兔品种资源的特性、分布、生产性能等，并建立了家兔遗传资源“基础资料库”。

同期，各省级单位相继出版了《辽宁省家畜家禽品种志》《四川省家畜家禽品种志》《江苏省家畜家禽品种志》和《云南省家畜家禽品种志》等省级志书，收录了当地家兔资源情况。由于当时对中国地方品种的研究相对较少，习惯把地方家兔品种统称为中国白兔、小白兔或菜兔，未对各品种做详细划分。

二、第二次调查

2006 年，中国进行了第二次大规模畜禽遗传资源调查工作，并于 2012 年首次出版《中国畜禽遗传资源志·特种畜禽志》，填补了该领域志书的空白。随着调查结果和对品种认知的不断深入，我们对“中国白兔”品种进行了科学拆分，明确了 6 个地方品种，同时确认了 9 个培育品种和 9 个引入品种（表 5-3-1）。

表 5-3-1　第二次调查中确认的家兔遗传资源　个

类型	品种数量	品种名称
地方品种	6	福建黄兔、闽西南黑兔、万载兔、九疑山兔、四川白兔、云南花兔
培育品种	9	中系安哥拉兔、浙系长毛兔、皖系长毛兔、苏系长毛兔、西平长毛兔、吉戎兔、哈尔滨大白兔、塞北兔、豫丰黄兔
引入品种	9	德系安哥拉兔、法系安哥拉兔、青紫蓝兔、比利时兔、新西兰白兔、加利福尼亚兔、力克斯兔、德国花巨兔、日本大耳白兔

该志书系统论述了家兔的起源、演变，品种形成的历史，详细介绍了每个品种的产地分布、外貌特征、生产性能、保护利用状况及展望等，成为家兔产业发展、科学研究的第一份"对标"参考资料。

三、第三次普查

2021 年，中国开展了第三次普查，共普查家兔遗传资源 34 个，其中地方品种 8 个，培育品种（配套系）15 个，引入品种（配套系）11 个（图 5-3-1）。首次全面系统地摸清了中国家兔遗传资源的家底，明晰了每一个品种的数量、地理分布、生态环境、群体数量、特征特性等数据材料，掌握了家兔遗传资源的演变趋势和濒危状况。

与第二次调查相比，第三次普查新鉴定了 2 个地方资源（福建白兔、莱芜黑兔），调查范围更为广泛。新增了 8 个培育品种（配套系）(康大 1 号肉兔、康大 2 号肉兔、康大 3 号肉兔、川白獭兔、蜀兴 1 号肉兔、皖南黄兔、甬青獭兔和天府黑兔)，品种培育创新动能更加明显。增加了 4 个引入配套系（伊拉肉兔、伊普吕肉兔、齐卡肉兔、伊高乐肉兔），相关的管理要求更加明确。

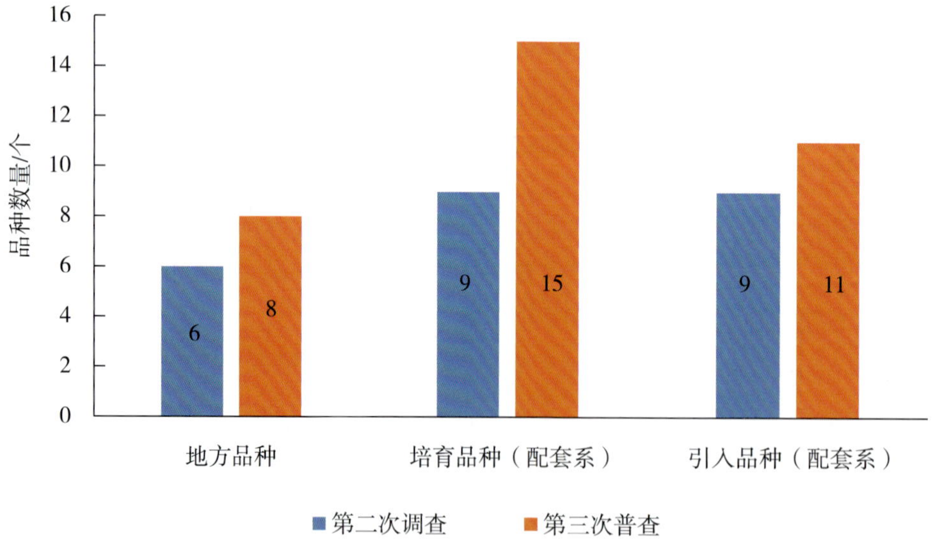

图 5-3-1　第二次调查和第三次普查的兔品种数量比较

四、中国家兔遗传资源监测的多方联动

2018 年起，我们依托"国家家养动物种质资源库"大数据平台（https://www.cdad-is.org.cn），数字化、系统地记录、统计和展示了中国家兔遗传资源核心数据库、共性描述数据库、个性描述数据库等，

与世界分享了中国家兔遗传资源保护与利用经验。

国家兔产业技术体系自 2008 年成立之初就建立了“全国家兔品种资源数据库”，持续收录并更新中国家兔品种资源资料，包括品种名称、简要历史、性能特点、培育鉴定年限、主要培育人或单位、利用现状与分布、分子标记等，进而动态监测中国家兔遗传资源状况，对其实施针对性的保护、开发和利用。

第三次普查专门建立了“畜禽遗传资源普查信息系统（https://zypc.nahs.org.cn）”，第一次全面系统地收集和测定了中国家兔遗传资源概况、成年兔体型外貌、成年兔体重体尺、产肉性能、产毛性能、兔毛品质、产皮性能和繁殖性能，以及该品种的影像资料，摸清了中国家兔遗传资源的家底。

第二节　系统明晰了中国家兔遗传资源的种质特性

第三次普查共测定了 34 个家兔遗传资源，获得了近 5 万条数字资料，掌握了大量的中国家兔遗传资源的一手资料，系统构建了中国家兔遗传资源的种质特色数据库。

一、家兔遗传资源鉴定“有的放矢”

根据第三次普查情况，进一步修订了家兔新品种、配套系审定和遗传资源鉴定技术条件，规范了家兔品种资源鉴定标准和方法。

（一）规范家兔品种资源鉴定标准

与此前的家兔品种资源鉴定标准相比，除了要求明确其资源群体来源清楚，分布区域相对连续，与所在地自然生态环境、社会文化及历史渊源有密切联系，以及相应的体形外貌、生产性能等以外，进一步明确了新资源所在省（区、市）种业管理部门的职责，同时要求确定新资源的保护主体，制定保种方案，保种方案要科学可行。

（二）精准家兔遗传资源保护效果评价方法

1. 表型鉴定——特征丰富多样

在第三次普查中，对中国家兔遗传资源进行了更为详细的表型评估。体型外貌中，被毛特征记录包括被毛及毛纤维颜色、长短、密稀等。其中，背部和腹部的颜色分为白色、黑色、黄色、褐色、青紫蓝色、麻色、灰色、黑白花色等，需区分耳部、尾部、脚底毛与主体被毛颜色是否相同，毛纤维颜色分为毛根、中段和毛尖的颜色。

头部特征，包括头的大小与形状。如大小适中、清秀、头中等大、公兔略显粗大等，形状有头圆、头较圆、三角形、纺锤形、尖嘴形、鼠头形、狮子头形、虎头形、椭圆形等，长毛兔还需观测脸部被毛情况。

耳部特征，包括耳的大小、方向、形状、厚薄，耳毛分布、长短等。方向分为双耳直立、双耳下垂、一耳直立一耳下垂。耳毛分布主要针对毛用兔，如耳背无长毛，仅耳尖有一撮长毛、耳背一半长毛、耳背全部长满长毛等。

此次普查，除了详细调查了家兔的体型外貌，还精准测定了其体尺和体重、生产性能、繁殖性能等一系列详细表型资料，结合该遗传资源形成史、分布区域、与所在地自然及生态环境、文化及历史渊源进行鉴定分类。

①按照品种类型情况，分为地方品种、培育品种（配套系）和引入品种（配套系）；

②按照经济类型，分为肉用型、毛用型、皮用型和兼用型，同时，衍生了其他经济类型，如实验用兔和观赏型兔等类型；

③按照被毛类型和长短，分为长毛兔、标准毛兔和短毛兔；

④按照体型大小，分为大型兔、中型兔和小型兔（宠物兔中还有微型兔）。

第三次普查中还发现了丰富多样的宠物兔资源，如黑白被毛、体型较小的荷兰兔，全身被毛纯白、眼睛部位带黑色眼线的海棠侏儒兔等。这些资源因独特的外貌、资源特征及市场价值得到了很好的保存和利用，观赏型宠物兔市场正在蓬勃发展。

2. 分子鉴定——遗传多样性保存良好

早期的遗传多样性检测手段包括同工酶电泳、随机扩增多态性 DNA、限制性片段长度多态性、扩增片段长度多态性等。随着生命科学技术的不断更新和发展，目前应用较为广泛的有微卫星、单核苷酸多态性（SNP）、全基因组等。有研究人员基于 45 个微卫星 SSR 标记，通过设立样本量和标记数的不同梯度，分析对家兔群体遗传参数的影响，建立了家兔种质资源遗传评价方法。利用该评价方法检测发现，不同世代间青紫蓝色獭兔遗传多样性保存较好。还有研究人员收集了四川白兔、福建黄兔、福建黑兔 3 个地方品种，结合 1 个培育品种（天府黑兔）共计 104 个无亲缘关系的个体，利用 RAD-seq 技术首先开发筛选了全基因组范围内的 SNP 分子标记，构建了高密度 SNP 多态性图谱，在此基础上评估了不同地方品种内的遗传多样性情况，并分析了品种间的遗传距离。分子遗传标记的迅速发展为家兔遗传资源多样性的评估注入了新的活力。

2022 年国家正式启动了家兔品种“分子身份证”构建工作，明确了中国家兔样品采集相关管理和技术要求，利用中国畜禽遗传资源大数据管理系统收集了 13 个品种（8 个地方品种和 5 个引入品种）的样品数据资料。目前，共采集了耳组织样品近 800 份，为后续开展大规模全基因组高通量深度测序分析，建立精准家兔品种“分子身份证”奠定了坚实的基础。

二、家兔种质特性评估“有章可循”

在第三次普查之初，即明确制定并严格执行了家兔遗传资源肉用、毛用、皮用和繁殖性能的详细要求，致使本次普查工作具有规范统一的标准，可操作性强，数据真实可靠。

（一）肉用性能评估

规范了肉用兔断奶重、宰前活重、日增重、耗料量、料重比、全净膛重、半净膛重、屠宰率等产肉性能测定数量和标准。与第二次调查相比，第三次普查规定了育肥兔的出栏日龄和肉用性能测定的样本数，提高了不同肉兔品种配套系肉用性能的可比性。

第二次调查中，据四川白兔、福建黄兔、江西万载兔的资源调查报告，中国家兔地方品种 1~3 月龄平均日增重 9~17 g，1~8 月龄平均日增重 6~13 g，明显低于引入品种和培育品种。发育缓慢还体现在不同月龄屠宰率的差异上，如四川白兔 3 月龄全净膛屠宰率为 48.5% 左右，4 月龄可达 52%。中国家兔地方品种一般要到 12 月龄才停止生长，成年体重公兔 1 850~2 750 g、母兔 2 000~2 900 g。

根据第三次普查结果，中国家兔地方品种断奶至 12 周龄平均日增重 17.95~33.70 g，12 周龄全净膛屠宰率 46.90%~56.34%、半净膛屠宰率 51.15%~56.34%，成年体重 2 619.93~4 284.35 g，肉用性能显著高于第二次测定结果。

（二）毛用性能评估

规范了毛用兔养毛期、第三次产毛量、缠结毛重量、采毛后体重、估测年产毛量、产毛率、缠结毛率等产毛性能测定数量和标准。细化了兔毛品质要求，包括采样部位、粗毛率、毛纤维长度和毛纤维直径。根据第三次普查结果，中国毛兔产业已完全实现种源自主可控。与第二次调查相比，浙系长毛兔、皖系长毛兔、苏系长毛兔和西平长毛兔的成年体重均有所下降，除浙系长毛兔估测的年产毛量与第二次调查基本一致外，苏系长毛兔、皖系长毛兔和西平长毛兔估测的年产毛量均比第二次调查有所提高，尤其是苏系长毛兔提高了 800 g；浙系长毛兔仍是全世界产毛量最高的毛用兔品种，浙系长毛兔嵊州系估测年产毛量为 2 177.17 g，远高于德系安格拉兔（公、母兔平均年产毛量分别为 1 174 g 和 1 338 g），处于国际领先水平。

（三）皮用性能评估

规范了皮用兔体重、体长、胸围、被毛长度、皮板面积、被毛密度、被毛平整度等皮用性能的测定数量和标准。中国自主培育的川白獭兔（白色）和甬青獭兔（青紫蓝色），被毛短、细、密、平、美、牢，粗毛含量少，毛长 1.3~2.2 cm，被毛平整、光泽鲜艳，皮肤组织紧密。川白獭兔平均成年体重和 23 周龄体重分别为 4.4 kg 和 3.8 kg，远高于引入的力克斯兔（成年体重 3.5~4.0 kg，5~6.5 月龄体重 2.5~3.0 kg），川白獭兔 23 周龄皮张面积处于世界领先水平。甬青獭兔的育成结束了国外对我国彩色獭兔种质资源的垄断。

（四）繁殖性能评估

规范了窝产仔数、窝产活仔数、初生窝重、21 日龄窝仔兔数、21 日龄窝重、断奶日龄、断奶仔兔数、断奶窝重、断奶成活率等家兔繁殖性能的测定数量和标准。根据第三次普查结果，中国家兔地方品种平均窝产仔数 6.87~9.07 只，窝产活仔数 6.82~8.85 只，繁殖性能整体水平要高于第二次调查结果。

第三节　及时抢救了中国家兔濒危遗传资源

通过对家兔遗传资源濒危等级评定，可以发现和解决家兔中存在的遗传异质性，避免遗传多样性的丧失。保护珍稀和濒危家兔遗传资源旨在建立一个全面的、长期持续的家兔遗传资源管理机制。根据第三次普查结果，近 15 年来中国家兔遗传资源状况发生了较大的变化。第二次调查结果显示，四川白兔和云南花兔均处于濒危状态，而第三次普查结果显示，四川白兔已得到有效的抢救性保护。

一、家兔遗传资源受威胁状况

第二次调查的濒危资源——云南花兔和四川白兔，第三次普查中的四川白兔资源群体数量已稳定，从濒危状态变为安全状态；云南花兔仍处于濒危状态，因此对其持续开展了抢救性保护。1981 年调查时，云南花兔有 5 000 只左右。2009 年，云南花兔只被找到 66 只。第三次普查时，发现云南花兔达到 1 885 只，分布在云南文山、贵州黔南等地，目前已处于濒危状态。

二、抢救性保护了濒危家兔遗传资源

在第二次调查之后，国家针对家兔濒危资源开展了抢救性保护工作，采取“一品一策”措施，尽一切可能将种群保护起来，使群体迅速复苏，实现恢复性增长。目前，四川白兔资源状况明显好转，群体数量稳定。

专栏

“政产学研推”四川白兔抢救性保护

四川白兔作为中国白兔的优秀代表而驰名，具有性成熟早、耐受血窝配种性能强、繁殖率高、适应性广、容易饲养、体型小、肉质鲜嫩等特点。1987 年被收录进《四川省家畜家禽品种志》，2006 年被列入《国家级畜禽遗传资源保护名录》。

20 世纪 80 年代前后，受到四川省大规模推广外来品种杂交改良本地兔种的冲击，四川白兔遗传资源几乎“销声匿迹”。为此，国家和四川开展了濒危四川白兔种质资源抢救性保护，加大对遗散个体资源的搜寻力度，利用血缘鉴定、频密繁殖、性能测定、综合选择、遗传评估等技术手段，采取闭锁与开放相结合的继代选育、缩减世代间隔等方法，集成创建了抢救性保护技术体系，组建了四川白兔保种核心群和开发利用群。制定了四川白兔遗传资源长期保种技术方案，以控制近交系数增量和保持品种特征特性为前提目标，实施执行四川白兔活体原位定向保种。采用“政产学研推”多方协同参与的组织形式，加快四川白兔地方品种产业化开发，建立了四川白兔遗传资源长效保护的运行机制。率先创建了四川白兔抢救性保护技术体系，组建了四川白兔基础种群，成功抢救了其遗传资源，在家兔地方品种遗传资源保护领域起到了开创性作用。

对于仍处于濒危状态的云南花兔，根据《农业农村部办公厅关于印发〈濒危畜禽遗传资源抢救性保护行动方案（2022—2026 年）〉的通知》（农办种〔2022〕12 号）精神，第一时间成立了云南花兔抢救性保护工作组，制定了云南花兔抢救性保护工作方案，搜集现有云南花兔群体，去杂留纯，开展种群扩繁，组建保种群体。目前，保种基地在国家、省、市、区四级专家组的指导下，正在有序开展云南花兔抢救性保护工作。

第四节　显著提升了家兔遗传资源保护能力

为了做到每一个畜禽遗传资源应保尽保，各地各部门不断完善分级分类保护体制，建立了国家统筹、分级保护、有效衔接的保护机制。家兔遗传资源在各级保护体系的通力协作下，资源状况整体稳定。而且自发形成的民间保种力量，历久弥新，成为家兔遗传资源保护中不可或缺的一方力量。

一、各级家兔遗传资源保障体系有效衔接

（一）资源保护体系

1. 保种场保护

目前，国家级兔遗传资源保种场有 2 个（表 5-3-2），省级兔遗传资源保种场有 8 个，市级有 1 个（表 5-3-3），其中 2 个省级保种场保护的品种为培育品种皖系长毛兔，1 个市级保种场保护的品种为培育配套系康大肉兔。在国家级和省级保种场的共同努力下，家兔遗传资源得到了有效保护和利用。

表 5-3-2　国家级兔遗传资源保种场名单

编号	保种场名单	建设单位
C3511201	国家福建黄兔保种场	福建连江玉华山自然生态农业试验场
C5111201	国家四川白兔保种场	四川省畜牧科学研究院

表 5-3-3　省级兔遗传资源保种场名单

级别	省份	保护单位名称	依托单位
省级	福建	福建闽西南黑兔（闽南类群）保种场	德化县吉盛黑兔养殖有限公司
省级	福建	福建闽西南黑兔（闽西类群）保种场	龙岩市通贤兔业发展有限公司
省级	福建	福建白兔保种场	福建武平雪纯农牧有限公司
省级	湖南	湖南九疑山兔保种场	湖南伊普吕农牧科技有限公司
省级	江西	万载兔保种场	万载县畜牧良种场
省级	山东	山东莱芜黑兔保种场	济南市莱芜黑兔种业科技有限公司
省级	安徽	安徽皖系长毛兔保种场	颍上县庆保良种兔场
省级	安徽	安徽皖系长毛兔保种场	绩溪县历久长毛兔养殖专业合作社
市级	山东	康大肉兔保种场	青岛康大兔业发展有限公司

2. 遗传材料保存

2022年，全国畜牧总站组织相关技术专家收集了13个家兔品种的耳组织（其中地方品种8个，引入品种5个），以及四川白兔、福建黄兔的胚胎、精液等，集中保存于国家畜禽遗传资源保存中心，以保护基因资源，为遗传物质的保存与恢复提供了安全保障。

（二）保护品种名录

根据不同时期家兔遗传资源状况，制定与调整家兔品种资源保护名录，明确了国家级和省级重点保护对象。

1. 国家级保护品种

根据重点突出和“珍贵、稀有、濒危”等原则，2014年2月，农业部发布第2061号公告，确定将福建黄兔、四川白兔列入国家级畜禽遗传资源保护品种。

2. 省级保护品种

闽西南黑兔和福建白兔列入福建省保护品种，万载兔列入江西省保护品种，莱芜黑兔列入山东省保护品种，九疑山兔列入湖南省保护品种，皖系长毛兔列入安徽省保护品种。

二、民间保种方兴未艾、不可或缺

民间保种作为家兔遗传资源保护不可或缺的一方力量，是保护体系中较为灵活的组成部分，保种与开发并举。始于爱兔情结，终于市场需求，充分利用家兔品种特征特性，进行商业开发，减少国家财政资金投入。

专栏

◆ 宁远：湖南最热爱兔子的县城 ◆

不是所有的兔都能“出圈”。在《国家畜禽遗传资源品种名录（2021年版）》里，家兔地方品种只有8种，九疑山兔作为湖南省唯一的家兔地方品种，当地人民对它的热爱始终不减。九疑山兔在当地又称山兔，它的养殖史始于何时已无从追溯。但宁远这座拥有两千多年历史的古城，养兔文化延续了至少上千年。但在二十世纪八九十年代，国内外肉兔良种的大量引进对九疑山兔造成了重创，仅有一些偏远山区还保留纯种，其他地区几近“消失”。

为了保住九疑山兔，许多当地养兔户仍坚持采用传统的放养模式，在天然的山林里砌兔舍，用围栏圈住大山，让兔儿们可以尽情释放天性。其中，欧仁旺中山兔场已放养九疑山兔8年多，兔场的每座兔舍几乎都是1组种兔配比，一般1只公兔分配8只母兔。每只母兔每年生产6胎，每胎7~8只小兔仔，可确保兔的成活率达90%以上，既能维持兔群血统，又能保证兔的数量。结合这种传统饲养方式，九疑山兔的多样性得以保护，其肉质依旧细腻如初，风味独特，被评为国家农产品地理标志。

专栏

◆一场长达十七年的黑兔保种之旅◆

据悉，《莱芜市志》中对莱芜黑兔的记载：“兔，境内肉食兔以观赏和食用为目的，以黑色居多，俗称莱芜黑兔”。莱芜黑兔是长期演化形成的地方兔种，但是十多年前由于数量少，以散养和野生为主，颜色标准不一，在国内和国际市场上缺乏竞争力，面临淘汰的危险。于是，一场长达十七年的黑兔保种之旅开启了。为解决莱芜黑兔保纯和保存问题，济南市莱芜黑兔种业科技有限公司对每个血统的个体建立系谱档案卡，并代代延续，长期记录其生产成绩和遗传表现；在专业保种场基础上，建立近 20 个联合保种点实施开放式保种，有计划、有组织地与保种场交换血统；在前期育种工作的基础上，系统开展生产性能测定，持续进行世代选育，建立品种繁育与研究利用生产体系，使莱芜黑兔在开发利用中得到动态保存。目前，这里莱芜黑兔存栏量达 11 000 多只，其中育种核心群种兔存栏量达到 1 400 只。该公司也被列为山东省畜禽遗传资源保种场，莱芜黑兔的数量和兔肉的产量明显提高，并迅速占领了中国南方市场，改变了中国兔肉长期进口的局面。

第五节　逐步健全了家兔遗传资源保护支撑体系

家兔遗传资源保护就是保持家兔遗传资源的遗传多样性，是保持孟德尔群体各位点的基因种类，保持孟德尔群体多样化的基因组合体系，保持特定位点的基因纯合以及基因组合体系的稳定性。提高家兔遗传资源保护科技水平，实现有效保护和利用。

一、完善了家兔遗传资源保护理论与方法

（一）家兔遗传资源保护理论

家兔遗传资源保护理论主要是基于“系统保种”和“优化保种”两种理论演变而来。盛志廉先生提出的“系统保种”理论：所谓系统保种就是以每一种家畜为一个系统，打开品种的界限，统一规划保种目标，然后将这些保种目标经过系统规划分配到各品种，每个品种可分担保护 2~3 个保种性状。吴常信院士提出的“优化保种”理论：畜禽遗传资源保存的对象是群体，最大的群体是一个畜种，最小的群体是一个家系，保种群体大小应有一定数量。把群体划分成亚群有利于保种实践。在亚群间有隔离的情况下，可以保持品种或遗传资源的多样性。在亚群间有迁移的情况下，可以有效地延长保种世代数且不发生退化。

1. 群体有效含量与近交增量

保种群中每世代的近交增量，一般情况下不应超过 0.5% ~1.0%。群体有效含量是度量群体遗传漂变效应和反映群体平均近交系数增量大小的最重要指标。要保持一个品种的优良性状不丢失，必须保

证群体有适当的有效含量。在100年内群体的近交系数不超过0.1的条件下，家兔等小家畜的有效群体大小应不低于200只。

2. 保种群的世代间隔

从保种的角度来看，如果不是目前正在大量投入生产的品种，世代间隔应当长一些为好。适当延长世代间隔可以在一定的保种期限内减少保种群的数量，延缓保种群近交系数的增量。家兔推荐的世代间隔是1.5年。

3. 保种群的公母比例

在大多数情况下，保种群体中公兔数量要比母兔数量少很多，较少的公兔数量（N_S）对群体有效含量的影响远远大于母兔（N_D）。因此，保种群中必须保持足够数量的种公兔，推荐的公、母兔比例在20%以内。

4. 留种方式

一般分为随机留种和各家系等量留种，不同的留种方式对保种效果影响很大。在种群大小和公母比例相等的种群中采用各家系等量留种的方式，世代的近交增量要比随机留种的方式小。

5. 世代间群体规模的波动

若保种群体在不同世代的规模是变化的，则 t 个世代平均的群体有效含量是各世代群体有效含量的调和均数。平均近交系数增量主要取决于有效含量最小的世代群体规模。

6. 交配体系

每只公兔随机等量地交配母兔是最有利的交配体系。避免全同胞、半同胞、亲子等亲缘关系较近个体间的交配，可降低各世代近交系数。

（二）家兔濒危等级评定技术

濒危等级评定方法的研制是开展畜禽遗传资源濒危状况评估的重要基础工作。为落实《畜牧法》提出的对畜禽资源实行分类分级保护，中国科研人员分析了影响中国畜禽遗传资源濒危状况的各种因素和指标，筛选出100年群体近交系数增量 F_{100}、有效群体含量 Ne、参加繁殖的公母兔数量等3个关键指标，制定了以 F_{100} 为核心评价指标的濒危等级评定方法，将家兔遗传资源濒危状况划分为濒临灭绝、严重危险、危险、较低危险和安全五个濒危等级。

根据评定之日起至100年时的种兔群体近交系数增量 F_{100}，将待评家兔资源划分为如下五个等级：

a）濒临灭绝：$F_{100} > 0.20$；

b）严重危险：$0.15 < F_{100} \leqslant 0.20$；

c）危险：$0.10 < F_{100} \leqslant 0.15$；

d）较低危险：$0.05 < F_{100} \leqslant 0.10$；

e）安全：$F_{100} \leqslant 0.05$。

群体近交系数的计算：

$$F_{100} = 1 - \left(1 - \frac{1}{2N_e}\right)^t$$

式中：

N_e—有效群体含量；

t—100年内的世代数，家兔的世代间隔为1.5年。

（三）家兔遗传资源保护方法

1. 活体保存

活体保存形式是畜禽遗传物质保存的最可靠方式，分为原地保种和异地保种。由于一个品种的形成和发展与其赖以生存的环境有着密切的关系，它们往往为了适应某种环境而产生相应的性状，形成其品质特性。如果离开长期生存的环境就会导致品种相应的性状衰退或消失，因此，活体保种主要采用原产地保种。如福建黄兔和四川白兔国家级保种场就是建立的保种群进行保种研究。

2. 遗传材料保存

遗传材料保存是采集家兔遗传资源的组织样本，在超低条件下进行保存，是原地保种的辅助保护手段。冷冻精液保存可分为常温保存、低温保存和冷冻保存，目前主要是采用冷冻保存技术。冷冻保存可使精液长时间保存，但冷冻保存对精子自身损伤较大，精子解冻后存活率较低。目前福建省农业科学院正在开展福建黄兔冷冻精液保存技术的研究。遗传物质复原是利用体细胞克隆技术，将冷冻的遗传物质进行复苏并发育成新的个体，重建家兔资源群体的过程，对于拯救濒危的家兔遗传资源具有重要的意义。

二、构筑了家兔遗传资源保护的科技支撑体系

（一）学科建设

中国家兔产业自20世纪80年代开始快速发展，到目前已有40多年历史。中国农业大学、扬州大学、四川农业大学等高校，以及四川省畜牧科学研究院、安徽省农业科学院、江苏省农业科学院等科研院所，依托畜牧学科建设，坚持理论与实践并重，将教学、生产、应用结合，为中国家兔遗传资源保护的科技支撑体系建设、持续输送人才提供了保障。

（二）人才队伍建设

近年来，国家高度重视家兔遗传资源保护人才的队伍建设，成立了国家畜禽遗传资源委员会兔和特种家畜专业委员会、国家兔产业技术体系、中国畜牧兽医学会养兔学分会、中国畜牧业协会兔业分会，以及各省级特种经济动物产业技术体系、兔产业联盟、产业协会等，无论是国家和省级畜牧技术推广体系，还是社会力量，都在不断努力开展家兔遗传资源的保护和技术推广工作。

（三）平台建设

获批建设农业部家兔遗传育种与繁殖重点实验室（2013年，青岛康大外贸集团有限公司）、国家发改委兔高效生物育种技术国家地方联合工程研究中心（2017年，青岛康大外贸集团有限公司、山东农业大学）、农业农村部家兔良种繁育重点实验室（2023年，青岛康大控股集团有限公司），为中国家兔遗传资源保护提供了重要的平台支撑。

三、建立了家兔遗传资源保护的政策保障体系

中国政府高度重视畜禽遗传资源治理体系建设，坚持保护制度先行、加强组织管理、强化政策保障，建立了以国家保护制度为核心的畜禽遗传资源法律体系，建立了具有中国特色的畜禽遗传资源管

理体系，构建了以国家保护为主的畜禽遗传资源政策体系，开创了中国畜禽遗传资源保护新境界。

（一）以保护制度为核心的畜禽遗传资源法律体系

为了加强畜禽遗传资源保护、培育和种畜禽生产经营管理，提高种畜禽质量，促进畜牧业发展，我国政府颁布了《中华人民共和国畜牧法》《中华人民共和国畜禽遗传资源进出境和对外合作研究利用审批办法》《畜禽遗传资源保种场保护区和基因库管理办法》《畜禽新品种配套系审定和畜禽遗传资源鉴定办法》《中华人民共和国生物安全法》《国家畜禽遗传资源目录》等法律法规文件。

（二）建立具有中国特色的畜禽遗传资源管理体系

建立了全国统一领导、地方分级负责、各方共同参与的工作机制，构建了行政部门、推广单位、技术组织三位一体的具有中国特色的畜禽遗传资源管理体系。

（三）建立以国家保护为主的畜禽遗传资源政策体系

中国畜禽遗传资源保护以国家为主，坚持保护优先、高效利用、政府主导、多元参与，这是区别于其他国家的最鲜明特征。中国政府强化顶层设计、加强规划引领、强化政策保障、加强责任落实，构建了以国家保护为主的畜禽遗传资源政策体系。

第四章

中国家兔遗传资源可持续高效利用

利用丰富多样的家兔遗传资源，全面加强开发与利用，中国已成为世界上兔肉、兔毛和兔皮第一的生产大国。改革开放以来，在国家和各级政府的大力支持下，中国家兔遗传资源开发与利用已取得了显著的成效，培育出一批新品种、配套系，突破了种源“卡脖子”问题，实现了毛用兔种源 100% 自主可控，皮用兔和肉用兔种源基本自主可控，同时，兔产业创新了利用模式，朝着专用化、特色化的方向发展，为支撑兔产业高质量发展、助力乡村振兴取得了明显的成效。

第一节　家兔遗传资源的利用为家兔种业振兴打下了基础

一、实现了种源自主可控

中国目前饲养的长毛兔均为中国自主培育的长毛兔品种，主要有浙系长毛兔、皖系长毛兔、苏系长毛兔和西平长毛兔。从第三次普查情况来看，中国自主培育的毛用兔品种群体数量占长毛兔种群数量总和的比例为 100%，说明长毛兔良种全部实现了自给。同时，这些培育品种的产毛量远高于早期引入的德系安哥拉兔和法系安哥拉兔，尤其是浙系长毛兔和皖系长毛兔，两者无论产毛量还是综合性能均处于世界领先水平。可见，中国毛用兔种源无论数量还是质量均完全自主可控，解决了长毛兔养殖被国外长毛兔品种“卡脖子”问题。中国兔毛商品生产中，自主培育的长毛兔品种满足了长毛兔生产实际的优良种源需求，保障了毛用兔种源安全。中国饲养的皮用兔品种主要是培育品种川白獭兔和早期引入并进行本土化的美系獭兔，以及 2022 年底通过国家审定的甬青獭兔。从第三次普查数据来看，中国自主培育的皮用兔品种资源群体数量占獭兔种群数量总和的 74.3%，成为獭兔皮生产的主要品种，其余基本上是本土化的美系獭兔，为皮用兔种源安全提供了坚强保障。

二、扩大了家兔遗传资源创新利用

家兔主要生产类型为肉用兔、毛用兔和皮用兔。20 世纪 80 年代以前，由于历史条件限制，中国自主培育品种严重缺乏，仅有长三角地区鉴定的中系安哥拉兔。而 20 世纪 80 年代后，经过我国家兔育种工作者的潜心培育，家兔种业持续创新，家兔新品种相继育成。育成的毛用兔国家审定品种有浙系长毛兔（2010 年 3 月审定）和皖系长毛兔（2010 年 8 月审定），国家认定品种有苏系长毛兔（2010 年 5 月认定）和西平长毛兔（2009 年 3 月认定）。育成的肉用兔培育品种有 5 个，按育成或审定时间先后分别为哈尔滨大白兔（1986 年黑龙江省级鉴定）、塞北兔（1988 年河北省级鉴定）、豫丰黄兔（1994 年河北省级鉴定，2009 年国家认定）、皖南黄兔（2021 年国家审定，《畜牧法》实施以来第一个利用地方资源培育的肉兔新品种）、天府黑兔（2023 年国家审定）；国家审定的肉兔配套系 4 个（康大 1 号肉兔、康大 2 号肉兔、康大 3 号肉兔和蜀兴 1 号肉兔），为中国肉兔养殖业做出了历史性贡献。育成的皮用兔新品种有吉绒兔（2002 年国家审定）、川白獭兔（2015 年国家审定）和甬青獭兔（2022 年国家审定，中国第一个彩色獭兔品种）。近年来，国内一些科研院所启动培育的彩色獭兔包括海狸色獭兔、黑色獭兔和洛阳八点黑獭兔等；安徽和山东等地根据毛纺工业和市场需求启动了绒毛型长毛兔的育种工作，取得了阶段性的成果，有望通过国家审定。另外，在国家畜禽遗传资源委员会成立前，还有一批省级及地方鉴定的长毛兔品系，如荥经长毛兔、石柱长毛兔、沂蒙长毛兔等。

家兔种业科技创新成果显著，“浙系长毛兔新品种选育及产业化”项目获得 2012 年浙江省科学技术进步奖一等奖；“国审新品种皖系长毛兔选育及配套技术的研究与应用”获得 2013 年安徽省科学技术奖一等奖；“国审新品种川白獭兔培育与产业化”项目获得 2019 年四川省政府科技进步一等奖。“皖系粗毛型长毛兔新品系”在 1993 年还获得国家技术发明奖三等奖。中国“十四五”种业强国战略的出台，使新品种配套系的培育越来越受到国家、省、市、县的高度重视和支持。同时，得益于国家兔产业技术体系的建设和引领，以及体系内外科技工作者的友好协作和持续攻关，使家兔种业安全性日益提高。

第二节　家兔遗传资源的利用满足了人民对美好生活的向往

一、在节粮高效产业中加速了农民脱贫致富

家兔具有节粮、环保、高效、安全等特点，其投资小、周期短、见效快，相比猪、牛、羊、鸡等畜牧业具有显著优势，大力发展家兔产业符合新时期新发展理念和现代生态农业的发展趋势。基于以上特点，家兔产业在打赢脱贫攻坚战和助力乡村振兴中发挥了重要作用。

2018 年开始，新疆和田地区把家兔产业作为打赢脱贫攻坚战、实现农牧民持续、稳定增收的主导产业之一，吸引了 15 家大型兔企落地，其中新疆某集团通过引进河南某公司伊普吕配套系打造家兔种、养、加产业链，帮扶 8 个乡镇 459 户贫困户脱贫，吸纳本地 1 000 多名产业工人，人均年收入超过 3 万元。

天津静海区对口帮扶国务院挂牌督战的甘肃省镇原县脱贫攻坚，通过养殖肉兔配套系发展肉兔产

业，壮大村集体经济，打造肉兔养殖合作社81个，肉兔养殖示范镇2个，2020年出栏商品兔达61.5万只，带动915户3 226人实现脱贫。

贵州普安县结合当地资源禀赋和气候优势，通过引进和推广中国自主培育品种浙系长毛兔种兔8万余只，建立了育、繁、推为一体的长毛兔良繁体系，把发展长毛兔养殖作为普安县脱贫攻坚的支柱产业。截至2019年培训农户2 000多人次，帮扶贫困户1 800多户，经济效益达5 000万元，兔农年增收入1 000万元以上；同时以普安为中心，带动了安龙、盘州、兴义、兴仁等周边县市300多户农户饲养浙系长毛兔。同时，普安县还发展肉兔养殖，至2020年建成肉兔养殖场83个，存栏父母代种兔8.57万只，出栏肉兔430.5万只，产值达5 760万元，带动贫困农户5 278户19 863人，实现分红263.9万元。

在乡村振兴战略实施的背景下，四川自贡市把肉兔作为支柱产业进行打造，助推自贡市由肉兔消费大市转型为生产大市；养殖品种除地方资源四川白兔外，还引进了齐卡肉兔、比利时兔、伊拉肉兔和伊普吕肉兔等优良品种（配套系）资源，紧抓肉兔品种改良，大力发展肉兔产业，2019年末肉兔良种杂交率达90%以上，以品种资源为基础逐步推进标准化规模养殖，开拓"一带一路"沿线市场，取得了显著成效。

二、在高质量发展中满足了人民美好生活需要

俗话说"飞禽莫若鸪，走兽莫若兔"，兔肉自古就是一道美食。现代科学研究表明：兔肉具有"四高三低"（高蛋白、高赖氨酸、高卵磷脂、高消化率、低脂肪、低热量和低胆固醇）、绿色健康等特点而优于其他肉类，对老人、儿童、妇女均适宜，特别适合三高（高糖、高脂、高血压）人群和脾胃虚弱者，符合现代人们对绿色、优质、营养的健康消费理念和对美好生活追求的方向，为国民肉食结构的改善提供了良好的食材来源。中国2021年兔肉生产45.6万吨，其中出口4 026.66吨，国内消费约41.2万吨。四川、重庆等西南地区为中国主要兔肉消费市场，其兔肉来源主要是川渝本地、山东、河南等地。福建、广东、湖南、安徽等华东和华南地区是中国有色兔兔肉主要消费区域，福建黄兔、闽西南黑兔、九疑山兔等地方兔资源和皖南黄兔等培育品种的推广利用，为这些地区的有色兔供给做出了重要贡献。

兔毛具有长、白、净、松、软的优良特点。其绒毛具有断续的髓腔，比重轻、吸湿性和保暖性强，细度小而爽滑，而且兔毛价格和每只每年平均产毛量方面相对羊绒有显著比较优势。最新研究表明，兔毛还具有良好的抗菌、防臭等功能。近年来，兔毛纺织和机梳兔绒技术的进步也促进了兔绒利用，兔毛产品市场竞争力日渐增强，兔毛精纺加工的内衣面料和西服面料、兔毛粗纺加工的兔毛外套和玩具等兔毛织品深受现代消费者的青睐。我国培育长毛兔品种4个，特别是浙系长毛兔和皖系长毛兔产毛性能处于世界领先水平，兔毛品质优良，综合性能超过了法系安哥拉兔、德系安哥拉兔等国外长毛兔品种，满足了兔毛纺织的原料需求。

獭兔被毛短、密、平、牢，皮板轻柔，美观大方，保暖性好，是制作高档裘皮制品的理想原料。随着经济发展，高档裘皮制品越来越受到时尚消费者的喜爱。中国育成的3个獭兔品种为中国獭兔皮产品原料的供应提供了坚实保障。

不同类型家兔品种资源的利用及其产品和功能的开发，不仅丰富了老百姓的菜篮子，也提供了优质的布条子（纺织原料），在一定程度上满足了新时代人们对美好生活的需要。

三、在小宠异宠市场中赋予了新的服务价值

白兔自古以来就被中国视为祥瑞之物，也为中西方古代贵族饲养的宠物之一。随着中国经济的发展和人们生活水平的不断提高，近年来宠物产业发展迅猛，除猫、狗和鸟三大类型宠物外，宠物兔因其类型丰富、宠萌乖巧的特点也占据了一席之地，成为宠物界新宠。全球宠物兔品种可达150余种，目前常见宠物兔有狮子兔、安哥拉兔、荷兰垂耳兔等10余种。由于宠物市场需求扩大，现在国内培育的长毛兔品种、部分肉兔和獭兔培育品种、中小型地方品种也开始作为宠物兔销售。随着互联网、自媒体的出现和物流业的发展，宠物兔销售也从实体店逐渐向网络销售转变，为宠物兔市场的扩大提供了强劲助力。目前，小宠物赛道还没有出现品牌垄断，市场仍是一片蓝海，未来宠物兔市场前景值得期待。利用中国丰富家兔品种资源和杂交组合生产不同类型家兔，可以给宠物兔市场增添新的品类和选择，以满足人们日益增长的宠物兔需求。

第三节　家兔遗传资源的利用模式多样化

一、形成了资源多样化的利用模式

（一）优质肉品牌带动利用模式

品牌不仅是产品名称、包装等外部形式，也是品种基因、产品品质、历史文化的内涵体现。中国家兔品种资源丰富多样，地方家兔遗传资源共8个，肉兔培育品种及配套系共8个。以兔肉优良品质和丰富营养为基础，通过家兔历史文化、三品一标等形式，充分发挥品种特色优势，树立优质兔肉品牌，开发消费市场，带动肉兔品种开发利用，形成了中国目前优良肉兔遗传资源利用开发的主要模式。

专栏

◆ 鲜美无腥的兔中极品——闽西南黑兔 ◆

闽西南黑兔（又称通贤乌兔）是福建省优良地方品种，于2010年通过国家畜禽遗传资源委员会鉴定，其平均体重2.2~3.0 kg，以通体被毛黑色、兔肉口感好而闻名。福建上杭县内的养殖企业注册了“通贤乌兔”“闽西南黑兔”“红山春”三个商标，被分别认定为“知名商标”“无公害农产品”“福建省著名商标”。2015年，“闽西南黑兔”被列入闽西“八大鲜”名录，其满月兔和中草药六棱菊清蒸而成的“客家第一汤”具有清肝明目、清食健胃、去积生津等功效，深受消费者喜爱。上杭县有闽西南黑兔保种场1家，国家级示范合作社1家，省级龙头企业1家，规模养殖场30多家，散养户3 000多家，存栏母兔3万多只，2014年出栏商品兔80万头，产值近8 000万元。已在福建、广东、江西等地开设了26家专营配送店，产品有很大的市场。按标准化养殖的通贤乌兔产品质量可达

到“营养无双、鲜美无腥、安全无抗”的一流水准。此外，通贤乌兔还具有繁殖快、周期短、投资小、收益大、污染小等特点，其产业开发价值巨大。

（二）药食同源利用模式

中医药讲究药食同源，人体生理功能不平衡、阴阳失调即为病。人类医疗模式由单纯的疾病治疗转变为预防、保健、治疗、康复相结合的模式。保健食品成为增强机体免疫力的重要组成部分。《本草纲目》记载：“兔肉性寒味甘，具有补中益气，止渴健脾，凉血解热，利大肠之功效”。南朝陶弘景《名医别录》有言：“兔肉为羹亦益人”。宋《证类本草》曰：“辛平无毒，主补中益气”。同时，兔肉中卵磷脂、维生素 B_{12} 含量高，多不饱和脂肪酸比例高，胆固醇含量低，有助于预防高血压、冠心病和动脉硬化等疾病。通过药食同源模式充分利用兔肉食疗保健功能，是开发兔肉市场和提升消费的重要途径。

（三）生态农庄利用模式

生态农庄以环境保护、康养宜居等为建设目标，持续推动资源有效利用，强化科技创新能力，结合市场经济运营规律，保障农村地区农、旅、养等一二三产业融合发展。生态农庄是乡村旅游与农村农业相结合的商业模式，既是乡村振兴战略的落实，又持续推动了生态农业的长远发展。家兔既是一种传统畜禽，又是观赏性动物，它以草食为主，环保节粮，可以很好地融合到生态农场（牧场）中，打造天然的种养循环模式。

专栏

◆ 上海腾达兔业专业合作社：一场由规模养兔开始的生态循环种养探索实践 ◆

首批国家级“生态农场”上海腾达兔业专业合作社，位于奉贤区庄行镇新叶村，长期致力于发展“规模化、专业化、标准化、机械化、信息化”的现代农业，努力走出一条探索、实践乡村振兴之路及有效推动三产融合的绿色发展之路。合作社采用兔粪尿处理与生态农业相结合的方式，遵循“养殖集中化、粪污资源化、治理生态化”的种养要求，从处理兔粪便污染开始，积极致力于生态循环农业的探索实践。15 000 m^2 兔场养殖区和近 500 亩水稻种植区内，兔、蚯蚓、水稻、黑麦草、生菜等种养对象在腾达合作社的生态循环产业链上“各司其职”。合作社下大力气打造的“养兔－养蚯蚓－种水稻－种草－养兔”生态种养模式已经显现出较好的闭环效应。

案例来源：上海市特种养殖业行业协会。

（四）文旅结合利用模式

文旅结合就是把文化和旅游两种资源结合起来，在发挥各自优势的同时，创造出新的元素和价值，促进旅游从单纯观光到人文历史享受，也使得文化言之有物，得以更好体现和传承。中国兔文化历史深厚，四川、陕西等多地建立了兔文化博物馆，打造文旅重要载体，通过兔为主题的旅游产品加持，形成文旅结合利用模式，丰富了家兔遗传资源的开发利用形式。

专栏

◆ 厉害了！产业升级发展　自贡将打造冷吃兔 2.0 产业体系 ◆

四川享有“天府之国”的美称，是中国重要的经济、工业、农业、旅游大省，也是中国主要兔肉消费市场。四川优美的自然风景和众多旅游胜地吸引了越来越多的世界各地游客来蜀游玩，将兔肉美食展示给世人。肩扛“中国盐帮菜之乡”国字招牌的自贡吸引着众多省内外以及各国的美食爱好者，美食之府影响力不断提升。以冷吃兔单品为主的自贡冷吃兔系列产品，近年来销售额年均增长 10% 左右；2020 年，自贡市冷吃兔线上、线下销售额达 30 亿元左右，其中，线上销售额占比 60% 左右。自贡冷吃兔产业的发展，大大助力了自贡特色的国际文化旅游目的地和成渝地区特色消费目的地的建设，已成为自贡特色消费品牌和特色优势产业。

二、确立了资源优质高效可持续利用方向

（一）新品种（配套系）培育

为适应新的长期性或时代性的社会需求变化，可以将家兔既有品种作为杂交育种的素材，即新品种培育的亲本。利用新西兰白兔、伊拉肉兔配套系等作为父系，地方品种（福建黄兔、四川白兔、闽西南黑兔等）作为母系，开展杂交，培育新品种（配套系），是家兔遗传资源可持续利用的主要方向之一。但是新品种培育的时间较长，而且品种知识产权难以保护，需要辅以分子手段对其精确鉴定从而维护品种权益。为了满足多元化的市场需求，配套系的培育更是主要方向。配套系的每个专门化品系选择性状较少，育成时间相对较短。由于配套系含有多个专门化品系和复杂结构组成，对品种知识产权的保护意义很大。

（二）杂交利用

为适应短期或一时性的市场需求趋势，着重发挥既有品种部分特性的潜在优势，可将既有品种作为经济杂交的亲本。如杂交利用中国地方家兔品种肉质好的特点，以新西兰白兔、伊拉肉兔配套系为父本，与地方品种（福建黄兔、四川白兔、闽西南黑兔等）杂交，生产出肉质好、生长速度快的商品兔，以满足市场需求。

（三）品系培育

为适应新的特殊需求变化，可以将既有品种作为选择育种的遗传素材。就不同性状要求而言，可以开展优良性状的专门化品系培育。如把家兔地方品种培育成优质、生长速度快的肉兔品种（品系）；也可以把家兔地方品种培育成耐频密或半频密繁殖的高繁品种（品系）；如市场对伴侣用宠物兔等需求增加，可以将中国家兔地方品种如云南花兔等，培育成宠物兔品系。

分报告六

中国家禽遗传资源状况

中国畜禽遗传资源状况

清远麻鸡

狼山鸡

丝羽乌骨鸡

河南斗鸡

龙岩山麻鸭

吉安红毛鸭

狮头鹅

太湖鹅

第一章

中国拥有丰富多样的家禽遗传资源

中国是世界上鸡、鸭、鹅等家禽的主要起源地和驯化中心，拥有悠久灿烂的家禽养殖历史。中国现有传统家禽地方品种 207 个，超过全球家禽登记品种总数的 10%，同时拥有 123 个培育品种和 40 个引入品种，是世界上家禽遗传资源最丰富的国家。我国家禽地方品种不仅数量多、类型丰富，而且特征特性鲜明，广泛分布于全国各地，全面覆盖七大地理区域，且 70% 的家禽地方品种存在跨省分布。与第二次调查结果相比，我国家禽遗传资源多样性更趋丰富、种群数量有升有降、分布区域稳中有变、利用方向更加多元，已成为世界家禽遗传资源宝贵的基因库。

第一节　中国是世界家禽的起源地和驯化中心之一

作为世界文明古国之一，中国有着悠久的家禽养殖历史，是世界家禽起源地和驯化中心之一，驯养家禽的历史至少可追溯到 9 500 年以前。我国幅员辽阔，多样化的地理、生态和气候条件，众多的民族及不同的生产生活方式，加之广大劳动者的长期驯养和精心选育，逐渐形成了丰富多样的家禽遗传资源。2020 年，农业农村部公布的《国家畜禽遗传资源目录》首次明确了鸡、鸭、鹅、鸽、鹌鹑 5 种禽类为我国传统家禽。

一、中国是世界主要家禽的起源地之一

考古证据、史料记载和最新的分子进化研究结果已证实中国是鸡、鸭、鹅等家禽的主要起源地。

家鸡（*Gallus gallusdomestica*） 属于鸟纲鸡形目雉科原鸡属。达尔文通过比较和分析认为家鸡起源于红原鸡（*Gallus gallus*）。红原鸡至今在我国仍有 2 个亚种，即滇南亚种（*Gallus gallusspadiceus*）和海南亚种（*Gallus gallusjabouillei*），分布于云南、广西、广东、海南等地。对分布于欧洲、南亚、东南亚和东亚的 4 种野生原鸡种、5 个红原鸡亚种以及大量地方品种在内的 863 个鸡全基因组测序分析后证实，家鸡大约在 9 500 年前由中国红原鸡滇南亚种驯化而来，且中国西南部是该亚种的主要分布地。

家鸭（*Anas platyrhynchos domestica*）属于鸟纲雁形目鸭科河鸭属。学术界一般认为现代的家鸭由河鸭属中的绿头野鸭（*Anas platyrhynchos*）或斑嘴野鸭（*Anas zonorhyncha*）驯化而来。现有的细胞核和线粒体DNA遗传多样性及系统进化研究成果也证实了我国绝大多数家鸭品种起源于绿头野鸭，少数品种起源于斑嘴野鸭。目前，绿头野鸭、斑嘴野鸭在我国境内均有广泛分布。

家鹅（*Anser cygnoides domestica* 或 *Anser anser domestica*）属于鸟纲雁形目鸭科雁属。学术界一般认为现代家鹅主要起源于鸿雁（*Ansercygnoides*）和灰雁（*Anseranser*）2个野生雁种。现有的细胞核、线粒体DNA、简化基因组和全基因组重测序分析结果均证实，除伊犁鹅（*Anser anser domestica*）之外的中国家鹅（*Anser cygnoides domestica*）均起源于鸿雁，而伊犁鹅和欧洲家鹅（*Anser anser domestica*）起源于灰雁。

家鸽（*Columba liviadomestica*）属于鸟纲鸽形目鸠鸽科鸽属。原鸽（*Columba livia*）是家鸽祖先，包括两大类：一类为栖息在岩石峭壁处的岩鸽（*Columba rupestris*）；另一类为分布在我国北方和西北高原地区栖息在树枝上的林鸽（*Columba palumbus*）。

鹌鹑（*Coturnix japonica*）属于鸟纲鸡形目雉科鹑属。家鹑起源于东亚的野生鹌鹑（*Coturnix japonica*）。

二、中国是最早驯化家禽的国家之一

我国是世界上最早驯化并规模饲养鸡、鸭、鹅等家禽的国家之一。在距今3 000多年前的商代（公元前1600年—前1046年），鸡、鸭、鹅和鸽均已大量饲养，家禽养殖已经兴盛。在驯养和驯化过程中，家禽在体型外貌、生长发育、生物学行为、生理和繁殖等方面，与野生祖先相比均发生了显著的变化，产生了丰富多样的遗传资源。

中国是家鸡驯化中心之一。考古学证据表明，中国家鸡驯化起始于新石器时代的早期（距今约7 000多年），是世界上养鸡历史最悠久的国家之一。在江西万年县的仙人洞、河北武安市的磁山、河南新郑市的裴李岗、山东官桥镇的北辛村、陕西西安市的半坡、湖北荆门市的屈家岭、云南元谋大墩子等文化遗址都出土过原鸡或家鸡的骨骸。从最早的甲骨文、金文上考证，殷商时代已经有了“鸡”字。春秋战国时期，鸡已成为“六畜”之一。在中国最早的诗歌总集《诗经》里写道“鸡栖于埘”（埘：凿墙做的鸡窝），“鸡栖于桀”（桀：供鸡栖息的小木桩），证实3 000年前中国古人就有较好的养鸡技术。家鸡被驯化后，随着人类迁徙和贸易活动的开展，首先被携带到东南亚和南亚，与当地原鸡其他亚种发生了不同程度的杂交。这种基因交流推动了家鸡对当地环境和饲养条件的适应，并丰富了其独特的行为、形态和繁殖性状，形成了肉用型、蛋用型、兼用型、玩赏型等多用途的家鸡种群。

我国是世界上最早驯养鸭的国家。福建武平岩石门丘山采集的新石器陶鸭、河南安阳妇好墓出土的玉鸭和石鸭、辽宁海岛营子和喀左小转山子出土的铜质鸭形尊以及江苏句容浮山果园出土的鸭蛋和鸭骨等，均表明中国驯养鸭至少有3 000多年历史。春秋战国时期（公元前770年—前221年），古籍《吴地记》有“吴王筑城，城以养鸭，周数百里”的记载，说明当时中国长江流域已有较大规模的养鸭业，比欧洲最早的养鸭记载早十多个世纪。

鹅是中国古代重要家禽之一，曾被列为六禽之首。浙江田螺山遗址出土的成年鹅和幼鹅骨骸，证实长江下游及周边地区是中国家鹅最早的起源驯化地，距今约7 000年。在长期驯化过程中，那些长得快、不易起飞的鹅就逐渐成为理想的养殖对象。河南安阳市妇好墓、山东济阳县刘台子西周墓均出土了玉鹅，表明至少在商代，鹅的养殖已传播至中国北方地区。据史料记载，“鹅”字首见于《左传·昭公二十一年》"郑翩愿为鹳，其御愿为鹅"；西汉末王褒《僮约》中也有"牵犬贩鹅，武阳买茶"的描述，表明至少在2 000多年前我国便已开始商品性养鹅生产。

我国养鸽历史悠久。河南安阳妇好墓出土的玉鸽证实，早在商代中国，先民就开始养鸽，距今已有3 000多年的历史。《周礼》将鸽列为六禽之一，表明西周时期已将鸽作为佳肴美味享用。《开元天宝遗事》记载唐代开始将鸽用作通信工具。明代张万钟所著《鸽经》是世界上最早的鸽文化专著，广泛收集了有关鸽子的历史典故及诗词歌赋，详细描述了鸽的品种花色及饲养技术，对中国鸽业发展起了重要作用。

我国也有着悠久的饲养鹌鹑的历史。隋唐时代，斗鹑开始流行，据《唐外史》记载，西凉地区经过驯化，进贡给唐明皇的鹌鹑，可以随金鼓的节奏而争斗。由此可知，鹌鹑在中国的驯化历史可追溯到1 000多年前。

第二节　中国是家禽遗传资源最丰富的国家

家禽遗传资源是世界生物多样性的重要组成部分，是人类社会生存和发展的基础。由于我国不同地区地形地貌、气候等生态环境条件差异以及社会、经济和文化的发展程度不同，不同地区人们对驯化家禽的选择和利用目的也不同，逐渐形成了体型外貌、生产性能和遗传基础各异的家禽遗传资源。第三次普查显示，我国目前拥有鸡、鸭、鹅、鸽和鹌鹑等家禽地方品种207个，引入品种及配套系40个，培育品种及配套系123个，家禽遗传资源数量约占全球家禽登记品种总数的18.7%，其中地方品种占比超过10.0%。

一、物种多样性高

家禽是指经过人类长期驯化、豢养，在家养条件下能够正常生存、繁殖并具有一定经济价值的鸟类，是世界上数量最多、分布最广的家养动物。2020年5月，我国农业农村部公布的《国家畜禽遗传资源目录》首次明确了家养畜禽种类有33种，其中传统畜禽17种、特种畜禽16种。对于禽类而言，鸡、鸭、鹅、鸽和鹌鹑5种禽类为传统家禽，火鸡、珍珠鸡、雉鸡、鹧鸪、番鸭、绿头鸭、鸵鸟和鸸鹋8种归为特种家禽。与第二次调查相比，火鸡不再作为传统家禽而被列入特种家禽，同时特种家禽新增了番鸭和鸸鹋2种禽类。据2023年FAO出版的《世界畜禽遗传资源状况报告》可知，全球畜禽遗传资源种类共计有37种，我国家养禽类物种总数占比超全球畜禽总数的1/3，占我国家养畜禽总数的39.4%。鸡和鹅驯化时间近万年，鸭、鸽和鹌鹑驯化时间也在数千年以上，这些物种构成了我国丰富独特的家禽遗传资源宝库，也让我国家禽生产规模长期占据全球榜首。

二、种内遗传多样性丰富

自改革开放以来，我国鸡、鸭、鹅、鸽和鹌鹑等家禽遗传资源的数量迅猛增加。如表6-1-1所示，我国家禽地方品种数量从第一次调查到2023年第三次普查由52个增长至207个，其中鸡地方品种133个、鸭38个、鹅32个、鸽4个；我国培育品种及配套系从9个增长至123个；家禽引入品种及配套系从13个增长至40个。因此，目前我国拥有鸡、鸭、鹅、鸽和鹌鹑品种总数分别为260个、

56 个、40 个、11 个和 3 个。近年国内外学者从体型外貌、生产性能、DNA 等层面对我国鸡、鸭和鹅地方品种进行了遗传多样性研究，进一步证实了各类家禽种内遗传具有多样性。根据 FAO 的 DAD-IS 数据库统计，截至 2023 年 8 月，全球家禽登记品种有 1 975 个，其中鸡、鸭、鹅、鸽、鹌鹑分别有 1 414 个、258 个、175 个、80 个、48 个。由此可知，中国家禽遗传资源数量约占全球家禽登记品种总数的 18.7%，且地方品种占比超过 10.0%，是世界上家禽遗传资源最丰富的国家。其中，鸡、鸭和鹅遗传资源总数均位居全球第 1 位，而鸽、鹌鹑分别位居全球第 3 位、第 9 位。

我国家禽遗传资源不仅数量多，而且类型多样，充分适应我国不同地理区域的自然环境条件以及当地老百姓对家禽产品的特殊需求。人们对各地家禽的选择和利用方向存在差异，形成了丰富多样的具有不同生产力类型的家禽地方品种，根据经济用途一般划分为肉用型、蛋用型、兼用型和观赏型 4 个类型。例如，综合产肉性能优势突出、闻名于世的北京鸭、狮头鹅和九斤黄鸡；蛋用性能突出的豁眼鹅和四川白鹅；肉用性能和蛋用性能兼具的惠阳胡须鸡、固始鸡和高邮鸭；外貌特征独特、适宜观赏的丝羽乌骨鸡、吐鲁番斗鸡和润州凤头白鸭。

表 6-1-1　中国家禽遗传资源数量

个

物种	类型	第一次调查	第二次调查	《国家畜禽遗传资源品种名录（2021 年版）》	第三次普查
鸡	地方品种	27	107	115	133
	培育品种及配套系	9	4	85	101
	引入品种及配套系	11	5	40	26
鸭	地方品种	12	32	37	38
	培育品种及配套系	—	—	10	14
	引入品种及配套系	2	2	8	4
鹅	地方品种	13	30	30	32
	培育品种及配套系	—	1	3	4
	引入品种及配套系	—	—	6	4
鸽	地方品种	—	2	3	4
	培育品种及配套系	—	—	2	3
	引入品种及配套系	—	1	4	4
鹌鹑	地方品种	—	—	—	—
	培育品种及配套系	—	—	1	1
	引入品种及配套系	—	2	2	2
合计	地方品种	52	171	185	207
	培育品种及配套系	9	5	101	123
	引入品种及配套系	13	10	60	40

第三节　中国家禽遗传资源特征特性鲜明

我国位于欧亚大陆的东部，西部有帕米尔高原，西南有青藏高原和喜马拉雅山，西北有阿尔泰山，北部有内蒙古戈壁沙漠，东北有兴安岭和长白山，东边和东南为海洋所环绕，形成一个相对独立的地理单元，使得我国鸡、鸭、鹅等家禽遗传资源与国外品种在起源驯化方面存在一定差异。同时，我国家养禽类通常与自然生息的野生种并存，且不同地区、民族的人们对家禽的选择和利用目的不同，使得我国家禽遗传基础和多样性更加丰富。与国外品种相比，我国丰富多样的家禽遗传资源包含着众多优良性状，不仅呈现出鲜明的体型外貌特征，而且在产肉、产蛋、肉质风味、节粮、适应性与抗病力等方面呈现出独特的优势，满足了不同地区人们对家禽产品的多元化需求，为家禽优异基因资源挖掘利用提供了珍贵素材。

一、体型外貌独特

我国家禽遗传资源体貌特征鲜明，根据羽色可分为黄羽、麻羽、黑羽、芦花羽、瓦灰羽、红羽等，根据羽型可分为丝羽、片羽等，其他突出的外观特征还有绿耳、缨头、胡须、五爪、凤头、肉瘤、豁眼、咽袋、腹褶等（图 6–1–1）。丝羽乌骨鸡因其独特的体型外貌被国外列为观赏鸡种，具有典型的“十全”特征，即“桑葚冠、缨头、绿耳、胡须、丝羽、五爪、毛脚、乌皮、乌肉、乌骨”。北京油鸡具有典型的“三羽”特征，即“凤头、毛脚和胡子嘴”。除伊犁鹅之外，中国鹅种前额基部都有一个半圆形“肉瘤”，且颈部较细长、前躯略高抬，呈现弓形般的“天鹅颈”。另外，部分鹅种颌下有皮褶，称之为“咽袋”，腹部有皮褶，称之为“蛋窝”。大型鹅种狮头鹅就拥有较其他鹅种更为发达的肉瘤和颌下垂皮。

二、产蛋性能优异

我国绍兴鸭、龙岩山麻鸭、褐色菜鸭、金定鸭、攸县麻鸭、四川白鹅、籽鹅、豁眼鹅等家禽地方品种产蛋性能优势突出。我国蛋用型鸭几乎都是麻鸭，广泛分布于水网纵横、饲草丰盛的浙江、福建、广东等地，其中绍兴鸭、龙岩山麻鸭等开始产蛋的时间为 100~140 日龄，年产蛋 280 个以上。与国外鹅种及国内其他地方鹅种相比，四川白鹅、籽鹅和豁眼鹅几乎无就巢性，开始产蛋的时间早，年产蛋量为 80~100 个。其中，四川白鹅因繁殖性能优异、配合力好、适应性强等特点，广泛用作鹅新品种（配套系）培育的母本素材。

三、产肉性能强

我国家禽地方品种在产肉性能方面呈现出独特的优势，如狼山鸡、九斤黄鸡、北京鸭、建昌鸭、狮头鹅等。19 世纪中叶，我国一些地方鸡种产肉性能曾居世界领先水平，例如英国从我国江苏、上海等地引入的狼山鸡和九斤黄鸡，经繁育后都被认定为国际标准品种，其中狼山鸡被认定为兼用品种，九斤黄鸡被认定为肉用品种，并用这两个引入品种杂交改良英国本地鸡种的产肉性能。北京鸭作为国际标准品种，体型硕大、胸部肉丰满、生长速度快、饲料转化率高、综合肉用性能优势突出、肥育性

矮脚鸡
坝上长尾鸡
白耳黄鸡
拜城油鸡
北京油鸡
边鸡
藏鸡
固始鸡
广西三黄鸡
海东鸡
河田鸡
惠阳胡须鸡
淮南麻黄鸡
黄郎鸡
狼山鸡
溧阳鸡
凉山岩鹰鸡
林甸鸡
龙胜凤鸡
鹿苑鸡
略阳鸡
丝羽乌骨鸡（泰和乌鸡）
安义瓦灰鸡
威宁鸡
文昌鸡
汶上芦花鸡
武定鸡
西双版纳斗鸡
北京鸭
高邮鸭
褐色菜鸭
吉安红毛鸭
建昌鸭
建水黄褐鸭
金定鸭
百子鹅
道州灰鹅
定安鹅
钢鹅
豁眼鹅
狮头鹅
四川白鹅

图 6-1-1　中国

崇仁麻鸡　大骨鸡　大围山微型鸡　东乡绿壳蛋鸡　河南斗鸡　独龙鸡　高脚鸡

江山乌骨鸡　金湖乌凤鸡　金阳丝毛鸡　景阳鸡　静原鸡　旧院黑鸡　兰坪绒毛鸡

闽清毛脚鸡　瑶鸡　浦东鸡　黔东南小香鸡　清远麻鸡　寿光鸡　四川山地乌骨鸡

霞烟鸡　仙居鸡　萧山鸡　杏花鸡　盐津乌骨鸡　云龙矮脚鸡　长顺绿壳蛋鸡

连城白鸭　龙胜翠鸭　莆田黑鸭　融水香鸭　龙岩山麻鸭　绍兴鸭　文登黑鸭

皖西白鹅　乌鬃鹅　溆浦鹅　雁鹅　伊犁鹅　浙东白鹅　籽鹅

中的独特体貌特征

能也较好，一直是世界上大型肉鸭遗传改良的首选育种素材。建昌鸭头大颈粗、体躯深宽、易肥育，在四川西昌地区历来用于生产肥肝等。狮头鹅是世界上为数不多的大型鹅种，产肉性能突出。

四、肉质风味好

中国地方鸡品种素以浓郁、细嫩的肉质著称于世。黄羽地方鸡种，如北京油鸡、惠阳胡须鸡、清远麻鸡、彭县黄鸡、矮脚鸡、广西三黄鸡、霞烟鸡、瑶鸡、广西麻鸡等肌肉中干物质、总蛋白、总氨基酸、谷氨酸、酪氨酸、天冬氨酸、苏氨酸比例远高于引入品种，且脂肪含量相对较少。在目前国际肉类市场（特别是肉用仔鸡市场）日益追求高品质和风味产品的形势下，黄羽地方鸡种优良特性的经济价值已十分明显。例如，北京油鸡距今已有300余年的选育历史，主要是满足清朝历代王公贵族对特优品质禽产品的饮食需求。北京油鸡曾作为宫廷御膳用鸡，史料中有“太后非油鸡不食”的记载，并在当时德国举办的国际博览会上获得过金奖。

专栏

◆清远鸡：国宴“头牌鸡”◆

清远鸡，又名清远麻鸡，已有上千年的历史，素有“广东第一鸡”的美誉。清远鸡毛孔细小，鸡肉紧实有弹性、肉质嫩滑、皮爽、骨软、鲜香味美、风味独特。

1972年美国总统尼克松第一次访华，为迎接这位远道而来的贵宾，周恩来总理派人到全国各地寻找名菜，最终清远鸡被选中并被端上国宴餐桌，尼克松总统品尝过后对其大加赞赏。自此，清远鸡就成了国宴上的“常客”。作为国宴“头牌鸡”，清远鸡见证了中美建交的历史性时刻，现如今已成为人民大会堂和钓鱼台国宾馆的指定食材，入围中国十大名鸡之首。同时，它还作为高端食材，成为广东、香港乃至国际各种粤菜和厨艺比赛的指定用鸡，属于妥妥的“鸡界王者”。

五、耐粗节粮

与国外品种相比，中国大多数鸡、鸭和鹅地方品种耐粗饲、觅食能力强。其中，鹅作为食草性家禽，胃肠系统发达、纤维消化率高，能够以野草、秸秆、块茎等青粗饲料为食。中国地方鹅种大多分布于江河湖泊等水域和草地资源丰富的沿岸地带以及植被丰富、青粗饲料充足的草原或丘陵山区地带，使得它们能在水面滩涂及草地草原放牧饲养，因此都呈现出较强的耐粗饲能力。狮头鹅、钢鹅、四川白鹅、浙东白鹅、皖西白鹅、定安鹅、长乐鹅、太湖鹅、籽鹅、豁眼鹅等不同体型的鹅种都具有较强的觅食能力，耐粗饲，食草节粮。

六、适应性与抗病力强

中国家禽中存在对湿热、干旱、高海拔等恶劣环境的耐性基因，对威胁畜牧业的多种疫病的易感性较低。青藏高原及周边地区海拔高、气候寒冷，当地群众养鸡粗放，鸡在野外觅食，晚上栖息在住宅旁的树枝上或牲畜房圈的梁架上，所饲养的鸡保留了红原鸡的生活习性，形成了独特的藏鸡资源。

藏鸡具有觅食能力强、耐粗放、抗病力强等特点，能适应高海拔、气候寒冷的自然环境。中国大多数地方麻鸭品种都分布在水网纵横、滩涂软泥、丘陵山区且粮食资源相对缺乏的南方地区，这些地区的养鸭业主要以放牧饲养为主，鸭要依靠自身的灵活性寻觅食物，因此极大程度地提高了其适应性与抗病力。例如，为适应四川地区水稻田仔鸭生产期和冬水田种鸭放牧期的生产方式，形成了体型较小、放牧觅食能力强的四川麻鸭。同时，放牧条件还决定了某些鸭品种资源特性的形成，如高邮鸭可以潜入 3 m 以下的水中捕捉食物，金定鸭可以在滩涂软泥上快速奔跑捕捉小鱼，莆田鸭能适应硬质海滩放养并具有较高的耐盐性和耐热性。

七、其他突出特性

中国部分家禽遗传资源还具有一些其他的突出特性。溆浦鹅、钢鹅、永康灰鹅等地方鹅种呈现出较好的肥肝性能，当地农户利用其特性生产鹅肥肝。一些白羽地方鹅种表现出优秀的羽绒性能，其中皖西白鹅产毛量高，羽绒洁白、弹性好、蓬松度好，尤其以绒毛绒朵大而著称；广丰白翎鹅全身呈白羽，产毛量也大，且羽绒质量优；织金白鹅全身羽毛雪白，绒朵大、质量好。江山乌骨鸡、金湖乌凤鸡、丝羽乌骨鸡、润州凤头白鸭、连城白鸭等地方品种具有一定的观赏和药用价值。

尽管中国家禽遗传资源多样性丰富，具有多方面的特色与优势，但我们也应该清醒认识到，中国大多数家禽地方品种仍存在某些方面的不足，如生产性能低等，尚难以满足现代家禽业规模化、集约化生产的需要。

第四节　中国家禽遗传资源分布广泛

家禽遗传资源的种类、数量及其分布与不同地区自然和人文环境均有着密切关系。在气候温和、土地肥沃、饲草充足、水源丰富、社会经济发展程度高的地区，形成和分布的家禽品种资源多，家禽业往往较为发达。地方鸡种分布于全国各地；鸭和鹅主要分布于水网纵横、饲草丰盛的华东、西南和华南地区；鸽的地方品种从华东到西北都有分布。近年来，随着交通和物流条件的改善和遗传资源的有效开发利用，适应性强、符合市场需求的部分家禽地方品种已在全国广泛分布，促进了家禽业的健康发展。

一、家禽地方品种资源分布广泛

中国一般分为华北、东北、华东（含台湾）、华中、西南、西北、华南（含香港、澳门）七大地理区域。如表 6-1-2 所示，中国家禽地方品种资源广泛分布于除天津、香港、澳门、台湾外的所有省（区、市），七大地理区域全覆盖。尽管如此，家禽地方品种数量在各地区间存在差异。华东地区拥有的家禽地方品种数量最多（77 个），随后依次是西南、华南、华中、西北、华北、东北地区。拥有至少 2 个、6 个、10 个原产家禽地方品种的省级行政区分别有 21 个、15 个、12 个。其中，云南、四川和江西是拥有家禽地方品种资源数量最多的 3 个省级行政区，分别有 20 个、18 个和 15 个。另外，我国鸡地方品种分布范围最广，覆盖 29 个省级行政区，拥有鸡地方品种数量最多的前三个省份依次是云南、四川和江西；其次是鸭，覆盖 18 个省级行政区，排名前三的省份依次是福建、湖北和广西；然后是鹅，覆盖 16 个省级行政区，排名前三的省份依次是广东、江西和湖南；之后是鸽，仅原产于广东、江苏、河南和新疆 4 个省级行政区。

表 6-1-2　我国家禽地方品种在原产地的数量统计

个

地理区域[1]	省(区、市)[2]	地方品种数量[3]				各省(区、市)总数	各区域总数
		鸡	鸭	鹅	鸽		
华东	上海	1	—	—	—	1	75
	江苏	6	3	1*	1	11	
	浙江	5	2	2*	—	9	
	安徽	8	1	2	—	11	
	福建	7*	5*	2	—	14	
	江西	9*	2	4	—	15	
	山东	9	3	2	—	14	
西南	重庆	2	1	—	—	3	53
	四川	13	3	2	—	18	
	贵州	7	2	2	—	11	
	云南	17	2	1	—	20	
	西藏	1	—	—	—	1	
华南	广东	7	1	5	1	14	28
	广西	6	4	1	—	11	
	海南	2	—	1	—	3	
华中	河南	5	1	—	1	7	30
	湖北	10	4	—	—	14	
	湖南	4	1	4	—	9	
西北	陕西	2	1	—	—	3	11
	甘肃	2*	—	—	—	2	
	青海	1	—	—	—	1	
	宁夏	1*				1	
	新疆	4	1	1	1	7	

① 根据各地理区域拥有的家禽地方品种数量排名。

② 根据各地理区域内省（区、市）拥有的家禽品种数量排名。

③ 数据来源于第三次普查结果。

续表 6-1-2

地理区域	省（区、市）	地方品种数量				各省（区、市）总数	各区域总数
		鸡	鸭	鹅	鸽		
华北	北京	1	1	—	—	2	5
	河北	2	—	—	—	2	
	山西	1*	—	—	—	1	
	内蒙古	1*	—	—	—	1	
东北	辽宁	1	—	—	—	1	4
	黑龙江	1	—	1	—	2	
	吉林	—	—	1	—	1	
合计	30	133	38	32	4	207	207

* 注：甘肃、宁夏均为静原鸡的原产地，内蒙古、山西均为边鸡的原产地；江西、福建均为丝羽乌骨鸡的原产地；江苏、浙江均为太湖鹅的原产地；分布于福建的褐色菜鸭原产于台湾。

二、家禽遗传资源跨省流动活跃

我国 70% 以上家禽地方品种除分布于原产省份外，还在其他省（区、市）分布。如图 6-1-2 所示，我国有 81 个鸡地方品种存在跨省分布，其中跨省数量前十名的品种依次是丝羽乌骨鸡、东乡绿壳蛋鸡、汶上芦花鸡、矮脚鸡、清远麻鸡、文昌鸡、大骨鸡、淮南麻黄鸡、广西麻鸡和淮北麻鸡；有 29 个鸭地方品种存在跨省分布，其中跨省数量前十名的品种依次是北京鸭、龙岩山麻鸭、绍兴鸭、连城白鸭、金定鸭、淮南麻鸭、高邮鸭、四川麻鸭、广西小麻鸭和巢湖鸭；有 26 个鹅地方品种存在跨省分布，其中跨省数量前十名的品种依次是狮头鹅、浙东白鹅、雁鹅、皖西白鹅、四川白鹅、太湖鹅、永康灰鹅、豁眼鹅、兴国灰鹅和闽北白鹅；有 3 个鸽地方品种至少跨 9 个省级行政区分布，其中跨省数量最多的是石岐鸽，达 23 个省份。

除地方品种外，一些引入品种或培育品种跨省分布也较为普遍。例如，朝鲜鹌鹑跨 11 个省级行政区分布，美国王鸽、天翔 1 号肉鸽配套系分别跨 21 个、6 个省级行政区分布，扬州鹅、樱桃谷鸭、贵妃鸡、京海黄鸡、罗曼蛋鸡、海兰蛋鸡、爱拔益加、科宝 500 肉鸡分别跨 8 个、6 个、13 个、6 个、4 个、8 个、9 个、6 个省级行政区分布。

在当今畜禽遗传资源日趋匮乏、品种逐渐单一的情况下，我国家禽遗传资源丰富的生态类型、生产类型及其优异的遗传特性，是一座巨大的基因宝库，凝聚着古往今来中华民族的智慧与汗水，是祖先留给我们的种质资源宝藏，是提高家禽业生产水平和效率的长久性支柱。

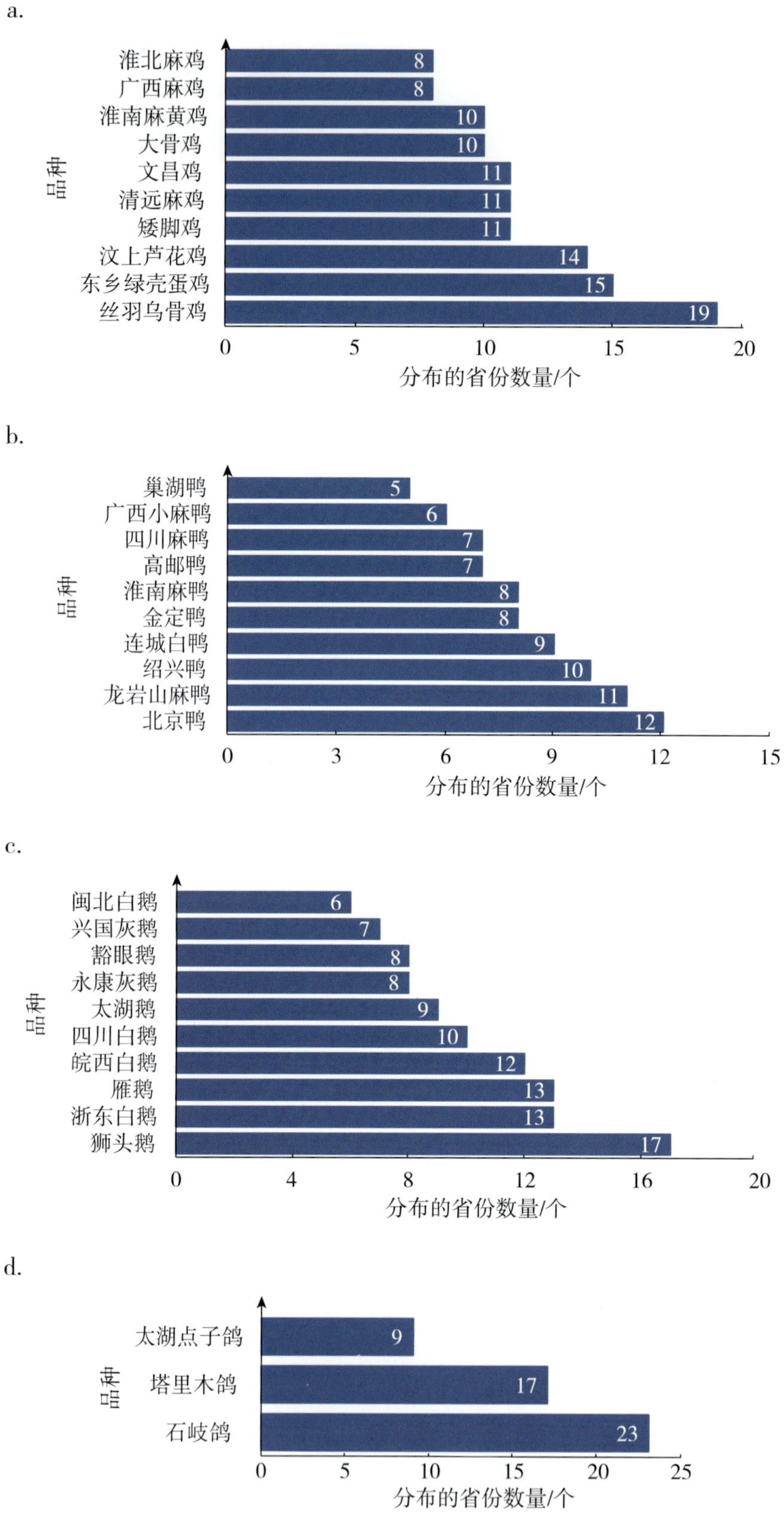

图 6-1-2　全国分布最广泛的家禽地方品种

a. 分布省份数量前十名的地方鸡种；b. 分布省份数量前十名的地方鸭种；
c. 分布省份数量前十名的地方鹅种；d. 3 个地方鸽种的分布省份数量

第五节 中国家禽遗传资源的发展变化

新中国成立以来，中国政府对全国家禽遗传资源开展了至少三次全国性普（调）查工作，这不仅为中国家禽遗传资源的保护提供了科学数据，而且为其开发利用及实现家禽业现代化奠定了良好基础。根据三次普（调）查的结果，我国家禽遗传资源在遗传多样性、种群数量、分布区域、利用方向等方面都发生了显著变化，这与世界家禽产业发展趋势、中国社会经济文化发展程度等密切相关，烙上了不同时期人们对家禽产品需求的印迹。

一、遗传多样性更趋丰富

与第一次调查相比，第二次调查、第三次普查工作均新增了鸽和鹌鹑 2 个禽类，且第三次普查将鸽和鹌鹑列入了传统家禽范畴，至此新增鸽遗传资源 11 个、鹌鹑遗传资源 3 个，丰富了我国传统家禽遗传资源的物种多样性。与前两次调查相比，第三次普查更为全面系统地摸清了我国鸡、鸭和鹅遗传资源状况，发掘了一批新的家禽遗传资源。与第一次调查相比，截至 2023 年 12 月，我国已累计新鉴定鸡、鸭和鹅地方品种共计 150 个，新增鸡、鸭和鹅引入品种及配套系 27 个、培育品种及配套系 114 个，新增鸽遗传资源 11 个、鹌鹑遗传资源 3 个，这不仅显著增加了世界家禽遗传资源多样性，而且为我国家禽品种遗传改良及新品种培育提供了丰富的育种素材。

二、种群数量有升有降

表 6-1-3 列出了第一次调查、第二次调查和第三次普查均有数据的 24 个鸡、12 个鸭和 12 个鹅地方资源种群数量变化情况。数据显示，我国家禽地方资源种群数量有升有降。其中，河田鸡、狮头鹅种群数量持续增加，河田鸡、白耳黄鸡、丝羽乌骨鸡、茶花鸡、武定鸡、清远麻鸡、连城白鸭、狮头鹅、浙东白鹅等大部分地方资源种群数量稳定维持在 10 万只以上，而寿光鸡、静原鸡、溧阳鸡、鹿苑鸡、莆田黑鸭、乌鬃鹅、长乐鹅、溆浦鹅等资源的群体数量持续降低。惠阳胡须鸡、萧山鸡、边鸡、彭县黄鸡、北京油鸡、金定鸭、太湖鹅等地方资源均曾急剧减少，而近年来的群体数量又得以增加，显示这些资源的保护与开发已取得显著成效。

表 6-1-3 家禽地方资源种群数量的变化 万只

地方资源种群	第一次调查*	第二次调查*	第三次普查*
惠阳胡须鸡	1500.00	1.20	49.00
大骨鸡	450.00	15.00	63.00
清远麻鸡	400.00	40.00	109.00
河田鸡	200.00	295.00	311.00
萧山鸡	150.00	0.80	2.00
寿光鸡	120.00	20.00	4.00

续表 6-1-3

地方资源种群	第一次调查*	第二次调查*	第三次普查*
杏花鸡	100.00	500.00	29.00
武定鸡	90.00	32.70	125.00
白耳黄鸡	80.00	2000.00	114.00
静原鸡	80.00	44.50	1.40
茶花鸡	66.00	12.00	102.00
仙居鸡	50.00	148.40	43.00
边鸡	50.00	0.10	2.50
狼山鸡	30.00~40.00	1.00	1.80
彭县黄鸡	30.00	0.01	0.47
林甸鸡	26.00	130.00	1.40
丝羽乌骨鸡	20.00	1650.00	80.00
溧阳鸡	20.00	10.00	1.80
桃源鸡	17.66	500.00	0.30
霞烟鸡	15.00	16.27	6.00
鹿苑鸡	10.00	2.00	0.87
北京油鸡	3.00	0.30	15.00
峨眉黑鸡	1.60	1.00	4.80
浦东鸡	1.00	0.08	0.54
高邮鸭	1000.00	200.00	27.00
巢湖鸭	500.00	200.00	13.00
北京鸭	300.00	4990.00	61.00
绍兴鸭	300.00	238.00	35.00
攸县麻鸭	300.00	580.00	21.00
金定鸭	100.00	1.20	44.00
莆田黑鸭	100.00	15.00	3.00
荆江鸭	50.00	13.60	29.00
连城白鸭	50.00	150.00	39.00
建昌鸭	30.00	53.00	0.50
三穗鸭	7.00	1.00	12.00
大余鸭	0.50	11.00	31.00

续表 6-1-3

地方资源种群	第一次调查*	第二次调查*	第三次普查*
皖西白鹅	480.00	805.00	66.00
乌鬃鹅	250.00	10.00	0.14
浙东白鹅	130.00	180.00	82.70
太湖鹅	100.00	0.50	14.00
四川白鹅	60.00	1665.00	13.00
豁眼鹅	40.00	800.00	23.00
雁鹅	30.00~40.00	0.05	5.60
长乐鹅	26.00	2.00	0.80
狮头鹅	10.00	140.00	153.00
溆浦鹅	8.00	1.78	0.38
郿县白鹅	7.00	7.90	0.09
伊犁鹅	6.00~8.00	3.00	17.30

注：第一次调查数据来自 1989 年版《中国家禽品种志》，第二次调查数据来自 2011 年版《中国畜禽遗传资源志·家禽志》，第三次普查数据来自 2022 年面上普查结果。

三、分布区域稳中有变

根据第二次调查、第三次普查数据，我国家禽地方品种的原产地分布均覆盖七大地理区域，主要分布在华东、西南、华南和华中区域，占 90% 左右，且广泛分布于除天津和香港、澳门、台湾之外的所有省份。其中，云南、四川、福建和江西是拥有家禽地方品种资源数量最多的 4 个省级行政区。中国鸡地方品种分布范围最广，两次普（调）查均覆盖 29 个省级行政区，且拥有鸡地方品种数量最多的 3 个省份是云南、四川和江西。鸭和鹅主要分布于水网纵横、饲草丰盛的华东、西南和华南地区。其中，鸭地方品种覆盖的省级行政区数量从第二次调查的 16 个增加至第三次普查时的 18 个，但拥有鸭地方品种数量最多的 3 个省份是福建、广西和湖北；鹅地方品种覆盖的省级行政区数量从 15 个增加至 16 个，且数量最多的 3 个省份是广东、江西和湖南；鸽地方品种覆盖的省级行政区数量从第二次调查的 2 个增加至第三次普查时的 4 个，分布于华南、华东、华中和西北地区。

自第二次调查以来，随着物流运输条件的改善、家禽地方遗传资源的有效开发利用和市场需求的变化，一些具有优势或独特生产性能的地方品种分布区域日益扩大。例如，丝羽乌骨鸡、东乡绿壳蛋鸡、汶上芦花鸡、文昌鸡、清远麻鸡、淮南麻黄鸡、大骨鸡等地方鸡种广泛分布于 10 个以上的省份，且各群体数量超过 45 万只。其中，丝羽乌骨鸡分布省份达 19 个，文昌鸡群体数量超过 2 300 万只。北京鸭、龙岩山麻鸭、绍兴鸭、连城白鸭、金定鸭等地方鸭种分布于 8 个以上的省份，且各群体数量超过 38 万只；其中，北京鸭分布省份达 12 个，绍兴鸭群体数量超过 350 万只。狮头鹅、四川白鹅、浙东白鹅、皖西白鹅、太湖鹅、豁眼鹅等地方鹅种广泛分布于 8 个以上的省份，且各群体数量超过 13 万只；其中，狮头鹅不仅分布省份数高达 17 个，群体数量也超过 153 万只。3 个地方鸽种至少跨 9

个省级行政区分布，其中，跨省数量最多的是石岐鸽，达 23 个；群体数量最大的是塔里木鸽，超过 1 260 万只。然而，还有一些地方品种由于受到商业化配套系的市场冲击等因素影响，分布区域逐渐缩小，群体数量均不到 1 万只，群体规模较小，仅在原产地或中心产区有分布，例如，东安鸡、独龙鸡、桃源鸡、兰坪绒毛鸡、金阳丝毛鸡、云龙矮脚鸡、鹿苑鸡、龙胜翠鸭、建水黄褐鸭、建昌鸭、汉中麻鸭、鄱县白鹅、织金白鹅、阳江鹅、道州灰鹅、溆浦鹅等。

四、利用方向更加多元

随着中国社会经济快速发展和人们对优质健康禽产品多元化需求的增加，一些家禽地方品种利用方向更加多元，拓展了产业价值。例如，江山乌骨鸡、丝羽乌骨鸡、四川麻鸭、云南麻鸭等兼用型地方品种逐渐向肉用型或药用型方向转变。一些观赏型地方品种，如吐鲁番斗鸡、贵妃鸡等，逐渐向肉用型利用方向转变；一些地方鹅种，如皖西白鹅、浙东白鹅、溆浦鹅等，逐渐向肉用型、绒用型和肝用型多元化利用方向发展；一些以产肉为主的地方鸽种逐步向肉蛋兼用型或蛋用型转变。同时，基于我国优良的地方禽种自主培育出了多个满足不同区域市场多元化需求的特色蛋鸡、蛋鸭、优质肉鸡和肉鸭新品种及配套系。例如，以东乡绿壳蛋鸡、如皋黄鸡等地方鸡种为育种素材，培育出了苏禽绿壳蛋鸡、粤禽皇 5 号蛋鸡、新杨黑羽蛋鸡等高繁节粮特色蛋鸡新配套系；以龙岩山麻鸭、金定鸭、绍兴鸭等地方鸭种为素材，培育出了苏邮 1 号蛋鸭、国绍Ⅰ号蛋鸭配套系、神丹 2 号蛋鸭等高繁蛋鸭新配套系，生产的禽蛋更符合我国老百姓的传统消费习惯。基于文昌鸡、清远麻鸡、惠阳胡须鸡等地方鸡种培育的黄羽肉鸡新品种及配套系已达 86 个，其产品类型齐全、丰富多样，满足了市场的多元化需求；以快大型白羽肉鸡父母代公鸡为父本，黄羽肉鸡为母本杂交生产的优质小白鸡，其生长速度快、饲料转化率高，且肉质优于 817 肉杂鸡，更符合华南地区的市场需求。肉鸭育种方向正逐步从快大型向优质型、肉脂型等方向转变，我国自主培育的南口 1 号北京鸭配套系、京典北京鸭等烤炙型北京鸭配套系完全占据我国中高端烤鸭市场；以建昌鸭、四川麻鸭、龙岩山麻鸭等地方鸭种为素材培育的天府农华麻羽肉鸭配套系，更符合中国南方地区的加工和消费需求；以地方良种连城白鸭为主要素材培育的武禽 10 肉鸭配套系，更适宜于中国南方“稻 – 鸭 – 虾”综合种养模式。

第二章

中国家禽遗传资源的重要作用与价值

家禽遗传资源是生物多样性的重要组成部分，是长期进化形成的宝贵的战略性资源，是现代种业创新和家禽业可持续发展的物质基础。丰富的家禽资源是我国禽蛋产量世界第一、禽肉产量世界第二、羽绒产量占全球 80% 的重要支撑，在保障优质肉蛋产品供应、稳定畜产品价格、促进乡村振兴、改善社会民生福祉等方面发挥了重要作用。丰富的家禽遗传资源来源于多样化的自然生态条件和多民族融合的社会文化生活，承载了中国多彩的民族文化和丰厚的历史文化遗产，成为农业生态系统的重要组成部分，为世界家禽业发展做出了重要贡献。

第一节　家禽遗传资源是家禽业可持续健康发展的基础

家禽业是畜牧业重要组成部分，占中国畜牧业总产值的 25% 左右，有效保证了肉、蛋、羽绒等多元化产品供应，成为中国农业经济主要支柱产业，对国民经济有着重大贡献。丰富多样的家禽遗传资源支撑了中国家禽业在世界处于举足轻重的地位。

一、支撑了我国规模庞大的禽肉产业

中国拥有丰富的家禽遗传资源，支撑我国禽肉产业庞大的规模，在全球禽肉产业上占据举足轻重的地位。根据 FAO 数据，2021 年世界禽肉产量 13 798.0 万吨，其中，中国禽肉产量 2 380.0 万吨，占全球产量的 17.3%。中国家禽业自改革开放以来，取得了飞速的发展，家禽饲养量、禽蛋产量连续多年保持世界第一，禽肉产量世界第二。中国鸡的养殖量占全球的 20.2%，鸭的养殖量占全球的 61.5%，鹅的养殖量占全球的 87.4%（表 6-2-1）。在中国肉类出口贸易方面，鸡肉的出口量也常年占据第一位，对中国经济发展有巨大推进作用。

表 6-2-1　中国家禽生产统计

项目	中国	亚洲	全球	中国占亚洲比例 /%	中国占全球比例 /%
鸡存栏量 / 万只	522 363.0	1 574 757.2	2 585 609.0	33.2	20.2
鸡屠宰量 / 万只	1 151 492.0	32 913 113.0	7 379 105.0	3.5	15.6
鸡肉 / 万吨	1 542.0	4 313.0	12 159.0	35.8	12.7
鸭存栏量 / 万只	67 577.7	99 039.1	109 933.0	68.2	61.5
鸭屠宰量 / 万只	361 064.0	404 399.0	430 952.0	89.3	83.8
鸭肉 / 万吨	490.0	556.0	620.0	88.2	79.0
鹅存栏量 / 万只	31 744.0	32 622.0	36 313.0	97.3	87.4
鹅屠宰量 / 万只	71 711.0	72 705.0	74 873.0	98.6	95.8
鹅肉 / 万吨	429.0	431.0	438.0	99.5	98.0

数据来源：2021 年 FAO 统计数据库（FAOSTAT）。

家禽业发展离不开丰富的遗传资源。由于我国传统的消费习惯和生活水平改善，基于家禽地方资源开发的肉禽生产已占有重要比例。2021 年我国黄羽肉鸡、肉杂鸡和白羽肉鸡出栏量分别为 40.42 亿只、19.40 亿只和 65.32 亿只，占比分别为 32.30%、15.50% 和 52.20%。黄羽肉鸡包括我国地方品种资源直接开发利用，以及利用我国地方品种资源和引进后的鸡种资源选育的优质肉鸡新品种（配套系），种源 100% 自主供应。肉杂鸡（也称小白鸡）是我国独创的利用引进白羽肉鸡和高产蛋鸡资源杂交而成的，目前已自主培育 3 个配套系，种源 100% 自主供应。2021 年我国利用引入后经本土驯化选育的家禽资源自主培育了 3 个白羽肉鸡配套系，目前种源供应占我国白羽肉鸡市场的 15%，满足了我国庞大肉鸡产业的种源需求。

中国肉鸭和肉鹅年出栏量分别达 40 亿只和 7 亿只，长期占世界总量的 2/3 以上，丰富的水禽资源为此奠定了基础。以北京鸭为素材培育的品种主导了肉鸭产业，种源 100% 自主供应。肉鹅生产中主要利用地方鹅种，在山东、江苏、四川、浙江、广东等十多个省份广泛饲养。近年来北方鹅饲养量快速增长，肉鹅的上市数量逐年快速增长，种源 90% 以上自主供应。

二、家禽遗传资源支撑了我国禽蛋产量持续保持全球领先

禽蛋是各种可食用的家禽蛋的统称，包括鸡蛋、鸭蛋、鹅蛋、鸽蛋、鹌鹑蛋等。2021 年全球禽蛋产量为 9 256.25 万吨，其中鸡蛋产量 8 638 万吨，占禽蛋总产量的 93.33%。全球鸡蛋产量排名前六的国家是中国、印度、美国、巴西、墨西哥和日本，中国鸡蛋产量遥遥领先（图 6-2-1）。

中国自 1985 年开始，禽蛋总产量一直位居世界第一位；据 FAO 统计，2021 年中国禽蛋产量为 3 454.40 万吨，占世界禽蛋产量的 37.32%，人均禽蛋消费量已达到发达国家水平。2021 年中国鸡蛋产量 2 974.80 万吨，占全球鸡蛋产量的 34.44%（表 6-2-2）；其他禽蛋产量 479.60 万吨，占世界其他禽蛋产量的 79.27%。

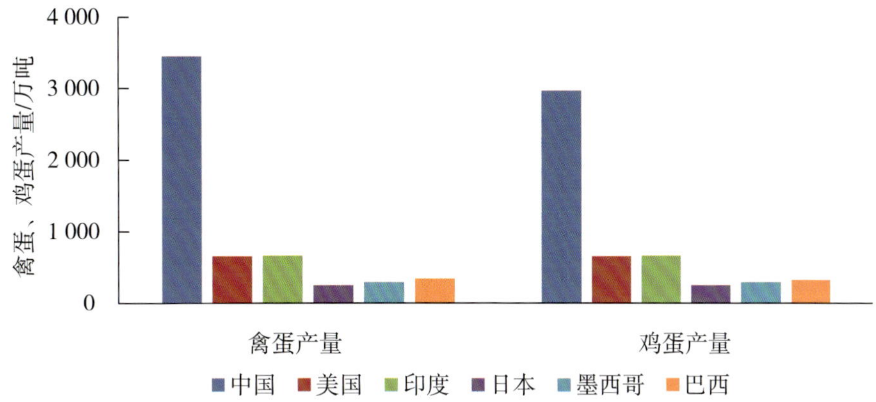

图 6-2-1　全球主要国家禽蛋和鸡蛋产量

数据来源：2021 年 FAO 统计数据库（FAOSTAT）

表 6-2-2　中国禽蛋产量统计

	中国	全球	中国占全球比例 /%
禽蛋产量 / 万吨	3 454.40	9 256.20	37.32
鸡蛋产量 / 万吨	2 974.80	8 638.80	34.44
鸡蛋产值 /1 000 美元	32 889 302.00	112 476 137.00	29.24

数据来源：2021 年 FAO 统计数据库（FAOSTAT）。

中国拥有产蛋性能优异的家禽遗传资源，保障了禽蛋产业的国际领先地位。中国蛋鸡类型包括高产蛋鸡、特色蛋鸡和肉蛋兼用鸡，总存栏量 15 亿只左右，其中高产蛋鸡、特色蛋鸡和肉蛋兼用地方鸡存栏量分别为 12 亿、2 亿和 1 亿只。中国地方鸡资源中有许多产蛋性能较好的品种，如仙居鸡、济宁百日鸡、白耳黄鸡等，直接利用这些地方品种生产的土鸡蛋，在市场上颇受欢迎，目前存栏量约 1 亿只。利用地方鸡资源经过选育及其与引入的高产蛋鸡品系杂交配套，培育的特色蛋鸡品种和配套系 10 个，存栏量约 2 亿只，种源 100% 自主供应。高产蛋鸡是利用国际著名蛋鸡专门化品系培育而成的，截至 2022 年，我国利用经本土驯化选育的引入资源培育了 12 个高产蛋鸡配套系，市场占有率 70% 以上，有力支撑了蛋鸡产业发展。

中国地方蛋鸭中有世界上产蛋性能最优秀的品种，如浙江的绍兴鸭、福建的龙岩山麻鸭、金定鸭等，这些品种的年产蛋量 280~300 个。经过系统选育后，中国地方鸭品种的产蛋性能明显提高，成为蛋鸭养殖业的主角。截至 2022 年年底，中国利用地方鸭品种培育了蛋鸭配套系 4 个，利用引入的鹌鹑资源培育了蛋鹌鹑配套系 1 个，保障了蛋鸭和蛋鹌鹑产业的发展。

三、水禽资源支撑了全球最大的羽绒产业

中国水禽资源丰富，诸多地方品种的羽绒性能优良，支撑了全球最大的羽绒产业，占据世界羽绒近 80% 的市场份额。根据羽绒行业统计数据，2021 年中国年产羽绒超 60 万吨、羽绒服装 1.2 亿件，羽绒行业出口额超 34 亿美元。

专栏

◆ 皖西白鹅——羽绒性能优秀的家禽资源 ◆

皖西白鹅是中国优良的家禽遗传资源，主要分布在安徽西部的霍邱、六安、寿县以及河南的固始等地，具有早期生长速度快、抗逆性强、肉质细嫩鲜美等优点，尤其以羽毛洁白、羽绒朵大绒长、蓬松度好享誉国际市场。2021 年 4 月，皖西白鹅入选第一批全国名特优新农产品名录。

皖西白鹅在羽绒方面具有独特优势，3~4 月龄仔鹅每只产羽绒 270~280 g，其中纯绒 16~20 g；8~9 月龄鹅每只产羽绒 350~400 g，其中纯绒 40~50 g。皖西白鹅产区出口绒量占全国出口量的 10%，位居全国首位，占世界羽绒贸易量的 3.3%。安徽六安市裕安区皖西白鹅产业发展历史悠久，素有“中国羽绒之都”“皖西白鹅之乡”美誉，全区皖西白鹅饲养量达 358.5 万只，形成了“孵化—育苗—饲养—宰杀—鹅肉加工—羽绒羽毛加工”的皖西白鹅特色产业链，全产业链综合产值达 40 亿元，成为当地的重要支柱产业之一。

第二节　家禽遗传资源是改善社会民生的基本要素

家禽遗传资源不仅为养殖业可持续发展提供保障，对改善社会民生也具有重要作用。家禽生产周期短、生产效率高，能为市场快速提供肉、蛋产品，在保障优质肉蛋产品供应、稳定畜产品价格和促进农民增收等方面发挥了重要作用，对加快畜牧业高质量发展、促进乡村振兴、满足人民美好的物质生活需求和改善社会民生福祉具有重要作用与价值。

一、高效率生产肉蛋产品保障优质动物蛋白市场供给

禽肉和蛋被认为是动物蛋白质和其他重要营养素的优质来源。家禽繁殖力强、生长迅速、饲料转化率高、生产周期短、肉质优良、抗病性强、适应密集饲养，能以较低的成本生产出营养丰富的蛋肉产品。2021 年我国人均消费禽肉 17 kg（占肉类消费总量的 30%）、禽蛋 24 kg，远超世界平均水平。我国地域广泛，消费习惯存在较大差异，科研人员利用丰富的家禽遗传资源培育了很多地方特色品牌，开发了多样的特色产品，满足了消费市场多元化产品需求。

家禽养殖适合规模化、工业化生产，通过建立完善的全程质量控制和食品安全监控体系，保障了产品品质和食品安全，可最大化实现禽类资源的利用，提升禽产品的生产效率，保障禽产品的市场供应，为保障广大人民群众充足的肉蛋食品需求做出了重要贡献，对保障市场供给，满足人民美好生活需求起到重要作用。

二、家禽地方资源开发助力脱贫攻坚和乡村振兴

家禽地方资源适合小规模、分散养殖，其开发利用可为农村闲散劳动力创造就业机会，缓解社会就业压力，促进社会稳定，是建设现代化农业体系中的一个重要组成部分，已成为农村经济中最活跃的增长点和主要的支柱产业，为全面推进乡村振兴和农业农村现代化建设提供了有力的支持，为解决

劳动力就业、维护社会稳定等做出了巨大贡献。

中国家禽地方资源多分布于偏远山区，那里交通不便，基础设施和经济水平落后。地方家禽品种适应性强、耐粗饲、觅食能力好，适合生态放养，是开展生态养殖的优势资源，具备打造生态家禽品牌的天然优势，可以满足市场对高端禽产品的需求，是山区脱贫致富较好的选择。我国很多地方家禽遗传资源，按照“公司＋基地＋农户＋合作社”的模式，创新“订单农业、保护价收购”等形式发展肉蛋禽养殖，产生北京油鸡、林甸鸡、溧阳鸡等100余个地理标识产品，形成了相对完善的产业链，提升了肉禽蛋禽养殖效率和效益，有效助力了国家乡村振兴战略的实施。

专栏

◆ 旧院黑鸡——助力乡村振兴 ◆

旧院黑鸡是中国著名的地方优质鸡种，原产地为四川省万源市。旧院黑鸡体型较大，黑羽，乌皮，肉质细嫩清香，味道鲜美，蛋口感细腻、富硒，具有适应山区立体气候、抗病力强等特点。万源市坚持“保护和开发”同步，大力发展旧院黑鸡产业，加强产品开发和销售，通过发展销售终端、电商线上直播、开设线下连锁店（体验＋展销）等方式，以用促保，培养专业养殖户，通过“公司＋金融＋养殖户”模式发展，解决养殖户的技术和资金等后顾之忧。旧院黑鸡产业已助力51个贫困村摘帽，5 000余户贫困户脱贫，现已成为乡村振兴支柱产业，2022年已实现产值6亿元。

三、家禽遗传资源用于现代医学研究

家禽遗传资源能为医学研究提供动物模型。鸡和鹌鹑的尿酸代谢、嘌呤代谢与人体相似，常用来建立痛风性关节炎、高尿酸血症等模型。鹌鹑还被用作研究视网膜和视神经的发育病理学、继发性青光眼、白内障和视网膜变性等人类相关疾病的实验动物模型。

利用家禽胚胎构建了一系列禽类细胞系，包括鸭胚胎干细胞系（EB66）、原始生殖细胞系（PGCs）、功能干细胞系（iPSCs）、鸡胚胎干细胞系（PBS-12F）和鹌鹑胚胎干细胞系（QOR2/2E11）等，这些细胞系均可用于生产疫苗和进行相关生物学研究。鸡蛋产量高、周期短，蛋清成分也相对简单，易于纯化分离外源蛋白，因此基因编辑鸡已被作为输卵管生物反应器，应用于生产药用蛋白。

第三节　家禽遗传资源承载着多彩的民族特色文化

中国丰富的家禽地方品种资源是在特定的自然生态环境和社会历史条件下，经过人类长期驯化培育而成的，几千年来一直与人类生活密切相关，是人类文化的特征之一，在传承中华农耕文明、推动人类社会发展的过程中发挥了不可替代的作用。家禽遗传资源承载着多彩的民族特色文化，作为民族文化历史活的见证者，为研究历史文化遗产提供了依据。

一、家禽遗传资源是丰富饮食文化的源泉

中华饮食文化博大精深，对于禽类食材的开发利用格外丰富，中华饮食中禽类一般以鸡、鸭、鹅、鸽和鹌鹑为代表。鸡是首屈一指的滋补食品，素来有“无鸡不成宴”的美誉。特色鸡美食需要特色的地方鸡品种，如用文昌鸡制作的椰子鸡、用惠阳胡须鸡制作的东江盐焗鸡、用静宁鸡制作的静宁烧鸡等。以各种地方鸡种为原料制作的佳肴数以千计，各具风味，如江浙的叫花鸡、莲荷童鸡、出骨掌翅，四川的棒棒鸡、怪味鸡、宫保鸡丁，上海的白斩鸡，山东的德州扒鸡，安徽的符离集烧鸡，河南的道口烧鸡等。

鸭肉美食在中国有 2 000 多年历史，清宫食谱中有干菜鸭子、烩鸭条、熏葱椒鸭子、燕窝扒鸭、八仙鸭子等 50 余种。鸭肉烹饪中颇具代表性的做法有著名的北京烤鸭、四川的卤鸭与板鸭、南京盐水鸭、南宁烧鸭等，形成了多个百年老字号招牌。鸭蛋产品包括咸鸭蛋、松花蛋、皮蛋、糟蛋等。在中国饮食文化中，鹅肉一直是备受青睐的高级食材，最著名的鹅制品有潮汕卤水鹅、广东烧鹅和扬州盐水鹅，分别以狮头鹅、乌鬃鹅和扬州鹅等为原料。

专栏

狮头鹅——世界鹅王

狮头鹅是世界最大型的鹅种之一，有“世界鹅王”美誉，因前额和颊侧肉瘤发达、呈狮头状而得名。狮头鹅中心产区位广东潮州、汕头和揭阳等地。狮头鹅头大、颈粗，体型大、生长快，饲养期短、耐粗饲、饲料转化率高。

狮头鹅与潮汕独创的“起卤”相逢，造就了南派卤味的经典美食——潮汕卤味狮头鹅。一只潮汕卤味狮头鹅就开发了 12 种吃法，如卤鹅头、卤鹅掌、卤鹅翅、卤鹅胗、卤鹅肝、卤鹅蛋、富贵鹅方、鹅肉丸、鹅肉饭等，堪称舌尖上的美食，一只鹅价值上千元。近年来，在汕头市澄海区举办狮头鹅文化节，打响了澄海狮头鹅的地标品牌，以一业火，带一带红，促百业旺。

狮头鹅被评为中国 2022 年十大畜禽遗传资源开发典型案例，已成为我国在全球畜牧产业的名片之一。狮头鹅受各地养殖户的欢迎，而且出口到东南亚等世界养鹅区，养殖规模快速增长，仅潮汕地区种鹅存栏量超 100 万只，肉鹅年出栏超 2 000 万只。

鸽子在中国的饮食文化中也处处可见，广东中山的石岐乳鸽十分著名，用乳鸽制作的菜肴包括红烧乳鸽、脆皮乳鸽、明烧乳鸽、松江乳鸽、江南白花鸽、油浸乳鸽、白切乳鸽、豉油王乳鸽等。

传统中医讲究药食同源，《本草纲目》中记载乌鸡可以补虚，对妇女具有很好的调理功效，利用丝羽乌骨鸡开发的中药“乌鸡白凤丸”闻名中外。中医认为鸭肉具有营养和药用价值，具有滋阴补肾、润肺止咳、健脾开胃、养颜美容等功效。光绪年间出版的《十药神书》中记载，连城白鸭具有药用价值，民间常利用其清热解毒、祛痰开窍、宁心安神、开胃健脾的功效治疗小儿麻疹、肝炎、无名低热高烧和痢疾等病症。

二、家禽遗传资源融入多彩的民俗文化

中国传统文化中的生肖中有鸡，由于“鸡”与“吉”同音，被人们赋予了吉祥的意义，被运用至

各种民俗艺术中。如表示吉庆的窗花、灯笼花、喜花、顶棚花（团花）等的“鸡剪纸”，形式丰富多样，具有很强的地方特色。鸡头上有冠，“冠”与“官”音同，鸡又有了另一种吉祥意义。中国古代常用鸡驱邪和祭祀，杀鸡驱邪至今在一些地区还一直流传。公鸡打鸣特别守时，是劳动人民“日出而作，日落而息”的时间助手。此外，鸡还有勤劳守信的象征，因而成为部分地区结婚彩礼的重要组成部分。

专栏

◆ 闽清毛脚鸡——民俗文化中的主角 ◆

闽清毛脚鸡因裙羽、胫羽、趾羽发达，加上公鸡鸡冠大红艳，颈羽、鞍羽金黄艳丽，头高昂、尾高翘、镰羽发达带有墨绿色金属光泽而显得雍容华丽，是闽清的一种特色地方鸡种，在当地寓意吉祥，加上滋补美味，深受当地人民喜爱。在世世代代的传统婚嫁礼仪中，接亲时，男方用红线扎住两只公鸡各一只脚做为“纳采礼鸡”，送到女方家，女方则将一对事先准备的公母鸡，用红线系住公鸡左脚和母鸡右脚作为回礼带到男方家，寓意“红线羁（系）跤（脚），百年好合”。元宵节（农历正月十五）、中元节（农历七月十五）、秋祭（农历八月初一到十五）等传统节日祭祀祖先、供奉天地众神的时候，当地必须用留有尾羽、廉羽和头冠的闽清毛脚鸡胴体作“贡品”；青少年发育阶段用田七炖闽清毛脚鸡汤来“进补”；亲友“送（平）安”给产妇滋补“坐月子”。闽清毛脚鸡因此成为当地人们文化生活不可缺少的角色，世代相传，保存至今。

鸭在中国文化中有着各种各样的象征含义，包括幸福、快乐、好运、重生、平静等等。中国古代有很多鸭型器，做成香盒或香薰状，被称为“宝鸭”“香鸭”“金鸭”“银鸭”“金凫”“鸭炉”等。

鹅在我国古代婚俗礼仪中是不可或缺的元素，用鹅作礼物成为我国古代婚姻的媒介。如在四川凉山一带，端午节由恋爱中的男方带鹅去拜访女方父母，谐音为“送我”，是我国古代婚礼礼仪的文化传承。

三、家禽遗传资源丰富了精彩的娱乐文化

我国古代以动物参与为主的娱乐活动很多，如斗鸡、斗鹅和斗鹌鹑。其中以斗鸡最为流行，斗鸡在某些地区作为寒食、清明时节的重要娱乐项目。我国著名的斗鸡品种有鲁西斗鸡、河南斗鸡、西双版纳斗鸡、吐鲁番斗鸡等。江苏一带有斗鹅的习俗，如南京红花街道经常出现“两鹅相斗、群鹅助战”的场面。斗鹌鹑具有悠久历史，现在主要集中在河南、安徽等地的乡村。这些民间斗禽习俗除有娱乐外，还有激发斗志的作用，给人们的日常生活增添了许多乐趣，使人们的生活更加丰富多彩。

在古代人们发现鸽具有一定的爱巢欲和归巢性，所以人们将驯养的鸽进行选种，训练鸽子作为通信工具，出现了信鸽和赛鸽比赛，丰富了竞翔类体育文化范畴。现在赛鸽运动已国际化，在促进世界文化的交流中发挥着重要作用。

四、家禽遗传资源形象诠释中国传统艺术文化

家禽遗传资源与人民生活关系密切，其形象以各种方式诠释着中国传统艺术文化。数千年来，有许多关于鸡的美好神话传说和文艺作品。鸡被视为喜庆吉祥的象征，是文武兼备、勇敢仁义、守信准

时的“五德之禽”，以鸡为绘画题材广泛流行。

鸭也是我国画家笔下的常客。如台北故宫博物院藏有一幅宋代《乳鸭图》，图中描绘一黄毛未褪的乳鸭和一丛花草；润州凤头白鸭出现在清代画作《荷花双凫图》中。

我国书法绘画等艺术讲究取象于自然，常将大自然中的一些动植物作为模仿对象，将其神韵融化到书法绘画等艺术创作当中。鹅以其行动机灵、相貌雅洁、气宇轩昂的独特气质，历来为文人墨客所喜爱。东晋书法家王羲之的书法成就中就有鹅的功劳，他从鹅的美貌、体态、行走姿态和泅水姿势中领悟鹅的美妙形象，将其融入书法的执笔和运笔之中。

因“鹌”与“安”同音，以鹌鹑为题材的艺术品有“平安”含义。鹌鹑与禾穗相伴，意寓“和平安定”“岁岁平安”；与菊花相伴“安居乐业”；与枸杞相伴“祈福安康”；与雉鸡相伴“长治久安”。

鸽是文学、诗词绘画等艺术活动类创作的常见素材和灵感来源。鸽子象征和平，是画家最喜欢的题材，著名画家齐白石、蒋兆和、张书旗等都画过鸽子，画家通过不同角度、不同表现方法，刻画出“鸽子”的神韵，给人们以美的享受。

专栏

太湖点子鸽——古代书画艺术中的形象

太湖点子鸽是2020年国家畜禽遗传资源委员会鉴定的新资源，主要产区为环太湖地区。太湖点子鸽全身大面积白色，头顶有一点黑羽，尾羽黑色，外貌优美，凤头、五趾性状特殊，属于观赏型及肉蛋兼用地方鸽遗传资源。

太湖点子鸽多次出现在画家名作中（图6-2-2）。滕昌佑，唐末五代为吴（今江苏苏州）人，所作的《牡丹双鸽》中绘有两只鸽子，一只为黑皂鸽，另一只为点子鸽，形态逼真，栩栩如生。徐崇嗣，北宋名画家，画有《双鸽秋艳图》，图上有两只典型的凤头点子鸽。清代扬州著名作家陈康侯所作的《蕉荫鸽趣图》，画上两只点子鸽特征明显。清汪承霈（安徽休宁人）画《双鸽图》，其中一只鸽子正是点子鸽，黑尾与头上一黑点明显。倪墨绘有《桃溪双鸽》，画中同样也有点子鸽的身影。

《牡丹双鸽》（唐末五代）　《双鸽秋艳图》（北宋）　《蕉荫鸽趣图》（清）　《双鸽图》（清）　《桃溪双鸽》（北洋时期）

图6-2-2　太湖点子鸽入画

家禽也经常出现在我国古典诗词中，如“鸡声茅店月，人迹板桥霜”“亭上十分绿醑酒，盘中一味黄金鸡”“笑看鸡啼处，日出伴晨迎”“金鸭香销欲断魂，梨花春雨掩重门”“舞鸾镜匣收残黛，睡鸭香炉换夕熏”“竹外桃花三两枝，春江水暖鸭先知”等。

第四节 家禽遗传资源是农业生态系统的重要组成

我国多样化的地理、生态、气候以及长期自然选育，形成了丰富多彩的家禽遗传资源。家禽地方资源在当地长期进化形成，与环境相辅相成、和谐相融，是重要的生物资源，不仅是推动现代家禽种业创新的物质基础，而且是维护农业安全、国家生态安全和生物多样性的重要战略资源。

一、中国家禽遗传资源丰富了全球生物多样性

生物多样性是地球上所有生物（动物、植物和微生物）及其生存环境的总和，以其合适的比例维持着生态平衡。中国家禽遗传资源是生物多样性的重要组成部分，是长期自然选择和人工选择的产物，是生物多样性中与人类关系最密切的部分。由于地区间的地形、气候等自然因素的差异以及人们选择目标的不同，造就了我国现存的多样性丰富的家禽品种资源。据第三次普查数据，我国现有地方鸡品种 133 个、鸭 40 个、鹅 32 个、鸽 4 个，共计 209 个，占比超过全球家禽遗传资源总数的 10%，同时还拥有 123 个家禽培育品种（配套系）和 40 个引入品种，是世界上家禽资源最丰富的国家。这些家禽遗传资源对丰富全球生物多样性、维持生态系统平衡具有重要作用和价值。

二、家禽资源种养结合促进农业生态系统发展

中国家禽遗传资源多数具有体型小、散放适应性好、野外觅食能力强等生物学特性，适合开展多层次种养结合，促进农业生态系统良性循环。家禽种养结合模式在我国广大农村地区非常普遍，利用农林作物下的土地养殖特色地方家禽资源，充分利用土地资源，拓展了养殖空间，家禽可以取食杂草和昆虫，家禽粪便可以转化为有机肥料，肥田松土，同时提高养殖业和种植业产品质量，以种养牧，以牧促种，对提高农业生态系统自我调节能力和生态环境保护具有重要意义。如“鸡—玉米—小麦”是一种适合中国北方农区的禽粮互作模式，“林—草—鸡”是一种适合广大山区的生态种养循环模式，“稻—鱼—鸭”是一种适合中国南方水田农区的生态种养模式。

专栏

◆ 贵州从江侗乡稻鱼鸭系统——全球重要农业文化遗产 ◆

贵州从江侗乡稻鱼鸭系统，是指在水稻田中以“种一季稻、放一批鱼、养一群鸭”为特色而形成的稻鱼鸭共生、鱼米鸭同收的复合生态农业系统。黔东南从江县现有稻田面积 17 万多亩，其中保灌面积 12 万多亩。从江稻田养鱼鸭历史悠久，距今已 1 400 多年。2011 年，该系统被 FAO 认定为全球重要的农业文化遗产。

侗乡稻鱼鸭系统是在每年春天谷雨前后把秧苗插进稻田，鱼苗也跟着放入，等鱼苗

长到两三指，再把雏鸭放入稻田。稻田为鱼和鸭的生长提供了生存环境和丰富的饵料，鱼和鸭在觅食的过程中，为稻田清除了虫害和杂草，减少农药和除草剂的使用；鱼和鸭的来回游动，疏松了土壤；鱼和鸭的粪便，保养和育肥了地力。侗乡人所养育的鸭种是体型很小、活泼好动的地方小香鸭，为水稻提供天然肥料，同时翻松泥土，增加了水中的氧气含量。

稻鱼鸭系统是典型的人工生态系统，这种以鸭食虫、以鱼食草、用鸭鱼粪做肥料的稻鱼鸭复合系统，具有保护生物多样性、控制病虫害、调节气候、涵养水源等多种生态功能。

第五节　中国家禽遗传资源对世界家禽种业做出重要贡献

中国广袤辽阔的土地、复杂多样的地形和气候带，孕育了丰富的家禽遗传资源，为世界家禽种业的发展做出了重大贡献，对各国家禽杂交育种以及配套系的建立产生了深远影响。同时中国家禽丰富的遗传资源通过“一带一路”倡议，对南亚、东南亚家禽产业发展起到推动作用。

一、中国地方家禽优良基因对世界著名品种培育做出突出贡献

中国地方家禽遗传资源既具有数量、生态与生产力类型等方面的优势，又具有与欧美品种关系疏远、非特异性免疫性基因资源丰富及肉质细嫩、耐粗饲、高繁殖力、抗逆性强等诸多优良特性。根据统计结果可以发现，中国家禽遗传资源对各国杂交育种以及配套系的建立产生了深远影响。

中国的丝毛乌骨鸡早在800年前通过泉州港口输出，在国际上被认定为标准品种。由于丝毛乌骨鸡体型外貌独特，曾在1915年送往巴拿马万国博物展览会展出，从此誉满全球，在世界各地动物园多用做观赏鸡种。狼山鸡和九斤黄鸡是我国著名的地方品种，曾在19世纪引入英国、美国等地，其优异基因对国内外著名品种培育均有重要贡献。中国的黄鸡品种具有自主知识产权，育种技术、产量、应用技术在全球处于领先地位。基于对我国地方鸡种肉质风味、抗病抗逆性状进行深度挖掘所取得的成果，发表文章的引用数量（H指数）排在国际前三名，凸显了中国家禽地方品种在国际学术研究中的重要科学价值。

专栏

◆狼山鸡——参与了国内外著名鸡品种的育成◆

狼山鸡（图6-2-3）是我国优良的兼用型地方品种，原产地为江苏省南通市如东县。狼山鸡体型较大，头昂尾翘，羽毛多为黑色，被称为“黑袍将军”。由英国船员于清代同治十一年（1872年）将此鸡自南通狼山港引入英国而得名。此后，又相继传入欧洲、美洲、亚洲、大洋洲、非洲等地，成为闻名世界的鸡种。据史料记载，狼山鸡于1883年被列为国际标准鸡种，后又被列为世界八大名鸡之一。英格兰东南部肯特郡奥尔平顿的威廉·库克（William Cook）利用黑色狼山鸡与黑色米洛卡鸡、黑洛克鸡杂交育成奥品顿（Orpington）鸡；澳大利亚利用狼山鸡进行选育而形成澳洲黑鸡；华东农业科学研究所

利用澳洲黑鸡作为父本，以狼山鸡作为母本，进行导入工作，将澳洲黑鸡 1/4 的血统导入狼山鸡中，然后杂交固定，培育出了新品种——新狼山鸡。

2009 年，狼山鸡被评为国家地理标志保护产品，同年狼山鸡和狼山鸡蛋通过中国绿色食品认证；2013 年，狼山鸡被列为如东县旅游推荐商品；2015 年，如东狼山鸡被评为中国农产品地理标志；2017 年，如东狼山鸡入选江苏省农产品品牌目录；2019 年，如东狼山鸡入选中国农业品牌目录。

图 6-2-3　狼山鸡

鸭肉在欧美国家的肉类消费中比例非常低，因此在国外鸭的育种工作也主要是在北京鸭传入后才陆续开始的。北京鸭作为最优秀的肉鸭遗传资源，在 19 世纪传入美国，之后又传入欧洲。从 20 世纪 50 年代以来，北京鸭以其性能优良、生长快、适应能力强的特点，在世界各国肉鸭的改良和生产中起主导作用。英国樱桃谷农场（Cherry Valley Farm）培育了英系北京鸭配套系，一般称为“樱桃谷鸭”；美国枫叶农场（Maple Leaf Farms）培育了美系北京鸭配套系，被称为“枫叶鸭”；法国奥尔维亚 - 古尔蒙集团公司（OrviaGourmaud Selection）培育了法系北京鸭配套系，被称为“南特鸭”；法国克里莫育种集团（Grimaud Freres Selection）也培育了法系北京鸭配套系，被称为“奥白星鸭”。这些国际品种均是以北京鸭品种资源为基础，经科学培育后形成的商业化配套系。

二、对“一带一路”家禽业发展做出重要贡献

中国丰富的家禽遗传资源通过“一带一路”建设，以优质黄羽肉鸡品种推广为先导，辅以配套的生产养殖及加工技术，对南亚、东南亚起到推动家禽产业发展的作用。南亚、东南亚、中亚等地人口众多，将近 20 亿的人口规模，由于宗教信仰和生活习惯，禽肉是当地食用的主要肉类，家禽产业在这些地区的市场前景广阔。由于南亚、东南亚大部分国家的家禽养殖水平发展较慢，规模化养殖场数量少，生产水平落后，专业人才缺乏，家禽出栏量无法满足需求，成为中国家禽资源或产品重点推广市场。目前，已催生相关企业通过直接出口或在他国办厂等方式养殖中国优质黄羽肉鸡满足当地需求。此外，北京华都峪口禽业有限责任公司自主培育的高产蛋鸡、白羽肉鸡品种在 2023 年首次出口至坦桑尼亚，意味着国产家禽品种进入国际市场又迈出了历史性一步，这为进一步提高中国家禽种业在全球上的地位具有重要意义。

第三章

中国家禽遗传资源保护卓有成效

中国政府历来重视畜禽遗传资源保护，为夯实种质资源基础、推动种业振兴，启动并完成了第三次普查，实现品种和区域全覆盖，全面摸清了我国家禽遗传资源家底，发现并鉴定新资源 21 个、遗漏品种 3 个，家禽遗传资源总数增加到 209 个。全面系统测定并准确掌握了我国家禽遗传资源基础性能，首次构建家禽基因组分子身份证。资源濒危状况显著改善，边普查，边保护，7 个濒危资源全部得到抢救性收集保护。实施国家和省级两级管理，发布确定国家级保护品种 49 个、省级保护品种 182 个，建立国家级保种场 56 个、基因库 6 个，建立省级保种场 182 个、保护区 3 个和基因库 27 个，构建了资源保护“三道”安全屏障，实现国家级品种保护率 100%、省级品种保护率 80%。活体基因库保存家禽品种 88 个，居世界前列。建立了“国家统筹、分级保护、有效衔接”的具有中国特色的保护机制，为世界家禽遗传资源保护提供了中国方案。

第一节　摸清了我国家禽遗传资源家底

家禽遗传资源一直处于动态变化之中，需要定期组织开展调查。新中国成立以来，我国政府适时组织开展了区域性和三次全国性的家禽遗传资源普（调）查工作。特别是 2021—2023 年的第三次普查，是历史上规模最大、覆盖范围最广、技术要求最高、参加人员最多的一次全国大普查，摸清了全国家禽遗传资源的种类、数量、分布、特征、性能等家底数据，掌握了资源演变趋势和濒危状况，为加强资源保护与管理、制定种业发展战略规划、深入科学研究、开展国际交流与合作提供了重要的基础数据和科学依据。

一、区域性家禽遗传资源调查（1954—1958 年）

1954—1958 年，由农业部组织、中国畜牧兽医学会牵头开展了区域性品种资源调查，并于 1956—1959 年出版了四集《祖国优良家畜品种》，首次介绍了我国地方优良品种。该专著在家禽方面收录了萧山鸡、大骨鸡和桃源鸡 3 个地方鸡品种，较为系统地介绍了品种的育成历史、产地分布、品种特征、生产性能、繁育状况、饲养管理以及发展方向等有关情况，制定的品种调查提纲草案对后续开展普（调）查具有重要的借鉴价值。

二、第一次调查（1979—1983 年）

为加速家禽产业发展，合理地利用我国家禽遗传资源为家禽产业现代化服务，1979—1983 年由农业部（1982 年改称农牧渔业部）组织、中国农业科学院畜牧研究所牵头，开展了新中国成立以来的第一次调查。

经 29 个省（区、市）全面系统的调查，获得了大量的第一手资料。在调查中，对一些品种的特征特性重新作了评价，特别注意发掘产业发展中急需的遗传基因，如高产蛋性能、高繁殖力、抗逆性及其他特殊性状，科学地解决了跨省（区、市）分布的 8 个地方家禽品种（大骨鸡、边鸡、丝羽乌骨鸡、白耳黄鸡、静原鸡、皖西白鹅、豁眼鹅、中国斗鸡）的"同种异名"问题，进行了合理的归并或重新命名。编纂出版了我国第一部比较完整地记载家禽品种的志书——《中国家禽品种志》，该志书从 1980 年筹备编写至 1989 年出版，历经九年完成。全国总计上报家禽品种材料 131 个，根据制定的鉴定收录原则，经过同种异名合并或重新调查补充后，列入地方家禽品种 52 个（鸡 27 个、鸭 12 个、鹅 13 个）。通过调查发掘了一些具有优异特性的品种，在生产上得到了利用，如利用惠阳胡须鸡、石岐鸡、固始鸡等培育了系列优质黄羽肉鸡，推动了我国优质肉鸡产业的兴起和蓬勃发展。

1996—1999 年，由全国畜牧总站组织、中国农业科学院畜牧所牵头开展了 17 个省（区、市）的家禽遗传资源动态补充调查，共调查了 90 个地方家禽资源，西南四省（区）是此次补充调查的重点区域，发现新资源 19 个。根据补充调查结果，于 2000 年首次发布了《国家畜禽品种保护名录》，2004 年首次发布了《中国畜禽遗传资源状况》报告，列入的地方家禽品种有 134 个。

三、第二次调查（2006—2009 年）

2006—2009 年，由农业部组织、全国畜牧总站牵头开展了第二次调查。距第一次调查已过去近 30 年，此阶段是我国国民经济和家禽产业经历高速发展的时期，伴随着生产方式的转变和大量外来品种的引进，我国家禽遗传资源状况发生了巨大变化。

此次调查范围覆盖 30 个省（区、市），查清了 1979 年以来我国家禽遗传资源的消长变化。本次调查新发现并鉴定了闽清毛脚鸡、龙胜翠鸭、定安鹅等珍稀资源 37 个；对 1989 年《中国家禽品种志》中统称的"中国斗鸡"，根据生态条件、品种形成、特征特性等进行了科学拆分；并对瑶鸡、中国番鸭等"同种异名"问题进行了科学界定。编纂出版了《中国畜禽遗传资源志·家禽志》，遵循修订的鉴定收录原则，经过同种异名合并或补充调查后，列入地方家禽品种 171 个（鸡 107 个、鸭 32 个、鹅 30 个、鸽 2 个）。

由于第二次调查没有完全覆盖青藏高原等区域，2015 年和 2019 年，国家畜禽遗传资源委员会先后两次组织开展了青藏高原区家禽遗传资源调查，包括四川、云南、甘肃、青海、西藏 5 省（区）、青藏高原其他区域和新疆部分地州县以及部分边远地区。

四、第三次普查（2021—2023 年）

2021 年 3 月，农业农村部组织 31 个省（区、市）和新疆生产建设兵团，启动第三次普查。历时 3 年，首次全面系统摸清了家禽遗传资源的家底，包括家禽种类、品种数量、地理分布、生态环境、群体数量、特征特性等基础数据，明晰了有什么、有多少、分布在哪儿、怎么用等，掌握了其演变趋势和濒危状况。此次全国普查规模前所未有，与前两次调查相比，此次普查主要有以下几个特点和成效：

同一套方案 发布《国家畜禽遗传资源品种名录（2021 年版）》明确了普查对象，制定了全国统一标准的普查操作手册、资源系统调查表等，研发信息采集系统及其 App，统一样品类型和个体信息格式，并举办全国技术培训，建立国家、省两级专家对接负责制，确保了普查实施方案统一执行到位。

两个全覆盖 一是品种全覆盖，囊括名录列入的全部 185 个地方品种、100 个培育品种（配套系）和 60 个引入品种（配套系）。尤其是系统开展了品种性能的标准化测定，准确掌握了我国家禽遗传资源的基础性能；采用统一的技术标准，建立品种分子身份证，助推品种资源精准鉴定，深入发掘优异基因资源。二是区域全覆盖，覆盖除台湾、香港、澳门之外的 31 个省（区、市）和新疆生产建设兵团，“进村入户”逐个统计。解决了长期以来青藏高原区家禽遗传资源信息收集不全面、不系统的问题。

三个新发现 一是重新发现烟台糁糠鸡、太平鸡、中山麻鸭 3 个遗漏品种；二是新发现并鉴定了徐海鸡、开江麻鸭、阳春白鹅等 20 个珍稀资源；三是新发现一批宝贵的基因资源。

同时，实行“边普查、边保护”，制定《濒危畜禽品种抢救性保护方案（2022—2026 年）》，组织抢救性保护了 7 个濒危资源，极力实现“应收尽收、应保尽保”。

第二节　全面系统评估了家禽遗传资源种质特性

为更科学地保护与合理利用家禽遗传资源，在第三次普查中，首次全面系统地开展了我国家禽遗传资源的表型观测和基因组测定，构建了表型和分子特征 2 个数据库，准确掌握了家禽遗传资源的基础性能，构建品种分子身份证，为优化保种方案、制（修）订国家重点保护品种名录和开发利用提供了科学依据。

一、准确掌握了家禽遗传资源的基础性能

为解决长期以来我国家禽遗传资源基础性能数据来源复杂、可比性差的问题，准确界定品种特征、特性，充分发掘品种遗传潜力。在第三次普查中，统一测定标准，全面系统开展了 248 个鸡、55 个鸭、38 个鹅、9 个鸽和 3 个鹌鹑品种的体型外貌、生长发育、体尺、屠宰、蛋品质、肉品质和繁殖等表型调查与测定，涵盖 7 大类性状（能）、1 100 多个指标，尤其是大部分品种资源的饲料转化率、肉品质指标为首次测定，建立了表型数据库。

（一）全面揭示了品种资源特征特性

我国家禽遗传资源特征特性鲜明、类型多样，按照经济用途分类；鸡和鸽分为蛋用型、肉用型、兼用型和观赏型；鸭分为蛋用型、肉用型和兼用型；鹅按照体型大小分为大型、中型和小型。家禽羽色丰富多样，囊括了世界上已知的所有羽色种类，其中鸡以黄麻羽和黄色羽多见，鸭多为麻羽居多，鹅以白色羽和灰色羽居多。安义瓦灰鸡的羽色呈现出一种稀有的瓦灰色，吉安红毛鸭的红褐色羽也较为少见，还具有胡须、毛脚、矮脚、豁眼、凤头、肉瘤、咽袋、绿（青）壳蛋等特殊性状。特殊区域

分布的品种资源，如藏鸡、伊犁鹅、塔里木鸽等具有抗高寒、抗缺氧、耐干旱、耐炎热潮湿等特性。斗鸡具有较强的斗性和抗击打能力，乌骨鸡还具有一定的药用价值。

大部分地方鸡种体重中等偏小，产蛋量普遍较低，生产性能特色不明显。小体型是我国地方鸡的特色，如独龙鸡、大围山微型鸡等成年公鸡体重仅 800 g、母鸡 600 g 左右。另一个特色是早熟性，如华南及周边地区的地方鸡品种 100~110 天即可产蛋，是培育蛋用型鸡的良好育种素材。地方鸡种的肉品质普遍较好，如文昌鸡、清远麻鸡等品种的肌纤维紧致，肌内脂肪含量高，具有特殊风味。

我国鸭种的产蛋量在世界同类鸭种中是最高的，未经选育的地方品种产蛋量就可超过 300 个，如绍兴鸭、山麻鸭和金定鸭等，且成年鸭体重小、饲料消耗少。福建连城白鸭，肉具有较好的药用功能，是至今唯一发现的药用鸭。北京鸭是世界著名的肉用型品种，体型大、生长快、饲料转化率高。建昌鸭脂肪沉积能力强，易肥育，可用于填饲生产肥肝。

产蛋量高的地方鹅品种较多，有产蛋量堪称世界之最的豁眼鹅，年产蛋量为 90~110 个，还有籽鹅、百子鹅、太湖鹅、四川白鹅等，群中大多数个体无就巢性。大型鹅品种狮头鹅的成年公鹅体重为 8~10 kg，最大的达到 13 kg。皖西白鹅、广丰白翎鹅的羽绒朵大且质优。

与第二次调查相比，部分家禽品种的群体羽色比例受市场需求影响发生了一定的变化，体重、屠宰率和产蛋数等有所提高，主要原因是养殖设施条件不断改善、饲养管理和饲料营养配方更加科学。

（二）明晰了品种资源重点保护内容

通过性能测定，也进一步明晰了各品种资源需要重点保护的内容，如文昌鸡重点保护“三小、两短”特征，性早熟，胴体皮肤薄且毛孔细，肌内脂肪含量高，肉品质优良，耐炎热潮湿等特性；北京鸭重点保护体型大、白羽特征，生长速度快、脂肪沉积能力强及肉品质优良的特性；狮头鹅重点保护体型大、肉瘤发达、咽袋大、灰（棕）色羽特征，生长速度快、饲料转化率高的特性；太湖点子鸽重点保护“头上黑点、黑尾、阴阳嘴、五趾”特征，善竞翔、肉蛋品质优良特性。为优化家禽品种的个性化保种方案，保护工作有的放矢地提供了科学依据，也为制（修）订国家重点保护品种名录提供了参考。

二、构建分子身份证助力资源精准鉴定

1989 年出版的《中国家禽品种志》首次提出了地方家禽品种的鉴定及收录原则：具有一定的特点，生产性能比较高，遗传性稳定，数量大，分布广。2006 年，国家畜禽遗传资源委员会制定了《畜禽新品种配套系审定和畜禽遗传资源鉴定技术规范（试行）》，对资源鉴定需具备的群体结构和数量条件做了明确的规定。

随着基因组学的快速发展，分子辅助技术手段的应用为品种资源的精准鉴定提供了有力支撑，近年来新发现资源的鉴定基本都采用了不同维度的分子辅助手段。在第三次普查中，采用统一的基因组深度测序技术标准，高通量鉴定了我国家禽遗传资源的基因组遗传变异，建立了 DNA 分子特征数据库，首次构建品种分子身份证，使得鉴定更加精准。同时，在基因组层面准确度量了近交系数、核苷酸多样度、群体有效含量和品种贡献率等指标，对群体遗传多样性的评估更为科学，为合理制定家禽遗传资源保护等级提供了参考依据。

建立表型性状和分子特征数据库，融合两个层面的信息，更有助于家禽遗传资源的精准评估与鉴定。

第三节　濒危家禽遗传资源得到抢救性收集保护

开展濒危资源抢救性保护，确保资源不灭绝，是第三次普查中的一项重点工作。为此，组织修订了《家禽遗传资源濒危等级评定》标准，评定方法更符合国情，科学评估了我国家禽遗传资源濒危状况，制定了《濒危畜禽品种抢救性保护方案》，实行“边普查、边保护”，因种施策采取不同措施，濒危资源得到了抢救性收集保护。

一、家禽遗传资源濒危状况

对资源濒危状况进行科学评估，是分类采取保护措施的重要依据。依据第三次普查和家禽遗传资源濒危等级评定标准，对我国家禽遗传资源的濒危状况进行了科学评估，发现有13%的地方家禽品种群体数量出现了下降，下降的影响因素是多方面的，如品种的生产性能不能适应当前市场的需求，加之对一些地方资源的特性认识不足，采用引入品种简单代替原有品种或盲目杂交改良等。其中，有9个家禽品种受到威胁。

按濒临灭绝、严重危险、危险3种情况进行统计，具体情况如下。

濒临灭绝（1个）：吐鲁番斗鸡。

严重危险（2个）：太白鸡、烟台糁糠鸡。

危险（3个）：东安鸡、漳州斗鸡、鄱县白鹅、天峨六画山鸡。

吐鲁番斗鸡和漳州斗鸡多用于娱乐观赏，未能充分发掘出其育种价值（如国际著名蛋鸡洛岛红就含有红色马来斗鸡血统），加之部分民间斗鸡爱好者为了提高斗性，引入外地斗鸡进行杂交，导致纯种数量较少。太白鸡主要分布在西北的陕西太白县，受当地饮食习惯和品种生产性能低的双重影响，导致农户饲养数量较少。天峨六画山鸡、东安鸡一直处于农户自繁自养状态，群体规模波动较大。烟台糁糠鸡为此次普查重新发现的遗漏品种，目前仅是处于维持状态。处于危险的鄱县白鹅也是因体型小、产蛋性能低，所以饲养数量较少。

二、对濒危资源实施抢救性保护

在第三次普查过程中，实行边调查、边评估、边保护的工作策略。针对此次确认的6个濒危家禽品种，由全国畜牧总站牵头，当地积极配合，及时组织落实“一品一策”保护方案，在原产地采取临时性保护措施，确认保护主体，同时组织国家级基因库进行备份，努力形成“双保险”。6个濒危品种的灭失风险得到有效控制，保种群数量得到恢复性增长。如湖南省畜牧总站通过本地收集、异地签约保种方式，建设临时性保种场开展扩繁，东安鸡群体数量已恢复至8 000多只。福建畜牧总站制定了《漳州斗鸡抢救性保护方案》，引导并确定漳州市芗城区漳州斗鸡繁育协会和漳州市诸葛农业科技有限公司共同作为保种主体，群数量得以不断扩大，确保了品种资源不灭绝。

专栏

◆ 只为那一丝乡愁留在人间——东安鸡异地保种工作纪实 ◆

“东安鸡”是国宴菜肴，为八大湘菜之首，是一个被列入“湖南省非物质文化遗产名录”的珍贵品种。经第三次普查发现，东安鸡数量锐减，已处于濒临灭绝的境地。湖南省畜禽遗传资源普查办公室迅速采取行动，确保地方畜禽品种“一个都不能少”。

2022年春节，督导组下沉指导，专家组连续二十余天辗转原产地偏僻山区，逐户收集鉴定东安鸡300多只，为守护“老种子”留住最后的根。东安县政府与省级龙头企业——吉泰禽业签订了异地保种协议，对收集到的东安鸡实施异地搬迁保护，孵化出苗8 000余羽，筑牢了丰收的希望。湖南农业大学开展精准鉴定材料采集，省畜牧兽医研究所制作东安鸡遗传材料2 000余份并送国家基因库保存，保下了永不熄灭的“火种”。

通过政企校联动、本地收集、异地保种，再回到本地的巧妙方法，濒临灭绝的东安鸡即将重新焕发出新的光彩。

第四节　珍稀家禽遗传资源实现应保尽保

经过几十年的探索与实践，中国建立健全了家禽遗传资源保护体系。实施国家和省级两级管理，落实分类分级保护制度，发布确定国家级保护品种49个、省级保护品种182个，因地制宜建立国家级保种场56个、基因库6个，省级保种场182个、保护区3个和基因库27个，国家级品种保护率达到100%、省级品种保护率达到80%，家禽遗传资源得到有效保护。民间保种历久弥新，新型主体蓬勃发展，是我国家禽遗传资源多元化保护体系中的重要一级。

一、突出重点实行分类分级保护

我国家禽遗传资源数量多、分布广，实行分类分级保护。依据《畜牧法》规定，农业农村部和省级农业农村部门负责制定、调整和公布国家和省级畜禽遗传资源保护名录。

（一）国家级保护品种

国家级保护品种是资源保护的“排头兵”。根据重点突出和“珍贵、稀有、濒危”等原则，我国公布确定的国家级家禽遗传资源保护品种有49个。其中，鸡品种28个、鸭品种10个、鹅品种11个。

鸡品种　大骨鸡、白耳黄鸡、仙居鸡、北京油鸡、丝羽乌骨鸡、茶花鸡、狼山鸡、清远麻鸡、藏鸡、矮脚鸡、浦东鸡、溧阳鸡、文昌鸡、惠阳胡须鸡、河田鸡、边鸡、金阳丝毛鸡、静原鸡、瓢鸡、林甸鸡、怀乡鸡、鹿苑鸡、龙胜凤鸡、汶上芦花鸡、闽清毛脚鸡、长顺绿壳蛋鸡、拜城油鸡、双莲鸡。

鸭品种　北京鸭、攸县麻鸭、连城白鸭、建昌鸭、金定鸭、绍兴鸭、莆田黑鸭、高邮鸭、缙云麻鸭、吉安红毛鸭。

鹅品种　四川白鹅、伊犁鹅、狮头鹅、皖西白鹅、豁眼鹅、太湖鹅、兴国灰鹅、乌鬃鹅、浙东白鹅、钢鹅、溆浦鹅。

（二）省级保护品种

省级保护品种是资源保护的“主力军”。全国各省（区、市）会定期发布省级保护品种名录，对省内分布的家禽遗传资源“应列尽列”。目前，我国确定的省级保护品种有182个。其中，鸡113个、鸭34个、鹅31个、鸽3个、鹌鹑1个。一般国家级保护品种也会被同时列入原产地省级保护名录，如江苏的狼山鸡、鹿苑鸡、溧阳鸡、高邮鸭和太湖鹅均具有双重身份，实行“双重保护”。

二、多元化保护体系构筑安全屏障

由于禽类特殊的卵生繁殖方式，保护方式以活体保护为主，以遗传材料为辅，实施国家和省级两级管理，建立了国家级保种场和基因库61个，省级保种场、保护区和基因库212个，以及市级保种场和保护区14个，构建了“三道”安全屏障，形成原产地与异地保护相结合、公益性与企业及民间主体相配套的多元化保护体系。

（一）国家级保护体系

1. 按保护方式分为保种场和基因库

现建有国家级家禽遗传资源保种场56个（鸡31个、鸭11个、鹅14个）、基因库6个，实现49个国家级保护品种全覆盖，保护率达到100%。部分品种因分布区域存在跨省份或群体类型上有差异，同时建有2个国家级保种场，如静原鸡在宁夏和甘肃均有分布，皖西白鹅分布于安徽和河南2个省份。

6个国家级基因库中，5个为活体库（鸡活体库3个、水禽活体库2个），1个为遗传物质库（表6-3-1）。活体基因库保存地方品种88个（鸡46个、鸭22个、鹅20个），备份保存了约80%（鸡75%、鸭80%、鹅82%）的国家级保护品种，与国家级保种场共同形成了“双保险”。由全国畜牧总站承担建设的国家家畜基因库，保存有195个地方家禽品种的血液样品1多万份。目前正在建设中的9个国家级区域性畜禽遗传资源基因库，将进一步健全国家级保护体系。

表6-3-1　国家级畜禽遗传资源基因库

序号	名称	建设单位	保护品种（遗传材料）
1	国家家畜基因库	全国畜牧总站	195个地方家禽品种血液样品1多万份
2	国家地方鸡种基因库（江苏）	江苏家禽科学研究所	地方鸡品种32个
3	国家水禽基因库（江苏）	江苏农牧科技职业学院	地方鸭品种10个 地方鹅品种20个
4	国家地方鸡种基因库（浙江）	浙江光大农业科技发展有限公司	地方鸡品种22个
5	国家水禽基因库（福建）	石狮市种业发展中心	地方鸭品种16个
6	国家地方鸡种基因库（广西）	广西金陵家禽育种有限公司	地方鸡品种18个

2. 按场地分布分为原产地和异地保护两种

已建立的56个国家级保种场广泛分布于23个省（区、市），均建立在原产地。原产地保护是最提倡的方式，既有利于品种集中管理和观察测定，又能保留其对原产地环境的适应能力，对传承当地文化也起到了重要作用。

在异地建立基因库进行集中保存，是不断完善我国畜禽遗传资源保护体系的一项重要创新举措。6个国家级基因库，分布于北京、江苏、浙江、广西和福建5个省（区、市），依托人才、平台和技术优势，在保种方法创新、濒危资源抢救性保护、品种资源评估及创新利用中发挥着重要作用。与原产地保护相比，异地基因库保护方式更高效。

在国家级保种场和基因库分布数量上，广东、江苏和浙江各建有7个，并列全国第一；超过3个的还有北京、福建、江西、四川和辽宁5个省（市）。

专栏

◆ 禽系国本，守护资源——国家水禽基因库（江苏）保种实践 ◆

国家水禽基因库（江苏）是农业农村部批准、由江苏农牧科技职业学院承担建设的国家首批畜禽遗传资源基因库，占地200多亩。国家水禽基因库的前身为江苏丰达种鸭场（华东水禽示范基地），创建于1997年。种鸭场建立之初，在国内家禽知名专家赵万里教授的指导下坚持基因库特色，陆续开展地方水禽收集、保护和评价工作，抢救性保护了濒危水禽品种3个。经过25年的不懈努力，保存国内外水禽品种资源35个（地方鹅品种21个、地方鸭品种10个、国外鹅品种4个），是全球保存水禽遗传资源最多、群体规模最大的水禽活体保种机构。鸭采用单父本家系等量留种随机选配、鹅采用多父本家系等量留种随机选配及小群保种等多种方式很好地保存了水禽资源。初步构建了DNA样本库、血液样本库、细胞冷冻保存库等多类别生物保种体系。

水禽养殖受到城市发展、环境保护等影响，许多水禽资源濒临灭绝。2003年和2008年抢救性保护了荆江鸭和武冈铜鹅，并于2013年和2023年将其返回原产地，在当地家禽生产中发挥着重要作用。2003年保护的金定鸭资源于2005年被引入哈尔滨兽医研究所，进而培育了SPF鸭，为全国兽医工作者提供SPF鸭胚。

国家水禽基因库（江苏）将继续加大品种保护力度，加强保种技术研究，为中国水禽种质储备国家战略资源，为我国水禽业持续、健康、高效发展提供强有力的支撑。

专栏

◆ 库容彩凤，精心守护——国家地方鸡种基因库（江苏）保种实践 ◆

国家地方鸡种基因库（江苏）由江苏省家禽科学研究所承担建设，是2000年农业部批准的首批国家级基因库。江苏省家禽科学研究所自1959年建所以来，持续开展地方鸡种收集、保护和评价工作，经过几代人的不懈努力，基因库现活体保存地方鸡种32个。采用自主研发的“家系等量留种随机选配”保种方法，保种群遗传漂变和近交增量得到有效控制，品种特征特性及遗传变异度得到有效保护。基因库引入保存的藏鸡已有二十多年，返回原产地后，对高寒缺氧极端环境仍能很快适应。

基因库在濒危资源的抢救性保护中发挥着重要作用，分别于1976年和1996年对萧山鸡、鹿苑鸡2个濒危品种实施抢救性保护，通过科学的保种措施，使群体得以恢复，避免了优良品种资源的消失。2000年和2005年，鹿苑鸡、萧山鸡又分别返回原产地，在当地家禽生产中发挥着支柱作用。

历尽沧桑60年，基因库保种人秉持守正创新理念，传承精心守护精神，积极为我国家禽遗传资源保护做出重要贡献。

3. 按主体性质分为公益性和企业保种两类

已建立的62个国家级保种场和基因库，公益性保护主体占比35%，企业保护主体占比65%。其中，基因库大多为公益性主体，占比为67%；保种场大多为企业保护主体，占比为66%。

公益性保护主体多为科研院所、高校、畜牧站及技术推广中心等事业单位，是保护体系中最为可靠、稳定的力量；企业保护主体，多为具备畜禽遗传资源保护条件的企业，是保护体系中较为灵活的组成部分，保护与开发并举，以用促保、保用融合。

（二）省级保护体系

1. 按保护方式分为保种场、保护区和基因库

目前，全国建有省级家禽遗传资源保种场182个、保护区3个和基因库27个，保存家禽遗传资源147个，省级品种保护率达到80%。多个省份还实行“多点保护”，在品种原产地及周边主要分布区同时建有多个省级保种场，如海南建有2个文昌鸡保种场、湖北建有2个荆江鸭保种场、安徽建有5个皖西白鹅保种场。四川凉山崖鹰鸡和云南大围山微型鸡2个品种资源尚未建立保种场，因分布区域极为闭塞，当地在美姑县、屏边县分别建有省级保护区。江苏依托高邮鸭原产地特殊的自然生态条件，建立了高邮鸭保护区。

近年来，省级基因库建设蓬勃发展，江苏、云南、山东、广东、陕西、贵州等18个省（区、市）建有省级基因库27个，对本地区地方畜禽品种收集、保存和研究利用具有重要意义。

2. 按场地分布分为原产地和异地保护两种

已建立的182个省级保种场、3个保护区和27个基因库广泛分布于27个省（区、市）。其中，3个省级保护区均是建立在原产地，182个省级保种场有170个（93%）建立在原产地、12个（7%）建立在异地。省级保种场建立在异地有多种原因，如实施多点保护以增强单个品种安全性、品种内存在不同类群实行分散保护以及原产地暂时不具备建设条件等。27个省级基因库有5个（19%）建立在原产地、22个（81%）建立在异地，原产地与异地保护相结合有效保障了各省（区、市）内分布的畜禽遗传资源的安全。

在省级保种场、保护区和基因库分布数量上，安徽建有19个，居全国第一；山东也达到18个；

超过10个的还有云南、广东、江苏、广西等9个省（区、市）。

3. 按主体性质分为公益性和企业保种两类

已建立的182个保种场、3个保护区和27个基因库，公益性保护主体占比33%，企业保护主体占比67%。其中，保种场的公益性保护主体和企业保护主体占比分别为25%、75%，保护区全部为公益性主体。基因库公益性主体占比74%，以遗传物质保存为主；企业主体占比26%，采用活体保存，保护与开发利用齐头并进。

湖南、浙江、山东和湖北还进一步加强落实属地责任，建立了市级保种场13个、保护区1个。尤其是，湖南建立市级保种场9个、保护区1个，有效保护了雪峰乌骨鸡、酃县白鹅、临武鸭、黄郎鸡和道州灰鹅等品种资源。

（三）民间保种蓬勃发展

民间保种历久弥新，是我国家禽遗传资源保护体系中的一支重要力量。在第三次普查中发现的新资源以及重新发现的遗漏品种，基本都是来源于民间坚持自繁自养保存的群体。

民间保种多是出于对“土生土长”品种的执着或商业化开发目的，随着大众对家禽遗传资源保护意识及其价值认知的不断增强，民间保种蓬勃发展，主体形式越发多样化，分为个人、企（事）业单位、民间协会、合作社和家庭农场等。江苏南通市“爱鸽的疯老头”陈卫彬，从1993年开始养鸽，年近古稀依然忙于收集、保护地方鸽品种，其收集的太湖点子鸽于2020年通过了国家鉴定，2023年自建的鸽活体基因库保存鸽品种达23个。一些有实力的企业也不断参与到保种中来，储备保存了大量品种素材，如广东温氏食品集团股份有限公司、江苏立华牧业股份有限公司就保存了地方鸡品种30多个。针对一些具有明显区域特色的品种资源，如宁夏静原鸡、甘肃太平鸡等，当地充分利用优越的自然环境条件，通过民间协会及专业合作社组织带动农户饲养，对扩大种群规模起到了积极作用。一些特殊品种如斗鸡，“玩家”非常保守，讲究血统，由民间自发成立协会保存了一定数量。广西金陵家禽育种有限公司是国家级农业产业化重点龙头企业，属民营企业，从1997年起持续开展地方鸡种资源的收集保护工作，在政府扶持和科研院所的技术支持下，2021年被农业农村部批准为国家级基因库，保存地方鸡种21个。保种的同时对地方鸡种进行开发利用，先后培育出了5个国家级鸡新品种（配套系），年推广苗鸡1亿只以上，带动养殖户脱贫致富，保用融合保障了企业行稳致远。

民间保种因存在保护主体不稳定、缺少科学保护措施等因素，导致存在一定风险，需通过科学引导和技术扶持，进一步规范保种。

专栏

爱鸽“疯老头”——南通人陈卫彬爱鸽、养鸽的故事

江苏南通陈卫彬，从1993年开始养鸽，自此爱鸽、养鸽成为他一生的事业。在养鸽过程中，他逐渐认识到种源的重要性，开始有意识地收集国内外优良鸽品种。尤其在发现我国古老的著名鸽种：点子、靴头、黑皂、鹤秀、白凤等处于濒危险境时，他开始自发地收集保存，生怕这些珍贵的资源灭绝。“这些老祖宗留下的宝贝，要是在我们这一代养鸽人手上消失，我们上对不起祖先，下愧对于子孙”，秉承着这样的信念，年近古稀的

老陈依然在忙于收集、保护地方鸽品种，被家人和朋友戏称为“爱鸽的疯老头”。2020年，其收集的太湖点子鸽通过了国家遗传资源鉴定；2023年，其自建的鸽活体基因库保存各类鸽种达23个。

（四）科学保种方案确保长效保护

国家级和省级保种场、保护区和基因库都制定有科学的保种技术方案，尤其是49个国家级保护品种还根据其特征特性制定了“个性化”保种方案。保种场、保护区和活体基因库保存的各品种的家系数量、公母禽数量，符合《畜禽遗传资源保种场保护区和基因库管理办法》规定的标准，品种需要重点保护的特征特性、群体内遗传变异度得到有效保护。

保种场、活体基因库单品种基础家禽数量要求如下：

鸡 母鸡300只以上，公鸡不少于30个家系。

鸭、鹅 母禽200只以上，公禽不少于30个家系。

保护区单品种资源保护数量：不少于保种场群体规模的5倍，所保护的家禽品种质量符合品种标准。

第四章

中国家禽遗传资源可持续高效利用

按照“依法保护、科学利用”原则，我国家禽遗传资源的开发和利用已取得举世瞩目的成效。绝大部分地方家禽品种已进行产业化开发或用作新品种（配套系）育种素材，相继培育出123个家禽新品种（配套系），约占全部国审畜禽品种（配套系）的45%，实现我国黄羽肉鸡、特色蛋鸡、鸭、鹅种源完全自给，高产蛋鸡、白羽肉鸡、鸽、鹌鹑基本自给。家禽遗传资源的可持续高效利用，不仅满足了人民对禽产品数量上的需求，更满足了人民对优质高端肉、蛋的追求以及滋补养生和精神文化需要。通过家禽资源的本品种利用、杂交利用和配套系培育等多元利用方式协同，推动了家禽产业的持续高效发展。

第一节　家禽遗传资源利用奠定国家种业振兴坚实基础

第三次普查结果显示，我国有鸡、鸭、鹅、鸽、鹌鹑5种传统家禽地方品种209个。随着我国畜禽种业的不断发展，家禽育种工作者通过充分挖掘利用这些地方家禽遗传资源的特色与优势，采用常规育种技术与分子育种技术相结合的方法，已成功培育家禽新品种（配套系）123个，为所有畜禽品种培育数量之最，奠定了我国家禽种业振兴的坚实基础。

一、种源自主可控有保障

（一）黄羽肉鸡

黄羽肉鸡主要是以我国地方鸡品种为基础，选育形成生产性能优于地方品种且不影响其肉质风味的品种或者配套系，保留了地方鸡种味道鲜美的特点，符合国人的烹饪饮食习惯、深受消费者的喜欢。截至目前，共有4个优质肉鸡新品种、75个配套系通过了国家审定，分布在华南、华北、西南地区等12个省（区、市），其中广东培育最多，达到了28个，广西也培育了14个。目前，我国养殖的黄羽肉鸡种源均由国产品种提供，已完全实现自给自足。

（二）特色蛋鸡

特色蛋鸡是地方鸡直接选育或以地方鸡和高产蛋鸡配套选育形成的蛋鸡新品种（配套系），具有蛋品质好、蛋壳颜色受消费者喜爱等特点。自2010年11月第一个特色蛋鸡“新杨绿壳蛋鸡配套系”通过国家审定以来，已有苏禽绿壳蛋鸡、粤禽皇5号蛋鸡、新杨黑羽蛋鸡配套系、豫粉1号蛋鸡配套系、栗园油鸡蛋鸡配套系、凤达1号蛋鸡配套系、欣华2号蛋鸡配套系、神丹6号绿壳蛋鸡、雪域白鸡、容德小型黑羽蛋鸡配套系、农大6号蛋鸡配套系、苏禽6号蛋鸡配套系等13个特色蛋鸡新品种、配套系相继通过审定，实现了种源完全自主可控。

（三）鸭

在白羽肉鸭生产中，国外以我国北京鸭为育种素材培育出的樱桃谷鸭（英国）、枫叶鸭（美国）、南特鸭（法国）等曾占据我国90%以上市场，其中樱桃谷鸭占比超70%。2017年9月樱桃谷鸭（英系北京鸭）通过产权收购方式重回中国，实现了我国肉鸭育种技术的快速提升和白羽肉鸭种源的自主可控。近年来，我国利用地方品种资源持续创新，相继培育出中畜草原白羽肉鸭配套系、中新白羽肉鸭配套系、强英鸭、京典北京鸭等白羽肉鸭品种及配套系和武禽10肉鸭、天府农华麻羽肉鸭配套系等优质肉鸭品种及配套系，在料肉比、胸肉率、皮脂率等关键生产性能指标达到国际先进水平，也更加符合国内的市场需求，实现了肉鸭品种种源100%自主供应，彻底摆脱了肉鸭种业受制于国外的被动局面。在蛋鸭方面，优异的国产蛋鸭遗传资源已被充分用于直接生产或者作为育种素材培育新蛋鸭品种，显著推动了我国蛋鸭种业发展，如以绍兴鸭血缘为基础，培育出的国绍I号蛋鸭配套系；以荆江鸭为基本育种素材，引入绍兴鸭、龙岩山麻鸭、攸县麻鸭、金定鸭等品种培育出农湖2号蛋鸭，国产蛋鸭品种已经完全占据市场。

（四）鹅

我国鹅的出栏量占世界总量的94%以上。地方鹅种的直接利用和杂交利用是我国肉鹅种业的主要利用方式，引入鹅种的生产占比极小。自20世纪90年代起，我国开始肉鹅育种素材的收集、评价与新品系育种材料的创制工作，并引入国外的朗德鹅、霍尔多巴吉鹅、罗曼鹅等，将它们作为育种素材进行新品系选育。目前，在充分利用四川白鹅、皖西白鹅、浙东白鹅等地方鹅遗传资源的基础上，已成功培育出扬州鹅、天府肉鹅新品种以及江南白鹅配套系、渝州白鹅配套系等配套系，有效解决了我国肉鹅产业化发展中缺乏良种的难题。

二、种源基本可控有突破

（一）高产蛋鸡

自2000年7月第一个高产蛋鸡配套系新杨褐壳蛋鸡问世以来，我国先后培育出了农大系列、京系列、大午系列、农金1号蛋鸡等高产蛋鸡新品种、配套系13个。经过持续的选育，绝大部分品种72周产蛋量都超过300枚，部分品种的生产性能已达到国际先进水平。根据中国畜牧业协会统计，2022年，在产祖代蛋种鸡存栏68.14万套，其中，国产品种38.35万套，占比56.28%；新增国产品种祖代高达 31.99 万套，进口祖代仅 5.75 万套，国产比例逐步扩大。

（二）白羽肉鸡

我国白羽肉鸡产业经历了近 40 年的发展历程。2022 年，我国白羽肉鸡产肉量 1 430 万吨，约占全国鸡肉总量的 50%。2021 年以前，我国白羽肉鸡种源长期依赖进口，存在严重的“卡脖子”问题。2021 年 11 月，国家畜禽遗传资源委员会审定通过圣泽 901 白羽肉鸡、广明 2 号白羽肉鸡、沃德 1 883 肉鸡，结束了白羽肉鸡种源全部依赖进口的被动局面。这 3 个国产配套系各有特点，性能与国际先进水平相比不相上下，部分指标甚至优于国际水平，尤其是符合中国人消费习惯的腿肌率明显高于国外品种，目前在国内市场份额已超过 15%。

（三）鸽

2022 年我国有肉鸽祖代（原种）场 12 个，种鸽存栏 4 386.7 万对。长期以来，我国肉鸽生产主要以国外引进为主，地方鸽市场占有率仅为 10% 左右，产业的快速发展催生鸽育种加快进程。2019 年天翔 1 号肉鸽配套系通过审定，实现了鸽自主培育品种零的突破；2020—2023 年苏威 1 号肉鸽配套系、太湖点子鸽、豫中鸰鸽、翱丰 1 号肉鸽配套系等又通过了国家审定与鉴定，地方鸽资源开发与利用走上了快车道。

（四）鹌鹑

20 世纪 80—90 年代，我国鹌鹑养殖开始规模化发展，经过多年来的发展，种业需求量巨大，其中 95% 都是蛋用鹌鹑，主要以引进的朝鲜鹌鹑为当家品种。2020 年 5 月，农业农村部将鹌鹑归入传统家禽范畴。2012 年神丹 1 号蛋用鹌鹑配套系通过国家审定，打破了中国没有自主知识产权鹌鹑品种的现状。神丹 1 号配套系商品代羽色自别雌雄，产蛋性能优良且产蛋期料蛋比低，同等产蛋量的情况下可节约饲料 10%，2022 年的推广量已达到 2 000 万只左右，占市场份额的 5%。

第二节　家禽遗传资源利用丰富了人民美好生活

家禽生产周期短、生产效率高，能快速高效满足人们对肉、蛋产品数量的需求。我国家禽遗传资源丰富、特征特性独特，肉、蛋品质好，对我国家禽遗传资源的充分挖掘和有效利用，除解决禽肉、禽蛋够不够的问题外，还有效解决了人们吃得香不香、穿得暖不暖、过得好不好的问题，满足了人民对美好生活的追求和向往。

一、满足人民对优质美味禽肉的追求

禽肉有着低脂肪、低胆固醇、低热量、高蛋白的“三低一高”的营养优势，在肉类消费总量的占比稳步上升。白羽肉鸡、白羽肉鸭的大量生产满足了人们对禽肉量的需求，而基于我国地方资源的黄羽肉鸡、优质麻鸭以及肉鹅、肉鸽等生产则进一步满足了人们对禽肉品质风味的需求。2022 年，我国黄羽肉鸡出栏 37.3 亿只，已占肉鸡总出栏量的 37.98%；麻羽肉鸭出栏 5.79 亿只，占肉鸭出栏量的

12.36%。狮头鹅、浙东白鹅、皖西白鹅、四川白鹅、马岗鹅、伊犁鹅等地方鹅品种以及扬州鹅、天府肉鹅、江南白鹅等培育品种（配套系）的生产，推动我国肉鹅市场的不断发展，2022 年出栏商品鹅 4.68 亿只，占全国禽肉总产量的 7% 左右。俗话说“一鸽胜九鸡”，鸽的营养价值较高，消费量也在不断增长，2022 年全国肉鸽出栏近 6 亿只，而石岐鸽、塔里木鸽、太湖点子鸽等地方肉鸽以及“天翔 1 号”和“苏威 1 号”肉鸽配套系为主的国产肉鸽出栏量已占总产量的 30% 左右。这些优质禽肉的充足供给，满足了人民对优质禽肉的美好需求。

二、满足人民对高端特色禽蛋的消费

随着生活水平提升，人们对禽蛋的需求已逐渐从数量向品质、特色转变。我国消费者偏好的“土鸡蛋”，多是产自于我国地方鸡品种或在地方鸡资源基础上培育而成的特色蛋鸡，具有蛋品质好，蛋黄比例大、蛋白黏稠、蛋重适中的特点。已通过国家审定的 11 个特色蛋鸡品种和配套系中，有粉壳蛋鸡品种和配套系 8 个、绿壳蛋鸡品种和配套系 3 个，蛋重普遍在 50 g 左右。目前，全国地方特色蛋鸡的年饲养量已超过 2 亿只，特色鸡蛋产量达到 280 万吨左右，约占鸡蛋总量的 10%，市场份额逐年扩大。我国人民普遍认为鸭蛋具有很高的营养价值和保健作用。金定鸭、绍兴鸭、龙岩山麻鸭等知名的地方蛋鸭品种及高邮鸭等蛋肉兼用型地方品种的直接利用，加之以它们为主要素材培育出的苏邮 1 号蛋鸭、国绍 I 号蛋鸭配套系、农湖 2 号蛋鸭、神丹 2 号蛋鸭等蛋鸭品种及配套系的广泛推广，充分满足了人民对优质鸭蛋的需求。2022 年蛋鸭存栏量达 1.51 亿只，鸭蛋年产量达到 264.91 万吨，已占我国禽蛋总产量的 16.3%。鹌鹑蛋和鸽子蛋一直被人们看作是营养保健佳品，神丹 1 号蛋用鹌鹑配套系、东晨 1 号高产蛋鸽等的培育与利用，使我国鹌鹑蛋、鸽子蛋产业规模不断扩大，2022 年我国蛋用鹌鹑存栏达 4 亿只，年产鹌鹑蛋 150 万吨，占世界总产量的 60% 以上；年产商品鸽蛋约 4 亿个，约占世界总产量的 80%。基于我国地方资源开发利用而形成的特色蛋鸡、蛋鸭、鹌鹑、蛋鸽产业，有效满足了人民对高端特色禽蛋的消费需求。

三、满足人民对优质羽绒产品的需求

随着生活水平的提升，以鹅绒、鸭绒作为填充物的羽绒服、羽绒被等已成为我国人民冬季保暖御寒的首选。中国羽绒工业协会统计数据显示，2020 年，我国鸭绒产量全球占比约 70%，鹅绒产量全球占比约 92.5%；2021 年我国初级加工羽绒出口量为 4.58 万吨，出口额为 7.25 亿美元。出口羽绒制品（服装、寝室用品、睡袋）87 190 万件，出口额 26.09 亿美元。羽绒及其制品的出口总额为 33.34 亿美元，较 2020 年增长 18%。我国部分地方品种具有优秀的产绒性能，如皖西白鹅绒羽厚密，产绒量高，3~4 月龄的鹅可产绒 350~400 g；四川白鹅是肉绒兼用型品种，具有绒朵长、羽枝细度较大、羽绒蓬松率高的特点；织金白鹅产绒量高，每只成年鹅产绒 280~300 g。这些品种的开发利用，将是我国羽绒产业持续发展的重要支撑，对于满足人们对优质羽绒产品的需求意义重大。

四、满足人民对精神文化生活的需求

随着社会经济不断发展，人们对生活质量的需求已不再局限于物质层面的充盈，而更加追求精神文化的满足。作为十二生肖中唯一的家禽，鸡被赋予了诸多情感与文化色彩，其吉祥寓意也贯穿于古往今来我国各种神话传说和民俗信仰之中。2011 年 3 月，中国鸡文化博物馆在河南省信阳市固始鸡生态养殖园内成立，通过展板、文物、标本、实物、书画作品等形式，展示了家鸡的品种形成、养鸡业的发展变迁历史和发展趋势，世界主要鸡种的分布、我国鸡种分布、主要鸡种的外观特点和性状性能及与鸡有关的各种文化。2018 年 10 月，云南农业大学鸡文化博物馆免费向市民开放，主要涵盖科普和文化两大板块，介绍了家鸡的起源与进化、世界家鸡遗传资源分布、中国家鸡遗传资源分布、鸡的价值、鸡的生物学、关于鸡的文化与习俗、多姿多彩的鸡、少数民族鸡的饮食与文化八个部分。除此以外，各地还分别建有中国鸭文化博物馆、北京鸭历史文化馆、南京盐水鸭非遗文化体验馆、清远鸡文化馆、马冈肉鹅地标文化馆等家禽博物馆，为科普家禽养殖历史，传播家禽文化，宣传家禽科技创新提供了重要平台，不断满足了人民对多种多样精神文化的需求。

第三节　家禽遗传资源利用推动产业可持续发展

一、家禽遗传资源开发利用整体向好

家禽遗传资源的开发利用是家禽种业发展的基础。20 世纪 80 年代以后，在国家政策和各级政府的大力支持下，科研院所和育种企业按照“依法保护、科学利用”的原则，拉开了我国家禽地方遗传资源系统开发和利用的帷幕。经过 40 多年来的努力，已取得了显著的成效，66.17% 的地方鸡品种、78.95% 的地方鸭、62.50% 的地方鹅和 50.00% 鸽品种已进行产业化开发利用；有 25.56% 的地方鸡、31.58% 的地方鸭和 21.88% 的地方鹅资源以及所有地方鸽资源已被用于培育新品或配套系。丰富的地方家禽资源优势已充分转化为家禽产业和市场优势，见表 6-4-1。

表 6-4-1　地方品种产业化开发利用情况

家禽	地方品种数量 / 个	产业化开发		用于培育新品种、配套系	
		品种数量 / 个	占比 /%	品种数量 / 个	占比 /%
鸡	133	88	66.17	34	25.56
鸭	38	30	78.95	12	31.58
鹅	32	20	62.50	7	21.88
鸽	4	2	50.00	0	0
合计	207	140	67.63	53	25.60

二、家禽遗传资源开发利用多元化

我国家禽遗传资源利用模式大概经历了三个阶段：第一阶段为新中国成立至改革开放初期，主要通过本品种利用对地方品种进行养殖。第二阶段为 20 世纪 80 年代末至 21 世纪初，我国主要通过引进优良高产品种与地方品种进行杂交，以实现现有品种的遗传改良。第三阶段则以 2006 年我国实行畜禽

新品种及配套系审定工作开始，通过现代家禽育种理论结合分子育种手段培育新品种，或选育新品系进行杂交配套形成新的配套系。目前，家禽资源的本品种利用、杂交利用和配套系选育三种模式，共同推动我国家禽遗传资源多元化可持续开发利用。

（一）本品种利用支撑特色家禽产业发展

我国自古以来都有养鸡、鸭、鹅的习惯。在新中国成立前，养禽业一直处于农家副业、粗放饲养、自生自灭的状态，发展十分缓慢。新中国成立后，养禽业受到重视，从而迅速恢复和发展，家庭、农户房前屋后养禽成为了当时肉类的重要补给。随着地方家禽产业的不断发展，具有生产优势的地方品种陆续被挖掘出来，逐步转化为具有市场经济优势的商品品种。目前，我国绝大多数的家禽遗传资源已得到不同程度的开发，基于地方品种的直接利用所形成的不同类型、不同规模家禽特色产业，不少已经成为当地畜牧业发展和农民增收致富的主导产业。

专栏

◆浙东白鹅——小支点撬动乡村发展大产业◆

鹅肉是理想的高蛋白、低脂肪、低胆固醇的营养健康食品，越来越多的消费者尝试消费肉鹅，驱动了地方鹅遗传资源的开发利用。在这种背景下，我国30多个鹅地方遗传资源，都得到不同程度的开发利用，满足了当地消费者对鹅产品的需求。浙东白鹅是我国肉鹅著名的地方品种，主要分布于浙江东部的宁波、嘉兴等地，具有体型大、生长速度快、肉质肥嫩、生长周期短等诸多优势，先后列入国家畜禽遗传资源保护名录、国家地理标志保护产品名录以及国家农产品地理标志登记产品名录，多次荣获全国、全省农博会金奖。在浙东白鹅的原产地象山县，当地政府以浙东白鹅种质资源为“芯动力”，构建产业共富“新格局”，着力推动产业转型升级，建立健全产业链条，推进一二三产业融合发展，不断壮大白鹅产业根基。目前，当地还通过打造白鹅产业链、种养结合提供综合收益，探索支农共富路，立足本地资源优势和产业基础，积极构建产业化扶贫新模式和利益联结新机制，充分发挥对口帮扶地区种鹅反季节繁殖优势。在吉林、江苏、江西等省份建成白鹅养殖基地21家，现有存栏种鹅30万羽，年生产苗鹅600万羽，并先后带动吉林、四川、海南等18个省份2 000余户鹅农走上共同致富路，象山“十百千万”大白鹅扶贫项目入选全国“携手奔小康”典型案例，“以‘小支点’撬动乡村发展‘大格局’——浙江省象山县支援吉林省龙井市白鹅产业发展案例”入选2022年全球减贫最佳案例。

（二）杂交利用显著提高家禽生产效率

地方家禽品种生产性能普遍较低，生产成本较高，难以满足禽肉、禽蛋消费快速增长的需要。20世纪80年代后，快大型白羽肉鸡、白羽肉鸭和高产蛋鸡等引入我国，显著促进了我国家禽业的发展。与此同时，由于引入品种成本高、数量难以满足市场需求，我国家禽育种工作者开始利用引入或国产的高产品种，运用杂交优势原理，通过对不同品种或品系间进行二元、三元杂交，有效提升家禽生产性能和家禽业生产效率。另外，也充分挖掘我国家禽地方资源在产品品质、抗逆性等方面的优势，促进了市场多元化发展。

（三）配套系培育推动家禽产业高效发展

随着家禽育种的深入研究，在品系选育和杂交组合筛选基础上培育形成固定的配套杂交模式，以“配套系”模式充分利用不同品系的遗传优势和杂交优势，已成为现代家禽生产的主要模式。我国家禽配套系主要是以地方家禽品种、引入高产品种为育种素材，培育形成各具特色的新品系，再利用不同品系之间的杂种优势，生产性能优秀、整齐度高的商品代群体。

黄羽肉鸡　自1999年“康达尔黄鸡128配套系”成为我国第一个通过国家审定的黄羽肉鸡配套系后，我国黄羽肉鸡新品种（配套系）培育进入快速发展期，目前已培育形成黄羽肉鸡配套系70余个，支撑了我国肉鸡产业的高效发展。近年来，由于取缔活禽交易，适合屠宰加工的黄羽肉鸡新品种培育提上日程。2021年12月，花山鸡通过审定，该品种屠体美观、屠宰性能好，成为第一个专门化的屠宰型黄羽肉鸡。

蛋鸡　自1985年起，中国鸡蛋产量连续多年居于世界首位。目前，我国养殖的蛋鸡良种均为配套系，包括国外引进和国内自主培育的25个高产蛋鸡配套系以及完全自主知识产权的11个特色蛋鸡配套系。2023年，我国培育的京红1号蛋鸡配套系走出国门，标志着国产家禽品种进入国际市场迈出了历史性一步。

肉鸭　近些年，我国科学家以北京鸭为素材选育的配套系在市场中占据了主导地位。Z型北京鸭配套系、中畜草原白羽肉鸭配套系、中新白羽肉鸭配套系、强英鸭等品种及配套系性能优秀，已占全国白羽肉鸭市场份额的1/3；京典北京鸭配套系兼顾了烤鸭皮脂与产肉性能的需求，生产效率大大提升；天府农华麻羽肉鸭、武禽10肉鸭等配套系发掘利用我国地方鸭种肉质优良等特性，有效提升了麻鸭生产效率和效益。

蛋鸭　近十余年来，我国蛋鸭配套系培育成效显著。基于高邮鸭和龙岩山麻鸭育成苏邮1号基于绍兴鸭培育出国绍I号蛋鸭配套系，以荆江鸭、绍兴鸭、龙岩山麻鸭等为素材培育的农湖2号蛋鸭、神丹2号蛋鸭等蛋鸭品种，在产蛋量、青壳率、饲料转化率等方面较地方品种显著提升。

肉鹅　国内肉鹅配套系培育自20世纪90年代开始。应用四川白鹅、朗德鹅等为育种素材培育的天府肉鹅配套系于2011年通过审定；以四川白鹅、皖西白鹅、浙东白鹅、扬州鹅和白罗曼鹅等为育种素材培育的江南白鹅配套系于2018年通过审定；以四川白鹅、籽鹅、溆浦鹅为素材培育的渝州白鹅配套系于2023年通过审定。这些肉鹅配套系的培育，有力支撑了我国肉鹅产业的持续健康发展。

三、家禽遗传资源利用多元化

随着人民生活水平的不断提高和消费方式的多元化，我国家禽遗传资源的开发利用将以满足人民消费需求为基础不断创新。一方面，加强专门化品系选育。通过充分收集和保护家禽遗传资源，重点培育适应不同生产环境和市场需求的专门化品系，提高家禽的产蛋性能、肉质品质、抗病能力等关键指标，从而满足消费者对品质和功能性的要求。另一方面，更加注重配套系培育。充分发挥各品种的优势和互补性，提高家禽的遗传进展和遗传多样性，以适应不同市场需求和生产环境。此外，致力于肉用型、蛋用型、观赏型等专用型优质家禽良种培育和推广应用，实现我国家禽遗传资源在开发利用上的全面开花，确保生产出高品质、营养丰富、安全可靠的家禽产品。

高产蛋鸡 针对超长产蛋期和产蛋后期蛋壳质量下降的问题，应加强对产蛋周期和蛋壳质量性状的培育，实现700日龄产蛋数超过500个，产蛋期（至72周龄）料蛋比达到1.9 ∶ 1，成活率超96%。

特色蛋鸡 针对品种整体产蛋量不高、鸡蛋蛋重偏小、蛋壳颜色不均匀等问题，加强产蛋量、蛋重和蛋壳颜色方面选育，实现产蛋数年增加1.5个以上，产蛋期料蛋比年降低0.02以上，成活率超过94%。

黄羽肉鸡 针对市场变化，加强腿肌和胸肌选育，培育冰鲜型和屠宰型品系，实现快速型黄羽肉鸡父母代入舍母鸡66周龄产蛋数超过180个；商品鸡70日龄体重超过3.0 kg，饲料转化率2.4以下。慢速型黄羽肉鸡父母代入舍母鸡66周龄产蛋数超过165个；商品鸡90日龄以上出栏，饲料转化率3.2以下。

白羽肉鸡 对标国外进口品种优势以及小白鸡消费特点，加强对生长性能选育和垂直传播疫病净化，实现快大型白羽肉鸡父母代入舍母鸡66周龄产蛋数170个；商品鸡42日龄体重2.8 kg以上，饲料转化率1.6以下，胸肌率23%以上，成活率95%以上。小型白羽肉鸡父母代入舍母鸡72周龄产蛋数300个以上；商品鸡42日龄体重1.5 kg，饲料转化率1.7以下。

肉鸭 针对国际市场竞争和烤鸭的大规模需求，加强体重、皮脂率、胸肌率等方面的选育，实现瘦肉型肉鸭的75周龄父母代种鸭的产蛋量提高10个以上；商品代42日龄饲料转化率低于1.85，提高10%以上；瘦肉率达到30%，提高5个百分点。烤炙型肉鸭的75周龄父母代种鸭的产蛋量提高10个以上，商品代肉鸭42日龄在非填饲情况下，皮脂率达到36%，提高3个百分点。优质型肉鸭根据各地市场需求，在维持体重相对稳定、肉品质优良前提下，饲料转化率低于2.5。

蛋鸭 针对蛋壳质量和笼养培育出青壳蛋和抗逆性好的新品系，将高产优质商品代蛋鸭72周龄产蛋量提高到330个，青壳系的青壳率达到100%，总蛋重21 kg以上，产蛋期饲料转化率低于2.5，提高10%以上，蛋壳强度提高5%以上。适宜笼养、抗逆强的蛋鸭配套系的商品代72周龄产蛋量提高到315个，饲料转化率低于2.45，提高10%以上，产蛋期成活率达到95%。

鹅 针对日益增长的鹅肉、鹅肝和羽绒需求，加强体重、肝重、羽绒等性状选育，实现大型鹅种的父母代种鹅产蛋量提高15%，商品代110日龄体重达到5 kg。中体型白鹅配套系父母代产蛋量提高15%；商品代10周龄体重3.8 kg以上，饲料转化率提高15%以上。肥肝型鹅父母代年产蛋量达到45个，产蛋量提高10%以上；商品代平均肥肝质量850 g以上，料肝比低于25。

鸽 针对不同地区消费者习惯，培育羽色、上市体重不同的肉鸽配套系，西北地区培育以灰二线和雨点色为主的灰羽鸽，东北地区培育胸肌率26% ~30%的适宜烧烤的白羽配套系；北方及中原地区培育商品代体重510~530 g的白羽配套系。为了适应日益扩大的鸽蛋消费市场，应积极培育蛋鸽配套系，尤其是可以羽色区别的蛋鸽配套系，重点提高年产蛋量和蛋壳强度。

鹌鹑 针对蛋重较小的问题，蛋鹌鹑配套系在不减少产蛋量的情况下进一步提高单个蛋重，达到13~15 g/个。针对生长速度不高的问题，继续肉鹌鹑的育种工作，育成肉鹌鹑配套系商品代42日龄平均体重220~240 g。

分报告七

中国鹿遗传资源状况

敖鲁古雅驯鹿

东北马鹿

伊河马鹿

第一章

中国拥有丰富独特的鹿遗传资源

中国是世界上鹿类动物遗传资源极为丰富的国家，世界上鹿类动物约 50 种，中国有鹿科动物梅花鹿、马鹿、驯鹿、白唇鹿、水鹿、坡鹿等 9 属 22 种，野生及家养种群星罗棋布，从西南部的青藏高原到西北部的塔里木盆地、阿勒泰再到东南部的台湾岛，从北部漠河、黑河到南部的海南岛，到处都有鹿的踪迹。其中被列入《国家畜禽遗传资源目录》的鹿类动物有梅花鹿（*Cervus nippon*）、马鹿（*Cervus elaphus*）和驯鹿（*Raugifer tarandus*），也是中国最主要的人工养殖鹿种。梅花鹿是中国人工养殖最多的鹿种，分布于中国全境，主要为圈养模式，有地方品种 1 个（吉林梅花鹿）、培育品种 7 个（双阳梅花鹿、四平梅花鹿、兴凯湖梅花鹿、东丰梅花鹿、西丰梅花鹿、敖东梅花鹿、东大梅花鹿）。马鹿是中国西部及北方草原及林地养殖广泛的鹿种，具有耐粗饲、生长性能好等特性，目前有地方品种 3 个（东北马鹿、肃南马鹿、阿山马鹿）、培育品种 3 个（清原马鹿、塔河马鹿、伊河马鹿）。驯鹿是人工驯化程度最高的鹿种，在中国北方地区饲养，仅地方品种 1 个（敖鲁古雅驯鹿）。在中国政府倡导构建的畜禽遗传资源保护和开发利用体系的推动下，中国家养鹿遗传资源多样性更趋丰富、种质特色鲜明，梅花鹿数量有所增长，马鹿数量下降。

第一节　中国是鹿类动物的起源地之一

一、中国是鹿类动物的主要起源地

大量考古证据证明，中国是鹿类动物的主要起源地。中国考古学家在中国各地发现了大量的古代鹿骨、鹿角及其化石和制品。浙江建德市发现的第四纪哺乳动物中有鹿、麂；在北京东郊泥炭层中的动物遗骸和角制工具中发现麋鹿骨、角制作的工具；在福建闽侯县石山新石器时代遗址中发现有梅花鹿骨和骨器，并推断当时这一带梅花鹿很多；上海马桥泽新石器时代遗址中的动物遗骸中有麂、梅花鹿、麋鹿。这些考古发现说明中国是鹿类动物的主要起源地。

二、中国养鹿历史久远

中国家养鹿开始于商代，距今 3 000 多年。那时养的主要是麋鹿、马鹿和梅花鹿，目的是给达官贵人们观赏和食用，这与当时鹿资源极其丰富有关，以后历代养鹿不衰。

清朝时期，在满族龙兴之地东北地区及内蒙古等地建立了若干围场，供贵族打猎消遣，及用于重大场合的祭祀，这也是近代养鹿开端的重要诱因。猎鹿是一项非常盛行的活动，清朝末年，由于年年捕猎，野生梅花鹿的数量越来越少，难以达到进贡数量。光绪二十一年（1895 年），在今吉林省辽源市划定方圆 40 里的养鹿官山地，开创了中国大规模人工饲养梅花鹿的先河。

中国民间养鹿较早的地方有东丰县的小四平及双阳区、伊通县、西丰县以及吉林的龙潭山地区，而今已遍布中国各地。

第二节　中国鹿遗传资源多样性丰富且种质特色鲜明

中国是世界上鹿品种资源最为丰富的国家，不同的地理环境和气候条件，孕育出各具特色的物种和遗传资源。经过自然选择和人工选育，拥有多个不同品种的鹿。不同物种的鹿适应不同的自然地理环境，表现出不同的生态适应性和生产性能，这些差异性产生了各具特色的鹿遗传资源。

一、梅花鹿

（一）梅花鹿在中国的分布

梅花鹿主要分布于东北、华北等地区，以东北地区分布最多。根据第三次普查结果，中国共有 29 个省（区、市）饲养梅花鹿，饲养量在 2 000 头以上的有 11 个省份，其中吉林的梅花鹿饲养量居全国之首，占中国饲养总量的 79.65%，其次为辽宁、黑龙江、山东和湖北（表 7–1–1）。

表 7–1–1　中国梅花鹿饲养数量 2 000 头以上的省份

省（区、市）	梅花鹿个体数 / 头	占中国比例 /%	排序
吉林	405 721	79.65	1
辽宁	34 544	6.78	2
黑龙江	17 736	3.48	3
山东	9 186	1.80	4
湖北	7 415	1.46	5
内蒙古	4 924	0.97	6
贵州	4 064	0.80	7
河北	3 565	0.70	8

续表 7–1–1

省（区、市）	梅花鹿个体数 / 头	占中国比例 /%	排序
河南	3 329	0.65	9
陕西	2 616	0.51	10
江西	2 290	0.45	11

（二）梅花鹿主要饲养品种及特性

目前国内饲养的梅花鹿主要来源于早期野外引种的东北亚种梅花鹿，经过几代的圈养、驯化、繁殖、人工选育和饲养管理，形成了不同类型的吉林梅花鹿品种，在此基础上选育出了不同的茸用梅花鹿品种。这些梅花鹿产茸量高、繁殖力好，并具有良好的遗传稳定性，见表 7–1–2。

表 7–1–2　不同梅花鹿品种遗传资源特性

品种	遗传资源特性
吉林梅花鹿	产茸能力强
双阳梅花鹿	产茸量高，经济早熟，遗传性能稳定，适应性强
四平梅花鹿	整体生产水平较高，遗传性能稳定，适应性好
兴凯湖梅花鹿	湿地放牧型鹿种，体型较大，温驯、耐粗饲
东丰梅花鹿	产茸量高，茸质优良
西丰梅花鹿	高产，遗传力稳定
敖东梅花鹿	耐寒，茸重性状变异系数小
东大梅花鹿	仔鹿成活率高，达到 94%

二、马鹿

（一）马鹿在中国的分布

马鹿养殖区主要分布于新疆、吉林、辽宁、甘肃、黑龙江、青海等省份。根据第三次普查结果，中国目前共有 13 个省份饲养马鹿，其中新疆的马鹿饲养量居全国之首，为 10 707 头，占全国饲养总量的 75.36%，其次为吉林、辽宁、甘肃、黑龙江和青海（表 7–1–3）。

表 7–1–3　中国马鹿养殖区及数量分布

省（区、市）	马鹿个体数 / 头	占中国比例 /%	排序
新疆	11 266	73.37	1
吉林	1 147	7.47	2
辽宁	936	6.10	3

续表 7-1-3

省（区、市）	马鹿个体数 / 头	占中国比例 /%	排序
甘肃	755	4.92	4
黑龙江	738	4.81	5
青海	157	1.02	6
山东	141	0.92	7
内蒙古	80	0.52	8
河北	55	0.36	9
贵州	47	0.31	10
湖北	15	0.10	11
四川	3	0.02	12
北京	2	0.01	13

（二）马鹿的遗传资源特色鲜明

中国目前饲养的马鹿有东北马鹿、肃南马鹿、阿山马鹿 3 个地方品种，还有清原马鹿、塔河马鹿、伊河马鹿 3 个培育品种，见表 7-1-4。每个品种都有其特有的遗传资源特色。

表 7-1-4　马鹿遗传资源特性

品种	遗传资源特性
东北马鹿	耐粗饲，抗寒力强，性情温驯，产肉性能好
肃南马鹿	中国唯一的高海拔放牧型马鹿、耐粗饲、抗逆性强、抗病力强、鹿茸优质（含血充足）
阿山马鹿	体型大、耐寒、耐粗饲、抗逆性强、产鲜茸量高
清原马鹿	产茸量高，抗寒，耐粗饲，生产利用年限长
塔河马鹿	耐干旱、耐高温、耐盐碱、耐粗饲，饲料转化率高、茸料比高
伊河马鹿	产茸量高，耐粗饲，抗病力强

三、驯鹿

（一）敖鲁古雅驯鹿的分布

敖鲁古雅驯鹿是中国唯一的耐寒力极强的环北极型鹿类，该品种主要做役用、乳用、茸用等。

该品种主要分布于内蒙古根河地区大兴安岭西北坡，在北京、天津有少量饲养，饲养方式以林间放牧为主。

（二）敖鲁古雅驯鹿的特性

1. 产茸性能

每年 5~7 月份是收茸季节。公鹿产干茸 2.3~3.0 kg，母鹿产干茸 0.5 kg。

2. 产肉及产乳性能

驯鹿肉细嫩、鲜美。当年出生的幼鹿 10 月体重可达 50~60 kg，平均产肉 20~30 kg。成年鹿体重 125 kg，产肉 60 kg。驯鹿乳浓度高、香甜。母鹿泌乳期 6~7 个月，每天挤奶 1 次，可产乳 300~500 g。

3. 役用性能

驯鹿的役用价值高，可用于驮运、乘骑和拉车。养殖者经常搬家，其运输工具主要是驯鹿，且驯鹿不受高山、密林和沼泽的影响。

4. 食性

驯鹿食性特殊，主要以冻土带的植物为食。冬季驯鹿主要是以苔藓、地衣为食；夏季主要是草本植物和矮小灌木嫩叶为食。

第三节　中国鹿遗传资源群体变化趋势

随着社会经济的发展和人民需求的变化，中国鹿遗传资源数量呈现动态变化趋势。中国鹿资源丰富，呈现出遗传多样性丰富、鹿种群数量稳中有升的变化趋势。

一、鹿遗传多样性更趋丰富

中国鹿资源丰富，呈现种类繁多的遗传多样性。鹿的产茸量、产肉量、高原适应性、寒冷适应性、耐干旱性等遗传多样性丰富。近年来，随着人民生活水平的提高和社会发展的需求变化，越来越多的鹿遗传特性被发掘出来，丰富了鹿的遗传多样性。中国多年来开展了大量的鹿品种选育工作，但主要注重的是产茸性能，考虑肉用性能和其他性状较少。2020 年 5 月 29 日，农业农村部颁布了《国家畜禽遗传资源目录》，家养鹿和家畜有了同等的身份，允许鹿作为食材开发利用。为了保证产业健康、多元化发展的需求，需要开展肉用型、茸肉兼用型及小型观赏梅花鹿的育种工作。除此之外，培育抗结核病、抗布氏杆菌病的鹿品种也十分必要。以上工作将拓展中国鹿遗传多样性领域，使中国鹿遗传多样性更加丰富。

二、鹿种群数量稳中有升

根据第二次调查结果显示，中国饲养梅花鹿 207 375 头，其中吉林梅花鹿 62 000 头、四平梅花鹿 7 700 头、敖东梅花鹿 12 600 头、东丰梅花鹿 45 000 只、兴凯湖梅花鹿 7 075 头、双阳梅花鹿 35 000 头、西丰梅花鹿 38 000 头；中国饲养马鹿约 48 200 头，其中东北马鹿约 2 000 头、清原马鹿约 6 200 头、塔河马鹿约 30 000 头、伊河马鹿 10 000 余头；中国饲养敖鲁古雅驯鹿 1 000 余头。

据第三次普查数据可知，中国饲养梅花鹿 509 377 头，其中吉林梅花鹿 58 062 头、四平梅花鹿 10 015 头、敖东梅花鹿 4 153 头、东丰梅花鹿 153 869 头、兴凯湖梅花鹿 4 124 头、双阳梅花鹿

244 791 头、西丰梅花鹿 30 466 头、东大梅花鹿 3 897 头；马鹿 15 354 头，其中东北马鹿 1 377 头、肃南马鹿 575 头、阿山马鹿 559 头、清原马鹿 1 555 头、塔河马鹿 9 227 头、伊河马鹿 2 049 头；新西兰赤鹿 350 头；敖鲁古雅驯鹿 1 591 头。

对比 2023 年与 2008 年统计数据可以发现（图 7-1-1），梅花鹿群体数量呈明显上升趋势，马鹿群体数量处于严重下降趋势，驯鹿群体数量略有上升。总体而言，中国鹿种群数量稳中有升。

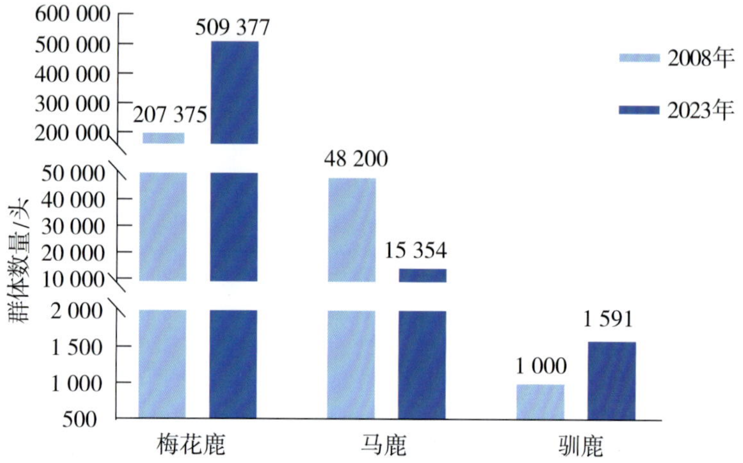

图 7-1-1　中国梅花鹿、马鹿和驯鹿群体数量变化

第二章

中国鹿遗传资源价值独特

鹿遗传资源是生物多样性的重要组成部分，是长期进化形成的宝贵的战略性资源，是现代种业创新和鹿业可持续发展的物质基础。中国鹿遗传资源多样性丰富，蕴含着独特而珍贵的基因库，承载着丰厚的历史文化遗产，对中国经济、文化、科学研究和乡村振兴等多领域具有重要的作用和价值。

第一节　鹿遗传资源具有巨大的经济价值

鹿属珍稀动物，在中国人工饲养最多的是梅花鹿和马鹿，占鹿饲养群体的95%以上，以其高产、优质的鹿茸闻名于世。鹿全身是宝，可以开发出多种药品、保健食品、食品、化妆品和优质的有机肥，其医疗保健价值和经济价值显著。

中国养鹿主要是为了获取鹿茸等鹿产品，应用于中药、保健领域。高峰时期中国有140多万头鹿的存栏量，目前中国有约51万头鹿存栏。中国鹿养殖分布范围广，几乎遍布各个省（区、市），但养殖量主要集中在北方。目前，在市场需求和国家政策的引导下，中国的中部和南部很多省份也在大力发展鹿产业，并将其作为乡村振兴的重要产业之一。在养殖模式方面，中国以圈养为主，养殖水平远落后于猪、鸡、牛、羊产业的发展。《国家畜禽遗传资源目录》公布后，明确了人工养殖鹿的管理部门和发展方向，为中国养鹿业注射了一支“强心剂”，引起中国范围内的养鹿热潮，鹿产品的销量也呈现出较大幅度的上涨趋势。

中国每年产梅花鹿茸约500吨、马鹿茸约40吨，鹿产品被广泛应用于药品、保健品和食品领域，附加值高。据中国畜牧业协会估计，中国的鹿产品市场将会是一个千亿级市场，发展潜力巨大。随着人们生活水平的提高以及对营养健康的需求增强，鹿产品在健康领域中的地位将稳步提升。

第二节 鹿遗传资源承载着多彩的特色文化

中国丰富的鹿品种资源是在特定的自然生态环境和社会历史条件下，经过人类长期驯化、培育而成的，几千年来一直和人类生活密切相关，它们是人类文化的特征之一，在传承中华农耕文明、推动人类社会发展的过程中发挥了不可替代的作用。

一、狩猎文化历史悠久

在农业社会之前，原始人类以采集、狩猎为生，鹿是主要的狩猎对象。在北京周口店遗址，就曾经发现大量的肿骨鹿和斑鹿化石。商代甲骨卜辞中，刻有“射鹿”“获鹿”等字样的甲骨有很多。西周时期，鹿仍是最重要的猎获对象。

猎鹿需要有丰富的经验和技巧，并且需要具备一定的体能和战斗力，被视为皇家、贵族和勇士之间的竞赛，同时也被视为提升战斗力的训练和考验。汉赋（如司马相如《子虚赋》、枚乘《七发》、扬雄《羽猎赋》）中，描写田猎的内容占有很大比例，田猎的主要对象就是鹿。元代帝王狩猎场景在现存佚名所作清宫旧藏的《元人秋猎图》长卷中有所展现，此图第二部分即描绘了皇子射鹿的场景。

二、中药文化博大精深

在中国传统中药中，鹿产品中分量最重的当属鹿茸。鹿茸始载于《神农本草经》，历代本草均有记载。宋朝苏颂曰：“鹿茸……今有山林处皆有之。四月角欲生时，取其茸，阴干，以形如小紫茄子者为上。或云茄子茸太嫩，血气犹未具，不若分歧如马鞍形者有力”。明朝李时珍曰：“鹿，处处山中有之。马身羊尾，头倒而长，高脚而行速。牡者有角，夏至则解。大如小马，黄质白斑，俗称马鹿。牝者无角，小而无斑……”综上形态、习性记述，与今之药材所用鹿茸相符。

梅花鹿的鹿茸及其副产品作为名贵的传统中药材，入药历史悠久。从两汉到清代共有660部中医药古籍约8万个方剂中记录了鹿茸、鹿角胶、鹿骨的功能主治、方剂配伍等信息。作为梅花鹿养殖最大的省份，吉林全省梅花鹿入食、入药的保健品企业有186家，开发生产的梅花鹿相关的国药准字号药品有200余种，加工茸、角、血、肉、皮、鞭、胎等相关鹿产品7大类38个品种，鹿茸及副产品在中国中药材产业中具有不可替代的重要地位。

三、饮食文化承前启后

鹿浑身都是宝，鹿肉可食，是重要的肉类来源。《周礼·天官冢宰·兽人》记载“冬献狼，夏献麋”，即猎人冬天献狼肉、夏天献麋鹿肉供周王室食用。汉代之后，随着气候变迁、森林减少，鹿的数量也逐渐减少，鹿肉越发珍贵，成为皇室、王公贵族的专享美食。满清尤重食鹿肉，皇帝常将鹿肉作为珍贵美食赐予重臣，一般三品以上官员才能享受。

鹿肉具有滋补身体、增强体质、延缓衰老等功效，是一种健康食品。相比于其他肉类，鹿肉的蛋白质含量更高且脂肪少，因此其热量较低，是一种适合控制体重和保持健康的食品，已经成为不少人的钟爱之选。

此外，鹿肉也有着特殊的文化意义。在一些地区，象征着“祥瑞”“幸福”“吉祥”的鹿在传统节日或重大庆典中是必备的祭品。因此，人们在享用鹿肉佳肴时，也体现了一些与传统文化相关的观念和习俗。

四、图腾文化源远流长

鹿自古就是人们心中的瑞兽，是传统文化中的重要表现对象，是品格、长寿、吉祥、幸福、健康的象征。鹿也成为中国传统文化精神中仁、义、礼、智、信、忠、孝、节、勇等的动物形象。最早的鹿图像出现在史前岩画中，此时的岩画带有原始图腾崇拜和渔猎民族生活记述的痕迹。有文字记载以后，鹿与人的生活更加息息相关，鹿的线条优美，形象秀丽、小巧，惹人喜爱。

传统的鹿图像有着不同的表现形式，从史前鹿岩画到清朝末期的年画中的鹿，大致分为三个阶段：第一阶段史前社会至秦朝之前，鹿图像带有更多的是具象符号寓意的表达，被当作是狩猎或图腾崇拜的对象来刻画，鹿形象简朴粗犷而不失优雅；第二阶段是秦汉时期，鹿图像被刻画在房屋的瓦当和墓室的画像石砖上，成为了装饰图案，在具有审美属性的同时也满足着人的社会心理需求；第三时期是魏晋时期至明清，鹿多被宗教壁画、瓷器、民间年画等题材运用，图像表达细致生动，作为具有神性的祥瑞之物蕴含着吉祥寓意。

专栏

◆ 蒙古族信仰——白鹿图腾 ◆

白鹿是蒙古族的图腾之一。白鹿图腾起源于狩猎生活。随着生产力的不断提高，原始人的猎物有了剩余，于是他们开始驯养剩余的猎物——鹿。这对他们的物质生活起到重要的作用，为从母系社会进入父系社会奠定了物质基础，从此狩猎生活慢慢地转变为游牧生活。因此，古代蒙古族人民把温顺、敏捷、善驮的白鹿作为民族的图腾来崇拜，东亚以及蒙古高原的古代民族也崇拜白鹿图腾。

在蒙古地区有很多鹿石，墓碑上也刻着去世氏族标志的鹿图腾。他们认为图腾具有神秘的力量，能够保佑和保护氏族。在蒙古族萨满和各民族的萨满中鹿被神化，鹿耳被看成是祛除灾病的家族护符。鹿图腾是古代蒙古族、中亚以及蒙古高原的古代各民族共同的文化遗产。

五、少数民族的精神寄托

中国的驯鹿生存在大兴安岭西北部的森林中。被称为“使鹿部”的鄂温克人，是中国唯一饲养驯鹿的民族，很早以前，他们在狩猎中认识和接触驯鹿，逐步了解、饲养、驯化驯鹿，最后使驯鹿成为“用之唤来，役后归山”的半野生状态的家畜，并形成了地域特色鲜明的驯鹿文化。

鄂温克族驯养鹿可追溯到汉朝以前。由于环境的变化和时代的变迁，驯鹿在中国北方其他民族中先后消失，只在鄂温克族猎民中得以延续。鄂温克的驯鹿与鄂温克人的生活息息相关，在很长的一段时间里，驯鹿为鄂温克族人做出了很大的贡献。在鄂温克族里驯鹿被称为“奥伦”，它们穿越在森林和沼泽之中，是当时鄂温克猎人最主要的生产和交通运输工具，被誉为“林海之舟”，是鄂温克族人民的精神寄托。

第三节　鹿遗传资源为科学研究提供天然模型

传统意义上，鹿产品常被当作中药，除了中药功效以外，鹿茸呈现顶端生长特性，具有血管和神经，其再生、快速生长、骨化、伤口极速愈合等生物学特性也逐渐引起了科学家们的注意，被认为是理想的医学模型。

一、鹿茸是理想的哺乳动物器官再生模型

鹿茸作为自然界唯一能够完全再生且生长速度最快的哺乳动物器官。鹿茸每年都重新生长一次，这可作为哺乳动物器官再生研究模型，以揭示哺乳动物器官是如何实现完全再生的问题。鹿茸的再生是“基于干细胞”的过程，与低等脊椎动物肢体再生的机制不一样，低等脊椎动物肢体的再生是“胚芽依赖性”再生。鹿茸干细胞可以分泌胚胎干细胞表达的关键物质，能在离体条件下被诱导分化成多种成体细胞。鹿茸干细胞具有巨大的分裂、分化潜力，能在60天内由数量仅百万级别的细胞生成数十千克的鹿茸组织，被移植的鹿茸干细胞可以在异位发起鹿茸的生长和再生，因此构成了一个难得的研究成体干细胞自主分化能力的模型，是哺乳动物断肢再生的良好研究模型。

二、鹿茸为治疗骨质疏松提供新思路

鹿茸每年都经历从鹿茸至鹿角的软骨内成骨过程。在生茸期，鹿会发生严重的生理性骨质疏松症，体骨流失近30%，鹿茸却可在该生理状态下进行快速生茸与骨化，短短3个月最高可形成重达30 kg的骨组织，待鹿角形成后，体骨骨质疏松消失。第二年夏季，鹿体的骨质疏松再次发生。动物机体的骨骼始终处于成骨与破骨的平衡状态，动态平衡的打破也就预示着骨质疏松的发生，但在鹿茸成骨机制研究中，尚不明了其特殊的分子机制。因此，探讨鹿茸的成骨机制能够为医学领域中骨质疏松的治疗提供新思路。

第四节　鹿遗传资源助力乡村振兴

中国鹿产品长期处于原材料、原材料产地加工、直接交易和应用的初级阶段；第二产业和第三产业处于半空白或者空白状态，其社会价值和经济效益拓展空间不足。国家管理政策的调整，为鹿产业的发展及鹿产品在社会上的应用提供了更大的未来空间。目前，中国多地在发展鹿产业，鹿的价格及产品附加值上升幅度较大，以鹿为元素的文旅产业也在多地发展，鹿遗传资源的价值得到进一步开拓，成为“助力乡村振兴”的理想新兴产业。

中国鹿遗传资源十分丰富，不同鹿种有其特有的种质资源特性。充分发挥鹿的资源特色，是助力乡村振兴的主要手段。

兴凯湖梅花鹿为放牧型梅花鹿，具有体型大、耐粗饲、抗逆抗病性强、鹿茸品质好、产量高等优

点，是中国梅花鹿品种中遗传基因独特的优良品种。梅花鹿全身是宝，成年梅花鹿每年可创造2 000多元的价值，其食性广、耐粗饲，资源利用总效益高于牛、羊等传统家畜。

塔河马鹿对塔里木盆地的荒漠区具有独特的适应性，即特别耐酷热、干旱、大风、高盐碱，喜饮矿化度高的咸水，食性广。塔河马鹿由于独特的资源特性，在当地乡村振兴方面发挥着巨大的作用。

专栏

双阳梅花鹿助力乡村振兴，成为致富“金钥匙”

长春市双阳区有着300多年人工驯养梅花鹿的历史，素有“中国梅花鹿之乡”的美誉，饲养品种主要是双阳梅花鹿。鹿乡镇是双阳区鹿业发展的核心区，几乎家家有鹿舍、屯屯有鹿场。走在鹿乡镇的大街上，耳边不时传来“呦呦”鹿鸣声。双阳区因鹿而富，美丽的梅花鹿成为农民增收致富的“金钥匙”。

第三章

中国鹿遗传资源保护卓有成效

中国是世界上鹿遗传资源保护最好的国家。新中国成立后，中国的鹿种质资源保护、研究与创新利用体系逐步建立健全，并逐步发展成为重要的科学研究领域，实现了从无到有的跨越。当前，中国已成为位居世界前列的鹿种质资源大国，正在向鹿种质资源强国迈进。

第一节　摸清鹿遗传资源家底

鹿遗传资源是一直处于动态变化中，摸清资源家底是保护利用的前提。新中国成立后，先后开展了三次普（调）查，2021—2023 年期间开展的为期 3 年的第三次普查，组织规模最大，覆盖面最广，技术要求最高，全面摸清了鹿遗传资源家底。

一、第一次调查

中国于 1976—1983 年开展了第一次全国范围的畜禽遗传资源调查工作，并于 20 世纪 80 年代中后期第一次出版了《中国畜禽品种志》。当时特种畜禽（特种经济动物）也在调查之列，出于多种原因，《特种经济动物志》未能出版。

二、第二次调查

2006 年农业部启动了第二次调查，基本摸清了中国鹿遗传资源的家底，掌握了大量基础数据和资料，组织专家编撰志书，形成了《中国畜禽遗传资源志·特种畜禽志》，14 个鹿品种纳入其中，分别是地方品种 3 个（吉林梅花鹿、东北马鹿、敖鲁古雅驯鹿），培育品种 10 个（四平梅花鹿、敖东梅花鹿、东丰梅花鹿、兴凯湖梅花鹿、双阳梅花鹿、西丰梅花鹿、清原马鹿、伊河马鹿、塔河马鹿、琼岛水鹿），引入品种 1 个（新西兰赤鹿）。

三、第三次普查

2021 年 3 月，农业农村部组织 31 个省（区、市）和新疆生产建设兵团，启动第三次普查，本次普查实现了“两个全覆盖”，一是品种全覆盖，二是区域全覆盖，覆盖了 31 个省（区、市），普查了《国家畜禽遗传资源名录（2021 年版）》收录的 13 个鹿品种，其中梅花鹿地方品种 1 个，培育品种 7 个；马鹿地方品种 1 个，培育品种 3 个；驯鹿地方品种 1 个。与第二次调查相比，梅花鹿增加了 1 个培育品种，为东大梅花鹿；由于水鹿没有进入《国家畜禽遗传资源品种名录（2021 年版）》，没有在本次普查范围之内（表 7–3–1）。

表 7–3–1　第二次调查与第三次普查品种对比

鹿种类	品种类型	第二次调查品种	第三次普查品种
梅花鹿	地方品种	吉林梅花鹿	吉林梅花鹿
	培育品种	双阳梅花鹿、四平梅花鹿、兴凯湖梅花鹿、东丰梅花鹿、西丰梅花鹿、敖东梅花鹿	双阳梅花鹿、四平梅花鹿、兴凯湖梅花鹿、东丰梅花鹿、西丰梅花鹿、敖东梅花鹿、东大梅花鹿
马鹿	地方品种	东北马鹿	东北马鹿、肃南马鹿、阿山马鹿
	培育品种	清原马鹿、塔河马鹿、伊河马鹿、琼岛水鹿	清原马鹿、塔河马鹿、伊河马鹿
驯鹿	地方品种	敖鲁古雅驯鹿	敖鲁古雅驯鹿

第二节　全面评估了鹿遗传资源种质特性

第三次普查过程中，对鹿遗传资源进行了表型评估、生产性能测定，开始构建分子身份证，全面评估鹿遗传资源。

一、鹿遗传资源表型评估

第三次普查，建立了鹿遗传资源系统调查表，调查表包括鹿遗传资源概况表、鹿体型外貌群体特征表、鹿体尺体重表和生长性能登记表、鹿屠宰性能登记表、鹿产茸性能登记表、鹿繁殖性能登记表等测定表格，对鹿的体型外貌群体特征（被毛颜色、体型外貌、鹿茸特征）、体尺体重和生长性能（体重、体长、体高、头长等）、屠宰性能（宰前活重、胴体重、净肉重、骨重、屠宰率、净肉率、骨肉比）、产茸性能（头茬茸鲜茸重、头茬茸主干长度、主干围度、再生茸重）、繁殖性能（性成熟月龄、初配月龄、妊娠期等）等进行评估，基本形成了 5 大性状、130 个指标的综合评价体系，取得 30 407 条表型数据。

二、鹿分子身份证构建

对梅花鹿地方品种（1 个）、马鹿地方品种（3 个）、驯鹿地方品种（1 个）等遗传资源开展了血样采集和分子身份证的构建，为资源的精准鉴定提供数据支撑。

第三节　实现鹿遗传资源应保尽保

中国政府十分重视鹿遗传资源的保护，通过建立保种场、基因库等方式，实现鹿遗传资源应保尽保。

一、鹿遗传资源的保护策略

保种场　中国设立了不同等级梅花鹿、马鹿、驯鹿的保种场，专门用于鹿遗传资源的繁殖和保护。保种场通常设有适宜的栖息环境，以提供最佳的生存和繁衍条件，确保鹿种群的繁衍，保持其遗传多样性。

基因库　中国建立了鹿类基因库，用于收集、保存和管理鹿类的遗传资源。基因库通常采用冷冻冻存和细胞培养等技术，保留鹿类的胚胎、精液和细胞等样本。这有助于长期保存鹿类的遗传信息，为未来的研究、繁殖计划和物种保护提供重要的资源。

二、鹿遗传资源的保护品种

（一）国家级保护品种

敖鲁古雅驯鹿　2022 年，全国畜牧总站审核通过设立敖鲁古雅驯鹿国家级保种场，使这一珍贵的品种资源能够长期得到有效保护，为国家种质资源库做好优质品种资源储备工作。

专栏

◆为“中国最后使鹿部落”寻路◆

以饲养驯鹿为生的鄂温克族猎民，常年居住在内蒙古大兴安岭森林腹地，鄂温克族是中国唯一饲养驯鹿的民族，这里也被外界誉为“中国最后使鹿部落”。随着国家驯鹿保种场的落地，在加强本地种群优化、保护本地驯鹿基因的同时，政府在政策、技术等方面加大扶持力度，对保种群体进行遗传多样性分析、亲缘关系分析、群体遗传结构分析等，确保保种场更精准地进行保种工作。

吉林梅花鹿　2021 年东丰县文福种鹿场被认定为“国家吉林梅花鹿保种场”，是目前唯一的梅花鹿国家级保种场。东丰县文福种鹿场始建于 2000 年，优质梅花鹿存栏 1 000 余头，可年产鲜鹿茸 1 000 kg 左右，培育出了大批具有东丰梅花鹿品系特点的优质梅花鹿，其“东丰”品牌鹿产品受到国内外鹿茸经销商青睐。

（二）省级及其他保护品种

内蒙古根河设立了敖鲁古雅鄂温克族驯鹿保种场；新疆昌吉设立了伊河马鹿保种场；吉林设立了10个梅花鹿保种场，用于保存吉林梅花鹿（长白山品系）、双阳梅花鹿、东丰梅花鹿、吉林梅花鹿。

第四节　完善鹿遗传资源保护技术体系

遗传资源是不可再生的资源，一旦丢失是无法恢复的。因此，鹿遗传资源保护技术的发展是必不可少的。经过政府和科研工作者的努力，鹿活体保护技术、人工授精、胚胎移植、克隆等技术得到了发展，面对实际情况采取上述不同的遗传资源保存技术或将多种技术有机结合，以期实现鹿遗传资源的完整化、立体化、长久化保存。

一、基于保种场的活体保护已广泛用于鹿遗传资源保护

保种场是以活体保护为手段，在原产地建立的保存单个遗传资源的单位，是最提倡的保护方式。目前，中国已建立2个国家级保种场（表7-3-2），保护品种2个（敖鲁古雅驯鹿、吉林梅花鹿）。省级保种场12个，保护品种（品系）6个［敖鲁古雅驯鹿、伊河马鹿、吉林梅花鹿（长白山品系）、吉林梅花鹿、双阳梅花鹿、东丰梅花鹿］见表7-3-3。

表7-3-2　国家级鹿保种场

保种场名称	保护品种	所在地区
国家敖鲁古雅驯鹿保种场	敖鲁古雅驯鹿	内蒙古根河市
国家吉林梅花鹿保种场	吉林梅花鹿	吉林东丰县

表7-3-3　省级鹿保种场

分类	保护品种名称	保护方式
梅花鹿（10个）	吉林梅花鹿（长白山品系1个）、吉林梅花鹿（4个）、双阳梅花鹿（4个）、东丰梅花鹿（1个）	原产地保护
马鹿（1个）	伊河马鹿	原产地保护
驯鹿（1个）	敖鲁古雅驯鹿	原产地保护

二、遗传材料保存已成为活体保护的补充手段

“十三五”期间，中国农业科学院特产研究所采用冻精等保种方式，抢救性收集保存纯种高产塔河马鹿、阿尔泰马鹿、天山马鹿等中国珍稀新疆马鹿资源的种质资源材料。以天山马鹿为素材，完成了

第一个国家审定马鹿品种——清原马鹿选育工作。开展了阿尔泰马鹿、天山马鹿、阿拉善马鹿、东北马鹿、青海马鹿、川藏马鹿泛基因组组装以及10个马鹿亚种192个个体的重测序工作，揭示了中国马鹿的起源进化路径。对塔河马鹿进行核心种质登记，明确各种系谱类型的种类和数量，在新疆生产建设兵团第二师34团建立养殖示范基地，采集保存纯种塔河马鹿冻精资源。目前，正在推进天山马鹿纯种活体遗传资源保护工作，组建纯种天山马鹿核心群，制定选种选配方案，开展提纯复壮工作。此外，还开展了精液、卵母细胞、胚胎、干细胞等的保存工作。

第五节　构建鹿遗传资源保护科技支撑体系

鹿遗传资源保护是确保鹿种群遗传多样性和遗传改良的关键环节，也是推动鹿产业可持续发展的重要保障。为了有效推进鹿遗传资源保护工作，建立科技支撑体系至关重要。这一体系涵盖了学科体系、人才队伍、平台和科技支撑项目等多个方面的支持和保障。

一、建立了以科研院所为主体的鹿资源保护与利用学科体系

鹿遗传资源保护在中国已成为一个重要的研究方向和学科建设项目。据统计，在中国高等农林院校和中国农业科学院等省属以上相关研究机构中，已有多个单位建立了鹿种质资源数据库和鹿种质资源保护中心或开展鹿种质资源的保护和利用工作。这些研究机构和高校在鹿遗传资源保护与利用领域开展了一系列教学科研工作，培养了大批专业人才，为鹿遗传资源保护工作提供了强有力的支撑。在鹿遗传资源保护人才队伍建设方面，中国已通过一系列人才计划培养，造就了一批进入世界鹿遗传资源研究科技前沿的优秀学术带头人。目前山东省建立了特种经济动物产业技术体系，形成了首席、岗位专家及实验站模式的产业技术团队科研支撑。

二、建设了鹿遗传资源保护与利用高标准研究平台

为落实鹿遗传资源保护、打好种业翻身仗重大决策部署，中国一直重视重大科技基础平台建设。通过建立经费稳定支持机制，进一步改善科创平台的硬件条件。中国农业科学院特种经济动物分子生物学省部共建国家重点实验室，在鹿的优异种质资源基因克隆、功能验证、遗传转化与应用以及特种经济动物新型分子标记及其检测、鹿茸干细胞、鹿茸生物反应器等方面取得了丰硕的研究成果，部分研究已处于同类或相关研究的前列。青岛农业大学建设的国家特种家畜遗传评估中心，坚持自主创新，以充分利用中国特种畜禽遗传资源提高种业核心竞争力为目标，统筹特种畜禽种业发展，搭建国家特种家畜遗传评估中心数据平台，进行良种登记与资源动态评估等工作，以满足民众对提高生活水平的需求，创造更高的经济效益和社会效益，维持并提升中国特种畜禽产业的大国地位。

吉林省农业农村厅建立了吉林省梅花鹿产业体系，推进吉林梅花鹿生产发展。建立了特种动物基因组信息库，保存了世界第一个染色体级别的梅花鹿基因组、马鹿基因组数据以及不同梅花鹿培育品种、吉林梅花鹿地方品种、马鹿亚种等的线粒体基因组、重测序、转录组、蛋白组等组学数据46T，为种质资源保护奠定了基础。

第四章

中国鹿遗传资源可持续高效利用

中国鹿产业经过 60 多年的发展，依托丰富的地方遗传资源，全面加强开发与利用。改革开放后，在对地方鹿资源种质特性系统评价的基础上，逐渐形成了以本品种直接利用、杂交利用、培育新品种以及多元化利用为主要模式的利用体系，绝大部分地方的鹿资源相继得到了开发，基于地方鹿资源选育出的新品种，有效解决了市场对特色品种的要求。随着国家种业振兴、遗传改良等相关政策的颁布与实施，中国的鹿遗传资源的开发利用将继续以创新地方资源利用的模式，朝着精准化、专用化、特色化的方向发展，不断满足鹿消费市场多元化要求以及人们不断日益增长的美好生活需要。

第一节　鹿遗传资源利用满足人民美好生活的需求

中国拥有丰富的鹿品种遗传资源和较大的饲养量，鹿茸等产品长期居世界首位。种业是鹿产业发展的基础，充分开发和利用中国丰富的鹿遗传资源有助于提高鹿业发展水平和生产效率，满足鹿茸等产品的供给和多元化的市场需求。

一、作为药品资源

鹿茸入药已有 2 000 多年的历史，是一种国内外常用的名贵滋补品和中药材。鹿茸独特的药用功能与其相应的化学成分有直接联系。鹿茸中含有的化学成分比较复杂，包括 19 种以上的氨基酸、9 种脂肪酸、10 种磷脂及蛋白质、多肽、多糖、多胺、含氮化合物、胶原蛋白、生长激素和生长素、硫酸软骨素、前列腺素、核苷酸、维生素、神经节苷脂以及神经生长因子、表皮生长因子、胰岛素样生长因子、转化生长因子等活性物质。鹿茸还包括大量的无机元素，已经从各部位检测出无机元素 26 种，其中有人体必需的常量元素 5 种和人体必需的微量元素 11 种。

鹿入药的部分除鹿茸外，常见的还有鹿角、鹿皮、鹿骨、鹿胎，民间还常用鹿肉、鹿齿、鹿髓、鹿筋、鹿血、鹿脂、鹿靥（甲状腺）、鹿胆（胆管）、鹿眼屎、鹿肾、鹿鞭、鹿尾、鹿顶骨、鹿心、鹿乳、鹿肝、鹿脑、鹿肺、鹿精、鹿角霜等。经过漫长的应用证明，梅花鹿鹿茸及其鹿产品被中国消费者认为是医疗保健效果最好的产品之一，其在国内的价值一直是其他鹿产品的数倍。

二、作为食品资源

中国食用鹿产品的历史悠久。近现代，鹿产品食用途径有了更大的发展，创新菜式不断推出。鹿产品亦是中国诸多少数民族的重要食品，如鄂伦春族、鄂温克族、赫哲族、达斡尔族、满族、蒙古族等少数民族人民喜以鹿、狍产品为食。各少数民族亦有诸多传统鹿产品名菜，如鄂伦春族的鹿肉干、驯鹿奶，鄂温克族的罕脯、鹿条、木耳鹿筋，赫哲族的托花样饭，蒙古族的红食，普米族的烤鹿子，苗族、仡佬族的辣椒骨，傈僳族的黄焖鹿子肉，高山族的腊鹿肉、烤鹿肉等。

作为食用佳品的鹿产品进入不同规格的筵席宴会，除传统的满汉全席外，亦成为流行的八珍席、参翅八珍席、山八珍席、上八珍席、烧烤八珍席、御膳饭店山珍野味宴、全鹿大宴、长白山珍宴、东北罕鼻席、全鹿十宝宴、全麟席（亦称全鹿席）、鄂温克野味宴等必备的主打菜式或风味特色菜。

食用鹿产品几乎包括其全部品种，鹿产品早已成为中餐的重要组成部分和深受消费者欢迎的门类之一。

三、作为保健食品资源

2014 年国家食品药品监督管理总局发布的《关于养殖梅花鹿及其产品作为保健食品原料有关规定的通知》中，允许养殖梅花鹿及其产品作为保健食品原料使用，为鹿产品进入保健食品领域打开通道，为鹿产业的发展带来了新的经济增长点，产业规模将持续壮大，产品线将呈现多元化发展趋势。对梅花鹿茸及六种副产品化学成分分析初步探明了鹿茸的功效性成分。活性鹿茸加工新技术、应用微波能和远红外线加工鹿茸技术等先进加工方法和设备的引入，改善了传统加工工艺的缺陷，提升了加工效率，开发了以水炸茸、冻干茸、鲜鹿茸为原料的一系列产品。鹿副产品的开发，梅花鹿心、鞭系列营养保健品研制，丰富了鹿产品的种类。鹿产品正在从传统的中医药应用发展为现代医学应用，为人类大健康产品的创新应用提供了巨大的社会价值和经济价值，大幅度提高人类的健康水平。

第二节　解析驯鹿适应环境机制及母鹿生茸机制

鹿遗传资源的优异性状研究是为了挖掘和利用鹿遗传资源中潜在的优良基因，并将其应用于鹿遗传资源保护和育种。中国研究人员已组装完成梅花鹿高质量全基因组序列，并在梅花鹿耐受毒性食物的分子机制方面取得了重大进展。梅花鹿基因组序列的公布，开启了中国梅花鹿分子育种新时代，也为梅花鹿 108 个药用部位的物质基础解析奠定了坚实的基础。

中国科研人员首次开展了驯鹿全基因组解析，同时通过深入比较基因组学和进化基因组分析手段，分析了驯鹿适应北极和温顺特性的遗传机制。研究发现驯鹿维生素 D 代谢通路中的 2 个关键基因（*POR* 和 *CYP27B1*）受到了强烈的自然选择，而且驯鹿这 2 个基因所编码酶的活性比山羊和狍子高很多，这可能使得驯鹿对钙的吸收能力大大增强。脂蛋白转运（*APOB*）和脂质合成（*FASN*）的 2 个重要基因在驯鹿中也发生了突变，表明了不同极地动物能量代谢经历趋同进化。驯鹿的节律通路中的核心调控基因（*PER2*）发生了驯鹿特异性的突变，导致 *PER2* 基因与另一个节律核心基因（*CRY*）无法结合，从而使驯鹿丧失了昼夜节律分子钟，能适应极昼和极夜的环境。

研究还发现，驯鹿的一个角生长相关基因上游增加了一个雄性激素受体结合区域，这可能使得驯鹿在更低的雄激素水平下能促成雌性驯鹿长角。最后，研究发现驯鹿中与神经嵴细胞发育、迁移和分化相关的基因受到了选择、快速进化或特异性突变，而神经嵴细胞被认为是驯化的关键因素，这很可能是驯鹿温顺的原因。

这些研究结果使人们对极地动物有了更为全面和深入的了解，同时也为一些人类健康问题的解决提供了重要线索，如维生素 D 对钙沉积的影响以及生物钟的调控对治疗人类睡眠障碍的提示。该研究也为后续开展驯鹿的保护提供了重要的数据基础。

第三节　鹿遗传资源可持续利用模式多元化

家养鹿在 2020 年 5 月之前还属于保护动物，养鹿主要以生产药材茸用为主，加之鹿茸“药食不同源”，导致鹿产品开发和利用模式也相对较单一。尽管中国鹿遗传资源利用方式存在一定的阶段性，但目前而言，本品种利用、杂交利用和多元化利用三种模式依然共存，推动中国鹿遗传资源的开发和利用。

一、本品种利用模式

本品种利用是鹿遗传资源利用的主要模式。双阳梅花鹿、东丰梅花鹿、西丰梅花鹿、四平梅花鹿、东大梅花鹿是在吉林梅花鹿地方品种的基础上，以大群闭锁繁育的方法进行培育。清原马鹿的选育是在闭锁繁育条件下，采用个体表型选择的方法，建立选育群，严格选择系祖鹿，实行品系繁育，经过 30 年的选育提高形成的。塔河马鹿是由野生塔里木马鹿驯养培育而成，经过了捕捉驯养阶段、捕捉与繁育结合阶段和繁殖扩群三个阶段。伊河马鹿是捕获当地野生马鹿驯化培育而成的。

鹿的遗传资源开发利用成效显著，已形成种源完全自主可控的中国特色产业和优势产业。地方品种吉林梅花鹿遗传资源的驯化与培育，支撑了中国梅花鹿 85% 的种源。马鹿地方品种东北马鹿及培育品种，完全由中国本土资源驯化和选育而成。敖鲁古雅驯鹿是由野生种群驯化而来，主要为役用、奶用和观赏用，种源完全自主。

二、杂交利用模式

中国养殖的鹿种几乎全是茸用型，其中梅花鹿占绝对优势。这种养殖模式的优点是为市场提供了大量的优质鹿茸；然而缺点也很明显，无法保证优质鹿副产品的市场供应，尤其是鹿肉和鹿血。因此，为了保证产业健康和多元化发展的需求，需要开展肉用型鹿和茸肉兼用型鹿的育种工作。梅花鹿与其他鹿种相比，出肉率低，不适合作为肉用，因此需要与其他鹿种进行杂交，定向选育。

三、多元化利用模式

（一）梅花鹿特色小镇模式

近年来，中国多地以实施乡村振兴战略为总抓手，以发展梅花鹿产业为基础，围绕农村一二三产业融合发展，做强梅花鹿特色小镇，如以吉林省长春市双阳区梅花鹿特色小镇为代表的特色小镇建设取得较好成效。梅花鹿特色小镇先后被评为中国重点镇、中国首批一村一品示范镇、中国美丽宜居小镇，入选“2018 中国乡村振兴先锋榜”。该小镇的“双阳梅花鹿”品牌获得国家“2019 农产品区域公用品牌”“绿色农业十佳地标品牌”等荣誉。

（二）文旅结合、生态农庄利用模式

目前的旅游出现了许多新业态，产业文化游、农家乐已成为中国现行旅游市场的创新产品。在各种新兴的文化游中，“鹿文化游”也开始崭露头角，亲子喂鹿、围栏狩猎、品鉴全鹿宴、鹿文创产品、鹿科普文旅等，这样的旅游产业链不仅可以带动农村经济发展，又因独具特色且价格适中吸引众多消费者。当然在经营中，旅游线路的规划、资源配套的鹿场、教育部门的沟通与支持等都使这个新兴的产业充满机遇与挑战。

（三）鹿博物馆

我国以鹿为主题的博物馆不多。吉林双阳梅花鹿博物馆，馆内展出“探鹿之旅”“一鹿相伴”“神州鹿苑”“鹿乡传奇”和“鹿出双阳”等多个板块。馆内介绍方式多样丰富，包括梅花鹿养殖历史及文化等。

鹿角博物馆坐落在辽宁西丰工业园区，占地面积 16 675 ㎡，是世界上规模最大、品种最全的鹿角珍藏馆。这里有梅花鹿、马鹿、驼鹿、麋鹿、水鹿、赤鹿、北美马鹿、白唇鹿、白尾鹿、黑尾鹿、坡鹿等几十种鹿的鹿角。

这些以鹿为元素的主题博物馆，不仅丰富了人们对鹿的历史文化认知，而且拓宽了文旅及产品宣传、地域文化传承等领域。

第四节　鹿遗传资源的开发利用方向多样化

随着未来人们生活质量的不断提高，大家对鹿产品的需求也将随之发生变化。中国鹿遗传资源未来的利用方向将强化遗传资源表型与基因型深度鉴定、深度特异基因挖掘与种质创制，深入解析调控重要经济性状的遗传基础。以市场需求为导向，以企业为主体，以科研院所为支撑，产学研用相结合，加大地方品种商业化培育力度，加快地方品种产业化开发，挖掘地方品种文化内涵，打造特色品牌，满足特色化、优质化、多元化消费需求。

一、专门化品种培育是鹿遗传资源开发利用的关键

（一）高产鹿茸父本培育

人们对优良品种鹿的经济价值认识逐渐加强，优良品种鹿的市场价格是普通鹿的 3~10 倍，而且这一价值在人工授精技术的加持下能进一步放大，这吸引了更多人开展优质高产茸鹿的培育，同时也促使科研工作者加强选种工作，通过鹿的人工授精等技术来提高优良品种的数量。因此，培育高产鹿茸父本尤为重要。

（二）肉用鹿培育

鹿肉性温和，有补脾益气、温肾壮阳的功效，具有提高人体代谢强度和增强抵抗力的功能，因而一直受到人们的青睐。生产鹿肉是养鹿的经济用途之一，中国古代有将鹿肉药食兼用的传统。新西兰鹿肉生产与鹿茸生产协同发展的举措对中国养鹿业具有启示作用。开展鹿肉产品的开发利用，将对中国的肉用鹿养殖和鹿肉市场的发展发挥促进作用。

中国虽然是养鹿最早的国家，并有悠久的食用鹿肉的历史，但鹿肉产量和质量都与国外存在差距。目前国内尚无专门的肉用鹿品种，每年的鹿肉产量尚不能满足国内消费需要。广大科技工作者已经开展茸肉兼用鹿、肉用鹿的培育，未来中国鹿肉的质量和产量将得到明显提高。

（三）小型观赏型梅花鹿培育

梅花鹿不仅具有药用价值、食用价值，而且还具有极强的观赏价值。随着人民生活水平的提高，工业化和城镇化的加快推进，越来越多的人有亲近大自然、亲近动物以及“回归自然”的追求，在园林和高档小区设置观赏性强的草食动物，可以有效增加游园活动的互动性和趣味性。梅花鹿是最适合这一要求的动物，鹿的放养使现代园林和高档小区充满动态之美和互动趣味，陶冶人们的情操、放松心情，使人融入充满生趣和自然的城市景观中。因此，培育小型观赏梅花鹿，通过小型化选育降低鹿的食物消耗，同时提升鹿的驯化和温驯程度，有利于鹿与人的互动，并且促进鹿融入相对小型的园区，这对于规范梅花鹿的驯养、扩大梅花鹿的用途、提升人们观赏以及人鹿安全都是十分必要的。

（四）常规饲料利用型驯鹿新品种培育

驯鹿主要分布于北半球的环北极地区，包括欧亚大陆和北美洲北部及一些大型岛屿。在中国，驯鹿只见于大兴安岭东北部林区，栖息在寒温带针叶林中，处于半野生状态，食物主要为菌类和苔藓类植物，也采食石蕊、蘑菇及木本植物的嫩枝叶。鄂温克猎民照顾驯鹿很粗放，过着“逐石蕊而居”的游牧生活，他们不定期迁居，主要活动在大兴安岭北部的激流河、阿穆尔河、呼玛河、阿巴河一带。驯鹿的食物较单一，未来培育常规饲料利用型新品种将有利于扩大驯鹿的养殖区域，提升驯鹿食性的广泛性，从而更有效利用驯鹿优异的遗传资源。

（五）抗病鹿育种

结核病、布鲁氏菌病均是严重的人兽共患传染病，在中国被列为二类传染病。中国近年来人工养殖鹿有部分检测到结核病、布鲁氏菌病呈阳性，患病率有上升趋势。病鹿及其产品在利用不当情况下

可能造成人及其他动物感染。中国目前没有鹿专用疫苗和有效的治疗手段，主要措施是检疫淘汰病鹿，建立健康种群及无疫病区等。鹿野性强，自身具有较好的疾病抵抗力，个别的个体及群体具有特异的疾病抵抗力，利用这一特性开展抗病育种和扩群，有利于维护鹿种群健康、提升疾病抵抗力及建设无疫病群。

二、融合发展是加快鹿遗传资源开发利用的重要途径

随着经济社会的不断发展，人们对生活质量的需求已不再局限于物质层面的充盈，而更加追求精神文化的满足，在此背景下，传统的鹿资源开发利用模式难以完全适应当前的市场需求。因此，未来应集约化、规范化、标准化开展鹿的养殖、加强鹿产品的深度加工与开发以提升产品附加值、充分挖掘鹿资源的文化特色，延伸产业链条，以中国丰富的鹿遗传资源为依托，以广大的消费市场为指引，开发包含鹿生态文旅、鹿文化博物馆、科普馆、研学基地等多元化的资源利用方式，推动鹿特色产业的发展，实现一二三产业的深度融合，为推动国家鹿遗传资源的可持续利用、发展特色畜牧业，为助力乡村全面振兴注入新的活力和生机。

分报告八

中国毛皮动物遗传资源状况

乌苏里貉

吉左黑貉

吉林白貉

北极狐

吉林白水貂

第一章

中国拥有独特的毛皮动物遗传资源

中国乌苏里貉起源于驯化野生的乌苏里貉，经过半个世纪的选育提高，成为中国特有优良毛皮动物遗传资源。水貂、银狐、北极狐经过一百多年的人工饲养驯化，已经成为世界养殖毛皮动物的主要品种，通过各种途径引入中国，已适应中国养殖环境。中国已利用引进的水貂遗传资源培育了 8 个具有自主知识产权的水貂品种。中国的毛皮动物遗传资源各具特色，为生产高档裘皮制品提供了优质原料。

第一节　中国毛皮动物遗传资源

中国毛皮动物除了貉由中国驯化外，自国外引种的水貂、狐经过 60 余年的驯养已经本土化，成为中国毛皮动物遗传资源的重要组成部分，貉、水貂、狐遗传资源各具特色，丰富了中国畜禽遗传资源的多样性。

一、中国是乌苏里貉遗传资源起源与驯化地

据 1941 年衣川义雄报道，在中国貉可分为 7 个亚种，即乌苏里貉（*Nyctereutes ussurienusis* Matschie）、朝鲜貉（*Nyctereutes koreensis* Mori）、阿穆尔貉（*Nyctereutes amurensis* Matschie）、江西貉（*Nyctereutes stegmanni* Matschie）、闽越貉（*Nyctereutes prycronoides* Gray）、湖北貉（*Nyctereutes sinensis* Brass）和云南貉（*Nyctereutes orestis* Thomas）。中国饲养的貉品种均由野生乌苏里貉亚种驯化而来，规模化的驯养源于中国农业科学院特产研究所自 1957 年开始人工驯化家养和繁殖的野生乌苏里貉，历经半个世纪的人工选育、提高，培育成驰名国内外的优良乌苏里貉地方品种，并已扩繁、推广到中国北方各省（区、市）。乌苏里貉是中国唯一认定的毛皮动物地方资源，在中国畜牧史上具有重要意义。

二、水貂、狐遗传资源来源

（一）水貂

水貂属哺乳纲食肉目鼬科鼬属动物。世界各地饲养的水貂均由美洲水貂驯化、培育而来，家养水貂中有许多不同毛色的品种，实际是水貂在家养条件下出现毛色突变，经过选育形成的新类型。中国水貂饲养业始于1956年，从苏联引进的黑褐色标准水貂首先在黑龙江饲养成功，后来推广到吉林、辽宁、山东、河北等北方省份，大规模的水貂毛皮养殖业蓬勃发展。

（二）狐

狐包括银狐和北极狐，银狐包括北美赤狐和银黑狐。银狐属哺乳纲食肉目犬科狐属动物；北极狐属哺乳纲食肉目犬科北极狐属动物。中国银黑狐的养殖始于1936年的黑龙江北安县，商品性养狐业开始于1956年，当时从苏联引入银黑狐、北极狐种狐。20世纪50年代是中国养狐业大发展时期，60年代初中国发展十几年的商品性养狐业基本消失，80年代后中国养狐业又蓬勃兴起，经过40多年的发展，中国成为世界养狐大国。

三、毛皮动物遗传资源各具特色

中国拥有丰富的毛皮动物遗传资源，列入《国家畜禽遗传资源品种名录（2021年版）》的貉、水貂、银狐、北极狐等共有17个品种，其中地方品种1个、引入品种8个、培育品种8个。貉皮针毛较长，富有弹性，绒毛细柔，轻暖耐用，御寒性能较强，可制作大衣、皮褥、皮帽、皮领等；水貂皮属小毛细皮类裘皮，皮板优良，轻柔结实，毛绒丰厚，色泽光润，适于做毛帽、大衣等；狐皮属大毛细皮类裘皮，具有毛长绒厚、灵活光润、皮板薄等特点，适于制作帽子、大衣、斗篷、衣领等。毛皮动物的脂肪还可以做化妆品，绒毛可以做防寒服装，针毛可以做高级画笔、胡刷、毛刷等。

（一）貉的种质特征

乌苏里貉体型短粗，肥胖；嘴尖，吻钝，两侧有侧生毛；尾短，毛长而蓬松；四肢短而细。乌苏里貉头部两侧、眼的周围生有黑色长毛，突出于头的两侧，构成明显的"八"字形黑纹，常向后伸延到耳下方或略后。吻部灰棕色，两颊横生有淡色毛、毛长稀疏；背毛基部呈淡黄色或带橙黄色，针毛尖端为黑色。白貉全身毛色为白色，除被毛颜色与乌苏里貉不同外，其他外貌特征与乌苏里貉基本相同。貉8~10月龄性成熟，为季节性一次发情动物，发情时间为2月初到4月下旬，妊娠期为54~65天，窝产仔数6~10只。成年公貉体重5.5~8.0 kg，体长59~82 cm；成年母貉体重5.0~7.5 kg，体长45~81 cm。

（二）水貂的种质特征

水貂体细长，头短粗，耳壳小，四肢短、壮，趾端有锐爪，趾基间有微蹼，尾较长，肛门两侧各有1个骚腺。野生水貂被毛多呈浅褐色，家养后经多年的选育，毛色加深，多为黑褐色。另外，我国还培育出许多毛色突变的彩貂。水貂为季节性发情的动物，每年3月上、中旬发情配种，4月下旬至5月上旬分娩产仔，妊娠期平均为47天，变动范围为37~83天，窝产仔数5~6只。成年公貂体重

1.8~3.0 kg，体长 40~45 cm；成年母貂体重 0.8~1.3 kg，体长 34~38 cm。

（三）银狐的种质特征

银狐包括北美赤狐和银黑狐。赤狐背毛呈赤褐色，头部一般为灰棕色，唇部、下颌至前胸部为暗白色；体侧略带黄色，腹部为白色或黄色；尾毛蓬松，尾尖为白色。银黑狐为北美赤狐的毛色突变种，全身被毛均匀掺杂白色针毛，绒毛呈灰黑色；每根针毛颜色均分为三段，即毛尖为黑色，靠近毛尖的一小段为白色，根部为灰黑色；吻部、双耳背面、腹部、四肢均为黑色，背部、体侧部为黑白相间的银黑色；在嘴角、眼周围有银色毛，形成“面罩”。赤狐属季节性一次发情动物，年产一胎。公狐及母狐都在每年的 1—2 月发情、交配，3—4 月产仔。母狐妊娠期 53 天，窝产仔数 5~6 只，最多可达 13 只。公狐体重 6.0~8.0 kg，体长 65~95 cm；母狐体重 5.5~7.5 kg，体长 65~75 cm。

（四）北极狐的种质特征

北极狐四肢较银黑狐短、体肥胖，胸宽而圆，吻短宽，耳宽圆。毛绒丰足，细软稠密，针毛平齐，分布均匀，毛色浅蓝均匀。背腰长而宽直，臀部宽圆，肌肉发达，尾呈宽圆柱形。公狐体重 9.2~15.1 kg，母狐 8.4~13.4 kg，北极狐 10~12 月龄性成熟，每年繁殖一次，母狐妊娠期 52~56 天，窝产仔数 8~12 只。

第二节　中国毛皮动物遗传资源分布及变化趋势

中国毛皮动物遗传资源分布广泛，主要分布山东、河北、黑龙江、辽宁、吉林等 20 个省（区、市）。毛皮动物遗传资源丰富，包括水貂、银狐、北极狐和貉。水貂品种包括吉林白水貂、金州黑色十字水貂、山东黑褐色标准水貂、金州黑色标准水貂、明华黑色水貂、名威银蓝水貂 6 个培育品种；短毛黑色水貂、银蓝色水貂、红眼白色水貂、咖啡色水貂、珍珠色水貂 5 个引入品种。银狐遗传资源主要有北美赤狐和银黑狐 2 个引入品种。北极狐遗传资源为北极狐引入品种。貉遗传资源主要有乌苏里貉 1 个地方品种和吉林白貉、吉左黑貉 2 个培育品种。

一、中国毛皮动物遗传资源分布区域集中广泛

根据第三次普查数据，中国现有的毛皮动物遗传资源主要集中在山东、河北、黑龙江、辽宁和吉林，约占中国毛皮动物遗传资源总量的 95%；在河南、宁夏、江苏、新疆、陕西、甘肃等地也有少量分布。乌苏里貉作为中国唯一的地方品种，遗传资源数量最多的地区为河北，其次是黑龙江、山东、吉林、辽宁、河南，少数分布在新疆、陕西、天津、北京、江苏、安徽等。吉林白貉遗传资源数量从多到少的地区依次为河北、吉林、黑龙江、山东、辽宁、新疆、甘肃等。吉左黑貉主要分布在吉林、河北、辽宁等地。

除貉遗传资源外，水貂、狐等毛皮动物遗传资源由国外引入，在中国经过长时间本土化和长期选育，培育了中国的水貂培育品种，种源能够自主可控。山东是拥有水貂、狐等品种数量最多的省份，共有 11 个品种，随后依次是吉林（9 个）、辽宁（8 个）、河北（7 个）、江苏（6 个）、黑龙江（6 个）、

河南（5个）、湖北（3个）安徽（2个）、内蒙古（2个）、新疆（2个）、陕西（2个）、宁夏（2个）、北京（1个）、天津（1个）、甘肃（1个）、山西（1个）、广东（1个）、浙江（1个）。第三次普查发现的毛皮动物品种见表8–1–1。

表8–1–1　第三次普查发现的毛皮动物品种

毛皮动物种类	品种类型	第三次普查数据	
		数量	品种
水貂	培育品种	6个	吉林白水貂、金州黑色十字水貂、山东黑褐色标准水貂、金州黑色标准水貂、明华黑色水貂、名威银蓝水貂
	引入品种	5个	短毛黑色水貂、银蓝色水貂、红眼白水貂、咖啡色水貂、珍珠色水貂
银狐	引入品种	2个	北美赤狐、银黑狐
北极狐	引入品种	1个	北极狐
貉	地方品种	1个	乌苏里貉
	培育品种	2个	吉林白貉、吉左黑貉

数据来源：第三次普查结果。

二、中国毛皮动物遗传资源群体数量

根据第三次普查毛皮动物分布情况，如表8–1–2所示。中国地方品种乌苏里貉广泛分布于15个省级行政区，拥有遗传资源群体数量最多的地区是河北，随后依次是黑龙江、山东、吉林、辽宁、河南等。中国培育品种吉林白貉遗传资源分布于8个省份，其中河北也是拥有群体数量最多的省份。

中国水貂遗传资源广泛分布在山东、黑龙江、河北、辽宁、河南、吉林、江苏等地区。养殖数量最多的水貂品种为短毛黑色水貂，其次为山东黑褐色标准水貂、银蓝色水貂、金州黑色标准水貂等。北美赤狐遗传资源分布群体数量从高到低依次为河北、山东、新疆、吉林、河南、广东、北京；银狐广泛分布于13个省份，其中河北拥有银狐遗传资源群体数量最多；北极狐是中国养殖数量最多的狐品种，分布在16个省份，其中山东拥有北极狐遗传资源群体数量最多。

表8–1–2　第三次普查毛皮动物分布情况　　只

省（区、市）	吉林白水貂	名威银蓝水貂	山东黑褐色标准水貂	明华黑色水貂	短毛黑色水貂	金州黑色十字水貂	金州黑色标准水貂	银蓝色水貂	北美赤狐	银黑狐	北极狐	乌苏里貉	吉林白貉
河北	2 200	/	/	2 300	43 066	/	/	2 420	17 066	137 865	107 907	297 5261	275 979
山东	63 307	5 300	317 152	2 500	186 141	550	14 000	14 1150	5 402	77 451	543 709	159 200	12 372
黑龙江	2 010	3 000	/	/	232 500	/	/	53 000	/	38 543	120 177	340 275	14 190

续表 8-1-2

省（区、市）	吉林白水貂	名威银蓝水貂	山东黑褐色标准水貂	明华黑色水貂	短毛黑色水貂	金州黑色十字水貂	金州黑色标准水貂	银蓝色水貂	北美赤狐	银黑狐	北极狐	乌苏里貉	吉林白貉
辽宁	2 000	12 900	/	8 600	1 000	/	65 680	15 600	/	8 711	333 557	80 225	9 709
吉林	1 000	/	/	/	56	34	491	4300	64	11 326	19 633	107 276	14 777
河南	1 550	/	/	/	500	/	/	/	20	3 650	4 684	10 629	/
宁夏	/	/	/	/	/	/	/	/	/	4 236	1 448	/	1 280
江苏	/	5 000	3 400	/	350	/	/	1 550	/	138	4 466	981	/
内蒙古	/	/	/	/	/	/	/	/	/	1 500	3 935	/	/
天津	/	/	/	/	/	/	/	/	/	1 456	/	3 079	/
新疆	/	/	/	/	/	/	/	/	730	/	259	3 707	147
陕西	/	/	/	/	/	/	/	/	/	201	195	3 603	/
甘肃	/	/	/	/	/	/	/	/	/	/	3 050	/	6
北京	/	/	/	/	/	/	/	/	3	/	/	2 100	/
山西	/	/	/	/	/	/	/	/	/	/	1 410	/	/
安徽	/	/	/	/	/	/	/	/	/	250	350	110	/
湖北	/	/	/	/	/	/	/	/	6	1	4	6	/
四川	/	/	/	/	/	/	/	/	/	/	/	4	/
广东	/	/	/	/	/	/	/	/	5	/	/	2	/
浙江	/	/	/	/	/	/	/	/	/	/	2	/	/
总计	72 067	26 200	320 552	13 400	463 613	584	80 171	218 020	23 296	285 328	1 144 786	3 686 458	328 460

数据来源：第三次普查结果。

三、中国毛皮动物遗传资源变化趋势

中国共开展过三次全国性的畜禽遗传资源普（调）查工作，在第二次调查、第三次普查工作中，将毛皮动物遗传资源也作为普（调）查对象。与第二次调查工作相比，在第三次普查中中国毛皮动物遗传资源增加了 5 个水貂品种，包括明华黑色水貂、名威银蓝水貂 2 个培育品种，红眼白水貂、咖啡色水貂、珍珠色水貂 3 个引入品种，减少了米黄色水貂、东北黑褐色标准水貂 2 个培育品种。

第二章

中国毛皮动物遗传资源的作用与价值

毛皮动物遗传资源为人类提供了高档的裘皮服装和饰品，丰富了人们的物质文化和精神文化的需要，在畜禽生产中有重要地位，是畜牧业的重要组成部分，在满足肉、蛋、奶等“吃得饱”“吃得好”的基础上，为人们“穿得好”提供了物质支撑，是“美丽”“温暖”产业。毛皮动物遗传资源对中国经济、文化、历史、科技等都做出了较大的贡献，丰富了人们的物质生活和文化生活。

第一节　毛皮动物遗传资源的经济作用与价值

毛皮动物遗传资源保护和利用是毛皮动物养殖业可持续发展的重要保障，也是畜禽遗传资源保护和利用的重要部分。毛皮动物养殖满足了人们对高档裘皮的需求，对地方经济发展有着重大贡献，助力于产业兴旺、乡村振兴。

一、毛皮动物遗传资源是畜禽遗传资源的重要组成

2020 年 5 月农业农村部发布公告，公布了经国务院批准的《国家畜禽遗传资源目录》，规定水貂、银狐、北极狐、貉为特种家畜，按照农业农村部门《畜牧法》进行管理。自第二次调查以来，发掘了一批毛皮动物新资源，培育了名威银蓝水貂、明华黑色水貂等一批新品种，引入了红眼白水貂、咖啡色水貂、珍珠色水貂等一批优良品种，对开展毛皮动物遗传资源保护与利用、为维护畜禽遗传资源多样性和新品种培育提供素材。

传统的畜禽遗传资源为人类提供了肉、蛋、奶等食品，解决了人类“吃得好”的问题，毛皮动物遗传资源主要产品为毛皮，是生产高档裘皮服装和饰品的原料，为人类提供高档的裘皮服装、服饰，为人们“穿得好、穿得美”提供了资源保障。经过六十余年的发展，引进的毛皮动物遗传资源经过多年驯养已经完全本土化，逐渐缓解了种源完全依赖国外进口，中国利用本土和引入的毛皮动物遗传资源，发展成世界毛皮产业中心，成为世界上最大的毛皮生产国、加工国和消费国。中国皮革工业协会

的数据显示，2021 年中国水貂皮产量约为 687 万张，中国毛皮及制品企业数量为 447 家，销售收入 372.65 亿元，毛皮服装产量 314 万件，中国毛皮及制品利润总额为 9.32 亿元。毛皮动物遗传资源成为畜禽遗传资源的重要组成，为人类的生产生活提供多元化的畜产品。

二、优质的毛皮制品满足了人民对美好生活的追求

裘皮是古老的服装面料，它集高贵、典雅、古朴、自然、沉稳、活泼于一体。裘皮在古代是身份和地位的象征，在现代是人们追逐的时尚宠儿。今天，裘皮服装以其御寒性强、抗风保暖、经久耐磨、丰满柔软深受人们喜爱，具有美丽的光泽和无可比拟的质感。裘皮不仅可以做成各种款式的大衣、礼服，还可以与丝绸、牛仔、针织等面料搭配，形成百变千姿、时尚艳丽的元素。随着毛皮加工业的发展，裘皮还可以加工成不同用途的饰品和家居用品，包括靠垫、床罩、手袋、发饰等配饰，多元化的裘皮制品满足了人们对美好生活的追求。

专栏

◆ 貉皮产品，百姓生活中最常见的裘皮元素 ◆

乌苏里貉是中国优良的地方遗传资源，其毛皮具有针毛长、底绒丰厚、细柔灵活耐磨、光泽好、皮板结实、保温力很强的特点，是制作大衣、披肩、皮领、袖口等制品的优质原料，主要用于制作裘皮大衣、羽绒服的帽条、大衣的毛领、成衣的袖口、鞋的配饰及家居用品等。人们冬季穿着的羽绒服，往往有一圈温柔蓬松的毛领，主要是用貉皮制作而成，在严寒的冬天，非常夺人眼球。毛领不仅有抵挡风雪、御寒保暖的作用，还有很好的装饰性，大大提升了服装的档次，毛领的针毛和绒毛随着人的运动灵活摆动，显得柔软飘逸。

第二节 毛皮动物遗传资源的社会作用与价值

中国毛皮动物现代养殖可追溯至 60 年前，随着经济社会的发展，市场需求的多样化越来越突出，依托毛皮动物遗传资源，中国毛皮动物养殖快速发展。中国毛皮动物存栏量和毛皮年产量均居世界首位，毛皮鞣制、制品加工、机械化工、经营贸易以及服务等产业等也得到显著发展。中国一些农村地区也受益于该产业发展，许多养殖户经济状况得到显著改善。

一、毛皮动物遗传资源支撑了中国毛皮产业大国地位

中国的毛皮动物养殖始于 20 世纪 50 年代，80 年代得到迅猛发展。在毛皮动物养殖的过程中，中国自主驯化了乌苏里貉地方资源，引进了水貂、银狐、北极狐等品种，经过多年养殖，引进品种完全本土化，为中国毛皮动物养殖提供了优良的遗传资源。利用引进的遗传资源，培育出具有自主知识产

权的水貂新品种，其中金州黑色标准水貂曾经占水貂养殖的半壁江山。经过60余年的发展，中国毛皮动物产业国际地位凸显，已形成完整的产业链，毛皮动物产业从养殖、加工到贸易已经形成一个有机的整体。国内建有十余处裘皮交易市场，分别为尚村裘皮市场、留史毛皮市场、大营毛皮市场、辛集毛皮市场 、桐乡毛皮市场、佟二堡毛皮市场、余姚中国裘皮城、阳原皮毛大市场、昌黎皮毛市场、海宁皮毛市场等，这些毛皮市场带动了中国毛皮产业的发展，使中国迅速成为毛皮产业的养殖大国、加工大国、消费大国、皮张进口大国、裘皮出口大国，世界毛皮养殖和加工重心也从国外转移到中国，中国已成为世界毛皮产业的中心。

二、毛皮动物遗传资源助力富民强县和乡村振兴

中国毛皮动物遗传资源主要分布在河北、山东、黑龙江、吉林、辽宁等地，在一些县市比较集中，成为县域经济发展的特色产业。中国的肃宁、唐山、秦皇岛、沧州、大连、文登、威海、潍坊、菏泽、日照、辽阳、哈尔滨等县市养殖毛皮动物相对集中。肃宁县被誉为“中国裘皮之都”，唐山、昌黎被称为“养貉之乡”，阳原被列为“中国毛皮碎料加工基地”，文登曾为中国最大的毛皮动物养殖基地。有的县市以毛皮动物养殖为主，有的以加工为主，有的为全产业链发展，毛皮动物遗传资源的利用支撑了县域经济的发展，为农民脱贫致富、乡村振兴发挥了重要作用。

专栏

◆ 打造毛皮全产业链，助力县域经济发展 ◆

依托毛皮动物遗传资源，肃宁县开展毛皮动物养殖，经过几十年的发展，已成为县域经济的主导产业，现已形成毛皮动物养殖、市场集散、裘皮鞣制染色、裘皮服装加工、研发设计、内外贸易完整的产业链条。随着经济的发展，按照创新驱动、国际合作、联动融合的原则，不断加快毛皮业“供给侧改革”，引导毛皮产业向高端化、品牌化、时尚化、群体化、国际化发展，取得明显成效，助力县域经济快速发展。肃宁以对接雄安新区、京津冀一体化发展战略为契机，打造中国第一华斯裘皮特色小镇。依托毛皮市场集散优势，打造全球最大的原皮交易中心，占中国毛皮皮张交易量的70%，市场的繁荣促进了毛皮动物遗传资源的开发与利用，促进了毛皮动物养殖业的发展，“肃宁裘皮”获批国家地理标志保护产品。毛皮产业是肃宁县的特色产业和支柱产业，从养殖、加工、设计、制衣、销售、进出口等环节，形成了一个完整的产业链条，极大地促进了就业，提高了人民的生活水平。作为劳动密集型的养殖和加工企业，每年提供大量的就业岗位，极大地提高了当地人民的生活水平，在巩固农民脱贫和乡村振兴方面的作用巨大。

第三节　毛皮动物遗传资源的文化作用与价值

经过漫长的变迁和发展，动物毛皮已不再是单纯用来御寒遮体的材料，而是以其特有的性能，特

别是其固有的原始美和深刻的历史文化内涵，使其转变成为今天人类服装服饰文化中融合传统与时尚的重要载体和元素。中国毛皮动物产业的发展，为全世界毛皮服装服饰产业发展和文化传承做出了重要的贡献。

一、毛皮动物遗传资源伴随华夏文明发展

毛皮服装是人类服装的重要组成部分，它的功能性是随着历史的发展、社会的进步、文明程度的提高而转变的。自远古石器时代开始，原始人类取兽皮包裹在身上为衣，在比较寒冷地区的冬季毛皮服装非常普及。裘皮服装的基本功能是保暖和御寒，但由于获取毛皮尤其是珍贵动物的毛皮来源较少，从而"物以稀为贵"。《墨子・亲士》中说："千镒之裘，非一狐之白"，证明一件狐白裘可值千金。《史记・赵世家》也说过："千羊之皮，不如一狐之腋"，足见狐貂等裘皮之珍贵。后来，统治阶层赋予了裘皮一定的政治意义，不同的裘皮其代表的政治等级亦不相同。在周朝，官方设立了"司裘"，专职以优质、华贵的毛皮为上流贵族制作裘皮礼服；元代以貂鼠皮为贵；清代官方冬朝服是以紫貂皮制作，贵族等上流社会的褂、袍多用玄狐、海龙等珍贵毛皮制作。清代还规定了不同等级的人使用裘皮的类型，叶梦珠的《阅世篇》的记载可以为证："裘、猞猁非亲王大臣不得服，天马、狐裘、妆花缎非职官不得服，貂帽、貂领、素花缎非士子不得服"。这种强制性的政令和裘皮自身的稀有价值使裘皮成为一种奢华的用品，成为上流社会彰显地位的标识。裘皮服装的变迁反映了人类不同文明阶段的需求，以毛皮动物遗传资源所生产的毛皮产品，为中国文明的发展提供了物质载体。

二、深厚的毛皮服装文化底蕴赋予毛皮产业持续发展的动力

古代裘皮是权力的象征，至中世纪，裘皮因其高贵华丽的外表成为社会地位的标志。20 世纪六七十年代，裘皮由昔日象征身份的地位开始改变，裘皮生产的农业化推动了裘皮服装从定制化到成衣化的进程。人们开始改变设计思路并探索更多的新的设计手法和工艺制作方法，以满足消费群体的不同需求。20 世纪末和 21 世纪初，裘皮设计打破了传统裘皮较为保守的程式化的一面，在社会观念的变迁与加工工艺的支持下，被不断注入新的内涵，裘皮设计正在向年轻化、时尚化和多元化方向发展。纵观历史，裘皮一直是人类服饰发展史中的宠儿，在人类服饰文化中，裘皮永远闪耀着自身独特的光芒。毛皮产业长盛不衰的背后具有广博的文化积淀和悠久的历史传统，深厚的文化底蕴赋予了裘皮产业顽强的生命力和不竭前进的条件。

第四节　毛皮动物遗传资源的科技作用与价值

毛皮动物遗传资源的有效利用就是培育了一系列新品种，丰富了中国毛皮动物遗传资源的多样性，为产业的发展提供优良品种，其次毛皮动物还可作为模式生物为医学研究提供载体。

一、毛皮动物遗传资源为新品种培育提供育种素材

乌苏里貉为中国优异的地方遗传资源，以乌苏里貉的白色突变貉为始祖，经培育形成了深受人们喜爱的吉林白貉培育品种。中国引进的水貂品种，经过长期驯化饲养，已经完全本土化，不依赖于国

外的遗传资源，依托本土化的水貂遗传资源，经不同品种间杂交及横交固定，培育出吉林白水貂、名威银蓝水貂、明华黑色水貂、金州黑色标准水貂、金州黑色十字水貂、山东黑褐色标准水貂等培育品种，丰富了毛皮动物的遗传资源，支撑了中国毛皮产业的发展。

专栏

◆ 中国第一个自主培育的水貂品种——金州黑色标准水貂 ◆

金州黑色标准水貂的父本为来源于美国的短毛黑色水貂，母本为来源于丹麦的黑色标准水貂。美国短毛黑色水貂具有毛色深黑、被毛质量好的优点；丹麦黑色标准水貂具有体型大、繁殖力高、适应性强等特点。经过级进杂交、横交固定、扩繁提高三个阶段培育成为金州黑色标准水貂。金州黑色标准水貂具有体型大、毛色深黑、繁殖力高、背腹毛色一致、下颌无白斑、全身无杂毛、毛绒品质优良、适应性广、抗病力强、遗传性能稳定等优点，曾是中国饲养的主要品种，推广量曾经超过中国饲养水貂品种的60%，支撑了中国水貂养殖业发展。

二、毛皮动物遗传资源为人类提供科学研究的模式动物

毛皮动物的遗传资源对科学研究和医学应用有重要意义。水貂是许多病毒的天然宿主，如流感病毒、冠状病毒等，利用水貂感染 SARS-CoV-2 病毒可研发有关疫苗。水貂还可用于研究病毒传播、疾病发病机制，进行疫苗和抗病毒药物的开发。使用水貂作为呕吐模型，研究呕吐发生机制、呕吐物质及射线毒理学筛选、开发抗呕吐药。水貂一年春秋两次毛纤维的季节性退换，并且毛纤维脱落后在很短的时间内就能长出新的毛纤维，通过毛皮动物的毛囊发育研究，可为毛发再生提供动物模型。

第五节　毛皮动物遗传资源的生态作用与价值

毛皮动物遗传资源丰富多样，其中水貂、狐为肉食动物，貉为杂食动物，毛皮动物可以采食人类不能食用的畜禽屠宰下脚料，将屠宰废弃物转化为动物毛皮，为人类所用，减少了资源浪费和环境污染。作为生态链中较为高级的食肉动物，毛皮动物遗传资源的存在，也为维护世界物种的多样性和自然资源的合理利用起到了关键作用。

一、毛皮动物遗传资源维护了世界物种的生物多样性

毛皮动物遗传资源具有丰富的多样性。中国同时拥有水貂、北极狐、银狐和貉遗传资源，并且呈现地方品种、培育品种、引入品种共存的局面，引入的资源经多年驯化与饲养，已经完全本土化，不依赖于国外进口。中国驯化的乌苏里貉遗传资源为中国优良的地方品种。在此基础上，选育出了深受人们喜爱的吉林白貉和吉左黑貉培育品种。乌苏里貉毛色变异范围很大，有黑十字型、黑八字型、黑

色型、白色型等。不同的色型，根据毛尖、底绒的颜色又分为黑毛尖、灰底绒，红毛尖、白底绒，白毛尖等不同的类型。这些不同色型的存在，丰富了乌苏里貉遗传资源的多样性，为不同色型乌苏里貉的培育提供了丰富的遗传素材。

二、毛皮动物遗传资源有助于保护野生动物

古代人用动物的毛皮来遮风御寒，近代社会里它们则变成了奢侈品，而现代社会里它们又演变成为日常生活品。毛皮服饰开始走向时装化、大众化、国际化，整个世界的毛皮消费量连续直线递增，已突破百亿美元。从消费者的心理看，动物毛皮产品的质地是任何棉、麻、丝绸、化纤都无法取代的。在毛皮动物家养驯化之前，人类裘皮服装的原材料取自野生动物，目前原料皮基本来自家养毛皮动物，人工养殖的毛皮动物在缓解野外种群压力上起到了积极的作用，有助于保护野生动物，维持珍贵、濒危野生动物的种群数量，保护野生动物资源，维护生态平衡。

三、充分利用屠宰废弃物，减少环境污染

毛皮动物为肉食动物，处于食物链的顶端，主要以肉类饲料为主。在畜牧生产中，畜禽经屠宰后，肉类及内脏等产品提供给人类消费，而一些畜禽血液、内脏、碎肉等下脚料不适合人类食用，进行无害化处理会增加能源的投入，浪费资源，污染环境。如果作为毛皮动物的饲料原料，为毛皮动物所用，可充分发挥毛皮动物遗传资源的资源特性，处理人类不可食用的畜禽下脚料，减少畜牧养殖对豆粕等蛋白质饲料的需求，将不可食用却具有一定利用价值的蛋白质、碳水化合物等原料通过毛皮动物过腹生产皮张，提高资源利用率，减少环境污染，避免资源浪费。

四、提高高纬度地区土地和冷资源利用率

高纬度地区相对寒冷，毛皮动物遗传资源具有耐寒冷的特点，在低气温条件下毛皮质量更为上乘。在高纬度地区的荒山、荒坡开展毛皮动物遗传资源的开发利用，能充分利用其他产业难以利用的土地，有效提高单位土地面积生产力，投入产出比显著高于传统农牧业。

五、利用毛皮动物开展生物防治

鼠害是草原荒漠化的主要原因之一，多年以来，人们在防治鼠害和保护草原生态中一直找寻着适合草、畜、鼠之间相互协调的方法。把笼养的银狐“解放”出来，还原它们的野性，使其学会自觉捕捉活鼠、活兔后放归草原，达到控制草原鼠害，恢复草原生态功能的目的。

第三章

中国毛皮动物遗传资源的保护

第三次普查全面摸清了中国毛皮动物遗传资源的家底，首次系统开展了体型外貌、生长性能、被毛品质等指标的全面评估，规范了性能测定的数量和方法，初步建立了毛皮动物遗传资源的“分子身份证”，使资源评估更加系统、全面，为资源的保护与利用提供数据支撑。毛皮动物遗传资源的保护以活体保种为主，自发的民间保种成为毛皮动物遗传资源保护的主力军。

第一节　摸清了毛皮动物遗传资源家底

毛皮动物遗传资源在三次资源普（调）查中，从简单的调查到系统的普查，彰显了中国政府对毛皮产业的重视程度越来越高。

一、第一次畜禽遗传资源调查

中国于 1976—1983 年开展了第一次全国范围的畜禽遗传资源调查工作，并于 20 世纪 80 年代中后期第一次出版了《中国畜禽品种志》。当时特种畜禽（特种经济动物）也在调查之列，由于多种原因，《特种经济动物志》未能出版。

二、第二次畜禽遗传资源调查

随着特种畜禽饲养业迅猛发展，特种畜禽遗传资源的保护与利用工作也越来越受到各级政府的重视，同时国外很多优良的特种畜禽遗传资源被引入国内，中国特种畜禽遗传资源状况发生了较大变化。2006—2009 年农业部组织各省（区、市）畜牧兽医部门、技术推广机构、科研院校及有关专家开展了第二次中国畜禽遗传资源调查，基本摸清了中国畜禽遗传资源的家底，掌握了大量基础数据和资料，组织专家编撰形成了《中国畜禽遗传资源志·特种畜禽志》，于 2012 年正式出版。13 个毛皮动物品种纳入其中，分别是地方品种（1 个）乌苏里貉，培育品种（7 个）吉林白貉、吉林白水貂、金州黑色十字水貂、山东黑褐色标准水貂、东北黑褐色标准水貂、米黄色水貂、金州黑色标准水貂，引入品种（5个）银蓝色水貂、短毛黑色水貂、北美赤狐、银黑狐、北极狐。该志书是在第二次全国性畜禽遗传资源系统调查、搜集、整理的基础上，阐明中国畜禽遗传资源的形成、发展和现状的科学著作，是《中国畜禽遗传资源志》的一个组成部分。

三、第三次畜禽遗传资源普查

2021—2023年，农业农村部组织31个省（区、市）和新疆生产建设兵团，开展了第三次全国畜禽遗传资源普查，本次普查实现了“两个全覆盖”，一是品种全覆盖，二是区域全覆盖。普查了《国家畜禽遗传资源品种名录（2021年版）》收录的13个毛皮动物品种，其中貉地方品种1个，培育品种1个；银狐引入品种2个，北极狐引入品种1个；水貂培育品种8个，引入品种2个。实际生产性能测定品种为：貉地方品种1个，培育品种2个；银狐引入品种2个；北极狐引入品种1个；水貂培育品种6个，引入品种5个。在这些品种中，与第二次调查相比：貉增加了吉左黑貉1个培育品种；水貂增加了2个培育品种，分别为名威银蓝水貂和明华黑色水貂，增加了3个引入品种，分别为红眼白水貂、咖啡色水貂、珍珠色水貂，而米黄色水貂、东北黑褐色标准水貂培育品种没有发现。对现有的品种开展生产性能测定和血样采集，用于“分子身份证”的构建和遗传资源的精准鉴定。这些品种包括乌苏里貉、吉林白貉；吉林白水貂、山东黑褐色标准水貂、金州黑色标准水貂、明华黑色水貂、名威银蓝水貂、短毛黑色水貂、银蓝色水貂；北美赤狐、银黑狐、北极狐。本次普查未发现米黄色水貂（培育品种）、东北黑褐色标准水貂，而金州黑十字水貂仅存少量，没有开展性能测定。

第二节　全面评估毛皮动物遗传资源种质特性

第三次普查对毛皮动物开展表型评估、生产性能测定，构建分子身份证，初步评估了毛皮动物遗传资源的种质特性。

一、毛皮动物遗传资源表型评估

第三次普查，建立了水貂（狐、貉）遗传资源系统调查表，调查表包括水貂（狐、貉）遗传资源概况表、水貂（狐、貉）体型外貌群体特征表、水貂（狐、貉）体尺体重表和生长性能登记表、水貂（狐、貉）被毛品质登记表、水貂（狐、貉）繁殖性能登记表、水貂（狐、貉）遗传资源图片，对水貂、狐和貉的体型外貌群体特征（被毛颜色、针毛、被毛性状等）、体尺体重和生长性能（初生窝重、体重、体长）、被毛品质（针绒毛密度、长度、细度、针绒长度比、被毛密度、皮张长度）、繁殖性能（性成熟月龄、受配月龄、妊娠期等）等进行评估，基本形成了5大性状、103~107个指标的综合评价体系，共取得36 000多条测定数据。

二、毛皮动物“分子身份证”构建

对貉地方品种（1个）、貉培育品种（1个）、银狐引入品种（2个）、北极狐引入品种（1个）、水貂培育品种（6个）、水貂引入品种（2个）等遗传资源开展了血样采集和“分子身份证”的构建，共采集血样 700 余份，通过高通量测序建立毛皮动物遗传资源“分子身份证”，为资源的精准鉴定提供数据支撑。

第三节　毛皮动物遗传资源保护

毛皮动物由于驯化时间较短，相关保护利用的研究体系和队伍尚不完善，开创性科学研究不足，主要借鉴其他畜禽的保护利用理论和方法。由于相关经费投入不足，关于中国毛皮动物保种的技术、方法等方面的研究较少，目前以活体保存为主，采用超低温保存了部分细胞、精液和血液。

一、保种理论

基本理论观点归纳为两点：一是将品种视为整体的观点，以保存全部基因为目标的随机保种理论；二是采用系统科学的观点，将畜种的“种”作为整体的系统保存理论。传统的畜禽保种理论是建立于群体遗传学理论基础上的，其目标是长时间的维持群体遗传结构的平衡，即使保种始终维持 Hardy-Weinberg 平衡，使基因频率和基因型频率代代不变，从畜牧学角度讲就是保存现在的品种、生态型以及品种中特殊的变异类型，避免其混杂、退化和泯灭。其保种原则以 Wright 提出的群体有效含量为核心，即保持每个品种有足够大的群体有效含量，以减缓近交速率，同时避免选择，防止因遗传漂变而导致基因的丢失。所追求的目标是长时期维持畜种内品种数量和保种群体遗传结构的相对稳定。将这种以 Wright 有效含量为核心的保种理论称为随机保种理论。盛志廉教授为解决保种与选育的相互对立关系，率先提出系统保种的新思路，认为保种重要的是要保存基因的种类和基因组合，有目的地保护每个品种所拥有的遗传特性成为保种的直接目标，这就是所谓“目标保种”理论。

二、遗传资源保存的技术方法

中国保种的技术方法在保种理论发展的同时也有了较大的发展。目前，采用的保种技术主要有 3 种：一是活体保存，活体保存方法是动物遗传资源保护中最为传统的方法；二是超低温保存，包括畜禽的冷冻精液、冷冻胚胎和培养濒危畜禽品种永生细胞库保存；三是建立 DNA 基因文库（基因保存），大多采用基因文库将畜禽细胞总 DNA 通过载体连接、转化而进行克隆、增殖保存，建立 DNA 基因组文库。

三、毛皮动物活体保种与基因库保存方式

2012—2020 年，依托国家科技基础条件平台特种动物种质资源平台，国家在企业建立了金州黑色标准水貂、银蓝色水貂、银黑狐、北极狐、貉的活体保种场，开展原位活体保护。同时，在中国农业科学院特产研究所建立了特种经济动物种质资源基因库，收集、保存了水貂、银黑狐、北极狐、貉的血液样品、体细胞等遗传物质，助力了毛皮动物遗传资源的保存与开发利用。

四、民间活体保种方式

毛皮动物自 2020 年进入《国家畜禽遗传资源目录》，归农业农村部管理，但由于进入目录时间较

短，尚未建立水貂、狐和貉的国家级和省级保种场和保护区，民间保种成了毛皮动物活体保种的主要方式，为防止品种退化、培育和生产优质皮张保存了优良种源。20世纪50年代中国从苏联引进了北极狐，经过多年饲养，已完全适应中国的气候和饲料条件，但体型小、皮张品质相对较差。自1996年起，为了改良中国的“地产狐”，一些企业纷纷从芬兰引种大体型北极狐，并纯繁养殖，为国内的杂交改良提供优质公狐。在此背景下，一些企业开始养殖纯种的芬兰北极狐，为了防止品种退化，企业开展北极狐民间保种成为北极狐保种的主流。中国引入和培育的水貂品种，保种主体在民间，为了防止引入或培育品种退化，中国水貂养殖企业自发开展了优良品种水貂保种性养殖，为水貂品种的培育和生产优质皮张保存了优良种源。中国自主驯化的乌苏里貉保种的主体也在民间，由于驯化的乌苏里貉体型相对较小、毛绒品质偏差，在乌苏里貉的主产区唐山、昌黎等地的养殖户和企业，纷纷承担起民间保种的主要力量，自主选育大型、优质的乌苏里貉，通过乌苏里貉的利用促进中国优良毛皮动物遗传资源的保种。

专栏

◆ 乌苏里貉民间保种方兴未艾 ◆

河北昌黎某公司于2020年自筹资金1 000万元，建设了貉种源繁育中心。通过举办貉王选拔赛和貉王拍卖会，将获得国家地理标志证明商标的“昌黎貉”为基础种貉，选拔优质貉种。选育出的貉种种源来源明确，系谱清楚，遗传性稳定。基地现有母貉1 020只，公貉22只，各项指标测定规范、数据准确，每只貉都有自己的名片和档案，并且制定了育种目标和选育方案。民间保种，保护了中国优良的乌苏里貉种质资源，确保优异性状不灭失。

第四章

中国毛皮动物遗传资源可持续高效利用

在毛皮动物遗传资源中，乌苏里貉是中国自主驯化的遗传资源；水貂、银狐、北极狐从国外引进，经过60余年驯养，引入的资源已本土化，利用这些遗传资源选育出了中国毛皮动物培育品种。目前中国毛皮动物种质资源自主可控，支撑了中国毛皮产业的快速发展。中国毛皮动物遗传资源是畜禽遗传资源的重要组成，为人们提供了优质的裘皮制品，满足了人民对美好生活的向往。

第一节　毛皮动物遗传资源利用为国家种业振兴的重要组成

水貂、银狐、北极狐均从国外引入，经过多年饲养，已经完全本土化，依托本土化的水貂遗传资源，培育了吉林白水貂、山东黑褐色标准水貂、金州黑色标准水貂、明华黑色水貂、名威银蓝水貂、金州黑十字水貂等品种。中国乌苏里貉为自主驯养与形成的地方品种，培育的吉林白貉和吉左黑貉均源于乌苏里貉，为种源的自主可控做出了贡献，成为中国种业振兴的重要补充。

一、貉种源自主可控

貉起源驯化于中国，乌苏里貉遗传资源的驯化与培育，支撑了中国貉77%的种源，利用乌苏里貉的白色突变貉培育而成的吉林白貉品种，占中国貉23%的种源，中国貉种源完全自主可控。未来，丰富中国貉的遗传资源，提高皮张的国际竞争力和市场占有率十分重要。貉的特点是繁殖力高、耐粗饲，其毛皮毛长绒厚，美观保暖，坚韧耐磨，是制作大衣、披肩、皮领、袖口、皮褥、貉绒衫等制品的优质原料。貉未来开发利用方向是利用乌苏里貉地方资源，采用传统育种和分子选择育种技术培育大型、优质的貉品种及不同色型的突变貉。

二、水貂种业创新发展

自1956年中国从苏联引入水貂后，中国陆续从丹麦、美国等地引进多个水貂品种，水貂引入后已有相当规模的发展，成为中国毛皮动物饲养业的首选品种。从国外引入的水貂经中国不同省区的饲养和培育，已风土驯化成适应中国地理和饲养条件的良种。由国外引入中国的水貂主要有苏联黑褐色标准水貂、短毛黑色水貂以及银蓝色、咖啡色、白色、米黄色等彩色水貂系，利用引进的水貂遗传资源，中国已经培育出东北黑褐色标准水貂、山东黑褐色标准水貂、明华黑色水貂、金州黑十字水貂、金州黑色标准水貂、名威银蓝水貂、米黄色水貂、吉林白水貂 8 个品种。培育成功的这些水貂品种，满足了当时中国毛皮动物行业缺乏优良彩色水貂品种的迫切需求，提供了优质种源，生产出了高质量彩色裘皮，有利推动中国毛皮产业的发展，助力国家出口创汇，同时作为培育组合型彩色水貂的基础素材，大大增加了彩貂育种潜力。

三、北极狐、银狐引种驯化成功

银狐、北极狐自 1956 年从苏联引入后，也很快被风土驯化成功，形成具有中国特色的耐粗饲、适应性强、繁殖力高的本土化品种。1987 年以后，中国又从国外引入珍珠色、琥珀色、大理石色、蓝宝石色等 10 余个色型的彩狐，填补了国内彩狐的空白，为进行国内彩狐育种和生产发展提供了种源条件。21 世纪后，中国又陆续从芬兰、挪威、美国等地引入北极狐和银狐种源，利用引入种源进行本品种繁育和改良，育成“地产狐”，种源和皮张质量显著提升，狐资源引入国内后发展迅速，中国超过芬兰成为世界第一大生产国。

第二节　毛皮动物遗传资源利用促进乡村振兴

按照产业兴旺、生态宜居、乡风文明、治理有效、生活富裕的乡村振兴总要求，支持和鼓励农民就业创业、拓宽增收渠道是工作重点。毛皮动物遗传资源的利用可为人们提供多元化的畜产品，提供更多的就业岗位，为农民致富、乡村振兴铺就了“致富路”。

一、毛皮动物遗传资源利用助力乡村振兴

在现代畜牧养殖中，毛皮动物主要为家庭分散式养殖，可吸引更多的农民增收不离家，致富不离村，通过“小农户”创业铺就“致富路”，带动“小农户”的振兴，让“小农户”得到更好的发展。当前毛皮动物产业已经形成了集养殖、皮毛鞣制和裘皮服装、服饰加工、销售为一体的特色产业集群，产业链条完善，融合发展态势良好，对推动产业和旅游、产业和城镇的融合发展以及实现乡村振兴意义深远。

二、毛皮动物遗传资源利用，提供多元化畜产品

毛皮动物可利用屠宰、水产和粮食加工下脚料。将不可食用却具有一定利用价值的蛋白质、碳水化合物经毛皮动物过腹生产优质蛋白，可提高资源利用、减少环境污染，降低资源浪费。为拓展新饲料原料来源，推进饲料粮减量替代，农业农村部畜牧兽医局已同意在河北、辽宁、山东开展毛皮动物屠体饲料化定向使用试点，促进我国蛋白质资源的有效利用。毛皮动物还有其他用途，如貉针毛和尾毛可制做毛刷、毛笔，貉、狐绒毛可以纺织成衫等；貉油、貂油是制作高级化妆品和肥皂的原料，并

对皮肤病的治疗和预防有很好的效果；毛皮动物粪便还可作为优质肥料等。

第三节 毛皮动物遗传资源利用满足人们对美好生活的向往

皮草是生产皮衣、皮鞋、皮包、皮具等的主要原料，裘皮服装及饰品不仅满足人们御寒、保暖、柔软等追求舒适的需求，更能满足人们“穿戴体面上档次”的精神需求，裘皮的高贵、华丽、灵动不仅是身份地位的象征，更符合人们的精神审美，给人以美的享受。乌苏里貉是中国优良的地方遗传资源，其毛皮毛长绒厚，美观保暖，是制作大衣、披肩、皮领、袖口等制品的优质原料，乌苏里貉主要分布地在河北、黑龙江、山东等地，年取皮数量 800 万张，产值 20 多亿元。

第四节 毛皮动物遗传资源利用方式

中国毛皮动物遗传多样性丰富，可作为基础素材选育新品种，开发利用方式主要有本品种利用、杂交利用及新品种培育 3 个方面。通过遗传资源的利用，培育新品种和新资源，为毛皮动物提供优异种质资源。

一、本品种利用

中国现有毛皮动物遗传资源除进行遗传资源的有效保护外，也进行纯种繁育，选育提高的同时生产优质毛皮。明华黑色水貂以美国短毛黑色水貂为育种素材，通过高强度选择、本品种选育而成。明华黑色水貂继承了育种素材针毛平、齐、光亮、灵活和绒毛丰厚、柔软致密的优点，下颌白斑和腹部白裆个体的比例明显下降，由 37.97% 分别降至 4.20% 和 25.98%，直至完全无白裆。历经 11 年的培育，明华黑色水貂的适应性、抗病力和耐粗饲性显著增强，繁殖成活率明显提升。

二、杂交利用

杂交利用包括物种间杂交利用和品种间杂交利用。北极狐和银黑狐属于不同属的物种，银黑狐和北极狐杂交属于属间远缘杂交。银黑狐和北极狐杂交后代表现出明显的杂种优势：体长、体重明显优于银黑狐和北极狐；皮张面积大于银黑狐和北极狐；皮张质量接近于北极狐；针毛短、平、齐，绒厚，具有较高的经济价值。银黑狐和北极狐杂交后代雄性表现完全不育，不能产生精子。金州黑色标准水貂的培育来自品种间的杂交，父本为源自美国的黑色标准水貂，母本为源自丹麦的黑色标准水貂，经过杂交和横交固定培育而成。

三、新品种培育

乌苏里貉地方资源在驯养过程中，形成了不同毛色的突变种。白色突变种由于全身毛色纯白，毛皮可以染成各种颜色而受人喜爱。吉林白貉的培育是利用了乌苏里貉地方资源的白色突变种为始祖，经过选种、选配培育的品种。吉左黑貉利用乌苏里貉群体中黑色突变个体，通过常规育种手段培育出世界上第一个全身深黑色、生产性能和乌苏里貉无差异的彩貉品种。目前在乌苏里貉的毛色突变种中还发现了黑色貉、棕色貉等不同色型的突变种，对优异毛色的性状进行挖掘可选育、培育成为毛皮动物新品种。

第五节　毛皮动物遗传资源利用方向

毛皮动物遗传资源的保护与利用，与传统畜禽相比还有很大差距，没有形成系统的保护与利用体系。通过第三次普查，摸清了毛皮动物遗传资源现状，剖析毛皮动物遗传资源保护与利用的优势与不足。本次普查将加快推进毛皮动物遗传资源保护和利用体系的建设。

一、筹建毛皮动物保护利用体系

增补完善毛皮动物遗传资源保护名录，开展保种工作，新建、改扩建一批保种场。加强宣传和教育，利用各种方式在毛皮动物遗传资源保护方面加强对社会公众宣传，增强社会公众对保护毛皮动物遗传资源重要意义的认识。加快遗传资源研究队伍的建设，加强人才培育的力度，建设国家、省级毛皮动物遗传资源利用体系。

二、筹建毛皮动物遗传改良体系

《中国畜禽遗传改良计划（2021—2035 年）》覆盖了生猪、奶牛、肉牛、羊、马、驴等家畜品种，蛋鸡、肉鸡、水禽等家禽品种，以及蜜蜂、蚕等，力争用 10~15 年的时间，建成比较完善的商业化育种体系，核心种源自给率超过 75%。毛皮动物尚未进入遗传改良计划，通过第三次普查，为毛皮动物遗传改良计划的启动提供数据支持，筹建遗传改良体系，可实现毛皮动物种源可控。

三、筹建毛皮动物产业化体系

毛皮动物产业是具有中国特色的畜牧业，在深化农业供给侧结构性改革、促进农民增收致富、助力乡村振兴方面发挥着重要作用。第三次普查为产业发展中的重点、难点等“卡脖子”关键技术问题提供科技支撑，推动养殖链专业化，产业链现代化。

分报告九

中国特禽遗传资源状况

鹧鸪

中国山鸡

绿头鸭

中国番鸭

蓝颈鸵鸟

贝蒂纳火鸡

鸸鹋

珍珠鸡

第一章

中国拥有丰富多样的特禽遗传资源

中国特禽种类繁多，包括 8 个种类。中国特禽驯、引、培结合，来源多样，既有雉鸡、绿头鸭等地域特色明显的中国固有的种类，也有火鸡、番鸭等从国外引进时间超过 100 年且已被本土化的种类，更多的是像珍珠鸡、鹧鸪、鸵鸟、鸸鹋等从国外引进的、在国内养殖时间 30 多年的种类。中国特禽在中国不同农业生态区均有分布，各个种类形态各异、种质特色鲜明、适应性强，商业用途多以肉用为主，兼以药用和观赏用。第二次调查以来，鉴定奉化水鸭遗传资源 1 个，审定申鸿七彩雉、温氏白羽番鸭 1 号、中畜长白半番鸭等培育品种（配套系）3 个。第三次普查结果显示，中国特禽共有 8 个物种 21 个品种[①]，其中有地方品种 4 个（雉鸡 2 个，火鸡、番鸭各 1 个），培育品种 4 个（雉鸡 2 个，番鸭 2 个），引入品种（配套系）13 个。中国多数特禽种类以中小规模散点状分布为主，种群数量、生产性能较为稳定，品种多样性较为丰富。

第一节　中国特禽遗传资源种类多来源广

中国特禽共包含 8 个种类（即 8 个物种），动物学分类中分属 4 个目、8 个属，既有地方品种，也有培育品种和引进品种。

一、中国特禽资源种类繁多

根据《国家畜禽遗传资源目录》的界定，中国特禽共有火鸡、珍珠鸡、雉鸡、鹧鸪、番鸭、绿头鸭、鸵鸟、鸸鹋 8 个种类。在动物分类上分属于鸡形目、雁形目、鸵形目、鹤鸵目等 4 个目，详见表 9–1–1。

① 另外，雉鸡、绿头鸭与野生物种同名。在本报告中的特禽均指家养者。

表 9-1-1　特禽资源种类和动物学分类地位

种类	英文名称	拉丁文名称	动物学分类地位
火鸡	Turkey	*Meleagris gallopavo*	鸟纲鸡形目雉科火鸡属
珍珠鸡	Guinea fowl	*Numida meleagris*	鸟纲鸡形目珠鸡科珠鸡属
雉鸡	Pheasant	*Phasianus colchicus*	鸟纲鸡形目雉科雉属
鹧鸪 *	Chukar	*Francolinus pintadeanus*	鸟纲鸡形目雉科石鸡属
番鸭	Muscovy Duck	*Cairina moschata*	鸟纲雁形目鸭科栖鸭属
绿头鸭	Malland	*Anas platyrhynchos*	鸟纲雁形目鸭科河鸭属
鸵鸟	Ostrich	*Struthio camelus*	鸟纲鸵形目鸵鸟科鸵鸟属
鸸鹋	Emu	*Dromaius novaehollandiae*	鸟纲鹤鸵目鸸鹋科鸸鹋属

* 注：中国饲养的实为美国鹧鸪。

经过长期的驯化，雉鸡形成了若干地方品种资源，番鸭、火鸡引进后，经过 100 多年的本土驯化，也形成了各具特点的地方品种资源。同时，利用雉鸡、番鸭等的多种资源，培育成功了多个品种（配套系）。

第三次普查获得的特禽品种数据汇总于表 9-1-2。从表 9-1-2 中可以看出，据第三次普查，特禽共有 21 个品种，其中火鸡、雉鸡、番鸭有地方品种资源，雉鸡、番鸭有培育品种，其他种类均为引进品种，且多为单一品种。火鸡、番鸭中的地方品种是引进品种长期本土化驯养后被认定的。

表 9-1-2　第三次普查发现的特禽品种

特禽种类	品种类型	第三次普查数据	
		数量	品种（配套系）名称
火鸡	地方品种	1	闽南火鸡
	引入品种	2	青铜火鸡、尼古拉斯火鸡
	引入配套系	1	贝蒂纳火鸡
珍珠鸡	引入品种	1	珍珠鸡
雉鸡	地方品种	2	天峨六画山鸡、中国山鸡
	培育品种	2	左家雉鸡、申鸿七彩雉
	引入品种	1	美国七彩山鸡
鹧鸪	引入品种	1	鹧鸪
番鸭	地方品种	1	中国番鸭
	培育配套系	2	温氏白羽番鸭 1 号、中畜长白半番鸭
	引入品种	1	番鸭
	引入配套系	1	克里莫番鸭

续表 9-1-2

特禽种类	品种类型	第三次普查数据	
		数量	品种（配套系）名称
绿头鸭	引入品种	1	绿头鸭
鸵鸟	引入品种	3	非洲黑鸵鸟、红颈鸵鸟、蓝颈鸵鸟
鸸鹋	引入品种	1	鸸鹋

二、中国特禽资源来源多样

中国特禽来源多样，既有雉鸡等区域特色明显的中国固有特禽种类，也有火鸡、番鸭等从国外引进时间较长且被本土驯化的种类，更多的是像珍珠鸡、鹧鸪、绿头鸭、鸵鸟、鸸鹋等从国外引进的、在国内养殖时间不长的种类。

火鸡　起源于墨西哥的瓦哈卡，15 世纪左右传入欧洲，其后在欧洲与美洲的一些国家，火鸡发展较快。特别是 20 世纪中叶，在原有标准品种基础上培育出许多优秀品种和配套商用品系，北美洲的火鸡肉产量占到世界总产量的 60% 以上。19 世纪中后叶，火鸡开始传入中国福建等沿海地区。

珍珠鸡　原产于非洲的几内亚等地，又称几内亚鸡。家养珍珠鸡是由野生盔顶珍珠鸡驯化而来的。驯化初期多作为观赏鸟饲养，后来人们逐步把它作为食用禽饲养。中国最早于 20 世纪 50 年代从苏联引进珍珠鸡，供观赏用；80 年代从法国引进、扩繁供肉用。

雉鸡　家养雉鸡均由野生雉鸡驯化而来。从唐朝到清朝，宫廷食谱上已记载了很多雉鸡的烹饪方法，雉鸡的羽毛常作为衣帽装饰之用。美国在 1857 年从中国引进了华东环颈雉进行驯养，其后通过与蒙古环颈雉杂交，培育成现在家养较多的雉鸡品种（美国七彩山鸡）。20 世纪 80 年代初，日本、罗马尼亚等国又从中国引进了东北环颈雉进行驯养繁殖。这个时期，吉林等地对本地环颈雉也进行了驯养研究工作，获得了丰硕的成果。1986 年前后，广东引进了美国七彩山鸡。中国也先后自主培育成功了左家雉鸡、申鸿七彩雉等新品种。

鹧鸪　中国广泛用于商品生产的是美国鹧鸪。20 世纪 80 年代，上海等地先后引进，其后不断扩繁推广。

番鸭　其祖先为原产于中南美洲热带地区的疣鼻栖鸭。大约 300 年前引入福建、海南等沿海地区，后在多地风土驯化，形成中国番鸭，包括福建番鸭、嘉积鸭、文山番鸭、天柱番鸭、阳新番鸭等 5 个类型。1999 年从法国引进克里莫番鸭配套系。近几年自主培育成功了温氏白羽番鸭 1 号和中畜白羽半番鸭。

绿头鸭　广泛分布于亚洲、欧洲、北美洲等北半球地区。中国早在公元前 475—前 221 年的战国时期就开始饲养和驯化绿头鸭。目前所饲养的绿头鸭大多是经人工驯化驯养、杂交或导入一些家鸭血统而育成的。20 世纪 80 年代，中国从德国引进过绿头野鸭。

鸵鸟　原产于非洲。世界上人工养殖鸵鸟只有 150 多年的历史，南非是最早进行鸵鸟养殖、也是养殖量最大的国家。中国饲养鸵鸟始于 1992 年，种鸟大多从美国引进。

鸸鹋　原产于大洋洲。1976 年建立了第一个鸸鹋养殖场。中国早些时候，鸸鹋仅在动物园中可见，并于 20 世纪 50 年代人工繁殖成功；1989 年，广东首次从大洋洲引入并开始扩繁、推广，进行规模生产。

三、中国特禽资源分布面广

中国现有特禽遗传资源中仅雉鸡、番鸭、火鸡有地方资源。地方资源分布以原产地及其周边为主；引进及培育品种（配套系）分布总体呈地域广、规模小的点状散布，且分布点多靠近经济较为发达的城市周边。

将第三次普查结果的特禽种群数量根据省级行政区和物种列于表 9-1-3。根据普查结果可知：在 28 个省级行政区发现了特禽的分布；总量最多的是广东，珍珠鸡、雉鸡、鹧鸪、番鸭等种群数量也是最多的；云南、福建、海南、湖北特禽饲养量也较大。

表 9-1-3　特禽分布情况

只

省（区、市）	火鸡	珍珠鸡	雉鸡	鹧鸪	番鸭	绿头鸭	鸵鸟	鸸鹋	总计
北京	403	1 000	301	/	200	674	625	20	3 223
河北	19	375	17	/	/	19	18 386	165	18 981
山西	57	102	330	/	54	/	368	240	1 151
内蒙古	15	4 804	/	25 550	640	/	2 607	31	33 647
辽宁	109	200	/	/	/	/	113	/	422
吉林	970	1 028	2 634	/	4 840	1 112	1 864	19	12 467
黑龙江	297	/	200	/	/	/	1 663	1 180	3 340
上海	/	/	58 004	/	/	/	/	/	58 004
江苏	/	296	522	21 000	9 263	8 182	698	131	40 092
浙江	4 000	/	1 500	/	8 587	101 820	100	540	116 547
安徽	69	9 798	4 530	/	10 765	13 344	111	60	38 677
福建	8 114	334	10	3 000	434 299	1 000	233	/	446 990
江西	/	/	/	/	25 205	60 950	/	/	86 155
山东	532	705	170 186	10	2 680	679	1 200	294	176 286
河南	2 666	204	18 120	/	/	8 099	3 207	571	32 867
湖北	471	2 040	25 761	/	250 248	3 700	1 126	165	283 511
广东	12	188 932	321 946	703 507	232 473	9	208	3 063	1 450 150
广西	2 557	2 889	21 069	9 025	63 433	1 969	1 905	/	102 847
海南	32	37	/	/	164 532	4	/	/	164 605
重庆	30	474	2 865	/	380	/	51	/	3 800
四川	22	215	439	/	/	300	672	9	1 657
贵州	445	305	3 705	/	23 353	346	467	9	28 630
云南	7 323	1 639	/	13	463 478	514	2 199	/	475 166

续表 9-1-3

省（区、市）	火鸡	珍珠鸡	雉鸡	鹧鸪	番鸭	绿头鸭	鸵鸟	鸸鹋	总计
陕西	16	10	9 010	/	/	8	336	108	9 488
甘肃	1 719	874	994	1 040	238	39	2 011	23	6 938
青海	3	/	3	/	/	/	43	29	78
新疆	/	/	20	20	/	/	72	138	250
新疆生产建设兵团	361	29	20	750	/	262	1 853	/	3 255
总计	30 242	216 290	642 166	763 915	1 694 668	203 030	42 118	6 795	3 599 224

各种特禽的分布情况分述如下。

火鸡　19 世纪中后叶，火鸡传入中国福建等沿海地区，其后较长时间，饲养量一直较小，仅少数地区食用，大多数地区放在动物园作观赏动物。20 世纪七八十年代，北京、广州、福建、天津等地先后从美国等地引进火鸡商用品种，逐步推向中国。火鸡饲养初步得到发展，后多处于自繁自养状态。

本次普查发现，火鸡主要分布在云南、广西、福建、浙江、河南等地，且以青铜火鸡、闽南火鸡为多。火鸡的饲养以小群体分散饲养为主。

珍珠鸡　中国于 20 世纪 50 年代从苏联引进珍珠鸡，先是饲养在动物园作观赏用，到 80 年代才用来自繁自养，以提供特色禽肉。1985 年，中国从法国伊莎公司引进的珍珠鸡试养情况较好，后已推广至中国各地。

本次普查发现，在广东江门、安徽安庆、广西贵港和河池、内蒙古通辽和兴安盟、北京等地均有较大规模的集中饲养。

雉鸡　雉鸡在中国分布范围很广，除海南岛和西藏的羌塘高原外均有分布。雉鸡在欧洲东南部、中亚、西亚等地，美国、蒙古、朝鲜、俄罗斯、越南和缅甸等国也有分布。1986 年北京、江门、广州等地引进美国七彩山鸡饲养并推广至华南、华东、华北和西北大部分省市。左家雉鸡、中国山鸡、天峨六画山鸡等以产地及周边地区分布为主。

本次普查发现，雉鸡主要分布在广东（江门）、山东（菏泽、德州、济宁等）、广西（钦州）、湖北（黄石）、陕西、贵州、上海、重庆、吉林等地，饲养较多的品种为美国七彩山鸡、申鸿七彩雉。

鹧鸪　中国古籍中有较多关于鹧鸪驯养和利用的记录。中国古人驯养的鹧鸪是指分布在中国广东、福建、广西的中华鹧鸪。而当前生产中饲养的肉用鹧鸪应称为美国鹧鸪，其实为野生石鸡驯化而来的，中国于 1986 年从美国引进，1990 年以后推广到全国各地。

本次普查发现，鹧鸪分布区域较为集中，主要分布于广东（江门、肇庆、揭阳）、江苏（常州、镇江）、内蒙古（巴彦淖尔、乌兰察布），在广西贺州、福建宁德也有较大数量饲养（较大规模的养殖场），新疆、甘肃等地也有分布（小规模饲养）。

番鸭　引入中国后多分布在长江以南等地区，以福建的饲养量最大。华南及华东诸省份均相继饲养，北方有关省份也有少量饲养。

本次普查发现，中国番鸭在福建、湖北、海南、贵州、云南、江西、广西、江苏等地有较大规模的集中饲养，引进的番鸭自繁后代在山东、湖北、甘肃也有饲养，同时发现了温氏白羽番鸭 1 号种鸭主要集中在广东饲养。

绿头鸭 世界上很多国家都驯养培育出自己国家的家养绿头鸭，如美国绿头鸭、德国绿头鸭。引进的德国绿头野鸭曾在湖北、江苏等地形成区域性大规模生产。

本次普查发现，绿头鸭主要分布在浙江、江西、湖北、江苏、安徽、北京等地。

鸵鸟 中国饲养鸵鸟始于 1992 年，广东江门等地开始引进繁育，非洲鸵鸟迅速在中国推广。1999 年底，除西藏外的 30 个省份均有分布，鸵鸟存栏数为 10 多万只。其后，饲养量逐年减少。

本次普查发现，中国多地有鸵鸟分布，在河北、内蒙古、山东、广西、湖北等地有较大规模的非洲黑鸵鸟养殖。

鸸鹋 1989 年开始，广东从澳大利亚引进鸸鹋，进行繁殖及种鸟选育，推广至陕西、新疆、内蒙古等地。国内鸸鹋饲养量有限。

本次普查发现，鸸鹋总体数量较少，主要分布在广东、黑龙江、河南、浙江、江苏、湖北等。

第二节　中国特禽遗传资源的新发展

中国特禽业作为畜牧业的特色产业，发挥了重要的作用。但由于产业规模小、发展历史短，特禽范围发生了较大的变化。

一、特禽遗传资源种类随时代发展而变化

特禽业起步较晚，定义概念和范围也不断变化。1978 年以前，中国家禽产业几乎是鸡“一统天下”，部分水网地区有鸭鹅生产，家禽学研究也是以鸡鸭鹅为主，偶尔涉及番鸭、鹌鹑、火鸡，极少涉及珍珠鸡、鹧鸪、鸵鸟和鸸鹋。改革开放以后，社会需求和产业形势发生了巨大变化，诸多番鸭、鹌鹑、火鸡、珍珠鸡、鹧鸪、鸵鸟和鸸鹋等禽种及其品种不断引进，相应的研究也逐渐深入。

20 世纪 80 年代，业界将除鸡、鸭、鹅以外的、有经济价值的禽类称为特种禽类（简称特禽），即将鸽、鹌鹑、火鸡、番鸭等都列入特禽，同时还包括部分观赏鸟和鸣禽，范围很广。

在 21 世纪初的第二次调查和形成的志书中，将鸽、鹌鹑、番鸭（番鸭、中国番鸭）列入了家禽范围和《中国畜禽遗传资源志·家禽志》，将火鸡、孔雀、雉鸡、珍珠鸡、鹧鸪、绿头鸭、鸵鸟、鸸鹋等列入《中国畜禽遗传资源志·特种动物志》。

2020 年 5 月，农业农村部经国务院批准颁布了《国家畜禽遗传资源目录》，明确界定了“特种畜禽”的范围，其中特种家禽（即特禽）包括火鸡、珍珠鸡、雉鸡、鹧鸪、番鸭、绿头鸭、鸵鸟、鸸鹋 8 个种类（物种），较第二次调查减少了孔雀。

第三次普查时按火鸡、珍珠鸡、雉鸡、鹧鸪、番鸭、绿头鸭、鸵鸟、鸸鹋 8 个种类进行。

二、发掘资源培育品种数量有新增加

以《国家畜禽遗传资源目录》界定的种类和品种为基准，将第一次调查、第二次调查，《国家畜禽

遗传资源品种名录（2021 年版）》、第三次普查得到的特禽品种资源数量汇总于表 9-1-4。

表 9-1-4　不同年代特禽品种资源数量变化　　种

特禽种类	经济类型	第一次调查	第二次调查	《国家畜禽遗传资源品种名录（2021 年版）》	第三次普查
火鸡	地方品种	—	1	1	1
	培育品种	—	0	0	0
	引入品种（配套系）	1	4	4	3
珍珠鸡	地方品种	—	0	0	0
	培育品种	—	0	0	0
	引入品种	—	1	1	1
雉鸡	地方品种	—	2	2	2
	培育品种	—	1	2	2
	引入品种	—	1	1	1
鹧鸪	地方品种	—	0	0	0
	培育品种	—	0	0	0
	引入品种	—	1	1	1
番鸭	地方品种	—	1	1	1
	培育配套系	—	0	1	2
	引入品种（配套系）	—	2	2	2
绿头鸭	培育品种	—	0	0	0
	引入品种	—	1	1	1
鸵鸟	地方品种	—	0	0	0
	培育品种	—	0	0	0
	引入品种	—	3	3	3
鸸鹋	地方品种	—	0	0	0
	培育品种	—	0	0	0
	引入品种	—	1	1	1

表 9-1-4 显示，自第二次调查以来，新审定雉鸡培育品种 1 个、番鸭品种（配套系）2 个。而引进的 BUT 火鸡在第三次普查中未发现。

三、特禽群体数量新变化

中国特禽从 20 世纪 80 年代起，种类、品种和群体数量快速增长，到 20 世纪 90 年代中期达到最高峰，而后缓慢减少，2006 年以后，群体数量明显减少。总体看来，特禽养殖量减少幅度较大。

四、多样性的变化

在1980年以前，中国特禽仅有少量的火鸡、番鸭和雉鸡、绿头鸭。20世纪八九十年代，引进了珍珠鸡、鹧鸪、鸵鸟、鸸鹋等特禽种类及其品种，丰富了中国特禽遗传资源的物种多样性和品种多样性。

引进品种多用于自繁自养。繁育过程中，生产者会根据市场需求选留、选育，形成不同的特点。由于20世纪80年代特禽的引进数量较大、批次多、饲养地分散，其后饲养量明显下降，但多呈小规模散点式广泛分布，故资源多样性总体上可得到较好的保护。

火鸡、番鸭引入时间较长，在引入后被当地人们长期驯化，羽色等外貌特性、适应性发生了较大的改变，闽南火鸡、中国番鸭成为中国特有的、特征明显的地方品种，丰富了多样性。

中国特有的雉鸡的驯养取得较大的成效，先后鉴定了中国山鸡、天峨六画山鸡等地方品种，丰富了地方资源。

另外，还利用雉鸡、番鸭地方品种资源和引进资源培育了左家雉鸡、申鸿七彩雉和温氏白羽番鸭1号、中畜长白半番鸭等新的品种（配套系），品种数量明显增加。

总体来看，中国各类特禽仍保持较好的多样性。

五、遗传特性的变化

中国特禽资源都是肉用型。中国特禽遗传资源具有产肉量高、肉质优良和适应性强等优势。特禽资源（包括引进的资源）兼有药用价值和观赏价值。与既有的历史资料相比，绝大多数种类的特禽的地方资源在经济用途、外貌特征特性、主要生产性能等方面没有明显的变化。

同时发现，与第二次调查资料相比，闽南火鸡的成年体重明显变小（公火鸡由8.9 kg降为5.6 kg），中国山鸡成年体重也有降低（母雉鸡从1.35 kg下降到1.05 kg），中国番鸭的成年体重和生长性能总体略有提高。性能变化表现为与产业规模大小和消费者需求密切关联，也可能与饲养管理条件的改善有关。

利用中国地方资源和本土化的引入资源培育的左家雉鸡、申鸿七彩雉、温氏白羽番鸭1号和中畜长白半番鸭，生产性能明显提高。温氏白羽番鸭1号、中畜长白半番鸭的纯系和商品代均为白羽，更好地适应产业发展的需要，特别是中畜长白半番鸭填补了中国肥肝生产用鸭种的空白。

第二章

中国特禽遗传资源的价值独特

特种禽类具有产业规模小、发展时间短等特点。其最重要的价值是为人们提供具有特色的肉类食品，丰富人们的膳食结构。其次，部分特禽有较好的观赏价值，常饲养于公园、农家乐，供游人观赏。特禽在实施种业振兴、改善社会民生、助力乡村振兴、维护生态平衡等方面发挥积极的作用。

第一节　中国特禽遗传资源是改善民生、促进经济发展的重要途径之一

特禽以肉用为主，肉质细嫩，味道鲜美，营养丰富，部分特禽兼有药用和观赏价值，此外鸵鸟皮还是名贵的优质皮革。特禽遗传资源为助力农民致富，促进畜牧业经济发展做出了积极的贡献。

一、特禽种质特性鲜明，满足美好生活需求

（一）特禽肉营养价值高

根据营养学家对部分特禽的测试分析，证实绝大多数特禽瘦肉率高、脂肪含量低、胆固醇低、味道鲜美，蛋白质、维生素和微量元素的含量都高，特别是一些必需氨基酸含量更为丰富，是具有较高营养价值的滋补食品。随着人们生活水平的提高，食物结构的改变，特禽作为特色肉食品进一步满足人们多样化需要。

例如，雉鸡肉质细嫩，味道鲜美，营养丰富，是高蛋白、低脂肪的肉类，极受人们青睐。据检测分析，雉鸡肉中含粗蛋白 23.4%~24.7%，而胆固醇含量比家鸡低 29.1%。火鸡肉鲜嫩爽口，野味极浓，瘦肉率高，蛋白质含量丰富，胆固醇低、脂肪少。蛋白质含量高达 30.5%，而且富含多种氨基酸，特别是蛋氨酸和赖氨酸都高于其他肉禽，维生素 E 和 B 族维生素含量丰富，具有提高人体免疫力和抗衰老等功效。肉性温微热，味甘香，滋补作用较强，对怔忡心悸、头晕目眩、脾胃虚寒、食欲不振、久病体虚、腰膝乏力等有良好的功效。

（二）部分特禽类还有较高的药用价值

某些特禽体内含有的特殊成分对某些疾病有一定疗效。如孟洗在《食疗本草》中记录鹧鸪肉“补五脏，益心力，令人聪明”。中国人民对雉鸡的药用价值认识较早，汉朝的《尔雅》中有雉的记载，明朝医学家李时珍在《本草纲目》中对雉的药用价值有较详细的记录，认为雉鸡脑能治“冻疮”、嘴治“蚁瘘”、鸡屎治“久疟”等。现代中医学认为雉鸡甘、温，具有补中益气，养肝明目、强筋健骨、治脾虚泄、止痰化瘀、清肺抑喘等保健功效。其肉可治胸腹胀满，其脑可治冻疮，其尾可治丹毒。长期食用雉鸡，可增强人体免疫力，防治贫血、克山病和动脉硬化等，是很好的保健药膳食品。纯鸸鹋油具有强大的消炎功能以及出色的肌肤渗透性，其脂肪酸的构成比例在生物界中绝无仅有，是最适合人体吸收，最接近人体皮肤油脂的纯天然成分。

（三）部分特禽皮毛质量优

鸵鸟皮属世界上名贵的优质皮革之一，具有柔软、质轻、拉力大、透气性好、耐磨的特点。鸵鸟皮其毛孔突起形成的天然花纹，具有特殊的天然羽毛孔圆点图案，也较为舒适。

（四）特禽有较高的玩赏价值

特禽种类多种多样，形态各异，有的羽毛鲜艳，有的鸣声悦耳，有的能歌善舞。常饲养于公园、农家乐，供游人观赏。

雉鸡羽毛鲜艳华丽，尾羽修长，具有较强的观赏性。中国人民自古就有节日送雉鸡的习惯，以祝福健康长寿、吉祥美满，这一传统现在更为盛行。漂亮的羽毛还可制作精美的工艺品，如羽毛扇、羽毛画、玩具等。用雉鸡制成的生态标本，是高雅贵重的装饰品，为馈赠的佳品。

鸵鸟蛋是世上最大的蛋，人们在鸵鸟蛋壳上通过彩绘、浮雕等艺术手法制作成相应的艺术品，具有很高的观赏和收藏价值。在一些公园里，鸵鸟经常会被训练后供游人骑乘、拍照。

二、助力农民致富，促进畜牧业经济发展

雉鸡、绿头鸭、番鸭等特禽饲养投资少、成本低、见效快、效益好，饲养技术简便易行。早期农民多利用宅院饲养，场地易解决，是适合农民饲养、致富增收好产业。

近年来，湖南永州市双牌县以促进乡村振兴为目的，推动养殖业精细化、规模化、特色化，引导鼓励农户引进特色、优质、高效畜禽进行养殖。七彩野山鸡具有养殖收益高、管理简单、市场认可度高等优良特性，成功落户五里牌镇后，“啄”开了农户致富门，成为农家窝里飞出的“金凤凰”。浙江平阳、苍南一带有秋冬季吃番鸭的习惯，“怀溪番鸭”是国家地理标志产品，它不仅是平苍一带居民的“心头好”，也是怀溪一带百姓脱贫致富的“好帮手”。近年来，当地政府以怀溪番鸭为核心，拉长产业链，蹚出家兴村富新景象，利用番鸭实现共同致富。厦门市后亭村以“小鹧鸪”撬动了乡村振兴大产业。

第二节　中国特禽遗传资源是农业可持续发展的基础资源之一

中国特禽物种数占畜禽物种数的近 1/4，是畜禽生物多样性的重要组成部分。同时，特禽遗传资源作为维护生态平衡的有效补充，为种业发展做出了贡献。

一、中国特禽遗传资源是生物多样性的重要组成部分

第三次普查结果显示，中国畜禽资源共有 33 个物种，特禽有 8 个物种，占物种数的近 1/4，是畜禽生物多样性的重要组成部分，也是生物多样性的重要组成部分。特禽资源种质特性各异，有的品种对恶劣环境有良好的适应性。例如，雉鸡具有对寒冷环境的良好适应性，鸵鸟对干旱、高温环境有良好的适应性，番鸭既可以亲水饲养也可以离水旱养。特殊的资源可以提供基因改良和适应性育种的材料，以应对和适应未来环境改变的需要。

二、中国特禽遗传资源是维护生态平衡的有效补充

据调查，野生禽鸟由于气候变化、人类滥捕等，其品种数量正以每年一种的趋势减少，严重破坏了自然生态平衡。人工繁育、野化训练、放归自然等方式可以有效解决该问题。

雉鸡胆小机警，反应敏锐，行飞并用，逃离迅速，是旅游狩猎较理想的对象。雉鸡可以人工孵化育雏至中雏期，放入狩猎场让其自然生长，使雉鸡受到野化锻炼，到狩猎季节供游人猎捕。狩猎场既为人们强身健体、丰富文化娱乐生活提供了场所，又为旅游业的发展提供了新的增长点。鹧鸪、绿头鸭等也可如此发展。

三、中国特禽遗传资源为种业发展做出贡献

雉鸡是中国特有的特禽资源，野生资源丰富。资料表明，美国曾于 19 世纪 80 年代从中国引进华东环颈雉进行驯养，并通过与蒙古环颈雉杂交，培育成美国七彩山鸡。20 世纪 70 年代末 80 年代初，日本、罗马尼亚等国也从中国引进一批东北环颈雉进行驯养繁殖。

目前中国饲养的鹧鸪是从美国引入的。其品种很可能是美国于数十年前将中国的野生石鸡引入，经过不断驯化、改良、选育而成的。

中国科学家利用地方资源和已经本土化的引入资源，先后培育成功了左家雉鸡、申鸿七彩雉、温氏白羽番鸭 1 号、中畜长白半番鸭等新品种（配套系），为中国种业的发展做出了贡献。

第三章

中国特禽遗传资源民间保种成特色

特禽的概念于20世纪80年代才正式提出。特禽产业规模小，特禽资源多为引进，地方资源相对较少，且部分禽类驯化程度较低，到目前为止尚处于探索性利用阶段。近年来，特禽资源保护日益被重视。第三次普查首次实现了区域全覆盖、畜种全覆盖、主要指标全覆盖，全面摸清了中国特禽遗传资源的家底。首次全面规范了各类特禽外貌特征登记和汇总方法，建立了各类特禽的体重体尺、生产性能测定的指标体系，明确了测定的群体和个体数量要求，使特禽的种质特性评估更加规范、全面、系统；特禽地方品种资源的“分子身份证”正在建立，数据库基本形成；特禽以“以用促保、民间保种”为特色和亮点。

第一节　全面普查摸清了中国特禽遗传资源家底

遗传资源一直处于动态变化中，摸清资源家底是保护利用的前提。新中国成立后，先后开展了三次普（调）查，2021—2023年期间开展的为期三年的第三次普查，组织规模最大、覆盖面最广、技术要求最高，全面摸清了畜禽遗传资源的家底。

一、第一次全国畜禽遗传资源调查

在1980年前，中国的特禽几乎没有被商业化饲养和利用。1954—1958年的区域性调查，1976—1983年的第一次调查，摸清了大部分地区的畜禽遗传资源，收录畜禽品种282个。当时，除火鸡外未涉及其他特禽。《中国家禽品种志》（1989年版）中仅收录记载了青铜火鸡。

二、第二次全国畜禽遗传资源调查

2006—2009年，我国进行了历时三年的第二次调查。

2006年6月，农业部印发《全国畜禽遗传资源调查实施方案》，第二次调查工作全面展开。第二次调查对包括特种畜禽在内的遗传资源进行系统的调查、整理、评价和鉴定。值得一提的是，本次调查将中国番鸭和闽南火鸡确定为中国地方资源。《中国畜禽遗传资源志·家禽志》总论中指出，“番鸭原非中国固有鸭种，最初是由东南亚等地传入福建，然后向各地扩散。由于其引入时间较长，并早已适应中国南方的生态环境，且在长江流域及以南地区广泛饲养，因此不应将其列入引入品种，应视为中国地方禽遗传资源的一部分。因中国各地的番鸭来源基本相同，在本志中统一归为中国番鸭……”闽南火鸡确定为地方资源的原因也大致如此。

在基于此次调查结果出版的《中国畜禽遗传资源志·家禽志》中收录了闽南火鸡、中国番鸭 2 个地方品种和尼古拉斯火鸡、青铜火鸡、番鸭 3 个引进品种。在《中国畜禽遗传资源志·特种畜禽志》中收录了中国山鸡、天峨六画山鸡、枞阳媒鸭等 3 个地方品种，左家雉鸡 1 个培育品种，非洲黑鸵鸟、红颈鸵鸟、蓝颈鸵鸟、鸸鹋、美国七彩山鸡、绿头鸭、鹧鸪、珍珠鸡 8 个引入品种。

三、第三次全国畜禽遗传资源普查

2021 年 3 月，农业农村部下发《农业农村部关于开展中国农业种质资源普查的通知》，启动第三次普查，火鸡、珍珠鸡、雉鸡、鹧鸪、番鸭、绿头鸭、鸵鸟、鸸鹋 8 类特禽被列入普查范围。本次普查实现了区域全覆盖、畜种全覆盖、主要指标全覆盖，全面摸清了中国特禽遗传资源的家底。

普查发现，中国火鸡、珍珠鸡、雉鸡、鹧鸪、番鸭、绿头鸭、鸵鸟、鸸鹋 8 个种类（物种）的特禽共有 21 个品种（配套系），其中地方品种 4 个、培育品种（配套系）4 个、引进品种（配套系）13 个。

第二节　系统测定掌握了中国特禽遗传资源特征特性

第三次普查首次全面规范了各类特禽外貌特征登记和汇总方法，建立了各类特禽的体重体尺、生产性能测定的指标体系，明确了测定的群体和个体数量要求，使特禽的种质特性评估更加规范、全面、系统，全面掌握了中国特禽遗传资源特征特性，建立了相应的数据库。

一、特禽资源种质特性全面掌握

全面完成特种禽类 8 个禽种［4 个地方品种、4 个培育品种（配套系）和 13 个引入品种（配套系）］的主要生产性能测定，获得特禽特征特性数据 66 000 多条，图片资料 300 余幅。全面准确评估了中国火鸡、番鸭、雉鸡、绿头鸭等地方资源体型外貌、生长性能、屠宰性能、肉蛋品质和繁殖性能等方面的种质特性。

火鸡、珍珠鸡、雉鸡、鹧鸪、番鸭、绿头鸭、鸵鸟、鸸鹋等特禽体型外貌各异，经济性能利用以肉用为主、肉质各具特色，兼有观赏、药用价值。

火鸡　头颊如鸡，肉瓣以绶，故有“吐绶鸡”“吐绶鸟”“绶鸟”之称。头上有珊瑚状的皮瘤，会因情绪激动而变色，故又称七面鸡。火鸡身躯高大。羽毛颜色也随品种而异。成年公火鸡皮瘤发达，胸前有须毛束，尾羽发达并能展开呈扇状，胫上有距；母火鸡肉锥、皮瘤小，无距，尾羽不展开。大型火鸡的成年公火鸡体重超过 20 kg，母鸡可达 10 kg 左右，12 周龄仔火鸡公母平均体重可达 5 kg，饲料转化率为 2.2~2.3。屠宰率、瘦肉率高、肉质好，火鸡的屠宰率为 85%~90%，可食率超过 77%。胸肌率和腿肌率之和可占活体重的50%以上。火鸡性野好斗，警觉性高；食性很杂；尚有就巢性；耐粗饲，喜温暖又耐寒，对气候环境的适应性很强，既适宜舍饲又适宜放牧。

珍珠鸡 因其体羽底色为蓝褐色，满身布满白色圆点，形似珍珠，故得名珍珠鸡。养殖的主要品种是灰色珍珠鸡，其头部清秀，头顶有尖端向后的肉锥，色红；面部淡青带紫，脸颊下部两侧各长一心状的肉垂，喙大坚硬，喙端尖，喙根有红色软骨性的小突起；喉部有软骨性的肉瓣，呈三角形，色淡青；颈细长，头至颈部的中央有针状羽毛。雏鸡时，脚红色，成年后成灰黑色，脚短，尾直向下垂。珍珠鸡公母同色，母珍珠鸡较为迟钝，肉锥小，色淡，无弹性；公珍珠鸡较为灵活，肉锥较发达，色鲜红，有弹性。灰色珍珠鸡性成熟期一般为28~30周龄，成年体重为2.2~2.5 kg。产蛋期长约35周，产蛋量为160~185个，可获雏珍珠鸡110~120只，蛋重43~48 g。珍珠鸡胸、腿肌发达，可食部分占的比例大，肉的脂肪含量只有6.5%。活重1 700 g的珍珠鸡，屠宰率为90.8%，半净膛率达83.3%。

雉鸡 又称环颈雉。其体型略小于家鸡，但尾长而且逐渐变尖。公母雉的外貌区别明显。公雉头羽青铜褐色，带有金属闪光，两眼睑有白色眉纹。头顶两边各有束青铜色毛角，脸部皮肤红色，并有红色毛状肉柱突起，颈部有白色颈环，在胸部不完全闭合；胸部羽毛黄铜红色，有金属反光，上背部黄褐色，羽毛边缘带黑色斑纹，背腰两侧和两肩及翅膀呈黄褐色，羽毛中间带有蓝黑点，尾羽黄褐色；喙灰白，趾、脚灰色，有短距。母雉头顶黄色，间黑褐色斑纹，脸淡红色，颈部浅栗色，胸部沙黄色，尾羽黄褐色有黑色横斑纹，其上部褐色或棕褐色，下部沙黄色，喙灰褐色、无距。中国地方雉鸡（中国山鸡）公雉体重1 100~1 300 g，母雉800~1 000 g，年产蛋量25~34枚，高者为42~48枚。蛋重25~30 g。雉鸡蛋蛋壳色较杂，有橄榄色、暗褐色、蓝色。雉鸡适应性强、耐高温、抗严寒，集群性强，胆小而机警，性情活跃，善于奔走，雉鸡仅能短距离低飞；叫声特殊，在分享食物、骤然受惊、求偶挑战时会发出不同的叫声。

鹧鸪 饲养的主要品种为美国鹧鸪。成年鹧鸪体长35~38 cm，体重雄鹧鸪为600~800 g，雌鹧鸪为550~650 g。全身羽毛颜色十分艳丽，头顶灰白色；前额、双眼一直到颈部连接喉下有一条黑色带状，形成网兜状是鹧鸪的明显标识。鹧鸪体侧有深黑色条纹。翼羽毛基部为灰白色，羽尖则有两条黑色条纹，使体侧双翼似乎有多条黑纹，胸、腹灰黄色，喙、眼、脚不论雌雄均为鲜红色。雌雄鹧鸪的羽色外貌几乎一样，性别差异不明显，较难区分。

番鸭 体躯长宽，前后窄小呈纺锤形，与地面呈水平状态。喙基部和眼周围有红色或黑色肉瘤，瘤头鸭即由此而来，公鸭较发达。喙较短而且窄，呈“雁形喙”。头顶有一排纵向羽毛，受刺激时竖起呈冠状。公鸭在繁殖季节发出麝香气味，因之被称为麝香鸭。

中国的番鸭主要有黑、白、黑白花三种羽色，极少数为赤褐色和银灰色。黑色番鸭羽毛有黑绿色光泽，皮瘤黑红色且较单薄，喙红色带黑斑，胫、蹼呈黑色，虹彩呈浅黄色，有的番鸭有几根白色的覆翼羽。白色番鸭皮瘤鲜红而肥厚，喙呈粉红色，胫、蹼呈橘黄色，虹彩呈蓝灰色。另有一变种，头上有一撮黑毛。黑白花番鸭喙为红色，上喙有黑斑点，胫、蹼呈暗黄色或有黑斑点。番鸭的成年公母鸭体重极悬殊，公鸭7~8月龄性成熟，体重达4.0~4.5 kg；母鸭6~7月龄开产，体重仅为2.0~2.7 kg。年产蛋量80~120个，最高可达150个。蛋重70~80 g，蛋壳呈玉白色。番鸭孵化期35~36天。母鸭有就巢性。

番鸭与普通家鸭杂交，杂种一代在福建称半番鸭、土番鸭或骡鸭；在广东、湖南称为泥鸭或靠鸭；在江西称为葫鸭。因杂种一代无繁殖能力，故亦称骡鸭。骡鸭的最大优点是生长快、肉质好、胸肉厚、饲料转化率高、抗病力强，而且公母鸭体重相近，极适合作肉用。骡鸭可用于生产肥肝，肝重为

400~500 g，少数可超过 800 g。

绿头鸭　家养绿头鸭外貌与野生绿头鸭相似。成年公鸭羽毛艳丽，头颈部羽毛有翠绿色金属光泽，颈基部有一狭细白色颈圈，与深棕色胸部分开，两翅在副翼上有较光亮而带翠色的镜羽，在休息时，折叠的翅膀形成一个深色界线与灰色背和体侧分隔开。体羽为灰色，尾羽为黑色，尾羽外周缀有白色边，喙和脚灰色，趾和爪黄色。母鸭全身棕黄色羽，杂有黑色斑点，呈麻栗色，头部与腹部羽色较淡，尾羽缀白色，喙为灰黄色，趾爪为橘黄色，也有灰黑色。

家养的绿头鸭，成年公鸭体长 50~60 cm，体重 1.38~1.57 kg；母鸭体长 50~56 cm，体重 1.32~1.62 kg。性成熟较早，140~160 日龄开始产蛋，种母鸭年产蛋量 100 个以上，蛋重 50~64 g，蛋壳为青色，偶见玉白色，产蛋期料蛋比为（3.5~3.8）：1。种蛋受精率可超 90%，受精蛋孵化率为 80%~85%。商品鸭 60~70 日龄上市，70 日龄活重可超过 1.2 kg。野鸭抗病力强，疾病发生少，成活率高，更有利于集约化饲养。

鸵鸟　外观特点表现为长颈、长腿、体大、头小。成年鸵鸟身高 2~3 m，雄鸟体重 150~200 kg，雌鸟 120~150 kg。头和大部分颈呈微红色或蓝色。鸵鸟的喙扁平像鸭，喙上有 2 个鼻孔，通过有形膜呼吸。两只眼睛占头的 1/3，具有“第三眼睑”，是一乳白色膜（瞬膜），它可以阻挡沙砾，保护眼睛，鸵鸟的视野达 300°。鸵鸟的两耳长在头的后部，能开能闭，由微细的羽毛所覆盖，可弥补视野外的 60°，加之灵活的颈使它能观察四周，可远距离辨别自己的同伴和敌害。鸵鸟颈部 3/4 是无毛，翅前端具有两个爪，翅上长着华丽的羽毛。雄鸵鸟体羽为黑色，雌鸵鸟体羽为灰色，无飞羽。主副翼羽、尾羽均为白色。鸵鸟腿很发达，腿部没有羽毛。鸵鸟的脚只有两个趾，趾前有爪。其大趾承受全身重量，奔跑速度快，每小时可达 60 km，并能持续奔跑 10~20 min，跨距可达 6~8 m。

鸵鸟的生长速度较快，初生重一般 0.8~1 kg，4 月龄 28~30 kg，6 月龄 50~55 kg，12 月龄 100~120 kg。鸵鸟出壳后的 8 个月内，每月约长高 30 cm，并且越来越强壮。雄鸟性成熟后，在繁殖季节腿和嘴均变成粉红色，显得很艳丽。雄鸟在繁殖季节有较强的护巢行为。鸵鸟有很强的适应各种气温的能力。

鸸鹋　外观和鸵鸟有非常多的相似之处，但成年鸸鹋的体型明显小于鸵鸟，体重只有 45~60 kg，体高约为 1.8 m。鸸鹋的外观特点是头小、长颈、长腿、眼大，具有第三眼睑，是一种乳白色的膜，能阻挡风沙和保护眼睛。两耳能开能闭，有细致绒毛覆盖。鸸鹋的颈上有羽毛。鸸鹋从外观和体型上很难区分雌雄，羽毛颜色都是灰褐色。雌雄鸸鹋间体重差异也不大，一般雌鸟略大于雄鸟。和其他鸵形目鸟类一样，鸸鹋也不会飞翔，翅膀很小，奔跑速度快，但快奔容易失去平衡而摔倒。鸸鹋是三趾鸟，有较长的跖骨，和鸵鸟不同的是它的小腿部有羽毛。成年鸸鹋在尾部有储存脂肪的囊。

鸸鹋生产中一般采用 2：1（或 3：2）的雌雄比。鸸鹋 18~24 个月才能达到性成熟，每年的 10 月到来年的 4 月产蛋繁殖，鸸鹋有就巢性，蛋壳为墨绿色，蛋重 550 g 左右。鸸鹋的寿命平均长达 35 年，有的长达 40 多年。

二、特禽遗传资源表型特征特性数据库基本建成

第三次普查制定了普查测定规范，开发了普查测定系统，实现了调查、测定的数字化、规范化，获得的特禽数据是最完整、最全面的，形成了权威的畜禽遗传资源表型特征特性数据库。同时采集 4 个特禽地方品种的血样，列入 DNA 特征库。这些都将为畜禽种业发展、畜牧生产、遗传资源保护利用和科普宣传提供有力的支撑。

第三节　民间保种成为了中国特禽遗传资源保护新亮点

目前，中国尚未建立国家级、省级特禽遗传资源保种场。实践中，从业者按市场需求、生产需求，收集获取特禽资源并加以保存利用，从而形成了以用促保、民间保种的新模式。近年来，遗传物质库的建设和使用，形成了活体保护和遗传物质保存的有机结合。

一、活体保护和遗传物质保存有机结合

资源保护需以科技为支撑，以最小的群体规模、最少的成本投入维持最大化的遗传多样性。江苏省家禽科学研究所在小群保种理论和方法研究的基础上，结合保种实践制定了多种适合于不同条件资源保种场的家禽资源活体保护方法。

活体保种是遗传资源有效保护的最基础的方式，在特禽生产实践中，从业者按生产需求，收集获取资源并加以保存。目前，特禽多采用“家系等量留种随机选配法”小群体保种和“多群体随机交配随机留种”方式保种。

遗传物质库是活体保存的重要补充，进一步提升了家禽遗传资源保护的安全性，也为开展基础研究提供了平台。特禽地方品种进入了遗传物质库保存，形成了活体保护和遗传物质保护的有机结合。

二、以用促保民间保种特禽遗传资源保护的重要方式

中国特禽资源尚未设立国家级或省级资源保种场。中国很多年未引进珍珠鸡、绿头鸭、鹧鸪、鸵鸟、鸸鹋等特禽品种资源，一些从事特禽生产的企业，特别是种源企业，多根据市场需要，自发收集各种资源，边用边保、以用促保、保用结合。特禽的本土化驯养和选育利用取得了很好的成效，满足了特禽业发展的种业需要。

第四章

中国特禽遗传资源利用成效显著

在对特禽资源种质特性评价的基础上，初步形成了以本品种直接利用、杂交利用、培育新品种（配套系），以及多元化利用为主要模式的利用体系，绝大部分特禽地方资源相继得到了利用，培育出申鸿七彩雉、温氏白羽番鸭1号、中畜长白半番鸭3个品种（配套系）。特别是中畜长白半番鸭配套系的培育成功，缓解了对引进品种的依赖，有效解决了市场对特色品种的要求。随着国家种业振兴等相关政策的颁布与实施，中国的特禽遗传资源的开发利用将继续以创新地方资源利用的模式朝着精准化、专用化、特色化的方向发展，不断满足家禽消费市场多元化要求以及人们不断日益增长的美好生活需要。

第一节　中国特禽遗传资源利用成果不断丰富

特禽产业规模虽小，但特禽资源在种业贡献、有效供给、生活增色等方面展现出有特色的成效。

一、为种业振兴做贡献

特禽是畜牧业的特色，产业规模不大，但品种同样是生产发展的关键。虽然中国原有的地方品种资源不多，但20世纪80年代引进的品种经过30多年的本土驯化，已适应了中国环境条件和生产方式。

2009年以来，利用地方资源等成功培育了申鸿七彩雉、温氏白羽番鸭1号、中畜长白半番鸭3个品种（配套系），特别是番鸭新品种（配套系）的综合生产性能达到国际同类产品先进水平。目前，我国特禽生产的品种基本自主可控。

二、为有效供给做补充

特禽瘦肉率高、脂肪低、胆固醇低、味道鲜美，蛋白质、维生素和微量元素的含量都高，特别是一些必需氨基酸含量更为丰富，是具有较高营养价值的滋补食品。随着人们生活水平的提高，食物结构的改变，家养的鸡、鸭、鹅的禽肉已远远不能满足需求，特禽作为特色肉食品可进一步满足需要。

番鸭和半番鸭 2022 年度出栏量为 2.31 亿只，产肉量占禽肉产量的 2%~3%。

专栏

◆ 颇具特色的嘉积鸭 ◆

嘉积鸭是在明朝万历四十七年（1619 年）开始饲养的鸭种，至今已有 400 多年的历史。据传，当年华侨从马来西亚将番鸭种蛋带回海南琼海，用母鸡进行孵化，后随着孵化、饲养方式不断改进，该品种一直饲养至今，被称为嘉积鸭。

白切嘉积鸭是“海南四大名菜”之一，是中国有名的美味佳肴。嘉积鸭有白切鸭、板鸭、烤鸭三种食法，但以白切最能体现原汁原味，因此最为有名。白切嘉积鸭的鸭脯大、皮薄、骨软、肉嫩、脂肪少，食之肥而不腻，味道喷香，广受消费者喜爱。此外，嘉积鸭还具有重要的药用价值，食之可补虚暖胃、强筋壮骨、活血行气。

三、为美好生活增特色

特禽肉各具特色。珍珠鸡肉质鲜嫩、高蛋白、低脂肪、氨基酸齐全、口感好、营养价值高，保持了野鸡的风味。由绿头鸭鸭蛋腌制的咸鸭蛋广受欢迎。

特禽外貌各异，多可用于观赏，多地建有集鸵鸟养殖、繁育为主的特种动物养殖、繁育、产业旅游于一体的鸵鸟基地，每天吸引着周边游客与鸵鸟亲密接触，进行喂鸵鸟、骑鸵鸟、与鸵鸟合影等游乐活动。

第二节　中国特禽遗传资源利用方式不断优化

特禽资源的利用方式从传统的本品种利用、简单的经济杂交到新品种（配套系）培育，利用方式不断优化。

一、本品种利用

八类特禽除番鸭外，均采用本品种利用，且以肉用为主。

不同的特禽在风味、肉质等方面具有卓越特性，且品种较为单一，采用本品种利用是较为有效的方式。在养殖实践中，可能会根据需求采用不同的选留方法。

二、杂交利用

利用杂种优势原理，通过与高产品种进行杂交改良地方资源，保持了地方资源的外貌特征，提高了产肉性能，缩短了生产周期，降低了生产成本。番鸭品系间杂交利用和种间杂交利用得到了有效利用。利用家鸭与番鸭杂交生产半番鸭，其肉用性能明显提高，并可用于鸭肥肝生产。

三、新品种（配套系）培育

利用中国地方资源和引进的资源，采用现代遗传育种理论和技术，培育成功了申鸿七彩雉、温氏白羽番鸭 1 号、中新长白半番鸭等新品种（配套系），提高了特禽生产效率。

专栏

◆“中畜长白半番鸭”填补国内半番鸭育种领域的空白◆

肥肝是营养食品，国际市场上 95% 左右的肥肝为鸭肥肝。作为新兴产业，中国用于鸭肥肝生产的半番鸭品种长期依赖进口，制约了产业的健康发展。历经 10 年攻关，北京畜牧兽医研究所侯水生研究团队创建了后裔测定、超声波测定、基因组选择等育种新技术，育成了“中畜长白半番鸭”新品种，并通过国家审定。新品种半番鸭的肥肝质量达到 670 g/ 只，料肝比 16.3 ∶ 1，种鸭 66 周龄产蛋 235 个，主要生产性能指标国际领先，年出栏量超过 2 000 万只，在国内肥肝市场的占比迅速提高到 40% 左右。

四、多元化利用

特种经济禽类还有较高的玩赏价值，特禽种类多种多样，形态各异，有的羽毛鲜艳，有的鸣声悦耳，有的“能歌善舞”。常饲养于公园、农家乐，供游人观赏，几乎所有的特禽都可以在动物园看到。

五、特禽遗传资源的利用方向和趋势

特禽遗传资源的利用方向以肉用为主，开发药用和具有观赏价值的特禽。

特禽遗传资源的利用方式：一是本品种利用，开展本品种选育和利用；二是杂交利用，可开展品种（系）间杂交，也可开展家鸭与番鸭、家鸭与绿头鸭间的杂交利用；三是培育新品种（配套系），培育适合市场需求的高产、优质、特色新品种（配套系）。

分报告十

中国蜂遗传资源状况

中国畜禽遗传资源状况

中华蜜蜂

壁蜂

大蜜蜂

无刺蜂

东北黑蜂

红光熊蜂

浙江浆蜂

黑大蜜蜂

第一章

中国拥有丰富而各具特色的蜂遗传资源

中国是世界蜂遗传资源最为丰富的国家，是蜂类起源地之一。东方蜜蜂（*Apis cerana*），又称中蜂，最先出现在中国，有着极其悠久的利用与驯化历史。中蜂自然分布于我国除新疆以外的各个地区，在长期的自然选择过程中，对栖息地生态环境产生极强的适应性，形成了具有独特种质特性的若干地理类型。西方蜜蜂（*Apis mellifera*，简称西蜂）在 20 世纪初从俄罗斯、美国及日本等国家引入中国，并迅速在全国各地得到广泛饲养。蜜蜂对特定环境的适应性变异及对生产性能高强度的选择促使西蜂快速本土化，并形成多个适应当地气候环境特点兼具优异生产性能的地方品种。100 多年来，中蜂传统饲养与西蜂活框饲养技术在我国交错发展，养蜂生产水平与饲养量不断提高，同时野生蜂遗传资源持续被挖掘和利用，蜂遗传资源日益丰富。据统计，2021 年中国人工饲养蜂群总数已超过 1 400 万群，中国是世界蜂群饲养总数最多的国家之一。

第一节　中国是蜂遗传资源主要起源地

蜂类作为最原始的授粉昆虫，是与被子植物的协同进化过程中出现的。随着各地蜂类化石陆续发现与解读，有研究者认为蜂类最有可能在 1 亿多年前起源于我国的华北古陆。在各种蜂类中，东方蜜蜂与西方蜜蜂（以下简称西蜂）是可以被人类饲养和利用的物种。最新分子生物学研究表明，中国东方蜜蜂最初起源于华中地区，并扩散至除新疆以外的全国各个地区，在长期适应栖息地生态环境后形成形态、生物学特征及生产性能各异的地方品种。西蜂引入中国后，人们在饲养过程中挖掘其优异的种质性能，逐渐形成了具有中国特色的地方品种。

一、蜂类的起源

蜜蜂总科以采食植物花蜜、花粉为生，蜂类昆虫是与被子植物协同进化过程中产生的。由于古蜜蜂 DNA 的丢失，蜂类的起源分析只能依赖于古蜂类或植物化石的研究。20 世纪 90 年代在热河生物群发现 1.45 亿年前的“辽宁古果”化石（图 10–1–1）是世界上最早的被子植物化石，被认为是现在鲜花的祖先，依据此项发现推测早期被子植物起源中心可能在中国辽西一带。1984 年在山东莱阳北泊子发现了 1.3 亿年前的早白垩世古蜜蜂化石，该蜂是在华北古陆出现的蜜蜂早期种类（图 10–1–2）。此外 20 世纪 90 年代，在辽宁西部及河北等地发现了较多的晚侏罗纪蜂类化石，通过鉴定均为早期在我国出现的蜜蜂科以外的其他蜂类。这些化石的发现与解读充分表明华北古陆是蜜蜂总科蜂类重要的起源地之一。

蜂类作为古老的社会性昆虫，经过漫长的进化，由独居蜂过渡为群居蜂，高度社会化的蜜蜂属昆虫在蜜蜂总科中出现的时间相对较晚。许多专家对世界各地古蜜蜂化石收集并加以鉴定，将已发现的蜜蜂化石定名为蜜蜂属 18 个种及亚种，最早的化石可追溯至渐新世，距今 3 400 万年至 2 300 万年前。

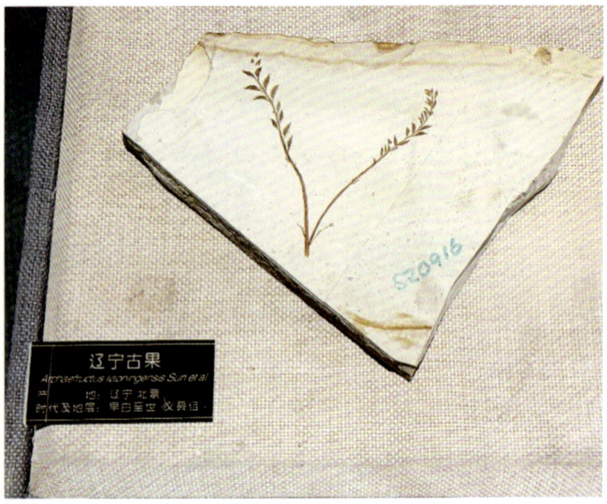

图 10–1–1　“辽宁古果”化石（袁春颖　摄）

图 10–1–2　北泊子古蜜蜂（*Palaeapis beiboziensis* Hong）化石

二、蜜蜂地方品种的形成

（一）中国是东方蜜蜂的起源中心，具有悠久的饲养历史

1983 年在山东临朐县山旺村发现了距今 2 500 万年前的中新世蜜蜂化石，其翅中脉分岔，符合东方蜜蜂形态特征，是目前世界发现最早的东方蜜蜂化石，证明中国华北古陆是东方蜜蜂（中蜂）最初的起源地。2020 年，科研工作者对分布在中国及周边国家的 343 个东方蜜蜂代表性个体进行基因组分析，结果表明中国现有的中蜂种群由 7 个独立的遗传单元组成，且它们的遗传差异程度已经达到西蜂亚种水平，6 个周边种群均是从共同的中蜂祖先种群中独立衍生而来的后裔种群。这些后裔种群在各自生态区内独立繁衍，形成了丰富多样的中蜂遗传资源。

中国对中蜂的驯化利用历史极其悠久，早在 3 000 多年前的殷商时期的甲骨文中就有“蜜”字的记录。起源于春秋时期的失蜡法铸造工艺需要利用大量蜂蜡制作铸件的模型，蜂蜡只能来自蜂巢，表明在 2 500 多年前的人类已经能利用蜜蜂及蜂产品。东汉末年隐士姜岐在天水“以畜蜂、豕为事，教授者满于天下，营业者三百馀人……民从而居之者数千家”，蜜蜂由野生状态转为人工养殖。随着古人对蜜蜂认识的不断深入，中蜂传统饲养技术不断完善，而中蜂也在人们持续的饲养及选择过程中，性情变得温驯，贮蜜能力提升，中蜂养殖也逐渐成为中国古代农业社会的重要组成部分。

中蜂作为我国原生蜂种，对所栖息的生态环境适应力强，在自然选择过程中，形成了适应于当地生态环境的性状特征，中蜂地方品种的形成更具备地理类型的地域性特点。在第二次调查基础上，2010 年《蜜蜂志》将我国中蜂遗传资源根据分布区域的不同分成 9 种地方品种（地理类型）。第三次普查的地区扩大到之前从未涉及的青藏高原腹地、横断山脉深处和中国南海岛屿，巴塘中蜂等地方遗传资源相继被挖掘出来，并陆续被国家畜禽遗传资源委员会审定。

长白山中蜂 是适应于长白山地区寒冷气候长期自然选择形成的中蜂地方品种，主要分布于吉林、辽宁两省长白山脉及其延伸地区。

北方中蜂 是长期适应黄河中下游流域温带季风气候和暖温带、温带大陆性气候环境形成的中蜂地方品种。

华中中蜂 是在长江中下游流域亚热带山区生态气候环境条件下，经过自然选择形成的中蜂地方品种。

阿坝中蜂 是在四川盆地向青藏高原隆升的过渡地带独特的气候环境中孕育出的。阿坝中蜂是适应于高海拔地区生态环境的中蜂地方品种。

华南中蜂 华南地区亚热带、热带季风气候孕育出华南中蜂地方品种，主要分布在云贵高原以东、大庾岭和武夷山之南的广东、广西、浙江、福建及台湾等省份。

滇南中蜂 是经过低纬度、低海拔的热带、亚热带气候的长期自然选择而形成适应横断山脉南麓生态条件的中蜂地方品种，主要分布于云南南部德宏傣族景颇族自治州、西双版纳傣族自治州、红河哈尼族彝族自治州、文山壮族苗族自治州和玉溪市等地。

云贵高原中蜂 是在云贵高原生态条件下，经过长期自然选择而形成的一个中蜂地方品种。

海南中蜂 是栖息于海南岛的自然蜂种，是在海南热带季风气候条件下经过长期自然选择而形成的中蜂的地方品种。

西藏中蜂 是适应于西藏林芝地区和山南地区生态条件，经过长期自然选择而形成的中蜂地方品种。

巴塘中蜂 作为第三次普查所挖掘出的新遗传资源，是适应于金沙江流域上游高海拔、高寒地区生态环境而长期自然选择形成的中蜂地方品种。

（二）中国西蜂地方品种的形成具有地域性特点

西蜂在中国已经有 100 多年的新法饲养历史。早期引入中国的西方蜜蜂，其血统以意大利蜂、高加索蜂、中俄罗斯蜂和卡尼鄂拉蜂等为主，其中分布最广、饲养量最多的是意大利蜂。由于当时蜜蜂品种的血统不混杂，且以定地饲养为主，经过多年特定生态条件的自然选择及针对生产性能的高强度人工选择，在中国特定地区形成了经济性状较为突出、适应性强的地方品种。

浙江浆蜂 自 20 世纪六七十年代开始，浙江杭嘉湖平原的蜂农为提高蜂王浆产量，对长期饲养的意大利蜂泌浆能力进行持续定向选择，在 20 世纪 80 年代末形成了王浆稳定高产的地方品种，随后被推广至全国各地，成为长江流域使用的最主要蜂种。在浙江浆蜂品种形成后的 30 年里，选育工作并未停止，蜂群泌浆能力仍逐年提高。

东北黑蜂 是 19 世纪末自俄国远东地区引进的远东黑蜂经过长期混养、杂交和人工选育后，逐渐形成的一个地方品种。2023 年蔺哲广等通过全基因组重测序技术证明该蜂种品种来源单一，主要来自卡尼鄂拉蜂，是对乌苏里江流域环境及气候适应的蜂蜜高产蜂种。

新疆黑蜂 是 20 世纪初自俄国引进中国新疆地区的高加索蜂、欧洲黑蜂等黑色蜜蜂经过长期混养、杂交和人工选育后，逐渐形成的一个地方品种。

珲春黑蜂 是1920年前后自俄国远东地区引进的黑色蜂种，在吉林珲春自繁自育，后逐步扩展至吉林东部山区，逐渐形成的一个地方品种。

西域黑蜂 和其他西蜂地方品种不同，西域黑蜂来源于天山东部地区的西蜂自然种群，主要分布于新疆伊犁哈萨克自治州新源县，是我国唯一自然分布的西蜂蜂种，具有1 700多年饲养与利用的历史。2018年通过国家畜禽遗传资源委员会鉴定，也是目前唯一通过国家鉴定的蜜蜂遗传资源。

专栏

◆ 浙江浆蜂——全世界唯一商品化产浆蜂种 ◆

浙江浆蜂属王浆高产型西方蜜蜂地方品种，原产地在浙江嘉兴、萧山及平湖等地。自20世纪60年代起，浙江杭嘉湖平原的蜂农针对蜂王浆产量，在所饲养的意大利蜜蜂中进行定向选择，并进行群众性选种育种工作。经过近30年努力，该地区蜂群的泌浆能力取得了极大提高，被公认为世界产浆性能最强的蜂种。浙江浆蜂最初于20世纪80年代末在浙江省内进行推广应用，继而普及至我国其他省份。目前该蜂种在浙江、江苏两省广泛饲养，现有种群数量约20.4万群。

浙江浆蜂蜂王体色以黄棕色为主，工蜂与雄蜂多为黄色。浙江浆蜂分蜂性弱，维持强群能力强，生产季节群势可超16足框，并始终能保持5足框以上的子脾。中心产区蜂群越冬时间短，蜂王全年有效产卵时间可超过10个月，繁殖旺季日产卵平均数超过1 500粒。同时该蜂种性情温驯，易于管理；适应性广，经济性能稳定，可在各类地理气候环境中饲养与生产。

浙江浆蜂作为适应于杭嘉湖平原蜂农养蜂生产要求而长期选择培育出的地方遗传资源，产浆性能仍不断提高，目前单群蜂王浆年产量在16 kg以上，最高可达20 kg。浙江浆蜂及其杂交种在我国西方蜜蜂养殖中广泛应用，该蜂种的选育是我国对世界养蜂业发展最重要的贡献之一。

第二节　中国蜂遗传资源丰富多样

中国拥有丰富的传粉蜂类自然资源，也是全球蜜蜂遗传资源最多的国家。我国现有蜂遗传资源共10类39个，其中地方品种15个。中蜂作为我国原生蜂种，自然分布于除新疆以外的全国各地，但分布极不均匀。西南地区因多变的地形地貌和复杂的气候特点，中蜂遗传资源具有更丰富的物种多样性；而中南部地区温湿气候及丰富的蜜粉源更适宜中蜂生存繁衍，该地区拥有更多的中蜂种群数量。中国西蜂遗传资源包括引入品种、地方品种及培育品种，而生产养蜂场多数选择杂交蜂王，西蜂遗传资源多数保存在蜜蜂基因库、原种场或保护区内。浙江浆蜂由于产浆性状突出，是我国江浙两省定地及小转地蜂场喜爱饲养的蜂种。

一、中国蜂遗传资源极其丰富

（一）中国中蜂遗传资源状况

截至 2022 年，中国东方蜜蜂遗传资源的种群数为 978.2 万群，主要饲养省份包括云南（约 140.0 万群）、广西（约 118.1 万群）、广东（约 98.0 万群）、陕西（约 81.7 万群）、福建（约 78.5 万群）、江西（74.7 万群）等。第三次普查结果显示我国目前华中中蜂约 252.4 万群，较第二次调查结果增加 5 倍，增幅达 200 万群。其他地方中蜂资源数量也有所增加，如华南中蜂由 70 万群增至 347.98 万群、北方中蜂由 30 万群增至 163.6 万群、云贵高原中蜂由 62 万群增至 114.4 万群，所有中蜂种群数量均出现增长（图 10-1-3）。巴塘中蜂是 2024 年通过国家畜禽遗传资源委员会审定的中蜂遗传资源，主要分布于四川省甘孜藏族自治州，2022 年调查数量为 5 580 群。

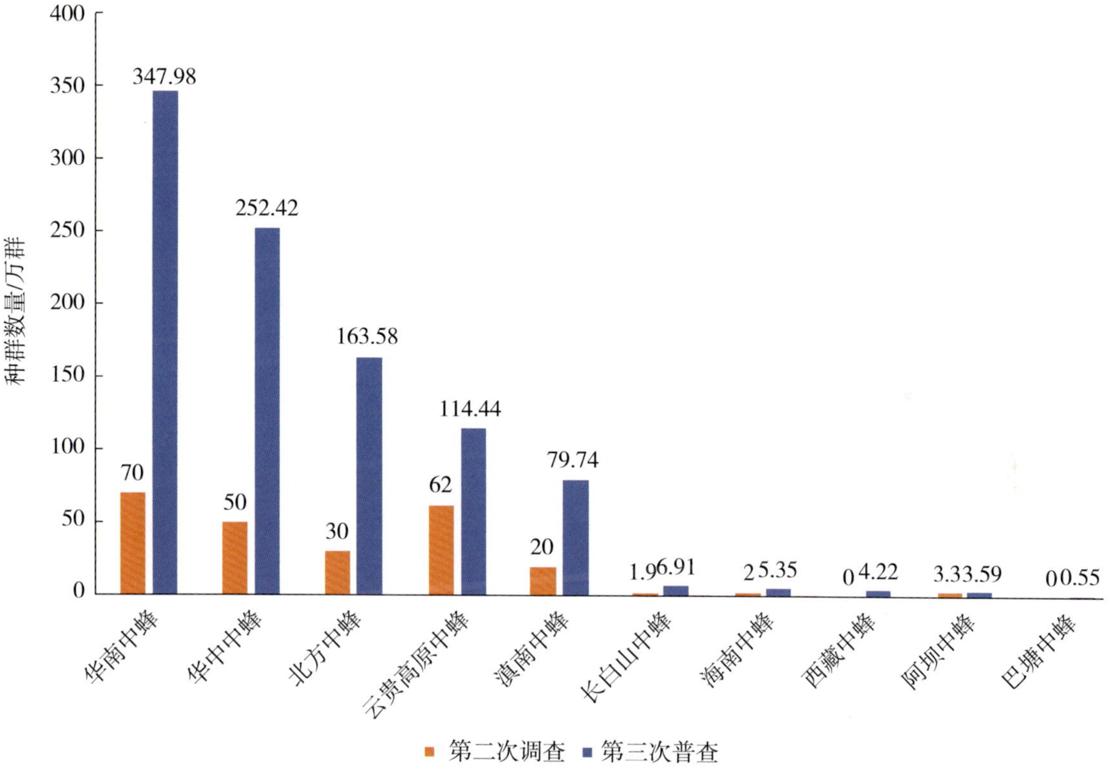

图 10-1-3　第二次调查和第三次普查全国中蜂遗传资源状况比较

华中中蜂与华南中蜂分布于我国从亚热带向热带过渡的地区，该地区海拔较低、气候温和、蜜粉源种类与数量众多，有利于中蜂自然种群的繁衍与生活。同时该地区中蜂饲养普遍使用活框饲养技术，养蜂收益较高，种群数量最多应在情理之中。十多年来在精准扶贫、乡村振兴相关政策指引下，中西部山区充分挖掘当地中蜂遗传资源，改良养蜂技术，提升蜂种利用水平，中蜂饲养量增长较快，普查结果显示中蜂各地方品种已不再濒危。

（二）中国西蜂遗传资源状况

我国西蜂遗传资源，包括地方品种、培育品种及引入品种等。截至 2022 年，我国西蜂遗传资源的种群规模约 165.3 万群、地方品种约 26.7 万群、培育品种 2.7 万群、引入品种 133 万群。西蜂主要分布地区包括河北（约 31.8 万群）、山东（26.0 万群）、河南（约 23.0 万群）、浙江（约 15.6 万群）、江西（约 10.7 万群）、吉林（约 11.5 万群）等。西蜂地方蜂种中，浙江浆蜂 204 200 群、东北黑蜂 40 258 群、新疆黑蜂 16 923 群、西域黑蜂 5 056 群，珲春黑蜂种群数量最少，仅 856 群（图 10-1-4）。

中国目前西方蜜蜂饲养的蜂群数量要高于遗传资源普查数据，主要是由于目前生产蜂场绝大多数使用杂交蜂王，纯种使用较少。西蜂遗传资源，除浙江浆蜂和意大利蜂之外多数均保存在蜜蜂基因库、保种场、保护区及少数原种场内。浙江浆蜂作为中国蜂农长期针对王浆高产性状而选育出的蜂种，品种形成后在全国各地推广，在中东部地区饲养量较多。但近几年多数转地蜂场使用杂交蜂王，以生产蜂蜜为主，使浙江浆蜂纯种大为减少，但在江浙地区蜂农仍以生产蜂王浆为主，是浙江浆蜂最主要的分布区。

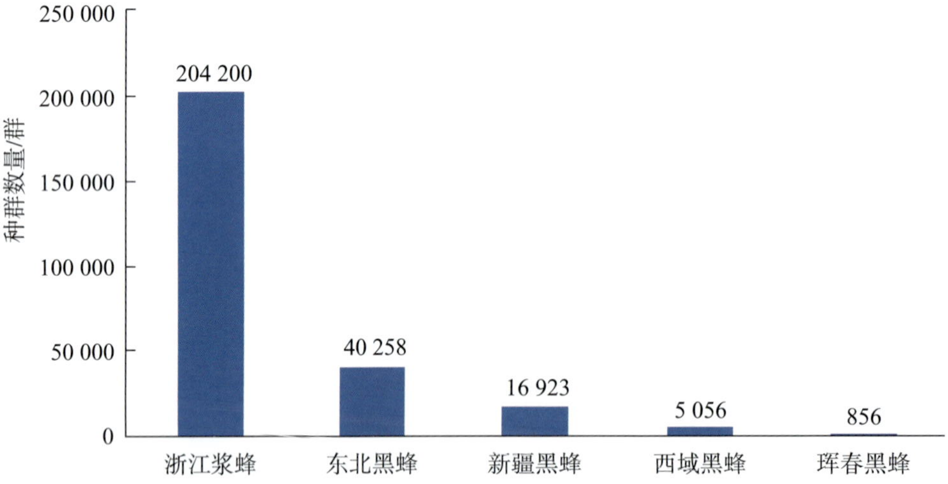

图 10-1-4　2022 年中国西方蜜蜂地方品种遗传资源状况

（三）中国其他蜂遗传资源状况

蜜蜂属中大蜜蜂（*Apis dorsata*）、黑大蜜蜂（*Apis laboriosa*）、小蜜蜂（*Apis florea*）、黑小蜜蜂（*Apis andreniformis*）等蜜蜂遗传资源在中国主要分布于海南、广西、云南、西藏等地。这些蜂种区别于中蜂和西蜂，是单一巢脾的社会性昆虫。由于其处于野生状态，中国尚未进行人工饲养，遗传资源普查无法准确对其种群数量进行统计。

熊蜂属（*Bombus*）、无刺蜂属（*Trigona*）、切叶蜂属（*Megachile*）和壁蜂属（*Osmia*）等传粉经济蜂类作为珍贵的蜜蜂遗传资源遍布全国，种群数量庞大。但是中国人工饲养及综合利用却刚刚起步，种群数量很少。截至 2022 年，我国熊蜂数量约为 2.6 万群，主要分布在山东、江苏、吉林等地成立的熊蜂授粉公司内，表明中国熊蜂资源的利用已走向商业化。而壁蜂与无刺蜂分别在山东与海南等地有饲养。随着人们对蜂商业授粉认识的不断深入，这类优质的传粉经济蜂类的遗传资源将不断被发掘。

二、蜂遗传资源在中国有广泛的分布

（一）中国中蜂遗传资源分布

中蜂自然分布于中国除新疆之外的各省（区、市）。根据第三次普查结果，中蜂在中国的主要分布地区位于北纬 16° 50′ ~52° 10′，东经 94° 22′ ~121° 45′，北至黑龙江的小兴安岭，西北至甘肃武威市、青海海东市和海南藏族自治州，西南至雅鲁藏布江中下游的墨脱、错那，南至海南三沙市，东到台湾东部。中蜂的分布从南向北跨越了热带、亚热带、温带 3 个气候带，且中蜂对高海拔地区气候耐受性强，在 3 500 m 以上的高原地区仍然有人工饲养或自然栖息的种群。中蜂集中分布区则在中国西南部及长江以南省区，以云南、贵州、四川、广西、福建、广东、湖北、安徽、湖南、江西等地数量最多。

中国中蜂分布极不均匀，四川、云南等省地形复杂，海拔落差极大，且山涧沟壑众多，形成了相互隔离的不同生态区域，更易形成具有独特种性的中蜂遗传资源，所以西南地区蜂遗传资源较其他地区更为丰富，如云南中蜂遗传资源包括西藏中蜂、云贵高原中蜂、滇南中蜂及华南中蜂等；四川中蜂遗传资源共有 5 种，分别是阿坝中蜂、华中中蜂、西藏中蜂、云贵高原中蜂、北方中蜂。然而高原地区生存环境恶劣，相较而言中蜂更适宜于亚热带与温带且海拔为 50~1 500 m 的丘陵山区生长、生活，这些地区气候温和，蜜粉源种类繁多，有利于中蜂的采食与繁衍。华中中蜂、华南中蜂分布于中国中东部丘陵地带，是中国分布最为广泛、种群最多的地方品种。

（二）中国西方蜜蜂遗传资源分布

西蜂引入中国后，由于其优异的生产性能很快在全国得到推广，西蜂遗传资源遍及全国各个地区。但绝大部分养蜂场使用的蜂种都是不同品种之间杂交而成的，且由于西蜂饲养方式主要以转地放蜂为主，各个地区内蜂群密度与当地蜜源植物种类与花期相关。当蜜源植物开花时，不同地区的转地蜂场集中进场采集，蜂群数量较多，而其他季节除了少数定地蜂场之外，蜂群数量很少。由于中国蜂场普遍采用自繁自育的育王方法，连续几个世代使用纯种蜂王的蜂群极少。中国西蜂的引入品种与培育品种目前主要保存在培育单位或国家级蜜蜂遗传资源基因库内，而西蜂地方品种主要分布于各自中心产区内。

浙江浆蜂原产地在浙江杭嘉湖平原，20 世纪 90 年代以后被推广至除西藏以外的全国各地，是我国分布最广、饲养量最多的西蜂地方品种。近 20 年来，为充分利用杂种优势，提高生产用种的抗病力与采集力，使得浙江浆蜂的血统混杂严重，目前仅在江浙两省有浙江浆蜂纯种的饲养。

东北黑蜂、珲春黑蜂、新疆黑蜂及西域黑蜂中心产区靠近中国东部或西部的边境线，地理位置相对偏远，这些地方蜂种和外来蜂种之间发生杂交的可能性低，分布具有鲜明的地域性。东北黑蜂中心产区为黑龙江饶河县，主要分布于乌苏里江流域西侧；新疆黑蜂中心产区为新疆伊犁州尼勒克县，主要分布伊犁河谷两岸；珲春黑蜂集中分布于吉林省珲春市；西域黑蜂是最新挖掘的西蜂地方品种，中心产区为新疆新源县，主要分布于新疆天山北麓、伊犁河谷东端。

第三节　中国蜂遗传资源种质特色鲜明

中国复杂的地理环境和气候条件，孕育出了丰富的本土蜜蜂遗传资源。我国蜂遗传资源不仅物种多样性丰富，而且很多遗传资源种质特性突出，具有较好的生物学特性与优良的生产性能。中蜂对栖息地生态环境适应性强，善于利用零星蜜粉源，抗逆抗病性强，对蜂螨有自然抗性，饲料消耗较低，表现出有异于西蜂独特的生物学特征。和中蜂相比，西蜂维持强群能力强，生产的蜂产品品种丰富且产量更高。不同的种质特征使中蜂、西蜂在中国兼有饲养且分布合理，共同为我国蜂业健康发展做出贡献。

一、中国中蜂遗传资源特点突出

作为中国的原生蜂种，中蜂对栖息地生态环境具有极强的适应性，不同分布区域的中蜂地方品种形态特征、生物学特性及生产性能差异很大。但与西蜂相比，中蜂个体较小、寿命长，嗅觉灵敏、飞行敏捷、善于采集零星蜜源，繁殖较快、分蜂性强。同时中蜂易飞逃迁徙、易迷巢，盗性较强但防盗能力弱，易感染中蜂囊状幼虫病。在经济性能上，中蜂更适应于特色蜂蜜的生产。

（一）善于利用零星蜜源

中蜂采集蜂的脑部速激肽含量较西蜂更低，这是中蜂能够准确识别零星蜜源并加以采集的重要原因。中蜂可以在蜜粉源相对匮乏的时期，充分利用零星蜜源满足蜂群营养需求，因此中蜂饲料消耗少，多数蜂场全年无需饲喂，养殖成本低，收益高。此外中蜂嗅觉灵敏、飞行敏捷，能够在主要蜜源的花期采集到同时开花的零星特色蜜源。武陵山区的华中中蜂在主要蜜源五倍子开花期间依然能够充分利用当地零星种植的中草药蜜源，如玄参、川莓、金银花、千里光、野菊花等，生产出的蜂蜜不仅口感更为独特，还具有特殊药用功能。阿坝中蜂地处高原高寒地区，主要蜜粉源相对稀缺且花期很短，但该蜂种即使在越冬期依然能保持10框以上的较强群势，最主要的原因在于阿坝中蜂能够充分利用高原草甸的零星蜜粉源，存贮足够的越冬饲料，使其安全度过漫长而寒冷的冬季。

（二）抗螨能力强

中蜂是狄斯瓦螨的原始寄主，蜂螨在与中蜂长期协同进化过程中，形成了共存关系。正常情况下蜂螨对中蜂蜂群的寄生率极低，不会引起危害。中蜂对蜂螨的抵御能力普遍认为与中蜂特殊的卫生与清洁行为相关，中蜂可以很快找到蜂螨并加以清除，反之西蜂对蜂螨却缺乏免疫力。20世纪50年代狄斯瓦螨转移到西蜂寄生，并很快传播至全世界，成为全球西蜂养殖最主要的疾病，给养蜂业带来了极大的危害。目前研究人员将中蜂作为模型生物，开展中蜂抗螨相关分子机制的分析，以期能尽早应用于西蜂蜂螨防治，解决因使用化学药物除螨导致的蜂产品药物残留问题。

（三）适应性及抗逆性强

中蜂地方品种都是在长期适应生态环境中形成的。对环境的适应性强是中蜂的特性之一，中蜂可以很快地通过改变蜂群的社会性行为来适应栖息环境的改变。当外界蜜粉源稀少或气候条件不利于蜂群繁殖时，中蜂蜂王即刻停止产卵，群内工蜂驱赶雄蜂，蜂群群势在较短时间迅速下降，从而减少对饲料的消耗以适应相对恶劣的环境。反之，当外界蜜粉源充足时，工蜂会大量制造王台，并培育雄蜂，群内产生分蜂热从而达到蜂群增殖的目的。此外中蜂抗寒能力显著优于西蜂，当外界温度低于14℃时，西蜂已无法飞行，而中蜂在低于10℃条件下仍可从事采集活动。对寒冷环境的耐受性使中蜂可以在冬季获取西蜂无法采集到的优质蜜源。枇杷作为中国重要的冬季特色蜜源，苏州市太湖诸岛种植面积达到4万余亩，其开花泌蜜时当地气温正常为6~15℃，最低气温甚至在0℃以下，而华中中蜂却能在5℃环境下正常采集，并在枇杷45天左右的开花期间生产出优质、纯净的枇杷蜜，深受消费者的欢迎。

由于不同地理类型的中蜂所栖息的生态环境千差万别，中蜂种性特征呈现多样性。中蜂随着海拔与纬度的变化，表现出体色与体长的规律性差异。总体上海拔高、纬度高的蜂种，体色更深，个体更大；而海拔低、纬度低的蜂种，则体色更浅，个体更小。阿坝中蜂主要生活在2 000 m以上的高原与山地，是中蜂中个体最大的生态型，不易分蜂，能维持强群，蜂群群势可超12足框，采集力强，群年产蜂蜜可超30 kg。而海南中蜂则是所有中蜂生态型中体型最小的，由于海南中蜂所在栖息地蜜粉源丰富，所以该蜂种易于分蜂，蜂群只能维持2~4框的群势。在采集方面，海南中蜂更喜欢采集花粉，而蜂蜜采集力弱，即使在大流蜜期，该蜂种的贮蜜也较少，群年产蜂蜜量不足5 kg。

二、中国西蜂遗传资源生产能力优异

（一）产品丰富多样

中国位于亚欧大陆东部的北温带和亚热带，西蜂在我国绝大多数地区都适合饲养。经过长期自然选择和人工选择，西蜂逐渐发展为不同于原产地的地方品种，也形成了适应我国生态特点、良好的生物学特性。黄色蜂种（包括意大利蜂、浙江浆蜂等）繁殖力强，易维持大群，分蜂性低；能利用大宗蜜源，不爱采集零星蜜源；生产王浆能力较强；饲料消耗量大，抗寒抗病力弱。黑色蜂种（包括卡尼鄂拉蜂、东北黑蜂、新疆黑蜂、西域黑蜂等）育虫节律陡，既能采集大宗蜜源，又能利用零星蜜源；泌浆性能较低；节省饲料，抗病性、抗逆性强。与中蜂相比，西蜂适应于泌蜜量大的商品蜂蜜的生产，同时西蜂不但能生产蜂蜜、蜂花粉、蜂蜡和蜂毒等蜂产品，而且还可生产中蜂无法生产的蜂产品，经济价值更高。中蜂、西蜂遗传资源特性比较见表10–1–1。

表10–1–1 中国中蜂、西蜂遗传资源特性比较

蜂种	体长	繁殖力	分蜂性	抗逆性	产品丰富性	饲料消耗
中蜂	较小	较弱	强	强	少	较小
西蜂	偏大	较强	弱	弱	多	较大

（二）生产能力卓越

中国西蜂地方品种多数源自引入品种，蜂种引入后在对所在生态区环境不断适应及持续人工选择下，生产能力与原蜂种相比有了质的飞跃。浙江浆蜂是在华东地区所饲养的意大利蜂的基础上，针对产浆性能进行长期选育而成的地方品种。品种形成后其王浆产量达到原先意大利蜂王浆产量的 5~8 倍，该蜂种也成为世界上唯一商品化生产王浆的蜜蜂品种。东北黑蜂来源于卡尼鄂拉蜂，引入我国乌苏里江流域后，经过长期自然选择与人工选育，其蜂种的抗寒性、工蜂寿命等都有了极大提高，能够在极寒条件下度过长达 8 个月的越冬期，针对当地椴树蜜源，东北黑蜂具有优异的采集能力，单个椴树花期可生产蜂蜜超过 90 kg。新疆黑蜂最早来源于俄罗斯移民带入中国的黑色蜂种，在伊犁河谷与当地黑蜂混养杂交及人工选育，适应了当地气候与蜜源环境，群年生产蜂蜜 100 kg 以上，展现出优异的采集能力。

第四节　中国蜂遗传资源新发展

在“两山理论”“乡村振兴”思想引领下，中西部地区利用自身资源优势，加大了对蜜蜂养殖产业的政策扶持，很多边远地区的蜜蜂遗传资源持续被开发与利用，中蜂养殖规模出现井喷式增长。与 2008 年近 250 万群相比，2022 年中国中蜂群体数量约 980 万群，增长了近 3 倍。相对而言，在市场因素及产业结构调整的大环境下，西蜂养殖群体数量多年来没有明显变化。蜜蜂群体数量的提升使其遗传多样性不断增加，而环境的有效治理使蜂类所面临的生态压力降低，传粉蜂类生物多样性保护情况得到了充分改善。2015 年以来，中国科研人员累计新培育西蜂配套系 1 个，鉴定西蜂新资源 1 个；在第三次普查中又在四川省甘孜藏族自治州挖掘出 1 个中蜂新资源——巴塘中蜂，并已完成鉴定。同时科研人员针对蜂种优良性状持续开展遗传改良工作，使中国特色蜂遗传资源的遗传特性和生产性能不断提升，蜜蜂种业处于良好的发展态势中。

一、蜂群数量逐步增加

养蜂业不占耕地，投资少，见效快且对环境起到修复作用，是符合两山理论和乡村振兴发展方向的生态产业。2012 年以来，各级政府将养蜂作为当地农业特色产业和增效产业予以重视并大力扶持。其中中蜂作为我国原生蜂种，具有饲料消耗少、抗病抗逆性强及可采集特色蜂蜜的特点，更适应于中西部地区借助养蜂脱贫及乡村振兴的需要。随着精准扶贫工作的深入及现代中蜂饲养技术的应用，中国中西部山区中蜂产业取得跨越式发展，进而推动了当地中蜂遗传资源的深度挖掘及种群数量的快速增加。较第二次调查结果的近 250 万群相比，第三次普查共登记中蜂群体数量为 978.2 万群，增加了近 730 万群。而西蜂养殖作为传统产业，对蜜源条件与饲养技术要求较高，而且劳动强度大、经济效益低，这些客观因素影响到西蜂养殖的产业规模。据统计，近 15 年来，中国西蜂蜂群群体规模变化不大，甚至出现种群减少的趋势。中国政府已充分认识到这一问题，对养蜂业给予多项政策支持，鼓励更多年轻人从事养蜂产业，同时通过示范推广养蜂新技术，如智能蜂箱的使用、疾病防控新技术等，提高养蜂业的生产效率与经济效益。持续的政策与技术扶持有助于稳定与提升中国西蜂饲养的群体规模。

二、遗传多样性更加丰富

中国蜂遗传资源在生物多样性和遗传多样性方面的变化趋势受到多种因素影响，伴随着蜜蜂群体总量的增加，中国蜂遗传多样性总体呈现增加趋势。近年来，中国在生态保护方面采取了一系列措施，包括增加森林覆盖率、恢复湿地、建立生态保护区等，这些措施为蜜蜂提供了更多的适宜环境和丰富的花粉资源，有利于传粉蜂类繁殖和生存，也有利于野生传粉蜂类的生物多样性的维持。

蜜蜂采用一雌多雄野外交尾的交配方式，且蜜蜂性状易受外界环境的影响，蜜蜂的新品种培育相较于畜禽更为困难。2015 年以来中国科研人员培育西蜂新配套系 1 个（中蜜一号），发现并鉴定西蜂新遗传资源 1 个（西域黑蜂）。此外，在 2016—2019 年间农业农村部（原农业部）组织开展两次藏区中蜂遗传资源调查，重庆、海南、四川、青海等省相继开展中蜂新资源的挖掘，目前发现并鉴定中蜂新遗传资源 1 个（巴塘中蜂）。这些新品种及新资源的鉴定将对中国蜂遗传资源多样性的丰富起到推进作用。

三、生产性能稳步提升

中国蜂遗传资源的遗传特性挖掘与生产性能改良是需要持续开展，是一项极其艰巨的任务。浙江浆蜂从 20 世纪 90 年代品种形成并向全国推广以来的近 30 年里，养蜂者针对蜂王浆高产性状进行不间断地蜂种选育，蜂王浆生产性能逐年提高，第三次普查浙江浆蜂蜂王浆群年产量 16 kg 以上，远高于第二次调查时的 5 kg/ 群。中蜂作为我国原生蜂种，能够充分利用当地零星蜜粉源，并生产出独具特色的优质蜂蜜，但中蜂易分蜂、采集力差的缺陷使中蜂特有经济价值未能充分展现。自 2015 年起重庆、甘肃、江苏等地对当地中蜂进行优良种性的挖掘与有针对性的遗传改良，通过长期不懈的努力，第三次普查结果显示多个中蜂地方蜂种的生产性能较之前有显著提升。2021 年制定与实施的《种业振兴方案》与《全国畜禽遗传改良计划（2021—2035 年）》为今后蜂种遗传改良的目标任务确定与技术路线的落实提供了方向。

第二章

中国是蜂遗传资源价值发挥极具魅力的国家

蜜蜂是重要的经济昆虫，其种质资源丰富，不仅可以为人类提供营养丰富的蜂产品，而且蜜蜂通过为植物授粉维持生态平衡和保持植物种类多样性，提高农作物的产量和质量。不同的蜂遗传资源具有相对独特的作用与价值，在经济、社会、文化、科技和生态等方面发挥着重要作用，尤其在助力脱贫攻坚、促进乡村振兴以及维持生态平衡方面，已成为现代农业的重要组成部分，是农业生态平衡不可缺少的自然资源，也是中华传统文化的独特载体之一。

第一节　蜂遗传资源是中国养蜂业发展的重要基石

中国拥有最为丰富的蜂遗传资源，并积极有效地发挥着其在蜂产品生产和植物授粉方面的价值，形成具有中国特色的空中农业和生态农业。蜂遗传资源已成为中国农业生产的重要基石，是农业经济发展的重要组成部分。

一、蜂遗传资源为中国提供了世界上种类最丰富和产量最多的蜂产品

（一）中国是世界上蜂产品种类最丰富的国家

中国丰富多样的蜜蜂遗传资源是蜂产品多样化生产的基础，是采集、酿造、分泌和抚育等行为形成各种蜂产品的主力军。中蜂是我国特有的蜜蜂遗传资源，由于其擅长采集零星蜜源，生产出许多具有中国特色的百花蜂蜜。浙江浆蜂使中国生产大量的蜂王浆和蜂王幼虫成为可能。另外中国应用蜜蜂遗传资源还生产了大量的蜂花粉、蜂胶、蜂蜡、蜂毒和雄蜂蛹等一系列蜂产品，是世界上生产蜂产品种类最为丰富的国家。

（二）中国是世界上蜂产品产量最多的国家

中国是世界养蜂大国，其蜂群数量约 1 400 万群，并生产出大量的蜂产品。其中中国蜂蜜年产量约 45 万吨，是世界蜂蜜产量最高的国家，占世界总产量的 25% 以上。作为全球唯一商品化生产蜂王浆的蜂种，浙江浆蜂及其杂交蜂群每年生产蜂王浆超过 3 500 吨，占全球总产量的 90% 以上。此外，利用丰富的蜜蜂遗传资源中国每年可生产蜂花粉约 5 000 吨、蜂胶约 400 吨、蜂王幼虫约 60 吨、雄蜂蛹约 50 吨。同时中国也是蜂蜡生产大国，其年出口量稳定在 9 000~10 000 吨。

（三）中国拥有独具特色的"土蜂蜜"

中国蜜蜂遗传资源不仅能利用大宗蜜源生产一般的商品蜂蜜，而且通过地方遗传资源的挖掘可以生产出独具中国特色的"土蜂蜜"。中蜂地方品种均具有抗逆耐寒的特点，出巢采集的临界温度远低于西蜂，甚至在 5℃以下仍可采集到低温开花植物的花蜜，如野桂花蜜、枇杷蜜、米团花蜜等，这些都是中国特有的优质蜂蜜，具有很大的市场开发价值。此外，在新疆和东北三省边界地区分布的黑蜂资源，因其体型大、体质好、体能强，可采集到海拔 1 800~2 500 m 的蜜源植物，形成了独特的黑蜂蜂蜜，深受消费者欢迎。

专栏

◆ 佤山黑蜜——云南沧海米团花蜜 ◆

云南沧源佤族自治县有着丰富的天然蜜粉源植物资源，其中独具特色的米团花更是在群山中延绵几十千米。每年春天，沧源的山地里遍布洁白的米团花，能酿出当地独有的神奇"黑蜜"。因米团花生长在海拔 1 500 m 以上的群山中，并在冬春季节开花，当地滇南中蜂发挥其特有的生物本能，生产出独特风味的土蜂蜜——米团花黑色蜂蜜，并已形成地理性标志产品——佤山黑蜜。

二、蜂遗传资源是中国农作物授粉的"月下老人"

中国非常重视蜂授粉的"月下老人"作用。蜜蜂授粉作为一项农业绿色生产技术，在农业增产增效、低碳减药，助力农作物增产增收上发挥着积极作用。蜜蜂为中国 36 种主要作物授粉，年均授粉价值高达 3 042 亿元，相当于中国农业总产值的 12.3%。蜜蜂授粉技术正不断通过商业化、产业化助力农作物增产增收。

（一）蜜蜂遗传资源通过授粉助力农作物增产

中蜂与西蜂在个体、群势、采集时间、飞行半径及对蜜粉源植物、气候的适应性等方面具有明显的差异，它们适宜授粉的作物种类也不同。中蜂因具有显著的耐寒性而非常适宜为冬季及早春温度较低时的大棚草莓、果蔬以及大田中的油茶、猕猴桃等授粉，并显著提高这类作物的产量和质量。西蜂是中国大田授粉的主要授粉蜂种，其群势大、性情温驯、善于利用大宗蜜源，在授粉的同时可获得丰厚的蜂产品，如意大利蜂为油菜授粉，在获得丰富的油菜蜂蜜和蜂王浆同时，提高了油菜籽的产量与质量，为我国油料供给安全提供保障。

（二）熊蜂等传粉蜂类资源授粉效率高

熊蜂是众多野生植物和农作物的重要传粉者，在维持自然和农业生态系统平衡中发挥着重要作用。中国地形多样、植被丰富，是全球熊蜂多样性的热点地区。中国已知熊蜂 125 种，占据全球熊蜂已知物种总数的 50%，其中 22 种为中国特有。中国青藏高原东部向黄土高原、秦岭山地和四川盆地过渡的地带是熊蜂多样性分布的中心。目前，中国已将地熊蜂、密林熊蜂、红光熊蜂、火红熊蜂、重黄熊蜂和兰州熊蜂 6 种本土熊蜂驯养成功，并且多个本土熊蜂已被应用于设施作物授粉，特别是茄科和葫芦科作物。如熊蜂为番茄授粉，其产量比激素组和对照组分别增加了 59.26% 和 142.15%，畸形率分别下降了 67.41% 和 83.68%，熊蜂已成为现代农业发展的重要授粉昆虫。此外，其他传粉蜂类资源也开始应用于农作物授粉，如壁蜂为苹果等果树、切叶蜂为紫花苜蓿授粉，均取得了很好的效果。

第二节　蜂遗传资源是改善人民生活的重要资源

蜜蜂是人类亲密的朋友，不仅为人类提供营养丰富的蜂产品，满足人们对美好生活的需要，而且还以其独特的生物特性为农作物授粉，提高农作物的产量并改善其品质，减少对化肥和农药的依赖性，确保粮食安全。同时，由于养蜂投资小、见效快，而且又是生态友好型产业，使蜂遗传资源成为中国农村山区脱贫攻坚和推进乡村振兴的重要战略资源之一，“小蜜蜂”成就脱贫致富“大产业”。

一、蜜蜂授粉保障粮食安全

蜜蜂授粉具有绝对环保、增产率高、优化品质等显著优势，在农业绿色生产中发挥着重要作用。据调查，全球 107 种与食品直接相关的主要农作物品种中超过 85% 的依赖于蜜蜂等昆虫授粉，人类日常食物的 1/3 直接或间接依赖蜜蜂等昆虫授粉，全球每年蜜蜂授粉的经济价值约为 1 530 亿欧元，相当于全球人类食用的农产品总价值的 9.5%。实践表明，与自然条件或人工授粉相比，蜜蜂授粉后，油菜、向日葵、大豆、水稻的结实率明显提高，分别增产 21.7%、26.0%、15.3% 和 13.3%；草莓、樱桃的坐果率提高 20% 左右，分别增产 14.4%、12.3%；番茄、梨、苹果的单果重增加 20~40 g，分别增产 18.4%、12.95% 和 7.9%。蜜蜂遗传资源不仅可以提供丰富的蜂产品，而且通过授粉减少化肥农药使用，生产出更多优质安全的农产品，更好地满足人民群众多元化的消费需求。

二、蜂遗传资源推动脱贫攻坚

党的十八大以来，以习近平同志为核心的党中央始终把脱贫攻坚摆在治国理政的突出位置，而产业发展是实现脱贫的根本之策，是推动脱贫攻坚的根本出路。蜜蜂养殖不与种植业争地、争肥、争水，也不与养殖业争饲料，具有投资小、见效快、用工省、无污染、回报率高的特点，是确保农民就业增收、脱贫致富的适宜产业。中国部分贫困山区蜜粉资源十分丰富，尤其适合发展中蜂产业。“十三五”期间河北、河南、陕西、江西、湖北、云南、贵州、四川、重庆、甘肃等省份的部分国家级贫困县将发展中蜂养殖作为群众重点脱贫致富产业，成为促进贫困地区农民脱贫致富的有效手段。如中国部分山区县推进“十箱万元”工程，让农户养殖10箱中蜂，每年能获取1万元以上的收入。据不完全统计，仅四川和重庆就有6 100户通过饲养中蜂实现了精准脱贫。

专栏

◆重庆市石柱县中益乡养蜂脱贫◆

2017年8月，中益乡被确定为重庆市18个深度贫困乡镇之一，建档立卡贫困户538户1 817人。自确定为深度贫困乡镇以来，中益乡以实际行动诠释“勤劳、奉献、团结”的蜜蜂精神，把中蜂产业作为主导产业来抓，积极开展养蜂脱贫。2019年4月15日，习近平总书记亲临中益乡视察，对脱贫攻坚工作给予肯定，激励全乡干部群众凝聚成努力奔跑的强大合力。

在开展养蜂脱贫过程中，中益乡积极补种五倍子、黄柏等蜜源植物3万亩310万株，建设蜂蜜扶贫车间和“中益蜜蜂小镇”电商平台，坚持蜂文旅融合发展，将蜜蜂元素融入全乡“大研学”旅游格局，建设以蜜蜂为主题的文旅项目14个。同时注重为蜜蜂产业赋能添彩，获批“中益蜂蜜”国家地理标志证明商标，注册“圆小益”“益点甜蜜”等系列商标，结合蜜蜂精神和脱贫攻坚精神完成蜜蜂文化专题策划，加大了品牌宣传力度，形成中益乡特有的蜜蜂品牌形象和品牌故事。经过3年多的发展，中益乡蜂群数量由2017年的1 800余群到2020年发展到8 000余群，养殖方式由单一的传统养殖到2020年的传统养殖和活框饲养各一半。养蜂人数由2017年的280余人到现在的472人，产值由2017年的180余万元到现在的800余万元，带动全乡472户蜂农户均增收1.7万元。

三、蜂遗传资源助力乡村振兴

在打赢脱贫攻坚战后，各地区各部门继续深入贯彻落实党中央、国务院决策部署，巩固拓展脱贫攻坚成果，继续推进脱贫地区乡村振兴，部分地区充分利用好山区各种植被、物种、气候和土壤等自然资源，特别是山区天然的蜜粉源植物资源，同时为保证产业可持续发展，不断挖掘蜂遗传资源，为养蜂业健康发展提供有力的支撑，从而更好地助力当地乡村振兴。

专栏

◆密云蜂业，助力密云乡村振兴◆

北京市密云区已形成“一区两翼”的蜂产业格局，即西部的石城镇和冯家峪镇，主要饲养北方中蜂，重点做好北方中蜂的资源保护和发展工作；东部部分乡镇，以饲养西蜂为主，重点做好西蜂产业转型升级和高质量发展。密云区通过实施“全链品牌增值、全域布局联动、全息平台服务”三大战略，促进蜂产业从传统的、链条不完整的、数量效益型向绿色的、全产业链的、质量效益型转变；从高产育种、手工操作、弱群饲养向优质高产育种、机械化操作、强群饲养技术转变；从一家一户面向市场单一产品向区域公共品牌转变，形成生态产品、科技产品、服务产品、文旅产品、健康产品的多维价值体系。这些促使蜂产业成为密云绿色国际休闲之都的标志性产业，乡村振兴美丽田园生活的融合性产业，蜂业多创聚集融合增值的模式性产业。密云区成为我国天然成熟蜜的先行生产示范区，“蜂盛蜜匀”成为密云区践行两山理论的“金名片”，蜂产业成为密云区特色产业、标志产业、富民产业。

第三节　蜂遗传资源是中华优秀传统文化的重要组成

中华民族在五千年的发展进程中，形成了博大精深的传统文化体系，其中蜜蜂文化是中国民族文化的重要组成部分，人们在认识蜜蜂、驯养蜜蜂、研究蜜蜂以及利用蜂产品的历史过程中，形成了丰富多彩、源远流长的蜜蜂文化。这些文化以其无穷的魅力渗透到人们日常生活的衣、食、住、行和文学艺术等各个领域，并与之融为一体，产生了勤劳、勇敢、无私、奉献、团结、友爱的蜜蜂精神，激励和鼓舞了一代又一代华夏儿女向往美好生活、建设美好家园的信心和勇气。

一、饮食文化

中国蜂产品饮食文化历史悠久，早在旧石器时代，人类就会采食树洞、石洞中的蜂蜜和蜂子。最早在公元前3世纪的《礼记·内则》中就记载人类食用蜂蜜、蜂子。公元前278年，《楚辞·招魂》中就有蜂蜜酒以及蜂蜜与米面熬煎的食品等。在《三国志·魏志·孙亮传》和《三国志·魏志·袁术传》中也有蜜渍果品和用蜂蜜做清凉饮料的记载。大量历史文献和文学作品中都有蜜制食品的描述，蜂蜜成为烹饪和食品制作中不可缺少的原料。随着时代的发展，现代蜂蜜在人们饮食中的应用越来越丰富，如蜂蜜酒、蜂蜜酸奶、蜂蜜醋、蜂蜜冰激凌等。

蜂花粉也是中国饮食文化的重要素材，其中花粉蜂蜜浆是古代的传统食品，将蜂蜜在砂锅中炼沸，等滴水不散时再将花粉加入即可。花粉做糕饼也曾是古代宫廷中的高级食品，即将花粉和米捣碎，蒸制成糕，称之为“花粉糕”。近年来，中国研制出许多花粉系列食品，如花粉巧克力、花粉奶糖等。另外，蜜蜂幼虫和蛹也是美食原料，并在春秋战国时期已成为民间馈赠或出售的一种土特产品。进入20世纪80年代，中国掀起蜂王幼虫、雄蜂幼虫、雄蜂蛹开发与利用热潮，如烧蜂子（一道将蜂蛹烧熟制作而成的下酒菜），用油煎、盐炒蜜蜂幼虫也是一道美食，也有同其他食品混合烹制做汤食用。

二、蜜蜂文学

中国蜜蜂文化历史悠久，早在3 000多年前的甲骨文中就出现了蜜字，对于蜜蜂的记载可以追溯到春秋战国时期，中国最早的诗歌《诗经·周颂·小毖》中就有“予其惩而毖后患。莫予荓蜂，自求辛螫”的文字记载。随着蜂产业发展，蜜蜂的身影也活跃在文人的笔下。人们对于蜜蜂的认识，也逐渐丰富起来。从《左传·僖公二十二年》中的“蜂虿有毒，而况国乎”，到《楚辞·招魂》中的“瑶浆蜜勺”，再到宋代释宝昙的《蜜蜂》中的“蜜脾一点香先透，万斛醍醐总不如”。蜜蜂成为一种文学意象，越来越多的文章开始吟咏蜜蜂。如罗隐在《蜂》中对蜜蜂采蜜的吟诵“不论平地与山尖，无限风光尽被占，采得百花成蜜后，为谁辛苦为谁甜？”吴承恩在《咏蜂》中对蜜蜂形态的描摹“穿花度柳飞如箭，粘絮寻香似落星。小小微躯能负重，器器薄翅会乘风。”不仅如此，中国还有很多赞美蜜蜂的诗词、图画以及与蜂有关的成语等，形成了独特而丰富的蜜蜂文化。

专栏

◆ 长白山蜜蜂文化 ◆

长白山是中国东北的第一高山。它是满族及其祖先的繁衍生息和发祥之地，也是东北民俗文化的发祥地和象征。长白山中蜂是该地区古老的生物种之一，曾经历过较长的昌盛时期，采捕蜂蜜是长白山传统的农业生产，蜂蜜是当地原始部落生活中的甜食资源，根据历史地域文化的概念，葛凤晨研究员等将其称为“长白蜜蜂文化”，并于1994—1999年以《源远流长的长白蜜蜂文化》为题，在《中国养蜂》撰文27篇，极大地丰富了中国蜂遗传资源对于蜜蜂文化建设的重要价值。

三、蜜蜂精神

随着人类对蜜蜂的认识不断深入，蜜蜂社会性行为中深刻而丰富的内涵被人们所挖掘，并与人类社会相结合，形成了独特的蜜蜂精神文化。如蜜蜂不辞辛苦，采花酿蜜，酿制1 kg蜂蜜需要采集200万~500万朵花，平均往返飞行达45万km。而出巢飞行采蜜只是蜜蜂工作的一部分，它们还要酿制蜂蜜、哺育幼蜂等，从不间断工作，展现出勤劳的精神。在蜂群的内部世界里存在明确的分工和严格的组织纪律，每个个体的生存状态都与集体利益紧紧相连，特别是在共同建设家园和抵御外敌时，发挥着强烈的团队精神。当蜂群遇到严寒饥饿时，蜜蜂会将仅存的一点蜂蜜与每只蜜蜂分享，而不是独享；蜜蜂在采集花粉花蜜时，积极开展蜜蜂授粉，促进农作物增产，并积极产蜜酿蜜，在保护自然生态环境与为人类付出方面做出了重要贡献，展现出蜜蜂的奉献精神。对于一个国家、一个民族而言，蜜蜂精神的重要性不言而喻。在新时代，不同的岗位对于蜜蜂精神有着不同的理解。对于奔波操劳、奋斗在祖国建设一线的人们来说，蜜蜂精神是勤劳节俭，无私奉献；对于科研攻关的技术人员来说，蜜蜂精神是顽强进取，勇于探索……虽然人们对其理解不同，但蜜蜂精神无疑是我国社会主义建设发展的重要助推器。

四、少数民族蜜蜂文化习俗

（一）少数民族的蜂蜜民俗文化

部分民族将蜂蜜视为待客的最佳食品，当有客人来到家里时，主人会将蜂蜜茶献给客人，表示对客人的尊敬。在壮族聚居的地区，宴席上有一道“千张肉”，在猪皮上涂蜂蜜，用油轻炸后，切成薄片，蒸熟后皮黄而脆，并有甜味，十分可口。布朗族特别崇拜蜜蜂，并已深深融入他们的文化中，其中“蜂桶鼓舞”属世间独有。怒族自称是蜂的后代，把蜜蜂当作图腾崇拜。

（二）少数民族的蜜蜂爱情文化

在纳西族、傣族和壮族等少数民族民间文化中，借用蜜蜂来比喻人们的爱情，以蜜蜂和花的密切关系，寓意人们对爱情的忠贞。如纳西族民间流传的《蜂花相会》中“蜂子离开花不酿蜜，花离开蜜蜂不开花”唱出了蜜蜂和鲜花之间相互依存的关系，也寓意男女情人不可分离之情。傣族的少男少女们在谈恋爱时，靠情歌作为媒介，在这些诗歌中“蜜蜂”一词经常会出现，如“是不是已经有蜜蜂进入花瓣”等。壮族也有相关情歌，如“妹是桂花千里香，哥是蜜蜂万里来，蜜蜂见花团团转，花见蜜蜂朵朵开”。

（三）少数民族的蜡染文化

蜡染广泛流行于苗族、布依族、水族等少数民族地区，古代又称之为蜡缬，是中国三大印染工艺之一，在世界上都享有盛名。蜡染的起源可以追溯到两千多年前的秦汉时期，甚至更早。《后汉书》《临海水土志》《新唐书》都有“染彩”“斑文布”等记载。到宋明时期，对蜡染已有明确的记载。贵州安顺、永定等地区苗族至今仍保留传统的蜡缬工艺。

第四节　蜂遗传资源是生命科学研究中的重要素材

蜜蜂是典型的社会性昆虫，以蜂群的形式生存繁衍，具备高度发达的社会性结构，而且蜜蜂生活史短，遗传背景易控制。蜜蜂饲养技术成熟，个体适中且容易观察，是继果蝇后又一个重要的模式昆虫，可以为其他社会性昆虫、哺乳动物甚至人类社会研究提供借鉴。

一、蜂遗传资源为生物学研究提供生物模型

蜜蜂的价值已远远超出经济昆虫的范畴。西方蜜蜂和东方蜜蜂基因组数据公布后，蜜蜂成为继黑腹果蝇、冈比亚按蚊和家蚕之后测定基因组序列的昆虫。在后基因组时代，蜜蜂已经成为生物学研究的热点生物之一。

（一）蜜蜂是化学、农药和环境安全评价的动物模型

实验动物作为科技基础支撑的重要条件之一，对人类生存以及人类科技活动起着不可或缺的重要作用。蜜蜂作为实验用动物也早已应用到环境毒理研究中，将“蜜蜂急性经口毒性试验”和“蜜蜂急性接触毒性试验”列入化学品试验指导原则。农业农村部规定，在农药登记中必须考虑农药对环境的影响，而蜜蜂毒性试验是实验项目之一。

（二）蜜蜂是研究神经生物学的动物模型

蜜蜂作为模式昆虫在神经生物学研究领域最早受到重视。与脊椎动物相比，蜜蜂的大脑神经元要少很多，但是神经元间的信息交流机制几乎相同，均通过神经递质和传质等信使因子完成信息传递。蜜蜂能对可视物产生概念，辨认经过的路标数，形成终身记忆，而且能够对一些任务的顺序产生记忆，

知道何时何地完成何任务。结合其易于在食欲刺激下定向训练产生某些行为的特性，蜜蜂已被认为是研究学习与记忆的理想模型，并已被用于脊椎动物神经生物学研究的比较模型。

专栏

◆ 蜜蜂脑部瞬时激活的多巴胺信号调控食物欲望 ◆

在哺乳动物中，欲望的产生受中脑边缘多巴胺神经通路的调控。尽管无脊椎动物表现出复杂的食物搜寻行为，但是否存在与哺乳动物类似的驱动食物搜寻的欲望系统仍未知。蜜蜂具有密集的采集活动、发达的社会组织和极具特色的用以传递良好食物源方向和距离信息的摆尾舞，因此是研究脑部多巴胺神经通路和食物欲望关系的理想动物。福建农林大学苏松坤团队通过监测采集蜂的采集和跳舞行为，同时检测和干扰采集蜂在采集和信息交流循环关键阶段的脑部生物胺信号，发现采集蜂在跳舞的起始阶段和离巢前往良好食物源阶段，其脑部的多巴胺水平显著升高。蜜蜂的食物采集活动受多巴胺拮抗剂的抑制，采集欲望下降；个体饥饿会提高采集蜂的脑部多巴胺水平，进而提高其对蔗糖溶液的快乐值，提高其食欲相关的气味学习能力和记忆能力。该研究揭示了蜜蜂（昆虫）拥有与哺乳动物类似的由多巴胺调控的食物欲望系统，为高等动物乃至人类基本生理需求“食物欲望”的比较进化研究提供了创新性的重要科学证据，也为人类多巴胺相关的生理、心理和学习记忆障碍等健康问题的研究提供新的生物模型。2022 年该研究成果发表在 *Science* 上。

（三）蜜蜂是研究社会性行为机理的动物模型

蜜蜂是真社会性昆虫，具有明确而细致的劳动分工，但受到群体年龄组成、群体需要、外界环境以及工蜂间接触等因素的影响。由于成熟的蜜蜂饲养管理技术可以人工组建由同龄工蜂组成的蜂群或定向地调整蜂群所处的内部条件及其外界环境，满足人类研究社会性行为的要求，蜜蜂被认为是研究社会性昆虫劳动分工进而研究社会性行为调控机理的优秀模型。

专栏

◆ 蜜蜂舞蹈的社会学习 ◆

社会学习是指同类动物之间通过观察或互动而产生的学习，它在高等动物中极为常见。长期以来科学家一直关注和研究哺乳动物是否像人类一样具有言传身教的能力，对无脊椎动物的社会学习关注较少。蜜蜂是社会性昆虫，它们通过“舞蹈语言”传递食物源的方位和距离信息。然而蜜蜂对舞蹈语言的掌握是否需要社会学习仍然未知。中国科学院西双版纳热带植物园谭垦团队采用一种全新的实验模式，创建了一种全部由刚出房的幼蜂组成的蜂群。与在自然蜂群里成长的蜜蜂相比，幼蜂群中的蜜蜂在成长过程中缺失了向有经验的采集蜂学习舞蹈的机会，如同婴幼儿在成长初期丧失了跟成人学习和互动的机会。通过比较幼蜂群和自然蜂群的同日龄蜜蜂各项舞蹈指标发现，缺乏向有经验蜜蜂互动学习机会的幼蜂表演的舞蹈存在明显的缺陷和误差，其舞蹈摆动角度（指示方向）的误差会随着采集经验的积累有所减少，但摆动时间（指示距离）的误差却始终不会改善。社会学习塑造了蜜蜂的舞蹈语言，就像人类、鸟类等脊椎动物的语言交流，新手向有经验的个体学习比它们自己独自摸索能更好地获得技能。该研究对探索人类和动物语言的起源和演化具有重要的科学启示，研究成果于2023年发表于*Science*。

（四）蜜蜂是研究肠脑轴机制的动物模型

蜜蜂肠道菌群组成简单、稳定，仅由少数的核心菌种组成，且在肠道不同部位的分布具有一定的规律。蜜蜂肠道菌均为特异性菌种，与外界环境菌种无关，并且核心肠道菌均可进行体外培养。肠道菌可以帮助蜜蜂代谢食物组分，产生短链脂肪酸和氨基酸等，促进胰岛素样肽等激素信号相关基因的表达，进一步证明了蜜蜂与人等动物的肠道菌群具有相似的功能。基于蜜蜂肠道微生物与人类等哺乳动物的肠道菌群结构和功能相似性，且蜜蜂个体具备相关健康和疾病的表型及途径、机制，奠定了其作为“肠道微生物－宿主疾病”模型的基础。

专栏

◆ 肠道菌群调节蜜蜂行为 ◆

蜜蜂是一种高度群居的社会性昆虫，展现出丰富的社会行为，是神经生物学研究中广泛应用的动物模型。中国农业大学郑浩团队通过构建肠道菌单菌定植蜜蜂发现，蜜蜂核心菌 Gilliamella、Lactobacillus Firm-4、Lactobacillus Firm-5 可以显著改善蜜蜂的认知能力，并且野生肠道菌群是蜜蜂正常学习/记忆行为的必要条件。分析蜜蜂大脑转录组发现肠道菌，特别是乳杆菌 Firm-4 和 Firm-5 可显著上调与嗅觉功能和社会分工行为相关基因的表达。而无菌蜂大脑中发生可变剪切的基因与社会行为障碍蜜蜂及人类孤独症基因集重叠，表明蜜蜂和人类在社会性行为方面存在同源的分子机制。另外，不同肠道菌可调节特定的代谢途径，Gilliamella 主要参与碳水化合物和甘油磷脂代谢，而乳杆菌主要调节了氨基酸相关代谢途径。进一步利用无菌蜂单菌定植和基因沉默技术，证明了乳杆菌 Firm-5 通过将色氨酸转化为吲哚衍生物并激活宿主芳香烃受体，从而改善了蜜蜂的记忆行为。该研究成果首次揭示了肠道菌群调节蜜蜂行为的作用机制，为进一步开发蜜蜂模式动物，解析“菌群－肠－脑轴”互作机制提供了基础，研究成果于2022年发表在*Nature Communications*、*Microbiology Spectrum* 上。

二、蜂遗传资源为蜜蜂无性杂交提供了素材

蜜蜂“无性杂交”即蜜蜂营养杂交，将甲品种（蜂种）的幼虫提供给乙品种（蜂种）进行饲喂，

由甲品种（蜂种）的幼虫发育而成的蜜蜂会具有乙蜂种（蜂种）的遗传特性。中国许多养蜂工作者利用同时具有大量饲养东方蜜蜂和西方蜜蜂的优势，进行中蜂与意大利蜂（以下简称意蜂）之间的营养杂交，发现中蜂与意蜂营养杂交后的蜂王性成熟期缩短，并且培育出来的后代工蜂体色也有明显变化，并且能在一定程度上改善其抗病能力。

专栏

◆ 中蜂与意蜂营养杂交能提高意蜂抗螨和中蜂抗囊状幼虫病能力 ◆

江西农业大学系统研究了中蜂与意蜂营养杂交对蜜蜂形态、抗螨性能以及其分子机理。用意蜂（蜂王浆）哺育中蜂幼虫，所培育的工蜂腹部颜色变黄、初生重增加，形态指标向意蜂形态指标靠近，并增强了中蜂对囊状幼虫病的抵抗能力。同理，用中蜂的工蜂哺育意蜂幼虫，所培育工蜂的腹部颜色变黑、初生重下降，形态指标向中蜂形态指标靠近，并增强了意蜂的抗螨能力。营养杂交后，其后代蜜蜂在分子水平上有基因向着对方蜂种靠拢，而偏离原来蜂种。其主要原因是两个蜂种所分泌的蜂王浆存在本质区别，并且通过营养杂交影响着异种蜜蜂的基因表达，从而对外部形态等方面产生影响。

第五节　蜂遗传资源是保护环境和维持生态平衡的重要力量

蜂类作为地球上极其重要的生物，其在生态系统中的作用与价值是无可替代的。蜜蜂在采集花粉和花蜜为食物的过程中，同时完成为植物授粉，不仅是生物多样性的保护者和生态平衡的维护者，而且是环境监测的生物指示剂和环境保护的忠诚卫士，对整个生态发挥着重要作用。

一、蜂遗传资源是有效的环境监测生物指示器

（一）对杀虫剂的监控

蜜蜂在采集因给植物喷洒毒性较强的杀虫剂而受污染的花蜜和花粉时，可能会造成蜜蜂中毒死亡在野外，使得蜂群内蜜蜂数量的锐减；也有蜜蜂在采集花蜜或花粉回巢后没有立即死亡，但随后会在蜂箱内外出现中毒死亡的现象。而蜂巢中残留蜜蜂及巢内外的死蜂数量可以作为杀虫剂污染的一种直接指示剂。然而，有些杀虫剂并不会造成蜜蜂的死亡，却能激起比较严重的应激反应，如四处飞舞、爱蜇人等，人们可以通过对蜜蜂相关异常行为监测了解杀虫剂对环境的影响。另外，杀虫剂的使用也易污染巢脾上储存的花粉、花蜜等，通过对蜂产品中杀虫剂的残留检测可以准确监控杀虫剂的使用情况。

（二）对重金属的监控

重金属在人类和自然活动过程中持续被释放，并在环境中积累传递，很难降解，并且可通过生态循环长期保存在自然环境中。如空气中的重金属离子会污染花蜜并在其中蓄积，但不会通过植物代谢

传输，而土壤中的重金属离子会被吸收且被转运到植物花蜜中。蜜蜂在飞翔过程中会接触空气中的重金属并在其绒毛中沉积；也可通过采集受重金属污染花蜜、花粉以及饮水等过程在蜜蜂体内蓄积或将环境中的重金属带回蜂巢。因此，蜜蜂及其蜂产品是监测重金属残留的很好的生物指示器。

（三）对放射性污染水平的监测

蜂也是对放射性污染监测的生物指示器。目前在蜜蜂及蜂产品中研究最多的同位素是半衰期为30年的137Cs。当发生137Cs泄漏事件后，蜜蜂体内及其蜂产品中137Cs含量会明显增加。随着空气中137Cs随风飘散或者沉积于水、土壤和植物中，空气中137Cs含量已经很少，利用仪器都很难检测出来，但通过蜜蜂依然可以监测到137Cs，表明蜜蜂是一种有效监测放射性核污染的监控手段。另外，放射性污染物也会残留在蜂产品中，蜂产品也是一种很好的放射性污染物监测指示剂。

二、蜂遗传资源是环境保护与修复的生力军

蜜蜂经过几千万年的进化和发展，形成了独特的生态学特征，成为生态系统中的重要成员。蜜蜂的传粉行为，保障了植物的繁殖和生存，促进了植物物种多样性的形成，维持着大自然的生态平衡。

（一）蜜蜂授粉与生态修复

生态修复是修复被破坏的生态系统的结构和功能，动植物群落的恢复和构建是其中的核心内容之一，而蜜蜂授粉能有效促进动植物群落系统的恢复，对自然界的巨大贡献是人和其他任何生物都无法替代的。蜜蜂与被子植物相互依存，目前世界上已知的16万种由昆虫传粉的植物中，其中依靠蜜蜂传粉的占85%。蜜蜂传粉能实现遗传物质的转移，增加种子数量和活力，有利于植物的繁育茂盛，保持植物多样性，从而能够修复被破坏的植被，改善生态环境。同时，蜜蜂适应环境能力较强，在珍稀植物保护、生态系统恢复、高寒荒漠等特殊生态环境的保护和修复方面发挥着重要作用，特别是中蜂具有耐寒抗热性能好、善于采集零星蜜源等优良特性，在生态修复方面更显积极功能。

专栏

◆ 蜜蜂授粉促进兰科植物群落系统的修复 ◆

兰科植物是蜜蜂传粉的典型物种，约60%的兰科植物依靠蜜蜂传粉。兰科植物多为珍稀濒危植物，全世界所有野生兰科植物都被列入《野生动植物濒危物种国家贸易公约》的保护范围。兰花的传粉具有很强的专一性，许多种类的兰花依赖特定的昆虫传粉，而中蜂是兔耳兰、莎叶兰、春兰、蕙兰、足茎毛兰等的唯一有效传粉者。

（二）蜜蜂授粉可减少化肥使用

蜜蜂授粉在自然生态系统食物链中起着重要的桥梁作用。豆科植物通过蜜蜂授粉，能从空气中获取氮元素，肥沃土地，减少化肥的使用。紫云英是农田重要的天然绿肥植物，蜜蜂在采集紫云英花蜜的同时为紫云英授粉，增加紫云英结籽率，从而提升紫云英绿肥作用的延续性，减少氮肥的使用。同时，蜜蜂授粉还可提高作物产量和质量，使果实增大、畸形果率降低、营养成分增加，使油料作物出

油率提高，一定程度上减少了对化肥使用的依赖度，降低化肥的使用。

（三）蜜蜂可减少农药和生长激素类物质的使用

随着大棚果蔬产业的发展，蜜蜂授粉发挥着越来越重要的作用。在密闭的温室大棚中，大棚作物常因缺少授粉昆虫而使用激素处理来提升作物的产量。然而利用蜜蜂为大棚果蔬授粉，不仅可以提高产量，更重要的是可以减少激素等药物使用，从而使大棚果蔬的风味和品质更佳。此外蜜蜂授粉还可作为生物防治作物病害的媒介，减少农药和生长激素等物质的使用。如在蜂箱中配置盛放含枯草杆菌的配合器，使蜜蜂携带枯草杆菌到蓝莓的雌蕊上，可以有效抑制蓝莓病害的发生。相似地在利用熊蜂为温室作物（番茄和甜椒）授粉时，让熊蜂携带球孢白僵菌和粉红螺旋聚孢霉，从而起到生物防治有害昆虫和灰霉菌的作用。蜜蜂作为生态环境植被修复因子不仅成本低，而且效果显著，且不会对环境造成二次污染，还能保持生态环境植物的多样性，维持生态平衡；对珍稀植物的保护、生态系统的恢复以及高原荒漠地区的开发利用具有重要作用，其生物修复作用是不可替代的。因此，蜜蜂作为植被的生物修复因子具有广阔的应用前景。

第三章

中国是蜂遗传资源保护最有成效的国家

中国政府高度重视蜂遗传资源保护工作。自 1975 年起，陆续开展了三次普（调）查和多次区域性调查工作，逐步摸清了我国蜂遗传资源家底。尤其是自种业振兴行动以来，实施并完成的第三次普查，实现了区域全覆盖、主要指标全覆盖，进一步明确了我国蜂遗传资源状况。1995 年以来，国家先后启动畜禽种质资源保护、畜禽良种工程等专项，加大了对包括蜜蜂在内的畜禽保种场、保护区和基因库建设的支持。2014 年版《国家级畜禽遗传资源保护名录》将中华蜜蜂、东北黑蜂、新疆黑蜂列入其中。目前我国有国家级蜜蜂基因库 2 个、保护区 6 个、保种场 7 个，14 个省（区、市）建立了 42 家省级保种场保护区，地方品种保护率 64% 以上，形成了国家和省分级保护、场区库相结合、活体与遗传材料保存相补充的多元化保护体系，保护了我国珍贵的蜂遗传资源，也为世界蜜蜂遗传资源保护做出了中国贡献。

第一节　摸清了我国蜂遗传资源家底

蜂遗传资源属于可变性和可更新资源，一直处于动态变化中，需要定期组织开展调查。新中国成立以后，为了解我国蜂遗传资源状况，先后开展了三次全国性蜂遗传资源调查和多次区域性调查工作，逐步摸清了我国蜂遗传资源家底。1975—1983 年，开展了全国中蜂遗传资源调查，2006 年在农业部的部署下，开展了第二次调查工作。2021—2023 年，开展了第三次普查，这是历史上规模最大、覆盖范围最广、技术要求最高、参加人员最多的一次全国大普查，摸清了全国蜂遗传资源的种类、数量、分布、特征、性能等数据，为加强资源保护与管理、制定种业发展战略规划、深入开展科学研究、开展国际交流与合作提供了重要基础数据和科学依据。

一、第一次调查

为摸清我国中蜂遗传资源状况，自 1975 年起，由中国农科院蜜蜂研究所主持，甘肃养蜂研究所、湖南养蜂研究所、贵州养蜂研究所、陕西畜牧研究所、云南蜜蜂研究所、四川畜牧兽医研究所、广东昆虫研究所、中国林科院紫胶虫研究所等单位参加、协作，开展全国中蜂资源调查。该项调查于1983年基本完成，并对中蜂的分布范围、分布频率、数量、品种和类型有了基本了解。此次调查提出了关于中蜂资源开发、保护和利用的建议，为系统全面地了解中国中蜂遗传资源分布奠定了重要基础。

二、第二次调查

自2006年开始，在农业部的部署下，由国家畜禽遗传资源委员会组织实施了第二次调查工作。全国各地历时3年艰辛努力，共6 900多人参与，最终出版《中国畜禽遗传资源志》，共分7卷。本次调查首次出版的《中国畜禽遗传资源志·蜜蜂志》，全篇共收录28个蜜蜂品种（系）和8个其他蜂遗传资源，其中包括有各品种蜜蜂三型蜂、蜂巢、蜂场、蜜源植物等照片221幅。第二次调查初步摸清了中国蜜蜂遗传资源的形成历史、分布范围、特征特性、生产性能、濒危程度等，为中国蜜蜂遗传资源的保护和利用提供了依据。

与第一次调查相比，第二次调查范围更广、内容更全面。通过第二次调查，将同种异名的蜜蜂进行了合并并规范命名，首次明确将我国境内中蜂分为9个地理类型，便于此后中蜂遗传资源的管理和保护。第二次调查明确中蜂主要分布在广东、广西、贵州、云南、海南、福建、江西、湖北、湖南、浙江、四川、重庆、西藏、吉林、安徽、陕西、甘肃、山西、北京、河北等省（区、市），饲养及野生种群数量不断变化，其中华南和西南地区为中蜂集中分布区，其他地区的中蜂多与西方蜜蜂混合分布。同时，根据国家畜禽遗传资源委员会审定通过的蜜蜂品系、配套系和鉴定通过的遗传资源，以及农业部批准引进的蜜蜂品种，第二次调查确定我国西蜂地方品种4个，培育品种（品系、配套系）7个，引入品种8个，还明确了我国其他蜂遗传资源情况，包括大蜜蜂、黑大蜜蜂、小蜜蜂、黑小蜜蜂、熊蜂、壁蜂、切叶蜂、无刺蜂。

三、第三次全国畜禽（蜂、蚕）遗传资源普查

2021年，农业农村部组织实施了第三次普查，用三年时间摸清畜禽遗传资源状况、群体数量和区域分布，开展特征特性评估和生产性能测定，发掘鉴定新资源，抢救性收集保护珍贵稀有濒危资源，实现应收尽收、应保尽保。与第二次调查相比，此次蜂遗传资源普查是全面性的普查，所调查的范围更广、规模更大、对象更明确、内容更全面、技术更先进；覆盖了全国所有行政村，不仅调查了品种来源和数量分布，还开展了形态测定、生物学特性和生产性能测定。同时，第三次普查采取资料搜集与实地调查相结合、面上普查与重点调查相结合、现场调查与远程指导相结合、信息技术与调查技术相结合方式，即查即报，在线审核，实时调度，工作效率和准确性得到显著提升。

通过第三次普查，明确了中国蜂遗传资源群体数量，进一步摸清了蜂遗传资源家底。中国现有蜜蜂地方品种15个，包括10个中蜂和5个西蜂地方品种；培育品种（品系、配套系）7个；引入品种9个。与第二次调查相比，新增1个西蜂地方品种，即西域黑蜂（2016年通过鉴定）；新增1个中蜂地方品种，即巴塘中蜂（2023年通过鉴定）。与第二次资源调查相比，新增1个培育配套系即“中蜜一号”西蜂配套系。但是此次普查，“晋蜂3号”蜜蜂配套系并未发现。与第二次调查相比，新增2个引入品种，即欧洲黑蜂和远东黑蜂，由吉林省养蜂研究所引进，目前保存在国家级蜜蜂基因库（吉林）；而塞浦路斯蜂在此次资源普查中未被发现。通过第三次全国蜂遗传资源普查发现，近15年来，中国中蜂遗传资源分布范围逐步扩大，群体数量稳步增长。目前，中国中蜂蜂群总数为978.2万群。

四、区域性调查

长期以来，青藏高原区域的蜂遗传资源受自身分布状况、调查条件等因素的限制，导致遗传资源收集不全面、评价不系统、分析不透彻。2016 年和 2019 年，国家畜禽遗传资源委员会先后两次组织开展了青藏高原区蜂遗传资源调查，摸清了青藏高原区域我国蜂遗传资源情况，发现在我国藏区从海拔 1 697 m 至 3 420 m，东起四川马尔康松岗，西至西藏林芝波密易贡，南起云南迪庆维西，北至青海贵德的区域均有中蜂的自然分布。

第二节　蜂遗传资源鉴定与评估逐步完善

品种鉴定和濒危状况评估是蜜蜂资源挖掘、鉴定、保护和利用工作的重要基础工作。第三次普查中，我国完成了 29 个蜜蜂品种的种质特性评估，建设了蜂遗传资源表型特征数据库，为资源保护和利用奠定了重要基础。同时，我国农业管理部门不断修订完善蜂新品种和遗传资源审定鉴定办法，制定、修订濒危等级评定标准，为制定资源保护方案提供技术支撑。根据第三次全国蜂遗传资源普查结果，目前我国有 1 100 多万个纯种蜂群，其中地方品种约 1 000 万个，通过濒危状况评估，所有品种均处于安全状态。我国蜂遗传资源特征特性保护良好，遗传多样性不断增加。

一、准确掌握了我国蜂遗传资源种质特性

新中国成立以来，通过历次普（调）查工作，完善了蜂遗传资源种质特性评估技术体系。第三次普查工作中，统一制作并应用蜂遗传资源系统调查表对我国所有种类蜂的形态特征、生物学特性和生产性能等进行了测定和登记，准确掌握了我国蜂遗传资源种质特性。第三次普查测定了我国蜜蜂遗传资源形态特征指标 40 个，产蜜、产浆、产胶、产蜡、产粉、产毒性能及蜂王繁殖性能等指标 37 个，首次测定了熊蜂、壁蜂等其他蜜蜂遗传资源的形态特征，较全面地评估了蜜蜂各遗传资源的生产性能、授粉性、越冬性、越夏性、盗性、温驯性、迁徙性、分蜂性、抗病性等种质特性。

我国蜂地方遗传资源以产蜜型为主。中蜂、西蜂间生产性能差异较大，中蜂蜂群年蜂蜜产量在 15 kg 以上的品种占 44%，而西蜂年产蜜量普遍高于 35 kg。西蜂产蜜量显著高于中蜂，生产的蜂产品类型也更加丰富。特别是部分品种具有产浆力优势，如浙江浆蜂群年产王浆超过 16 kg，是世界上产浆能力最强的品种。

在第三次普查过程中，开发了畜禽遗传资源普查信息系统（https://zypc.nahs.org.cn/），实现了畜禽种质特性测定和登记的及时数字化和规范化。目前，已收集存储我国主要蜂的形态特征、生物学特性、生产性能等数据，形成了截至目前记录最完整、数据量最大的表型数据库，将蜂品种资源有效转换为数据资源，将显著推动我国蜂遗传资源的展示、宣传、科普及资源的保护与利用。

二、濒危状况得到准确评估

（一）濒危评估技术方法

目前主要有两种方法评估蜜蜂的濒危状况，可根据情况选择其中一种。随机留种方式下蜜蜂和熊蜂濒危等级划分方式见表 10–3–1。

第一种方法：根据 F_{100} 数值进行濒危等级评定。

第二种方法：根据蜂群的有效群体含量（N_e）进行濒危等级评定。

表 10–3–1　随机留种方式下蜜蜂和熊蜂濒危等级划分

指标	濒临灭绝	严重危险	危险	较低危险	安全
F_{100}	$F_{100} > 0.2$	$0.15 < F_{100} \leqslant 0.2$	$0.1 < F_{100} \leqslant 0.15$	$0.05 < F_{100} \leqslant 0.1$	$F_{100} \leqslant 0.05$
N_e	≤ 224	225~308	309~475	476~975	≥ 976

F_{100} 的计算公式：$F_{100} = 1 - \left(1 - \frac{1}{2N_e}\right)^t$

式中：N_e 指的是有效种群大小，t 指的是 100 年内该蜂种的世代数。蜜蜂、熊蜂一年一个世代。100 年是 100 代，所以式中 t 的值是 100。

N_e 的计算公式：$N_e = \frac{9rN_f}{4r+2}$

式中：N_f 指参加繁殖的蜂王数，r 指与其交尾雄蜂数。熊蜂蜂王只同 1 只雄蜂交尾（r=1）；蜜蜂蜂王同多只雄蜂交尾（r>6），所以分母中的 2 可以忽略。

（二）蜜蜂历史的濒危状况梳理

100 多年以来，中国引进了许多西蜂品种、品系，在饲养过程中，有的品种、品系被保存下来，并在生产或育种中发生着变化；有的品种、品系在生产中杂交，形成了一些西蜂地方品种，如东北黑蜂、新疆黑蜂、浙江浆蜂等。目前，中国蜂农饲养的西蜂多为杂交种，蜜蜂原种和纯种则保存饲养于有关的蜜蜂原种场、种蜂场和蜜蜂保护区内。据调查，至 21 世纪初，新疆黑蜂因被其他蜂种杂交而几乎灭绝。2002 年，农业部派专家会同新疆畜牧厅及有关地、县、乡的专业干部抢救新疆黑蜂，将搜集到的一批野生的和家养的新疆黑蜂转送到基因库保存，经提纯、扩繁后，已回供至新疆。20 世纪 80 年代，珲春黑蜂也曾处于濒危状态，后开展了抢救性保护工作，目前保存于国家级蜜蜂基因库（吉林）。

（三）当前蜜蜂濒危状况分析

根据第三次普查的面上数据，目前我国共有纯种蜂群 1 143 万个，其中地方品种约 1 005 万群、培育品种 2.7 万个、引入品种 13.3 万群、其他蜂资源 2.8 万群。结合实地调查、研讨论证等，项目组对我国蜂遗传资源濒危状况进行了评估。结果表明，我国蜜蜂遗传资源目前均处于安全状态。群体数量最少的品种珲春黑蜂也有 856 群蜂。按品种统计，没有未发现的地方品种，即自第二次调查以来没有蜂地方品种丢失。

第三节　珍贵蜂遗传资源实现应保尽保

我国十分重视蜜蜂资源保护工作，建立了国家和省分级保护，保种场、保护区基因库相结合，活体与遗传材料保存相补充的多元化保护体系。目前已建立国家级蜜蜂基因库 2 个、保护区 6 个、保种场 7 个；全国各省为保护蜜蜂遗传资源，建立了 42 家省级蜜蜂保种场和保护区，是我国蜜蜂遗传资源保护的第二梯队。86% 的蜜蜂地方品种得到了重点保护，保护规模和保护率居世界前列。

一、突出重点实行分级分类保护

我国蜂遗传资源数量多、分布广，实行分类分级保护。依据《畜牧法》规定，农业农村部和省级人民政府农业农村部门负责制定、调整和公布国家及省级畜禽遗传资源保护名录。

（一）国家级保护品种

根据重点突出和抢救“珍贵、稀有、濒危”等原则，2014 年我国公布确定的国家级畜禽遗传资源保护品种有 159 个。中蜂、东北黑蜂、新疆黑蜂列入其中，这些品种资源都是“国宝”，是保种的“第一方阵”。

（二）省级保护品种

省级保护品种是蜂资源保护的“第二梯队”，全国各省（区、市）也定期发布省级保护品种名录（表 10–3–2），对省内分布的蜂遗传资源应列尽列。一般国家级保护品种也会被同时列入原产地省级保护名录，实行“双重保护”，如新疆的新疆黑蜂具有双重身份。目前全国 16 个省（区、市）将蜂遗传资源列入了省级保护品种名录，对 7 个中蜂品种和 2 个西蜂地方品种进行了重点保护。保护品种覆盖率占地方品种总数的 64% 以上。分类分级保护措施为合理分配保种经费、实现应保尽保奠定了基础。

表 10–3–2　省级保护品种

保护级别	名称
省级保护品种	阿坝中蜂、北方中蜂、海南中蜂、滇南中蜂、云贵高原中蜂、华南中蜂、华中中蜂、新疆黑蜂、浙江浆蜂

二、多元化保护体系构筑安全屏障

我国畜禽遗传资源保护以活体保存为主、遗传材料保存为辅，实施国家级和省级两级管理，形成了原产地（保种场保护区）与异地基因库相结合、活体与遗传材料相补充的多元化保护体系。

（一）国家级保护体系

国家级保护体系按保护方式分为保种场、保护区和基因库。我国现建有国家畜禽遗传资源基因库

11个、保护区25个、保种场191个。其中，蜜蜂基因库2个、保护区6个、保种场7个。8个蜜蜂地方品种建设了国家级保种单位，所有蜜蜂保护品种在国家级基因库都有备份，形成双保险。部分国家级品种因存在跨省（区、市）分布或群体类型上有差异，同时建有2个及以上国家级保种场或保护区，如北方中蜂，实现了品种及其不同类型应保尽保。

按场地分布分为原产地和异地保护两种。已建立的7个国家级蜜蜂保种场和6个国家级蜜蜂保护区广泛分布于10个省（区、市），都是建在原产地。原产地保护是最提倡的方式，既有利于品种集中管理和观察测定，又能保留其对原产地环境的适应能力，对传承当地文化也起到了重要作用。

在异地建立基因库进行集中保存，是不断完善我国畜禽遗传资源保护体系的一项重要创新举措。2021年确定的2家国家级蜂遗传资源基因库（北京、吉林）是国家级蜂活体和遗传材料的保护主体，活体保存了5个蜜蜂地方品种和8个引入品种，冷冻精液保存15万μL，规模位居世界前列。国家蜜蜂基因库（吉林）分别于1984年和2002年抢救性保护了东北黑蜂和新疆黑蜂资源，经提纯复壮后连续数年坚持送原种回家乡，地方种群正逐渐扩大。基因库保种在保种方法创新、濒危资源抢救性保护、品种资源评估及创新利用中发挥着重要作用。与原产地保护相比，异地基因库保护方式更高效。国家级蜜蜂基因库、保护区、保种场名录见表10-3-3。

表10-3-3　国家级蜜蜂基因库、保护区、保种场

类型	编号	名称	建设单位
基因库	A1108	国家蜜蜂基因库（北京）	中国农业科学院蜜蜂研究所
	A2202	国家蜜蜂基因库（吉林）	吉林省养蜂科学研究所
保护区	B2230101	中蜂（长白山中蜂）国家保护区	吉林省蜜蜂遗传资源基因保护中心
	B2330201	东北黑蜂国家保护区	黑龙江饶河东北黑蜂国家级自然保护区管理局
	B3730101	中蜂（北方型）国家保护区	临沂市畜牧站（临沂市蜂业发展技术中心）
	B4230101	中蜂（华中中蜂）国家保护区	神农架林区农业农村局
	B4430101	中蜂（华南中蜂）国家保护区	蕉岭县畜牧兽医技术推广站
	B6530201	新疆黑蜂国家保护区	尼勒克县畜牧兽医发展中心
保种场	C2130101	国家中蜂保种场	辽宁春兴畜牧兽医服务中心
	C2330201	国家东北黑蜂保种场	饶河东北黑蜂产业（集团）有限公司
	C3630101	国家中蜂（华中中蜂）保种场	江西益精蜂业有限公司
	C5130101	国家中蜂（阿坝中蜂）保种场	马尔康市农业畜牧局
	C6130101	国家中蜂保种场	榆林市畜牧兽医服务中心
	C6530201	国家新疆黑蜂保种场	尼勒克县种蜂繁殖场
	C2230101	国家中蜂（长白山中蜂）保种场	吉林省养蜂科学研究所

数据来源：农业农村部公告第453号和第631号。

专栏

◆ 蜂彩千种资源，助力农业腾飞——国家蜜蜂基因库（北京）保种实践 ◆

国家蜜蜂基因库（北京）由中国农业科学院蜜蜂研究所承建，是2021年由农业农村部确定的国家级蜜蜂基因库。中国农业科学院蜜蜂研究所现有专业从事基因库保种工作的技术人员31名，其中研究员11名、副研究员10名、专职养蜂技工10名。

国家蜜蜂基因库（北京）的主要功能和任务是收集我国丰富的蜜蜂遗传资源，开展蜜蜂遗传多样性科学研究，建立蜜蜂种质资源数据库，挖掘我国蜜蜂遗传资源优异特性。国家蜜蜂基因库（北京）目前收集和保存了北方中蜂、华南中蜂、华中中蜂、云贵高原中蜂、长白山中蜂、海南中蜂、阿坝中蜂、滇南中蜂、西藏中蜂、西域黑蜂、西方蜜蜂主要蜂种和其他蜂遗传资源共3.8万份；活体保存意大利蜂、美国意大利蜂、澳大利亚意大利蜂、卡尼鄂拉蜂等4个引入品种120群；采集冷冻意大利蜂、美国意大利蜂、卡尼鄂拉蜂等精液60份。

国家蜜蜂基因库（北京）拥有先进的保种技术和设备，建立了生物样本库信息管理平台，掌握蜜蜂遗传资源种质特性挖掘、鉴定技术，形成了收集、挖掘、鉴定、保护、繁育、推广系列保种技术工作。在蜜蜂资源挖掘鉴定领域处于国内领先、世界先进水平。

国家蜜蜂基因库（北京）保种团队将以习近平新时代中国特色社会主义思想为指引，胸怀“国之大者”精神，牢记作为国家队的责任和使命，不懈努力，开拓进取，在我国蜜蜂遗传资源挖掘、鉴定、收集和保护方面做出应有的贡献。

专栏

◆ 蜂舞松江，花开神州——国家蜜蜂基因库（吉林）简介 ◆

国家蜜蜂基因库（吉林）于2008年由农业部批准建立，承建单位吉林养蜂科学研究所隶属于吉林畜牧业管理局，承担我国蜜蜂遗传资源收集、保护和濒危资源抢救、复壮等任务。

国家蜜蜂基因库（吉林）拥有优越的蜜蜂保育条件。现有专业技术人员40名，其中高级科研人员18名、专职养蜂技工11名。掌握蜜蜂原良种保存和繁育所必需的三位一体的必要技术手段，形成了保种、选育、制种、扩繁、推广等相互配套的原种保存和良种繁育体系。在蜜蜂资源保育领域处于国内领先地位，人工授精等关键技术处于国际先进水平。

国家蜜蜂基因库（吉林）是世界上保存蜜蜂遗传资源最丰富的机构。自1980年以来，持续开展蜜蜂资源收集、保护和评价工作，共建立8个资源保种场，活体保存新疆黑蜂、东北黑蜂、珲春黑蜂、浙江浆蜂、长白山中蜂黑系和长白山中蜂黄系等5个地方品种590群，还保存引入品种8个、培育品种6个；采集冷冻东北黑蜂、新疆黑蜂以及各地中蜂等精液近8万μL，其他品种蜜蜂精液近7万μL。

国家蜜蜂基因库（吉林）在濒危资源的抢救性保护中发挥着重要作用，分别于1984年和2002年抢救性保护了东北黑蜂和新疆黑蜂资源，经提纯复壮后连续数年坚持送原种回家乡，地方种群正逐渐扩大。

国家蜜蜂基因库（吉林）保种人将继续突出蜜蜂遗传资源保护基础性和公益性战略定位，继续加强蜜蜂保种工作力度，为我国珍稀蜜蜂遗传资源保护与应用做出积极贡献。

（二）省级保护体系

目前，全国建有省级蜂遗传资源保种场24个、保护区18个，保存蜂遗传资源12个，地方品种保护率达到86%。有的省份还实行“多点保护”，在品种原产地及周边主要分布区同时建有多个省级保种场或保护区，如广东省建有1个华南中蜂保种场和1个华南中蜂保护区。已建成的42个省级保种场、保护区广泛分布于16个省（区、市），全部为建立原产地（表10-3-4）。

表 10-3-4 省级蜜蜂基因库保种场和保护区

序号	省（区、市）	类型	保护单位名称	保护品种	依托单位
1	安徽	保种场	安徽皖南中蜂保种场	皖南中蜂	泾县永春养蜂专业合作社
2	安徽	保护区	安徽皖南中蜂保护区	皖南中蜂	歙县深渡镇中蜂养殖基地协会
3	安徽	保护区	安徽皖南中蜂保护区	皖南中蜂	宁国市动物卫生监督所
4	广东	保护区	广东中蜂（华南中蜂）保护区	华南中蜂	蕉岭县畜牧兽医技术推广站
5	广东	保种场	广东中蜂（华南中蜂）保种场	华南中蜂	广东桂岭蜂业科技股份公司
6	广东	保种场	广东中蜂（华南中蜂）保种场	华南中蜂	陆河县集祥蜂业专业合作社
7	贵州	保种场	贵州中华蜜蜂种质资源保护单位	云贵高原中蜂	贵州省畜牧兽医研究所
8	河南	保种场	北方中蜂保种场	北方中蜂	西峡德森蜂业有限公司
9	河南	保种场	北方中蜂保种场	北方中蜂	栾川县潭头镇隆祥种养殖专业合作社
10	河南	保护区	栾川县北方中蜂保护区	北方中蜂	栾川县人民政府
11	河南	保护区	辉县北方中蜂保护区	北方中蜂	辉县市农业农村局
12	湖北	保护区	华中中蜂保护区	华中中蜂	神农架林区农业农村局
13	湖南	保种场	湖南中蜂保种场	华中中蜂	龙山县畜牧水产事务中心
14	江苏	保种场	江苏省级中蜂（华中中蜂）保种场	华中中蜂	苏州元丰蜂种有限公司
15	江苏	保护区	江苏省级中蜂（华中中蜂）保护区	华中中蜂	宜兴市农业农村局
16	辽宁	保种场	中蜂保种场	中蜂	辽宁春兴畜牧兽医服务中心
17	山东	保种场	中华蜜蜂保种场	中蜂	临朐县沂山中华蜜蜂种蜂场
18	山东	保种场	中华蜜蜂保种场	中蜂	费县万蜂朝中华蜜蜂种蜂场

续表 10–3–4

序号	省（区、市）	类型	保护单位名称	保护品种	依托单位
19	山东	保种场	中华蜜蜂保种场	中蜂	山东三只蜜蜂蜂业有限公司
20	山东	保种场	中华蜜蜂保种场	中蜂	曲阜尼山中华蜜蜂生态园有限公司
21	山东	保种场	中华蜜蜂保种场	中蜂	青岛姜岐中华蜜蜂研究院
22	山东	保种场	中华蜜蜂保种场	中蜂	栖霞佳垚种蜂场
23	山东	保护区	中华蜜蜂保护区	中蜂	临朐县畜牧业发展中心
24	山东	保护区	中华蜜蜂保护区	中蜂	曲阜市畜牧兽医局
25	山东	保护区	中华蜜蜂保护区	中蜂	费县畜牧发展促进中心
26	山东	保护区	中华蜜蜂保护区	中蜂	蒙阴县畜牧发展促进中心
27	山西	保护区	陵川县北方中蜂保护区	北方中蜂	陵川县太行蜂业专业合作社联合社
28	山西	保护区	阳城县北方中蜂保护区	北方中蜂	山西获泽蜂业专业合作社联合社
29	陕西	保种场	北方中蜂保种场	北方中蜂	榆林市畜牧兽医服务中心
30	四川	保种场	四川华中中蜂保种场	华中中蜂	万源市太一蜂业有限公司
31	四川	保护区	四川北方中蜂保护区	北方中蜂	青川县农业农村局
32	四川	保护区	四川华中中蜂保护区	华中中蜂	万源市农业农村局
33	四川	保护区	四川阿坝中蜂保护区	阿坝中蜂	马尔康市农业畜牧局
34	四川	保护区	四川云贵高原中蜂保护区	云贵高原中蜂	古蔺县农业农村局
35	新疆	保种场	自治区级新疆黑蜂保种场	新疆黑蜂	尼勒克县种蜂繁育场
36	云南	保种场	云南省级中蜂遗传资源保种场	滇南中蜂	云南农科院蚕桑蜜蜂研究所
37	云南	保种场	云南省级云贵高原中蜂遗传资源保种场	云贵高原中蜂	曲靖市沾益区红联养蜂专业合作社
38	浙江	保种场	浙江中蜂保种场	中蜂	江山福赐德中蜂种蜂场
39	浙江	保种场	浙江浆蜂保种场	浙江浆蜂	杭州德兴蜂业有限公司
40	重庆	保种场	重庆中华蜜蜂梁平保种场	中蜂	重庆蜂博园蜂业有限公司
41	重庆	保种场	重庆中华蜜蜂南川保种场	中蜂	重庆珙桐林蜜蜂养殖专业合作社
42	重庆	保护区	重庆中华蜜蜂保护区	中蜂	重庆南川区畜牧兽医渔业中心

三、蜂遗传资源保护管理机制

蜜蜂遗传资源保护是一项长期性、公益性、社会性的事业，中国政府高度重视蜂遗传资源保护。

（一）将以政府为主导的保护机制上升为法律

《畜牧法》中明确规定，蜂参照畜牧业管理办法管理。同时《畜牧法》规定，国家建立畜禽遗传资源保护制度，开展资源调查、保护、鉴定、登记、监测和利用等工作，发布畜禽遗传资源状况报告，制定并落实畜禽遗传资源保护和利用规划，这就使蜂资源保护工作有法可依。《畜牧法》及其配套的《畜禽遗传资源保种场保护区和基因库管理办法》等的颁布实施规范了保种行为，明确了省级农业农村部门的管理责任、地方政府的属地责任和保种单位的主体责任。

（二）建立了行政管理体系和长期稳定的经费保障机制

农业农村部作为国家畜禽遗传资源行政管理部门，负责组织、协调全国畜禽遗传资源的保护及利用工作。农业农村部种业管理司主管全国蜂遗传资源保护和利用工作，各省（区、市）人民政府及新疆生产建设兵团等畜禽遗传资源管理的行政部门负责本行政区域内蜂遗传资源保护和利用工作。同时，我国蜂遗传资源保护资金以国家财政投入为主，形成了稳定的资源保护资金扶持体系，资金投入不断增加，国家财政资金扶持覆盖全部国家级保种场和基因库。各级地方人民政府也将遗传资源保护经费列入预算，确保了省级保种场、基因库的运行。

（三）各地畜牧站、养蜂站支撑落实

各地畜牧站和养蜂站协助行政管理部门负责本行政辖区内蜂资源保护和利用工作。全国 23 个省（区、市）和新疆生产建设兵团畜禽遗传资源管理事业单位均具备蜂管理职能，其中 6 个省单独设立了蜂资源管理事业单位。各地依托现有畜牧站、养蜂站等，分别建立起市县蜂遗传资源保护管理技术支撑单位，承接上级单位下达的保种任务，推动落实市县属地责任，指导保种单位落实主体责任，不断提高资源保护利用能力水平。

（四）畜禽遗传资源委员会提供技术支撑

1996 年成立的国家畜禽遗传资源管理委员会及其下设的各畜种专业管理委员会，是协助行政管理部门负责家畜禽遗传资源管理的专门机构。2007 年 5 月，根据《畜牧法》第十条和《畜禽新品种配套系审定和畜禽遗传资源鉴定办法》（农业部令第 65 号）第五条规定，农业部将“国家家畜禽遗传资源管理委员会”名称变更为“国家畜禽遗传资源委员会”，并设立猪、家禽、牛马驼、羊、蜜蜂和其他畜禽 6 个专业委员会。2022 年 12 月，农业农村部成立第四届国家畜禽遗传资源委员会，委员会下设蜂等 9 个专业委员会和 1 个顾问委员会。国家畜禽遗传资源委员会的成立，使我国畜禽遗传资源保护与利用工作进入新的发展阶段，为全国蜂遗传资源调查、保护与利用发挥重要决策咨询和技术支撑作用。农业农村部建立国家蜜蜂基因库，承担蜜蜂遗传资源的活体保护和遗传材料的冷冻保存。中国农业科学院蜜蜂研究所和吉林省养蜂科学研究所等科研、教学单位设有蜜蜂遗传资源研究机构，专门从事蜜蜂遗传资源的理论、技术研究，协助执行国家有关蜜蜂遗传资源收集、整理、保护和利用工作，并为政府制定有关蜜蜂遗传资源保护和利用政策提供帮助。

第四章

中国蜂遗传资源可持续高效利用

优质蜂遗传资源与优异性状的高效利用为蜜蜂种业持续创新奠定基础。随着蜂地方品种种群数量的不断增加，一系列优异经济性状培育品种的育成与推广应用使中国蜜蜂种源完全自主可控。蜂遗传资源高效利用不仅满足了人们对特色蜂产品和精神文化的需求，而且支撑起了全球蜂产品的供给，凸显了中国养蜂大国的地位。基于本品种持续选育和杂交利用，中国特色蜂产品和商业化授粉产业快速发展，推动蜂产业向产品生产与授粉应用相结合的模式转型。为满足产业需求，蜂遗传资源利用将在深度挖掘地方蜂种优异特性基础上，创新利用模式，以高效授粉和优质蜂产品生产为主要方向，继续书写中国蜜蜂种业振兴新篇章。

第一节　蜂遗传资源为国家种业振兴打下基础

蜂遗传资源是养蜂产业的“芯片”，是蜜蜂种业创新的源头。近十多年来随着蜂遗传资源开发利用步伐的加快，蜜蜂地方品种资源得到开发，饲养数量快速增长，目前蜂地方遗传资源的种群饲养量已超过全国养蜂总规模的 70%。而多个蜜蜂培育品种陆续培育成功并被示范推广，使其成为中国商品蜂产品生产主要依赖蜂种。在此基础上结合引入品种的本土化选育，中国蜜蜂种源无需再从国外引种，已实现完全自主可控。

一、中国蜜蜂种源已实现完全自主可控

（一）地方品种是中国蜂产业快速发展的保障

中国是世界第一养蜂大国，地方蜜蜂遗传资源的高效利用充分凸显中国养蜂资源大国地位。“十二五”时期以来，中国大力挖掘地方品种的资源优势，通过本品种利用和多元化应用使其数量快速增加。第三次普查结果显示，截至 2022 年年底，9 个中蜂和 5 个西蜂地方品种饲养数量占全国蜜蜂饲

养总量的70%以上，地方品种成为中国蜜蜂饲养总量逐年增长的主力军。

地方品种不断吸引年轻人投身养蜂业，为中国养蜂业发展添加新活力。随着以中蜂为主的地方品种利用程度越来越高，其在多元化应用中资源优势逐渐凸显，越来越多的年轻人开始从事特色蜂蜜产业开发和以蜜蜂为主题的乡村旅游，为中国养蜂业发展储备了大量青年人才。同时，中蜂养殖在乡村振兴中的成功应用也吸纳了大量农村闲置人口从事养蜂工作，使得养蜂产业在农村中拥有广泛的群众基础。

（二）培育品种是中国商品蜂产品生产的主要资源

针对中国养蜂产业发展需求，挖掘地方蜂遗传资源优异特性，引进国外优异良种，培育适合不同地域、不同生产品种的新品种是实现中国蜂种自主创新的有效方法。截至目前，中国已初步建成新品种选育技术体系，培育出多个具有自主知识产权的新品种（品系、配套系），在产蜜量、产浆量、群势发展速率、抗逆性等生产性能和生物学特性方面较引入蜂种具有明显优势。

培育品种的推广应用为商品蜂产品的生产奠定了基础。自中国自主培育的产蜜型、产浆型、蜜浆型、抗螨高产型新品种育成后，在30余个省（区、市）进行了大量推广应用，改良了中国现有蜂群血统，提高了蜂群的生产性能和抗逆性，已成为中国养蜂主产区商品蜂蜜、王浆、蜂胶等蜂产品生产所依赖的主要蜂遗传资源。

（三）引入品种是生产用种持续选育的基础

自20世纪从全球引入多个优良品种后，中国进行了大规模的持续推广应用，使西蜂饲养量始终维持在500万群以上的庞大规模，弥补了生产效率低的短板。中国将引入品种作为优异的育种素材，积极选育近交系，形成了中国本土化的引入品种，并运用当地蜂种与其进行杂交，在充分利用杂交优势的同时，为特定区域培育特色蜂种，满足了各地生产用种，形成了中国蜜蜂种业可持续发展模式。

截至目前，中国已有近30年未从国外引入其他品种，全国蜂群均能保持较高的生产性能，已实现了蜜蜂种源完全自主可控。

二、蜂遗传资源高效利用奠定蜜蜂种业持续创新基础

（一）中蜂的多地域高效利用

多地域高效利用为中蜂遗传资源持续创新奠定了坚实基础。中国不同地域的中蜂在最大群势、采集力、抗逆性等方面存在较大差异。在中蜂高效利用中，中国多个科研单位根据中蜂群落分布的山区地貌进行合理区划，针对中蜂易分蜂、群势小、生产性能低下、易感染囊状幼虫病等劣势进行持续选育，已取得阶段性成果。

（二）浆蜂的持续高效选育

浙江浆蜂的持续高效选育使蜂王浆产量不断突破新高。浙江浆蜂自培育成功后在浙江平湖、萧山、嘉兴、杭州、桐庐、绍兴、慈溪等地进行了持续的推广应用，使浙江浆蜂逐渐成为中国东南地区的主要生产用种。多地养蜂户针对产浆量进行了30余年的持续选育和推广应用，使浙江浆蜂的产浆量逐年上升。至2022年，浙江浆蜂的年产浆量超过16 kg，较2008年的5 kg提升2倍多。

（三）新蜂种的持续选育

引入品种和地方品种的共同利用加快了新蜂种的选育。自 20 世纪 70 年代起，中国以意大利蜂、卡尼鄂拉蜂、喀尔巴阡蜂等引入蜂种以及浙江浆蜂作为育种素材，先后培育了多种经济类型的新品种，如喀（阡）黑环系蜜蜂品系、松丹蜜蜂配套系、国蜂 213 配套系等产蜜型新品种，产蜜量提升 20%~70%；浙农大 1 号意大利蜂品系和国蜂 414 配套系等产浆型新品种，产浆量提升 60% 以上；松丹蜜蜂配套系和白山 5 号蜜蜂配套系等蜜浆型新蜂种，产蜜量提高 30% 以上，产浆量提高 20% 以上；抗逆高产新蜂种——中蜜一号蜜蜂，大蜂螨的寄生率显著下降而产蜜量提高了 59%。

（四）培育品种优异性状高效利用

培育品种提升了中国蜜蜂生产性能。中国培育品种在育成后经培育单位向蜂产品主要生产地区进行大量推广应用，蜜蜂的优异性状得以再次提升。如松丹蜜蜂配套系的推广应用使其繁殖力强、适应性广、采集力强的优异性状得以高效利用，进一步提升蜂群的生产力。中蜜一号蜜蜂配套系已在中国各地进行推广，并随着推广地区蜂群抗螨性能和产蜜性能的提升，为中国抗逆高产新蜂种的选育提供了丰富的育种素材。

第二节　蜂遗传资源利用满足人民对美好生活的向往

蜜蜂与人类生活密切相关，蜂遗传资源让人们的生活更加美好。中国地方蜂种由于独特的生产方式和对分布地特色蜜粉源的高效采集，为人民提供了营养价值和药用价值丰富的蜂蜜、蜂王浆等产品，满足了人们对特色蜂产品的需求。随着文化旅游产业的发展，地方蜂遗传资源已成为当地独特历史文化、民族风情的融合载体，通过蜂元素的文化、娱乐、休闲和康养等特色旅游产业开发，满足了人们对精神文化的需求。此外，中国培育品种、引入品种和地方品种经良种推广后进一步提高蜂群生产能力，在支撑全球蜂产品的有效供给和奠定中国养蜂第一大国的地位中发挥着重要作用。

一、满足了人们对特色蜂产品的消费需求

蜂产品是中国传统的健康食品，人们熟知的蜂蜜、蜂王浆、蜂花粉、蜂胶都是纯天然、安全可靠的药食同源产品，是具备丰富营养价值的保健医疗食品。蜂蜜不仅能够消除疲劳，恢复体力，而且可以补肾脾、润肠、润肺，对促进外伤愈合和美容养颜也有一定作用。蜂王浆具有抗氧化、抑菌、保护肝肾、促进细胞增长、提高机体免疫力的作用。蜂花粉具有免疫调节、抗氧化、改善消化系统、保护前列腺、增强体力的作用。蜂胶具有抗菌消炎、调节免疫、抗氧化、加速组织愈合的作用，在高脂血症和糖尿病的辅助治疗中应用较多。蜂蜡具有抗菌消炎、解毒止痛、美容养颜的作用，而且还是中药丸的天然密封剂。蜂毒具有抗菌、消炎、降血压、镇痛的作用，与针灸医术相结合发展而成的蜂针疗法，应用于治疗风湿、类风湿性关节炎、骨关节病、腰椎颈椎病等多种疾病。以中蜂、浙江浆蜂、东北黑蜂、新疆黑蜂等地方品种生产的蜂产品品质好，且极具地方特色，是国内蜂产品市场的主力军，充分满足了人们对特色蜂产品的美好需求，很大程度上提高了人们的健康水平。

专栏

◆营养价值和药用价值俱佳的特色蜂蜜——中蜂蜜◆

中蜂蜜是中蜂采集各地特色蜜粉源后所酿造的优质蜂蜜。中蜂蜜口味独特，富含有机酸、蛋白质、维生素、酶和生物活性物质等多种营养成分，由于酿造周期长、产量偏少，是真正的“蜜中精品”。另外，中蜂适应性广、善于利用零星蜜粉源，是益母草、党参、黄芪、黄连等多种中草药花蜜的采集者。中蜂蜜具有润肠、润肺、解毒、养颜、增强人体免疫力，调理内分泌等功效。《神农本草经》中记载中蜂蜜“主心肺邪气，能安五脏，主不足，补中益气，止痛解毒，和百药”。《本草纲目》也通过“蜂蜜，入药之功有五：清热也，补中也，润燥也，解毒也，止痛也”的记载对中蜂蜜的药理作用进行阐释。良好的营养价值和药用价值使中蜂蜜成为“蜜中珍品”，也是人民群众信赖的优质蜂蜜。

二、满足了人民精神文化的需求

中国有着悠久的养蜂历史，不仅拥有丰富的养蜂自然资源，而且形成了精彩纷呈的蜜蜂文化。近年来，随着人们对精神文化的需求，养蜂产业也从第一产业延伸至第二产业而后向第三产业继续延伸，中国多地将地方蜂种作为传播当地文化的亮眼名片，建立了极具特色的蜜蜂小镇、蜜蜂酒店、蜜蜂博物馆和蜜蜂文化产业园，举办具有地域特色的蜜蜂文化节，将“蜂”打造成为最有影响力的网红，增加当地旅游产业的吸引力。黑龙江虎林和新疆尼勒克分别利用东北黑蜂和新疆黑蜂作为亮眼名片吸引全国游客进行探秘之旅；山西晋城沁水县龙港镇柿元村、重庆石柱中益乡、湖北鹤峰县、云南禄丰县一平浪镇、陕西陇县、宁夏六盘山隆德县凤岭乡齐岔村、浙江衢州市开化县、北京白龙潭风景区则主要利用中蜂资源，发掘蜂产业与当地乡村旅游的结合点，通过观察蜜蜂、品尝蜂产品、DIY 手工制作、体验蜂疗、蜜蜂科普展等一系列活动，打造蜂产品、蜂文化、蜂休闲等特色旅游，满足了人民对娱乐、休闲、文化和康养方面的需求。

专栏

◆5·20 世界蜜蜂日◆

2017 年 12 月 20 日，联合国大会将 5 月 20 日定为“世界蜜蜂日”，期望全世界通过教育和活动，提高对蜜蜂和其他授粉昆虫重要性的认识，认识到这些昆虫所面临的威胁及其对粮食安全和可持续发展的重要贡献。中国是首个举办“世界蜜蜂日”活动的国家。2017 年，中国在全国范围内举办了首届“5·20 世界蜜蜂日”主题活动，在各级政府、中国养蜂学会、科研院校、蜂产品企业等联合承办下，全国各蜜蜂博物馆、蜜蜂文化园同时响应并开展活动，共设立 26 个分会场。随后每年 5 月 20 日，中国各地均通过各种方式举办“世界蜜蜂日”纪念活动，至 2023 年已成功举办 7 届。在每年“世界蜜蜂日”活动当天，中国近百个分会场围绕当地蜂资源特色和产业发展特点，吸引万余名参观者走进蜜蜂的世界，通过科普教育活动普及蜜蜂知识、传播蜜蜂文化以及推广蜂产品健康知识，呼吁公众保护蜜蜂遗传资源，关注蜜蜂正面临的威胁及其对农业授粉增产的贡献。

三、支撑了全球蜂产品的有效供给

我国是世界第一大蜂产品生产国和出口国，所生产的蜂产品有力地支撑了全球的有效供给。2022 年中国蜂蜜产量达 42 万吨，出口总量 14.4 万吨，占全球蜂蜜产量的 26%，位居世界第一。中国蜂王浆出口 620.20 吨，占全球蜂王浆贸易量的 90% 以上。此外，中国蜂花粉出口 2 627.65 吨，蜂蜡出口 8 990.42 吨，蜂胶类、蜂蛹类、花粉提取物及其他蜂产品制品出口 321.51 吨。以上蜂产品主要是由良种推广单位向养蜂主产区推广培育品种、引入品种和地方品种，改良中国现有生产蜂群血统，提高蜂群群势和生产力后生产所得。每年经国家蜜蜂基因库（吉林）向全国 31 个省（区、市）推广松丹蜜蜂配套系、喀阡黑环系蜜蜂配套系、浙江浆蜂、意大利蜂、卡尼鄂拉蜂、喀尔巴阡蜂等良种优质蜂王 6 000~8 000 只，改良蜂群血统 60 万~80 万群。其中，意大利蜂和卡尼鄂拉蜂是主要推广的产蜜型蜂种，其杂交群占全国产蜜蜂群总规模的 70%~80%。浙江浆蜂是主要推广的产浆型蜂种，其纯种及杂交群占全国蜂王浆生产蜂群规模的 90% 以上。

第三节　蜂遗传资源可持续利用进一步发展

围绕现有蜜蜂遗传资源特性，中国蜂遗传资源开发利用呈现出可持续的特征。中蜂和西蜂地方品种的持续选育推动了中国特色蜂产品产业化发展，熊蜂的长期驯化和人工繁育推动了中国设施作物授粉产业发展。西蜂杂交利用不仅实现了蜂产品商业化生产，而且推动蜂产业向产品生产与授粉应用相结合的模式转型。为保证蜂遗传资源可持续利用，中国将进一步挖掘地方蜂遗传资源特性，选育适合为作物高效授粉和生产高质量蜂产品的新品种，进而实现中国蜜蜂种业科技自立自强，推动我国蜜蜂种业的健康发展。

一、蜂遗传资源的可持续利用方式

（一）蜂遗传资源的选育改良及产业化开发利用

1. 中蜂直接利用造就冬蜜特色产业

冬蜜主要是指蜜蜂采集冬季野坝子、枇杷、野桂花、鸭脚木等蜜源植物后酿造而成的优质蜂蜜，是中国独有的特色蜂蜜。冬蜜生产期气温多维持在 10℃左右，低于西蜂出巢采集温度，但高于中蜂的出巢采集温度，因此抗寒能力强的中蜂成为中国冬蜜生产的主要蜂种。经过蜂农对高采集力和高抗寒性中蜂群的不断筛选，中蜂生产的冬蜜产量逐年增加，总产量占当地蜂蜜总产量的 1/3。而且由于冬蜜味道独特，售价较高，已成为中国中南部地区养蜂生产的支柱产业。

2. 西蜂地方品种选育推动甜蜜经济带建设

西蜂地方品种善于利用所在地特色蜜粉源，生产力强、适应性广，是特色蜂产品产业发展的新动力。近年来，西蜂地方品种保护和利用程度不断加强，如东北黑蜂、新疆黑蜂已经具备一定程度的饲养规模，而且随着多年持续选育，西蜂地方品种优异种质特性和经济优势将逐渐显现出来。黑龙江、新疆等地依托东北黑蜂、新疆黑蜂分别建立特色黑蜂蜂蜜生产基地，整合现有品牌，协同各方共同发力，各方优势互补，辐射周边县市，形成了特色的甜蜜经济带建设，进一步拓展“一带一路”沿线国际化市场，提升中国在国际蜂产品市场的影响力。

专栏

东北黑蜂持续选育推动北纬 45° 甜蜜经济带

东北黑蜂作为中国西蜂的一个地方品种，中心产区是黑龙江饶河县，主要分布在饶河、虎林、宝清等地。自 1980 年起，东北黑蜂保护区内养蜂户自发进行东北黑蜂饲养群的提纯和选育，筛选出群势壮、采集力极强的东北黑蜂核心群，使其具有惊人的采集力，曾创造椴树一季蜜源单产量超 250 kg/ 群，日产蜜量最高单群突破 12 kg。毛水苏一季蜜源单产超 500 kg/ 群的记录，成为“中华之最”。东北黑蜂不仅采集力强，在利用当地特色蜜粉源后还能酿造出特色蜂产品。1993 年在第 33 届国际养蜂大会暨国际蜂产品博览会上，饶河县东北黑蜂原种场生产的椴树蜜荣获金奖。近年来，除“饶河东北黑蜂系列产品”实施地理标志产品保护外，当地创新发展“虎林椴树蜜”“虎琳”“健之源”“雪蜜”等知名蜂产品品牌。2020 年，黑龙江根据东北黑蜂品种特性、特色饲养方式和当地椴树蜜源特点开展蜂产业品牌战略行动，推动蜂业产业链全程数字化管理，实现蜂产品质量全程可追溯，提出了“打造北纬 45° 成熟椴树蜜黄金产业带”的发展目标。

3. 熊蜂驯化推动设施作物授粉产业

本土熊蜂驯化与授粉技术推广应用为设施作物提质增效提供了保障。中国是熊蜂遗传资源最丰富的地区之一，自 2010 年以来，中国积极开展本土熊蜂遗传资源调查和人工驯化，筛选出红光熊蜂、密林熊蜂、兰州熊蜂、小峰熊蜂等可人工繁育的熊蜂，并打破滞育周期，实现了工厂化繁育。为提高授粉效果，中国在不断推广熊蜂为设施作物授粉进程中突破了熊蜂为设施果蔬作物授粉的关键技术，完成了“本土熊蜂驯化—繁育—授粉应用”的利用技术体系，打破了国外授粉熊蜂贵且供应不足的难题，推动了中国设施作物蜂授粉产业的快速发展。

（二）杂交利用支撑了中国蜂产业转型发展

1. 西蜂杂交实现蜂产品的商品化生产

不同西蜂品种之间的杂交为多元化蜂产品的高效生产提供了种源保障。西蜂由于其生产力强、群势壮等性能特征，是中国大宗蜂产品生产的主要蜂种。不同的西蜂在产蜜量、产浆量、抗逆性等方面存在较大差异，各地区蜂农为提高商品化生产效率，多利用产蜜型培育品种意大利蜂、卡尼鄂拉蜂、东北黑蜂、新疆黑蜂与生产群杂交后提高产蜜量；利用产浆性培育品种、浙江浆蜂与生产群杂交后提高产浆量；利用高加索蜂与生产群杂交后提高产胶量。以上西蜂的杂交利用保障了蜂蜜、蜂花粉、蜂王浆、蜂胶及其他蜂产品的高效生产，是中国蜂产品走出国门的保障。

2. 西蜂杂交推动蜂产业转型

西蜂杂交优势的利用加快了中国养蜂业从单一蜂产品生产模式向蜂产品生产与授粉相结合的模式的转变。长期以来中国养蜂生产模式单一，主要以生产蜂产品作为收入来源，由于蜂产品产量受气候、环境等多种因素的影响，产量不稳定，属于“靠天吃饭”的行业，极大影响蜂农们扩大生产的积极性。随着大田作物集中化种植模式推广，蜜蜂为作物授粉成为蜂农增收的又一有效途径。西蜂杂交群，尤其是意大利蜂和卡尼鄂拉蜂杂交群具有蜂王产卵力强、易维持强群、群势增长快等优势，是苹果、梨、桃、向日葵、西甜瓜、李、蓝莓、油菜等集中连片种植的大田作物授粉的主要蜂种，不仅显著提高农作物座果率、增加产量，提升果实品质，而且还能从种植户获得可观的授粉收益，推动了中国从单一产品生产向“产品 + 授粉”相结合的产业转型。

专栏

◆ 蜜蜂授粉让蜂农不再靠天吃饭 ◆

吉林是中国椴树蜜的主要生产基地，当地蜂农主要依靠椴树蜜生产获得收益。椴树流蜜存在明显的“大小年”之分。在椴树流蜜“大年”，蜂群可采集到大量椴树蜜，蜂农收益得以保障；但在流蜜“小年”，蜂群不仅采集不到足够的花蜜，甚至还需要额外饲喂进行繁殖。2022 年，在农业农村部蜂业质量提升行动蜂授粉技术推广与市场培育项目帮助下，吉林推广适合为集中连片种植作物授粉的西蜂杂交群，为大田蓝莓和西甜瓜进行授粉，取得了较好的效果。蜂农通过组织授粉群为作物授粉，不仅可以采集到大量的蓝莓蜜或瓜蜜，减少繁蜂所需的饲料投入，而且还能收获高于当地越冬饲料成本的授粉收益。通过“产品 + 授粉”相结合的生产模式转变，蜂农综合收益得到提升，而且不再为椴树流蜜“小年”无收益而发愁。

二、蜂遗传资源发展方向

未来随着生活质量的不断提高，人们对蜂产业的需求将不仅仅局限于丰富的蜂产品，而在为农作物高效授粉方面寄予更大的期望。中国蜂遗传资源未来的方向仍需以农作物高效授粉和优质蜂产品生产的产业需求为导向，大力挖掘地方蜂种优异特性，并耦合常规育种技术与前沿育种技术，创建良种蜜蜂选育技术体系，以蜜蜂高产且抗螨、抗病、抗逆性强和授粉效率高为育种目标，培育一批满足市场需求、性状优良、特色突出、具有自主知识产权的蜜蜂新品种（品系、配套系），不断提升中国蜜蜂种业竞争力。

（一）挖掘种质特性为地方品种开发利用奠定基础

针对不同地方蜂种遗传特性进行种质资源挖掘和创新应用。生产中应从国家和省级蜜蜂遗传资源保护单位保存的地方蜂种中筛选高繁殖力和适应性强的育种素材，应用多组学分析和表型测定结果明确地方蜂种优势性状及形成机制，精准推动地方品种培优和优异性状的遗传改良。

（二）高效授粉新蜂种培育方向

根据农作物授粉种植特性，培育具有维持强群能力强、蜂王产卵能力强、对设施棚室环境适应能力强、采集力强的新蜂种，以满足大田作物对群势强、授粉能力突出授粉蜂群和设施作物对耐高温、耐高湿或者耐低温授粉蜂群的需求，推动养蜂向为农作物授粉方向转变，促进蜂授粉产业快速发展。

（三）优质蜂产品生产新蜂种培育方向

1. 抗逆高产新蜂种培育

以抗逆、抗螨、蜂蜜高产、蜂胶高产蜂种为育种素材分别选育抗螨、抗病、抗逆且同时高产的新品种，减少蜂病防治药物使用，提高饲养效率，生产高质量的蜂蜜、蜂胶、蜂蜡、蜂花粉，提高中国蜂产品在国际市场上的竞争力。

2. 优良泌浆型新蜂种培育

继续开展浙江浆蜂的持续选育，在维持高水平泌浆能力的同时，不断提高王浆中 10-HDA 等营养物质含量，提升蜂王浆品质，进一步扩大中国蜂王浆在世界上的影响力。

分报告十一

中国蚕遗传资源状况

家蚕

白色茧

黄色茧

红色茧

绿色茧

家蚕

柞蚕－鲁红

柞蚕－9906

柞蚕－8822

柞蚕－胶蓝

第一章

中国是蚕遗传资源最丰富的国家

蚕遗传资源是蚕业科技创新的物质基础，也是促进产业进步的重要力量。中国是家蚕（*Bombyx mori*）和柞蚕（*Antheraea pernyi*）的驯化起源地，已有超过 5 000 年的养蚕制丝历史；拥有全世界最丰富的蚕遗传资源，包括国家级地方品种 150 个、培育品种 109 个、引入品种 48 个，还有其他 7 种 1 526 份（未包括家蚕基因突变品系）育种素材，覆盖 23 个省（区、市）。中国的蚕遗传资源生产性能高效，蚕资源的多元化应用方兴未艾。新中国成立以来培育新蚕品种 109 个（未包括省级审定的蚕品种），实现 100% 种源自主可控，还大量出口一代杂交种；家蚕茧产量和生丝产量分别占世界总额的 70% 以上和 80% 以上，柞蚕茧产量占世界总产量的 90% 以上。丰富的蚕遗传资源是支撑我国稳居世界蚕业中心和茧丝绸主产国地位的重要物质基础。

第一节　中国是家蚕和柞蚕的起源地

中国是家蚕和柞蚕的种质起源地和驯化地，中国的蚕业史超过 5 000 年。悠久的历史和辉煌的成就早已镌刻在各种民间神话、历史文物和历朝文献史书中，21 世纪的分子生物学研究再次证实了家蚕和柞蚕是在中国完成驯化后再传播到世界各地的。

一、中国是家蚕和柞蚕的起源地和驯化地

（一）家蚕的起源与驯化

家蚕是以桑叶为食物的泌丝昆虫，又称桑蚕，在分类学上属于节肢动物门昆虫纲鳞翅目蚕蛾科蚕蛾属家蚕种，是迄今为止唯一被人类完全驯化的昆虫。

中国在上古时代就有蚕的传说，可考的蚕业历史已超过 5 000 年。自 1898 年日本学者佐佐木忠次郎基于形态和生活史的相似性最早提出野桑蚕（*Bombyx mandarina*）是家蚕远祖的观点以来，家蚕起

源与进化研究历经一个多世纪，科研人员从历史文献学、考古学、生理生化学、分子生物学等方面进行了广泛的探索，家蚕起源于中国野桑蚕的观点已成为学界共识。

基于家蚕遗传资源和祖先种野桑蚕资源的基因组学大数据研究，不仅为家蚕从中国野桑蚕驯化而来提供了强有力的生物学证据，而且证实家蚕的驯化起源地为黄河中下游地区唯一的，也是世界唯一的起源地。经驯化的家蚕约在公元前1200年传播至朝鲜，然后传至东南亚国家，之后又通过丝绸之路传到中亚和欧洲。由于世界各地地理气候和人文社会环境不同，经过长期的自然选择和人工定向选育，逐渐形成了不同的地理系统和生态类型。近现代家蚕遗传资源被划分为中国系统、日本系统、热带系统和西亚欧洲系统等类型。

（二）柞蚕的起源与驯化

柞蚕是以柞叶为饲料的泌丝昆虫，在分类学上属于节肢动物门昆虫纲鳞翅目大蚕蛾科柞蚕属柞蚕种。

柞蚕起源于中国。20世纪70年代在山东省临朐县山旺镇的纸片状硅藻土页岩中，发现了大批的栎类化石以及鳞翅目昆虫中类似柞蚕蛾的化石，距今有1 800万年。

关于柞蚕最早的文献记载是西晋崔豹编撰的《古今注》，记录了公元前40年山东半岛烟台牟平一带野生柞蚕大量结茧，人们将其采回制作丝绵的历史。从汉朝到明朝前期，《三国志·吴大帝本纪》《江宁府志》《宋书·符瑞志》等文献中关于柞蚕成茧的记载有50余处。至1744年，中国历史上已知的第一部柞蚕饲养技术专著《养山蚕成法》问世，历时1 700余年，已将完全野生的柞蚕驯化为可以人工控制饲养的半野生经济昆虫，并逐渐形成3个柞蚕传播中心——山东、河南和辽宁。21世纪以来，朱绪伟等从分子水平证实了柞蚕起源于中国野生柞蚕。

二、中国是蚕遗传资源和养蚕业的传播中心

中国在很长一段时间内是唯一的养蚕缫丝国家，因此古代中国及中国人也被称为“赛里斯国”（Sinae）和“赛里斯人”（Seres），意为丝国、丝国人。但随着各国人民交往的增多，尤其是丝绸之路的开通，我国的蚕遗传资源和养蚕技术也传播到世界各地。

（一）向东方传播

《汉书·地理志》记载：“殷道衰，箕子去之朝鲜，教其民以礼义、田、蚕、织、作”，表明公元前1 200多年我国的蚕种和养蚕技术就传到了朝鲜。公元前3世纪至公元前2世纪，《通典》记载“辰韩，耆老自言秦之亡人，避苦役，适韩国，马韩割东界地与之……知蚕桑，作缣布”。至公元元年前后，朝鲜的各部落都能生产丝绸，随之从朝鲜传入日本（《日本蚕丝概论》）。也有记载在秦代时，丝绸从中国沿海各地传入日本（《三代实录》《山梨县蚕业的沿革》）。

（二）向南方传播

印度、越南、缅甸、泰国等都有很长的养蚕历史，有的也有自身独特的传统和体系，但无一例外均是从古代中国引进的蚕资源和养蚕技术，其引进历史记载于《拾遗记》《齐民要术》《滇载记》《真腊风土记》等著作中。

（三）向西方传播

随着公元前2世纪丝绸之路的开拓，中国与中亚细亚、波斯（今伊朗）等地通商，中国丝绸从波斯转卖到叙利亚、埃及等国，直至古罗马。由于丝绸的华丽和昂贵，成为当时西方世界备受推崇的奢侈品，西方各国纷纷希望自己国家也能习得养蚕和制丝的方法，于是派僧侣或传教士到中国学艺。5—6世纪时，中国养蚕制丝技术传至波斯；7世纪时，传到阿拉伯和埃及，之后传遍地中海沿岸国家。13世纪时传至亚平宁半岛，1495年查理八世从波斯携带蚕种等至法国发展蚕业。

第二节　中国蚕遗传资源丰富多彩

中国是家蚕和柞蚕的起源地，拥有世界上类型最全、数量最多的蚕遗传资源，这些蚕遗传资源是我国蚕业科技创新的重要物质基础，保障了我国蚕业的可持续发展，继续占据世界引领地位。

一、中国拥有世界上最丰富的蚕遗传资源

（一）中国是世界上家蚕遗传资源最丰富的国家

中国是家蚕的起源地，在长期的自然变异和人工选择过程中形成了极其丰富的家蚕地方品种，并一直在生产上使用，直到20世纪30年代全国大量推广普及一代杂交种。但业界始终坚持收集、保存相当数量的地方品种，组成我国当代家蚕遗传资源库。同时，引入日本、欧洲品系，不断扩充我国家蚕遗传资源的类型和数量。

1987年出版的《中国家蚕品种志》收录了当时全国26家单位保存的家蚕遗传资源510份，包括生产用品种139份、鉴定合格品种10份、地方品种199份、特殊经济性状品种70份、遗传材料36份、引入品种56份。这些遗传资源为我国近现代的家蚕品种改良和蚕丝业进步做出了重大贡献。

2021年第三次普查，23个省（区、市）41家单位填报家蚕遗传资源1 490份，包括地方资源338份、培育资源1 077份、引入资源75份。数量众多的家蚕基因突变品系未纳入本次普查范畴。这些家蚕遗传资源涉及各种地理系统、化性、眠性类型，以及各种卵、幼虫、蛹（茧）、成虫的变异类型，高产、优质、抗性、限性、雄蚕和广食性品种等，无论是数量或是类型，均居世界首位。

（二）中国是世界上柞蚕遗传资源最丰富的国家

中国是世界上柞蚕遗传资源最为丰富的国家，保存的遗传资源占世界总量的90%以上。根据第三次普查数据，目前我国各柞蚕产区保存着一化和二化2种化性，地方品种、培育品种和引入品种3个类型，青黄蚕血统、黄蚕血统、蓝蚕血统和白蚕血统4大血统，普通实用型、早熟型、多丝型、抗病型、异色茧型、高饲料效率型、大型茧丝蛹兼用型和特殊遗传资源8种经济类型，共计162份遗传资源。部分品种具有优异的生产实用性能，一直在生产中发挥着重要作用。此外，在河南、云南、台湾等天然柞林中还栖息着柞蚕野生种群。

（三）中国还保存着类型众多的其他蚕遗传资源

中国还保存着其他蚕遗传资源。第三次普查结果显示，我国有蓖麻蚕资源 41 份、野桑蚕资源 35 份、天蚕资源 3 份、栗蚕资源 1 份、琥珀蚕资源 1 份。这些野蚕资源都是活体保存的。野外还存在数量不等的野桑蚕、野柞蚕、柳蚕、樟蚕、樗蚕等遗传资源。

二、中国蚕遗传资源分布广泛

第三次畜禽遗传资源普查结果显示，我国蚕遗传资源主要保存于 23 个省的 47 家相关科研、教学和生产单位，全国仅有北京、天津、上海、福建、西藏、甘肃、青海、宁夏、香港、澳门、台湾等省（区、市）及新疆生产建设兵团无蚕遗传资源保存登记（表 11–1–1），但不排除这些省份存在野生蚕资源。中国蚕遗传资源的主要分布区域也是养蚕业的主产区，而且遗传资源的丰富度与产业的兴衰高度相关，彰显了蚕遗传资源对蚕业的重要支撑作用。

表 11–1–1　全国蚕遗传资源普查及测定情况表（2021 年）

份

序号	省份	国家测定资源	省级测定资源	系统登记	说明
1	河北	0	0	3	—
2	山西	0	0	58	—
3	内蒙古	6	13	19	柞蚕，1 家测定单位
4	辽宁	38	25	63	含柞蚕 37 个、栗蚕 1 个，1 家测定单位
5	吉林	5	26	31	含柞蚕 4 个、天蚕 1 个，1 家测定单位
6	黑龙江	2	5	12	柞蚕，1 家测定单位
7	江苏	228	125	354	含蓖麻蚕，分布于 6 家单位
8	浙江	30	101	131	家蚕，分布于 3 家单位
9	安徽	6	98	104	家蚕，分布于 1 家测定单位
10	江西	0	0	17	—
11	山东	7	—	53	家蚕，分布于 2 家测定单位
12	河南	20	15	88	含柞蚕 19 个、天蚕 1 个，1 家测定单位
13	湖北	1	13	35	家蚕，分布于 1 家测定单位
14	湖南	15	80	95	含天蚕，分布于 2 家单位
15	广东	17	32	49	家蚕，分布于 3 家测定单位
16	广西	8	34	64	含蓖麻蚕、瑶蚕，分布于 2 家单位
17	海南	0	0	2	—
18	重庆	8	55	147	家蚕，分布于 2 家单位
19	四川	33	191	246	含柞蚕 8 个，分布于 8 家单位

续表 11-1-1

序号	省份	国家测定资源	省级测定资源	系统登记	说明
20	贵州	6	12	18	含柞蚕 6 个，1 家测定单位
21	云南	1	—	37	含琥珀蚕，分布于 1 家测定单位
22	陕西	5	131	138	含野桑蚕，分布于 4 家单位
23	新疆	0	0	8	—
合计		436	956	1 724*	

注：（1）无蚕资源的省（区、市）包括北京、天津、上海、福建、西藏、甘肃、青海、宁夏、新疆生产建设兵团及港澳台地区；（2）省级测定数字根据专家提供数据汇总，包含异地重复保存；（3）“—”表示未测定；（4）1 724* 为成功填入系统的蚕资源总数，省区之间有部分重复资源；（5）家蚕基因突变品系未收录。

第三节　中国蚕遗传资源种质特色鲜明

第三次普查统计数据显示，目前中国保存的蚕遗传资源有 7 种 2 000 多份，覆盖家蚕的 4 大地理系统、3 种化性、2 种眠性，柞蚕的 4 大血统、2 种化性、8 种经济类型，以及部分其他蚕遗传资源（蓖麻蚕、野桑蚕、天蚕、琥珀蚕、栗蚕等）。资源类型丰富，遗传特征明显，应用潜力大。

一、丰富的遗传资源满足了不同蚕区的需求

我国幅员辽阔，气候类型复杂多样，按照气温可划分为寒温带、中温带、暖温带、亚热带、热带。中国的 5 大蚕区（北方蚕区、黄淮河流域蚕区、长江流域蚕区、南方中部山地蚕区、华南平原丘陵蚕区）和 17 个亚区横跨了 5 个气温带，演化出与地理环境相适应的丰富蚕遗传资源，满足了蚕业生产的需求。其中北方蚕区是我国的柞蚕主产区，以放养二化柞蚕资源为主。黄淮河流域、长江流域及南方中部山地蚕区主要是家蚕产区，家蚕资源以二化和一化为主，以高产、优质著称，是我国主要的优质茧基地；同时有少量的一化柞蚕放养区。华南平原丘陵蚕区的蚕资源有二化家蚕与多化家蚕，强健、耐高温多湿是该地区蚕资源的最主要特性。

二、高效的生产性能支撑了我国蚕业中心地位

（一）生长性能与产丝性能高

蚕是完全变态昆虫，仅在幼虫期取食饲料供给生长和发育所需，在幼虫期具有惊人的生长速度。以家蚕为例，从蚁蚕到壮蚕体重约增加 10 000 倍，体积约增加 6 000 倍。每一头家蚕也是高效的丝蛋白合成工厂，在短短的 20 天左右，食下 20 g 左右的桑叶后，能吐出的蚕丝最长的超过了 1 500 m，可绕标准操场 3~4 圈。蚕的一生历程见图 11-1-1。

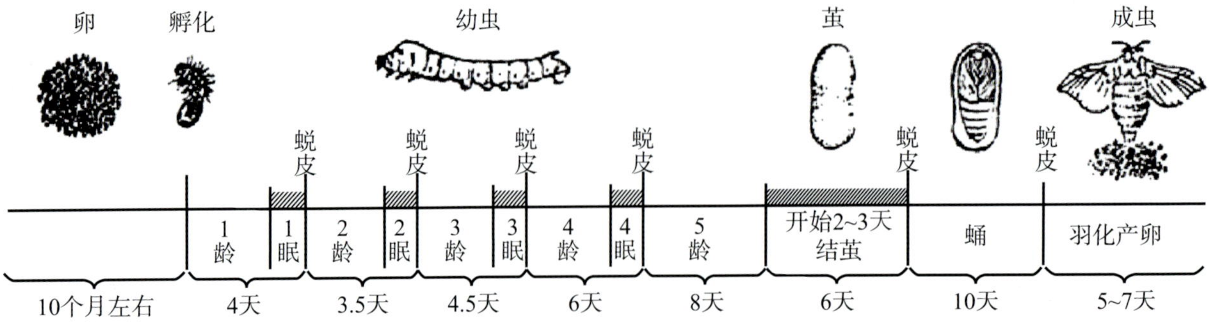

图 11-1-1 蚕的一生历程

柞蚕的一生比家蚕时间长，幼虫取食的时间约 50 天，从蚁蚕到壮蚕的体重增加 2 500~3 000 倍；其蚕丝长度可超 1 500 m。

蓖麻蚕属无滞育多化性品种，根据饲料及饲养季节不同，幼虫期的取食时间从 15 天到 25 天不等，其体重和体积的变化也达数千倍，但其叶丝转化效率低于家蚕和柞蚕，每头蚕吐丝 400 m 左右。

（二）繁殖性能强

蚕的繁育性能是蚕种生产企业最重要的考量指标。一个雄蛾能多次交配，且能冷藏 3~5 天不受影响；家蚕单蛾产卵数 300~600 粒，多产卵突变品种甚至高达 800 粒；柞蚕单蛾产卵数一般为 280~360 粒。

三、蚕遗传资源的多元化应用方兴未艾

（一）产丝

蚕丝自古以来就是高档的纺织原料，被誉为“纤维皇后”，是天然纤维中唯一的长纤维，以亲肤、健康、高贵、典雅而备受消费者青睐。2010 年以来，我国每年的家蚕蚕茧和生丝产量基本维持在 70 万吨和 10 万吨左右，柞蚕蚕茧和蚕丝年产量约为 8.65 万吨和 0.65 万吨。蚕丝主要用作纺织原料，近年来蚕丝被的年产量超过 1 000 万条，丝绸产品也由出口为主逐渐转成国内外消费并重，为全世界人民的美好生活“锦上添花”。

（二）高蛋白营养食品

中国自古以来就有食用蚕蛹的习俗，在柞蚕的主蚕区更加普遍。柞蚕的幼虫、蛹、蛾除富含优质蛋白、不饱和脂肪酸、游离氨基酸外，还含有 10 多种维生素、20 多种矿物质和微量元素等。自北起黑龙江南至贵州 10 余省的广大蚕区，人民均有食用柞蚕蛹、柞蚕蛾、柞蚕幼虫的习惯。目前每年食用的柞蚕蛹约 8 万吨，开发了近百种“蚕宴”美味佳肴，构成了中国饮食文化颇具特色的篇章。

（三）药用开发

《本草纲目》指出，人食蚕蛹可强身健体，入药可医多病，能补气养血、强腰壮肾、滋肺润肠。蚕资源作为药材有悠久的历史和现实的需求。蚕的幼虫粉有显著的降血糖作用；僵蚕富含黄酮化合物和

多糖等活性成分，对惊厥、失眠等十几种病症有疗效；蚕蛹的药用价值更加广泛，可以提高免疫力、保护肝脏、抗肿瘤及抗衰老等；雄蚕蛾富含保幼激素和蜕皮激素，已开发为雄蚕蛾油、胶囊、养生酒等，对疲劳和少精子症及（或）弱精子症有良好的治疗效果。

（四）蚕遗传资源的其他高效利用

家蚕作为模式生物，构建的致瘤模型、糖尿病模型及发育畸形模型等，将对解决人类疾病和延长寿命等重大问题提供参考价值。蚕遗传资源还是理想的生物反应器，已表达出400多种高附加值的药用蛋白。利用柞蚕、蓖麻蚕卵繁殖赤眼蜂、周氏啮小蜂防治农林害虫，具有绿色高效、成本低廉、环境友好等优点。

第四节　中国蚕遗传资源新发展

2021—2023年，全国首次蚕遗传资源普查结果显示：我国23个省（区、市）的47家单位保存蚕资源2 000多份，一些颇具特色的蚕资源被发掘，一批富有特色的蚕品种先后被培育并得到了广泛的推广应用，为我国茧丝绸行业多元化高质量可持续发展奠定了强有力的物质基础。

一、发掘了一批特色蚕资源

（一）不“作茧自缚”的蚕

瑶蚕，是广西南丹县的家蚕地方资源，以吐金色平板丝著称，改变了人们对蚕“作茧自缚”的固有印象。平板丝可直接用于白裤瑶族的民族服饰，成为瑶族的一种特色文化。2020年“南丹瑶蚕平板丝”喜获农业农村部颁发的农产品地理标志登记证书。

（二）能吃苹果的蚕

家蚕是寡食性昆虫，几乎只食桑叶，但也发掘了一批能吃甘蓝、生菜及无桑人工饲料的蚕资源。另外，谭安江等通过敲除家蚕苦味受体基因*GR66*，获得了能吃苹果、胡萝卜的广食性品系。

（三）会发荧光的蚕茧

在一定波长的紫外线下，蚕茧能自主发出漂亮的黄色或紫色荧光（图11-1-2）。荧光茧色判性品种的雌雄蚕茧荧光色有差异，据此可以判别雌雄，实行雌雄蚕茧分别缫丝，可提高生丝品质。

（四）可做宠物的蚕宝宝

一些斑纹、体色突变的品种（图11-1-3），具有很好的观赏价值，是研学和科普的极佳材料，深受中小学生及社会各界的欢迎。

黑暗自然条件下的蚕茧

波长 365 nm 紫外光下的蚕茧

图 11-1-2　荧光茧

家蚕

柞蚕

图 11-1-3　宠物蚕宝宝

二、培育了一批优良新品种

新中国成立以来，我国自主育成家蚕和柞蚕品种 106 个（省级审定的蚕品种未计入），实现了 100% 种源自主可控，支撑我国蚕茧和生丝产量分别占世界的 80% 和 70%；同时我国的一代杂交种还广泛出口至亚非拉国家，为“一带一路”倡议做出积极贡献。

（一）“养不死”的两广二号

广西蚕业指导所和广东蚕业研究所联合培育抗高温多湿的 932、芙蓉、7532、湘晖，组配成四元杂交种两广二号（932·芙蓉 ×7532·湘晖）能在 30℃、湿度 80% 以上的条件下一年饲养 7~8 批，当地人俗称“养不死”的“蚕宝宝”，已推广 1.3 亿盒，是中国使用量最多的家蚕品种。同时两广二号也是出口越南、老挝、缅甸等东南亚国家的主要蚕品种。

（二）高产优质的“长青树”菁松 × 皓月

中国农业科学院蚕业研究所培育的菁松、皓月，其组配的杂交种菁松 × 皓月以优质、高产著称，已在生产上使用超过 40 年，曾占全国春用种量的 50% 以上，合计推广量已超过 8 000 万盒，为全国发种量第 2 位的品种，是我国春用蚕品种审定的对照种。2021 年蚕遗传资源普查显示，目前有 13 个单位均保存有菁松、皓月，且形成了不同的品系。

（三）脓病“战神”华康系列品种

中国农业科学院蚕业研究所在保存的家蚕遗传资源中发掘出抗家蚕血液型脓病病毒（BmNPV）素材，先后将抗 BmNPV 基因导入生产用种，育成抗血液型脓病的华康系列品种，抗脓病性能提高 1 000 倍以上。到“十三五”时期末，除了华康系列抗脓病品种外，还有其他抗血液型脓病品种相继育成，基本解决了蚕桑生产上脓病频发的“卡脖子”问题，为蚕桑产业的可持续发展做出积极贡献。

（四）“智能化人工饲料”蚕品种

工厂化、机械化养蚕是蚕业发展的主导方向，因此对人工饲料摄食性优良资源的挖掘和品种培育愈发重要。近年来，先后育成一批适合人工饲料的杂交种，如中 2016 × 日 2016、ZHG × 春 54、菁优 × 皓优、桂蚕 5 号等。

（五）“丰产长寿”的柞蚕品种青黄 1 号与青 6 号

由辽宁凤城农家种经系统选育而成的我国柞蚕生产史上第一个品种青黄 1 号，进而又育成了应用时间最长、面积最广的品种青 6 号，实现了我国柞蚕品种的第一次更新换代，改变了以往农家种性状驳杂、产量不稳定的窘况。

（六）“高饲料效率先驱者”柞蚕杂交种大三元

辽宁蚕业科学研究所育成了世界首个高饲料效率大型茧柞蚕杂交种大三元。1996—1999 年推广应用面积约占全国 50%，增产 20%，实现了我国柞蚕品种的第二次更新。

三、适应产业分布区域的新格局

21 世纪以来，我国蚕桑产业的格局和功能发生了诸多变化。为发挥东部、中西部的资源禀赋优势，挖掘蚕桑产业新动能，我国于 2006 年启动了“东桑西移”工程，至 2022 年，江苏、浙江等东部沿海 5 省的蚕茧产量占全国的 10.67%，而西部的广西、四川、云南等 8 省（区、市）的蚕茧产量占比上升至 82.79%。

为推进蚕桑丝绸产业高质量发展，满足人民美好生活需要，带动相关产业发展，助推乡村振兴及脱贫攻坚，2021 年 9 月，工业和信息化部、农业农村部、商务部等 6 部门联合印发了《蚕桑丝绸产业高质量发展行动计划（2021—2025 年）》，计划目标：到 2025 年实现种桑养蚕规模化、丝绸生产智能化、综合利用产业化；规模化集约化基地蚕茧产量占全国蚕茧产量的 20% 以上；全龄饲料工厂化养蚕的鲜茧产量在我国家蚕鲜茧总产量中的占比达 10% 左右等。

针对产业格局的新变化和产业功能的新拓展，我国蚕品种的要求也形成了高产优质大宗品种与由单一的纺织纤维拓展多元化多用途蚕品种并举的新格局，新种质的挖掘和创制、新品种的培育与推广也蒸蒸日上，特别是加快培育和推广抗高温多湿品种、抗血液型脓病蚕品种、人工饲料适应性蚕品种等，为现代蚕业转型升级和高质量发展提供了种源保障。

第二章

中国是蚕遗传资源价值发挥最具魅力的国家

蚕遗传资源是蚕业赖以生存和发展的物质基础，关乎茧丝绸业的兴衰。丰富的蚕遗传资源支撑着中国长期占据世界茧丝绸业的中心地位，悠久绚丽的蚕丝文化已成为中华文明的特色名片，蚕遗传资源的多元化利用为人民追求美好生活锦上添花。中国在蚕遗传资源研究上的卓越成就标志着我国蚕业科学研究跃居国际领先地位，并为鳞翅目昆虫、病毒、单细胞生物的研究，甚至为人类的疾病研究提供重要参考。蚕遗传资源及其支撑的茧丝绸业在我国的经济、社会、文化、科技等领域所彰显的价值颇具魅力。

第一节　蚕遗传资源支撑了丝绸大国外交的特色名片

中国是世界茧丝绸业发祥地，丰富的蚕遗传资源铸就了绚丽的蚕丝文化，构筑的人类文明之路——“丝绸之路”，成为东西方文明交流的纽带，对世界各国政治、经济、文化和社会发展产生了深远的影响。

一、“丝绸之路”的物质基础

中国丰富的蚕遗传资源是支撑我国蚕丝大国地位的重要保障，丝绸是中国与世界各国贸易往来的标志性产品，古代欧洲称中国为“赛里斯”，即丝国。“丝绸之路”以“张骞出使西域”为标志，成为古代中国与世界贸易往来的重要通道和东西方文明交流的纽带。中国通过“丝绸之路”将四大发明、养蚕缫丝技术以及绚丽多彩的丝绸产品、茶叶、瓷器等传送到世界各国，对世界各国政治、经济、文化和社会发展产生深远的影响。2014 年，由中国、哈萨克斯坦和吉尔吉斯斯坦联合申报的“丝绸之路”成功入选“世界文化遗产”。

二、“一带一路”建设的推动力之一

2013 年，习近平总书记提出共同建立“丝绸之路经济带”和“21 世纪海上丝绸之路”的倡议。截至 2022 年 12 月，中国已与 150 个国家、32 个国际组织签署了 200 多份合作文件，涵盖世界上 2/3 的国家和 1/3 的国际组织。而蚕桑丝绸恰恰是“一带一路”上最重要的历史符号、文化载体，借力“一带一路”东风，加强蚕桑丝绸元素的融入与彰显，“丝绸”这张象征中华民族的名片也越来越亮、越来越响、越来越被世界各国认同和接受。国内相关科研院所在承担政府间国家科技合作项目、开展商务部发展中国家蚕桑生产与管理研修培训、走出去进行蚕桑科研合作开发与技术培训指导服务等方面也取得了令人瞩目的成就。

2010 年以来，我国育成的两广二号、秋丰 × 白玉、华康系列品种等出口至乌兹别克斯坦、阿塞拜疆、乌干达等国家超过 500 万盒，为带动“一带一路”共建国家经济发展做出突出贡献。随着中国－古巴蚕桑科技国际联合研究中心的建设，“华康”蚕种在哈瓦那的古中蚕桑科技合作中心试验点表现优异，与习近平总书记赠送的国礼桑树种子一起茁壮成长。中国－古巴国际合作也成为“一带一路”倡议在拉美国家的成功典范。回望历史，从最初的商品到跨越万里、联结中外的纽带，丝绸走过千年岁月与漫漫长路。瞩目未来，丝绸将继续在国际舞台绽放勃勃生机。

专栏

◆ “丝路同行 互鉴共赢”——“丝绸之路周” ◆

2020 年，为纪念中国、哈萨克斯坦、吉尔吉斯斯坦“丝绸之路：长安－天山廊道的路网”联合申遗成功，中国丝绸博物馆牵头发起国际人文交流活动——“丝绸之路周”。该活动每年于丝路沿线不同国家或中国不同省份举办，连续 4 年吸引了来自 22 个国家 200 多家文化机构、2 000 余万人次参与。作为 2023 年“丝绸之路周”的重要活动，“丝路绮粲：16—17 世纪匈牙利艾斯特哈兹家族丝绸服饰展”和“文明大观：丝绸之路上的敦煌”两大主题展览展示了丝绸之路对沿途地区丝绸文化传播的卓越贡献，以及位于文明交汇点的敦煌见证丝路不同文明和国家、地区之间交流互鉴、融合创新的历史场景，充分展现了丝绸之路促进中外文化交流、东西文明互鉴的意蕴。

三、对外交往的工具和友谊象征

古代中国养蚕业遍布乡野，蚕丝贸易带来的高额利润使世界各国趋之若鹜，蚕种及养蚕技术也作为我国政府与民间交往的重要生产资料，蚕丝业得以在全世界流传和发展。中国的蚕丝及绫罗绸缎成了服饰中的奢侈品，甚至成为古代权贵阶层的专属品。新中国成立以来，作为灿烂中华文明显耀符号之一的丝绸，与阿胶、瓷器和茶叶并称为“四大国礼”，多次在杭州 G20 峰会、亚太经合组织（APEC）峰会、海南博鳌亚洲论坛等重大国际性活动中展露风采，用丝绸的语言述说中国之美。

第二节　茧丝绸业在中国经济发展中独具魅力

丰富多样的蚕遗传资源支撑的中国茧丝绸产业不仅占据世界茧丝绸产业中心地位，而且产量稳居世界首位，是近现代中国出口创汇的支柱和功勋产业。蚕遗传资源的多元化利用为农村脱贫致富和人民追求美好生活锦上添花。

一、支撑茧丝绸产量稳居世界首位

新中国成立以后，我国蚕丝业得到迅速恢复和发展，到 20 世纪 70 年代蚕茧和生丝产量先后超过日本，之后持续稳居世界首位。20 世纪 80 年代后，中国蚕业生产出现了持续快速发展的喜人局面。2017 年，家桑蚕产茧量和生丝产量稳定在 70 万吨和 8.5 万吨左右，分别占世界总产量的 74% 和 83%（图 11-2-1）。柞蚕业的发展稳中向好，2011 年以后年产茧量稳定在 8 万吨左右（图 11-2-2），占世界总产量的 90% 以上。蚕遗传资源支撑中国茧丝绸产量持续稳居世界首位。

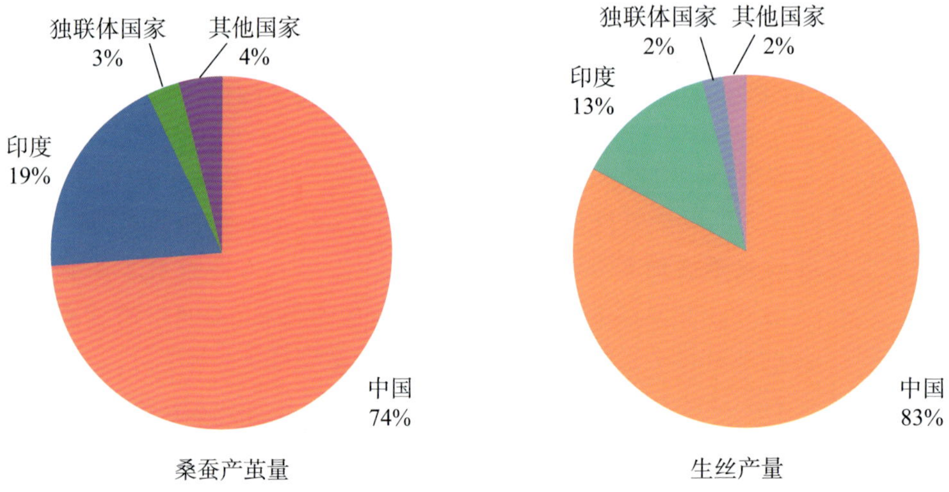

图 11-2-1　2017 年世界主要家蚕茧丝国家茧丝产量占比情况

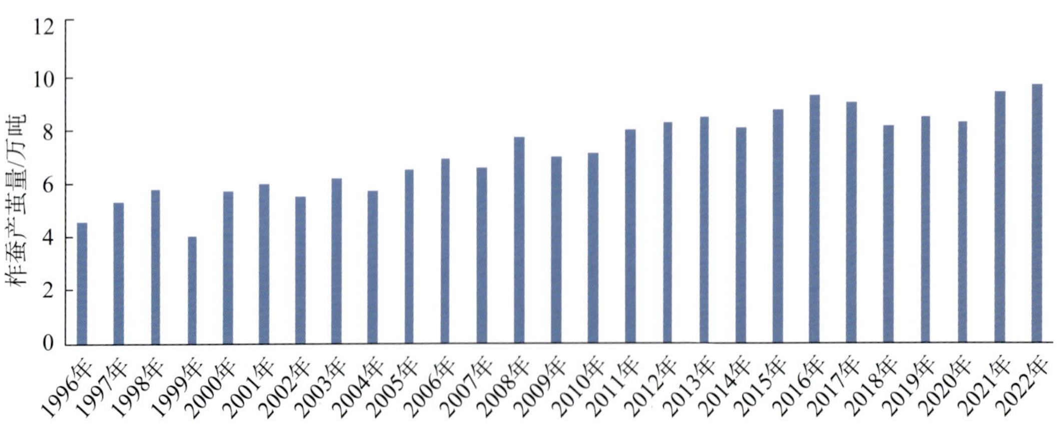

图 11-2-2　1996—2022 年中国柞蚕产茧量（数据来源：农业农村部统计）

二、助力西部地区脱贫攻坚

为发挥东部、中西部的资源禀赋优势，加强产业区域合作，凝聚西部蚕桑产业新动能，国家经济贸易委员会于2000年提出了“东桑西移”工程，蚕桑产业“破茧成蝶”。2005年我国西部蚕区的蚕茧产量首次超过东部，此后逐年增加。2022年，东部的江苏、浙江、广东等5省的蚕茧产量仅占全国的10.67%；而西部的广西、四川、云南等8省（区、市）的蚕茧产量占比上升至82.79%。其中，广西作为全国“东桑西移”的主要承接地，已连续18年占据全国蚕桑第一大省地位。“东桑西移”有力地推动了西部地区经济发展。

专栏

◆“作茧致富”奔小康◆

广西充分抓住“东桑西移”的机遇，飞速发展蚕桑产业，已形成“世界蚕业看中国、中国蚕业看广西”的新格局。“十三五”期间广西全区54个贫困县有46个县发展种桑养蚕产业，35个石漠化深度贫困县中的19个县把蚕桑产业作为脱贫攻坚优势产业。广大蚕区流传“家有三亩桑，致富奔小康”“一年养蚕摘穷帽，三年致富奔小康”。2020年5月，以蚕桑业为扶贫支柱产业的环江毛南族自治县实现了“整县脱贫摘帽和毛南族整族脱贫”双重目标，得到习近平总书记的重要指示。

三、对经济发展发挥独特作用

茧丝绸产业成为近现代中国出口创汇的支柱产业和功勋产业。新中国成立后的40年间，中国茧丝产量的近2/3出口国外。20世纪80年代，中国丝绸出口进一步扩展到世界五大洲的130多个国家和地区。中国茧丝绸在世界市场的占有率显著提高。2008年全球金融危机后，我国蚕丝及其制品的出口逐渐下降，内销成为丝绸产品消费主力，2019年内销增至60%。国家蚕桑产业技术体系数据显示，目前我国蚕丝业综合产值超过3 000亿元，解决超过2 000万农村劳动力的就业，有40%国家级贫困县发展蚕丝产业脱贫，蚕丝产业成为生态绿色、三产融合、见效快捷、功能多元的乡村振兴优势产业。

第三节　蚕遗传资源是文化自信的重要源泉

蚕遗传资源是蚕丝文化的载体。蚕丝文化是汉文化的主体文化，与稻田文化一起标志着东亚农耕文明的成熟。蚕丝文化对中国社会运行的深层结构与东方思维影响深远。以蚕丝文化为代表的东方文明借助“丝绸之路”和“一带一路”向世界传播，是培植我国文化自信的宝库。

一、组成中国农耕文化的重要元素

人类的文明类型可分为游牧文明、农耕文明和海洋文明。中国古代属于典型的农耕文明，历代统治者都提倡“农桑并举”，“天子亲耕，后妃亲蚕”形成传统。“农者，食之本；桑者，衣之源”“奖劝农桑，教民田蚕”“一夫耕，一妇蚕”等观点深入人心，形成了农桑、田蚕、耕织并重的中国特色农耕文明。

二、织就雍容华贵的唐装汉服

嫘祖养蚕缫丝，始有绫罗衣锦及世，从此人类结束了“茹毛饮血，衣其羽毛”的原始衣着，进入了“锦衣绣服”的文明社会，形成中国人特有的、自成体系的“峨冠博带、宽袍大袖”的唐装汉服，并沿袭千年。在全面复兴中华民族传统文化的浪潮中，唐装汉服再次成为世界人民领略华夏文明的重要标识。

三、守望全球华人的精神家园

“蚕为天虫”“蚕神，天驷也”。现存的甲骨文中有大量字与桑、蚕、丝、帛等相关，已辨识的 1 300 多字中与“丝”字相关的有 100 字，《全唐诗》中与蚕业相关的诗篇多达 470 首，缂丝、苏绣、宋锦都是“非物质文化遗产”，“前程似锦”“衣锦还乡”描绘了对未来美好的向往与追求，“破茧成蝶”“春蚕到死丝方尽”成了不畏艰难、甘于奉献的精神符号。

近年来，全国各地纷纷开展形式多样的蚕桑文化节活动，尤其是河南荥阳、湖北远安、四川盐亭等地，每年开展“嫘祖文化节”，吸引着来自国内外数千华夏子孙齐聚嫘祖故里，共祭华夏人文女祖——嫘祖，共同祈福中华民族伟大复兴。嫘祖故里也成为海内外炎黄子孙共同守望的精神家园。

四、“丝路精神”的重要载体

中国对丝绸之路的管理，以及对中外经济文化交流所发挥的作用，凝聚了开放包容、互学互鉴的丝路精神。丝绸之路绵亘万里，延续千年，积淀了以和平合作、开放包容、互学互鉴、互利共赢为核心的丝路精神。这是人类文明的宝贵遗产，也是当代中国共产党人精神谱系重要的组成部分。

第四节　蚕遗传资源是改善社会民生福祉的重要元素

随着社会的进步，人们对美好生活的向往成为新时期的奋斗目标。丝绸服饰的舒适健康，蚕蛹蛋白的优质安全，养蚕业的绿色高效等也成为改善当今社会民生福祉的有效支撑要素。蚕遗传资源的开发利用已深入医药、健康、化妆品等诸多领域。

一、服务于人民对美好生活的追求

蚕丝是独有的蛋白质长纤维，素有“纤维皇后”的美誉。丝绸织物以其独特的光泽、优良的染色性、弹性、韧性、透气性、保湿性和保健性而备受青睐，甚至在古代还是王公贵胄的专属用品。新中国成立以来，我国蚕丝业得到快速发展，目前茧丝绸产量占世界总产量的 70% 以上，蚕丝制品也由出口创汇产品逐渐走进“寻常百姓家”，2022 年我国蚕丝被产销量 1 000 多万条。近年来，围丝巾、穿唐装汉服更成为新时尚。蚕丝在人民追求“穿得好、穿得上档次”的美好生活中必将发挥越来越关键的作用。

二、提供优质安全的蛋白源

蚕遗传资源的幼虫、蛹和蛾富含蛋白、脂肪、维生素、矿物质等营养元素，尤其是早期鲜蚕蛹，每 100 g 中的蛋白质含量高于猪肉、鸡蛋和牛乳；氨基酸种类齐全，必需氨基酸含量超过 40%；且富含镁、铜等。自古以来，我国很多地方都有食用蚕蛹的习惯，尤其在北方蚕区更流行，目前我国每年出产约 8 万吨的柞蚕蛹，90% 以上作食用。广西、广东地区的蚕茧缫丝后的蚕蛹也绝大部分作为食用蛋白源。近年来，利用蚕遗传资源开发的功能食品种类繁多，提升了人们的生活质量，促进了产业的提质增效和可持续发展。

专栏

◆ 珍馐美馔“全蚕宴” ◆

辽宁丹东市凤城市有着 300 多年的柞蚕养殖历史，已形成悠久而丰富的柞蚕产业文化与美食文化。由凤城市研发的全蚕宴，采用创新的烹饪方法，消除部分消费者对柞蚕食品昆虫外形的恐惧，以柞蚕幼虫、蛹、蛾及嫩蛹为主料制成的菜品“四世同堂”，以嫩蛹和豆腐制成的菜品“神仙降福”，以雄蚕蛾、松茸和枸杞制成的菜品“养生补温三宝”等 10 种新式菜品，让食客们体验到柞蚕美食的特色风味、多样融合性和昆虫蛋白的高营养价值。

三、衡量绿色生态的重要资源

蚕遗传资源作为我国主要的经济昆虫，在我国农业生态系统中占有重要地位，其饲料源桑树和柞树也是保护农业生态、治理石漠化等国家战略的重要树种。由于蚕类对农药、不良气体等有毒物很敏感，能否养蚕可作为衡量该地区生态环境良好与否的标准之一。近年来，把家蚕列为农药环境安全性评价的非靶标生物，体现了蚕遗传资源的生态学意义。

专栏

◆ 千年桑基鱼塘，依然魅力无穷 ◆

浙江湖州太湖水网地区、广东珠江三角洲等蚕区，创造了桑基鱼塘的生产体系，种桑、养蚕、养鱼相结合，三者互相促进，提供了农业综合生产良性循环的范例。这种生态方式可追溯至春秋战国时期，是中国农耕文化的活态化石，至今仍有强大的生命力。湖州桑基鱼塘系统于 2014 年 6 月被农业部授予“中国重要农业文化遗产”，2018 年又被 FAO 评为“全球重要农业文化遗产（GIAHS）”。

第五节 蚕遗传资源在生命科学进步中发挥重要作用

丰富的蚕遗传资源是遗传学、生物学、医学、材料学等学科研究的极好材料，备受青睐。故其价值已超出蚕业科技本身，为揭示生命科学的奥秘贡献蚕丝力量。

一、推动了经典遗传学发展

中外学者通过对家蚕斑纹、茧色、翅色的遗传研究，观察到杂交一代的完全显性、不完全显性，还有杂交二代的分离现象，以及一对性状、二对性状、三对性状及回交后代的分离比。这些研究为孟德尔经典遗传学理论的再发现做出了积极贡献。外山亀太郎发现了母性遗传，并成功解析了卵色、化性的遗传规律；田中义磨发现了家蚕斑纹和血色的连锁遗传、第一连锁群的伴性遗传和家蚕雌性的完全连锁。尤其是1910—1930年，在蚕的形态遗传、生理遗传、辐射遗传等领域科研人员取得了丰硕的成果。家蚕在遗传学的地位与果蝇并驾齐驱，为遗传学发展做出重要贡献。

二、对鳞翅目昆虫研究贡献惊人

家蚕作为模式生物，自古皆然，研究成果虽在果蝇之后，但仍为鳞翅目之最，其基础研究对鳞翅目昆虫研究的贡献率超过80%。如最早从家蚕分离鉴定的蚕蛾醇已成为当今昆虫性信息素研究与应用的典范，昆虫蜕皮激素、滞育激素也是首先从家蚕中分离鉴定的，昆虫生长发育的光周期现象也是分别从家蚕和柞蚕中最早发现的。家蚕化性激素调节机制研究、蚕卵核酸代谢与滞育激素作用机制、昆虫保幼激素类似物与植源性蜕皮激素调节蚕体生长发育、促进蚕丝增产的研究等都取得了令人瞩目的进展。鳞翅目昆虫多达16万种，造成的危害占农林害虫的70%以上，全球每年杀虫剂的销售量100多亿美元。家蚕基础研究成果不仅可以广泛应用于鳞翅目害虫防治，而且对于整个农林害虫防治和有益昆虫的利用都发挥着重要的作用。家蚕一代杂交种的利用也成为农业上利用杂交优势的典范。

三、家蚕基因组学研究成果令人瞩目

21世纪初期，中国完成家蚕全基因组框架图、精细图以及高密度遗传突变图谱构建的三部曲，是中国蚕业科学史上里程碑式的成果，标志着蚕业科学研究重新引领世界，也是中国基因组研究的标志性事件。

基于家蚕基因组研究成果，中国科学家开发了世界上第一个家蚕遗传信息数据库silkDB（已升级至silkDB 3.0）。2009年，日本发布第二个家蚕在线数据库KAIKObase（http://sgp.dna.affrc.go.jp/KAIKObase）。研究成果有力地推动了家蚕分子生物学研究进展，2个数据库成为研究家蚕、人类、病毒、单细胞生物等重要的全球生物数据库。

专栏

◆千蚕基因组开启“数字家蚕”新时代◆

2022 年，代方银团队对 1 078 份蚕遗传资源进行测序，首次绘就高精度家蚕泛基因组图谱，囊括了目前最全面的家蚕和野桑蚕基因组信息，是迄今全球动植物领域最大的长读长泛基因组，率先实现了家蚕这个物种遗传信息的数字化——“数字家蚕”（图 11-2-3）。该项成果发布以后，在国际学术界反响热烈，开启了家蚕分子育种的新纪元。成果成功入选“2022 年度国内十大科技新闻”。

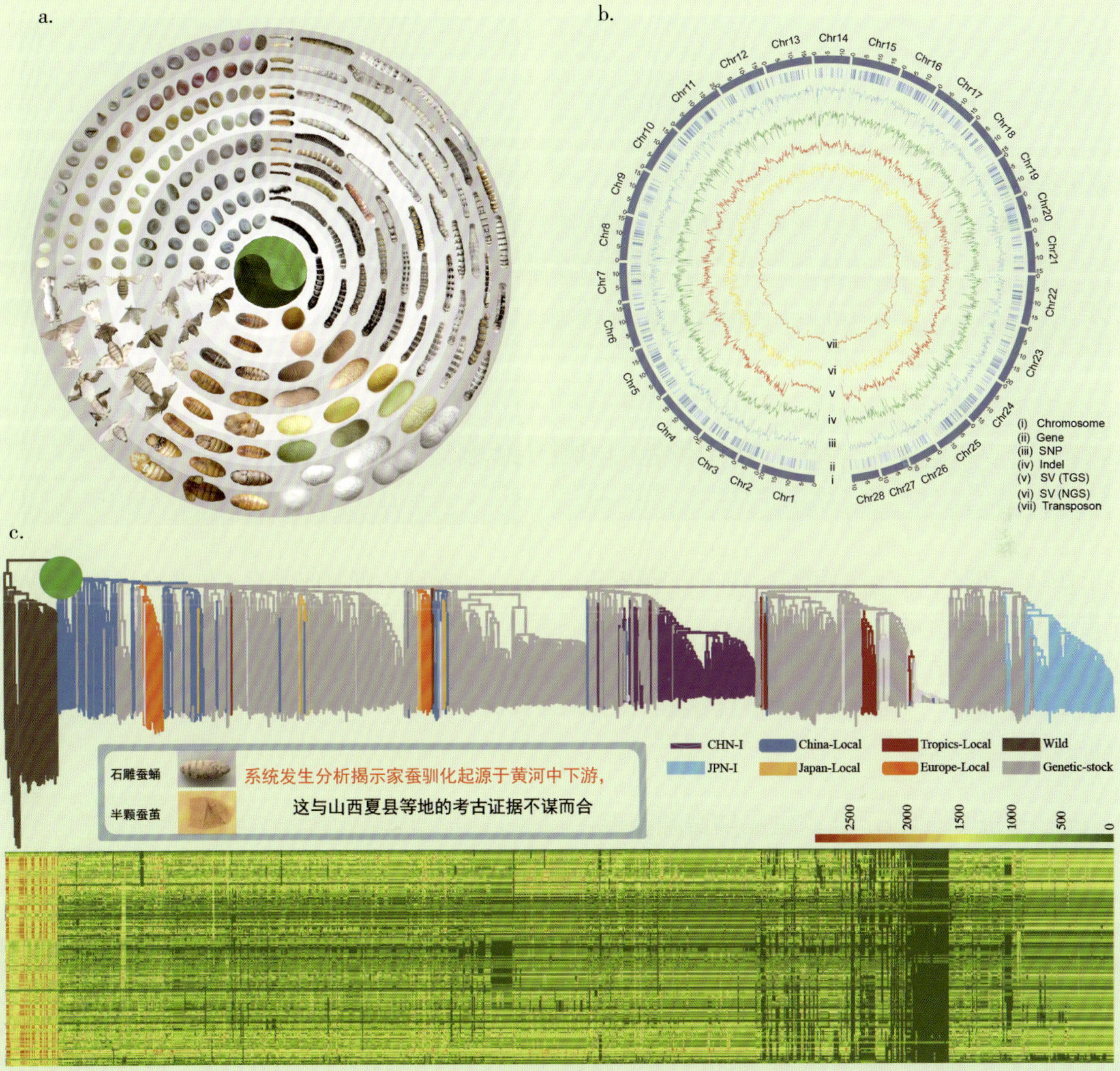

图 11-2-3　家蚕遗传资源超级泛基因组

a.“千蚕基因组”计划测序材料代表性资源表型图；b. 家蚕泛基因组变异图谱，图谱最外层为家蚕 1~28 号染色体，里层从外至内分别为染色体、基因、SNP、Indel、SV 和转座子的丰度统计图；c. 基于“泛基因组”的系统发生树与变异图谱

第三章

中国是蚕遗传资源保护最有成效的国家

蚕遗传资源的丰富度是蚕桑茧丝绸产业可持续发展的重要标志，中国高度重视蚕遗传资源保护，在第三次普查工作中，实施并完成了第一次全国蚕遗传资源普查，实现了覆盖区域更广、类型更齐、主要指标全覆盖，全面摸清了中国蚕遗传资源的家底，对现有品种全部建立了信息档案。

第一节　摸清了我国蚕遗传资源家底

2021—2023 年第三次普查，与前两次调查相比，增加了蚕遗传资源的普查，虽然没有列入《国家畜禽遗传资源品种名录（2021 年版）》，但蚕的遗传资源及其保护利用和生产经营适用《畜牧法》的有关规定。本次普查摸清了蚕遗传资源的数量、种类、分布、特征、特性等家底数据，掌握了资源演变趋势和保护状况，为加强资源保护与管理、制定种业发展战略规划、展开深入的科学研究提供了重要基础数据和科学依据。

一、1981—1987 年家蚕品种资源调查

20 世纪 80 年代初，在当时农牧渔业部和中国农业科学院的专项支持下，中国农业科学院蚕业研究所牵头组织对全国 26 个单位保存的家蚕遗传资源进行调查，筛选整理出主要生产用种 139 份，鉴定合格品种 10 份、地方品种 199 份、特殊经济性状品种 70 份、遗传材料 36 份、引进品种 56 份，合计 510 份，编撰《中国家蚕品种志》，并于 1987 年出版。《中国家蚕品种志》对收录其中的每个品种着重介绍了品种来源、主要形态性状与经济性状，指明其优良杂交组合与适应地区范围。该书的出版对我国蚕业生产及科研教学、家蚕遗传育种与种质资源研究利用都具有里程碑式的意义。

二、1987—1994 年柞蚕品种资源调查

从 1987 年开始，辽宁蚕业科学研究所牵头组织调查了全国 10 个省（区、市）的柞蚕品种和品种

材料，包括一化性品种 46 个、二化性品种 81 个及野生资源 3 个，合计 130 个，并于 1994 年编撰出版了《中国柞蚕品种志》。该书对于中国的柞蚕品种研究、柞蚕业生产和教学有着重要价值。

三、2021—2023 全国蚕遗传资源普查

根据《农业农村部关于开展全国农业种质资源普查的通知》（农种发〔2021〕1 号）、《全国农业种质资源普查总体方案（2021—2023 年）》及《第三次全国畜禽遗传资源普查实施方案（2021—2023 年）》有关要求和部署，蚕遗传资源首次纳入全国畜禽遗传资源普查范围。有关省（区、市）高度重视，成立了省级蚕遗传资源普查领导小组和专家组，按照《第三次全国畜禽遗传资源普查操作手册》的要求，组织开展面上普查和性能测定工作。按照全国畜牧总站要求将地方品种、培育品种和引入品种 3 类资源纳入此次普查范围，历时 3 年，首次全面系统摸清了蚕遗传资源的家底，包括蚕种类型、品种数量、地理分布、群里数量、特征特性等基础数据，完成了国家级蚕遗传资源 436 份、省级蚕遗传资源 956 份，合计完成了 1 392 份蚕遗传资源的性能测定，拍摄影像资料和品种照片 8 000 多幅，掌握了大量第一手资料。

与编撰 1987 年版《中国家蚕品种志》、1994 年版《中国柞蚕品种志》时进行的资源调查相比，本次是蚕遗传资源的首次全国普查，具有以下特点：一是调查的区域更广，完成了分布在 23 个省（区、市）47 家单位蚕遗传资源的调查，做到了应查尽查；二是种类更全，涵盖了家蚕、柞蚕、天蚕、栗蚕、琥珀蚕、蓖麻蚕等多种蚕遗传资源类型；三是内容更全面，完成了每份遗传资源的概况、体型外貌、生产性能等 75 项家蚕性状指标和 68 项柞蚕性状指标的全面调查与评价。

第二节　蚕遗传资源种质特性得到全面评估

蚕遗传资源种质特性与蚕丝产量和质量直接相关，通过对蚕遗传资源特性的评价分析，有助于选育适合不同地区、气候和生产需求的优良品种，提高蚕丝产量和品质，促进茧丝绸产业的稳定发展。在第三次普查中，我国已完成 1 392 份资源的种质特性评估，建设了涵盖所有蚕遗传资源概况、外貌特征、生产性能的数据库，为制定合理的资源保护和利用策略提供科学依据。

一、建立了科学的蚕品种审定标准

我国蚕遗传资源种质特性评价主要服务于茧丝绸生产，以符合蚕品种审定标准为目标。审定标准是品种审定的依据，应具有科学性、前瞻性和可操作性，兼顾蚕种生产企业、蚕农、茧丝绸企业和外贸等各方的要求，既要着眼于长远发展，又要考虑当前水平。我国蚕品种的审定标准历经多次演变。1980 年农业部颁布蚕品种首个审定标准，后经 5 次修改、补充后，形成现行的《蚕品种审定指南》（2019 年版）（表 11-3-1、表 11-3-2，以下简称《指南》）。《指南》规定了蚕品种审定的术语和定义、内容与依据、审定指标和评判规则等，并增加了对单项性状突出者的倾斜优待规则，符合品种的多元化趋势。

表 11-3-1 《蚕品种审定指南》（2019 年版）家蚕品种实验室鉴定标准

鉴定指标	春期品种	秋期品种
4 龄起蚕虫蛹率	≥对照品种	≥对照品种
万头产茧量	≥对照品种	≥对照品种
洁净	华南蚕区≥ 92 分，其他≥ 94 分	华南蚕区≥ 91 分，其他≥ 93 分
解舒率	华南蚕区≥ 70%，其他≥ 75% 或 > 对照品种	华南蚕区≥ 65%，其他≥ 70% 或 > 对照品种
鲜毛茧出丝率	≥对照品种	≥对照品种
茧层率	华南蚕区≥ 22.5%，其他≥ 24% 或 > 对照品种	≥ 21% 或 > 对照品种
茧丝长	华南蚕区≥ 1 000 m，其他≥ 1 300 m 或 > 对照品种	华南蚕区≥ 900 m，其他≥ 1 000 m 或 > 对照品种

注：若 4 龄起蚕虫蛹率比对照品种高 3.0 个百分点，或鲜毛茧出丝率比对照种提高 1.0 个百分点以上，或万蚕产茧量提高 10%，则允许 4 龄起蚕虫蛹率以外的一项指标不低于规定的 90%。

表 11-3-2 《蚕品种审定指南》（2019 年版）柞蚕品种实验室鉴定标准

鉴定指标	一化性品种		二化性品种	
	一化地区用种	二化地区用种	二化二放用种（秋季）	二化一放用种（秋季）
实用孵化率 /%	85.0	85.0	90.0	80.0
虫蛹统一生命率 /%	85.0	85.0	92.0	95.0
单蛾产良卵数 / 个	≥ 190.0	≥ 200.0	≥ 200.0	≥ 240.0
千粒茧重 /kg	6.5	7.5	8.0	8.5
茧层率 /%	≥ 9.0	≥ 10.0	≥ 10.0	≥ 9.0
鲜茧出丝率 /%	≥ 6.0			
收蚁结茧率	不低于对照品种			
千克卵收茧量	不低于对照品种			

注：应有 5 项以上（含 5 项）指标达到规定要求，其中实用孵化率和虫蛹统一生命率为强制性指标；或 1~2 项主要经济性状指标高于规定指标的 20% 以上。

二、准确掌握了我国蚕遗传资源种质特性

在第三次普查工作中，统一制作并应用蚕遗传资源系统调查表，对我国蚕遗传资源的概况、体型外貌、生产性能等全部 75 项指标（指家蚕、柞蚕等为 68 项）进行了登记和测定，准确掌握了我国蚕遗传资源的种质特性。本次普查的蚕种质资源集中在 2022 年春季饲养、调查记录各项指标，丝质检验则由具有相应资质的专业机构统一完成，最大限度保证数据的客观可靠。本次普查已完成了 436 份国家级、956 份省级蚕遗传资源的概况、体型外貌调查登记与生产性能的系统测定，获得数据超过 10 万条，准确评估了我国蚕遗传资源生长发育、茧丝品质、繁育性能等种质特性，彰显中国作为蚕遗传资

源大国、保护强国的地位。

国家级蚕遗传资源性能测定包括家蚕 232 份、柞蚕 72 份，以及其他蚕资源（野桑蚕、蓖麻蚕、天蚕、栗蚕、琥珀蚕等）8 份（表 11-3-3）。

表 11-3-3　国家级蚕遗传资源中不同类别蚕品种数量

份

分类	地方品种	培育品种	引入品种
家蚕	124	62	46
柞蚕	26	44	2
其他蚕资源	8	0	0

我国蚕资源主要是生产蚕茧，用于制作高档丝绸衣物、蚕丝被等，占比超过 90%。我国蚕遗传资源具有生命力强、茧丝质优良、繁育性能好等优势，例如兰溪 20、临海 20、白云 A 等的虫蛹率超过 99%，鲁菁 1 号、渝春、限 2 等的茧层率超过 24%，苏（24）、秀（601A2）、丰（601A2）、多丝 2 号、扎兰 1 号等的茧丝长超过 1 400 m，川 26、江苏蚕 1、796 等单蛾产量大于 625 粒，德清 1、夏 6、薪杭甲等的茧丝洁净高于 97 分，菁松 N、皓月 N 等对 BmNPV 的抗性超过常规品种 1 000 倍以上等，这些具有优异性状的遗传资源是我国实用蚕品种更新换代的物质基础。此外，还有茧丝纤度大于 3.5 dtex 的 845B、782、川 1 等品种及丝质优良的柞蚕白茧品种等，其生丝和织物具有粗犷厚实、抗皱性强、缩水率小的特点，适合制作服装面料；也有茧丝纤度小于 1.0 dtex 的武功种、防 4 等品种，其茧丝纤度细，适宜于纺织超薄型织物。

国家级性能测定的蚕遗传资源中，通过比较成绩前 10% 的不同指标中家蚕品种数量与占比（表 11-3-4），发现地方品种、培育品种明显优于引入品种。在虫蛹率、解舒率指标上，地方品种占比较高，说明地方品种与培育品种整体生命力较强、解舒性能优越；在全茧量、茧层率、茧丝长等蚕茧、生丝产量指标上，培育品种具有压倒性优势。从柞蚕遗传资源性能测定结果看，地方品种的解舒性能优于培育品种，而其他缫丝性状和茧质性状低于培育品种，特别是 20 世纪 90 代后育成品种的千粒茧质量和茧丝长显著高于地方品种。由此可见我国蚕品种培育研究成效显著。

表 11-3-4　成绩前 10% 的不同指标中家蚕品种数量与占比

前 10% 指标成绩	地方品种		培育品种		引入品种	
	数量 / 个	占比 /%	数量 / 个	占比 /%	数量 / 个	占比 /%
虫蛹率≥ 97.70%	16	12.70	17	9.29	4	8.89
全茧量≥ 1.83 g	2	1.59	32	17.49	1	2.22
茧层率≥ 23.91%	0	0.00	35	19.13	0	0.00
洁净≥ 96.67 分	17	13.49	29	15.85	2	4.44
解舒率≥ 84.69%	22	17.46	10	5.46	3	6.67
茧丝长≥ 1 201 m	1	0.79	34	18.58	0	0.00

注：前 10% 指标成绩占比为该类型成绩前 10% 的品种数量占该类型品种总数的比例。

三、凸显了中国蚕遗传资源的特性与价值

蚕遗传资源对蚕业生产和蚕业科技的贡献是多方面的，具体表现为：

（1）起源于各省各主要蚕区的众多家蚕和柞蚕地方品种，由于具有相对优良的经济性状，历史上曾长期被繁殖应用，生产出的农家土种畅销省内外，对维持和发展古代蚕茧生产功不可没，使数千年来的蚕业生产长盛不衰，稳步发展。

（2）在蚕遗传种质资源中，尤其是地方品种，具有极易判别和统计的形态性状和生理性状，如皮斑（素斑、普通斑、黑缟斑、虎斑、多对半月斑等）、体色（红色、黄色、蓝色、青绿色和黄绿色等）、化性（一化性、二化性、有滞育卵多化性和无滞育卵多化性等）、眠性（三眠、四眠和五眠等）、茧色（白色、黄色、红色和绿色等）、卵色（白色、黑色）、蚁色（赤蚁、黑蚁）和刚毛长短等。这些在19世纪和20世纪初常被作为遗传研究的标记性状，查明诸多性状的遗传规律，为建立家蚕遗传学奠定了基础，为蚕实用品种选育提供了理论依据，使育种水平获得了显著的发展和进步，一批又一批的优良蚕品种得以育成并被推广应用。

（3）20世纪初，运用不同的地理系统，对不同家蚕品种资源作相互杂交试验，发现了杂种优势的广泛存在。1922—1923年浙江首次制成诸桂 × 赤熟（简称赤桂）和桂圆 × 青熟（简称青桂）两对一代杂交种分发各地试养，证实利用杂交种可以大幅度增加蚕茧产量、提高茧质。1925年，浙江从日本大量购入诸桂和赤熟原种，制成诸桂 × 赤熟一代杂交种约1万张，于1926年推广。这是浙江大量推广杂交种的开始。1926—1927年开始大量生产一代杂交种，1927年后逐步推广到全省各县市，而且推广速度不断加快，普及率逐年提高，最后取代了地方品种和改良种（经过选拔的纯种）。一代杂交种的推广应用，具有划时代的意义，是蚕业科技的一次技术飞跃，在提高蚕茧产量、质量和经济效益等方面起到了显著作用。因此，全面禁止地方品种生产、彻底采用杂交种，是历史发展的必然结果，新中国成立后不久就变成了现实。

（4）随着大批优良蚕品种的引进以及地方蚕品种的开发利用，家蚕遗传资源不断丰富，资源类型比较齐全，不仅有大批较实用的优良引进种，还有各具特色的地方种及特用品种。这为蚕品种选育研究提供了雄厚的种质基础，亲本选择的余地大增，育种效率显著提高，因而一批又一批的实用蚕品种被育成和推广应用。新中国成立以来，先后育成并通过国家级审定的实用蚕品种114个，还有许多通过省级审定或备案的品种。这些实用蚕品种有的被大面积推广应用，再加上不同时期引进的优良蚕品种大面积推广应用，中国完成了家蚕品种的5次更新换代和柞蚕品种的2次更新换代，全面实现了良种化。良种的普及和应用，使全国养蚕的单产和经济效益大幅度提高，茧丝质量明显改善。

（5）现有遗传资源不仅可供蚕业生产、遗传研究和育种利用，还是资源创新的物质基础。20世纪90年代中后期以来，浙江农科院蚕研所致力于蚕性别控制的遗传育种研究，开发出性连锁平衡致死系、雌蚕无性克隆系、限性卵色系和限性皮斑系共150余份。在10余年间，比最初的6份猛增20余倍。新遗传材料的开发进一步扩大了家蚕遗传资源库，可促使中国的家蚕遗传育种研究向更高的水平发展。

总之，蚕遗传资源具有先导性、基础性的作用，其战略性价值不仅是长期的、持久的，而且是永恒的。只要拥有数量众多、种类齐全的蚕种质资源，并坚持不懈地进行深入研究和有效利用，就会在遗传育种方面有新的突破。

第三节　蚕遗传资源保护能力得到大幅提升

随着我国经济和城镇化的快速发展，传统的蚕桑生产面临严峻的挑战。对蚕遗传资源进行保护、创新，提升蚕桑生产的经济效益，增强蚕丝业在国际市场上的竞争力，是实现我国蚕丝业健康发展的必然之路。《畜牧法》《蚕种管理办法》以及各蚕桑主产省（区、市）制定的法规、办法、规程等的颁布实施，保障了蚕遗传资源的安全性。蚕资源保护的主体单位主要是科研部门和生产部门，《畜牧法》和《蚕种管理办法》对蚕品种资源保护和利用明确规定，蚕遗传资源保护以国家为主，保护经费列入同级人民政府财政预算。然而在第三次普查前，蚕资源保护整体上仍处于缺乏专项经费稳定支持的状况，也一直未能开展全国性普查，对蚕遗传资源的了解不够全面。2021—2023 年的第三次普查首次摸清了我国蚕遗传资源的家底，并确立了 3 个国家级蚕遗传资源基因库与 27 家省级蚕遗传资源保护单位，使我国蚕遗传资源保护能力得到大幅提升。

一、首次明确了国家级蚕遗传资源保护主体

2022 年及 2023 年建立的 3 个国家级蚕遗传资源基因库（重庆、江苏、辽宁），首次为传统的蚕遗传资源明确了国家级保护主体。

国家级蚕遗传资源库（重庆）依托西南大学建设。西南大学蚕遗传资源库坚持自 20 世纪 30 年代初开创的家蚕突变基因研究，近一个世纪以来取得了突出进展，至今已建成世界上最大的家蚕基因库，活体保存各类家蚕遗传资源 1 150 余份，包括 90% 以上的世界现存家蚕已知遗传变异，是一个综合性的家蚕遗传资源基因库。基于蚕遗传资源基因库，西南大学蚕学研究团队于 2022 年 9 月完成了家蚕大规模种质资源“千蚕基因组”解析，在世界上率先实现家蚕基因库数字化，创建了“数字家蚕”基因库，绘就世界首张家蚕超级泛基因组图谱。这也是目前全球动植物领域最大样本长度的长泛基因组，解析了重要育种性状的遗传基础，将家蚕种质资源研究推向“分子设计育种”阶段。

国家级蚕遗传资源库（江苏）依托中国农业科学院蚕业研究所（江苏科技大学）建设。中国农业科学院蚕业研究所作为全国唯一的国家级蚕桑专业研究所，有着 90 余年的蚕种质资源保护经历，目前已经建成世界上保存蚕种质资源数量众多、资源类型最丰富的蚕种质资源基因库，其中包括家蚕地方种、国外引入种、改良种、突变基因、种质创新材料、育种素材及蓖麻蚕等种质资源 1 100 余份。基于蚕遗传资源，中国农业科学院蚕业研究所先后培育家蚕品种杂交组合 40 余对，近年培育的“华康”系列抗 BmNPV 特殊蚕品种、“丝雨”系列、“野三元”系列等家蚕实用新品种被推广到全国十余个蚕桑主产区，累计示范推广一代杂交种超过 1 000 万盒。

国家级蚕遗传资源库（辽宁）依托辽宁蚕业科学研究所建设。辽宁蚕业科学研究所原为中国农业科学院柞蚕研究所，现隶属于辽宁农业科学院。目前活体保存柞蚕品种 72 份，遗传材料 14 份，约占全国柞蚕遗传资源总量的 70%，是世界上保存柞蚕品种数最多、种类最全的柞蚕遗传资源基因库。现已培育柞蚕品种 70 余个，其中以青黄 1 号和青 6 号、大三元和抗大为代表的实用型品种实现了柞蚕品种的 2 次更新换代，目前培育的新品种及其杂交种应用面积达全国柞蚕生产总面积的 80%。

二、建立了省级蚕遗传资源保护单位

根据《农业农村部关于落实农业种质资源保护主体责任 开展农业种质资源登记工作的通知》的要求，部分地区开展了省级及省级以下蚕种质资源保护单位的评审工作。目前已有江苏、浙江、四川、广东、河南、辽宁、湖南、新疆等地的27家保种场、基因库被确定为省级及省级以下蚕种质资源保护单位，详情如下：

江苏 2017年，江苏农业委员会公布了包括45份资源组成的江苏省首批蚕种质资源保护名录。2021年江苏省农业农村厅公布了6个省级蚕遗传资源保护单位，包括中国农业科学院蚕业研究所（江苏科技大学）、苏州大学、江苏苏豪蚕种有限公司、江苏蚕源种业有限公司、东台市天润蚕种有限公司、镇江市蚕种场有限责任公司。

浙江 2008—2009年，浙江设立了省种子种苗工程项目“浙江省家蚕种质资源库”，由浙江农业科学院蚕桑研究所具体组织实施，摸清了浙江蚕种质资源的家底，建立了具有浙江特色的“一库五点”家蚕种质资源保存模式，资源保有量809份，占全国总量的23.17%，位居全国领先水平。2010年建立了浙江家蚕种质资源信息平台和数据库查询系统。2012年浙江省农业厅确定了22个省级蚕遗传资源保护名录。2021年浙江农业农村厅发布第1号公告，确定6家单位为省级蚕遗传资源保护单位，包括浙江大学、浙江农业科学院、湖州市农业科技发展中心、绍兴市大禹蚕种制造有限责任公司、桐乡市蚕业有限公司、浙江省原蚕种场。

四川 2022年四川省农业农村厅发布通告，确定7家单位为省级蚕遗传资源保护单位，其中6家为家蚕遗传资源保护单位，包括四川农业科学院蚕业研究所、四川三台蚕种场、四川南充蚕种场、四川阆中蚕种场、四川苏稽蚕种场、凉山彝族自治州蚕种场；1家为柞蚕遗传资源保护单位，即通江县柞蚕种场。

广东 2022年广东省农业农村厅发布第40号公告，确定2家单位为省级家蚕保种场，分别为广东省蚕业技术推广中心、广东农业科学院蚕业与农产品加工研究所。

河南 2021年河南省农业农村厅发布第76号公告，认定河南蚕业科学研究院为省级家蚕、一化性柞蚕的种质资源保护单位，每年科研经费为67万~87万元，主要用于家蚕、柞蚕种质资源保护与创新利用。

辽宁 2022年辽宁省农业农村厅发布321号公告，确定辽宁农业科学院（辽宁蚕业科学研究所）为省级柞蚕种质资源库，同年获辽宁柞蚕种质资源库能力提升项目支持（经费80万）。

湖南 湖南建立了3家蚕遗传资源保种场，包括2家省级家蚕保种场，由湖南蚕桑科学研究所、中茧新科生物有限公司建设完成；1家市级天蚕保种场，由湖南南岭天蚕农业发展有限公司建设完成。

新疆 新疆在和田蚕桑科学研究所建有1家自治区级蚕种质基因库。

其他一些省份也正在建立蚕遗传资源保护单位。

三、开展系统收集保护，实现应保尽保

第三次普查对我国家蚕资源开展了系统性调查研究，将对我国家蚕种质资源保护、鉴定、评价与创新利用产生深远的影响，共调查资源1 724份，其中家蚕1 525份、柞蚕153份、蓖麻蚕41份、天蚕3份、栗蚕1份、琥珀蚕1份。对已纳入畜禽遗传资源普查信息系统的蚕遗传资源，实现应保尽保。各省（区、市）调查蚕遗传资源情况如下：

江苏　共调查蚕遗传资源350个（包括柞蚕1个、蓖麻蚕20个），其中中国农业科学院蚕业研究所调查271个、苏州大学调查49个、浒关蚕种场调查5个、江苏苏豪蚕种有限公司调查9个、江苏蚕源种业有限公司调查4个、镇江市蚕种场有限责任公司调查8个、东台市天润蚕种有限公司调查4个。

广西　共调查蚕遗传资源64个（包括蓖麻蚕21个），其中广西蚕业技术推广站调查57个、玉林市蚕业技术推广站调查7个。

四川　共调查蚕遗传资源246个（包括柞蚕8个），其中四川农业科学院蚕业研究所调查65个、南充蚕种场调查32个、阆中蚕种场调查18个、三台蚕种场调查11个、苏稽蚕种场调查106个、凉山彝族自治州蚕种场调查6个、通江县柞蚕种场调查8个。

云南　共调查蚕遗传资源37个（包括琥珀蚕1个），均为云南农业科学院蚕蜂研究所保存。

浙江　共调查家蚕遗传资源199个，其中浙江省农业科学院蚕桑与茶叶研究所调查83个、浙江大学调查20个、湖州市农业科技发展中心调查21个、桐乡市蚕业有限公司19个、和顺现代农业有限公司调查52个、绍兴市大禹蚕种制造有限责任公司调查4个。

广东　共调查家蚕遗传资源42个，其中广东农业科学院蚕业与农产品加工研究所调查27个、广东蚕业技术推广中心调查14个、华南农业大学调查1个。

山东　共调查家蚕遗传资源50个，其中山东蚕业研究所调查29个、广通蚕种有限公司调查12个、山东农业大学调查9个。

重庆　共调查家蚕遗传资源129个，其中西南大学调查41个、重庆蚕业科学技术研究院调查88个。

安徽　共调查家蚕遗传资源103个，其中安徽农业科学院蚕桑研究所调查81个、安徽农业大学调查14个、金寨县天丰桑蚕原种场有限公司调查8个。

湖北　共调查家蚕遗传资源35个，均由湖北农业科学院经济作物研究所保存。

湖南　共调查蚕遗传资源76个（包括天蚕1个），其中湖南蚕桑科学研究所调查70个、长沙科学研究所调查1个、雅士林茧丝生物科技有限公司调查4个、通道侗族自治县南岭天蚕科学与技术研究站调查1个。

江西　共调查家蚕遗传资源17个，均由江西蚕桑茶叶研究所保存。

陕西　共调查家蚕遗传资源135个，其中西北农林科技大学蚕桑丝绸研究所调查29个、安康学院调查47个、安康市蚕桑产业发展中心调查19个、安康市蚕种场有限公司调查39个、陕西蚕桑重点实验室调查1个。

河南　共调查蚕遗传资源88个（包括家蚕53份、柞蚕34个、天蚕1个），均由河南蚕业科学研究院保存。

山西　共调查家蚕遗传资源58个，均由山西蚕业科学研究院保存。

贵州　共调查蚕遗传资源13个（包括柞蚕6个），均由贵州蚕业研究所保存。

辽宁　共调查蚕遗传资源63个（包括柞蚕62个、栗蚕1个），其中辽宁蚕业科学研究所调查62个、沈阳农业大学调查1个。

吉林　共调查蚕遗传资源31个（包括柞蚕30个、天蚕1个），其中吉林蚕业科学研究院调查30个、永吉县高新柞蚕科学技术研究所调查1个。

黑龙江　共调查柞蚕遗传资源12个，其中黑龙江蚕蜂业发展中心调查11个、鸡西市柞蚕育种场调查1个。

内蒙古　共调查柞蚕遗传资源 13 个，其中呼伦贝尔市农牧科学研究所调查 11 个、阿荣旗柞蚕实验种场调查 2 个。

新疆　共调查家蚕遗传资源 8 个，均由新疆和田蚕桑科学研究所保存。

河北　共调查家蚕遗传资源 3 个，均由承德医学院保存。

海南　共调查家蚕遗传资源 2 个，均由中国热带农业科学院桑蚕研究中心保存。

专栏

◆ 历经艰难 守护资源——河南蚕遗传资源保存 ◆

河南自古以来是华夏文明的中心，也是公认的家蚕起源地，具有悠久的养蚕历史和丰富的蚕遗传资源。河南蚕业科学研究院是河南最主要的蚕遗传资源保存单位，目前保存家蚕遗传资源 53 份，一化性柞蚕资源 34 份，还保存素有“软黄金”之称的天蚕资源 1 份。

提及蚕遗传资源的保护，河南蚕业科学研究院（以下简称蚕科院）南召云阳科研基地的科研人员感慨颇多，有心酸、无奈，更多的是有使命感和自豪感。回顾历史，蚕科院自 1940 年成立以来就特别重视家蚕、柞蚕地方品种的收集整理、新品种的培育等研究工作，自建了初具规模的蚕业种质资源库。然而，这些成绩的取得历经风雨，凝聚了几代科研人员的心血和汗水。在极端困难的情况下，单位几任领导与科研人员仍坚守蚕遗传资源保存的阵地，保护了近 100 份蚕资源，特别是保护了一化性柞蚕这一世界仅有的宝贵资源和“软黄金”天蚕资源，丰富了蚕遗传资源的宝库，为中国蚕种业的可持续发展贡献了河南力量。

2021 年，河南蚕业科学研究院被列为第一批河南农业种质资源保护单位，蚕遗传资源保护第一次有了省级保护主体，河南省蚕遗传资源保护的春天来了。

专栏

◆ 安康学院建成国内最大的野桑蚕保护基地 ◆

中国古野桑蚕是家蚕的驯化始祖，现代野桑蚕是家蚕近源物种，也是家蚕新品种培育和基础研究的重要遗传资源。安康学院于 1998 年开始野桑蚕遗传资源的收集与保护工作，二十多年来，科研人员历尽艰辛，跋山涉水，克服资金短缺、人员不足等诸多困难，经过两代人的坚守与传承，从全国各地广泛收集野蚕资源，自主研发仿生态饲养设施，不断创新繁育保护措施，建成了国内外最大的野桑蚕遗传资源库。目前，安康学院保存了来自我国 9 省（区、市）35 份野桑蚕遗传材料；创建了野桑蚕人工繁殖体系，年繁育野桑蚕卵 10 万粒以上。近年来，安康学院积极开展野桑蚕遗传资源利用研究，选育出具有野蚕血统的家蚕创新种质 120 个，育成“金丝一号”“黄茧一号”等实用家蚕新品种；同时野桑蚕资源作为家蚕泛基因组学研究的重要材料，无可辩驳地证实了黄河流域是家蚕唯一起源地。

专栏

“倾心育蚕”民间保种高手

山东淄博市民魏迪，凭着对家蚕的热爱，成立了“倾心育蚕”工作室。多年来，工作室通过自费购买与资源互换等方式，收集家蚕遗传资源，建成小有名气的民间家蚕遗传资源库。收集保存的蚕遗传资源表型丰富、特征鲜明，涵盖多种家蚕斑纹、体色、茧色、卵色等突变体。

2018年5月以来，“倾心养蚕”公众号发表文章、视频626篇（则）。魏迪常年活跃于主流社区平台，为育蚕爱好者解疑答惑，为部分学校开展养蚕研学课程，成为了名副其实的民间保种高手和蚕丝文化的传播者。

第四章

中国蚕遗传资源可持续高效利用

我国拥有世界最多的家（柞）蚕遗传资源，建立了完善的遗传资源保护和利用体系。目前我国从事蚕桑生产的劳动力超过 2 000 万，蚕桑产业是富民产业，在促进农民增收、助力乡村振兴中发挥了重要作用。蚕桑产业产品丰富、健康环保，也满足了人们对美好生活的需要。我国的纯种蚕资源支撑科学研究，杂交种蚕资源支撑我国蚕业的高质量发展，均实现了 100% 自主可控；同时，杂交种还出口至“一带一路”共建国家，支撑世界蚕丝业的可持续发展。依托我国丰富的蚕遗传资源，建立了一二三产业融合发展新模式，引领了我国茧丝绸产业发展新方向。

第一节　支撑蚕种业自主可控与高质量发展

自新中国成立以来，我国自主培育家（柞）蚕新品种 109 个（家蚕只纳入国家级审定品种），实现了中国家蚕实用品种的 5 次和柞蚕实用品种的 2 次大规模更新换代，生产用种 100% 自主可控，茧丝绸产业链年总产值超过 3 000 亿元。依托优异的家（柞）蚕遗传资源，育成了具有多种优异性状的家（柞）蚕新品种，满足了生产的需求，推动了我国茧丝绸产业的高质量发展。

一、蚕遗传资源支撑蚕种业自主可控

新中国成立后利用国内保存的丰富的家（柞）蚕遗传资源，运用单交、顶交、杂交、纯系分离、回交、多雄杂交、多元杂交组配、辐射育种等多样化的育种技术手段，我国家（柞）蚕育种取得了举世瞩目的成绩，培育了 109 个品种，实现了中国家蚕实用品种的 5 次和柞蚕实用品种的 2 次大规模更新换代，我国生产上使用的所有家蚕和柞蚕的品种均为自主选育，实现 100% 自主可控。

2022 年全国家蚕一代杂交种发种量 1 750.07 万盒，家蚕茧产量 73.88 万吨。柞蚕一代杂交种年发种量约 167 000 kg，生产柞蚕茧约 9.8 万吨。全国茧丝绸产业链年总产值超过 3 000 亿元。另外，我国还有部分家蚕一代杂交种出口国外，“华康”系列抗脓病品种通过山东广通蚕种有限公司及桐乡市蚕业

有限公司出口至乌兹别克斯坦、伊朗、土耳其、巴基斯坦等国家200余万盒，创汇超过1 600万美元，为“一带一路”共建国家蚕桑产业的发展注入直接的源动力。

二、优异资源的高效利用促进行业可持续发展

紧紧围绕茧丝绸产业高质量发展的目标，国内家蚕育种单位充分利用保存的优异蚕遗传资源，育成了具有多种优异性状的家蚕新品种，如优质高产的春用品种菁松 × 皓月，细纤度超长丝品种苏秀 × 春丰，抗逆、耐氟性强的秋用品种秋丰 × 白玉，适合两广地区的耐高温多湿环境的桂蚕8号，以及抗核型多角体病毒病（BmNPV）的华康系列品种。特别是华康系列品种将抗BmNPV性能提高1 000倍，育种团队又创建育、繁、推一体化的家蚕新品种应用技术体系，使其在近10年内应用超过1 000万张。抗病新品种及该育种技术体系被国内6家育种机构引进，又育成5个通过审定的高抗BmNPV新品种（锦绣2号、锦绣3号、农科5号、云抗1号、川抗1号），带动了我国家蚕品种的第5次更新换代，累计产值超过300亿元。柞蚕高饲料效率大型茧杂交种大三元在21世纪初推广面积超过二化性蚕区的70%；高饲料效率品种9906目前仍是柞蚕生产的主导品种之一，约占全国柞蚕生产总面积的15%。

专栏

◆ 优异品种案例 ◆

1. 菁松 × 皓月（菁松A·菁松B× 皓月A·皓月B）

菁松 × 皓月于1982年通过审定，在全国主要蚕区共推广蚕种8 000余万盒，社会、经济效益显著。该品种的推广带动了我国春用品种的第4次更新换代，成为我国大部分蚕区的当家品种。其推广的数量、产区的覆盖面、取得的经济效益居国内多丝量蚕品种首位，到2023年仍然是我国茧丝质量最优的多丝量当家品种，具有划时代的意义。

2. 秋丰 × 白玉

秋丰 × 白玉于1989年春通过审定，作为我国最主要的夏秋用优良品种已在生产上持续使用30多年，累计推广量约3 000万张。2016年该品种被搭载到神舟十一号飞船上，并成功实现太空养蚕。

3. 苏秀春丰

苏秀春丰于2010年通过审定，是国内第一个生产细纤度、超长丝的家蚕新品种，茧丝长1 700 m，茧丝纤度2.262 D，20/22 D生丝强力达96.2 cN，综合性状国际领先，为生产高端丝绸产品提供了重要的支撑。

4. 桂蚕8号（锦绣 × 壮丽）

桂蚕8号于2020年通过审定，强健好养、高产优质。2021年1月广西蚕业技术推广站与兴业县华盛蚕业科技有限责任公司在南宁举行桂蚕8号原种生产权许可成果转化签约仪式，成果转让费500万元，是全国单一家蚕品种成果转化金额最高的品种，也是我国蚕桑领域自主创新和科技成果转化方面的重大突破。

5. 抗血液型脓病品种

中国农业科学院蚕业研究所将抗BmNPV基因导入生产用种中，先后育成华康1号

（871C×872C）、华康2号（秋丰N×白玉N）、华康3号（菁松N×皓月N）。华康系列品种已累计推广超过1 000万盒，解决了蚕桑生产上易发血液型脓病的“卡脖子”问题。除“华康”系列抗脓病品种外，其他抗血液型脓病省级品种也相继育成，例如桂蚕N2、野三元（抗）、苏豪×钟晔（抗）、云抗1号等，满足了不同蚕区、不同季节生产的需求，对稳定蚕桑产业和促进产业的可持续发展发挥了重要作用。

6. 应用20年的当家柞蚕品种“抗大”

1999年，辽宁省蚕业科学研究所育成丰产、抗性强的省级品种抗大，并选配出杂交种抗大×（8821·8822）。1999—2003年，累计繁育抗大种茧1 800万粒，春秋平均增产16.6%；累计示范应用抗大×（8821·8822）种卵375 000 kg，比大三元增产10.9%，龄期较大三元短1~2天。2003年，该品种及其杂交种通过审定。目前，抗大作为主导实用型品种已在全国二化性柞蚕主产区连续应用20年，年均应用面积超过20%。

第二节　支撑茧丝绸产业发展和促进农民增收

我国家（柞）蚕品种资源支撑的茧丝绸产业具有显著的经济效益，建立了稳定的“公司+农户+合作社”的发展模式，解决了农民就业问题，促进了产业的融合发展，实现了农民增收致富，在巩固脱贫攻坚成果、推动乡村振兴过程中发挥了重要的作用。

一、支撑家蚕茧丝绸产业的发展

蚕桑产业是富民产业，在巩固脱贫攻坚成果、助力乡村振兴过程中发挥了重要的作用。目前，我国丰产桑园每亩可饲养家蚕3盒，每盒产鲜茧约50 kg，每千克鲜茧的市场价格按60元计算，每亩桑园的直接经济收入可达9 000元。另外，在秋冬季节，还可以利用桑园套种蔬菜，在规模化生产上还可以对桑枝、蚕粪等副产品进行利用，每亩附加收益可以达3 000元左右，亩桑综合产值达12 000元。全国现有桑园约1 200万亩，从事蚕桑生产的蚕农超过2 000万人，茧丝绸产业链年总产值超过3 000亿元。与其他农业产业相比，蚕桑产业效益显著，如江苏省的优质蚕茧基地富安镇、唐洋镇、特庸镇等，已经形成了稳定的“公司+农户+合作社”的模式，该模式还推广到安徽、广西、陕西、云南等地的蚕区。

专栏

◆一“茧”钟情　一生“丝”恋——“中国茧都”东台印象◆

我国自主培育的家蚕品种菁松×皓月，以高产优质著称，成就了多个优质茧基地，其中江苏东台就是一颗璀璨的明珠。

从古至今，蚕桑与东台皆有着密不可分的渊源。“墙外栽桑，宅内养蚕”是东台特色，“户种一亩桑，柴米油盐不用慌”的说法在民间广为流传。20世纪90年代后，东台茧丝绸产业迎来发展的春天，持续多年保持着桑园面积、发种量、亩桑产茧量、总产茧量、亩桑效益和茧丝质量等多项全省第一的纪录，成为全国优质蚕茧主要生产基地、茧丝绸重点生产基地，蚕丝产品从国内走向欧美，开辟了一条新的丝绸之路，被中国丝绸协会命名为全国首家“中国茧丝绸基地”。全市有桑园面积 14.2 万亩，养蚕农民达 25 万人，富安、许河、梁垛、唐洋等一个个现代蚕桑基地，带动了村镇产业的发展，成为乡村振兴的引擎。一批相关企业应运而生，“富安”和“民星”两大龙头成为茧丝绸企业的“领舞者”。“一‘茧’钟情，一生‘丝’恋”成为东台的文化名片。

二、支撑柞蚕产业的发展

柞蚕产业是藏富于民的传统优势特色产业，一直是山区农民增收致富的重要产业之一。全国有辽、吉、黑、蒙、豫等 11 个省 150 多个市（县）700 多个乡（镇）共 13 万农户从事柞蚕生产。柞蚕生产重点县柞蚕业收入占农业总收入的 10%~15%，许多乡村蚕业收入占农业总收入的 30%~50%。全国现有柞园约 1 200 万亩，柞蚕业的年均综合生产总值超过 300 亿元。这些地区“吃饭靠种田，花钱靠放蚕”，蚕民历来把柞园称为“聚宝盆”，把柞树视为“摇钱树”，放养柞蚕的积极性十分高涨。同时柞蚕茧丝、蛹、蛾加工及商贸活动又使 30 万~40 万人获得就业机会，为促进城乡经济发展发挥了重要作用。

专栏

“中国柞蚕之乡”——凤城

辽宁凤城市位于辽东半岛东部，黄海北岸，地处中温带亚湿润区，属大陆性季风气候，无霜期约 167 天，地类结构大致为“八山半水一分田”，是适宜二化性柞蚕生长的最佳地点。凤城柞蚕放养始于 18 世纪，柞蚕生产史上第一个品种青黄 1 号与应用时间最长、面积最广的品种青 6 号均由凤城农家种系统整理而来。凤城现有柞园 10 余万公顷，约占林地面积 25%，全市 100% 的乡（镇、区）、93% 的村都放养柞蚕，有强大的群众基础和技术优势。凤城年产柞蚕茧 1 万吨以上，约占全国 15%，年柞蚕业直接产值达 7 亿元左右；5 万人左右从事柞蚕放养工作，占约农村劳动力的 21%。2014 年“凤城蚕蛹”获国家地理标志证明商标。目前，凤城是全国乃至世界上最大的柞蚕茧县域生产基地。2022 年凤城市被中国蚕学会授予“中国柞蚕之乡”称号，为当地柞蚕一二三产业发展注入新活力。

第三节　满足人民对美好生活的需求

蚕丝由于具有优异的性能，不仅广泛应用于纺织工业，也应用于生物医用材料。家（柞）蚕蛹含有丰富的蛋白质和人体必需的多种微量元素，是重要的昆虫食品。丝绸是中华文明独特靓丽的名片，悠久灿烂的蚕丝文化是我国传统文化的重要组成部分。“春蚕精神”被广为传颂，“丝路精神”是中宣部梳理的第一批纳入中国共产党人精神谱系的伟大精神。

一、蚕丝满足了人们对美好生活的需求

蚕资源的直接价值体现形式为蚕丝，由蚕丝生产的丝绸具有良好的吸湿性、保暖性、染色性和抗菌性以及绚丽的光泽，从适当的“硬度”和“软度”表现出来的悬垂性中产生美丽曲线，被誉为“纤维皇后”。蚕丝产品主要有丝绸、刺绣、宋锦、云锦、缂丝等产品，也包括目前深受消费者欢迎的蚕丝被等。近年来，蚕丝还被开发成生物医用产品及医美产品，包括骨钉、人工皮肤、血管、医用缝合线、医用辅料和化妆品等。蚕丝及其制品极大程度上满足了人们对美好生活的需求。

二、蚕蛹满足了人们对优质蛋白的需求

蚕蛹是一种优质的动物蛋白资源，是被列入《药食同源目录大全》中唯一的昆虫食品。鲜家蚕蛹中蛋白质含量为12.9%~15.0%，脂肪含量为2.8%~5.3%，其中不饱和脂肪酸含量占总脂肪的64.65%~67.23%，氨基酸含量为7.31%~9.14%。鲜柞蚕蛹中蛋白质含量为12.42%~12.83%，且多为球蛋白和清蛋白，易于人体消化吸收；粗脂肪含量为5.34%~5.91%，不饱和脂肪酸含量占总脂肪的80 %以上。2 种蚕蛹含有 18 种氨基酸，必需氨基酸 / 总氨基酸（EAA/TAA）为34% 左右，必需氨基酸 / 非必需氨基酸（EAA/NEAA）为61% 左右，符合 FAO 和 WHO 推荐的较理想的蛋白质标准，属于易吸收的优质蛋白。除氨基酸之外，蚕蛹中还含有人体所需的多种维生素、矿物质、10 余种激素和微量元素等，具有优异的食用价值。新时期，人民对健康重要性的认识及对健康产品的需求日益增长，对柞蚕蛹的需求量增长更为迅速。2022 年全国柞蚕蛹总产量约 8 万吨，其中 90% 以上被食用，市场售价较 2021 年增加约 20%，越来越受到人们的喜爱。

传统的家蚕干茧缫丝需要经过高温烘茧、煮茧以及强碱浸泡的缫丝工艺处理，缫丝后的蚕蛹不能用于食品加工，年产约 10 万吨的干蛹多用于饲料中替代动物蛋白。广西等蚕区推广鲜茧缫丝新工艺，生产食品级蚕蛹、提高蚕桑生产的综合价值。我国鲜茧缫丝的蚕蛹以食品的形式出口至日本、韩国、泰国、越南等国，少数作为蚕蛹罐头、蚕蛹蛋白饮料以及添加蚕蛹粉的面食出口。广西海嘉食品科技有限责任公司每年能生产食品级蚕蛹食品 1 万吨，目前市场价格约 1.2 万元 / 吨。

三、蚕丝文化满足了人们对精神文化的需求

蚕丝文化是我国传统文化的重要组成部分，具有悠久的历史。《太古蚕马记》《搜神记》《蜀图经》《史记 · 黄帝内传》等中记载着上古时代的嫘祖始蚕等传说。商代甲骨文共有 4 500 余个，被识别的 1 300 多字中和蚕丝有关的文字有 100 多个，也出现了“桑、蚕、丝、帛”等，说明商代不但有用蚕丝

织布的技术，而且还创造出相应的文字把它们记录下来，可见商代纺织技术对文字的深刻影响。

春蚕精神代代相传，在《诗经》中已经有多处对“春蚕”的记录。唐代诗人李商隐的“春蚕到死丝方尽，蜡炬成灰泪始干”，把春蚕的执着、坚贞、奉献精神表现到了极致，成为千古传唱的佳句。著名画家潘絜兹在《春蚕颂》中写道：“春蚕化生，蕞而微虫，春蚕何取，一桑始终，春蚕春蚕，万世可风”，他对春蚕的品质进行了高度赞扬。人们生动地把教师比作“春蚕”，赞美教师就像春蚕一样“吐尽心中万缕丝，奉献人生无限爱，默默无闻无所图，织就锦绣暖人间”。著名教育家朱光潜说：“只要我还在世一日，就要吐丝一日，但愿我吐的丝，能替人间增一丝丝温暖，使春意更浓。”春蚕冰清玉洁，气质高贵；春蚕食几茎绿叶，吐一片锦绣；春蚕生命不息，吐丝不止。

2 000 多年前从长安（今西安）出发的“丝绸之路”，不仅给世界送去了绚丽的丝绸，也深化了中国和世界各地政治、经济和文化交流；由此焕发的“丝路精神”是中宣部梳理的第一批纳入中国共产党人精神谱系的伟大精神，根植于历史，面向未来；源于中国，机会和成果却属于世界。“丝路精神”不仅是中国共产党人精神谱系，更是亿万中国人引以为傲的精神财富，亦是人类文明史上光彩夺目的宝贵遗产。

第四节　蚕遗传资源可持续利用模式不断优化

家（柞）蚕遗传资源被广泛应用于新品种的选育和科学研究，多种杂交种的高效利用满足了我国对家（柞）蚕品种的多样化需求。家（柞）蚕遗传资源在生态、文化领域被广泛应用，彰显了蚕资源的特色和优势。

一、纯种资源可持续利用模式

（一）广泛用于新品种选育

纯种资源主要用于新品种选育，作为系统育种和杂交育种的亲本。

我国夏秋家蚕品种水平世界领先，目前用于生产上的夏秋蚕资源较多，如朝霞、芙蓉、湘晖、932、75 新、秋丰、白玉、夏芳、秋白等；春用多丝量蚕资源主要用于生产高品位生丝，目前用于生产的春用多丝量蚕资源，如苏 16、苏 17、杭 7、杭 8、781、782、春蕾、明珠、菁松、皓月、浙蕾、春晓、898 W、蜀绣、渝春等。同时也育成了一些斑纹限性纯种，如镇 3、镇 4、洞、庭、碧、波等；限性黄茧品种和限性卵色品种也都在生产中得到应用。

我国柞蚕育种水平一直处于国际领先地位。目前，二化性地区柞蚕生产的实用型柞蚕品种主要为省级审定的品种，包括 9906、辽蚕 527、抗大、吉青、选大 4 号、吉柞 889 等，一化性地区柞蚕生产的实用型柞蚕品种包括豫早 3 号、豫 7 号、豫大 1 号等。

（二）用于科学研究的材料

家蚕具有饲养容易、子代多、生命周期短、大小适中易于实验操作、遗传背景清楚、突变资源丰富等优点，被确定为鳞翅目的模式昆虫。目前已挖掘 70 多个性状的功能基因，极大地推动了昆虫分子生物学研究。以我国地方品种大造（P50）为材料，西南大学在世界上率先绘制完成了家蚕基因组框架图，成果发表于 *Science*，建立了世界上最大的家蚕表达序列标签数据库，发现了与家蚕性别决定、发育和变态、激素调节以及抗性等密切相关的关键功能基因群，并且在家蚕基因组结构特征、基因的组织、进化和比较基因组学方面也获得了一批具有重要价值的理论成果，在国内外产生了深远影响。该成果获 2003 年度中国高校十大科技进展，入选建国 60 年“重庆十大科技事件”。

二、杂交种的高效利用模式

目前，我国生产用种全为杂交种，家蚕一代杂交种年产量约 1 800 万盒，柞蚕杂交种约 167 000 kg。根据生产的需要，开发了多种具有典型性状的家蚕特殊品种，如荧光判性品种、抗病性品种、雄蚕品种、彩茧品种等，极大地丰富了我国家蚕品种构成，促进了我国蚕桑产业的多元化、功能化和高值化发展。除单杂交种外，许多省份也同时推广三元、四元等多元杂交种。

（一）单杂交种

2 个原种杂交而成的组合称为单杂交种，即 F_1 种，一般采用中 × 日的模式，如家蚕品种苏 5× 苏 6、华合 × 东肥、菁松 × 皓月、秋丰 × 白玉、华康 2 号等。此外，柞蚕品种柞杂 7 号、抗大 ×9906、辽蚕 988、辽蚕 5278、豫杂 5 号等均是为生产做出了重要贡献的单杂交种。

（二）多元杂交种

多元杂交种有三元、四元和双交杂交种。三元杂交种是 2 个不同品种的杂交 F_1 再和另一品种杂交而成，如家蚕品种秋・西 × 夏 D、苏蚕 3 号・秋 3× 苏蚕 4 号、苏・雄 × 荧晓、川蚕 4 号、川蚕 7 号等，柞蚕品种大三元等，其中秋・华 × 平 30 是近年推广量较大的雄蚕品种。四元杂交种是由 4 个不同品种组合成的杂交种，如家蚕品种两广二号、春・蕾 × 镇・珠、丝雨一号、苏・菊 × 明・虎、洞・庭 × 碧・波、川蚕 9 号等，柞蚕品种辽双 1 号、早秋 214 等。双杂交种则是由 2 个品种的 4 个不同品系组合成的杂交种，如目前生产上使用的典型双杂交种有菁松 A・菁松 B× 皓月 A・皓月 B，秋丰 A・秋丰 B× 白玉 A・白玉 B，前者是推广量最大、丝质最优的春用品种，后者主要在云贵川蚕区，年推广量超过 20 万盒。柞蚕品种柞杂 9 号亲本为多丝 3 号与多丝 4 号，各采用两系互交繁种。

三、蚕遗传资源多元化利用模式

（一）生态利用

1. 蚕资源饲料源的生态价值巨大

桑（柞）叶为蚕的饲料来源。据统计，我国目前栽培桑树约 1 200 万亩（1 亩 ≈ 666.67 m^2），柞树 1 340 万亩。桑树和柞树的固碳能力强，吸收固定二氧化碳和释放氧气的数量庞大，1 公顷桑园全年产叶量为 36.96 吨，年固碳量为 9.47 吨。我国柞树碳储量为 7.99 亿吨，占全国森林碳储量的 9.83%。柞树林年固碳量占柞蚕主产区辽宁省的森林年固碳量的份额均超过 50%，以碳单价 1 200 元 / 吨计算，每公顷碳汇价值约 8 万元。

2. 蚕作为环境质量的指示动物

蚕是一种对农药和环境污染物极为敏感的动物，对空气中氟化物、硫化物、苯及衍生物等十分敏感。当桑叶中累积的氟化物含量超过 30 mg/kg 时，家蚕就会表现出中毒症状。家蚕对农药更为敏感，在接触微量杀虫双、杀灭菊酯、毒死蜱、吡虫啉、有机磷等药剂时会出现明显的中毒现象，尤其是对菊酯类农药，在稀释到精密仪器难以检出时，仍有中毒症状发生，因此家蚕可以作为环境质量监测的指示动物。

3. 茧丝绸产品引领消费新趋势

随着人们生活质量的提高，崇尚自然、追求天然成为消费的新趋势。而蚕桑、茧丝绸产品，无论是桑果、桑叶茶、桑叶食品、蚕蛹、蚕蛾及其衍生产品，还是蚕丝被、丝绸服装等，都是纯天然、环保、有机、绿色的产品，十分符合人们消费的新追求。

（二）文化旅游

传统的蚕桑产业包括种桑、养蚕、缫丝和织绸等主要环节，每个环节都蕴藏着深厚的文化内涵，桑树被称为"影响世界的中国植物"，家蚕是"改变人类历史进程的动物"之一，在当今发展"大蚕桑"的时代，蚕桑产业的发展和文化旅游相结合，弘扬了传统的蚕丝文化，增强了中华民族的"文化自信"。

我国蚕桑融入文化旅游已历经 3 个阶段，由体验蚕桑的初级阶段发展到休闲蚕桑的融合阶段，再到文化创意蚕桑主导的高级阶段，实现了一二三产业的完美结合，获得了最高的叠加效益。

专栏

江西"凤凰沟"的传奇

江西凤凰沟风景区是开发蚕桑休闲旅游较为成功的典范。该景区一直保持着蚕桑丝绸文化的鲜明特色，着力向广大游客推广、普及蚕桑丝绸文化。该园区在发展过程中将传统的蚕桑产业与乡村生态旅游有机结合，通过发挥蚕桑产业的特色优势，集成了科普体验、休闲旅游、产品产销三大模式。一是科普体验模式。通过蚕桑丝绸生态博物馆展示了中国几千年来种桑、养蚕、缫丝、织绸和贸易的历史文化，普及蚕桑生产中形成的民俗、传说、故事、诗词等；用图片、模型和艺术表演的方法，介绍了我国的蚕桑历史、文化和种桑养蚕实用科学知识。二是休闲旅游模式。让游客进入果桑园自行采摘，体验劳动的乐趣和收获的喜悦；观赏桑基鱼塘以及桑园的套种套养模式；观赏垂枝桑、龙曲桑、果桑等形态各异的有趣的桑树。三是产品产销模式。开发蚕丝产品，如蚕丝围巾、蚕丝领带、蚕丝服饰、蚕丝扇、蚕沙枕、蚕丝被、蚕丝毯等日常用品，满足游客高品位生活的需求；还有许多具有保健功能的绿色食品，如桑叶茶、桑芽菜、桑叶馒头、桑果糕、桑果饮料和桑果酒等蚕桑综合利用产品。凤凰沟景区年接待游客达到 60 万人次，年收入 2 000 万元以上。

柞蚕遗传资源具有幼虫、成虫体色丰富，蚕、蛹、蛾食品风味独特等特色，近年来已在文旅开发中凸显价值。2023 年，辽宁省沈阳市浑南区在东南山区农商旅产业示范区建设了野蚕谷。野蚕谷整体规划包含 18 个自然村，柞树种植面积达 338 公顷，将打造柞蚕丝综合利用设计研发生产基地，大学生实习、创业、孵化基地，柞蚕非遗文化传习基地和国际柞蚕文化学院4大柞蚕项目，并配套生态休闲温泉旅游度假村，聚力打造柞蚕产业文化与区域生态体验游新地标。

四、蚕遗传资源可持续利用的发展方向

21世纪，蚕遗传资源的利用要充分应用蚕基因组及功能基因研究成果，在常规技术育种的基础上，开展分子标记辅助选择育种研究，选育出适应不同蚕区生态条件、特殊性状多样化、能满足不同功能与用途、产量与品质性状优异的蚕品种，为传统蚕丝产业的改造与效益提升，为增强我国茧丝绸产品在国际市场的竞争力奠定了坚实的基础。同时，要以现代科学技术和循环低碳经济理念对蚕桑产业链各环节相关的物质和文化资源进行综合高效的开发利用，以达到物尽其用和资源效益最优化的目的。

（一）蚕品种选育方向

1. 优质高产蚕品种选育

培育多丝量、茧丝品质优的蚕品种，大幅度提高蚕丝业生产效率，生产高品质生丝和面料，提升我国茧丝绸产品在国际市场的竞争力。

2. 抗逆性强的蚕品种选育

培育抗氟化物、抗农药、抗病、抗高温多湿等抗逆性蚕品种，以克服生产环境中的不利因素，减少消毒药品的使用，有效地节约能源。

3. 生产效率高的蚕品种选育

培育叶丝转化率高的雄蚕品种，实现丝茧育雄蚕化，生产可缫制高档生丝的原料茧；培育生长快、发育整齐的蚕品种，以利于实施机械化养蚕，提高养蚕业的劳动生产率，促进养蚕业向规模化、省力化方向发展。

4. 特殊用途蚕品种选育

培育天然彩色茧品种、三眠蚕品种、雄蚕品种、荧光判性品种、粗（细）纤度品种和以高食用性、高营养价值等非绢丝生产的蚕品种，可满足多元化的市场需求，提高蚕丝产业的综合效益。

（二）模式生物的利用方向

家蚕遗传背景清晰、遗传性状丰富，被公认为是极好的遗传学研究材料，在农业动物遗传研究中处于领先地位。家蚕作为完全变态昆虫，是理想的教学模型，在发育生物学中有广泛的应用前景，目前保存的大量家蚕突变体中，具有一批重大基础理论和使用价值的生物模型系统，可用于研究人类癌症、尿酸代谢、神经退行性疾病等。柞蚕具有体型较大、对光照敏感、蛹滞育等特点，已成为研究光周期、神经内分泌调控、滞育调节等方面的模式昆虫之一。

由于蚕与人类完全没有交叉感染的病原生物，也没有免疫相似性，所以蚕生物反应器成为制备新型基因工程疫苗和其他蛋白质工程药物的优选动物模型，在免疫学的研究和应用中有着广阔的前景。

参考文献

1. 卜鸿静，岳磊，韵晓冬，等 . 引进猪种与我国地方猪种生产效率及肉质特性比较 [J]. 山西农业科学，2014, 42（1）: 74–77.
2. 蔡大伟，张乃凡，赵欣 . 中国山羊的起源与扩散研究 [J]. 南方文物，2021, 121（1）: 191–200.
3. 常洪 . 动物遗传资源学 [M]. 北京 : 科学出版社，2009.
4. 曾志将 . 养蜂学 [M]. 北京 : 中国农业出版社，2023.
5. 陈幼春，马月辉，何晓红，等 . 地方、培育、引入品种资源的保存与发展的研究进展 [J]. 中国畜牧兽医，2008, 35（1）: 5–11
6. 陈晓，石巍，陈超，等 . 欧洲蜜蜂遗传改良项目及对中国蜜蜂资源和育种工作的启示 [J]. 中国农业科技导报，2017, 19（10）: 14 – 20.
7. 董坤哲 . 藏猪高海拔环境适应性分子机制探讨 [D]. 中国农业科学院，2015.
8. 郭建新，惠富平 . 中国驴子畜牧史考述 [J]. 农业考古，2019（1）: 158–163.
9. 谷继承，刘丑生，刘刚，等 . 牛遗传资源分子遗传多样性的研究进展 [J]. 中国畜牧兽医，2010, 37（9）: 127–131.
10. 国家畜禽遗传资源委员会 . 中国畜禽遗传资源志 · 家禽志 [M]. 北京 : 中国农业出版社，2012.
11. 国家畜禽遗传资源委员会 . 中国畜禽遗传资源志 · 马驴驼志 [M]. 北京 : 中国农业出版社，2011.
12. 国家畜禽遗传资源委员会 . 中国畜禽遗传资源志 · 蜜蜂志 [M]. 北京 : 中国农业出版社，2011.
13. 国家畜禽遗传资源委员会 . 中国畜禽遗传资源志 · 牛志 [M]. 北京 : 中国农业出版社，2011.
14. 国家畜禽遗传资源委员会 . 中国畜禽遗传资源志 · 猪志 [M]. 北京 : 中国农业出版社，2011.
15. 国家畜禽遗传资源委员会 . 中国畜禽遗传资源志 · 羊志 [M]. 北京 : 中国农业出版社，2011.
16. 国家畜禽遗传资源委员会 . 中国畜禽遗传资源志 · 特种畜禽志 [M]. 北京 : 中国农业出版社，2012.
17.《中国畜禽遗传资源状况》编写委员会 . 中国畜禽遗传资源状况 [M]. 北京 : 中国农业出版社，2004.
18. 韩兆玉，王根林 . 养牛学（第四版）[M]. 北京 : 中国农业出版社，2021.
19. 洪友崇 . 昆虫纲 . 华北地区古生物图册（二）中生代分册 [M]. 北京 : 地质出版社，1984.
20. 侯水生 . 中国水禽业发展现状 [J]. 中国畜牧兽医文摘，2016（9）: 2.

21. 侯文通 . 中国西北重要地方畜禽遗传资源 [M]. 北京 : 中国农业出版社 , 2010.
22. 冀一伦 . 实用养牛科学（第 2 版）[M]. 北京 : 中国农业出版社 , 2005.
23. 李相运 . 家猪的起源和驯化 [J]. 畜牧兽医杂志 , 1998, 17（3）: 4.
24. 李晓存 . 我国羽绒加工的现状与发展建议 [J]. 中国禽业导刊 , 2018, 35（15）: 3.
25. 李忠秋 . 民猪的种质特性研究进展 [J]. 黑龙江畜牧兽医 , 2021, 613（1）: 33–35.
26. 梁家勉 . 中国农业科学技术史稿 [M]. 北京 : 中国农业出版社 , 1989.
27. 梁忠 , 顾华兵 , 戴有礼 , 等 . 江苏水禽产业观察 [M]. 上海 : 上海科学技术出版社 , 2023.
28. 辽宁省蚕业科学研究所 . 中国柞蚕品种志 [M]. 沈阳 : 辽宁科学技术出版社 , 1994.
29. 刘榜 . 家畜育种学（第二版）[M]. 北京 : 中国农业出版社 , 2019.
30. 刘丑生 , 刘刚 , 昝林森 , 等 . 畜禽遗传资源保护与利用 [M]. 北京 : 中国农业出版社 , 2021.
31. 刘宗岳 . 2021 年毛皮动物产业形势分析与 2022 年展望 [J]. 畜牧业 , 2022（4）: 32–36.
32. 路辰 . 中国家马起源刍议 [J]. 文化创新比较研究 , 2022, 6（22）: 71–76.
33. 陆仲璘 . 中国牦牛类型 [M]. 牦牛科学研究论文集 , 1990.
34. 罗运兵 . 中国古代猪类的驯化与饲养“与猪同行”[J]. 大众考古 , 2013（4）: 44–47.
35. 马月辉 . 羊遗传资源保护与开发利用 [J]. 中国畜牧业 , 2010（1）: 40–42.
36. 庞有志 . 鹌鹑文化与我国鹌鹑产业发展 [J]. 中国禽业导刊 , 2021, 8: 42–49.
37. 全国畜牧总站 . 畜禽遗传资源普查与测定技术方法 [M]. 北京 : 中国农业出版社 , 2022.
38. 全国畜牧总站 . 全国畜禽遗传资源普查百问百答 [M]. 北京 : 中国农业出版社 , 2022.
39. 全国畜种总站 . 中国畜禽 70 年 [M]. 北京 : 中国农业出版社 , 2022.
40. 任安勇 . 四个中国家兔地方品种全基因组 SNP 标记开发与遗传多样性评估 [D]. 四川成都：四川农业大学 , 2020.
41. 任战军 . 中国鹿科动物遗传资源的现状 [J]. 西安联合大学学报 , 2000（4）: 51–55.
42. 盛和林 . 中国鹿类动物 [M]. 上海 : 华东师范大学出版社 , 1992.
43. 盛志廉 . 探索畜禽保种的新理论 . 第五次全国畜禽遗传育种科学学术讨论会论文 , 1989: 125.
44. 孙从佼 , 杨宁 . 中国蛋鸡种业发展概况与未来发展趋势 [J]. 中国禽业导刊 , 2022, 39（6）: 5–8.
45. 田可川 , 郑文新 , 尚海峰 , 等 . 2021 年绒毛用羊生产与贸易、产业技术发展概况 [J]. 中国畜牧杂志 , 2022, 58（3）: 264–269.
46. 王继文 , 李亮 , 刘贺贺 . 我国优质麻鸭育种研究现状 [J]. 中国家禽 , 2019, 41（15）: 5.
47. 王丽辉 . 福建黄兔开发利用及配套技术研究 [J]. 中国养兔 , 2007（3）: 24–27.
48. 王玉涛 , 王世锋 , 罗玉柱 . 现代家养绵羊起源进化的分子遗传学研究进展 [J]. 生物技术通报 , 2013（12）: 15–20,
49. 王志敬 , 何国戈 , 谭伟军 , 等 . 中国羊品种资源现状及发展建议 [J]. 现代农业科技 , 2018（21）: 2.
50. 文杰 . 肉鸡种业的昨天、今天和明天 [J]. 中国畜牧业 , 2021, 17: 27–30.
51. 吴常信 , 动物比较育种学 [M]. 北京 : 中国农业大学出版社 , 2021.
52. 吴杰 . 蜜蜂学 [M]. 北京 : 中国农业出版社 , 2012.
53. 武拉平 , 颉国忠 , 秦应和 , 等 .“十三五”以来中国兔产业发展报告（二）(2016 年—2019 年）[J]. 中国养兔杂志 , 2021（1）: 20–26.
54. 武拉平 , 颉国忠 , 秦应和 , 等 .“十三五”以来中国兔产业发展报告（一）(2016 年—2019 年）[J]. 中国养兔杂志，2020（6）：17-23+27.
55. 武拉平，王建勋，秦应和．2022 年兔产业生产概况、2023 年发展趋势及政策建议 [J]. 中国畜牧杂志，2023, 59（3）：348-352.
56. 许尚忠，高雪．中国黄牛学 [M]. 北京：中国农业出版社，2013.
57. 薛运波．蜜蜂遗传育种与资源开发利用 [M]. 北京：中国农业出版社，2020.
58. 阎萍，梁春年．中国牦牛 [M]. 北京：中国农业科学技术出版社，2019.
59. 于福清．加强畜禽遗传资源保护 夯实畜禽种业振兴根基 [J]. 农村工作通讯，2022（16）：26-28.
60. 张海龙．基于畜禽遗传资源保护视角下地方品种猪资源的保护与利用研究 [J]. 中国猪业，2022, 17（4）：106-108.
61. 张健．国家蚕桑科技教育发展报告 [M]. 北京：中国农业出版社，2014.
62. 张沅．家畜育种学（第二版）[M]. 北京：中国农业出版社，2018.
63. 章纯熙．中国水牛科学（第 1 版）[M]. 南宁：广西科学技术出版社，2000.
64. 赵斌．基于 SSR 标记建立家兔种质资源遗传评价方法 [D]. 扬州：扬州大学，2018.
65. 赵万里等．特种经济禽类生产 [M]. 北京：中国农业出版社，1993.
66. 中国农业博物馆农史研究室．中国古代农业科技史图说 [M]. 北京：农业出版社，1989.
67. 中国家畜家禽品种志编写组．中国家禽品种志 [M]. 上海：上海科学技术出版社，1989.
68. 中国家畜家禽品种志编写组．中国马驴品种志 [M]. 上海：上海科学技术出版社，1987.
69. 中国家畜家禽品种志编写组．中国牛品种志 [M]. 上海：上海科学技术出版社，1986.
70. 中国家畜家禽品种志编写组．中国羊品种志 [M]. 上海：上海科学技术出版社，1989.
71. 中国家畜家禽品种志编写组．中国猪品种志 [M]. 上海：上海科学技术出版社，1986.
72. 中国农业科学院蚕业研究所．中国家蚕品种志 [M]. 北京：中国农业出版社，1987.
73. 中国农业科学院蚕业研究所．中国养蚕学 [M]. 上海：上海科学技术出版社，2020.
74. 周匡明．中国蚕业史话 [M]. 上海：上海科学技术出版社，2009.
75. Monchot H. From palaeontology to zooarchaeology, importance of the camels through time and history[J]. Proceedings of 4th Conference of ISOCARD, 2015, 24 (15): 43-47.
76. Beja-Pereira A, England P R, Ferrand N, et al.African origins of the domestic donkey[J].Science, 2004, 304(5678): 1781-1781.
77. Daly K G, Mattiangeli V, Hare A J, et al. Herded and hunted goat genomes from the dawn of domestication in the Zagros Mountains [J]. Proceedings of the National Academy of Sciences of the United States of America, 2021, 118(25): e2100901118.
78. Eda M, Itahashi Y, Kikuchi H, et al. Multiple lines of evidence of early goose domestication in a 7, 000-y-old rice cultivation village in the lower Yangtze River, China [J]. Proceedings of the National Academy of Sciences of the United States of America, 2022, 119(12): e2117064119.
79. Librado P, Khan N, Fages A, et al. The origins and spread of domestic horses from the Western Eurasian steppes [J]. Nature, 2021, 598(7882): 634 - 640.
80. Luo X, Zhou Y, Zhang B, et al. Understanding divergent domestication traits from the whole-genome sequencing of swamp- and river-buffalo populations [J]. National Science Review, 2020, 7(3): 686-701.
81. Lv F H, Cao Y H, Liu G J, et al. Whole-genome resequencing of worldwide wild and domestic sheep

elucidates genetic diversity, introgression, and agronomically important loci [J]. Molecular Biology Evolution, 2022, 39 (2): msab353.

82. Monchot H. From palaeontology to zooarchaeology, importance of the camels through time and history[J]. Proceedings of 4th Conference of ISOCARD, 2015, 24 (15): 43–47.

83. Qi X, Han J, Blench R, et al. Understanding the yak pastoralism in Central Asian Highlands: genetic evidence for origin, domestication and dispersion of domestic yak [M]. Abingdon: Routledge, 2008.

84. Qiu Q, Wang L, Wang K, et al. Yak whole-genome resequencing reveals domestication signatures and prehistoric population expansions[J]. Nature Communications, 2015, 6: 10283.

85. Tong X, Han M J, Lu K, et al. High-resolution silkworm pan-genome provides genetic insights into artificial selection and ecological adaptation [J]. Nature Communications, 2022, 13(1): 5619.

86. Yuan J, Jianlin H and Blench R. Livestock in ancient China: an archaeozoological perspective. In: Sanchez-Mazas A, Blench RM and Ross M (eds) Human Migrations in Continental East Asia and Taiwan. Genetic, Linguistic and Archaeological Evidence [M]. Abingdon: Routledge, 2008.

87. Zhang Y, Colli L, Barker J S F. Asian water buffalo: domestication, history and genetics [J]. Animal Genetics, 2020, 51(2): 177–191.

88. Dong Y, Xie M, Jiang Y, et al. Sequencing and automated whole-genome optical mapping of the genome of a domestic goat (Capra hircus) [J]. Nature Biotechnology, 2013, 31(2): 135–141.

89. Huang Y, Li Y, Burt D W, et al. The duck genome and transcriptome provide insight into an avian influenza virus reservoir species[J]. Nature Genetics, 2013, 45(7): 776–783.

90. Jirimutu, Wang Z, Ding G, et al. Genome sequences of wild and domestic bactrian camels[J]. Nature Communications, 2012, 3: 1202.

91. Kalds P, Zhou S, Gao Y, et al. Genetics of the phenotypic evolution in sheep: a molecular look at diversity-driving genes [J]. Genetics Selection Evolution, 2022, 54(1): 61.

92. Li R, Gong M, Zhang X, et al. A sheep pangenome reveals the spectrum of structural variations and their effects on tail phenotypes[J]. Genome Research, 2023, 33(3): 463–477.

93. Li X, Yang J, Shen M, et al. Whole-genome resequencing of wild and domestic sheep identifies genes associated with morphological and agronomic traits[J]. Nature Communications, 2020, 11(1): 2815.

94. Liang D, Zhao P, Si J, et al. Genomic Analysis Revealed a Convergent Evolution of LINE-1 in Coat Color: A case study in water buffaloes (bubalus bubalis)[J]. Molecular Biology and Evolution, 2021, 38(3): 1122–1136.

95. Liu D, Zhang H, Yang Y, et al. Metabolome-based genome-wide association study of duck meat leads to novel genetic and biochemical insights[J]. Advanced Science, 2023, 10(18): e2300148.

96. Lu L, Chen Y, Wang Z, et al. The goose genome sequence leads to insights into the evolution of waterfowl and susceptibility to fatty liver[J]. Genome Biology, 2015, 16(1): 89.

97. Qiu Q, Zhang G, Ma T, et al. The yak genome and adaptation to life at high altitude [J]. Nature Genetics, 2012, 44(8): 946–949.

98. Tian X, Li R, Fu W, et al. Building a sequence map of the pig pan-genome from multiple de novo assemblies and Hi-C data[J]. Science China-Life Sciences, 2020, 63(5): 750–763.

99. Tong X, Han M J, Lu K, et al. High-resolution silkworm pan-genome provides genetic insights into artificial

selection and ecological adaptation[J]. Nature Communications, 2022, 13(1): 5619.

100. Wang C, Li H, Guo Y, et al. Donkey genomes provide new insights into domestication and selection for coat color[J]. Nature Communications, 2020, 11(1): 6014.

101. Wang K, Hu H, Tian Y, et al. The chicken pan-genome reveals gene content variation and a promoter region deletion in IGF2BP1 affecting body size. Molecular Biology and Evolution, 2021, 38(11): 5066–5081.

102. Wang M S, Thakur M, Peng M S, et al. 863 genomes reveal the origin and domestication of chicken[J]. Cell research, 2020, 30(8): 693–701.

103. Wang Z, Qu L, Yao J, et al. An EAV-HP insertion in 5' Flanking region of SLCO1B3 causes blue eggshell in the chicken[J]. Plos Genetics, 2013, 9(1): e1003183.

104. Xia Q, Zhou Z, Lu C, et al. A draft sequence for the genome of the domesticated silkworm (Bombyx mori)[J]. Science, 2004, 306(5703): 1937–1940.

105. Xing X, Ai C, Wang T, et al. The first high-quality reference genome of sika deer provides insights into high-tannin adaptation [J]. Genomics Proteomics & Bioinformatics, 2023, 21(1): 203–215.

106. Zheng Q, Lin J, Huang J, et al. Reconstitution of UCP1 using CRISPR/Cas9 in the white adipose tissue of pigs decreases fat deposition and improves thermogenic capacity[J]. Proceedings of the National Academy of Sciences of the United States of America, 2017, 114(45): e9474–e9482.

107. Zhou Y, Yang L, Han X, et al. Assembly of a pangenome for global cattle reveals missing sequences and novel structural variations, providing new insights into their diversity and evolutionary history [J]. Genome Research, 2022, 32(8): 1585–1601.

108. Zhu F, Yin Z T, Wang Z, et al. Three chromosome-level duck genome assemblies provide insights into genomic variation during domestication[J]. Nature Communications, 2021, 12(1): 5932.

附录

附录 I

国家畜禽遗传资源目录

本次公布的畜禽遗传资源目录，所列种为家养畜禽并包括其杂交后代。

一、传统畜禽

（一）猪

地方品种，培育品种（含家猪与野猪杂交后代）及配套系，引入品种及配套系。

（二）普通牛、瘤牛、水牛、牦牛、大额牛

地方品种，培育品种及配套系，引入品种及配套系。

（三）绵羊、山羊

地方品种，培育品种及配套系，引入品种及配套系。

（四）马

地方品种，培育品种，引入品种。

（五）驴

地方品种，培育品种，引入品种。

（六）骆驼

地方品种，培育品种，引入品种。

（七）兔

地方品种，培育品种及配套系，引入品种及配套系。

（八）鸡

地方品种，培育品种及配套系，引入品种及配套系。

（九）鸭

地方品种，培育品种及配套系，引入品种及配套系。

（十）鹅

地方品种，培育品种及配套系，引入品种及配套系。

（十一）鸽

地方品种，培育品种及配套系，引入品种及配套系。

（十二）鹌鹑

培育品种及配套系，引入品种及配套系。

二、特种畜禽

（一）梅花鹿

地方品种，培育品种，引入品种。

（二）马鹿

地方品种，培育品种，引入品种。

（三）驯鹿

地方品种，培育品种，引入品种。

（四）羊驼

培育品种，引入品种。

（五）火鸡

培育品种，引入品种。

（六）珍珠鸡

培育品种，引入品种。

（七）雉鸡

地方品种，培育品种，引入品种。

（八）鹧鸪

培育品种，引入品种。

（九）番鸭

地方品种，培育品种，引入品种。

（十）绿头鸭

培育品种，引入品种。

（十一）鸵鸟

培育品种，引入品种。

（十二）鸸鹋

培育品种，引入品种。

（十三）水貂（非食用）

培育品种，引入品种。

（十四）银狐（非食用）

培育品种，引入品种。

（十五）北极狐（非食用）

培育品种，引入品种。

（十六）貉（非食用）

地方品种，培育品种，引入品种。

附录Ⅱ

国家畜禽遗传资源品种名录①

传统畜禽

一、猪

（一）地方品种

1. 马身猪
2. 河套大耳猪
3. 民猪
4. 枫泾猪
5. 浦东白猪
6. 东串猪
7. 二花脸猪
8. 淮猪（淮北猪、山猪、定远猪、皖北猪、淮南猪）
9. 姜曲海猪
10. 梅山猪
11. 米猪
12. 沙乌头猪
13. 碧湖猪
14. 岔路黑猪
15. 金华猪
16. 嘉兴黑猪
17. 兰溪花猪
18. 嵊县花猪
19. 仙居花猪
20. 安庆六白猪
21. 皖南黑猪
22. 圩猪
23. 皖浙花猪
24. 官庄花猪
25. 槐猪
26. 闽北花猪
27. 莆田猪
28. 武夷黑猪
29. 滨湖黑猪
30. 赣中南花猪
31. 杭猪
32. 乐平猪
33. 玉江猪
34. 大蒲莲猪
35. 莱芜猪
36. 南阳黑猪
37. 确山黑猪
38. 清平猪
39. 阳新猪

① 统计时间截至 2024 年 1 月。

40. 大围子猪
41. 华中两头乌猪（沙子岭猪、监利猪、通城猪、赣西两头乌猪、东山猪）
42. 宁乡猪
43. 黔邵花猪
44. 湘西黑猪
45. 大花白猪
46. 蓝塘猪
47. 粤东黑猪
48. 巴马香猪
49. 德保猪
50. 桂中花猪
51. 两广小花猪（陆川猪、广东小耳花猪、墩头猪）
52. 隆林猪
53. 海南猪
54. 五指山猪
55. 荣昌猪
56. 成华猪
57. 湖川山地猪（恩施黑猪、盆周山地猪、合川黑猪、罗盘山猪、渠溪猪、丫杈猪）
58. 内江猪
59. 乌金猪（柯乐猪、大河猪、昭通猪、凉山猪）
60. 雅南猪
61. 白洗猪
62. 关岭猪
63. 江口萝卜猪
64. 黔北黑猪
65. 黔东花猪
66. 香猪
67. 保山猪
68. 高黎贡山猪
69. 明光小耳猪
70. 滇南小耳猪
71. 撒坝猪
72. 藏猪（西藏藏猪、迪庆藏猪、四川藏猪、合作猪）
73. 汉江黑猪
74. 八眉猪
75. 兰屿小耳猪
76. 桃园猪
77. 烟台黑猪
78. 五莲黑猪
79. 沂蒙黑猪
80. 里岔黑猪
81. 深县猪
82. 丽江猪
83. 枣庄黑盖猪
84. 豫西黑猪
85. 红灯笼猪
86. 北港猪
87. 项城猪
88. 龙游乌猪
89. 梁山黑猪

（二）培育品种

1. 新淮猪
2. 上海白猪
3. 北京黑猪
4. 汉中白猪
5. 山西黑猪
6. 湖北白猪
7. 浙江中白猪
8. 苏太猪
9. 军牧 1 号白猪
10. 大河乌猪
11. 鲁莱黑猪
12. 鲁烟白猪
13. 豫南黑猪
14. 滇陆猪
15. 松辽黑猪
16. 苏淮猪
17. 湘村黑猪
18. 苏姜猪
19. 晋汾白猪

20. 吉神黑猪
21. 苏山猪
22. 宣和猪
23. 辽丹黑猪
24. 川乡黑猪
25. 硒都黑猪
26. 山下长黑
27. 乡下黑猪
28. 天府黑猪
29. 东北花猪（吉林花猪）

（三）培育配套系

1. 深农猪配套系
2. 中育猪配套系
3. 华农温氏 I 号猪配套系
4. 滇撒猪配套系
5. 渝荣 I 号猪配套系
6. 天府肉猪
7. 龙宝 1 号猪
8. 川藏黑猪
9. 江泉白猪配套系
10. 温氏 WS501 猪配套系
11. 湘沙猪
12. 香雪白猪
13. 龙民黑猪配套系
14. 蓝思猪配套系

（四）引入品种

1. 大白猪
2. 长白猪
3. 杜洛克猪
4. 汉普夏猪
5. 皮特兰猪
6. 巴克夏猪

（五）引入配套系

1. 斯格猪
2. 皮埃西猪

二、普通牛、瘤牛、水牛、牦牛、大额牛

普通牛

（一）地方品种

1. 秦川牛（早胜牛）
2. 南阳牛
3. 鲁西牛
4. 晋南牛
5. 延边牛
6. 冀南牛
7. 太行牛
8. 平陆山地牛
9. 蒙古牛
10. 复州牛
11. 徐州牛
12. 温岭高峰牛
13. 舟山牛
14. 大别山牛
15. 皖南牛
16. 闽南牛
17. 广丰牛
18. 吉安牛
19. 锦江牛
20. 渤海黑牛
21. 蒙山牛
22. 郏县红牛
23. 枣北牛
24. 巫陵牛
25. 雷琼牛
26. 隆林牛
27. 南丹牛
28. 涠洲牛
29. 巴山牛
30. 川南山地牛
31. 峨边花牛
32. 甘孜藏牛
33. 凉山牛

34. 平武牛
35. 三江牛
36. 关岭牛
37. 黎平牛
38. 威宁牛
39. 务川黑牛
40. 邓川牛
41. 迪庆牛
42. 滇中牛
43. 文山牛
44. 云南高峰牛
45. 昭通牛
46. 阿沛甲咂牛
47. 日喀则驼峰牛
48. 西藏牛
49. 樟木牛
50. 柴达木牛
51. 哈萨克牛
52. 台湾牛
53. 阿勒泰白头牛
54. 皖东牛
55. 夷陵牛
56. 江城黄牛
57. 空山牛

（二）培育品种

1. 中国荷斯坦牛
2. 中国西门塔尔牛
3. 三河牛
4. 新疆褐牛
5. 中国草原红牛
6. 夏南牛
7. 延黄牛
8. 辽育白牛
9. 蜀宣花牛
10. 云岭牛
11. 华西牛

（三）引入品种

1. 荷斯坦牛
2. 西门塔尔牛
3. 夏洛来牛
4. 利木赞牛
5. 安格斯牛
6. 娟姗牛
7. 德国黄牛
8. 南德文牛
9. 皮埃蒙特牛
10. 短角牛
11. 海福特牛
12. 和牛
13. 比利时蓝牛
14. 瑞士褐牛
15. 挪威红牛

瘤牛

引入品种

婆罗门牛

水牛

（一）地方品种

1. 海子水牛
2. 盱眙山区水牛
3. 温州水牛
4. 东流水牛
5. 江淮水牛
6. 福安水牛
7. 鄱阳湖水牛
8. 峡江水牛
9. 信丰山地水牛
10. 信阳水牛
11. 恩施山地水牛

12. 江汉水牛
13. 滨湖水牛
14. 富钟水牛
15. 西林水牛
16. 兴隆水牛
17. 德昌水牛
18. 涪陵水牛
19. 宜宾水牛
20. 贵州白水牛
21. 贵州水牛
22. 槟榔江水牛
23. 德宏水牛
24. 滇东南水牛
25. 盐津水牛
26. 陕南水牛
27. 上海水牛

（二）引入品种

1. 摩拉水牛
2. 尼里－拉菲水牛
3. 地中海水牛

牦牛

（一）地方品种

1. 九龙牦牛
2. 麦洼牦牛
3. 木里牦牛
4. 中甸牦牛
5. 娘亚牦牛
6. 帕里牦牛
7. 斯布牦牛
8. 西藏高山牦牛
9. 甘南牦牛
10. 天祝白牦牛
11. 青海高原牦牛
12. 巴州牦牛
13. 金川牦牛
14. 昌台牦牛
15. 类乌齐牦牛
16. 环湖牦牛
17. 雪多牦牛
18. 玉树牦牛
19. 帕米尔牦牛
20. 查吾拉牦牛
21. 亚丁牦牛
22. 肃南牦牛

（二）培育品种

1. 大通牦牛
2. 阿什旦牦牛

大额牛

地方品种

独龙牛

三、绵羊、山羊

绵羊

（一）地方品种

1. 蒙古羊
2. 西藏羊
3. 哈萨克羊
4. 广灵大尾羊
5. 晋中绵羊
6. 呼伦贝尔羊
7. 苏尼特羊
8. 乌冉克羊
9. 乌珠穆沁羊
10. 湖羊
11. 鲁中山地绵羊
12. 泗水裘皮羊
13. 洼地绵羊

14. 小尾寒羊
15. 大尾寒羊
16. 太行裘皮羊
17. 豫西脂尾羊
18. 威宁绵羊
19. 迪庆绵羊
20. 兰坪乌骨绵羊
21. 宁蒗黑绵羊
22. 石屏青绵羊
23. 腾冲绵羊
24. 昭通绵羊
25. 汉中绵羊
26. 同羊
27. 兰州大尾羊
28. 岷县黑裘皮羊
29. 贵德黑裘皮羊
30. 滩羊
31. 阿勒泰羊
32. 巴尔楚克羊
33. 巴什拜羊
34. 巴音布鲁克羊
35. 策勒黑羊
36. 多浪羊
37. 和田羊
38. 柯尔克孜羊
39. 罗布羊
40. 塔什库尔干羊
41. 吐鲁番黑羊
42. 叶城羊
43. 欧拉羊
44. 扎什加羊
45. 玛格绵羊
46. 阿旺绵羊
47. 泽库羊
48. 凉山黑绵羊
49. 勒通绵羊
50. 色瓦绵羊
51. 霍尔巴绵羊
52. 多玛绵羊
53. 苏格绵羊
54. 岗巴绵羊
55. 皮山红羊
56. 洮羊

（二）培育品种

1. 新疆细毛羊
2. 东北细毛羊
3. 内蒙古细毛羊
4. 甘肃高山细毛羊
5. 敖汉细毛羊
6. 中国美利奴羊
7. 中国卡拉库尔羊
8. 云南半细毛羊
9. 新吉细毛羊
10. 巴美肉羊
11. 彭波半细毛羊
12. 凉山半细毛羊
13. 青海毛肉兼用细毛羊
14. 青海高原毛肉兼用半细毛羊
15. 鄂尔多斯细毛羊
16. 呼伦贝尔细毛羊
17. 科尔沁细毛羊
18. 乌兰察布细毛羊
19. 兴安毛肉兼用细毛羊
20. 陕北细毛羊
21. 昭乌达肉羊
22. 察哈尔羊
23. 苏博美利奴羊
24. 高山美利奴羊
25. 象雄半细毛羊
26. 鲁西黑头羊
27. 乾华肉用美利奴羊
28. 戈壁短尾羊
29. 鲁中肉羊
30. 草原短尾羊
31. 黄淮肉羊

32. 贵乾半细毛羊
33. 杜蒙羊
34. 天华肉羊
35. 华蒙肉羊
36. 双乾肉羊
37. 德新肉用细毛羊

（三）引入品种

1. 夏洛来羊
2. 考力代羊
3. 澳洲美利奴羊
4. 德国肉用美利奴羊
5. 萨福克羊
6. 无角陶赛特羊
7. 特克赛尔羊
8. 杜泊羊
9. 白萨福克羊
10. 南非肉用美利奴羊
11. 澳洲白羊
12. 东佛里生羊
13. 南丘羊

山羊

（一）地方品种

1. 西藏山羊
2. 新疆山羊
3. 内蒙古绒山羊
4. 辽宁绒山羊
5. 承德无角山羊
6. 吕梁黑山羊
7. 太行山羊
8. 乌珠穆沁白山羊
9. 长江三角洲白山羊
10. 黄淮山羊
11. 戴云山羊
12. 福清山羊
13. 闽东山羊
14. 赣西山羊
15. 广丰山羊
16. 尧山白山羊
17. 济宁青山羊
18. 莱芜黑山羊
19. 鲁北白山羊
20. 沂蒙黑山羊
21. 伏牛白山羊
22. 麻城黑山羊
23. 马头山羊
24. 宜昌白山羊
25. 湘东黑山羊
26. 雷州山羊
27. 都安山羊
28. 隆林山羊
29. 渝东黑山羊
30. 大足黑山羊
31. 酉州乌羊
32. 白玉黑山羊
33. 板角山羊
34. 北川白山羊
35. 成都麻羊
36. 川东白山羊
37. 川南黑山羊
38. 川中黑山羊
39. 古蔺马羊
40. 建昌黑山羊
41. 美姑山羊
42. 贵州白山羊
43. 贵州黑山羊
44. 黔北麻羊
45. 凤庆无角黑山羊
46. 圭山山羊
47. 龙陵黄山羊
48. 罗平黄山羊
49. 马关无角山羊
50. 弥勒红骨山羊
51. 宁蒗黑头山羊

52. 云岭山羊
53. 昭通山羊
54. 陕南白山羊
55. 子午岭黑山羊
56. 河西绒山羊
57. 柴达木山羊
58. 中卫山羊
59. 牙山黑绒山羊
60. 威信白山羊
61. 燕山绒山羊
62. 南充黑山羊
64. 合川白山羊
64. 临沧长毛山羊
65. 兰坪长毛山羊
66. 千秋山羊
67. 洮藏黑山羊

（二）培育品种

1. 关中奶山羊
2. 崂山奶山羊
3. 南江黄羊
4. 陕北白绒山羊
5. 文登奶山羊
6. 柴达木绒山羊
7. 雅安奶山羊
8. 罕山白绒山羊
9. 晋岚绒山羊
10. 简州大耳羊
11. 云上黑山羊
12. 疆南绒山羊
13. 藏西北白绒山羊
14. 皖临白山羊

（三）引入品种

1. 萨能奶山羊
2. 安哥拉山羊
3. 波尔山羊
4. 努比亚山羊
5. 阿尔卑斯奶山羊
6. 吐根堡奶山羊

四、马

（一）地方品种

1. 阿巴嘎黑马
2. 鄂伦春马
3. 蒙古马
4. 锡尼河马
5. 晋江马
6. 利川马
7. 百色马
8. 德保矮马
9. 甘孜马
10. 建昌马
11. 贵州马
12. 大理马
13. 腾冲马
14. 文山马
15. 乌蒙马
16. 永宁马
17. 云南矮马
18. 中甸马
19. 西藏马
20. 宁强马
21. 岔口驿马
22. 大通马
23. 河曲马
24. 柴达木马
25. 玉树马
26. 巴里坤马
27. 哈萨克马
28. 柯尔克孜马
29. 焉耆马

（二）培育品种

1. 三河马

2. 金州马
3. 铁岭挽马
4. 吉林马
5. 关中马
6. 渤海马
7. 山丹马
8. 伊吾马
9. 锡林郭勒马
10. 科尔沁马
11. 张北马
12. 新丽江马
13. 伊犁马
14. 黑河马

（三）引入品种

1. 纯血马
2. 阿哈－捷金马
3. 奥尔洛夫快步马
4. 阿尔登马
5. 阿拉伯马
6. 温血马（荷斯坦马、荷兰温血马、丹麦温血马、汉诺威马、奥登堡马、塞拉－法兰西马）
7. 设特兰马
8. 夸特马
9. 法国速步马
10. 弗里斯兰马
11. 贝尔修伦马
12. 美国标准马
13. 夏尔马
14. 苏高血马

五、驴

地方品种

1. 太行驴
2. 阳原驴
3. 广灵驴
4. 晋南驴
5. 临县驴
6. 库伦驴
7. 泌阳驴
8. 庆阳驴
9. 苏北毛驴
10. 淮北灰驴
11. 德州驴
12. 长垣驴
13. 川驴
14. 云南驴
15. 西藏驴
16. 关中驴
17. 佳米驴
18. 陕北毛驴
19. 凉州驴
20. 青海毛驴
21. 西吉驴
22. 和田青驴
23. 吐鲁番驴
24. 新疆驴

六、骆驼

地方品种

1. 阿拉善双峰驼
2. 苏尼特双峰驼
3. 青海骆驼
4. 新疆塔里木双峰驼
5. 新疆准噶尔双峰驼

七、兔

（一）地方品种

1. 福建黄兔
2. 闽西南黑兔
3. 万载兔

4. 九疑山兔
5. 四川白兔
6. 云南花兔
7. 福建白兔
8. 莱芜黑兔

（二）培育品种

1. 浙系长毛兔
2. 皖系长毛兔
3. 苏系长毛兔
4. 西平长毛兔
5. 吉戎兔
6. 塞北兔
7. 豫丰黄兔
8. 川白獭兔
9. 皖南黄兔
10. 甬青獭兔
11. 天府黑兔

（三）培育配套系

1. 康大 1 号肉兔
2. 康大 2 号肉兔
3. 康大 3 号肉兔
4. 蜀兴 1 号肉兔

（四）引入品种

1. 青紫蓝兔
2. 比利时兔
3. 新西兰白兔
4. 加利福尼亚兔
5. 力克斯兔
6. 德国花巨兔
7. 日本大耳白兔

（五）引入配套系

1. 伊拉肉兔
2. 伊普吕肉兔
3. 齐卡肉兔
4. 伊高乐肉兔

八、鸡

（一）地方品种

1. 北京油鸡
2. 坝上长尾鸡
3. 边鸡
4. 大骨鸡
5. 林甸鸡
6. 浦东鸡
7. 狼山鸡
8. 溧阳鸡
9. 鹿苑鸡
10. 如皋黄鸡
11. 太湖鸡
12. 仙居鸡
13. 江山乌骨鸡
14. 灵昆鸡
15. 萧山鸡
16. 淮北麻鸡
17. 淮南麻黄鸡
18. 黄山黑鸡
19. 皖北斗鸡
20. 五华鸡
21. 皖南三黄鸡
22. 德化黑鸡
23. 金湖乌凤鸡
24. 河田鸡
25. 闽清毛脚鸡
26. 象洞鸡
27. 漳州斗鸡
28. 安义瓦灰鸡
29. 白耳黄鸡
30. 崇仁麻鸡
31. 东乡绿壳蛋鸡
32. 康乐鸡
33. 宁都黄鸡

34. 丝羽乌骨鸡
35. 余干乌骨鸡
36. 济宁百日鸡
37. 鲁西斗鸡
38. 琅琊鸡
39. 寿光鸡
40. 汶上芦花鸡
41. 固始鸡
42. 河南斗鸡
43. 卢氏鸡
44. 淅川乌骨鸡
45. 正阳三黄鸡
46. 洪山鸡
47. 江汉鸡
48. 景阳鸡
49. 双莲鸡
50. 郧阳白羽乌鸡
51. 郧阳大鸡
52. 东安鸡
53. 黄郎鸡
54. 桃源鸡
55. 雪峰乌骨鸡
56. 怀乡鸡
57. 惠阳胡须鸡
58. 清远麻鸡
59. 杏花鸡
60. 阳山鸡
61. 中山沙栏鸡
62. 广西麻鸡
63. 广西三黄鸡
64. 广西乌鸡
65. 龙胜凤鸡
66. 霞烟鸡
67. 瑶鸡
68. 文昌鸡
69. 城口山地鸡
70. 大宁河鸡
71. 峨眉黑鸡
72. 旧院黑鸡
73. 金阳丝毛鸡
74. 泸宁鸡
75. 凉山岩鹰鸡
76. 米易鸡
77. 彭县黄鸡
78. 四川山地乌骨鸡
79. 石棉草科鸡
80. 矮脚鸡
81. 长顺绿壳蛋鸡
82. 高脚鸡
83. 黔东南小香鸡
84. 乌蒙乌骨鸡
85. 威宁鸡
86. 竹乡鸡
87. 茶花鸡
88. 独龙鸡
89. 大围山微型鸡
90. 兰坪绒毛鸡
91. 尼西鸡
92. 瓢鸡
93. 腾冲雪鸡
94. 他留乌骨鸡
95. 武定鸡
96. 无量山乌骨鸡
97. 西双版纳斗鸡
98. 盐津乌骨鸡
99. 云龙矮脚鸡
100. 藏鸡
101. 略阳鸡
102. 太白鸡
103. 静原鸡
104. 海东鸡
105. 拜城油鸡
106. 和田黑鸡
107. 吐鲁番斗鸡
108. 麻城绿壳蛋鸡
109. 太行鸡

110. 广元灰鸡
111. 荆门黑羽绿壳蛋鸡
112. 富蕴黑鸡
113. 天长三黄鸡
114. 宁蒗高原鸡
115. 沂蒙鸡
116. 阿克鸡
117. 雁荡麻鸡
118. 祁门豆花鸡
119. 徐海鸡
120. 修水黄羽乌鸡
121. 儋州鸡
122. 粤西卷羽鸡
123. 维西傈家乌鸡
124. 黑水凤尾鸡
125. 羌山云朵鸡
126. 平武红鸡
127. 烟台糁糠鸡
128. 太平鸡
129. 来凤西水鸡
130. 五峰花鸡
131. 枣庄孙枝鸡
132. 莱芜黑鸡
133. 玉龙雪山乌鸡

（二）培育品种

1. 新狼山鸡
2. 新浦东鸡
3. 新扬州鸡
4. 京海黄鸡
5. 雪域白鸡

（三）培育配套系

1. 京白 939
2. 康达尔黄鸡 128 配套系
3. 新杨褐壳蛋鸡配套系
4. 江村黄鸡 JH-2 号配套系
5. 江村黄鸡 JH-3 号配套系
6. 新兴黄鸡 Ⅱ 号配套系
7. 新兴矮脚黄鸡配套系
8. 岭南黄鸡 Ⅰ 号配套系
9. 岭南黄鸡 Ⅱ 号配套系
10. 京星黄鸡 100 配套系
11. 京星黄鸡 102 配套系
12. 农大 3 号小型蛋鸡配套系
13. 邵伯鸡配套系
14. 鲁禽 1 号麻鸡配套系
15. 鲁禽 3 号麻鸡配套系
16. 新兴竹丝鸡 3 号配套系
17. 新兴麻鸡 4 号配套系
18. 京红 1 号蛋鸡配套系
19. 京粉 1 号蛋鸡配套系
20. 良凤花鸡配套系
21. 墟岗黄鸡 1 号配套系
22. 皖江黄鸡配套系
23. 皖江麻鸡配套系
24. 雪山鸡配套系
25. 苏禽黄鸡 2 号配套系
26. 金陵麻鸡配套系
27. 金陵黄鸡配套系
28. 岭南黄鸡 3 号配套系
29. 金钱麻鸡 1 号配套系
30. 南海黄麻鸡 1 号
31. 弘香鸡
32. 新广铁脚麻鸡
33. 新广黄鸡 K996
34. 大恒 699 肉鸡配套系
35. 新杨白壳蛋鸡配套系
36. 新杨绿壳蛋鸡配套系
37. 凤翔青脚麻鸡
38. 凤翔乌鸡
39. 金种麻黄鸡
40. 振宁黄鸡配套系
41. 潭牛鸡配套系

42. 三高青脚黄鸡 3 号
43. 京粉 2 号蛋鸡
44. 大午粉 1 号蛋鸡
45. 苏禽绿壳蛋鸡
46. 天露黄鸡
47. 天露黑鸡
48. 光大梅黄 1 号肉鸡
49. 粤禽皇 5 号蛋鸡
50. 桂凤二号黄鸡
51. 天农麻鸡配套系
52. 新杨黑羽蛋鸡配套系
53. 豫粉 1 号蛋鸡配套系
54. 温氏青脚麻鸡 2 号配套系
55. 农大 5 号小型蛋鸡配套系
56. 科朗麻黄鸡配套系
57. 金陵花鸡配套系
58. 大午金凤蛋鸡配套系
59. 京白 1 号蛋鸡配套系
60. 京星黄鸡 103 配套系
61. 栗园油鸡蛋鸡配套系
62. 黎村黄鸡配套系
63. 凤达 1 号蛋鸡配套系
64. 欣华 2 号蛋鸡配套系
65. 鸿光黑鸡配套系
66. 参皇鸡 1 号配套系
67. 鸿光麻鸡配套系
68. 天府肉鸡配套系
69. 海扬黄鸡配套系
70. 肉鸡 WOD168 配套系
71. 京粉 6 号蛋鸡配套系
72. 金陵黑凤鸡配套系
73. 大恒 799 肉鸡
74. 神丹 6 号绿壳蛋鸡
75. 大午褐蛋鸡
76. 金陵麻乌鸡
77. 花山鸡
78. 园丰麻鸡 2 号
79. 沃德 158 肉鸡
80. 圣泽 901 白羽肉鸡
8 1. 益生 909 小型白羽肉鸡
82. 农金 1 号蛋鸡
83. 广明 2 号白羽肉鸡
84. 沃德 188 肉鸡
85. 光大梅岭 4 号肉鸡
86. 东禽 1 号麻鸡
87. 裕禾 1 号黄鸡
88. 富凤麻鸡
89. 容德小型黑羽蛋鸡配套系
90. 天露黄鸡 2 号配套系
91. 温氏麻黄鸡 3 号配套系
92. 农大 6 号蛋鸡配套系
93. 和盈黑鸡配套系
94. 河东 1 号肉鸡配套系
95. 苏禽 6 号蛋鸡配套系
96. 岭南黄鸡 5 号配套系

（四）引入品种

1. 隐性白羽鸡
2. 矮小黄鸡
3. 来航鸡
4. 洛岛红鸡
5. 贵妃鸡
6. 白洛克鸡
7. 哥伦比亚洛克鸡
8. 横斑洛克鸡

（五）引入配套系

1. 雪佛蛋鸡
2. 罗曼（罗曼褐、罗曼粉、罗曼灰、罗曼白 LSL）蛋鸡
3. 艾维茵肉鸡
4. 巴波娜蛋鸡
5. 巴布考克 B380 蛋鸡
6. 海兰（海兰褐、海兰灰、海兰白 W36、海

兰白 W80、海兰银褐）蛋鸡
7. 海赛克斯蛋鸡
8. 罗斯蛋鸡
9. 尼克蛋鸡
10. 伊莎（伊莎褐、伊莎粉）蛋鸡
11. 爱拔益加
12. 迪高肉鸡
13. 哈伯德
14. 红宝肉鸡
15. 科宝 500 肉鸡
16. 罗斯（罗斯 308、罗斯 708）肉鸡
17. 萨索肉鸡
18. 诺珍褐蛋鸡

九、鸭

（一）地方品种

1. 北京鸭
2. 高邮鸭
3. 绍兴鸭
4. 巢湖鸭
5. 金定鸭
6. 连城白鸭
7. 莆田黑鸭
8. 龙岩山麻鸭
9. 大余鸭
10. 吉安红毛鸭
11. 微山麻鸭
12. 文登黑鸭
13. 淮南麻鸭
14. 恩施麻鸭
15. 荆江鸭
16. 沔阳麻鸭
17. 攸县麻鸭
18. 临武鸭
19. 广西小麻鸭
20. 靖西大麻鸭
21. 龙胜翠鸭
22. 融水香鸭
23. 麻旺鸭
24. 建昌鸭
25. 四川麻鸭
26. 三穗鸭
27. 兴义鸭
28. 建水黄褐鸭
29. 云南麻鸭
30. 汉中麻鸭
31. 褐色菜鸭
32. 枞阳媒鸭
33. 缙云麻鸭
34. 马踏湖鸭
35. 娄门鸭
36. 于田麻鸭
37. 润州凤头白鸭
38. 奉化水鸭
39. 中山麻鸭
40. 开江麻鸭

（二）培育配套系

1. 南口 1 号北京鸭配套系
2. Z 型北京鸭配套系
3. 苏邮 1 号蛋鸭
4. 国绍 I 号蛋鸭配套系
5. 中畜草原白羽肉鸭配套系
6. 中新白羽肉鸭配套系
7. 神丹 2 号蛋鸭
8. 强英鸭
9. 农湖 2 号蛋鸭
10. 京典北京鸭
11. 武禽 10 肉鸭
12. 天府农华麻羽肉鸭配套系
13. 益扬 1 号肉鸭配套系
14. 桂柳麻鸭配套系

（三）引入品种

咔叽·康贝尔鸭

（四）引入配套系

1. 枫叶鸭
2. 南特鸭
3. 樱桃谷鸭

十、鹅

（一）地方品种

1. 太湖鹅
2. 籽鹅
3. 永康灰鹅
4. 浙东白鹅
5. 皖西白鹅
6. 雁鹅
7. 长乐鹅
8. 闽北白鹅
9. 兴国灰鹅
10. 丰城灰鹅
11. 广丰白翎鹅
12. 莲花白鹅
13. 百子鹅
14. 豁眼鹅
15. 道州灰鹅
16. 鄱县白鹅
17. 武冈铜鹅
18. 溆浦鹅
19. 马岗鹅
20. 狮头鹅
21. 乌鬃鹅
22. 阳江鹅
23. 右江鹅
24. 定安鹅
25. 钢鹅
26. 四川白鹅
27. 平坝灰鹅
28. 织金白鹅
29. 云南鹅
30. 伊犁鹅
31. 阳春白鹅
32. 向海飞鹅

（二）培育品种

扬州鹅

（三）培育配套系

1. 天府肉鹅
2. 江南白鹅配套系
3. 渝州白鹅配套系

（四）引入配套系

1. 朗德鹅
2. 罗曼鹅
3. 匈牙利白鹅
4. 霍尔多巴吉鹅

十一、鸽

（一）地方品种

1. 石岐鸽
2. 塔里木鸽
3. 太湖点子鸽
4. 豫中鹁鸽

（二）培育配套系

1. 天翔 1 号肉鸽配套系
2. 苏威 1 号肉鸽
3. 翱丰 1 号肉鸽配套系

（三）引入品种

1. 美国王鸽

2. 卡奴鸽
3. 银王鸽

（四）引入配套系

欧洲肉鸽

十二、鹌鹑

（一）培育配套系

神丹 1 号鹌鹑

（二）引入品种

1. 朝鲜鹌鹑
2. 迪法克 FM 系肉用鹌鹑

特种畜禽

一、梅花鹿

（一）地方品种

吉林梅花鹿

（二）培育品种

1. 四平梅花鹿
2. 敖东梅花鹿
3. 东丰梅花鹿
4. 兴凯湖梅花鹿
5. 双阳梅花鹿
6. 西丰梅花鹿
7. 东大梅花鹿

二、马鹿

（一）地方品种

1. 东北马鹿
2. 肃南马鹿
3. 阿山马鹿

（二）培育品种

1. 清原马鹿
2. 塔河马鹿
3. 伊河马鹿

三、驯鹿

地方品种

敖鲁古雅驯鹿

四、羊驼

引入品种

羊驼

五、火鸡

（一）地方品种

闽南火鸡

（二）引入品种引入品种

1. 尼古拉斯火鸡
2. 青铜火鸡

（三）引入配套系

贝蒂纳火鸡

六、珍珠鸡

引入品种

珍珠鸡

七、雉鸡

（一）地方品种

1. 中国山鸡

2. 天峨六画山鸡

（二）培育品种

1. 左家雉鸡
2. 申鸿七彩雉

（三）引入品种

美国七彩山鸡

八、鹧鸪

引入品种

鹧鸪

九、番鸭

（一）地方品种

中国番鸭

（二）培育配套系培育配套系

1. 温氏白羽番鸭 1 号
2. 中畜长白半番鸭

（三）引入品种

番鸭

（四）引入配套系

克里莫番鸭

十、绿头鸭

引入品种

绿头鸭

十一、鸵鸟

引入品种

1. 非洲黑鸵鸟
2. 红颈鸵鸟
3. 蓝颈鸵鸟

十二、鸸鹋

引入品种

鸸鹋

十三、水貂（非食用）

（一）培育品种

1. 吉林白水貂
2. 金州黑色十字水貂
3. 山东黑褐色标准水貂
4. 金州黑色标准水貂
5. 明华黑色水貂
6. 名威银蓝水貂

（二）引入品种

1. 银蓝色水貂
2. 短毛黑色水貂
3. 咖啡色水貂
4. 珍珠色水貂
5. 红眼白水貂

十四、银狐（非食用）

引入品种

1. 北美赤狐
2. 银黑狐

十五、北极狐（非食用）

引入品种

北极狐

十六、貉（非食用）

（一）地方品种

乌苏里貉

（二）培育品种

1. 吉林白貉
2. 吉左黑貉

注：第三次全国畜禽遗传资源普查中，未发现伊犁白猪、南昌白猪、三江白猪、光明猪配套系、冀合白猪配套系、鲁农Ⅰ号猪配套系、内蒙古半细毛羊、顿河马、卡巴金马、新吉尔吉斯马、中系安哥拉兔、哈尔滨大白兔、德系安哥拉兔、法系安哥拉兔、粤禽皇2号鸡配套系、粤禽皇3号鸡配套系、皖南黄鸡配套系、皖南青脚鸡配套系、五星黄鸡、海佩克、罗曼肉鸡、明星肉鸡、尼克肉鸡、罗马尼亚蛋鸡、安卡、海波罗、澳洲黑鸡、宝万斯蛋鸡、迪卡蛋鸡、金彗星、皮尔奇肉鸡、皮特逊肉鸡、印第安河肉鸡、三水白鸭配套系、仙湖肉鸭配套系、奥白星鸭、狄高鸭、海加德鸭、丽佳鸭、莱茵鹅、匈牙利灰鹅、新西兰赤鹿、BUT 火鸡、东北黑褐色标准水貂和米黄色水貂等 45 个品种（配套系）。

附录Ⅲ

国家蜂遗传资源品种名录①

（一）地方品种

1. 北方中蜂
2. 华南中蜂
3. 华中中蜂
4. 云贵高原中蜂
5. 长白山中蜂
6. 海南中蜂
7. 滇南中蜂
8. 阿坝中蜂
9. 西藏中蜂
10. 浙江浆蜂
11. 东北黑蜂
12. 新疆黑蜂
13. 珲春黑蜂
14. 西域黑蜂
15. 巴塘中蜂

（二）培育品种（品系、配套系）

1. 喀（阡）黑环系蜜蜂品系
2. 浙农大 1 号意大利蜂品系
3. 白山 5 号蜜蜂配套系
4. 国蜂 213 配套系
5. 国蜂 414 配套系
6. 松丹蜜蜂配套系
7. 中蜜一号

（三）引入品种

1. 意大利蜂
2. 美国意大利蜂
3. 澳大利亚意大利蜂
4. 卡尼鄂拉蜂
5. 高加索蜂
6. 喀尔巴阡蜂
7. 安纳托利亚蜂
8. 欧洲黑蜂
9. 远东黑蜂

（四）其他蜜蜂遗传资源

1. 大蜜蜂
2. 黑大蜜蜂
3. 小蜜蜂
4. 黑小蜜蜂
5. 熊蜂
6. 壁蜂
7. 切叶蜂
8. 无刺蜂

---

① 统计时间截至 2024 年 1 月。

附录Ⅳ

国家蚕遗传资源品种名录①

一、家蚕

（一）地方品种

1. 邯郸种
2. 临城种
3. 鲁黄 1
4. 鲁黄 10
5. 大锤把子
6. 安康 4
7. 武功种
8. 甘肃种
9. 延吉种
10. 玫瑰红茧
11. 黄茧
12. 宿迁 1
13. 大团圆
14. 丰县 8
15. 邳县 3
16. 沛县 1
17. 泗洪 15
18. 盱眙 1

32. 华圆
33. 金光
34. 三五七
35. 三〇四二
36. 九〇〇八
37. C17（诸吴）
38. 中五十一
39. 中五十四
40. 中六十四
41. 中六十六
42. 蚕毛一
43. 分水 1
44. 塘栖三眠
45. 义乌 10
46. 小石丸
47. 小白圆
48. 乌龙
49. 乌龙三〇三〇

63. 浔八
64. 临安
65. 临海 39
66. 柘蚕（杭）
67. 柘蚕（湖）
68. 桑蚕（湖）
69. 诸暨
70. 温州种
71. 辑里丝
72. 新昌 12
73. 嘉兴油蚕
74. 二化性诸桂
75. 太湖
76. 余杭 2
77. 余杭 7
78. 余杭二化（甲）
79. 绍兴
80. 黑蚕

94. 攸县种
95. 常德金黄
96. 溆浦种
97. 土白
98. 二毛
99. 土一肉黄圆
100. 土七
101. 土八
102. 土三虎斑
103. 大毛
104. 小绿茧
105. 中江种
106. 达县种
107. 灰蚕
108. 金黄（川）
109. 棉花茧
110. 川三十五
111. 巴陵黄

① 统计时间截至 2024 年 1 月。

19. 松花蚕姬
20. 铜山 24
21. 太和 1
22. 盐城 2
23. 新沂 19
24. 碧莲
25. 震泽
26. 新沂 20
27. 珠桂
28. 中十一
29. 中十四
30. 中二〇（锡）
31. 中二十一（育）
50. 太湖玉蚕
51. 白皮龙角蚕
52. 龙角（浙）
53. 龙皇堂
54. 宁海 20
55. 兰溪 2
56. 安吉 7
57. 孝丰 17
58. 余杭 11
59. 余杭 24
60. 余杭白皮
61. 奉化 7
62. 拱二
81. 临海 20
82. 黄脚蚕
83. 德清 1
84. 德清 2
85. 五眠
86. 朝阳
87. 兰溪 10
88. 兰溪 20
89. 修水 2
90. 汉口
91. 沔阳红
92. 金黄
93. 临澧圆形
112. 龙角（N）
113. 正安 1
114. 沿河 1
115. 黔三眠
116. 遵义 1
117. 遵义 2
118. 大 09
119. 大造
120. 301
121. 琼山海南
122. 容大造
123. 防 4
124. 钦金

（二）培育品种

1. 春蕾 × 明珠
2. 菁松 × 皓月
3. 秋芳 × 明辉
4. 群芳 × 朝霞
5. 新菁 × 朝霞
6. 浙蕾 × 春晓
7. 新杭 × 科明
8. 芙蓉 × 湘晖
9. 蓝天 × 白云
10. 苏花 × 春晖
11. 秋丰 × 白玉
12. 黄鹤 × 朝霞
13. 春・蕾 × 镇・珠
14. 浒花 × 秋星
15. 5・4 × 24・46
16. 陕蚕 2 号
17. 陕蚕 3 号
18. 75 新 × 7352
19. 华峰 × 雪松
20. 苏 5 × 苏 6
21. 皖 5 × 皖 6
22. 两广二号
23. 86A・86B × 54A
24. 苏・菊 × 明・虎
25. C497 × 322
26. 苏・镇 × 春・光
27. 限 1 × 限 2
28. 871 × 872
29. L8081・L8191 × L4 朝 92・白 82
30. 东 43 × 7532・湘晖
31. 317 × 318
32. 春蕾 × 锡昉
33. 学 613 × 春日
34. 绿・萍 × 晴・光
35. 夏 7 × 夏 6
36. 花・丰 × 8B・5A
37. 钟秋 × 金铃
38. 华峰 GW × 雪・A
39. 群丰 × 富・春
40. 洞・庭 × 碧・波
41. 芙・桂 × 朝・凤
42. 荧光 × 春玉
43. 吴花 × 浒星
44. 丝雨二号
45. 桂蚕 2 号
46. 粤蚕 6 号
47. 华康 2 号
48. 华康 3 号
49. 粤蚕 8 号
50. 川优 1 号
51. 川蚕 27 号
52. 锦苑 3 号
53. 鲁菁 1 号
54. 苏玉 1 号
55. 锦绣 1 号
56. 锦绣 2 号
57. 苏秀春丰
58. 明湖春江
59. 皖蚕 6 号
60. 楚风汉韵
61. 锦绣 3 号
62. 云蚕 11 号
63. 桂蚕 8 号
64. 云夏 3 号
65. 锦绣 4 号

（三）引入品种

1. 中一〇九
2. 日一一〇
3. 日一一二（A）
13. 阿撒特
14. 爱子 1
15. 爱子 2
25. 苏罗 42
26. 罗尼 3
27. 罗尼 6
36. 法五〇 B
37. 东德 201
38. 东德 907

4. 日一二〇
5. 日一二〇（A）
6. 日一五二
7. 日一五八
8. 钓丝一
9. 钓丝二
10. 乌斯 1
11. 巴格达
12. 苏联 1
16. 萨尼斯 11
17. 萨尼斯 15
18. 萨尼斯 22
19. 萨尼斯 24
20. 43（新）
21. 47（新）
22. 日本白罗
23. 伟罗 A
24. 苏 S8
28. 罗尼 7
29. 罗尼 9
30. 罗本地红
31. 罗束腰黄
32. 317（引）
33. 410
34. 法四〇三
35. 法五〇八
39. 匈牙利
40. 保黄
41. 意十六
42. AN 五二五
43. 欧十六（吴）
44. 欧十九（吴）
45. 欧洲
46. 欧十八

二、柞蚕

（一）地方品种

1. 101
2. 103
3. 104
4. 130
5. 133
6. 33
7. 39
8. 河 41
9. 鲁松
10. 镇玉
11. 豫早 1 号
12. 豫 101
13. 鲁黄
14. 黄安东
15. 胶蓝
16. 青黄 1 号
17. 青 6 号
18. 青皮
19. 水青
20. 宽青
21. 小白蚕
22. 清河 1 号
23. 鲁红
24. 小黄皮
25. 小杏黄
26. 黑蛾

（二）培育品种

1. 6406
2. 豫早 2 号
3. 豫 6 号
4. 741
5. 豫 7 号
6. 白一化
7. 豫早 3 号
8. 云白
9. 宛黄 1 号
10. 宛黄 2 号
11. 731
12. 小翅
13. 豫短 1 号
14. 松黄
15. 四青
16. 吉黄一化
17. 鲁杂 2 号
18. 方山黄
19. 双青
20. 辽青
21. 三里丝
22. 柞早 1 号
23. 辽柞 1 号
24. 海青
25. 701
26. 74-1
27. 多丝 78-6
28. 白茧 1 号
29. 抗病 2 号
30. 多丝 3 号
31. 多丝 4 号
32. 抚早
33. H8701
34. 白茧 825
35. 白茧 8712
36. 短刚毛
37. 多丝 2 号
38. 德花 5 号
39. 华白 1 号
40. 扎兰 1 号
41. 扎兰 2 号
42. 扎兰 3 号
43. 青绿
44. 8344 白茧

（三）引入品种

1. 64
2. 定州 1 号

附录V

国家畜禽遗传资源基因库名单

序号	编号	名称	建设单位
1	A1101	国家家畜基因库	全国畜牧总站
2	A1108	国家蜜蜂基因库（北京）	中国农业科学院蜜蜂研究所
3	A2202	国家蜜蜂基因库（吉林）	吉林省养蜂科学研究所
4	A3203	国家地方鸡种基因库（江苏）	江苏省家禽科学研究所
5	A3204	国家水禽基因库（江苏）	江苏农牧科技职业学院
6	A3305	国家地方鸡种基因库（浙江）	浙江光大农业科技发展有限公司
7	A3506	国家水禽基因库（福建）	石狮市种业发展中心
8	A4507	国家地方鸡种基因库（广西）	广西金陵家禽育种有限公司
9	A3209	国家蚕遗传资源基因库（江苏）	中国农业科学院蚕业研究所
10	A5010	国家蚕遗传资源基因库（重庆）	西南大学
11	A2111	国家蚕遗传资源基因库（辽宁）	辽宁省蚕业科学研究所

附录VI

国家畜禽遗传资源保种场名单

序号	编号	名称	建设单位
1	C1110101	国家五指山猪保种场	中国农业科学院北京畜牧兽医研究所
2	C1111301	国家北京油鸡保种场	中国农业科学院北京畜牧兽医研究所
3	C1111401	国家北京鸭保种场	中国农业科学院北京畜牧兽医研究所
4	C1111402	国家北京鸭保种场	北京南口鸭育种科技有限公司
5	C1311001	国家德州驴保种场	海兴县绿洲生态畜禽养殖有限公司
6	C1410101	国家马身猪保种场	大同市农业种质资源保护试验中心
7	C1410201	国家晋南牛保种场	运城市国家级晋南牛遗传资源基因保护中心
8	C1410801	国家太行山羊保种场	左权县新世纪农业科技有限责任公司
9	C1411001	国家广灵驴保种场	广灵县畜牧兽医服务中心
10	C1411301	国家边鸡保种场	山西省农业科学院畜牧兽医研究所
11	C1510201	国家蒙古牛保种场	阿拉善左旗绿森种牛场
12	C1510701	国家乌珠穆沁羊保种场	东乌珠穆沁旗东兴畜牧综合开发基地乌珠穆沁羊原种场
13	C1510702	国家苏尼特羊保种场	苏尼特右旗苏尼特羊良种场
14	C1510801	国家内蒙古绒山羊（二狼山型）保种场	巴彦淖尔市同和太种畜场

序号	编号	名称	建设单位
15	C1510802	国家内蒙古绒山羊（阿尔巴斯型）保种场	内蒙古亿维白绒山羊有限责任公司
16	C1510803	国家内蒙古绒山羊（阿拉善型）保种场	内蒙古阿拉善白绒山羊种羊场
17	C1511101	国家阿拉善双峰驼保种场	阿拉善双峰驼种驼场
18	C2110101	国家民猪（荷包猪）保种场	凌源禾丰牧业有限责任公司
19	C2110201	国家复州牛保种场	瓦房店市种牛场
20	C2110801	国家辽宁绒山羊保种场	辽宁省辽宁绒山羊原种场有限公司
21	C2111301	国家大骨鸡保种场	庄河市大骨鸡繁育中心
22	C2111302	国家大骨鸡保种场	辽宁庄河大骨鸡原种场有限公司
23	C2111501	国家豁眼鹅保种场	辽宁省辽宁绒山羊原种场有限公司
24	C2130101	国家中蜂保种场	辽宁省农业发展服务中心
25	C2210201	国家延边牛保种场	延边东盛黄牛资源保种有限公司
26	C2220101	国家吉林梅花鹿保种场	东丰县文福种鹿场
27	C2310101	国家民猪保种场	兰西县种猪场有限公司
28	C2310901	国家鄂伦春马保种场	黑河市新生刺尔滨种马场有限公司
29	C2311301	国家林甸鸡保种场	黑龙江省林甸鸡原种场有限公司
30	C2330201	国家东北黑蜂保种场	饶河东北黑蜂产业（集团）有限公司
31	C3110101	国家梅山猪保种场	上海市嘉定区动物疫病预防控制中心
32	C3110102	国家浦东白猪保种场	上海浦汇良种繁育科技有限公司
33	C3110103	国家沙乌头猪保种场	上海市崇明区种畜场
34	C3111301	国家浦东鸡保种场	上海浦汇浦东鸡繁育有限公司
35	C3210101	国家梅山猪保种场	江苏农林职业技术学院
36	C3210102	国家二花脸猪保种场	常熟市牧工商有限公司
37	C3210103	国家二花脸猪、梅山猪保种场	苏州苏太企业有限公司

序号	编号	名称	建设单位
38	C3210104	国家姜曲海猪保种场	江苏姜曲海种猪场
39	C3210105	国家淮猪保种场	江苏东海老淮猪产业发展有限公司
40	C3210106	国家梅山猪保种场	太仓市种猪场
41	C3210107	国家米猪保种场	常州市金坛米猪原种场
42	C3210108	国家沙乌头猪保种场	江苏兴旺农牧科技发展有限公司
43	C3210109	国家梅山猪保种场	昆山市梅山猪保种有限公司
44	C3210401	国家海子水牛保种场	射阳县种牛场
45	C3210402	国家海子水牛保种场	东台市种畜场
46	C3210701	国家湖羊保种场	苏州太湖东山湖羊产业发展有限公司
47	C3210801	国家长江三角洲白山羊（笔料毛型）保种场	南通市海门区长江三角洲白山羊保种繁殖研究所
48	C3211301	国家狼山鸡保种场	如东县狼山鸡种鸡场
49	C3211302	国家溧阳鸡保种场	溧阳市种畜场
50	C3211303	国家鹿苑鸡保种场	张家港市畜禽有限公司
51	C3211401	国家高邮鸭保种场	高邮市高邮鸭良种繁育中心
52	C3211501	国家太湖鹅保种场	苏州市乡韵太湖鹅有限公司
53	C3310101	国家金华猪保种场	浙江加华种猪有限公司
54	C3310102	国家嵊县花猪保种场	绍兴市嵊花种猪有限公司
55	C3310103	国家嘉兴黑猪保种场	嘉兴青莲黑猪原种场有限公司
56	C3310401	国家温州水牛保种场	平阳县挺志温州水牛乳业有限公司
57	C3310701	国家湖羊保种场	浙江华丽牧业有限公司
58	C3311301	国家仙居鸡保种场	浙江省仙居种鸡场
59	C3311401	国家绍兴鸭保种场	绍兴咸亨绍鸭育种有限公司
60	C3311402	国家绍兴鸭保种场	浙江国伟科技有限公司

序号	编号	名称	建设单位
61	C3311403	国家缙云麻鸭保种场	浙江欣昌农业开发有限公司
62	C3311501	国家太湖鹅保种场	湖州卓旺太湖鹅原种场
63	C3311502	国家浙东白鹅保种场	象山县浙东白鹅研究所
64	C3410101	国家淮猪保种场	安徽省浩宇牧业有限公司
65	C3410102	国家安庆六白猪保种场	望江县现代良种养殖有限公司
66	C3410103	国家安庆六白猪保种场	安徽省花亭湖绿色食品开发有限公司
67	C3410104	国家皖南黑猪保种场	广德市三溪生态农业有限公司
68	C3411501	国家皖西白鹅保种场	安徽省皖西白鹅原种场有限公司
69	C3510101	国家莆田黑猪保种场	莆田市乡里香黑猪开发有限公司
70	C3510102	国家槐猪保种场	上杭绿琦槐猪保种场
71	C3510901	国家晋江马保种场	晋江市峻富生态林牧有限公司
72	C3511201	国家福建黄兔保种场	福建省连江玉华山自然生态农业试验场
73	C3511301	国家河田鸡保种场	福建省长汀县南坳河田鸡保种场有限公司
74	C3511401	国家连城白鸭保种场	连城县白鸭原种场
75	C3511402	国家金定鸭、莆田黑鸭保种场	泉州市诚信农牧发展有限公司
76	C3610101	国家玉江猪（玉山黑猪）保种场	江西省玉山黑猪原种场
77	C3611301	国家丝羽乌骨鸡保种场	江西省泰和县泰和鸡原种场
78	C3611302	国家白耳黄鸡保种场	上饶市广丰区白耳黄鸡原种场
79	C3611401	国家吉安红毛鸭保种场	江西省吉水八都板鸭有限公司吉安红毛鸭原种场
80	C3611501	国家兴国灰鹅保种场	江西省兴国灰鹅原种场
81	C3630101	国家中蜂（华中中蜂）保种场	江西益精蜂业有限公司
82	C3710101	国家莱芜猪保种场	济南市莱芜猪种猪繁育有限公司
83	C3710102	国家大蒲莲猪保种场	济宁东三大蒲莲猪原种场

序号	编号	名称	建设单位
84	C3710103	国家里岔黑猪保种场	青岛里岔黑猪繁育基地
85	C3710201	国家渤海黑牛保种场	山东无棣华兴渤海黑牛种业股份有限公司
86	C3710202	国家鲁西牛保种场	鄄城鸿翔牧业有限公司
87	C3710203	国家鲁西牛保种场	山东科龙畜牧产业有限公司
88	C3710701	国家小尾寒羊保种场	嘉祥县种羊场
89	C3710702	国家大尾寒羊保种场	临清润林牧业有限公司
90	C3710801	国家济宁青山羊保种场	济宁青山羊原种场
91	C3710802	国家莱芜黑山羊保种场	山东峰祥畜牧种业科技有限公司莱芜黑山羊原种场
92	C3710803	国家牙山黑绒山羊保种场	山东广耀牧业集团有限公司
93	C3711001	国家德州驴保种场	山东省无棣良种畜禽繁育场
94	C3711002	国家德州驴保种场	山东东阿黑毛驴牧业科技有限公司
95	C3711003	国家德州驴保种场	山东俊驰驴业有限公司
96	C3711301	国家汶上芦花鸡保种场	山东金秋农牧科技股份有限公司
97	C4110101	国家淮猪保种场	河南三高农牧股份有限公司
98	C4110201	国家南阳牛保种场	南阳市黄牛良种繁育场
99	C4110202	国家郏县红牛保种场	平顶山市犇牛畜禽良种繁育有限公司
100	C4111001	国家泌阳驴保种场	泌阳县兴盛泌阳驴种业有限公司
101	C4111501	国家皖西白鹅保种场	固始县恒歌鹅业有限公司
102	C4210101	国家华中两头乌猪（通城猪）保种场	通城县国营种畜场
103	C4210102	国家清平猪保种场	当阳市清平种猪场
104	C4210103	国家华中两头乌猪（监利猪）保种场	湖北荆贡种猪有限公司
105	C4211301	国家双莲鸡保种场	湖北民大农牧发展有限公司
106	C4310101	国家湘西黑猪保种场	桃源县桃源黑猪资源场

序号	编号	名称	建设单位
107	C4310102	国家宁乡猪保种场	湖南省流沙河花猪生态牧业股份有限公司
108	C4310103	国家湘西黑猪保种场	湖南湘西牧业有限公司
109	C4310104	国家华中两头乌（沙子岭猪）保种场	湘潭市家畜育种站（湘潭市饲料监测站）
110	C4310105	国家大围子猪保种场	湖南天府生态农业有限公司
111	C4310201	国家巫陵牛（湘西牛）保种场	湖南德农牧业集团有限公司
112	C4311401	国家攸县麻鸭保种场	攸县麻鸭资源场
113	C4311501	国家溆浦鹅保种场	湖南鸿羽溆浦鹅业科技发展有限公司
114	C4410101	国家大花白猪、蓝塘猪保种场	新丰板岭原种猪场
115	C4410102	国家粤东黑猪保种场	蕉岭县泰农黑猪发展有限公司
116	C4410201	国家雷琼牛保种场	湛江市麻章区畜牧技术推广站
117	C4411301	国家清远麻鸡保种场	广东天农食品集团股份有限公司
118	C4411302	国家怀乡鸡保种场	广东盈富农业有限公司
119	C4411303	国家惠阳胡须鸡保种场	广东金种农牧科技股份有限公司
120	C4411501	国家狮头鹅保种场	汕头市白沙禽畜原种研究所
121	C4411502	国家乌鬃鹅保种场	清远市金羽丰鹅业有限公司
122	C4411503	国家狮头鹅保种场	广东立兴农业开发有限公司
123	C4510101	国家香猪（环江香猪）保种场	环江毛南族自治县环江香猪原种保种场
124	C4510102	国家巴马香猪保种场	巴马原种香猪农牧实业有限公司
125	C4510103	国家两广小花猪（陆川猪）保种场	陆川县良种猪场
126	C4510901	国家德保矮马保种场	德保矮马研究所
127	C4511301	国家龙胜凤鸡保种场	龙胜县宏胜禽业有限责任公司
128	C4610101	国家五指山猪保种场	海南省农业科学院畜牧兽医研究所
129	C4610102	国家海南猪（屯昌猪）保种场	海南龙健畜牧开发有限公司

序号	编号	名称	建设单位
130	C4611301	国家文昌鸡保种场	海南罗牛山文昌鸡育种有限公司
131	C5010101	国家荣昌猪保种场	重庆市种猪场
132	C5010701	国家大足黑山羊保种场	重庆腾达牧业有限公司
133	C5110101	国家内江猪保种场	内江市种猪场
134	C5110501	国家九龙牦牛保种场	四川省甘孜州九龙牦牛良种繁育场
135	C5110801	国家成都麻羊保种场	成都市西岭雪农业开发有限公司
136	C5111201	国家四川白兔保种场	四川省畜牧科学研究院
137	C5111301	国家藏鸡保种场	乡城县藏咯咯农业开发有限公司
138	C5111401	国家建昌鸭保种场	德昌县种鸭场
139	C5111501	国家四川白鹅保种场	宜宾市南溪区四川白鹅育种场
140	C5111502	国家钢鹅保种场	西昌华农禽业有限公司
141	C5130101	国家中蜂（阿坝中蜂）保种场	马尔康市农业畜牧局
142	C5210101	国家香猪（从江香猪）保种场	贵州从江粤黔香猪开发有限公司
143	C5310101	国家滇南小耳猪保种场	西双版纳小耳猪生物科技有限公司
144	C5310102	国家乌金猪（大河猪）保种场	富源县大河种猪场
145	C5310103	国家撒坝猪保种场	楚雄彝族自治州种猪种鸡场
146	C5310601	国家独龙牛保种场	贡山县独龙牛种牛场
147	C5310401	国家槟榔江水牛保种场	腾冲市巴福乐槟榔江水牛良种繁育有限公司
148	C5310801	国家龙陵黄山羊保种场	龙陵县黄山羊核心种羊有限责任公司
149	C5311301	国家瓢鸡保种场	镇沅云岭广大瓢鸡原种保种有限公司
150	C5311302	国家茶花鸡保种场	西双版纳云岭茶花鸡产业发展有限公司
151	C5410801	国家西藏山羊（白绒型）保种场	阿里地区日土县白绒山羊原种场
152	C5410802	国家西藏山羊（紫绒型）保种场	措勤县绒山羊良种扩繁殖场

序号	编号	名称	建设单位
153	C6110101	国家八眉猪保种场	定边县农业畜禽种业服务中心
154	C6110102	国家汉江黑猪保种场	勉县黑河猪种猪场
155	C6110201	国家秦川牛保种场	陕西省农牧良种场
156	C6110701	国家汉中绵羊保种场	勉县汉中绵羊保种场
157	C6110702	国家同羊保种场	白水县同羊原种场
158	C6110901	国家宁强马保种场	宁强县良种繁育中心
159	C6111001	国家关中驴保种场	陕西省农牧良种场
160	C6130101	国家中蜂保种场	榆林市畜牧兽医服务中心
161	C6210101	国家八眉猪保种场	灵台县旺富鑫八眉猪良种猪场
162	C6210501	国家甘南牦牛保种场	玛曲县阿孜畜牧科技示范园区
163	C6310101	国家八眉猪保种场	互助县八眉猪养殖技术服务中心
164	C6310501	国家青海高原牦牛保种场	青海省大通种牛场
165	C6310701	国家贵德黑裘皮羊保种场	贵南县黑羊场
166	C6410701	国家滩羊保种场	宁夏回族自治区盐池滩羊选育场
167	C6410702	国家滩羊保种场	红寺堡区天源良种羊繁育养殖有限公司
168	C6410801	国家中卫山羊保种场	宁夏回族自治区中卫山羊选育场
169	C6510701	国家多浪羊保种场	新疆五征绿色农业发展有限公司
170	C6510901	国家焉耆马保种场	和静县伊克扎尔尕斯台牧业发展有限公司
171	C6511301	国家拜城油鸡保种场	新疆诺奇拜城油鸡发展有限公司
172	C6511501	国家伊犁鹅保种场	额敏县恒鑫实业有限公司
173	C6530201	国家新疆黑蜂保种场	尼勒克县种蜂繁殖场
174	C4310106	国家华中两头乌猪（沙子岭猪）保种场	衡阳县种畜场
175	C2210202	国家延边牛保种场	萍春市吉兴牧业有限公司

序号	编号	名称	建设单位
176	C3310201	国家温岭高峰牛保种场	温岭市农业农村发展有限公司
177	C6310702	国家两藏羊（草地型）保种场	青海省种羊繁育推广服务中心
178	C4411304	国家惠阳胡须鸡保种场	广东智威农业科技股份有限公司
179	C5211301	国家长顺绿壳蛋鸡保种场	长顺县气原农业产业发展有限公司
180	C6211301	国家静原鸡保种场	静宁绿洲生态农业科技发展有限公司
181	C6411301	国家静原鸡保种场	宁夏万升实业有限责任公司
182	C1520301	国家敖鲁古雅驯鹿保种场	根河市敖鲁古雅鄂温克族乡综合保障和技术推广中心中心
183	C2230101	国家中蜂（长白山中蜂）保种场	吉林省养蜂科学研究所
184	C3610102	国家乐平猪保种场	抚州市绿缘实业有限公司
185	C3710104	国家里岔黑猪保种场	胶州市茂华里岔黑猪良种场
186	C6210701	国家兰州大尾羊保种场	永靖瑞霖科技养殖有限公司
187	C6210702	国家岷县黑裘皮羊保种场	岷县汇丰农业发展有限公司
188	C4410801	国家雷州山羊保种场	雷州市状元黑山羊养殖有限公司
189	C3511302	国家闽清毛脚鸡保种场	福建同一农牧有限公司上莲分公司
190	C5111302	国家金阳丝毛鸡保种场	金阳县金凰报喜农业开发有限公司
191	C5211302	国家矮脚鸡保种场	兴义市黔农汇农业科技有限公司

附录Ⅶ

国家畜禽遗传资源保护区名单

序号	编号	名称	建设单位
1	B1411001	广灵驴国家保护区	广灵县农业农村局
2	B1510801	内蒙古绒山羊（阿拉善型）国家保护区	阿拉善左旗家畜改良工作站
3	B1510901	蒙古马国家保护区	锡林郭勒盟畜牧工作站
4	B1511101	阿拉善双峰驼国家保护区	阿拉善左旗家畜改良工作站
5	B2230101	中蜂（长白山中蜂）国家保护区	吉林省蜜蜂遗传资源基因保护中心
6	B2330201	东北黑蜂国家保护区	黑龙江饶河东北黑蜂国家自然保护区管理局
7	B3210101	二花脸猪国家保护区	常州市舜溪畜牧科技有限公司
8	B3210701	湖羊国家保护区	苏州市吴中区东山动物防疫站
9	B3310701	湖羊国家保护区	湖州菰城湖羊合作社联合社
10	B3510901	晋江马国家保护区	晋江市畜牧业兽医站
11	B3730101	中蜂（北方型）国家保护区	临沂市畜牧技术推广站（临沂市蜂业发展技术中心）
12	B4230101	中蜂（华中中蜂）国家保护区	神农架林区农业农村局
13	B4310101	宁乡猪国家保护区	宁乡市畜牧水产事务中心

序号	编号	名称	建设单位
14	B4430101	中蜂（华南中蜂）国家保护区	蕉岭县畜牧兽医技术推广站
15	B5010101	荣昌猪国家保护区	重庆市荣昌区畜牧发展中心
16	B5110101	藏猪国家保护区	乡城县农牧农村和科技局
17	B5310101	藏猪国家保护区	迪庆藏族自治州畜牧兽医科学研究院
18	B5410101	藏猪国家保护区	工布江达县农业农村局
19	B5410501	帕里牦牛国家保护区	亚东帕里牦牛原种场
20	B6210101	藏猪（合作猪）国家保护区	甘南藏族自治州畜牧工作站
21	B6210501	天祝白牦牛国家保护区	甘肃省天祝白牦牛育种实验场
22	B6510701	和田羊国家保护区	和田地区畜牧技术推广站
23	B6511001	新疆驴国家保护区	和田地区畜牧技术推广站
24	B6530201	新疆黑蜂国家保护区	尼勒克县畜牧兽医发展中心
25	B6210901	岔口驿马国家保护区	天祝藏族自治县畜牧技术推广站

致　谢

《中国畜禽遗传资源状况》在编写过程中得到了 31 个省级普查机构和新疆生产建设兵团及普查技术专家组的大力支持，在此表示感谢。

塔什库尔干宣传部、熊猫猪猪·两头乌国际牧场两家单位和以下同志（按姓氏笔画排序）为本书提供了丰富多彩的畜禽遗传资源照片，在此一并表示特别感谢：

王　军　王志秀　王　健　王祺伟　乌云达来　卢洁媚　帅素蓉
冉国旗　宁浩然　匡海鸥　吕雪峰　华金弟　庄晓东　刘　奇
江宵兵　祁　巍　孙　伟　孙国波　纪荣超　杜　平　杜柄旺
李庆文　李述初　李国辉　李思辰　杨明军　杨秋凤　肖　俊
张吉发　张国生　陆火林　陆雪林　阿拉善宝音　陈林高　陈忠立
陈赣东　范玉庆　林如龙　林毅飞　罗　雷　和　平　周成浩
周　瑾　宝音贺西格　官却扎西　赵　娜　郝　松　胡继伟　查　敏
哈斯牧仁　秦　杰　顾幕华　徐三平　徐廷生　徐　超　黄增文
萨仁格日乐　常广辉　谌洪光　董书承　韩欢胜　谢晓红　谢喜平
廖春桃　赛迪古丽·赛买提　樊安平　魏述东　魏佩玲

年求学于歙县崇一学堂、杭州广济医学堂和南京金陵大学等教会学校，1914年夏毕业于金陵大学文科。同年秋赴美国留学，先后就读于伊利诺伊大学（获政治学硕士学位）和哥伦比亚大学（攻读博士学位）。1917年夏归国，应聘为南京高等师范学校专任教员，后升任该校教务主任兼教育专修科主任。其间力主教学改革和促进新教育运动，并为杜威、孟禄等美国学者来华讲演等活动担任部分翻译。1921年后，先后主编《新教育》等教育刊物，参与新学制改革和第一次全国教育会议等教育改革活动，参与发起成立中华教育改进社等教育团体，推行平民教育运动和乡村教育运动，主持创办安徽公学、晓庄试验乡村师范学校、山海工学团、香港中华业余补习学校、重庆育才学校和重庆社会大学等新型教育机构，并在长期的教育改革和办学实践过程中创立“生活教育”学说。在抗日战争前后，曾先后发起并推行普及教育、国难教育、战时教育、全面教育和民主教育等教育运动，并为民族抗战事业的胜利，在1936年7月至1938年8月间先后前往欧美亚非等28个国家及地区宣传抗日救亡。1946年7月25日病逝后，被毛泽东称誉为“伟大的人民教育家”。留世著作辑入《陶行知全集》等。

编者简介

余子侠（子峡），湖北蕲春人。现为华中师范大学教育学院教授（二级）、博士生导师，教育部重点人文社科研究基地中国近现代史所兼职教授，国务院“政府特殊津贴”享有者。学术兼职有中国陶行知研究会常务理事、湖北省陶行知研究会常务副会长、全国地方教育史志研究会常务理事、湖北省社科联委员等。近十年来，独著和合撰《工科先驱　国学大师》等学术著作6部，主编和合作主编大型系列学术著作“中国著名大学校长书系”（1、2辑计18部）、“中外教育交流研究丛书”（6卷本）、《日本侵华教育全史》（4卷本）、《中国人留学史》（上、下册）、《湖北考试史》（上、下编）等，并在《近代史研究》、《高等教育研究》等报刊上发表学术论文30余篇。其中多部（套）学术著作获得省部级以上科研奖励。

中国近代思想家文库

◎

陶行知卷

余子侠　编

中国人民大学出版社

陶行知卷
余子侠　编
中国人民大学出版社